高等数学

薛志纯　主编

薛志纯　余慎之　袁洁英　编著

清华大学出版社

北京

内 容 简 介

本书是根据国家教育部非数学专业数学基础课教学指导分委员会制定的工科类本科数学基础课程教学基本要求编写的.内容包括:函数与极限,一元函数微积分,向量代数与空间解析几何,多元函数微积分,级数,常微分方程等,书末附有几种常用平面曲线及其方程、积分表、场论初步等三个附录以及习题参考答案.本书对基本概念的叙述清晰准确,对基本理论的论述简明易懂,例题习题的选配典型多样,强调基本运算能力的培养及理论的实际应用.本书可用作高等学校工科类本科生和电大、职大的高等数学课程的教材,也可供教师作为教学参考书及自学高等数学课程者使用.

图书在版编目(CIP)数据

高等数学/薛志纯主编;薛志纯,余慎之,袁洁英编著.—北京:清华大学出版社,2008.11
(2023.9重印)
ISBN 978-7-302-17992-4

Ⅰ. 高…   Ⅱ. ①薛… ②薛… ③余… ④袁…   Ⅲ. 高等数学—高等学校—教材   Ⅳ. O13

中国版本图书馆 CIP 数据核字(2008)第 094435 号

责任编辑:佟丽霞 王海燕
责任校对:赵丽敏
责任印制:丛怀宇

出版发行:清华大学出版社   地   址:北京清华大学学研大厦 A 座
          http://www.tup.com.cn   邮   编:100084
          社 总 机:010-83470000   邮   购:010-62786544
          投稿与读者服务:010-62776969,c-service@tup.tsinghua.edu.cn
          质 量 反 馈:010-62772015,zhiliang@tup.tsinghua.edu.cn
印 装 者:三河市龙大印装有限公司
经   销:全国新华书店
开   本:185mm×260mm   印 张:30.75   字   数:746 千字
版   次:2008 年 11 月第 1 版   印   次:2023 年 9 月第 14 次印刷
定   价:88.00 元

产品编号:028939-06

前 言

数学是研究客观世界数量关系和空间形式的一门科学. 随着现代科学技术和数学科学的发展,"数量关系"和"空间形式"有了越来越丰富的内涵和更加广泛的外延. 数学不仅是一种工具,而且是一种思维模式;不仅是一种知识,而且是一种素养;不仅是一门科学,而且是一种文化. 数学教育在培养高素质科技人才中具有其独特的、不可替代的作用. 对于高等学校工科类专业的本科生而言,高等数学课程是一门非常重要的基础课,它内容丰富,理论严谨,应用广泛,影响深远. 不仅为学习后继课程和进一步扩大数学知识面奠定必要的基础,而且在培养学生抽象思维、逻辑推理能力,综合利用所学知识分析问题解决问题的能力,较强的自主学习的能力,创新意识和创新能力上都具有非常重要的作用.

本教材面对高等教育大众化的现实,以教育部非数学专业数学基础课教学指导分委员会制定的新的"工科类本科数学基础课程教学基本要求"为依据,以"必须够用"为原则确定内容和深度. 知识点的覆盖面与"基本要求"相一致,要求度上略高于"基本要求". 本教材对基本概念的叙述清晰准确;对定理的证明简明易懂,但对难度较大的理论问题则不过分强调论证的严密性,有的仅给出结论而不加证明;对例题的选配力求典型多样,难度上层次分明,注意解题方法的总结;强调基本运算能力的培养和理论的实际应用;注重对学生的思维能力、自学能力和创新意识的培养.

为便于学生自学和自我检查,本书每章之后附有小结. 小结包括内容纲要、教学基本要求、本章重点难点、部分重点难点内容浅析等几个部分. 基本要求的高低用不同词汇加以区分,对概念理论从高到低用"理解"、"了解"(或"知道")二级区分;对运算、方法从高到低用"掌握"、"能"(或"会")二级区分. 本书配有较丰富的习题,每节后的习题多为基本题,用于加深对基本概念、基本理论的理解和基本运算、方法的训练. 每章后的复习题用于对该章所学知识的巩固和提高,难度有所增加,少量难度较大的题在答案中给出必要的提示,以启发学生思维,提高解题能力.

考虑到不同学校、不同专业对高等数学课程内容广度和深度的不同要求,本书作了适当的处理,以适应不同层次、不同专业的需要;在内容的选取上,对加 * 号的内容可依不同需要加以取舍,并不会影响后继内容的学习;在教学的深度上由于配有较丰富的例题和习题,从而使教师和学生都有较大的选择余地,以满足不同层次的教学对象的要求.

本书内容包括:函数与极限、一元函数微积分学、空间解析几何、多元微积分学、级数、微分方程. 书末附有几种常用的曲线及其方程、积分表、场论初步三个附录及习题参考答案.

　　本书一元微积分部分由薛志纯、袁洁英编写,多元微积分及场论初步由薛志纯编写,空间解析几何、级数、微分方程由余慎之编写,薛志纯负责全书的统稿及多次的修改定稿.参加审稿的有东南大学王文蔚教授、南京理工大学许品芳教授、南京邮电大学杨应弼教授及王健明、黄俊良副教授等.郦志新、周华、戴建新、万彩云、张颖等参加了最近一次的修改工作.在此对所有关心支持本书的编写、修改工作的教师表示衷心的感谢.

　　本书中存在的问题,欢迎专家、同行及读者批评指正.

编　者

2008 年 6 月

目 录

第 1 章

函数的极限与连续

初等数学研究的对象基本上是不变的量,而高等数学则是以变量为研究对象的一门数学课程.所谓函数关系就是变量间的对应关系.本章介绍函数、极限、连续的概念,讨论它们的一些基本性质,为学习本门课程奠定基础.

1.1 函　　数

1.1.1 集合与区间

1. 集合的概念

集合是数学中的一个原始的概念,一般可把集合理解为具有某种特定性质的事物的总体.例如,某班全体同学组成了一集合;全体实数组成了一个集合;数 $1,2,3,4,5$ 组成了一个集合;xOy 平面上第一象限内的所有点组成一个集合等.组成一个集合的事物叫做这个集合的**元素**.习惯上集合用大写字母 A,B,C 等表示,而元素用小写字母 a,b,c 等表示.

含有有限多个元素的集合称为**有限集**,含有无限多个元素的集合称为**无限集**.事物 a 是集合 A 的元素,记作 $a \in A$,读作"a 属于 A".否则记作 $a \notin A$,读作"a 不属于 A".

所谓给定一个集合,就是给出这个集合由哪些元素组成.给出的方式不外是两种:列举法和描述法.所谓**列举法**就是把集合中所有的元素都列举出来,写在大括号内.例如,集合 A 由数 $1,2,3,4,5$ 组成,则可记为

$$A = \{1,2,3,4,5\}.$$

所谓**描述法**,就是把集合中的元素的共同特性描述出来,通常记为

$$M = \{x \mid x \text{ 所具有的特性 } p\}.$$

这里,所谓"x 所具有的特性 p",实际上就是 x 作为 M 的元素应满足的充分必要条件.

例如,xOy 平面上第一象限内点的全体所组成的集合 M,可记作

$$M = \{(x,y) \mid x > 0, y > 0\}.$$

以后用到的集合主要是数集,如没有特别声明,提到的数都是实数.

全体自然数的集合记作 $\mathbf{N}$,全体整数的集合记作 $\mathbf{Z}$,全体有理数的集合记作 $\mathbf{Q}$,全体实数的集合记作 $\mathbf{R}$.

如果集合 A 的元素都是集合 B 的元素,即若 $x \in A$,则必有 $x \in B$,就称 A 是 B 的**子集**,记作 $A \subset B$(读作 A 包含于 B)或 $B \supset A$(读作 B 包含 A).例如 $\mathbf{N} \subset \mathbf{Z}$,$\mathbf{Z} \subset \mathbf{Q}$,$\mathbf{R} \supset \mathbf{Q}$.

如果 A 是 B 的**子集**,并且 B 中至少有一个元素不属于 A,则称 A 是 B 的**真子集**,记作 $A \subsetneqq B$.例如 $\mathbf{Q} \subsetneqq \mathbf{R}$.

不含任何元素的集合称为**空集**.记作 $\varnothing$.例如,方程 $x^2 + y^2 = -1$ 的实数解就是一个空

集.规定空集是任何集合 A 的子集.显然 A 是它自己的子集,即 $A \subset A$.

若两集合 A 和 B 有 $A \subset B$,同时 $B \subset A$,则称集合 A 与集合 B **相等**,记作 $A = B$.

需要注意的是,如果集合 A 只由一个元素 a 组成,不能写成 $A = a$,而应写成 $A = \{a\}$.记号 $\in$、$\notin$ 在元素与集合之间使用,而记号 $\subset$、$\subsetneqq$ 是在集合与集合之间使用的.

既属于集合 A 又属于集合 B 的所有元素组成的集合称作集合 A 与集合 B 的**交集**,记作 $A \bigcap B$.

所有属于 A 或属于 B 的元素组成的集合称为集合 A 与集合 B 的**并集**,记作 $A \bigcup B$.

所有属于 A 但不属于 B 的元素组成的集合称为集合 A 与集合 B 的**差集**,记作 $A - B$ 或 $A \backslash B$.

例如,若 $A = \{1, 2, 3, 4\}$,$B = \{1, 3, 5, 7\}$,则 $A \bigcap B = \{1, 3\}$,$A \bigcup B = \{1, 2, 3, 4, 5, 7\}$,$A - B = \{2, 4\}$.

如果在某一问题中所讨论的集合都是集合 I 的子集,则称 I 为**全集**.

如果集合 A 是全集 I 的子集,则 I 中不属于 A 的元素所组成的集合叫做集合 A 关于集合 I 的**补集**,简称 A 的补集,记作 $\overline{A}$.$\overline{A}$ 可表示为

$$\overline{A} = I - A = \{x \mid x \in I \text{ 且 } x \notin A\}.$$

显然,$A \bigcup \overline{A} = I$,$A \bigcap \overline{A} = \varnothing$,$\overline{\overline{A}} = A$.

例如,若全集为 $\mathbb{R}$,则

$$\overline{\mathbb{Q}} = \{x \mid x \in \mathbb{R} \text{ 且 } x \notin \mathbb{Q}\}.$$

即 $\overline{\mathbb{Q}}$ 为全体无理数的集合.

2. 区间、邻域

区间是用得较多的一类数集.设 a, b 都是实数,且 $a < b$,数集 $\{x \mid a < x < b\}$ 叫做开区间,记作 (a, b);数集 $\{x \mid a \leqslant x \leqslant b\}$ 叫做闭区间,记作 $[a, b]$;数集 $\{x \mid a \leqslant x < b\}$ 和数集 $\{x \mid a < x \leqslant b\}$ 都叫做半开区间,分别记作 $[a, b)$ 和 $(a, b]$.以上这些区间都称为有限区间,数 $b - a$ 称为这些区间的长度.此外,还有所谓无限区间.引进记号 $+\infty$(读作正无穷大)及 $-\infty$(读作负无穷大),则 $(-\infty, +\infty)$ 表示全体实数的集合;$(a, +\infty)$ 表示大于 a 的所有实数的集合;$(-\infty, b]$ 表示不大于 b 的所有实数的集合.以上所述的各个区间在数轴上表示出来,分别如图 1-1(a)、(b)、(c)、(d)、(e)、(f)、(g)所示.今后在不需要辨明所论区间是否包括端点,以及是有限区间还是无限区间的场合,我们就统称为"区间",且通常用字母 I 表示.

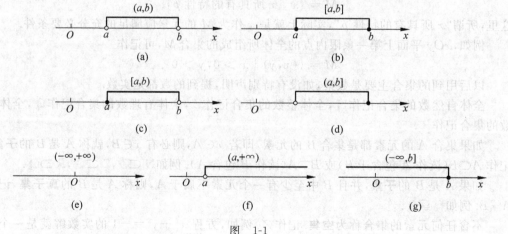

图 1-1

邻域 也是一个经常用到的概念. 设 a 是一实数, $\delta>0$, 则数集

$$\{x \mid |x-a|<\delta\}$$

称为点 a 的 δ **邻域**, 记作 $U(a,\delta)$, 点 a 叫做这个**邻域的中心**, δ 叫做这个**邻域的半径**.

不难知道, 点 a 的 δ 邻域 $U(a,\delta)$ 也就是开区间 $(a-\delta, a+\delta)$, 这区间以 a 为中心, 以 δ 为半径, 长度为 2δ (见图 1-2).

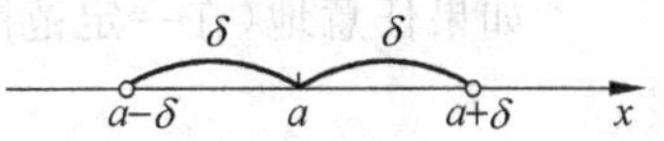

有时用到的邻域需把邻域的中心去掉. 点 a 的 δ 邻域去

图 1-2

掉中心 a 后, 称为点 a 的**去心邻域**. 记作 $\mathring{U}(a,\delta)$, 即

$$\mathring{U}(a,\delta) = \{x \mid 0<|x-a|<\delta\}.$$

1.1.2 函数

1. 函数的概念

(1) 常量与变量

在观察自然现象或科学实验的过程中, 我们常常可以观察到反映物质运动的各种各样的量, 如长度、体积、重量、压力、温度、电流、时间等. 在所考虑的问题或过程中, 有些量大小不变, 保持某一固定值, 这种量称为**常量**; 还有一些量大小变化, 可以取不同的数值, 这种量称为**变量**.

例如, 把一个密闭容器内的气体加热时, 气体的体积和气体的分子个数保持一定, 它们是常量, 而气体的温度和压力则是变量.

一个量是常量还是变量, 要根据具体情况加以分析. 例如, 重力加速度 g, 就小范围区域来说, 它可以看作常量, 但就广大地区来说, 它就是变量. 又如直流电压 V 一般看作常量, 但实际上直流电压也是随时间变化的, 只是相对变化很小, 在许多场合下可以忽略不计罢了.

通常用字母 a,b,c 等表示常量, x,y,z,t 等表示变量.

设变量 x 所取数值的全体组成数集 D, 这个数集 D 就叫做变量 x 的**变域**. 变量 x 可看作表示数集 D 中任何元素的符号. 特殊地, 如果数集 D 只含一个元素, 即 x 的变域只含一个数值, 那么表示数集元素的符号就是常量, 从这个意义上说, 常量可看作变量的特殊情况.

(2) 函数的定义

在同一自然现象或科学实验的过程中, 往往同时有几个量在变化着, 它们彼此之间并不是孤立的, 而是相互联系、相互依赖, 并按照一定的规律变化着. 我们先就两个变量的情况举几个例子.

例 1 圆的面积 A 与它的半径 r 之间的关系由公式

$$A = \pi r^2$$

给定, 当半径 r 在区间 $(0,+\infty)$ 内任意取定一个数值时, 由上式可以确定圆面积 A 的相应数值.

例 2 一物体作自由落体运动, 设物体下落的时间为 t, 落下的距离为 s. 假定开始下落的时刻为 $t=0$, 那么 s 与 t 之间的依赖关系由公式

$$s = \frac{1}{2}gt^2$$

给出, 其中 g 是重力加速度, 这里视为常量. 假定物体着地的时刻为 $t=T$, 那么当 t 在闭区间 $[0,T]$ 上任意取定一个数值时, 由上式就可确定 s 的相应数值.

例 3 一个汽缸在工作过程中,汽缸内的理想气体在温度不变的假设下,气体的体积 V 与压强 P 服从玻意耳定律:

$$PV = C = 常数.$$

如果任意地(在一定范围内)给 V 一个值,则 P 就由公式

$$P = \frac{C}{V}$$

唯一地确定.

上面的三个例子中所涉及量的实际意义虽不同,但它们具有共同的特性,即在每一个问题中都包含有两个变量,它们之间相互依赖,并且存在着确定的对应法则.根据这个法则,当其中一个变量在其变化范围内任意取定一个数值时,另一个变量就有确定的数值与之对应.两变量之间的这种对应关系,就是函数概念的实质.

定义 1 设 x 和 y 是两个变量,x 的变域是数集 D.如果对每一个 $x \in D$,变量 y 按照一定的法则 f 有唯一确定的数值与之对应,则称 y 是 x 的**函数**,记作 $y = f(x)$.数集 D 叫做这个函数的**定义域**,x 叫做**自变量**,y 又叫做**因变量**.

当 x 在 D 内取得一固定值 x_0 时,与 x_0 对应的 y 的数值称为函数 $y = f(x)$ 在点 x_0 处的**函数值**,记作 $f(x_0)$,或 $y|_{x=x_0}$.当 x 遍取 D 中的一切数值时,对应的函数值全体组成的数集

$$W = \{ y \mid y = f(x), x \in D \}$$

称为这个函数的**值域**.

定义域和对应法则是构成函数的两要素.如果两个函数的定义域和对应法则都相同,那么它们就是相同的函数,否则就是不同的函数.例如,函数 $y = \sqrt{x^2}$ 与 $s = |t|$ 是相同的函数,因为它们的定义域、对应法则都相同.函数 $y = x - 1$ 和函数 $y = \frac{x^2 - 1}{x + 1}$ 是不同的函数,因为二者的定义域不同.

在实际问题中,函数的定义域是根据问题的实际意义确定的.如在例 1 中,定义域 $D = (0, +\infty)$;在例 2 中,定义域 $D = [0, T]$.如果不考虑函数的实际意义,而抽象地研究用算式表达的函数,则**约定**:函数的定义域就是自变量所取得的使算式有意义的一切实数值构成的集合(通常称为**函数的自然定义域**).例如,函数 $y = \sqrt{x^2 - 1}$ 的定义域是 $D = (-\infty, -1] \cup [1, +\infty)$,而函数 $y = \arcsin(1 - x^2)$ 的定义域是 $D = [-\sqrt{2}, \sqrt{2}]$.

在上面关于函数的定义中,要求对 D 中的每个 x 的值,y 有唯一的值与之对应,这时又称 y 为 x 的**单值函数**.如果对应于自变量 x 的某些取值,y 的值不止一个,而是几个,甚至无穷多个,在这种情况下,我们称 y 是 x 的**多值函数**.对于多值函数,通常是限制 y 的取值范围,使之单值化,然后再加以研究.今后如无特别声明,都是讨论单值函数.

例 4 设 $f(x) = x^2 - 2x - 3$,求 $f(-1), f(a+1), f\left(\dfrac{1}{t}\right), f(x_0 + h)$.

解
$$f(-1) = (-1)^2 - 2(-1) - 3 = 0;$$
$$f(a+1) = (a+1)^2 - 2(a+1) - 3 = a^2 - 4;$$
$$f\left(\frac{1}{t}\right) = \left(\frac{1}{t}\right)^2 - \frac{2}{t} - 3 = \frac{1 - 2t - 3t^2}{t^2};$$

$$f(x_0+h)=(x_0+h)^2-2(x_0+h)-3=x_0^2+2(h-1)x_0+(h^2-2h-3).$$

例 5 求函数 $y=\sqrt{3-x}-\lg(x-1)$ 的定义域.

解 $\sqrt{3-x}$ 的定义域是 $D_1=\{x\,|\,3-x\geqslant0\}=\{x\,|\,x\leqslant3\}$；$\lg(x-1)$ 的定义域是 $D_2=\{x\,|\,x-1>0\}=\{x\,|\,x>1\}$. 所以函数 y 的定义域是 $D=D_1\bigcap D_2=\{x\,|\,1<x\leqslant3\}$，或写成区间 $(1,3]$.

(3) 函数的表示法

在函数的定义中，对用什么方法表示两变量之间的函数关系，并没有加以限制.表达函数的方法主要有解析法、图像法、表格法三种.

① 解析法 又叫公式法，即用数学式子表示自变量与因变量之间的对应法则.前面的例 1 至例 5 都是用解析法表示的函数.解析法的优点是简明准确，便于理论分析.缺点是不够直观，有些函数关系难以或不能用公式给出.例如，一天内的气温是随时间变化而变化的，但无法用公式表出，只能用温度自动记录仪画出图像.

② 图像法 对于函数 $y=f(x)$，在其定义域 D 内任意取定一个 x，对应的函数值为 $y=f(x)$.以 x 为横坐标，y 为纵坐标，就在 xOy 平面内确定一点 $M(x,y)$.这样，当 x 遍取 D 上的每一个值时，就得到点 $M(x,y)$ 的一个集合 C：

$$C=\{(x,y)\mid y=f(x),x\in D\}.$$

点集 C 就称为函数 $y=f(x)$ 的**图形**(图 1-3)，图中的 W 表示函数 $y=f(x)$ 的值域.

在物理学和工程技术中经常用图形表示函数.其优点是直观形象，缺点是不便于进行理论分析.

③ 表格法 在实际应用中，常将一系列的自变量值与对应的函数值列成表格，如对数表、三角函数表等.表格法的优点是可直接由自变量的值查到对应的函数值，但是所列数据往往不全，不能全面反应变量间的函数关系，同时也不便于理论分析.

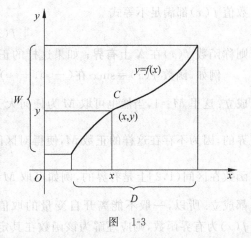

图 1-3

以后我们研究的函数，最常见的是由公式表出的函数.

例 6 函数 $y=2$ 的定义域是 $D=(-\infty,+\infty)$，值域是 $W=\{2\}$.一般称 $y=C$(常数)为**常函数**.

例 7 狄利克雷(Dirichlet)函数

$$y=D(x)=\begin{cases}1, & \text{当 } x \text{ 为有理数时,}\\0, & \text{当 } x \text{ 为无理数时.}\end{cases}$$

例 8 符号函数

$$y=\text{sgn}x=\begin{cases}1, & x>0,\\0, & x=0,\\-1, & x<0.\end{cases}$$

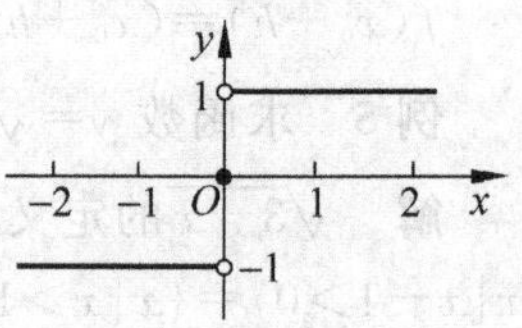

其图形如图 1-4 所示.

从例 7、例 8 可以看到,有时一个函数要用几个式子表示.这种在自变量的不同变化范围内,对应法则要用不同的式子来表示的函数,通常称为**分段函数**.

用几个式子来表示一个(不是几个!)函数,不仅与函数的定义无矛盾,而且有现实意义.在自然科学、工程技术及日常生活中

图 1-4

都会遇到分段函数.例如,在等温过程中,一定量的气体压强 P 与体积 V 的函数关系,当 V 不太小时服从玻意耳定律;当 V 相当小时,则服从房特瓦定律,即

$$P = \begin{cases} \dfrac{C}{V}, & V \geqslant V_0, \\[3mm] \dfrac{\gamma}{V-\beta} - \dfrac{\alpha}{V^2}, & V < V_0, \end{cases}$$

其中,C,α,β,γ 都是常量.

寄信的邮资问题,货物的运价问题等也涉及分段函数的概念.

2. 函数的几种特性

(1) 函数的有界性

设函数 $f(x)$ 的定义域为 D,数集 $X \subset D$,如存在正数 M,使得与任一 $x \in X$ 所对应的函数值 $f(x)$ 都满足不等式

$$|f(x)| \leqslant M,$$

则称函数 $f(x)$ 在 X 上**有界**;如果这样的正数 M 不存在,则称 $f(x)$ 在 X 上**无界**.

例如,函数 $f(x) = \sin x$ 在 $(-\infty, +\infty)$ 内是有界的,因为 x 取任何实数,都有 $|\sin x| \leqslant 1$ 成立.这里 $M = 1$,当然也可取 M 为任何大于 1 的实数.函数 $g(x) = \dfrac{1}{x}$ 在区间 $(0,2]$ 上是无界的,因为不存在这样的正数 M,使得对区间 $(0,2]$ 上的一切 x 值,均有 $\left|\dfrac{1}{x}\right| \leqslant M$ 成立.但该函数在区间 $(1,2]$ 上是有界的,例如可取 $M = 1$,而使 $\left|\dfrac{1}{x}\right| \leqslant 1$ 对于区间 $(1,2]$ 上的一切 x 值都成立.所以,一般不能离开自变量的取值范围而谈论函数有界或无界.如果讲函数 $y = f(x)$ 为有界函数,则应理解为该函数在其定义域 D 上是有界的.

(2) 函数的单调性

设函数 $f(x)$ 的定义域为 D,区间 $I \subset D$.如果对于区间 I 上任意两点 x_1 及 x_2,当 $x_1 < x_2$ 时,恒有

$$f(x_1) < f(x_2),$$

则称函数 $f(x)$ 在区间 I 上是**单调增加**的;如果对 I 上任意两点 x_1 及 x_2,当 $x_1 < x_2$ 时,恒有

$$f(x_1) > f(x_2),$$

则称函数 $f(x)$ 在区间 I 上是**单调减少**的.函数在一区间上单调增加或单调减少统称为该区间上的**单调函数**.

例如,函数 $f(x) = x^2$ 在区间 $[0, +\infty)$ 上单调增加,在区间 $(-\infty, 0]$ 上单调减少,但在区间 $(-\infty, +\infty)$ 内不是单调的.函数 $g(x) = \sqrt[3]{x}$ 在区间 $(-\infty, +\infty)$ 内单调增加.

（3）函数的奇偶性

设函数 $f(x)$ 的定义域 D 关于原点对称.如果对任一 $x \in D$,恒有

$$f(-x) = f(x)$$

成立,则称 $f(x)$ 为**偶函数**.如果对任一 $x \in D$,恒有

$$f(-x) = -f(x)$$

成立,则称 $f(x)$ 为**奇函数**.

易知偶函数的图形关于 y 轴对称,奇函数的图形关于原点对称(见图 1-5).

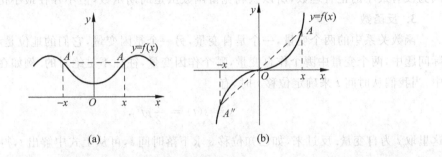

图 1-5

验证一个函数是否为奇函数或偶函数,一般应从定义出发.例如,函数 $f(x) = \lg(x + \sqrt{x^2+1})$ 的定义域为 $(-\infty, +\infty)$,是关于原点对称的,且

$$f(-x) = \lg(-x + \sqrt{(-x)^2+1}) = \lg \frac{x^2+1-x^2}{x+\sqrt{x^2+1}}$$

$$= -\lg(x + \sqrt{x^2+1}) = -f(x),$$

所以该函数是奇函数.函数 $g(x) = x^2 - x$ 的定义域为 $(-\infty, +\infty)$,$g(-x) = x^2 + x$,$g(x)$ 既不是偶函数,也不是奇函数.

（4）函数的周期性

设函数 $f(x)$ 的定义域为 D.如果存在一个非零数 l,使得对任意 $x \in D$ 有 $(x \pm l) \in D$,且恒有

$$f(x+l) = f(x)$$

成立,则称 $f(x)$ 为**周期函数**,l 称为 $f(x)$ 的**周期**.通常我们说的周期函数的周期是指最小正周期(如果存在的话),通常记为 T.

例如,函数 $\sin x$,$\cos x$ 都是周期为 2π 的周期函数;$\tan x$,$\sin 2x$ 都是周期为 π 的周期函数.

如果 $f(x)$ 以 T 为周期的周期函数,则在这函数的定义域内,依次相接的每个长度为 T 的区间上,函数图形有相同的形状(见图 1-6).

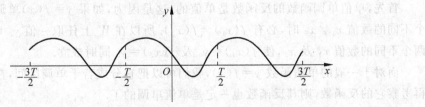

图 1-6

需要注意的是并非所有周期函数都有最小正周期. 例如, 狄利克雷函数

$$D(x) = \begin{cases} 1, & \text{当 } x \text{ 为有理数时,} \\ 0, & \text{当 } x \text{ 为无理数时,} \end{cases}$$

对任何非零有理数 q, 都有

$$D(x \pm q) = \begin{cases} 1, & \text{当 } x \text{ 为有理数时,} \\ 0, & \text{当 } x \text{ 为无理数时.} \end{cases}$$

因为没有最小的正有理数, 所以狄利克雷函数虽是周期函数, 但不存在最小正周期.

3. 反函数

函数关系中的两个变量, 一个是自变量, 另一个是因变量, 它们的地位是不同的. 但在实际问题中, 两个变量中哪个作自变量, 哪个作因变量, 往往不是绝对的. 例如在自由落体运动中, 当我们从时间 t 来确定位移 s 时, 有

$$s = s(t) = \frac{1}{2}gt^2,$$

这里取 t 为自变量. 反过来, 如已知位移 s 求下落时间 t, 可从上式中解出 t, 得

$$t = t(s) = \sqrt{\frac{2s}{g}},$$

这时, s 是自变量, t 是因变量.

这表明, 在一定条件下, 函数关系中的自变量与因变量可以相互转化, 两个变量的地位可以互换. 像上面从函数 $s = s(t) = \frac{1}{2}gt^2$ 得到的函数 $t = t(s) = \sqrt{\frac{2s}{g}}$ 就叫做函数 $s = s(t)$ 的**反函数**, 而函数 $s = s(t)$ 叫做**直接函数**.

一般地, 设函数 $y = f(x)$ 的定义域为 D, 值域为 W. 对任一 $y \in W$, 必有 $x \in D$, 使

$$f(x) = y$$

成立 (这样的 x 可能不止一个). 即对于任一数值 $y \in W$, 至少存在一个数值 $x \in D$ 与 y 对应, 数值 x 适合关系式

$$f(x) = y.$$

这里如果把 y 看作自变量, x 看作因变量, 依照函数的概念, 我们就得到了一个新的函数, 这个新的函数就称为函数 $y = f(x)$ 的**反函数**, 记为 $x = \varphi(y)$ (或记作 $x = f^{-1}(y)$), 其定义域为 W, 值域为 D. 相对于反函数 $x = \varphi(y)$ 来说, 原来的函数 $y = f(x)$ 称为**直接函数**.

不难知道, 即使 $y = f(x)$ 是单值函数, 其反函数 $x = \varphi(y)$ 也不一定是单值函数. 例如 $y = x^4$ 是单值函数, 但其反函数为 $x = \pm \sqrt[4]{y}$, 一般是双值的. 我们通常研究的是单值函数. 如何解决这一矛盾呢?

首先, 单值单调函数的反函数是单值的. 这是因为, 如果 $y = f(x)$ 单调, 则任取 D 上两个不同的数值 $x_1 \neq x_2$ 时, 必有 $f(x_1) \neq f(x_2)$. 所以在 W 上任取一值 y_0 时, D 上不可能有两个不同的数值 x_1 及 x_2, 使 $f(x_1) = y_0$ 及 $f(x_2) = y_0$ 同时成立.

而对于一般的单值函数 $y = f(x)$, 我们可以把它分成若干单调区间, 在每个单调区间上再考察它的反函数, 则其反函数也一定是单值单调的了.

例9 函数 $y = x^2$ 的定义域 $D = (-\infty, +\infty)$, 值域 $W = [0, +\infty)$. 在 $W = [0, +\infty)$ 上

任取 $y \neq 0$,则满足等式

$$x^2 = y$$

的 x 的值有两个,一个是 $x = \sqrt{y}$,另一个是 $x = -\sqrt{y}$,所以函数 $y = x^2$ 的反函数是多值函数,即 $x = \pm\sqrt{y}$. 但函数 $y = x^2$ 在 $(-\infty, 0]$ 和 $[0, +\infty)$ 上分别都是单调的,将 x 限制在 $[0, +\infty)$ 上,则 $y = x^2$ 的反函数是单值的,即 $x = \sqrt{y}$,它称为函数 $y = x^2$ 的反函数的一个**单值分支**. 将 x 限制在 $(-\infty, 0]$ 上,则得到 $y = x^2$ 的反函数的另一个单值分支 $x = -\sqrt{y}$.

习惯上用 x 表自变量,y 表因变量,把 $y = f(x)$ 的反函数 $x = \varphi(y)$ 中的 x 改为 y,y 改为 x,则得 $y = \varphi(x)$. 函数 $x = \varphi(y)$ 与 $y = \varphi(x)$ 中表示对应法则的符号(都是 φ)相同,定义域也相同,因此它们表示同一个函数. 也就是说如果 $y = f(x)$ 的反函数是 $x = \varphi(y)$,那么,$y = \varphi(x)$ 也是 $y = f(x)$ 的反函数.

如果函数 $y = f(x)$ 和它的反函数 $x = \varphi(y)$ 的图形画在同一个坐标系中,则它们的图形是同一条曲线. 如果函数 $y = f(x)$ 和它的反函数 $y = \varphi(x)$ 在同一坐标系中作图,则一般可得到两个不同的图形,这两个图形关于直线 $y = x$ 对称(图 1-7). 这是因为如 $M(a, b)$ 是 $y = f(x)$ 图形上的点,则有 $b = f(a)$,而 $y = \varphi(x)$ 是 $y = f(x)$ 的反函数,故有 $a = \varphi(b)$,即 $M'(b, a)$ 是 $y = \varphi(x)$ 的图形上的点. 反之,若 $M'(b, a)$ 是 $y = \varphi(x)$ 的图形上的点,则同上可知 $M(a, b)$ 是 $y = f(x)$ 的图形上的点. 而点 $M(a, b)$ 与点 $M'(b, a)$ 关于直线 $y = x$ 是对称的.

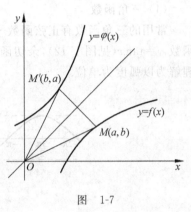

图　1-7

1.1.3 初等函数

1. 基本初等函数

基本初等函数是指幂函数、指数函数、对数函数、三角函数、反三角函数这五类函数. 这些函数,读者在初等数学中都已学过,这里仅作提要性的复习,而不详细讨论.

(1) 幂函数 $y = x^\mu$(μ 为任意常数)

如果 $\mu = 0$,则 $y = 1$(当 $x \neq 0$ 时). 当 μ 为非零实数时,随 μ 取值的不同,函数的定义域、值域、单调性、图形等也有所不同. 就 $\mu = 1, 2, 3, \frac{1}{2}, -1, -\frac{1}{2}$ 几种情况,请读者自己研究函数 $y = x^\mu$ 的定义域、值域、单调性、奇偶性,并画出函数的图形.

(2) 指数函数 $y = a^x$($a > 0, a \neq 1$)

指数函数 $y = a^x$ 的定义域为 $D = (-\infty, +\infty)$,值域为 $W = (0, +\infty)$. 当 $a > 1$ 时为增函数,当 $0 < a < 1$ 时为减函数. 图形过点 $(0, 1)$,且 $y = a^x$ 的图形与 $y = \left(\dfrac{1}{a}\right)^x$ 的图形关于 y 轴对称(见图 1-8).

(3) 对数函数 $y = \log_a x$($a > 0, a \neq 1$)

对数函数 $y = \log_a x$ 与指数函数 $y = a^x$ 互为反函数,对数函数的定义域为 $D = (0, +\infty)$,值域为 $W = (-\infty, +\infty)$(见图 1-9). 当 $a > 1$ 时为增函数,当 $0 < a < 1$ 时为减函

数.图形均过点$(1,0)$,且 $y=\log_a x$ 的图形与 $y=\log_{\frac{1}{a}}x$ 的图形关于 x 轴对称.

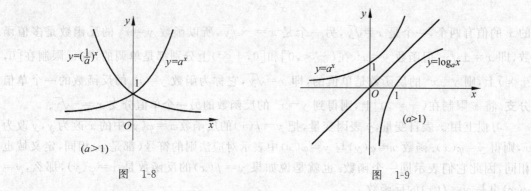

图 1-8   图 1-9

(4) 三角函数

常用的三角函数有正弦函数 $y=\sin x$(见图 1-10),余弦函数 $y=\cos x$(见图 1-11),正切函数 $y=\tan x$(见图 1-12),余切函数 $y=\cot x$(见图 1-13),其中自变量 x 作为角度看待时恒理解为以弧度为单位.

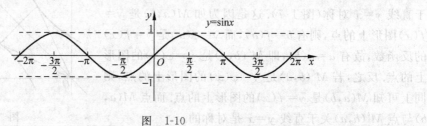

图　1-10

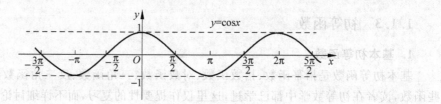

图　1-11

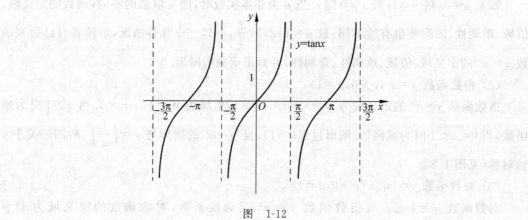

图　1-12

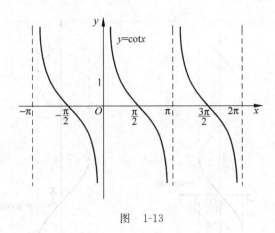

图　1-13

正弦函数和余弦函数都是以 2π 为周期的周期函数,定义域为$(-\infty,+\infty)$,值域为 $[-1,1]$.正弦函数是奇函数,余弦函数为偶函数.

正切函数的定义域为 $D=\{x\,|\,x\in\mathbb{R},x\neq n\pi+\dfrac{\pi}{2},n\in\mathbb{Z}\}$,值域为 $W=(-\infty,+\infty)$,在有定义的区间内函数单调增加.

余切函数的定义域为 $D=\{x\,|\,x\in\mathbb{R},x\neq n\pi,n\in\mathbb{Z}\}$,值域为 $W=\{-\infty,+\infty\}$,在有定义的区间内单调减少.

正切函数、余切函数都是以 π 为周期的周期函数,又都是奇函数.

(5) 反三角函数

反三角函数是三角函数的反函数.由于三角函数都是周期函数,所以它们的反函数都是多值函数.但是,我们可以选取这些函数的单值支,例如,把反正弦函数 $y=\arcsin x$ 的值限制在闭区间 $\left[-\dfrac{\pi}{2},\dfrac{\pi}{2}\right]$ 上,称为反正弦函数的**主值**,记为 $\arcsin x$.这样,函数 $y=\arcsin x$ 就是定义在$[-1,1]$上的单值函数,值域为 $\left[-\dfrac{\pi}{2},\dfrac{\pi}{2}\right]$.类似地,可定义其余几个反三角函数的主值.反三角函数的定义域、值域、单调性见表 1-1,反三角函数的图形如图 1-14 所示.

表　1-1

函　数	$y=\arcsin x$	$y=\arccos x$	$y=\arctan x$	$y=\operatorname{arccot} x$
定义域	$[-1,1]$	$[-1,1]$	$(-\infty,+\infty)$	$(-\infty,+\infty)$
值　域	$\left[-\dfrac{\pi}{2},\dfrac{\pi}{2}\right]$	$[0,\pi]$	$\left(-\dfrac{\pi}{2},\dfrac{\pi}{2}\right)$	$(0,\pi)$
单调性	单调增加	单调减少	单调增加	单调减少

2. 复合函数与初等函数

(1) 复合函数

先看一个例子,设 $y=u^3,u\in\mathbb{R}$；$u=2x+1,x\in\mathbb{R}$.那么,对任一 $x\in\mathbb{R}$,通过 u 就有 y 与之对应,其中 $y=(2x+1)^3$.我们称函数 $y=(2x+1)^3$ 是由 $y=u^3$ 及 $u=2x+1$ 复合而成的**复合函数**.

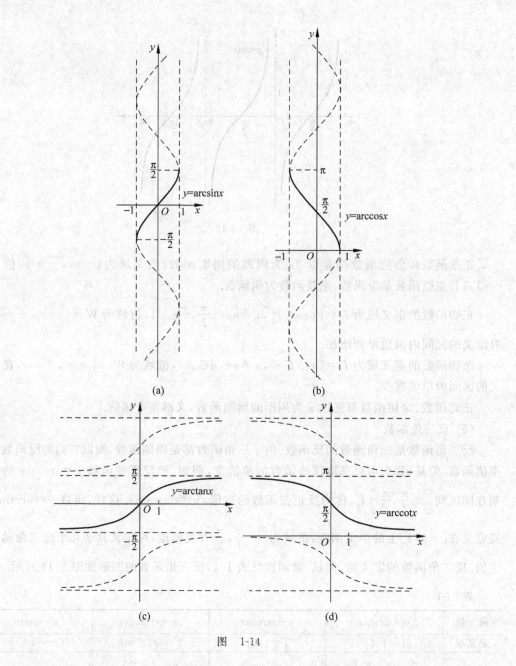

图 1-14

一般地,设函数 $y=f(u)$ 的定义域为 D_f,函数 $u=\varphi(x)$ 的定义域为 D_φ,且函数 $u=\varphi(x)$ 的值域 $W_\varphi \subseteq D_f$.那么对于每个 $x \in D_\varphi$,通过 u 有确定的 y 值与 x 对应,从而得到一个自变量为 x、因变量为 y 的函数,这个函数称为由函数 $y=f(u)$ 和函数 $u=\varphi(x)$ 复合而成的**复合函数**,记作

$$y=f[\varphi(x)],$$

而 u 称为**中间变量**.这时,复合函数 $y=f[\varphi(x)]$ 的定义域 $D=D_\varphi$.

例如,由 $y=f(u)=\mathrm{e}^u$,$u=\varphi(x)=x^2+1$ 可得到复合函数 $y=f[\varphi(x)]=\mathrm{e}^{x^2+1}$.而函数 $y=\lg\sin x$ 可看作由 $y=\lg u$,$u=\sin x$ 复合而成的.

应当注意的是,并不是任何两个函数都可以复合成一个复合函数. 例如,$y=\arcsin u$ 及 $u=x^2+3$ 就不可能复合成一个复合函数. 这是因为对于 $u=x^2+3$ 的定义域内的任何值 x 所对应的 u 值都不小于 3,从而不能使 $y=\arcsin u$ 有意义. 一般地,要使 $y=f(u)$ 和 $u=\varphi(x)$ 能构成复合函数,必要而且只要 $u=\varphi(x)$ 的值域 W_φ 与 $y=f(u)$ 的定义域 D_f 的交集是非空的,即 $W_\varphi \cap D_f \neq \varnothing$. 而复合函数 $y=f[\varphi(x)]$ 的定义域 D 是由函数 $u=\varphi(x)$ 的定义域中的那些对应的函数值 u 落在 $y=f(u)$ 的定义域中的 x 的全体所组成,即 $D=\{x \mid x \in D_\varphi,\ \varphi(x) \in D_f\}$.

我们可用图 1-15 来说明复合函数的概念.

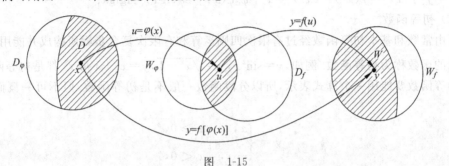

图 1-15

复合函数也可由两个以上的有限多个函数复合而构成. 例如,设 $y=\tan u, u=e^v, v=\sqrt{w}, w=x^2+1$,则得到复合函数 $y=\tan e^{\sqrt{x^2+1}}$,这里 u,v,w 都是中间变量. 复合步骤有三次:第一次,由 $v=\sqrt{w}$ 和 $w=x^2+1$ 得 $v=\sqrt{x^2+1}$;第二次,由 $u=e^v$ 和 $v=\sqrt{x^2+1}$ 得 $u=e^{\sqrt{x^2+1}}$;第三次,由 $y=\tan u$ 和 $u=e^{\sqrt{x^2+1}}$ 得 $y=\tan e^{\sqrt{x^2+1}}$. 当然也可看成先由 $y=\tan u$ 和 $u=e^v$ 得到 $y=\tan e^v$,再由 $u=\tan e^v$ 和 $v=\sqrt{w}$ 得到 $y=\tan e^{\sqrt{w}}$,最后由 $y=\tan e^{\sqrt{w}}$ 和 $w=x^2+1$ 得到 $y=\tan e^{\sqrt{x^2+1}}$.

一般说来,将几个函数构成的函数链组合成复合函数时,可"由内到外"逐层复合;将复合函数分解成简单函数时,可"由外向内"逐层分解. 这两个过程很像一件仪器从工厂到用户的装箱、拆箱过程. 函数的复合过程类似仪器的包装入箱;函数的分解类似于仪器的拆箱. 在将复合函数分解成一串简单函数构成的函数链时,中间变量的选取应尽可能使每一步是基本初等函数或基本初等函数的四则运算,分解的方式有时不是唯一的.

例 10 把下列函数分解成简单函数的复合,并求出函数的定义域:

(1) $y=\arcsin \sqrt{1-x^2}$;   (2) $y=\lg\log_{\frac{1}{3}} 5^{\frac{1}{x}}$.

解 (1) 所给函数可看成由函数 $y=\arcsin u, u=\sqrt{v}, v=1-x^2$ 复合构成. x 应满足不等式组

$$\begin{cases} |\sqrt{1-x^2}| \leqslant 1, \\ 1-x^2 \geqslant 0, \end{cases}$$

即 x 应满足不等式 $0 \leqslant x^2 \leqslant 1$,故函数的定义域为闭区间 $[-1,1]$.

(2) 所给函数由函数 $y=\lg u, u=\log_{\frac{1}{3}} v, v=5^w, w=\dfrac{1}{x}$ 复合构成.

x 应满足不等式组

$$\begin{cases} \log_{\frac{1}{3}} 5^{\frac{1}{x}} > 0, \\ 5^{\frac{1}{x}} > 0, \\ x \neq 0, \end{cases} \quad 即 \quad \begin{cases} 0 < 5^{\frac{1}{x}} < 1, \\ x \neq 0. \end{cases}$$

进而可得 $\dfrac{1}{x} < 0$，即 $x < 0$. 所给函数的定义域为 $D = (-\infty, 0)$.

例 11　设 $f(x) = x^2$，$\varphi(x) = \lg x$，求 $f[\varphi(x)]$，$f[f(x)]$，$\varphi[f(x)]$，$\varphi[\varphi(x)]$.

解　$f[\varphi(x)] = f(\lg x) = (\lg x)^2$；$\varphi[f(x)] = \varphi(x^2) = \lg(x^2)$；

$\qquad f[f(x)] = f(x^2) = (x^2)^2 = x^4$；$\varphi[\varphi(x)] = \varphi(\lg x) = \lg \lg x$.

(2) 初等函数

可由常数和基本初等函数经过有限次四则运算和有限次复合步骤所构成并能用一个算式表示的函数称为**初等函数**. 例如，$y = \sin^2 x$，$y = \sqrt{x^2 - 1}$，$y = x^2 + x \sin x^2$ 都是初等函数.

初等函数要能用一个算式表示，所以分段函数一般不是初等函数. 但不可一概而论，例如函数

$$y = \begin{cases} x, & x \geqslant 0, \\ -x, & x < 0, \end{cases}$$

又可表示为 $y = \sqrt{x^2}$，所以这个函数实质上是一个初等函数. 本课程中所讨论的函数主要是初等函数.

3. 双曲函数与反双曲函数

在电工学和力学中，常遇到一类与**圆函数**（即三角函数）相对应的初等函数——**双曲函数**，它们都是由指数函数 e^x 和 e^{-x} 所构成的，这里 e 是一无理数，$e = 2.71828\cdots$，1.6 节将对 e 作详细介绍. 下面给出常用到的双曲函数的定义.

定义 2　函数 $\dfrac{e^x - e^{-x}}{2}$ 称为**双曲正弦**函数，记为 $\sinh x$，即 $\sinh x = \dfrac{e^x - e^{-x}}{2}$；$\dfrac{e^x + e^{-x}}{2}$ 称为

双曲余弦函数，记为 $\cosh x$，即 $\cosh x = \dfrac{e^x + e^{-x}}{2}$，$\dfrac{\sinh x}{\cosh x} = \dfrac{e^x - e^{-x}}{e^x + e^{-x}}$ 称为**双曲正切**函数，记为

$\tanh x$，即 $\tanh x = \dfrac{\sinh x}{\cosh x} = \dfrac{e^x - e^{-x}}{e^x + e^{-x}}$.

这三个函数的简单性态可列表 1-2.

表　1-2

函　数	定义域	值　域	奇偶性	单调性
$y = \sinh x$	$(-\infty, +\infty)$	$(-\infty, +\infty)$	奇函数	单调增加
$y = \cosh x$	$(-\infty, +\infty)$	$[1, +\infty)$	偶函数	在 $(-\infty, 0]$ 上单调减少 在 $[0, +\infty)$ 上单调增加
$y = \tanh x$	$(-\infty, +\infty)$	$(-1, 1)$	奇函数	单调增加

这三个函数的图形如图 1-16 所示.

根据双曲函数的定义，可以证明如下几个重要的恒等式：

$$\sinh(x + y) = \sinh x \cosh y + \cosh x \sinh y; \qquad (1.1.1)$$

$$\sinh(x - y) = \sinh x \cosh y - \cosh x \sinh y; \qquad (1.1.2)$$

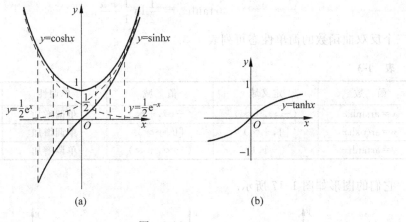

图 1-16

$$\cosh(x + y) = \cosh x \cosh y + \sinh x \sinh y; \qquad (1.1.3)$$
$$\cosh(x - y) = \cosh x \cosh y - \sinh x \sinh y. \qquad (1.1.4)$$

这里我们证明公式(1.1.3),其余几个公式读者可自己证明.由定义,有

$$\cosh x \cosh y + \sinh x \sinh y = \frac{e^x + e^{-x}}{2} \cdot \frac{e^y + e^{-y}}{2} + \frac{e^x - e^{-x}}{2} \cdot \frac{e^y - e^{-y}}{2}$$

$$= \frac{e^{x+y} + e^{-x+y} + e^{x-y} + e^{-(x+y)}}{4} + \frac{e^{x+y} - e^{-x+y} - e^{x-y} + e^{-(x+y)}}{4}$$

$$= \frac{e^{x+y} + e^{-(x+y)}}{2} = \cosh(x + y).$$

由以上几个公式,又可导出其他一些公式,例如,在式(1.1.1)中令 $x = y$,可得

$$\sinh 2x = 2 \sinh x \cosh x; \qquad (1.1.5)$$

在式(1.1.4)中令 $x = y$,并注意到 $\cosh 0 = 1$,可得

$$\cosh^2 x - \sinh^2 x = 1; \qquad (1.1.6)$$

在式(1.1.3)中令 $x = y$,并利用式(1.1.6),可得

$$\cosh 2x = \cosh^2 x + \sinh^2 x = 1 + 2 \sinh^2 x = 2 \cosh^2 x - 1. \qquad (1.1.7)$$

以上关于双曲函数的公式(1.1.1)至公式(1.1.7)与三角函数的有关公式相类似,注意比较它们的异同,可帮助记忆.

双曲函数 $y = \sinh x, y = \cosh x, y = \tanh x$ 的反函数依次记为

反双曲正弦 $\quad y = \operatorname{arsinh} x,$

反双曲余弦[①] $\quad y = \operatorname{arcosh} x,$

反双曲正切 $\quad y = \operatorname{artanh} x.$

这些反双曲函数都可通过以 e 为底的对数即所谓**自然对数**(记为 $\ln x = \log_e x$)来表示:

$$\operatorname{arsinh} x = \ln(x + \sqrt{x^2 + 1}),$$

$$\operatorname{arcosh} x = \ln(x + \sqrt{x^2 - 1}),$$

---

① 它是双曲余弦函数的反函数的主值支.

$$\operatorname{artanh}x = \frac{1}{2}\ln\frac{1+x}{1-x}.$$

这三个反双曲函数的简单性态可列表 1-3.

表 1-3

函 数	定义域	值 域	单调性	奇偶性
$y=\operatorname{arsinh}x$	$(-\infty,+\infty)$	$(-\infty,+\infty)$	单调增加	奇函数
$y=\operatorname{arcosh}x$	$[1,+\infty)$	$[0,+\infty)$	单调增加	非奇非偶
$y=\operatorname{artanh}x$	$(-1,1)$	$(-\infty,+\infty)$	单调增加	奇函数

它们的图形如图 1-17 所示.

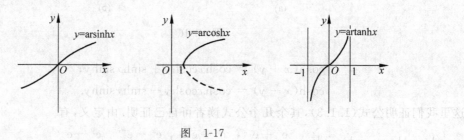

图 1-17

例 12 求双曲余弦函数 $y=\cosh x$ 的反函数.

解 由于双曲余弦函数 $y=\cosh x=\frac{1}{2}(\mathrm{e}^x+\mathrm{e}^{-x})$ 是偶函数,所以其反函数是双值的.变量 x,y 对换,有

$$x = \frac{1}{2}(\mathrm{e}^y+\mathrm{e}^{-y}),$$

解得

$$\mathrm{e}^y = x \pm \sqrt{x^2-1}\,(x>1),$$

于是

$$y = \ln(x \pm \sqrt{x^2-1}) = \pm\ln(x+\sqrt{x^2-1}).$$

为避免多值性,规定值域为区间 $[0,+\infty)\Big($实际上是在双曲余弦函数 $y=\cosh x=\frac{1}{2}(\mathrm{e}^x+\mathrm{e}^{-x})$ 的单调增区间 $[0,+\infty)$ 上求其反函数$\Big)$,记作 $\operatorname{arcosh}x$,于是有

$$y = \operatorname{arcosh}x = \ln(x+\sqrt{x^2-1}).$$

该函数的定义域是 $x\geqslant1$,值域是 $[0,+\infty)$,是单调增函数.

习题 1-1

1. 下列各题中,函数 $f(x)$ 和 $g(x)$ 是否相同,为什么?

(1) $f(x)=\lg x^2$,$g(x)=2\lg x$;

(2) $f(x)=x,g(x)=\sqrt{x^2}$;

(3) $f(x)=\sqrt[3]{x^4-x^3},g(x)=x\sqrt[3]{x-1}$;

(4) $f(x)=|x|,g(x)=\begin{cases}x, & x>0,\\ -x, & x<0.\end{cases}$

2. 求下列函数的定义域：

(1) $y=\sin\sqrt{x}$；　　(2) $y=\tan(x+1)$；　　(3) $y=\lg(\arcsin x)$；　　(4) $y=e^{\frac{1}{x}}$.

3. 设 $f(x)=x+1,\varphi(x)=\dfrac{1}{1+x^2}$，求 $f[\varphi(x)+1]$.

4. 设 $f(x)=\dfrac{1}{1-x}$，求 $f[f(x)]$ 及其定义域.

5. 下列初等函数由哪些基本初等函数复合而成？

(1) $y=\sin^3 5x$；　　　　　　　　　　(2) $y=\arctan(\cos e^{-\frac{1}{2}})$；

(3) $y=\ln^2(\ln x^2)$；　　　　　　　　　(4) $y=\ln(\sin e^{x+1})$.

6. 设 $f(x)$ 的定义域为 D，当 $x\in D$ 时必有 $-x\in D$. 求证：

(1) $f(x)+f(-x)$ 是偶函数，$f(x)-f(-x)$ 是奇函数；

(2) $f(x)$ 可表示成一个偶函数与一个奇函数之和.

7. 若 $f(x)=\dfrac{1}{1+x},g(x)=1+x^2$，求 $f\left(\dfrac{1}{x}\right),g\left(\dfrac{1}{x}\right),f[f(x)],g[f(x)],f[g(2)],g[f(1)]$.

8. 求双曲正弦函数 $y=\dfrac{e^x-e^{-x}}{2}$ 的反函数 $y=\text{arsinh}x$ 的初等表达式.

9. 在斜高为 2 时，试写出圆锥体的体积 V 作为它的高 h 的函数表达式.

10. 设有容量为 10m^3 的无盖圆柱形桶，其底用铜制，侧壁用铁制，已知铜价为铁价的 5 倍，试建立做此桶所需费用与桶底半径 r 之间的函数关系.

1.2　数列的极限

极限概念是由于求某些实际问题的精确解答而产生的. 我国魏晋时期的数学家刘徽利用圆内接正多边形计算圆面积的方法——割圆术，西方古希腊学者阿基米德计算抛物线弓形面积及锥体体积的方法，就是极限思想在几何学上的应用.

我们先从数列及其极限谈起.

1.2.1　数列

如果按照某一法则，有第一个数 x_1，第二个数 x_2，$\cdots\cdots$这样依次排列着，使得对应于任何自然数 n 都有一个确定的数 x_n，那么，这列有次序的数

$$x_1,x_2,\cdots,x_n,\cdots$$

就叫做**数列**，简记作 $\{x_n\}$ 或数列 x_n，其中每一个数叫做数列的**一项**，第 n 项 x_n 叫做数列的**一般项**或**通项**.

例如：

$$\frac{1}{2},\frac{1}{4},\frac{1}{8},\cdots,\frac{1}{2^n},\cdots;$$

$$\frac{1}{2},\frac{2}{3},\frac{3}{4},\cdots,\frac{n}{n+1},\cdots;$$

$$1,4,9,\cdots,n^2,\cdots;$$

$$1, -1, 1, \cdots, (-1)^{n+1}, \cdots;$$
$$2, \frac{1}{2}, \frac{4}{3}, \cdots, \frac{n+(-1)^{n-1}}{n}, \cdots$$

等都是数列的例子,它们的一般项分别为

$$\frac{1}{2^n}, \quad \frac{n}{n+1}, \quad n^2, \quad (-1)^{n+1}, \quad \frac{n+(-1)^{n-1}}{n}.$$

从几何上看,数列 x_n 可看作数轴上的一个动点,它依次取数轴上的点 $x_1, x_2, \cdots, x_n, \cdots$ (见图 1-18).

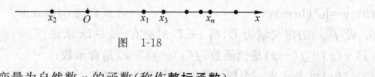

图 1-18

数列又可看作自变量为自然数 n 的函数(称作**整标函数**):

$$x_n = f(n),$$

它的定义域为全体自然数,当自变量 n 依次取 $1, 2, 3, \cdots$ 一切自然数时,对应的函数值就排列成数列 x_n.

如果一个数列的一般项 x_n 为已知,则这个数列就完全确定.但是,数列一般项为已知并不意味着一般项可用公式表示,例如,全体质数由小到大排成的数列

$$2, 3, 5, 7, \cdots, 2^{19937}-1, \cdots,$$

它的通项是无法用公式给出的.

对于数列 $\{x_n\}$,如果有

$$x_1 \leqslant x_2 \leqslant x_3 \leqslant \cdots \leqslant x_n \leqslant x_{n+1} \leqslant \cdots,$$

则称 $\{x_n\}$ **单调增加**;如果有

$$x_1 \geqslant x_2 \geqslant x_3 \geqslant \cdots \geqslant x_n \geqslant x_{n+1} \geqslant \cdots,$$

则称 $\{x_n\}$ **单调减少**.如果存在正数 M,使得对一切 x_n 都有

$$|x_n| \leqslant M$$

成立,则称 $\{x_n\}$ **有界**.

1.2.2 数列极限的定义

对于我们所要讨论的问题来说,重要的是:当 n 无限增大(记作 $n \to \infty$)时,对应的 $x_n = f(n)$ 能否无限接近某个确定的数值?

我们考察数列

$$2, \frac{1}{2}, \frac{4}{3}, \frac{3}{4}, \cdots, \frac{n+(-1)^{n-1}}{n}, \cdots,$$

其一般项

$$x_n = \frac{n+(-1)^{n-1}}{n} = 1 + (-1)^{n-1} \frac{1}{n}.$$

我们知道,两个数 a 与 b 的接近程度可用这两个数差的绝对值 $|b-a|$ 来度量,$|b-a|$ 越小,a 与 b 就越接近.

就上面数列 $x_n = \dfrac{n+(-1)^{n-1}}{n}$ 来说,由于

$$|x_n - 1| = \left| \frac{n+(-1)^{n-1}}{n} - 1 \right| = \frac{1}{n},$$

可见 n 越来越大时,$\dfrac{1}{n}$ 越来越小,从而 x_n 越来越接近于 1,且当 n 足够大时,$|x_n - 1| = \dfrac{1}{n}$ 可以小于任意给定的正数 ε. 例如给定 $\varepsilon = 0.01$,则由 $|x_n - 1| = \dfrac{1}{n} < \varepsilon = \dfrac{1}{100}$,得 $n > 100$,即只要把数列的前 100 项除外,从第 101 项开始,后面的所有项

$$x_{101}, x_{102}, x_{103}, \cdots, x_n, \cdots$$

都能使不等式

$$|x_n - 1| < \varepsilon = \frac{1}{100}$$

成立. 类似地,如果给定 $\varepsilon = \dfrac{1}{10000}$,则从第 10001 项开始,后面的所有项

$$x_{10001}, x_{10002}, \cdots, x_n, \cdots$$

都能使不等式

$$|x_n - 1| < \varepsilon = \frac{1}{10000}$$

成立.

一般地,不论给定的正数 ε 多么小,总存在正整数 N,使得对于 $n > N$ 的一切 x_n,不等式

$$|x_n - 1| < \varepsilon$$

都成立,这就是数列 $x_n = \dfrac{n+(-1)^{n-1}}{n}$ 当 $n \to \infty$ 时无限接近于常数 1 这件事的实质. 这样的一个数 1 就叫做数列 $x_n = \dfrac{n+(-1)^{n-1}}{n}$ 当 $n \to \infty$ 时的极限.

一般地,对于数列

$$x_1, x_2, x_3, \cdots, x_n, \cdots,$$

我们有如下的定义.

定义　如果对于任意给定的正数 ε(不论它多么小)总存在正整数 N,使得对于 $n > N$ 时的一切 x_n,不等式

$$|x_n - a| < \varepsilon$$

都成立,就称常数 a 是数列 x_n 的**极限**,或称数列 x_n **收敛于** a,记作

$$\lim_{n \to \infty} x_n = a \quad \text{或} \quad x_n \to a (n \to \infty).$$

如果数列没有极限,就说数列是**发散**的.

在上述定义中,正数 ε 可以"任意给定"这一点非常重要,ε 只有任意给定,不等式 $|x_n - a| < \varepsilon$ 才能表达出 x_n 与 a 无限接近的意思. 此外,定义中的正整数 N 的存在性,是 x_n 能否与 a 无限接近的关键. 如果对任意给定的 $\varepsilon > 0$,不存在使 $|x_{N+1} - a| < \varepsilon$,$|x_{N+2} - a| < \varepsilon$,$\cdots$ 都成立的 N,那么数列 x_n 就不以 a 为极限. 同时,N 是与 ε 有关的,它随着 ε 的给定而选定. 当这样的 N 存在时,它不是唯一的,任何比你找到的那个 N 大的自然数,都可扮演 N 的角色.

"数列 x_n 的极限为 a"的几何意义是:

将常数 a 及数列 $x_1, x_2, \cdots, x_n, \cdots$ 在数轴上用它们的对应点表示出来,再在数轴上作点

a 的 ε 邻域,即开区间 $(a-\varepsilon,a+\varepsilon)$,如图 1-19 所示.因不等式

$$|x_n-a|<\varepsilon$$

与不等式

$$a-\varepsilon<x_n<a+\varepsilon$$

等价,所以当 $n>N$ 时,所有的点都落在开区间 $(a-\varepsilon,a+\varepsilon)$ 内,而只有有限个(最多 N 个)点落在这区间之外.

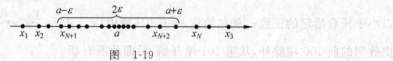

图 1-19

在平面直角坐标系中,可用点集 $\{(n,f(n))\,|\,n\ \text{为自然数}\}$ 表示整标函数 $x_n=f(n)$ 的图形.数列 x_n 以 a 为极限的几何意义是:对任意给定的正数 ε,作出介于直线 $y=a-\varepsilon$ 和 $y=a+\varepsilon$ 之间的带形域,这时总存在一个自然数 N,从第 $N+1$ 项起,数列 x_n 对应的点 $(n,f(n))$ 都落在上述带形区域内(图 1-20).

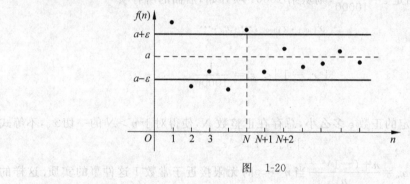

图 1-20

例 1 证明数列 $2,\dfrac{1}{2},\dfrac{4}{3},\dfrac{3}{4},\cdots,\dfrac{n+(-1)^{n-1}}{n},\cdots$ 的极限是 1.

证明 因为

$$|x_n-a|=\left|\frac{n+(-1)^{n-1}}{n}-1\right|=\frac{1}{n},$$

对任意给定的正数 ε,要使 $|x_n-a|<\varepsilon$,只要

$$\frac{1}{n}<\varepsilon, \quad \text{或} \quad n>\frac{1}{\varepsilon}.$$

所以,对于任意给定的正数 ε,取 $N=\left[\dfrac{1}{\varepsilon}\right]$,则当 $n>N$ 时,就有 $|x_n-1|<\varepsilon$,即

$$\lim_{n\to\infty}x_n=\lim_{n\to\infty}\frac{n+(-1)^{n-1}}{n}=1.$$

例 2 已知 $x_n=2+\dfrac{1}{2^n}$,证明数列 x_n 的极限是 2.

证明 $|x_n-2|=\dfrac{1}{2^n}$,要使 $|x_n-2|$ 小于任意给定的正数 $\varepsilon(\varepsilon<1)$,只要

$$\frac{1}{2^n}<\varepsilon, \quad \text{或} \quad 2^n>\frac{1}{\varepsilon},$$

即 $n>\dfrac{\lg\dfrac{1}{\varepsilon}}{\lg 2}$.取 $N=\left[\dfrac{\lg\dfrac{1}{\varepsilon}}{\lg 2}\right]$,则当 $n>N$ 时,就有 $|x_n-2|<\varepsilon$ 成立,即

$$\lim_{n \to \infty} x_n = \lim_{n \to \infty}\left(2 + \frac{1}{2^n}\right) = 2.$$

例 3 试证明 $\lim\limits_{n \to \infty} \dfrac{(-1)^n}{\sqrt{(n+10)^3}} = 0.$

证明 $\qquad\qquad |x_n - 0| = \dfrac{1}{(n+10)^{\frac{3}{2}}} < \dfrac{1}{n+10} < \dfrac{1}{n}.$

对任意给定的正数 ε，要使 $|x_n - 0| < \varepsilon$，只要

$$\frac{1}{n} < \varepsilon, \quad 即 \quad n > \frac{1}{\varepsilon}.$$

取 $N = \left[\dfrac{1}{\varepsilon}\right]$，则当 $n > N$ 时，必定有

$$\left| \frac{(-1)^n}{\sqrt{(n+10)^3}} - 0 \right| < \varepsilon$$

成立，即

$$\lim_{n \to \infty} \frac{(-1)^n}{\sqrt{(n+10)^3}} = 0.$$

在利用数列极限的定义证明数 a 是数列 x_n 的极限时，重要的是对任意给定的正数 ε，要能够说明定义中所说的正整数 N 确定存在，而不必求出最小的 N. 如果 $|x_n - a| < g(n)$，而由 $g(n) < \varepsilon$ 定出 N 比较方便的话，就可以采取这种方法，例 3 便是这样做的.

数列极限的定义，采用的是一种程式化的"$\varepsilon\text{-}N$"语言，与此类似的程式化的语言在 1.3 节定义函数的极限时也将遇到. 为了便于掌握这种定义方法，不妨将"数列 x_n 的极限为 a"的"$\varepsilon\text{-}N$"定义表格化，如表 1-4 所示.

表 1-4

极限	任给	存在	当	恒有
$\lim\limits_{n \to \infty} x_n = a$	$\varepsilon > 0$	N	$n > N$	$|x_n - a| < \varepsilon$

1.2.3 关于数列极限的几个结论

关于数列的极限，我们有如下几个结论（即数列极限的性质）：

结论 1 对一已知数列 x_n，增加或减少前面的有限项不改变数列的敛散性.

结论 2 如果数列 x_n 收敛，则极限值唯一.

结论 3 如果数列 x_n 收敛，则数列 x_n 一定有界.

结论 4 如果数列 x_n 收敛于 a，则数列 x_n 的任何子列也收敛于 a.

由数列极限的定义，不难理解结论 1 的正确性. 结论 2、结论 3、结论 4 都可结合数列极限的几何意义给出证明（这里从略）.

例 4 证明数列 $x_n = \dfrac{1 + (-1)^n}{2}$ 是发散的.

证明 所给数列为

$$0,1,0,1,0,\cdots,\frac{1+(-1)^n}{2},\cdots.$$

如果这个数列收敛于常数 a,取 $\varepsilon=\frac{1}{4}$,则存在自然数 N,当 $n>N$ 时,所有的 x_n 都落在区间 $\left(a-\frac{1}{4},a+\frac{1}{4}\right)$ 内. 但是,这个区间的长度为 $\frac{1}{2}$,而任何长度为 $\frac{1}{2}$ 的区间都不可能将 1 和 0 两个点同时覆盖住. 这说明任何数 a 都不可能是数列 $x_n=\frac{1+(-1)^n}{2}$ 的极限. 所以数列 $x_n=\frac{1+(-1)^n}{2}$ 发散.

显然,数列 $x_n=\frac{1+(-1)^n}{2}$ 是有界的,但上面已证明了此数列发散,因此数列有界是数列收敛的必要条件而不是充分条件.

习题 1-2

1. 观察下列数列的变化趋势,指出它们的极限(如果存在的话):

(1) $x_n=\frac{1}{(n+1)^2}$;　　　　(2) $x_n=10+\frac{(-1)^n}{n}$;　　　　(3) $x_n=\frac{n}{n^2+1}$;

(4) $x_n=(-1)^n$;　　　　(5) $x_n=n\sin\frac{n\pi}{2}$;　　　　(6) $x_n=\frac{1}{n}\sin\frac{n\pi}{2}$.

2. 如果点 a 的任意小的邻域内,都有数列 a_n 中的无限多个点,能否说 a 是数列 a_n 的极限呢? 以数列

$$a_n=\begin{cases}\dfrac{1}{2^n}, & \text{当 } n \text{ 为偶数时},\\[2mm] 10^{-100}, & \text{当 } n \text{ 为奇数时}\end{cases}$$

为例,说明你的结论.

3. 用极限定义证明:

(1) $\lim\limits_{n\to\infty}\dfrac{3n+1}{2n-1}=\dfrac{3}{2}$;　　(2) $\lim\limits_{n\to\infty}\dfrac{1}{n^2}\cos n\pi=0$;　　(3) $\lim\limits_{n\to\infty}0.\underbrace{99\cdots9}_{n\uparrow 9}=1$;　　(4) $\lim\limits_{n\to\infty}\dfrac{\sqrt{n^2+1}}{n^2}=0$.

4. 设数列 x_n 有界,而 $\lim\limits_{n\to\infty}y_n=0$,证明:$\lim\limits_{n\to\infty}x_n y_n=0$.

5. 对于数列 x_n,若 $x_{2k}\to a(k\to\infty)$,$x_{2k-1}\to a(k\to\infty)$,证明:$x_n\to a(n\to\infty)$.

6. 若数列 x_n 收敛于 a,试证明数列 $|x_n|$ 收敛于 $|a|$. 反之是否成立? 举例说明你的结论.

7. 试证明:如果数列 x_n 收敛,则该数列为有界数列.

8. 试证明:如果数列 x_n 收敛,则其极限唯一.

1.3　函数的极限

1.2 节讲了数列的极限. 由于数列可以看作整标函数 $x_n=f(n)$,所以数列的极限也是函数极限的一种类型. 本节所讲的是函数的自变量 x 能连续变化的情况下的极限问题. 依据自变量 x 的变化过程的不同,主要研究以下两种类型:

(1) 自变量 x 的绝对值 $|x|$ 无限增大,即 x 趋向于无穷大(记作 $x\to\infty$)时对应的函数值

$f(x)$ 的变化情形；

（2）自变量 x 任意地接近 x_0，或者说 x 趋向于有限值 x_0（记作 $x \to x_0$）时对应的函数值 $f(x)$ 的变化情形.

1.3.1 自变量趋向于无穷大时函数的极限

先看一个例子. 设 $f(x) = 1 + \dfrac{1}{x^2}$，容易看出，当 $|x|$ 无限增大，即 $x \to \infty$ 时，对应的函数值无限接近于常数 1，这时称 1 为函数 $f(x) = 1 + \dfrac{1}{x^2}$ 当 $x \to \infty$ 时的极限. 一般地，设函数 $f(x)$ 当 $|x|$ 充分大时都是有定义的，如果在 $x \to \infty$ 的过程中，对应的函数值 $f(x)$ 无限接近于确定的数值 A，那么 A 就叫做函数 $f(x)$ 当 $x \to \infty$ 时的极限. $f(x)$ 无限接近于数值 A 可用不等式 $|f(x) - A| < \varepsilon$ 来表示，其中 ε 是任意给定的正数（无论它怎样小）；$f(x)$ 无限接近于 A 是在 $x \to \infty$ 的过程中实现的，即不等式 $|f(x) - A| < \varepsilon$ 的成立是有条件的，这个条件就是 $|x| > X$，这里 X 是随 ε 的取定而选定的一个正数. 因而可给出如下的定义.

定义 1 如果对任意给定的正数 ε（无论它多么小），总存在正数 X，当 $|x| > X$ 时，恒有不等式

$$|f(x) - A| < \varepsilon$$

成立，则称常数 A 为函数 $f(x)$ 当 $x \to \infty$ 时的极限，记作 $\lim\limits_{x \to \infty} f(x) = A$ 或 $f(x) \to A(x \to \infty)$.

类似地可给出 $\lim\limits_{x \to +\infty} f(x) = A$ 和 $\lim\limits_{x \to -\infty} f(x) = A$ 的定义，只要在上述定义中将不等式 $|x| > X$ 分别改换为 $x > X$ 和 $x < -X$ 就可以了.

极限 $\lim\limits_{x \to \infty} f(x) = A$ 的几何意义是：对任意给定的正数 ε，作直线 $y = A - \varepsilon$ 和 $y = A + \varepsilon$，总存在正数 X，使得当 $|x| > X$ 时，函数 $y = f(x)$ 的图形位于这两条平行线之间（图 1-21）. 对于 $\lim\limits_{x \to +\infty} f(x) = A$ 和 $\lim\limits_{x \to -\infty} f(x) = A$ 的几何意义，请读者自己给出解释. 另外，不难知道，

$$\lim_{x \to \infty} f(x) = A \iff \lim_{x \to +\infty} f(x) = \lim_{x \to -\infty} f(x) = A.$$

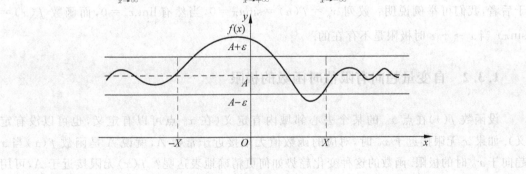

图 1-21

例 1 证明 $\lim\limits_{x \to \infty} \dfrac{\sin x}{x} = 0$.

证明
$$|f(x) - A| = \left| \frac{\sin x}{x} - 0 \right| = \left| \frac{\sin x}{x} \right| \leqslant \frac{1}{|x|}.$$

对任意给定的 $\varepsilon > 0$，要使

$$| f(x) - A | = \left| \frac{\sin x}{x} \right| < \varepsilon,$$

只要

$$\frac{1}{|x|} < \varepsilon,$$

即

$$|x| > \frac{1}{\varepsilon}.$$

取 $X = \frac{1}{\varepsilon}$,则当 $|x| > X$ 时,恒有 $|f(x) - 0| < \varepsilon$,即

$$\lim_{x \to \infty} \frac{\sin x}{x} = 0.$$

例 2 证明 $\lim\limits_{t \to +\infty} e^{-kt} = 0$($k$ 为正常数).

证明 对任意给定的正数 ε,要使

$$| e^{-kt} - 0 | = e^{-kt} < \varepsilon,$$

只要

$$\ln e^{-kt} = -kt < \ln \varepsilon,$$

即 $t > \frac{1}{k} \ln \frac{1}{\varepsilon}$ 就可以了. 取 $X = \frac{1}{k} \ln \frac{1}{\varepsilon}$,则当 $t > X$ 时,恒有

$$| e^{-kt} - 0 | < \varepsilon,$$

即 $\lim\limits_{t \to +\infty} e^{-kt} = 0$.

将 $x \to \infty$ 时函数的极限 $\lim\limits_{x \to \infty} f(x) = A$ 与数列的极限 $\lim\limits_{n \to \infty} x_n = \lim\limits_{n \to \infty} f(n) = a$ 的定义相比较,它们有许多类似之处. 区别在于 n 的取值是离散的,x 的取值是连续的,且由于 n 是自然数,$n \to \infty$ 实际上为 $n \to +\infty$,而 $x \to \infty$ 包括 $x \to +\infty$ 和 $x \to -\infty$ 两种情况. 关于两种极限之关系有如下结论:

(1) 若 $\lim\limits_{x \to +\infty} f(x) = A$,则 $\lim\limits_{n \to \infty} x_n = \lim\limits_{n \to \infty} f(n) = A$;

(2) 即使有 $\lim\limits_{n \to \infty} f(n) = a$,也不能断言 $\lim\limits_{x \to +\infty} f(x)$ 存在.

对上面的结论(1),我们不作详细论证,读者不难从这两种极限的几何意义加以理解. 至于后者,我们可举例说明:数列 $x_n = f(n) = \sin n\pi = 0$,当然有 $\lim\limits_{n \to \infty} x_n = 0$,而函数 $f(x) = \sin\pi x$ 当 $x \to +\infty$ 时极限是不存在的.

1.3.2 自变量趋向有限值时函数的极限

设函数 $f(x)$ 在点 x_0 的某个去心邻域内有定义(在 x_0 点可以有定义,也可以没有定义). 如果 x 无限接近于 x_0 时,对应的函数值无限接近于常数 A,就说 A 是函数 $f(x)$ 当 x 趋向于 x_0 时的极限. 函数的这种变化趋势如何更精确地表达呢? $f(x)$ 无限接近于 A,可用任意给定的正数 ε 来描述,即用不等式

$$| f(x) - A | < \varepsilon$$

来描述. 但这个不等式并不要求对任何 x 都成立,只要求 x 充分接近于 x_0 时成立. x 充分接近 x_0 可用不等式 $0 < |x - x_0| < \delta$ 来描述,其中 δ 是某个正数. 于是有如下定义.

定义 2 如果对任意给定的正数 ε(无论它多么小),总存在正数 δ,使得对于适合不等式

$$0 < | x - x_0 | < \delta$$

的一切 x,恒有不等式

$$|f(x)-A|<\varepsilon$$

成立,则称常数 A 为函数 $f(x)$ 当 $x\to x_0$ 时的**极限**,记作

$$\lim_{x\to x_0}f(x)=A \quad 或 \quad f(x)\to A(x\to x_0).$$

定义中 $0<|x-x_0|$ 表示 $x\neq x_0$,表明我们考察的是 x 趋于 x_0 时(x 不取 x_0 值)函数 $f(x)$ 的变化趋势,至于函数在 x_0 处有无定义,与 $x\to x_0$ 时函数 $f(x)$ 有没有极限无关.

极限 $\lim\limits_{x\to x_0}f(x)=A$ 的几何意义是:任意给定一正数 ε,作平行直线 $y=A-\varepsilon$ 和 $y=A+\varepsilon$,总存在 x_0 的一个去心邻域 $\mathring{U}(x_0,\delta)$,在此邻域内,函数 $y=f(x)$ 的图形落在这两条直线之间(图 1-22).

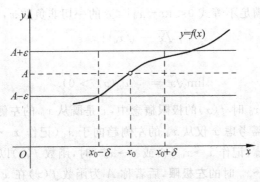

图 1-22

例 3 证明 $\lim\limits_{x\to 1}\dfrac{x^2+x-2}{x-1}=3$.

证明 $\quad |f(x)-A|=\left|\dfrac{x^2+x-2}{x-1}-3\right|=|x-1|.$

对任意给定的 $\varepsilon>0$,要使

$$|f(x)-A|<\varepsilon,$$

只要

$$|x-1|<\varepsilon.$$

取 $\delta=\varepsilon$,则当 $0<|x-1|<\delta$ 时,恒有

$$\left|\dfrac{x^2+x-2}{x-1}-3\right|<\varepsilon$$

成立,即证得

$$\lim_{x\to 1}\dfrac{x^2+x-2}{x-1}=3.$$

例 4 证明 $\lim\limits_{x\to x_0}\sqrt{x}=\sqrt{x_0}\ (x_0>0)$.

证明 $\quad |f(x)-A|=|\sqrt{x}-\sqrt{x_0}|=\left|\dfrac{(\sqrt{x}-\sqrt{x_0})(\sqrt{x}+\sqrt{x_0})}{\sqrt{x}+\sqrt{x_0}}\right|=\dfrac{|x-x_0|}{\sqrt{x}+\sqrt{x_0}}.$

对任意给定的 $\varepsilon>0$,要使

$$|\sqrt{x}-\sqrt{x_0}|<\varepsilon,$$

只要
$$\frac{|x-x_0|}{\sqrt{x}+\sqrt{x_0}}<\varepsilon.$$

因为
$$\frac{|x-x_0|}{\sqrt{x}+\sqrt{x_0}}\leqslant\frac{|x-x_0|}{\sqrt{x_0}},$$

所以只要
$$\frac{|x-x_0|}{\sqrt{x_0}}<\varepsilon,$$

即
$$|x-x_0|<\varepsilon\sqrt{x_0}.$$

取 $\delta=\varepsilon\sqrt{x_0}$，则对满足不等式 $0<|x-x_0|<\delta$ 的一切非负数 x，恒有
$$|\sqrt{x}-\sqrt{x_0}|<\varepsilon$$

成立，所以有
$$\lim_{x\to x_0}\sqrt{x}=\sqrt{x_0}\,(x_0>0).$$

上面所定义的 $x\to x_0$ 时 $f(x)$ 的极限概念中，x 是既从 x_0 的左侧又从 x_0 的右侧趋向于 x_0 的. 但有时只能或只需考虑 x 仅从 x_0 的左侧趋向于 x_0(记作 $x\to x_0-0$ 或 $x\to x_0^-$)或 x 仅从 x_0 的右侧趋向于 x_0(记作 $x\to x_0+0$ 或 $x\to x_0^+$)时，函数 $f(x)$ 以 A 为极限的情况. 前者称 A 为函数 $f(x)$ 在 $x\to x_0$ 时的**左极限**，后者称 A 为函数 $f(x)$ 在 $x\to x_0$ 时的**右极限**，分别记作
$$\lim_{x\to x_0-0}f(x)=A(\text{或}\ f(x_0-0)=A,f(x_0^-)=A),$$

和
$$\lim_{x\to x_0+0}f(x)=A(\text{或}\ f(x_0+0)=A,f(x_0^+)=A).$$

当 $x\to x_0$ 时，函数 $f(x)$ 的左极限、右极限也可用"$\varepsilon\text{-}\delta$"语言给出定义，这只要在定义 2 中将不等式 $0<|x-x_0|<\delta$ 分别改换成 $x_0-\delta<x<x_0$ 或 $x_0<x<x_0+\delta$ 就可以了.

根据 $x\to x_0$ 时函数 $f(x)$ 的极限定义及左极限、右极限的定义，容易知道：
$$\lim_{x\to x_0}f(x)=A\ \Leftrightarrow\ \lim_{x\to x_0-0}f(x)=\lim_{x\to x_0+0}f(x)=A.$$

例5 证明函数
$$f(x)=\begin{cases}x-1, & x<0,\\ 0, & x=0,\\ x+1, & x>0\end{cases}$$

在 $x_0=0$ 处极限不存在.

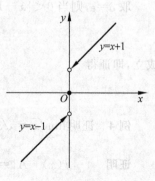

图 1-23

证明
$$\lim_{x\to 0^-}f(x)=\lim_{x\to 0^-}(x-1)=-1,$$
$$\lim_{x\to 0^+}f(x)=\lim_{x\to 0^+}(x+1)=1,$$

函数 $f(x)$ 在点 0 处左、右极限分别存在，但不相等，所以 $\lim\limits_{x\to 0}f(x)$ 不存在(图 1-23).

1.3.3 函数极限的性质

函数自变量的变化过程有 $x \to x_0, x \to x_0^+, x \to x_0^-, x \to \infty, x \to +\infty, x \to -\infty$ 几种形式，下面仅以 $x \to x_0$ 这种情况给出函数极限的几条性质.

定理 1（函数极限的唯一性） 如果 $\lim\limits_{x \to x_0} f(x)$ 存在，那么此极限是唯一的.

定理 2（函数极限的局部有界性） 如果 $\lim\limits_{x \to x_0} f(x) = A$，那么在 x_0 的某去心邻域内 $f(x)$ 有界.

定理 3（函数极限的局部保号性） 若 $\lim\limits_{x \to x_0} f(x) = A$，且 $A > 0$（或 $A < 0$），则存在 x_0 的某一去心邻域，当 x 在该邻域内时，必有 $f(x) > 0$（或 $f(x) < 0$）.

证明 设 $A > 0$，取正数 $\varepsilon = \dfrac{A}{2}$，依据 $\lim\limits_{x \to x_0} f(x) = A$ 的定义，对于这个取定的正数 ε，必存在 $\delta > 0$，当 $x \in \mathring{U}(x_0, \delta)$ 时，恒有不等式

$$|f(x) - A| < \varepsilon,$$

即

$$A - \varepsilon < f(x) < A + \varepsilon,$$
$$\frac{A}{2} < f(x) < \frac{3}{2}A,$$

成立，故 $f(x) > 0$.

类似地，可证 $A < 0$ 的情形.

上述证明过程，实际上也证明了定理 2.

推论 如果在 x_0 的某去心邻域内 $f(x) \geqslant 0$（或 $f(x) \leqslant 0$），且 $\lim\limits_{x \to x_0} f(x) = A$，那么 $A \geqslant 0$（或 $A \leqslant 0$）.

证明 用反证法.

设 $f(x) \geqslant 0$. 假设 $\lim\limits_{x \to x_0} f(x) = A < 0$，由定理 3 可知存在 x_0 的某一去心邻域，在该邻域内 $f(x) < 0$，这与 $f(x) \geqslant 0$ 的假定相矛盾，所以 $A \geqslant 0$.

类似地，可证 $f(x) \leqslant 0$ 的情形.

定理 4（函数极限与数列极限的关系） 如果 $\lim\limits_{x \to x_0} f(x) = A$，数列 x_n 为 $f(x)$ 的定义域内的任一收敛于 x_0 的数列（但 $x_n \neq x_0$），那么相应的函数值数列 $f(x_n)$ 必定收敛，且有 $\lim\limits_{n \to \infty} f(x_n) = A$.

这个定理常用来证明某些函数的极限不存在. 其方法是在 $f(x)$ 的定义域内找出一个收敛于 x_0 的数列 $x_n (x_n \neq x_0)$，但 $f(x_n)$ 的极限不存在；或找出两个收敛于 x_0 的数列 x_n 和 y_n，但 $f(x_n)$ 和 $f(y_n)$ 收敛于不同的极限，这样就可以得出 $\lim\limits_{x \to x_0} f(x)$ 不存在的结论.

例 6 证明 $\lim\limits_{x \to 0} \sin \dfrac{1}{x}$ 不存在.

证明 取 $x_n = \dfrac{1}{n\pi}$，则有 $x_n \neq 0, x_n \to 0 (n \to \infty)$. 此时

$$\lim_{n\to\infty} f(x_n) = \lim_{n\to\infty} \sin\frac{1}{x_n} = \lim_{n\to\infty} \sin(n\pi) = 0.$$

取 $y_n = \dfrac{1}{2n\pi + \dfrac{\pi}{2}}$，有 $y_n \neq 0, y_n \to 0 (n\to\infty)$，此时

$$\lim_{n\to\infty} f(y_n) = \lim_{n\to\infty} \sin\left(2n\pi + \frac{\pi}{2}\right) = 1.$$

所以 $\lim\limits_{x\to 0} \sin\dfrac{1}{x}$ 不存在.

习题 1-3

1. 分析函数极限的定义，回答下列问题：

(1) ε 为什么要任意给定？

(2) X 或 δ 也是任意给定的吗？它们与 ε 有什么关系？对任意给定的 ε，相应的 X 或 δ 是唯一的吗？

(3) ε 减小时，相应的 X 或 δ 一般有什么变化趋势？

(4) 定义中，不等式 $0 < |x - x_0| < \delta$ 的作用是什么？将此不等式改为 $|x - x_0| < \delta$ 行不行，为什么？

(5) $f(x_0) \neq A$ 或 $f(x)$ 在 x_0 处无定义对 $\lim\limits_{x\to x_0} f(x) = A$ 有无影响，为什么？

2. 已知 $f(x) = \dfrac{x^2 - 1}{x^2 + 1}$.

(1) 若取 $\varepsilon = 0.01$，问 X 应取何值，才能使得当 $|x| > X$ 时，有 $|f(x) - 1| < 0.01$？

(2) 证明 $\lim\limits_{x\to\infty} f(x) = 1$.

3. 根据极限定义证明：

(1) $\lim\limits_{x\to\infty} C = C (C \text{ 为常数})$；　　　(2) $\lim\limits_{x\to\infty} e^{-x^2} = 0$；　　　(3) $\lim\limits_{x\to+\infty} \dfrac{\sin x}{\sqrt{x}} = 0$；

(4) $\lim\limits_{x\to 2} (2x - 1) = 3$；　　　(5) $\lim\limits_{x\to 0} \cos x = 1$；　　　(6) $\lim\limits_{x\to -2} \dfrac{x^2 - x - 6}{x + 2} = -5$.

4. 根据极限定义填写表 1-5：

表　1-5

极限	任给	存在	当	恒有
$\lim\limits_{n\to\infty} x_n = a$	$\varepsilon > 0$	N	$n > N$	$\|x_n - a\| < \varepsilon$
$\lim\limits_{x\to\infty} f(x) = A$				
$\lim\limits_{x\to +\infty} f(x) = A$				
$\lim\limits_{x\to -\infty} f(x) = A$				
$\lim\limits_{x\to x_0} f(x) = A$				
$\lim\limits_{x\to x_0 + 0} f(x) = A$				
$\lim\limits_{x\to x_0 - 0} f(x) = A$				

5. 设 $f(x)=\begin{cases}2x, & x\geqslant 1,\\ 3-x, & x<1,\end{cases}$ 作 $y=f(x)$ 的图形,并讨论当 $x\to 1$ 时,$f(x)$ 的极限是否存在.

6. 设 $f(x)=\dfrac{x}{|x|}$,作出 $f(x)$ 的图形,求当 $x\to 0$ 时函数 $f(x)$ 的左、右极限,并问 $\lim\limits_{x\to 0}f(x)$ 是否存在,为什么?

7. 已知电容器充、放电时,电压 u_C 随时间 t 变化的规律是:充电时,$u_C=E(1-e^{-\frac{t}{RC}})$;放电时,$u_C=Ee^{-\frac{t}{RC}}$. 其中 E,R,C 都是正常数. 分别考虑当 $t\to +\infty$ 时电压 u_C 的变化趋势.

8. 根据函数极限的定义证明:

(1) $\lim\limits_{x\to 1}(3x+1)=4$;   (2) $\lim\limits_{x\to -1}\dfrac{1-x^2}{1+x}=2$;   (3) $\lim\limits_{x\to \infty}\dfrac{\cos x}{x}=0$;   (4) $\lim\limits_{x\to \infty}\dfrac{2x-1}{x}=2$.

1.4 无穷小量与无穷大量

1.4.1 无穷小量

定义 1 如果在自变量 x 的某种趋向下,函数 $f(x)$ 的极限为零,则称函数 $f(x)$ **为在 x 的这种趋向下的无穷小量**.

例如,$\lim\limits_{x\to 0}\sin x=0$,则称函数 $\sin x$ 为 $x\to 0$ 时的无穷小量;$\lim\limits_{x\to -\infty}e^x=0$,则称 e^x 为 $x\to -\infty$ 时的无穷小量. 一般说来,同一个函数在自变量的不同变化趋向下,其极限不一定都存在,更不一定极限同时为零,所以不能笼统地讲“函数 $f(x)$ 是无穷小量”,而应讲清在自变量怎样的趋向下函数 $f(x)$ 是无穷小量. 在上面的例子中,不能笼统地说“$\sin x$ 是无穷小量”或“e^x 是无穷小量”.

当然,无穷小量概念也可用“ε-δ”语言或“ε-X”语言来定义,读者不妨自己给出.

要注意不可将无穷小量与绝对值很小的非零常数混为一谈,因为无穷小量是在自变量的某一变化趋向下极限为零的变量,而任何非零常数的极限都不为零. 但零是唯一可视为无穷小量的常数.

定理 1 在自变量的同一变化过程 $x\to x_0$(或 $x\to \infty$)中,具有极限的函数可表示为它的极限与一无穷小量之和;反之,如果函数可表示为一常数与一无穷小量之和,则该常数就是这函数的极限.

这一定理也可简单表述为:
$$\lim\limits_{\substack{x\to x_0\\(x\to \infty)}}f(x)=A \iff f(x)=A+\alpha(x),$$
其中
$$\lim\limits_{\substack{x\to x_0\\(x\to \infty)}}\alpha(x)=0.$$

证明 这里就 $x\to x_0$ 的情形给出证明.

设 $f(x)\to A(x\to x_0)$,则对任意给定的正数 ε,存在正数 δ,使得当 $0<|x-x_0|<\delta$ 时,恒有
$$|f(x)-A|<\varepsilon.$$

令 $\alpha(x)=f(x)-A$,则 $\alpha(x)$ 是 $x\to x_0$ 时的无穷小量,且有 $f(x)=A+\alpha(x)$. 这就证明了 $f(x)$ 可表为它的极限 A 与一个无穷小量 $\alpha(x)$ 之和.

反之,设 $f(x)=A+\alpha(x)$,其中 A 是常数,而 $\alpha(x)$ 是 $x \to x_0$ 时的无穷小量,于是

$$|f(x)-A|=|\alpha(x)|.$$

由于 $\alpha(x)$ 是 $x \to x_0$ 时的无穷小量,所以对任意给定的正数 ε,存在正数 δ,使当 $0<|x-x_0|<\delta$ 时,恒有

$$|\alpha(x)|<\varepsilon,$$

即有

$$|f(x)-A|<\varepsilon.$$

这就证明了 A 是函数 $f(x)$ 当 $x \to x_0$ 时的极限.

定理 1 是 1.5 节证明极限的四则运算法则的基础.

1.4.2 无穷大量

定义 2　如果在自变量 x 的某种趋向下,函数 $f(x)$ 的绝对值无限增大,则称函数 $f(x)$ **为在 x 的这种趋向下的无穷大量**,或称在 x 的这种趋向下 $f(x)$ 是**无穷大量**.

例如,当 $x \to 1$ 时,函数 $\dfrac{1}{x-1}$ 的绝对值无限增大,则称函数 $\dfrac{1}{x-1}$ 为 $x \to 1$ 时的无穷大量;当 $x \to \infty$ 时,函数 x^2+1 的绝对值无限增大,则称 x^2+1 为 $x \to \infty$ 时的无穷大量.

关于无穷大量的精确的定义,可表述如下:

如果对任意给定的正数 M(无论它怎样大),总存在正数 δ(或正数 X),使得对适合不等式 $0<|x-x_0|<\delta$(或 $|x|>X$)的一切 x,恒有

$$|f(x)|>M,$$

则称函数 $f(x)$ 为 $x \to x_0 (x \to \infty)$ 时的无穷大量.

对于 $x \to x_0$(或 $x \to \infty$)时为无穷大量的函数 $f(x)$,按照极限的定义,这时函数的极限 $\lim\limits_{\substack{x \to x_0 \\ (x \to \infty)}} f(x)$ 是不存在的. 但为了便于叙述函数的这一性态,也往往说"函数的极限为无穷大",并记作

$$\lim_{x \to x_0} f(x) = \infty (\text{或} \lim_{x \to \infty} f(x) = \infty).$$

应该注意,这里 ∞ 不是一个数,而只是一种记号,并且不可将无穷大量与绝对值很大的常数相混淆.

有时还需要考虑有确定符号的无穷大量. 如果当 $x \to x_0$(或 $x \to \infty$)时,$f(x)$ 取正值而无限增大或 $f(x)$ 取负值而其绝对值无限增大,就分别称 $f(x)$ 为 $x \to x_0$(或 $x \to \infty$)时的**正无穷大量**或**负无穷大量**,分别记作

$$\lim_{\substack{x \to x_0 \\ (x \to \infty)}} f(x) = +\infty \quad \text{或} \quad \lim_{\substack{x \to x_0 \\ (x \to \infty)}} f(x) = -\infty.$$

无穷大量与无穷小量有如下的一种简单关系,即:如下定理.

定理 2　在自变量的同一变化过程中,如果 $f(x)$ 为无穷大量,则 $\dfrac{1}{f(x)}$ 为无穷小量;反之,如果 $f(x)$ 为无穷小量,且 $f(x) \neq 0$,则 $\dfrac{1}{f(x)}$ 为无穷大量.

证明　这里就 $x \to x_0$ 的情形进行证明.

对任意给定的 $\varepsilon > 0$，取 $M = \dfrac{1}{\varepsilon}$，因为 $\lim\limits_{x \to x_0} f(x) = \infty$，所以对于 $M = \dfrac{1}{\varepsilon}$，存在 $\delta > 0$，使当 $0 < |x - x_0| < \delta$ 时，恒有

$$|f(x)| > M = \dfrac{1}{\varepsilon},$$

即

$$\left| \dfrac{1}{f(x)} \right| < \varepsilon,$$

所以 $\dfrac{1}{f(x)}$ 为 $x \to x_0$ 时的无穷小量.

反之，设 $\lim\limits_{x \to x_0} f(x) = 0$ 且 $f(x) \neq 0$，这时对任意给定的 $M > 0$，取 $\varepsilon = \dfrac{1}{M}$. 依据无穷小量的定义，对于 $\varepsilon = \dfrac{1}{M}$，存在 $\delta > 0$ 使当 $0 < |x - x_0| < \delta$ 时，恒有

$$|f(x)| < \varepsilon = \dfrac{1}{M},$$

即

$$\left| \dfrac{1}{f(x)} \right| > M,$$

所以 $\dfrac{1}{f(x)}$ 为 $x \to x_0$ 时的无穷大量.

例如，$(x-1)^2$ 是 $x \to 1$ 时的无穷小量，则 $\dfrac{1}{(x-1)^2}$ 是 $x \to 1$ 时的无穷大量；e^x 是 $x \to +\infty$ 时的无穷大量，则 $\dfrac{1}{e^x} = e^{-x}$ 是 $x \to +\infty$ 时的无穷小量.

1.4.3　无穷小量的运算性质

关于无穷小量的运算，有以下重要性质，它们是 1.5 节极限运算的基础，今后经常用到. 在论证时，我们仅就 $x \to x_0$ 的情形进行证明. 只要把 δ 改成 X，把 $0 < |x - x_0| < \delta$ 改成 $|x| > X$，就可得到 $x \to \infty$ 情形的证明.

定理 3　有限个无穷小量的和仍是无穷小量.

证明　这里证明两个无穷小量之和仍为无穷小量.

设 $\lim\limits_{x \to x_0} \alpha(x) = 0$，$\lim\limits_{x \to x_0} \beta(x) = 0$.

对任意给定的 $\varepsilon > 0$，取 $\varepsilon_1 = \dfrac{\varepsilon}{2}$，存在 $\delta_1 > 0$，使当 $0 < |x - x_0| < \delta_1$ 时，恒有 $|\alpha(x)| < \dfrac{\varepsilon}{2}$，

取 $\varepsilon_2 = \dfrac{\varepsilon}{2}$，存在 $\delta_2 > 0$，使当 $0 < |x - x_0| < \delta_2$ 时，恒有 $|\beta(x)| < \dfrac{\varepsilon}{2}$.

取 $\delta = \min\{\delta_1, \delta_2\}$，则当 $0 < |x - x_0| < \delta$ 时，有

$$|\alpha(x)| < \dfrac{\varepsilon}{2} \quad \text{及} \quad |\beta(x)| < \dfrac{\varepsilon}{2}$$

同时成立，从而有

$$|\alpha(x) + \beta(x)| \leqslant |\alpha(x)| + |\beta(x)| < \dfrac{\varepsilon}{2} + \dfrac{\varepsilon}{2} = \varepsilon,$$

即证得 $\alpha(x) + \beta(x)$ 也是 $x \to x_0$ 时的无穷小量.

有限多个无穷小量之和的情形可用同样的方法证明.

应该注意的是,定理中讲的是"有限多个"无穷小量相加,这里,无穷小量的个数一经取定而不再变化.如果个数也让它变,而且是无限增加,结论就不一定成立了.例如,$\dfrac{1}{n}$ 是 $n \to \infty$ 时的无穷小量,但 $2n$ 个 $\dfrac{1}{n}$ 相加等于 2,而不是无穷小量.

定理 4　有界函数与无穷小量的乘积仍为无穷小量.

证明　设 $\alpha(x)$ 是 $x \to x_0$ 时的无穷小量,$u(x)$ 在 x_0 的某邻域 $U(x_0, \delta_1)$ 内有界.

因为 $u(x)$ 有界,所以存在 $M > 0$,使对 $U(x_0, \delta_1)$ 内的一切 x,有 $|u(x)| < M$.

又因为 $\alpha(x)$ 是 $x \to x_0$ 时的无穷小量,所以对任意给定的正数 ε,存在 $\delta_2 > 0$,使当 $x \in \mathring{U}(x_0, \delta_2)$ 时,有

$$|\alpha(x)| < \frac{\varepsilon}{M}.$$

取 $\delta = \min\{\delta_1, \delta_2\}$,则当 $x \in \mathring{U}(x_0, \delta)$ 时,有

$$|u(x)| < M, \quad |\alpha(x)| < \frac{\varepsilon}{M}$$

同时成立,从而有

$$|u(x)\alpha(x)| = |u(x)| \cdot |\alpha(x)| < M \cdot \frac{\varepsilon}{M} = \varepsilon,$$

这就证明了 $u(x)\alpha(x)$ 是 $x \to x_0$ 时的无穷小量.

推论 1　常数与无穷小量的乘积是无穷小量.

推论 2　有限多个无穷小量的乘积是无穷小量.

例　求 $\lim\limits_{x \to \infty} \dfrac{\sin^2 x + 1}{x}$.

解　当 $x \to \infty$ 时,$\dfrac{1}{x}$ 为无穷小量,而 $\sin^2 x + 1$ 在 $(-\infty, +\infty)$ 内有界,由定理 4 知 $\dfrac{1}{x} \cdot (\sin^2 x + 1)$ 为 $x \to \infty$ 时的无穷小量,即 $\lim\limits_{x \to \infty} \dfrac{\sin^2 x + 1}{x} = 0$.

习题 1-4

1. 观察下列函数在自变量怎样的变化趋向下为无穷小量或无穷大量?

(1) $y = \dfrac{1-x}{x}$;　　　　　(2) $y = \dfrac{x+1}{x^2-4}$;　　　　　(3) $y = \mathrm{e}^x - 1$;

(4) $y = \tan x$;　　　　　(5) $y = \ln x$;　　　　　(6) $y = \mathrm{e}^{\frac{1}{x}}$.

2. 证明 $f(x) = x^2 \sin \dfrac{1}{x}$ 为 $x \to 0$ 时的无穷小量.

3. 求 $\lim\limits_{x \to \infty} \dfrac{1}{x} \arctan x$.

4. 函数 $y = x \sin x$ 在 $(-\infty, +\infty)$ 内是否有界? 当 $x \to \infty$ 时,这个函数是无穷大量吗? 从中总结无穷大量与无界函数的一般关系.

5. 两个无穷小量的商是否一定为无穷小量? 举例说明之.

1.5 极限的运算法则

从变量的变化趋势只能观察出某些简单函数的极限,比较复杂的函数极限需要用极限的运算法则来计算.

在下面的讨论中,记号"lim"下面没有标明自变量 x 的变化趋向,是因为下面的定理对 $x \to x_0$($x \to x_0^+$,或 $x \to x_0^-$)及 $x \to \infty$($x \to +\infty$,或 $x \to -\infty$)的情形都是成立的.当然在同一问题中,自变量的变化趋向必须是相同的.

定理1 若 $\lim f(x) = A, \lim g(x) = B$,则

(1) $\lim[f(x) \pm g(x)] = \lim f(x) \pm \lim g(x) = A \pm B$;

(2) $\lim[f(x) g(x)] = \lim f(x) \cdot \lim g(x) = AB$;

(3) $\lim \dfrac{f(x)}{g(x)} = \dfrac{\lim f(x)}{\lim g(x)} = \dfrac{A}{B}(B \neq 0)$.

以上法则的证明都基于1.4节定理1:

$$\lim f(x) = A \Leftrightarrow f(x) = A + \alpha(x), \text{其中} \lim \alpha(x) = 0.$$

下面仅就法则(2)给出证明.

证明 因为 $\lim f(x) = A, \lim g(x) = B$,由1.4节定理1有

$$f(x) = A + \alpha(x), \quad g(x) = B + \beta(x),$$

其中 $\alpha(x), \beta(x)$ 为无穷小量.于是

$$f(x) g(x) = [A + \alpha(x)][B + \beta(x)] = AB + A\beta(x) + B\alpha(x) + \alpha(x)\beta(x).$$

由1.4节定理4的推论知 $A\beta(x), B\alpha(x)$ 及 $\alpha(x)\beta(x)$ 皆为无穷小量,由1.4节定理3知 $A\beta(x) + B\alpha(x) + \alpha(x)\beta(x)$ 为无穷小量.再由1.4节定理1,可得

$$\lim[f(x) g(x)] = AB.$$

法则(1)、(2)都可推广到有限多个函数的情况.例如,若 $\lim f_k(x) = A_k(k = 1, 2, \cdots, n)$,则有

$$\lim[f_1(x) + f_2(x) + \cdots + f_n(x)] = \lim f_1(x) + \lim f_2(x) + \cdots + \lim f_n(x)$$
$$= A_1 + A_2 + \cdots + A_n; \tag{1.5.1}$$

$$\lim[f_1(x) f_2(x) \cdots f_n(x)] = \lim f_1(x) \lim f_2(x) \cdots \lim f_n(x)$$
$$= A_1 A_2 \cdots A_n. \tag{1.5.2}$$

法则(2)还有下面两条简单然而又经常用到的推论:

若 $\lim f(x) = A$,则有

① $\lim[Cf(x)] = C \lim f(x) = CA$($C$ 为常数);

② $\lim[f(x)]^n = [\lim f(x)]^n = A^n$($n$ 为自然数).

由极限的四则运算法则可知,对于多项式

$$f(x) = a_0 x^n + a_1 x^{n-1} + \cdots + a_{n-1} x + a_n$$

及

$$g(x) = b_0 x^m + b_1 x^{m-1} + \cdots + b_{m-1} x + b_m,$$

有

$$\lim_{x \to x_0} f(x) = \lim_{x \to x_0}[a_0 x^n + a_1 x^{n-1} + \cdots + a_{n-1} x + a_n]$$
$$= a_0 [\lim_{x \to x_0} x]^n + a_1 [\lim_{x \to x_0} x]^{n-1} + \cdots + a_{n-1} \lim_{x \to x_0} x + \lim_{x \to x_0} a_n$$
$$= a_0 x_0^n + a_1 x_0^{n-1} + \cdots + a_{n-1} x_0 + a_n = f(x_0); \tag{1.5.3}$$

$$\lim_{x \to x_0} \frac{f(x)}{g(x)} = \frac{\lim\limits_{x \to x_0} f(x)}{\lim\limits_{x \to x_0} g(x)} = \frac{f(x_0)}{g(x_0)} \quad (g(x_0) \neq 0). \tag{1.5.4}$$

例 1 求下列极限:

(1) $\lim\limits_{x \to 2}(2x^2 - 3x + 1)$; (2) $\lim\limits_{x \to 2} \dfrac{x^3 + 1}{2x^2 - 3x + 1}$.

解 (1) $f(x) = 2x^2 - 3x + 1$ 是多项式,故有

$$\lim_{x \to 2} f(x) = \lim_{x \to 2}(2x^2 - 3x + 1) = f(2) = 2 \times 2^2 - 3 \times 2 + 1 = 3;$$

(2) $F(x) = \dfrac{x^3 + 1}{2x^2 - 3x + 1}$ 是有理式,分母为多项式 $g(x) = 2x^2 - 3x + 1$, $g(2) \neq 0$,故有

$$\lim_{x \to 2} F(x) = F(2) = \frac{f(2)}{g(2)} = \frac{2^3 + 1}{2 \times 2^2 - 3 \times 2 + 1} = \frac{9}{3} = 3.$$

例 2 求下列极限:

(1) $\lim\limits_{x \to -3} \dfrac{x+3}{x^2 - 9}$; (2) $\lim\limits_{x \to 2} \dfrac{x+3}{x^2 - x - 2}$.

解 (1) 当 $x \to -3$ 时,分子、分母的极限均为零,不能用分子、分母分别取极限的方法. 因为分子、分母有公因子 $x+3$,而 $x \to -3$ 时 $x \neq -3$, $x+3 \neq 0$,可以约去这个不为零的公因子 $x+3$,所以

$$\lim_{x \to -3} \frac{x+3}{x^2 - 9} = \lim_{x \to -3} \frac{1}{x-3} = \frac{1}{-3-3} = -\frac{1}{6}.$$

(2) 当 $x \to 2$ 时,分母的极限 $\lim\limits_{x \to 2}(x^2 - x - 2) = 2^2 - 2 - 2 = 0$,而分子的极限 $\lim\limits_{x \to 2}(x+3) = 2 + 3 = 5 \neq 0$,所以既不能分子、分母分别取极限,又没有极限为零的公因子可以约去. 由于

$$\lim_{x \to 2} \frac{x^2 - x - 2}{x+3} = \frac{2^2 - 2 - 2}{2+3} = 0,$$

所以依无穷小量与无穷大量的关系,有

$$\lim_{x \to 2} \frac{x+3}{x^2 - x - 2} = \infty.$$

例 3 求下列极限:

(1) $\lim\limits_{x \to \infty} \dfrac{2x^3 + 4x^2 + 2}{3x^3 - x - 8}$; (2) $\lim\limits_{x \to \infty} \dfrac{x^2 - x + 1}{2x^3 + x^2 - 3}$; (3) $\lim\limits_{x \to \infty} \dfrac{2x^3 + x^2 - 3}{x^2 - x + 1}$.

解 (1) 当 $x \to \infty$ 时,分子、分母都是无穷大量,不能用商的极限的运算法则. 先用 x^3 去除分子和分母,然后再取极限,有

$$\lim_{x \to \infty} \frac{2x^3 + 4x^2 + 2}{3x^3 - x - 8} = \lim_{x \to \infty} \frac{2 + \dfrac{4}{x} + \dfrac{2}{x^3}}{3 - \dfrac{1}{x^2} - \dfrac{8}{x^3}} = \frac{\lim\limits_{x \to \infty}\left(2 + \dfrac{4}{x} + \dfrac{2}{x^3}\right)}{\lim\limits_{x \to \infty}\left(3 - \dfrac{1}{x^2} - \dfrac{8}{x^3}\right)} = \frac{2}{3}.$$

(2) 分子、分母同除以 x^3,然后再取极限,有

$$\lim_{x \to \infty} \frac{x^2 - x + 1}{2x^3 + x^2 - 3} = \lim_{x \to \infty} \frac{\dfrac{1}{x} - \dfrac{1}{x^2} + \dfrac{1}{x^3}}{2 + \dfrac{1}{x} - \dfrac{3}{x^3}} = \frac{0}{2} = 0.$$

(3) 因为 $\lim\limits_{x \to \infty} \dfrac{x^2 - x + 1}{2x^3 + x^2 - 3} = 0$,所以

$$\lim_{x \to \infty} \frac{2x^3 + x^2 - 3}{x^2 - x + 1} = \infty.$$

例 3 的方法可推广到一般,有如下结论:

$$\lim_{x \to \infty} \frac{a_0 x^m + a_1 x^{m-1} + \cdots + a_{m-1} x + a_m}{b_0 x^n + b_1 x^{n-1} + \cdots + b_{n-1} x + b_n} = \begin{cases} \dfrac{a_0}{b_0}, & m = n, \\ 0, & m < n, \\ \infty, & m > n, \end{cases}$$

其中 $a_0 \neq 0, b_0 \neq 0, m, n$ 为非负整数.

例 4 求下列极限:

(1) $\lim\limits_{x \to 1}\left(\dfrac{3}{1-x^3} - \dfrac{1}{1-x}\right)$;　(2) $\lim\limits_{x \to \infty} \dfrac{\sqrt[3]{x^2}\arctan x}{x+1}$.

解 (1)
$$\lim_{x \to 1}\left(\frac{3}{1-x^3} - \frac{1}{1-x}\right) = \lim_{x \to 1}\frac{3-(1+x+x^2)}{(1-x)(1+x+x^2)} = \lim_{x \to 1}\frac{2-x-x^2}{(1-x)(1+x+x^2)}$$
$$= \lim_{x \to 1}\frac{(2+x)(1-x)}{(1-x)(1+x+x^2)} = \lim_{x \to 1}\frac{2+x}{1+x+x^2} = 1.$$

(2)
$$\lim_{x \to \infty}\frac{\sqrt[3]{x^2}}{x+1} = \lim_{x \to \infty}\frac{\sqrt[3]{\dfrac{1}{x}}}{1+\dfrac{1}{x}} = 0,$$

而 $\arctan x$ 在 $(-\infty, +\infty)$ 内有界,所以

$$\lim_{x \to \infty}\frac{\sqrt[3]{x^2}\arctan x}{x+1} = 0.$$

这里不能应用乘积的极限运算法则.

定理 2(复合函数的极限运算法则) 设由函数 $y = f(u)$ 和 $u = \varphi(x)$ 构成的复合函数 $y = f[\varphi(x)]$ 在点 x_0 的某去心邻域内有定义. 如果 $\lim\limits_{x \to x_0}\varphi(x) = u_0, \lim\limits_{u \to u_0}f(u) = A$,且存在 $\delta_0 > 0$,当 $x \in \mathring{U}(x_0, \delta_0)$ 时,$\varphi(x) \neq u_0$,则有

$$\lim_{x \to x_0}f[\varphi(x)] = \lim_{u \to u_0}f(u) = A.$$

证明 由于 $\lim\limits_{u \to u_0}f(u) = A$,所以对任意给定的 $\varepsilon > 0$,存在 $\eta > 0$,当 $0 < |u - u_0| < \eta$ 时,有 $|f(u) - A| < \varepsilon$ 成立.

又因为 $\lim\limits_{x \to x_0}\varphi(x) = u_0$,所以对上面得到的 $\eta > 0$,存在 $\delta_1 > 0$,当 $0 < |x - x_0| < \delta_1$ 时,有 $|\varphi(x) - u_0| < \eta$ 成立.

取 $\delta = \min\{\delta_0, \delta_1\}$,则当 $0 < |x - x_0| < \delta$ 时,有 $0 < |\varphi(x) - u_0| < \eta$ 亦即 $0 < |u - u_0| < \eta$ 成立,从而有

$$|f[\varphi(x)] - A| = |f(u) - A| < \varepsilon$$

成立,即有

$$\lim_{x \to x_0}f[\varphi(x)] = A = \lim_{u \to u_0}f(u).$$

定理 2 告诉我们,在求复合函数 $y = f[\varphi(x)]$ 的极限时,可作变量代换(当然要符合定理的条件):

$$\lim_{x \to x_0}f[\varphi(x)] = \lim_{u \to u_0}f(u) \quad (u_0 = \lim_{x \to x_0}\varphi(x)).$$

这样就可以将一个复杂的极限问题转化为一个较为简单的极限问题.

在定理 2 中,把 $\lim\limits_{x\to x_0}\varphi(x)=u_0$ 换成 $\lim\limits_{x\to x_0}\varphi(x)=\infty$,或 $\lim\limits_{x\to\infty}\varphi(x)=u_0$,或 $\lim\limits_{x\to\infty}\varphi(x)=\infty$,而 $\lim\limits_{u\to u_0}f(u)=A$ 换成 $\lim\limits_{u\to\infty}f(u)=A$,可得类似的结论:

$$\lim_{x\to x_0}f[\varphi(x)]=\lim_{u\to\infty}f(u)=A;$$

$$\lim_{x\to\infty}f[\varphi(u)]=\lim_{u\to u_0}f(u)=A;$$

$$\lim_{x\to\infty}f[\varphi(x)]=\lim_{u\to\infty}f(u)=A.$$

当然,定理 2 中的条件"在 x_0 的某去心邻域 $\mathring{U}(x_0,\delta_0)$ 中 $\varphi(x)\neq u_0$"也要有所体现.

例 5　求 $\lim\limits_{x\to 1}\sqrt{\dfrac{2(x^2-1)}{x-1}}$.

解　函数 $y=\sqrt{\dfrac{2(x^2-1)}{x-1}}$ 由 $y=f(u)=\sqrt{u}$,$u=\varphi(x)=\dfrac{2(x^2-1)}{x-1}$ 复合而成.

$$\lim_{x\to 1}\varphi(x)=\lim_{x\to 1}\frac{2(x^2-1)}{x-1}=\lim_{x\to 1}2(x+1)=4,$$

$$\lim_{u\to 4}f(u)=\lim_{u\to 4}\sqrt{u}=\sqrt{4}=2\text{(由 1.3 节例 4 知)},$$

所以有 $\lim\limits_{x\to 1}\sqrt{\dfrac{2(x^2-1)}{x-1}}=2$.

习题 1-5

1. 指出下列各题的错误,说明原因,并用正确的方法解出:

(1) $\lim\limits_{x\to 9}\dfrac{x^2-9}{x-9}=\dfrac{\lim\limits_{x\to 9}(x^2-9)}{\lim\limits_{x\to 9}(x-9)}=\dfrac{72}{0}=\infty$;

(2) $\lim\limits_{x\to\infty}\dfrac{\sin x}{x^2}=\dfrac{\lim\limits_{x\to\infty}\sin x}{\lim\limits_{x\to\infty}x^2}=\dfrac{1}{\infty}=0$;

(3) $\lim\limits_{x\to 0}x^2\sin\dfrac{1}{x}=\lim\limits_{x\to 0}x^2\cdot\lim\limits_{x\to 0}\sin\dfrac{1}{x}=0\cdot 1=0$;

(4) $\lim\limits_{n\to\infty}\left(\dfrac{1}{n^2}+\dfrac{2}{n^2}+\cdots+\dfrac{n}{n^2}\right)=\lim\limits_{n\to\infty}\dfrac{1}{n^2}+\lim\limits_{n\to\infty}\dfrac{2}{n^2}+\cdots+\lim\limits_{n\to\infty}\dfrac{n}{n^2}=0+0+\cdots+0=0$.

2. 计算下列极限:

(1) $\lim\limits_{x\to 2}\dfrac{x^2+1}{x-3}$;

(2) $\lim\limits_{x\to\sqrt{3}}\dfrac{x^2-3}{x^2+1}$;

(3) $\lim\limits_{x\to 2}\dfrac{x-\sqrt{x}}{\sqrt{x}}$;

(4) $\lim\limits_{x\to 0}\dfrac{x^3-2x}{x^2+x}$;

(5) $\lim\limits_{x\to 1}\dfrac{x^3-1}{x^2-1}$;

(6) $\lim\limits_{x\to 1}\dfrac{x^m-1}{x^n-1}$($m,n$ 为正整数);

(7) $\lim\limits_{x\to\infty}\dfrac{(x+1)(2x^2-1)}{x^3}$;

(8) $\lim\limits_{x\to\infty}\dfrac{x^3+1}{x^2-1}$;

(9) $\lim\limits_{n\to\infty}\dfrac{1^2+2^2+\cdots+n^2}{n^3}$;

(10) $\lim\limits_{n\to\infty}\left(1+\dfrac{1}{2}+\dfrac{1}{4}+\cdots+\dfrac{1}{2^n}\right)$;

(11) $\lim\limits_{n\to\infty}\left(\dfrac{1}{1\cdot 2}+\dfrac{1}{2\cdot 3}+\cdots+\dfrac{1}{n(n+1)}\right)$;

(12) $\lim\limits_{n\to\infty}\dfrac{(-2)^{n+1}+3^{n+1}}{(-2)^n+3^n}$.

3. 计算下列极限:

(1) $\lim\limits_{h\to0}\dfrac{(x+h)^3-x^3}{h}$; (2) $\lim\limits_{x\to2}\dfrac{x^2-x-2}{(x-2)^2}$; (3) $\lim\limits_{x\to\infty}\dfrac{1}{x}\sin\dfrac{1}{x}$; (4) $\lim\limits_{x\to0}x^2\arctan\dfrac{1}{x}$.

4. 求下列复合函数的极限:

(1) $\lim\limits_{x\to1}\sqrt{\dfrac{x^2+3x-4}{x-1}}$; (2) $\lim\limits_{x\to-2}\cos(x^2-4)$.

1.6 两个重要极限

1.6.1 夹逼定理

定理 1 如果对于点 x_0 的某去心邻域(或绝对值大于某一正数 X)的一切 x,恒有

$$g(x)\leqslant f(x)\leqslant h(x)$$

成立,且有

$$\lim_{\substack{x\to x_0\\(x\to\infty)}}g(x)=\lim_{\substack{x\to x_0\\(x\to\infty)}}h(x)=A,$$

则 $\lim\limits_{\substack{x\to x_0\\(x\to\infty)}}f(x)$ 存在,且等于 A.

这条定理叫做夹逼定理,也叫做夹逼准则.

下面就 $x\to x_0$ 的情形给出证明.

证明 设当 $x\in\mathring{U}(x_0,\delta_1)$ 时有

$$g(x)\leqslant f(x)\leqslant h(x).$$

因为当 $x\to x_0$ 时,$g(x)\to A,h(x)\to A$,依据函数极限的定义,对任意给定的正数 ε,存在正数 $\delta_2(\delta_2\leqslant\delta_1)$,当 $0<|x-x_0|<\delta_2$ 时,恒有

$$|g(x)-A|<\varepsilon;$$

同时又存在正数 $\delta_3(\delta_3\leqslant\delta_1)$,当 $0<|x-x_0|<\delta_3$ 时,恒有

$$|h(x)-A|<\varepsilon.$$

现在取 $\delta=\min\{\delta_2,\delta_3\}$,则当 $0<|x-x_0|<\delta$ 时,有

$$|g(x)-A|<\varepsilon,\quad|h(x)-A|<\varepsilon$$

同时成立,即

$$A-\varepsilon<g(x)<A+\varepsilon,\quad A-\varepsilon<h(x)<A+\varepsilon$$

同时成立.又因为此时也有

$$g(x)\leqslant f(x)\leqslant h(x)$$

成立,所以当 $0<|x-x_0|<\delta$ 时,有

$$A-\varepsilon<g(x)\leqslant f(x)\leqslant h(x)<A+\varepsilon$$

成立,即有

$$|f(x)-A|<\varepsilon$$

成立.这就证得了

$$\lim_{x\to x_0}f(x)=A.$$

定理 1 对于数列极限的情况也适用,可具体表述如下:

如果对于数列 x_n, y_n 及 z_n，有 $y_n \leqslant x_n \leqslant z_n(n=1,2,3,\cdots)$，且 $\lim\limits_{n\to\infty} y_n=\lim\limits_{n\to\infty} z_n=A$，则数列 x_n 的极限存在，且有 $\lim\limits_{n\to\infty} x_n=A$.

例 1 求 $\lim\limits_{n\to\infty}\left(\frac{1}{n^2+1}+\frac{2}{n^2+2}+\cdots+\frac{n}{n^2+n}\right)$.

解 因为

$$\frac{k}{n^2+n} \leqslant \frac{k}{n^2+k} \leqslant \frac{k}{n^2+1}, \quad k=1,2,\cdots,n,$$

所以

$$\begin{aligned}\frac{1}{n^2+n}+\frac{2}{n^2+n}+\cdots+\frac{n}{n^2+n} &\leqslant \frac{1}{n^2+1}+\frac{2}{n^2+2}+\cdots+\frac{n}{n^2+n} \\ &\leqslant \frac{1}{n^2+1}+\frac{2}{n^2+1}+\cdots+\frac{n}{n^2+1}.\end{aligned}$$

而

$$\lim_{n\to\infty}\left(\frac{1}{n^2+n}+\frac{2}{n^2+n}+\cdots+\frac{n}{n^2+n}\right)=\lim_{n\to\infty}\frac{n(n+1)}{2(n^2+n)}=\frac{1}{2},$$

$$\lim_{n\to\infty}\left(\frac{1}{n^2+1}+\frac{2}{n^2+1}+\cdots+\frac{n}{n^2+1}\right)=\lim_{n\to\infty}\frac{n(n+1)}{2(n^2+1)}=\frac{1}{2},$$

由夹逼定理得 $\lim\limits_{n\to\infty}\left(\frac{1}{n^2+1}+\frac{2}{n^2+2}+\cdots+\frac{n}{n^2+n}\right)=\frac{1}{2}$.

1.6.2 重要极限：$\lim\limits_{x\to 0}\frac{\sin x}{x}=1$

作为定理 1 的一个应用，下面证明一个重要极限：

$$\lim_{x\to 0}\frac{\sin x}{x}=1. \tag{1.6.1}$$

证明 作单位圆如图 1-24 所示，设圆心角 $\angle AOD$ 为锐角，其弧度数为 $x\left(0<x<\frac{\pi}{2}\right)$. 由 $\triangle AOB$ 面积、扇形 AOB 面积及 $\triangle AOD$ 面积的关系，有

$$\frac{1}{2}\sin x < \frac{1}{2}x < \frac{1}{2}\tan x,$$

即

$$\sin x < x < \tan x.$$

同除以 $\sin x$，有

$$1 < \frac{x}{\sin x} < \frac{1}{\cos x},$$

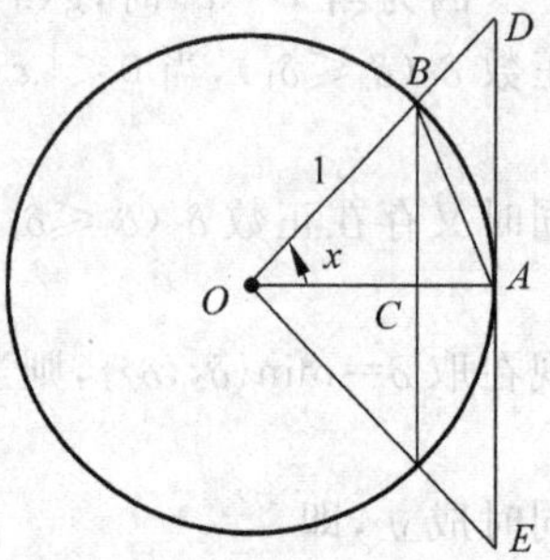

图 1-24

即

$$\cos x < \frac{\sin x}{x} < 1. \tag{1.6.2}$$

当 x 以 $-x$ 代替时，$\cos(-x)=\cos x$，$\frac{\sin(-x)}{-x}=\frac{\sin x}{x}$，所以上面的不等式(1.6.2)对于区间 $\left(-\frac{\pi}{2},0\right)$ 内的一切 x 也是成立的.

由于 $\lim\limits_{x\to 0}\cos x=1$（习题 1-3 中第 3 题的(5)小题），$\lim\limits_{x\to 0}1=1$，所以由不等式(1.6.2)及夹逼定理，即得

$$\lim_{x\to 0}\frac{\sin x}{x}=1.$$

例 2 求 $\lim\limits_{x\to 0}\dfrac{\tan x}{x}$.

解
$$\lim_{x\to 0}\frac{\tan x}{x}=\lim_{x\to 0}\left(\frac{\sin x}{x}\cdot\frac{1}{\cos x}\right)=\lim_{x\to 0}\frac{\sin x}{x}\cdot\lim_{x\to 0}\frac{1}{\cos x}=1.$$

例 3 求 $\lim\limits_{x\to 0}\dfrac{\sin 5x}{\tan 3x}$.

解
$$\lim_{x\to 0}\frac{\sin 5x}{\tan 3x}=\lim_{x\to 0}\left(\frac{\sin 5x}{\sin 3x}\cdot\cos 3x\right)=\lim_{x\to 0}\left(\frac{\sin 5x}{5x}\cdot\frac{3x}{\sin 3x}\cdot\cos 3x\cdot\frac{5}{3}\right)=\frac{5}{3}.$$

例 4 求 $\lim\limits_{x\to 0}\dfrac{1-\cos x}{x^2}$.

解
$$\lim_{x\to 0}\frac{1-\cos x}{x^2}=\lim_{x\to 0}\frac{2\sin^2\frac{x}{2}}{x^2}=\frac{1}{2}\lim_{x\to 0}\frac{\sin^2\frac{x}{2}}{\left(\frac{x}{2}\right)^2}$$

$$=\frac{1}{2}\left(\lim_{x\to 0}\frac{\sin\frac{x}{2}}{\frac{x}{2}}\right)^2=\frac{1}{2}\times 1^2=\frac{1}{2}.$$

例 5 求 $\lim\limits_{x\to 0}\dfrac{\arctan x}{x}$.

解 令 $u=\arctan x$,则 $x=\tan u$,当 $x\to 0$ 时 $u\to 0$. 利用复合函数的极限运算法则及例 2 的结果,有

$$\lim_{x\to 0}\frac{\arctan x}{x}=\lim_{u\to 0}\frac{u}{\tan u}=1.$$

1.6.3 数列收敛准则

定理 2 单调有界数列必有极限.

关于单调数列的概念在 1.2 节曾作过介绍:数列 x_n 如满足条件

$$x_1\leqslant x_2\leqslant\cdots\leqslant x_n\leqslant\cdots,$$

则称它是单调增加的;如果数列 x_n 满足条件

$$x_1\geqslant x_2\geqslant\cdots\geqslant x_n\geqslant\cdots,$$

则称它是单调减少的. 单调增加和单调减少的数列统称为单调数列.

在 1.2 节中曾指出:收敛数列一定有界,而有界数列不一定收敛. 现在定理 2 表明,如果一个数列不仅有界,而且单调,那么这个数列就一定收敛. 定理 2 也叫做**单调有界准则**.

对定理 2 我们不作证明,只从几何上作一说明.

单调数列在数轴上的对应点随项数 n 的增加只能向一个方向移动,这样就只有两种可能性:一种是沿数轴移向无穷远($x_n\to+\infty$ 或 $x_n\to-\infty$),另一种是无限趋近于某一个定点(图 1-25). 而有界数列不可能发生前一种情况,所以单调有界数列只能与某一个固定的数无限接近,这就表明该数列有极限.

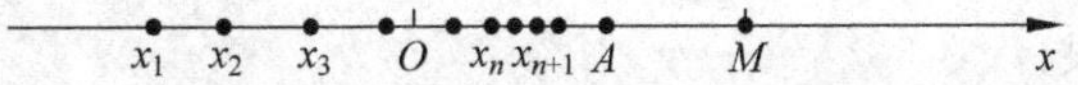

图 1-25

例如，数列 $x_n = 2 - \dfrac{1}{n}$ 是单调递增数列，同时有 $x_n < 2$，依定理 2，$\lim\limits_{n \to \infty} x_n$ 存在.观察易知，

$\lim\limits_{n \to \infty}\left(2 - \dfrac{1}{n}\right) = 2$.当然也不难用数列极限的定义证明之.

1.6.4　重要极限：$\lim\limits_{x \to \infty}\left(1 + \dfrac{1}{x}\right)^x = e$

作为定理 2 的应用，我们介绍另一个重要极限

$$\lim_{x \to \infty}\left(1 + \frac{1}{x}\right)^x = e. \tag{1.6.3}$$

先考虑 x 取正整数 n 且趋于 $+\infty$ 的情形.

设 $x_n = \left(1 + \dfrac{1}{n}\right)^n$，我们来证明数列 x_n 收敛.为此，我们引入一个新的数列 $y_n = \left(1 + \dfrac{1}{n}\right)^{n+1}$.显然，$y_n > 1$.

当 $n > 1$ 时，

$$\frac{y_n}{y_{n-1}} = \frac{\left(1 + \dfrac{1}{n}\right)^{n+1}}{\left(1 + \dfrac{1}{n-1}\right)^n} = \frac{\left(\dfrac{n+1}{n}\right)^n}{\left(\dfrac{n}{n-1}\right)^n} \cdot \left(1 + \frac{1}{n}\right) = \left(1 - \frac{1}{n^2}\right)^n\left(1 + \frac{1}{n}\right),$$

由牛顿二项式定理可知　$1 + \dfrac{1}{n} < \left(1 + \dfrac{1}{n^2}\right)^n$，所以

$$\frac{y_n}{y_{n-1}} = \left(1 - \frac{1}{n^2}\right)^n\left(1 + \frac{1}{n}\right) < \left(1 - \frac{1}{n^2}\right)^n\left(1 + \frac{1}{n^2}\right)^n = \left(1 - \frac{1}{n^4}\right)^n < 1,$$

即有 $y_n < y_{n-1}$.而 $y_1 = \left(1 + \dfrac{1}{1}\right)^2 = 4$，所以有 $1 < y_n \leqslant 4$.数列 y_n 单调减少且有界，依定理 2 知 $\lim\limits_{n \to \infty} y_n$ 存在.

而

$$\lim_{n \to \infty} x_n = \lim_{n \to \infty}\left(1 + \frac{1}{n}\right)^n = \lim_{n \to \infty}\frac{\left(1 + \dfrac{1}{n}\right)^{n+1}}{1 + \dfrac{1}{n}} = \lim_{n \to \infty}\frac{y_n}{1 + \dfrac{1}{n}} = \lim_{n \to \infty} y_n,$$

所以 $\lim\limits_{n \to \infty}\left(1 + \dfrac{1}{n}\right)^n$ 存在.极限值用 e 来表示，e 是一个无理数，它的值是

$$e = 2.718281828459045\cdots.$$

可以证明（我们这里不证）

$$\lim_{x \to \infty}\left(1 + \frac{1}{x}\right)^x = e.$$

利用复合函数的极限运算法则，作代换 $z = \dfrac{1}{x}$，则有

$$\lim_{z \to 0}(1 + z)^{\frac{1}{z}} = e. \tag{1.6.4}$$

例 6　求下列极限：

(1) $\lim\limits_{x \to \infty}\left(1 + \dfrac{1}{x}\right)^{kx}$（$k$ 为自然数）；　　　　(2) $\lim\limits_{x \to \infty}\left(1 - \dfrac{1}{x}\right)^{2x}$；

$(3)\ \lim\limits_{x\to 0}(1+2x)^{\frac{1}{x}}$;

$(4)\ \lim\limits_{x\to\infty}\left(\dfrac{x+1}{x+2}\right)^{x}$.

解 (1)
$$\lim\limits_{x\to\infty}\left(1+\dfrac{1}{x}\right)^{kx}=\left[\lim\limits_{x\to\infty}\left(1+\dfrac{1}{x}\right)^{x}\right]^{k}=\mathrm{e}^{k};$$

(2) 令 $x=-t$,当 $x\to\infty$ 时有 $t\to\infty$,于是
$$\lim\limits_{x\to\infty}\left(1-\dfrac{1}{x}\right)^{2x}=\lim\limits_{t\to\infty}\left(1+\dfrac{1}{t}\right)^{-2t}=\dfrac{1}{\lim\limits_{t\to\infty}\left(1+\dfrac{1}{t}\right)^{2t}}=\dfrac{1}{\mathrm{e}^{2}};$$

(3)
$$\lim\limits_{x\to 0}(1+2x)^{\frac{1}{x}}=\lim\limits_{x\to 0}\left[(1+2x)^{\frac{1}{2x}}\right]^{2}=\mathrm{e}^{2};$$

(4)
$$\lim\limits_{x\to\infty}\left(\dfrac{x+1}{x+2}\right)^{x}=\lim\limits_{x\to\infty}\dfrac{1}{\left(\dfrac{x+2}{x+1}\right)^{x}}=\lim\limits_{x\to\infty}\dfrac{1+\dfrac{1}{x+1}}{\left(1+\dfrac{1}{x+1}\right)^{x+1}}$$
$$=\dfrac{\lim\limits_{x\to\infty}\left(1+\dfrac{1}{x+1}\right)}{\lim\limits_{x\to\infty}\left(1+\dfrac{1}{x+1}\right)^{x+1}}=\dfrac{1}{\mathrm{e}}.$$

利用复合函数的极限运算法则(1.5 节定理 2),我们可以大大扩展两个重要极限的应用范围.若 $\lim\varphi(x)=0$(在此极限中,自变量 x 的变化趋向可以是 $x\to x_0$,$x\to\infty$,$x\to x_0^{+}$,$x\to x_0^{-}$,$x\to+\infty$,$x\to-\infty$ 中的任何一种),且 $\varphi(x)\neq 0$,则有
$$\lim\dfrac{\sin\varphi(x)}{\varphi(x)}=\lim\limits_{u\to 0}\dfrac{\sin u}{u}=1;$$
$$\lim[1+\varphi(x)]^{\frac{1}{\varphi(x)}}=\lim\limits_{u\to 0}(1+u)^{\frac{1}{u}}=\mathrm{e}.$$

习题 1-6

1. 计算下列极限:

$(1)\ \lim\limits_{x\to 0}\dfrac{\tan kx}{x}$($k$ 为常数);

$(2)\ \lim\limits_{x\to 0}\dfrac{\sin\omega x}{x}$($\omega$ 为常数);

$(3)\ \lim\limits_{x\to 0}x\cot 3x$;

$(4)\ \lim\limits_{x\to 0}\dfrac{1-\cos 2x}{x\sin x}$;

$(5)\ \lim\limits_{x\to 0}\dfrac{\sin x-\tan x}{x^{3}}$;

$(6)\ \lim\limits_{x\to\pi}\dfrac{\sin 3x}{\sin 2x}$;

$(7)\ \lim\limits_{x\to a}\dfrac{\sin x-\sin a}{x-a}$;

$(8)\ \lim\limits_{n\to\infty}2^{n}\sin\dfrac{x}{2^{n}}$;

$(9)\ \lim\limits_{x\to 1}\dfrac{\sin(x^{3}-x)}{x^{3}-x}$;

$(10)\ \lim\limits_{x\to\infty}x^{2}\sin\dfrac{1}{x^{2}}$.

2. 计算下列极限:

$(1)\ \lim\limits_{x\to 0}(1-x)^{\frac{2}{x}}$;

$(2)\ \lim\limits_{x\to\infty}\left(1-\dfrac{1}{x}\right)^{kx}$($k$ 为正整数);

$(3)\ \lim\limits_{x\to\infty}\left(\dfrac{x}{x+1}\right)^{x}$;

$(4)\ \lim\limits_{x\to\infty}\left(\dfrac{x+1}{x-1}\right)^{x}$.

3. 利用夹逼定理证明:

$$\lim_{n \to \infty} \left(\frac{1}{n^2 + \pi} + \frac{3}{n^2 + 2\pi} + \cdots + \frac{2n-1}{n^2 + n\pi} \right) = 1.$$

4. 已知数列 $x_1 = \sqrt{2}$, $x_n = \sqrt{2 + x_{n-1}}$ $(n = 2, 3, \cdots)$, 证明该数列收敛, 并求其极限.

1.7　无穷小量的比较

我们知道, 两个无穷小量的和、差及乘积仍为无穷小量. 但是两个无穷小量的商, 却会出现不同的情况. 例如, 当 $x \to 0$ 时, $3x, x^2, \tan x$ 都是无穷小量, 而

$$\lim_{x \to 0} \frac{x^2}{3x} = 0, \quad \lim_{x \to 0} \frac{3x}{x^2} = \infty, \quad \lim_{x \to 0} \frac{3x}{\tan x} = 3, \quad \lim_{x \to 0} \frac{\tan x}{x} = 1.$$

两个无穷小量之比的极限的各种不同情况, 反映了不同的无穷小量趋向于零的"快"、"慢"程度的差异及其他一些不同的性质.

下面我们用无穷小量比的极限, 来说明两个无穷小量之间的比较.

定义 1　设 α, β 是自变量同一变化趋向下的无穷小量.

如果 $\lim \frac{\beta}{\alpha} = 0$, 就说 β 是比 α **高阶的无穷小量**, 记作 $\beta = o(\alpha)$;

如果 $\lim \frac{\beta}{\alpha} = \infty$, 就说 β 是比 α **低阶的无穷小量**;

如果 $\lim \frac{\beta}{\alpha} = A(\neq 0)$, 就说 β 与 α 是**同阶无穷小量**, 记作 $\beta = O(\alpha)$;

如果 $\lim \frac{\beta}{\alpha} = 1$, 就说 β 与 α 是**等价无穷小量**, 记作 $\alpha \sim \beta$;

如果 $\lim \frac{\beta}{\alpha^k} = C(C \neq 0, k > 0)$, 就说 β 是关于 α 的 **k 阶无穷小量**.

显然, 如果 β 是比 α 高阶的无穷小量, 则 α 是比 β 低阶的无穷小量; 而等价无穷小量是同阶无穷小量的特殊情况. 如果 $\lim \frac{\alpha}{\beta}$ 不存在(也不为 ∞), 则无穷小量 α, β 之间不能比较阶的高低.

例如, 当 $x \to 0$ 时, $\sin x, x^3, -3x, x\sin \frac{1}{x}$ 都是无穷小量, 而 $\lim_{x \to 0} \frac{-3x}{\sin x} = -3$, 所以当 $x \to 0$ 时, $-3x$ 与 $\sin x$ 为同阶无穷小量; $\lim_{x \to 0} \frac{\sin x}{x} = 1$, 所以当 $x \to 0$ 时, $\sin x$ 与 x 为等价无穷小量; $\lim_{x \to 0} \frac{x^3}{\sin x} = 0$, 所以当 $x \to 0$ 时, x^3 是较 $\sin x$ 高阶的无穷小量; $\lim_{x \to 0} \frac{1 - \cos x}{x^2} = \frac{1}{2}$, 所以当 $x \to 0$ 时, $1 - \cos x$ 是关于 x 的 2 阶无穷小量; $\lim_{x \to 0} \frac{x\sin \frac{1}{x}}{-3x}$ 不存在, 所以无穷小量 $x\sin \frac{1}{x}$ 和 $-3x$ 不能比较阶的高低.

需要注意, 上面关于两个无穷小量比较的定义是在自变量的同一变化趋向下给出的, 自变量的不同变化趋向下的无穷小量无法比较.

定理 1　若 $\alpha \sim \alpha'$, $\beta \sim \beta'$, 且 $\lim \frac{\beta'}{\alpha'}$ 存在(或为 ∞), 则有 $\lim \frac{\beta}{\alpha} = \lim \frac{\beta'}{\alpha'}$.

证明　当 $\lim\dfrac{\beta'}{\alpha'}$ 存在时，

$$\lim\frac{\beta}{\alpha}=\lim\left(\frac{\alpha'}{\alpha}\cdot\frac{\beta'}{\alpha'}\cdot\frac{\beta}{\beta'}\right)=\lim\frac{\alpha'}{\alpha}\cdot\lim\frac{\beta'}{\alpha'}\cdot\lim\frac{\beta}{\beta'}=\lim\frac{\beta'}{\alpha'}.$$

当 $\lim\dfrac{\beta'}{\alpha'}=\infty$ 时，只要考察 $\lim\dfrac{\alpha}{\beta}$，再利用无穷小量与无穷大量之关系，即可得到证明.

这一性质表明，求两个无穷小量比的极限时，分子及分母中的因子都可用等价无穷小量来代替，如果用来代替的无穷小量选得适当，往往可以使计算简化.

例 1　求 $\lim\limits_{x\to0}\dfrac{\tan3x}{\tan5x}$.

解　当 $x\to0$ 时，$\tan3x\sim3x$，$\tan5x\sim5x$，所以

$$\lim_{x\to0}\frac{\tan3x}{\tan5x}=\lim_{x\to0}\frac{3x}{5x}=\frac{3}{5}.$$

例 2　求 $\lim\limits_{x\to0}\dfrac{\sin x}{x-x^2}$.

解　当 $x\to0$ 时，$\sin x\sim x$，于是

$$\lim_{x\to0}\frac{\sin x}{x-x^2}=\lim_{x\to0}\frac{x}{x-x^2}=\lim_{x\to0}\frac{1}{1-x}=1.$$

例 3　求 $\lim\limits_{x\to0}\dfrac{\sin x-\tan x}{\sin^3 x}$.

解

$$\lim_{x\to0}\frac{\sin x-\tan x}{\sin^3 x}=\lim_{x\to0}\frac{\cos x-1}{\sin^2 x\cos x}$$

$$=\lim_{x\to0}\frac{-2\sin^2\dfrac{x}{2}}{\sin^2 x\cos x}=\lim_{x\to0}\frac{-2\cdot\left(\dfrac{x}{2}\right)^2}{x^2\cos x}=-\frac{1}{2}.$$

定理 2　无穷小量 β 与 α 等价的充要条件是 $\beta=\alpha+o(\alpha)$.

证明　必要性：设 $\alpha\sim\beta$，则

$$\lim\frac{\beta-\alpha}{\alpha}=\lim\left(\frac{\beta}{\alpha}-1\right)=\lim\frac{\beta}{\alpha}-1=0,$$

所以 $\beta-\alpha=o(\alpha)$，即 $\beta=\alpha+o(\alpha)$.

充分性：设 $\beta=\alpha+o(\alpha)$，则

$$\lim\frac{\beta}{\alpha}=\lim\frac{\alpha+o(\alpha)}{\alpha}=\lim\left(1+\frac{o(\alpha)}{\alpha}\right)=1,$$

所以 $\alpha\sim\beta$.

例 4　因为 $x\to0$ 时，$\sin x\sim x$，$\tan x\sim x$，$\arcsin x\sim x$，$1-\cos x\sim\dfrac{1}{2}x^2$，所以当 $x\to0$ 时有

$$\sin x=x+o(x),\tan x=x+o(x),\arcsin x=x+o(x),1-\cos x=\frac{x^2}{2}+o(x^2).$$

定理 3　若 α,β,γ 均为无穷小量，$\alpha\sim\beta$，$\beta\sim\gamma$，则有 $\alpha\sim\gamma$.

证明

$$\lim\frac{\gamma}{\alpha}=\lim\left(\frac{\gamma}{\beta}\cdot\frac{\beta}{\alpha}\right)=\lim\frac{\gamma}{\beta}\cdot\lim\frac{\beta}{\alpha}=1,$$

所以 $\alpha\sim\gamma$.

例 5　当 $x\to0$ 时，$x^2+2x\to0$，$x^2+2x\sim2x$，$\tan(x^2+2x)\sim x^2+2x$，所以有 $\tan(x^2+2x)\sim2x$.

习题 1-7

1. 比较下列各对无穷小量阶的高低：

(1) $x \to 0$ 时，$2x - x^2$ 与 $x^2 - x^3$；

(2) $x \to 1$ 时，$\dfrac{1-x}{1+x}$ 与 $(1-x)^2$；

(3) $x \to 1$ 时，$1-x$ 与 $1 - \sqrt{x}$；

(4) $x \to 0$ 时，$\sqrt{1+x} - \sqrt{1-x}$ 与 x^2.

2. 证明当 $x \to 0$ 时，下列各对无穷小量是等价的：

(1) $\arcsin x \sim x$；

(2) $\sqrt{1+x} - 1 \sim \dfrac{x}{2}$；

(3) $1 - \cos x \sim \dfrac{x^2}{2}$；

(4) $\tan x - \sin x \sim \dfrac{x^3}{2}$.

3. 利用等价无穷小的性质，求下列极限：

(1) $\lim\limits_{x \to 0} \dfrac{\tan 3x}{\sin 5x}$；

(2) $\lim\limits_{x \to 0} \dfrac{\sin(x^m)}{(\sin x)^n}$（$m, n$ 为自然数）；

(3) $\lim\limits_{x \to 0} \dfrac{\sin x - \tan x}{x^2 \sin 2x}$

(4) $\lim\limits_{x \to 0} \dfrac{\sqrt{1+x} - 1}{\tan \dfrac{x}{2}}$.

1.8　函数的连续性与间断点

1.8.1　函数的连续性

设函数 $y = f(x)$ 在 x_0 的某邻域内是有定义的，如果自变量在这个邻域内从始值 x_0 变到终值 x，对应的函数值由 $f(x_0)$ 变到 $f(x)$，则称 $x - x_0$ 为**自变量的增量**（或称为自变量的**改变量**），$f(x) - f(x_0)$ 为**函数的增量**（或称为**函数的改变量**），分别记作 Δx 和 Δy，即

$$\Delta x = x - x_0, \quad \Delta y = f(x) - f(x_0).$$

函数的增量又可表示为

$$\Delta y = f(x_0 + \Delta x) - f(x_0).$$

要注意，不论是自变量的增量 Δx，还是函数的增量 Δy，都不一定是正值. 它表示的是变量的终值与初值的差，可以是正的，也可以是负的，有时还可能为零（对于函数的增量）.

定义 1　设函数 $y = f(x)$ 在 x_0 的某邻域内有定义，如果当自变量的增量 $\Delta x = x - x_0$ 趋于零时，对应的函数的增量 $\Delta y = f(x_0 + \Delta x) - f(x_0)$ 也趋于零，即

$$\lim_{\Delta x \to 0} \Delta y = \lim_{\Delta x \to 0} [f(x_0 + \Delta x) - f(x_0)] = 0,$$

那么就称函数 $y = f(x)$ **在点 x_0 处连续**.

$\Delta x = x - x_0$，$\Delta x \to 0$ 就是 $x \to x_0$. 又由于

$$\Delta y = f(x_0 + \Delta x) - f(x_0) = f(x) - f(x_0),$$

可见 $\Delta y \to 0$ 就是 $f(x) \to f(x_0)$. 函数 $y = f(x)$ 在 x_0 处连续也可写成

$$\lim_{x \to x_0} f(x) = f(x_0).$$

所以,函数 $y=f(x)$ 在点 x_0 连续的定义又可叙述如下.

定义 2 设 $y=f(x)$ 在点 x_0 的某邻域内有定义,如果当 $x \to x_0$ 时,函数 $f(x)$ 的极限存在,且等于它在 x_0 处的函数值,即 $\lim\limits_{x \to x_0} f(x)=f(x_0)$,那么就称**函数 $y=f(x)$ 在点 x_0 处连续**.

函数在一点连续的定义,还可以用"ε-δ"语言描述,这里就不再介绍了,有兴趣的读者可自行给出.

有时只需或只能考虑函数的单侧连续性. 如果 $\lim\limits_{x \to x_0 - 0} f(x)=f(x_0^-)$ 存在,且等于 $f(x_0)$,则称函数 $f(x)$ 在点 x_0 **左连续**;如果 $\lim\limits_{x \to x_0 + 0} f(x)=f(x_0^+)$ 存在且等于 $f(x_0)$,则称函数 $f(x)$ 在点 x_0 **右连续**.

如果函数 $f(x)$ 在开区间 (a,b) 内的每一点都连续,则称函数 $f(x)$ **在区间 (a,b) 内连续**,或者说 $f(x)$ 是**区间 (a,b) 内的连续函数**. 如果函数 $f(x)$ 在开区间 (a,b) 内连续,在左端点 $x=a$ 处右连续,在右端点 $x=b$ 处左连续,则称 $f(x)$ **在闭区间 $[a,b]$ 上连续**.

在 1.5 节中,我们曾证明,多项式函数 $f(x)$ 对于任意实数 x_0,都有 $\lim\limits_{x \to x_0} f(x)=f(x_0)$,所以多项式函数在 $(-\infty,+\infty)$ 内是连续的. 对于有理分式函数 $\dfrac{f(x)}{g(x)}$,只要 $g(x_0) \neq 0$,就有 $\lim\limits_{x \to x_0} \dfrac{f(x)}{g(x)}=\dfrac{f(x_0)}{g(x_0)}$,因此,有理分式函数在其定义域内的每一点都是连续的. 由 1.3 节例 4 知,函数 $y=\sqrt{x}$ 在 $(0,+\infty)$ 内是连续的.

例 1 证明函数 $y=\sin x$ 在 $(-\infty,+\infty)$ 内连续.

证明 设 x_0 是 $(-\infty,+\infty)$ 内任意取定的一点,当自变量有增量 Δx 时,对应的函数的增量为

$$\Delta y = \sin(x_0 + \Delta x) - \sin x_0 = 2\cos\left(x_0 + \frac{\Delta x}{2}\right)\sin\frac{\Delta x}{2}.$$

当 $\Delta x \to 0$ 时,$\sin\dfrac{\Delta x}{2} \to 0$,而 $2\cos\left(x_0 + \dfrac{\Delta x}{2}\right)$ 为有界函数,所以

$$\lim_{\Delta x \to 0} \Delta y = \lim_{\Delta x \to 0}\left[2\cos\left(x_0 + \frac{\Delta x}{2}\right)\sin\frac{\Delta x}{2}\right] = 0,$$

即 $y=\sin x$ 在点 x_0 处连续. 而 x_0 是在区间 $(-\infty,+\infty)$ 内任意取定的,故 $y=\sin x$ 在 $(-\infty,+\infty)$ 内连续.

类似地,可以证明 $y=\cos x$ 在 $(-\infty,+\infty)$ 内连续.

例 2 证明函数

$$f(x) = \begin{cases} x\cos\dfrac{1}{x}, & x \neq 0, \\ 0, & x=0 \end{cases}$$

在 $x=0$ 处是连续的.

证明 当 $x \to 0$ 时,$\cos\dfrac{1}{x}$ 是有界函数,而 x 是无穷小量,所以 $x\cos\dfrac{1}{x}$ 是 $x \to 0$ 时的无穷小量. 于是

$$\lim_{x \to 0} f(x) = \lim_{x \to 0} x\cos\frac{1}{x} = 0 = f(0),$$

这就证明了函数 $f(x)$ 在 $x=0$ 处连续.

1.8.2　函数的间断点

设函数 $f(x)$ 在 x_0 的某去心邻域内有定义,由函数 $f(x)$ 在点 x_0 连续的定义,我们知道,如果函数 $f(x)$ 有下列三种情况之一:

(1) 在点 x_0 处无定义;

(2) 虽然在点 x_0 处有定义,但 $\lim\limits_{x \to x_0} f(x)$ 不存在;

(3) 虽然在 x_0 处有定义,且 $\lim\limits_{x \to x_0} f(x)$ 也存在,但 $\lim\limits_{x \to x_0} f(x) \neq f(x_0)$.

则函数 $f(x)$ 在 x_0 处不连续,而点 x_0 称为函数 $f(x)$ 的**不连续点**或**间断点**.

下面举例说明函数间断点的几种常见类型.

例 3　函数 $y = \dfrac{1}{x-1}$ 在 $x=1$ 处没有定义,而在 $x=1$ 的邻近有定义,所以 $x=1$ 是函数 $y = \dfrac{1}{x-1}$ 的间断点. 由于 $\lim\limits_{x \to 1} \dfrac{1}{x-1} = \infty$,我们就称 $x=1$ 是函数 $y = \dfrac{1}{x-1}$ 的**无穷间断点**. 一般地,如 $f(x)$ 在 x_0 处有一单侧极限为 ∞,则称 x_0 为 $f(x)$ 的**无穷间断点**.

例 4　$y = \sin \dfrac{1}{x}$ 仅在 $x=0$ 处没有定义,当 $x \to 0$ 时,函数值在 -1 与 $+1$ 之间变动无限多次(图 1-26),我们称 $x=0$ 为函数 $y = \sin \dfrac{1}{x}$ 的**振荡间断点**.

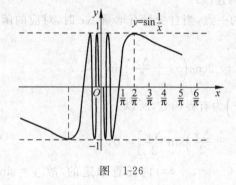

图　1-26

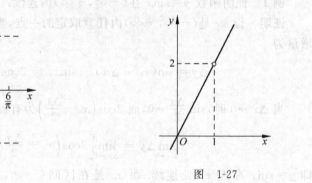

图　1-27

例 5　函数 $y = \dfrac{x^2-1}{x-1}$ 仅在 $x=1$ 处没有定义,所以 $x=1$ 是函数的间断点(图 1-27). 这里 $\lim\limits_{x \to 1} \dfrac{x^2-1}{x-1} = \lim\limits_{x \to 1}(x+1) = 2$,只要在 $x=1$ 处对 $f(x)$ 补充定义,使 $f(1) = \lim\limits_{x \to 1} f(x) = 2$,即令

$$f(x) = \begin{cases} \dfrac{x^2-1}{x-1}, & x \neq 1, \\ 2, & x = 1, \end{cases}$$

就可使函数 $f(x)$ 在 $x=1$ 处连续. 这种间断点我们叫做**可去间断点**.

例 6　函数

$$f(x) = \begin{cases} \dfrac{\sin x}{x}, & x \neq 0, \\ 2, & x = 0. \end{cases}$$

这里$\lim\limits_{x \to 0} f(x) = 1$，函数 $f(x)$ 在 $x = 0$ 处也有定义，但$\lim\limits_{x \to 0} f(x) \neq f(0)$，因此 $x = 0$ 是函数 $f(x)$ 的间断点. 如果改变函数 $f(x)$ 在 $x = 0$ 处的定义，使 $f(0) = \lim\limits_{x \to 0} f(x) = 1$，即令

$$f(x) = \begin{cases} \dfrac{\sin x}{x}, & x \neq 0, \\ 1, & x = 0, \end{cases}$$

则 $f(x)$ 在 $x = 0$ 处也是连续的. 这里的间断点 $x = 0$ 也叫做函数 $f(x)$ 的**可去间断点**.

例 7 函数

$$f(x) = \begin{cases} x^2, & x \leqslant 0, \\ x + 1, & x > 0. \end{cases}$$

这里 $\lim\limits_{x \to 0^-} f(x) = \lim\limits_{x \to 0^-} x^2 = 0$，$\lim\limits_{x \to 0^+} f(x) = \lim\limits_{x \to 0^+} (x+1) = 1$，在 $x = 0$ 处，函数的左、右极限分别存在但不相等，所以 $\lim\limits_{x \to 0} f(x)$ 不存在，$x = 0$ 是函数的间断点(图 1-28). 因 $y = f(x)$ 的图形在 $x = 0$ 处产生跳跃现象，我们就称 $x = 0$ 为函数 $f(x)$ 的**跳跃间断点**.

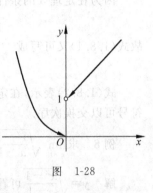

图 1-28

上面举了一些间断点的例子，在例 5、例 6、例 7 中，函数在间断点的左、右极限同时存在，这样的间断点叫做**第一类间断点**. 第一类间断点之外的间断点统称为**第二类间断点**. 例 3、例 4 中都是因在该点左、右极限不同时存在而间断的间断点，故都属于第二类间断点. 间断点可分类如下：

$$\text{间断点} \begin{cases} \begin{matrix} \text{第一类间断点} \\ \text{(左、右极限都存在)} \end{matrix} \begin{cases} \text{可去间断点(左、右极限存在且相等)} \\ \text{跳跃间断点(左、右极限存在但不等)} \end{cases} \\ \begin{matrix} \text{第二类间断点} \\ \text{(第一类之外的间断点)} \end{matrix} \begin{cases} \text{无穷间断点(至少有一单侧极限为} \infty) \\ \text{振荡间断点} \end{cases} \end{cases}$$

1.8.3 连续函数的运算

定理 1 设函数 $f(x), g(x)$ 在点 x_0 处连续，则它们的和、差、积、商在 x_0 处也连续(对商的情况还要假定分母在 x_0 处不为零).

用极限的四则运算法则及函数在一点连续的定义容易证得此定理，请读者自己给出证明.

由于 $\tan x = \dfrac{\sin x}{\cos x}$，$\cot x = \dfrac{\cos x}{\sin x}$，而 $\sin x, \cos x$ 在 $(-\infty, +\infty)$ 内都是连续的，所以由定理 1 知，$\tan x, \cot x$ 在其定义域内都是连续的.

定理 2(反函数的连续性) 如果函数 $y = f(x)$ 在区间 I_x 上单值、单调增加(或单调减少)且连续，相应的值域为区间 I_y，那么它的反函数 $x = \varphi(y)$ 在对应区间 I_y 上单值、单调增加(或单调减少)且连续.

证明从略.

由于 $y = \sin x$ 在闭区间 $\left[-\dfrac{\pi}{2}, \dfrac{\pi}{2}\right]$ 上单值、单调增加且连续，所以它的反函数 $y =$

$\arcsin x$ 在区间 $[-1,1]$ 上单值、单调增加且连续.

同样由定理 2 可知,$\arccos x$、$\arctan x$、$\operatorname{arccot} x$ 在各自的定义域内是单值、单调、连续的.

定理 3 设

$$\lim_{x \to x_0} \varphi(x) = u_0,$$

而函数 $y = f(u)$ 在点 $u = u_0$ 处连续,那么复合函数 $y = f[\varphi(x)]$ 当 $x \to x_0$ 时的极限也存在,且等于 $f(u_0)$,即

$$\lim_{x \to x_0} f[\varphi(x)] = f(u_0). \tag{1.8.1}$$

证明从略(联系 1.5 节定理 2,不难给出证明).

因为在定理 3 的条件中有

$$\lim_{x \to x_0} \varphi(x) = u_0 \quad 及 \quad \lim_{u \to u_0} f(u) = f(u_0),$$

故式(1.8.1)又可写成

$$\lim_{x \to x_0} f[\varphi(x)] = f[\lim_{x \to x_0} \varphi(x)]. \tag{1.8.2}$$

式(1.8.2)表示,在定理 3 的条件下求复合函数 $f[\varphi(x)]$ 的极限时,函数符号 f 和极限符号可以交换次序.

例 8 求 $\lim\limits_{x \to 1} \sqrt{\dfrac{x^2-1}{x-1}}$.

解 $y = \sqrt{\dfrac{x^2-1}{x-1}}$ 可看成由 $y = f(u) = \sqrt{u}$ 与 $u = \varphi(x) = \dfrac{x^2-1}{x-1}$ 复合而成. 因为 $\lim\limits_{x \to 1} \dfrac{x^2-1}{x-1} = 2$,而函数 $y = \sqrt{u}$ 在 $u = 2$ 处连续,所以

$$\lim_{x \to 1} \sqrt{\frac{x^2-1}{x-1}} = \sqrt{\lim_{x \to 1} \frac{x^2-1}{x-1}} = \sqrt{2}.$$

定理 4(复合函数的连续性) 设 $u = \varphi(x)$ 在 x_0 处连续,且 $\varphi(x_0) = u_0$,而函数 $y = f(u)$ 在 u_0 处连续,则复合函数 $y = f[\varphi(x)]$ 在 x_0 处连续.

只要在定理 3 中令 $u_0 = \varphi(x_0)$,这就表示函数 $\varphi(x)$ 在 x_0 处连续,于是由式(1.8.1)得

$$\lim_{x \to x_0} f[\varphi(x)] = f(u_0) = f[\varphi(x_0)], \tag{1.8.3}$$

这就证明了复合函数 $f[\varphi(x)]$ 在点 x_0 处连续.

利用定理 3、定理 4,使许多极限计算问题变得容易多了.

1.8.4 初等函数的连续性

我们已经证明了三角函数、反三角函数在它们的定义域内是连续的.

由定义可以证明(我们不证)指数函数 $y = a^x$ 在 $(-\infty, +\infty)$ 内是连续的.

由于 $y = a^x$ 在 $(-\infty, +\infty)$ 内单调且连续,所以由定理 2 可知,其反函数 $y = \log_a x$ 在对应区间 $(0, +\infty)$ 内单调且连续.

幂函数 $y = x^\mu$ 的定义域随 μ 的取值不同而不同,但无论 μ 取何值,在区间 $(0, +\infty)$ 内总是有定义的,而当 $x \in (0, +\infty)$ 时,有

$$x^\mu = e^{\mu \ln x} = e^u,$$

其中 $u = \mu \ln x$.

因此幂函数 x^μ 可看作由指数函数 $y = e^u$ 和对数函数 $u = \mu \ln x$ 复合而成,由定理 4 知,

幂函数 x^μ 在 $(0,+\infty)$ 内是连续的.

如对 μ 的各种取值分别讨论,可以证明幂函数在其定义域内是连续的.

综上所述,基本初等函数在其定义域内都是连续的.

再由本节定理 1、定理 4 可知:**一切初等函数在其有定义的区间内都是连续的**.

上述关于初等函数连续性的结论,提供了求极限的一种方法,这就是:如果 $f(x)$ 是初等函数,且 x_0 是 $f(x)$ 的定义区间内的一点,则有

$$\lim_{x \to x_0} f(x) = f(x_0).$$

例 9 求下列极限:

(1) $\lim\limits_{x \to 0} \dfrac{\ln(1+\sqrt{3}\,x)}{x}$;

(2) $\lim\limits_{x \to 3} \dfrac{\sqrt{2x+3}-3}{\sqrt{x-1}-\sqrt{2}}$;

(3) $\lim\limits_{x \to +\infty} (\sqrt{x^2+x} - \sqrt{x^2-x})$;

(4) $\lim\limits_{x \to 0}(1+3\tan^2 x)^{\cot^2 x}$.

解 (1) 由对数函数的连续性及本节定理 3,有

$$\lim_{x \to 0} \frac{\ln(1+\sqrt{3}\,x)}{x} = \ln\Big[\lim_{x \to 0}(1+\sqrt{3}\,x)^{\frac{1}{x}}\Big] = \ln\Big[\lim_{x \to 0}(1+\sqrt{3}\,x)^{\frac{1}{\sqrt{3}x}}\Big]^{\sqrt{3}} = \ln e^{\sqrt{3}} = \sqrt{3};$$

(2)
$$\lim_{x \to 3} \frac{\sqrt{2x+3}-3}{\sqrt{x-1}-\sqrt{2}} = \lim_{x \to 3} \frac{(2x+3-9)(\sqrt{x-1}+\sqrt{2})}{(x-1-2)(\sqrt{2x+3}+3)}$$
$$= \lim_{x \to 3} \frac{2(\sqrt{x-1}+\sqrt{2})}{\sqrt{2x+3}+3} = \frac{2(\sqrt{3-1}+\sqrt{2})}{\sqrt{2 \times 3+3}+3} = \frac{2\sqrt{2}}{3};$$

(3)
$$\lim_{x \to +\infty} (\sqrt{x^2+x} - \sqrt{x^2-x}) = \lim_{x \to +\infty} \frac{(x^2+x)-(x^2-x)}{\sqrt{x^2+x}+\sqrt{x^2-x}}$$
$$= \lim_{x \to +\infty} \frac{2}{\sqrt{1+\dfrac{1}{x}}+\sqrt{1-\dfrac{1}{x}}}$$
$$= \frac{2}{\sqrt{\lim\limits_{x \to +\infty}\left(1+\dfrac{1}{x}\right)}+\sqrt{\lim\limits_{x \to +\infty}\left(1-\dfrac{1}{x}\right)}} = 1;$$

(4) 函数 $y=(1+3\tan^2 x)^{\cot^2 x}$ 可看作由 $y=(1+3u)^{\frac{1}{u}}$ 和 $u=\tan^2 x$ 复合而成,而

$$\lim_{x \to 0}\tan^2 x = 0,$$

$$\lim_{u \to 0}(1+3u)^{\frac{1}{u}} = \lim_{u \to 0}\Big[(1+3u)^{\frac{1}{3u}}\Big]^3 = \Big[\lim_{x \to 0}(1+3u)^{\frac{1}{3u}}\Big]^3 = e^3.$$

所以 $\lim\limits_{x \to 0}(1+3\tan^2 x)^{\cot^2 x} = e^3.$

例 9 中的(1)实际上证明了当 $x \to 0$ 时,$\ln(1+x) \sim x$.

例 10 试证明:当 $x \to 0$ 时,下列无穷小的等价关系成立:

(1) $a^x - 1 \sim x\ln a$;

(2) $(1+x)^\alpha - 1 \sim \alpha x$.

证明 (1) 令 $a^x - 1 = t$,则 $x = \dfrac{\ln(1+t)}{\ln a}$,当 $x \to 0$ 时 $t \to 0$,于是

$$\lim_{x \to 0} \frac{a^x-1}{x\ln a} = \lim_{t \to 0} \frac{t}{\ln(1+t)} = \lim_{t \to 0} \frac{1}{\ln(1+t)^{\frac{1}{t}}} = 1,$$

即 $a^x - 1 \sim x\ln a \, (x \to 0)$.

特别地,$e^x - 1 \sim x \, (x \to 0)$.

(2) $(1+x)^a-1=e^{a\ln(1+x)}-1$,当 $x\to 0$ 时 $a\ln(1+x)\to 0$ 且有 $\ln(1+x)\sim x$,所以
$$e^{a\ln(1+x)}-1\sim a\ln(1+x)\sim ax.$$

设 $y=u(x)^{v(x)}$,其中 $u(x)>0$ 且 $u(x)\not\equiv 1$,称此函数为**幂指函数**.如果 $\lim u(x)=a>0$,$\lim v(x)=b$,则有
$$\lim u(x)^{v(x)}=\lim a^{v(x)}=a^{\lim v(x)}=e^{b\ln a}=a^b.$$

如果 $\lim u(x)=1$,$\lim v(x)=\infty$,这时极限 $\lim u(x)^{v(x)}$ 称为"1^∞"型的极限.对这类极限,我们有下面一般的处理方法(利用前面所讲过的极限理论可以证明这种方法的正确性).
$$u(x)^{v(x)}=\{[1+(u-1)]^{\frac{1}{u-1}}\}^{(u-1)v},$$
而
$$\lim[1+(u-1)]^{\frac{1}{u-1}}=e,$$
如果 $\lim[(u-1)v]$ 存在,或者为 $\pm\infty$,则
$$\lim u(x)^{v(x)}=\begin{cases}e^{\lim[(u-1)v]}=e^A, & \lim[(u-1)v]=A(A\ 为常数),\\ +\infty, & \lim[(u-1)v]=+\infty,\\ 0, & \lim[(u-1)v]=-\infty.\end{cases}$$

可简记为
$$\lim u(x)^{v(x)}=e^{\lim[u(x)-1]v(x)}. \tag{1.8.4}$$

在求 1^∞ 型极限时,式(1.8.4)可当公式使用.

例 11 求下列极限:

(1) $\displaystyle\lim_{x\to\infty}\left(\frac{x^2+1}{x^2-1}\right)^{x^2}$;　　　　(2) $\displaystyle\lim_{x\to 0}(1+\sin 2x)^{\frac{1}{3x}}$.

解 (1) $\dfrac{x^2+1}{x^2-1}=1+\dfrac{2}{x^2-1}\to 1(x\to\infty)$,$x^2\to\infty(x\to\infty)$,故所求极限属 1^∞ 型极限.
$$\lim_{x\to\infty}[(u-1)v]=\lim_{x\to\infty}\frac{2x^2}{x^2-1}=2,$$
所以
$$\lim_{x\to\infty}\left(\frac{x^2+1}{x^2-1}\right)^{x^2}=e^2.$$

(2) 当 $x\to 0$ 时,$(1+\sin 2x)\to 1$,$\dfrac{1}{3x}\to\infty$,所求极限为 1^∞ 型.
$$\lim_{x\to 0}[(u-1)v]=\lim_{x\to 0}\frac{\sin 2x}{3x}=\frac{2}{3},$$
所以
$$\lim_{x\to 0}(1+\sin 2x)^{\frac{1}{3x}}=e^{\frac{2}{3}}.$$

习题 1-8

1. 研究函数
$$f(x)=\begin{cases}x^2+2x-3, & x\leqslant 1,\\ x, & 1<x<2,\\ 2x-2, & x\geqslant 2\end{cases}$$
的连续性,并画出 $y=f(x)$ 的图形.

2. b 取何值时,函数
$$f(x)=\begin{cases}e^x+1, & x>0,\\ x+b, & x\leqslant 0\end{cases}$$
处处连续?

3. 求下列函数的间断点,并确定其所属类型:

(1) $y=\dfrac{1-\cos x}{x^2}$;

(2) $y=\dfrac{x^2-1}{x^2-3x+2}$;

(3) $y=\cos\dfrac{1}{x-1}$;

(4) $y=\dfrac{|x-a|}{x-a}$;

(5) $y=\tan x\sin\dfrac{1}{x}$;

(6) $y=\begin{cases} x^2+x+3, & x>0, \\ \dfrac{\sin 3x}{x}, & x<0. \end{cases}$

4. 求 $y=\sqrt{\dfrac{x-1}{x-2}}$ 的连续区间.

5. 求下列函数的极限:

(1) $\lim\limits_{x\to 0}\sqrt{x^2-x+1}$;

(2) $\lim\limits_{x\to 2}\dfrac{x^2-4}{\sqrt{x+2}}$;

(3) $\lim\limits_{x\to 1}(3-2x)^{\frac{3}{x-1}}$;

(4) $\lim\limits_{x\to 0}(\cos x)^{1/x^2}$;

(5) $\lim\limits_{x\to 0}\dfrac{\sqrt{1+x}-1}{x}$;

(6) $\lim\limits_{x\to 0}\dfrac{\sin x}{\sqrt{1+x+x^2}-1}$;

(7) $\lim\limits_{x\to-\infty}\dfrac{\sqrt{x^2+1}}{\sqrt[3]{x^3+1}}$;

(8) $\lim\limits_{x\to+\infty}(\sqrt{x^2+x}-\sqrt{x^2-2x})$;

(9) $\lim\limits_{x\to\frac{\pi}{4}}(\sin 2x)^3$;

(10) $\lim\limits_{x\to 0}\ln\dfrac{\sin x}{x}$;

(11) $\lim\limits_{x\to\pi}\dfrac{\sin x-\sin\pi}{x-\pi}$;

(12) $\lim\limits_{x\to a}\left(\dfrac{\sin x}{\sin a}\right)^{\frac{1}{x-a}}\ (a\neq n\pi)$.

6. 证明当 $x\to 0$ 时,下列各组为等价无穷小量:

(1) $\tan 2x-\sin x\sim x$;

(2) $\sqrt[n]{1+x}-1\sim\dfrac{x}{n}$;

(3) $\mathrm{e}^x-1\sim x$;

(4) $\sinh x\sim x$.

1.9 闭区间上连续函数的性质

闭区间上的连续函数具有一些重要性质,它们在理论研究中有重要作用,这些重要性质可表述为下面两条重要定理(这里不作证明).

定理 1(最大值、最小值定理) 在闭区间上连续的函数必有最大值和最小值.

定理指的是:如果 $f(x)$ 在 $[a,b]$ 上连续,则至少存在一点 $\xi_1\in[a,b]$,使得对一切 $x\in[a,b]$,有

$$f(\xi_1)\geqslant f(x);$$

又至少存在一点 $\xi_2\in[a,b]$,使得对一切 $x\in[a,b]$,有

$$f(\xi_2)\leqslant f(x).$$

需要注意的是,定理 1 的条件是函数在闭区间上连续. 如果函数在开区间上连续或函数在闭区间上有间断点,那么函数在该区间上不一定能取得最值. 例如,函数 $y=2x$ 在开区间 (a,b) 内是连续的,但在此区间内既无最大值又无最小值. 又如,函数

$$f(x)=\begin{cases} -x+1, & 0\leqslant x<1, \\ 1, & x=1, \\ -x+3, & 1<x\leqslant 2 \end{cases}$$

在 $[0,2]$ 内有间断点 $x=1$,此函数在 $[0,2]$ 上既无最大值,又无最小值(图 1-29).

定理 2(介值定理) 设函数 $f(x)$ 在闭区间 $[a,b]$ 上连续,$f(a)=A$,$f(b)=B$,且 $A\neq B$,那么,对于 A、B 之间任意一个数 C,在区间 (a,b) 内至少存在一点 ξ,使得

$$f(\xi)=C, \quad a<\xi<b.$$

此定理的示意图如图 1-30 所示.

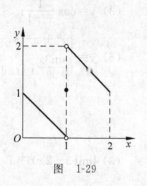

图 1-29

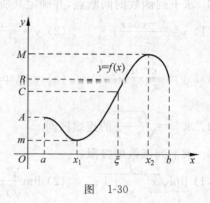

图 1-30

由定理 2 很容易得到下面两条重要推论.

推论 1(零点定理) 设函数 (x) 在闭区间 $[a,b]$ 上连续,且有 $f(a)f(b)<0$,那么在开区间 (a,b) 内至少存在一点 ξ,使得

$$f(\xi)=0, \quad a<\xi<b,$$

即方程 $f(x)=0$ 在区间 (a,b) 内至少有一个实根.

推论 1 的几何意义是:如果连续曲线弧段 $y=f(x)(a\leqslant x\leqslant b)$ 的两个端点位于 x 轴的不同侧,那么这段曲线弧与 x 轴至少有一个交点(图 1-31).

推论 2 在闭区间上连续的函数必可取得介于最大值 M 与最小值 m 之间的任何值.

设 $m=f(x_1),M=f(x_2)$,而 $m\neq M$,在闭区间 $[x_1,x_2]$ (或 $[x_2,x_1]$)上应用定理 2,即得推论 2(图 1-30).

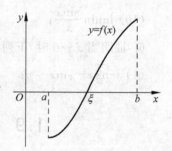

图 1-31

例 1 证明方程 $x^4-3x^2+1=0$ 在区间 $(0,1)$ 之内至少有一个根.

证明 函数 $f(x)=x^4-3x^2+1$ 在闭区间 $[0,1]$ 上连续,且有 $f(0)=1,f(1)=-1$,由推论 1 知,在 $(0,1)$ 内至少有一点 ξ,使得

$$f(\xi)=0,$$

即

$$\xi^4-3\xi^2+1=0, \quad 0<\xi<1.$$

这就证明了方程 $x^4-3x^2+1=0$ 在 $(0,1)$ 内至少有一个根.

例 2 若 $f(x)$ 在 $[a,b]$ 上连续,$a<x_1<x_2\cdots<x_n<b$,则在 $[x_1,x_n]$ 上必有 ξ,使

$$f(\xi)=\frac{f(x_1)+f(x_2)+\cdots+f(x_n)}{n}.$$

证明 设 $m=\min\{f(x_1),f(x_2),\cdots,f(x_n)\}$,$M=\max\{f(x_1),f(x_2),\cdots,f(x_n)\}$.

若 $m=M$,则 $\dfrac{f(x_1)+f(x_2)+\cdots+f(x_n)}{n}=f(x_1)=f(x_2)=\cdots=f(x_n)$,命题显然成立.

若 $m<M$,设 $f(x_i)=m,f(x_j)=M(1\leqslant i,j\leqslant n,i\neq j)$,则函数 $f(x)$ 在闭区间 $[x_i,x_j]$ (或 $[x_j,x_i]$)上连续,且有 $m<\dfrac{f(x_1)+f(x_2)+\cdots+f(x_n)}{n}<M$.由介值性定理知,存在 $\xi\in [x_i,x_j]$(或 $\xi\in[x_j,x_i]$),使得

$$f(\xi)=\frac{f(x_1)+f(x_2)+\cdots+f(x_n)}{n}.$$

当然,这里的 ξ 必然在闭区间 $[x_1,x_n]$ 上,这样就证明了命题成立.

习题 1-9

1. 证明方程 $x^5-3x-2=0$ 在 $(1,2)$ 内至少有一个根.

2. 证明方程 $x \cdot 2^x=1$ 至少有一个小于 1 的正根.

3. 证明:若 $f(x)$ 在 $(-\infty,+\infty)$ 内连续,且 $\lim\limits_{x\to\infty}f(x)$ 存在,则 $f(x)$ 在 $(-\infty,+\infty)$ 内有界.

4. 验证方程 $x=a\sin x+b$(其中 $a>0,b>0$)至少有一个正根,且它不大于 $a+b$.

5. 证明任何一个一元三次方程 $x^3+ax^2+bx+c=0$ 至少有一个实根.

6. 设 $f(x)$ 在 $[a,b]$ 上连续,$f(a)>a,f(b)<b$,求证存在 $\xi\in(a,b)$,使 $f(\xi)=\xi$.

本 章 小 结

一、本章内容纲要

$$
\text{函数的极限与连续}
\begin{cases}
\text{函数}
\begin{cases}
\text{函数的概念与函数的表示方法}\\
\text{函数的几种特性}\\
\text{反函数与复合函数}\\
\text{基本初等函数与初等函数}
\end{cases}\\[2em]
\text{极限}
\begin{cases}
\text{定义}
\begin{cases}
\lim\limits_{n\to\infty}x_n=a \text{ 的“}\varepsilon\text{-}N\text{”语言描述}\\
\lim\limits_{x\to x_0}f(x)=A \text{ 的“}\varepsilon\text{-}\delta\text{”语言描述}\\
\lim\limits_{x\to\infty}f(x)=A \text{ 的“}\varepsilon\text{-}X\text{”语言描述}
\end{cases}\\
\text{性质——唯一性,局部保号性,局部有界性}\\
\text{极限存在准则}
\begin{cases}
\text{夹逼准则与}\lim\limits_{x\to0}\dfrac{\sin x}{x}=1\\
\text{单调有界准则与}\lim\limits_{x\to\infty}\left(1+\dfrac{1}{x}\right)^x=\mathrm{e}
\end{cases}\\
\text{关系}
\begin{cases}
\text{单侧极限与双侧极限之关系}\\
\text{函数极限与数列极限之关系}\\
\text{函数极限与无穷小量之关系}\\
\text{无穷大量与无穷小量之关系}\\
\text{有界函数与无穷小量之关系}
\end{cases}\\
\text{无穷小的阶——高阶、低阶、同阶、等价}\\
\text{极限的运算——四则运算、复合函数的极限}
\end{cases}\\[2em]
\text{连续}
\begin{cases}
\text{定义,间断点的类型}\\
\text{连续函数的运算——四则运算,反函数和复合函数的连续性}\\
\text{初等函数的连续性}\\
\text{连续函数的性质:最大值最小值定理、介值定理}
\end{cases}
\end{cases}
$$

二、教学基本要求

1. 理解函数、复合函数的概念,熟悉基本初等函数的性质,会建立简单实际问题中的函数关系式.

2. 理解数列极限、函数极限的概念,知道极限的"ε-N"、"ε-X"、"ε-δ"定义(对于给出 ε 求 N,X,δ 的题一般不作要求),知道极限的唯一性、保号性.

3. 知道夹逼准则和单调有界准则,会利用两个重要极限求极限.

4. 了解无穷小量、无穷大量的概念及相互关系,会对无穷小量进行比较.

5. 知道函数极限与无穷小量的关系,熟悉极限的四则运算法则.

6. 理解函数在一点连续的概念,会求函数的间断点并会判断间断点的类型.

7. 知道初等函数的连续性,知道闭区间上连续函数的性质.

8. 掌握几种常见的求函数极限的方法,会利用函数的连续性求极限,会求分段函数的极限.

三、本章重点和难点

1. 本章重点是理解函数、函数的极限、连续等概念,会利用几种常见的方法求函数的极限,会讨论函数的连续性及判别间断点的类型.

2. 本章难点是利用函数的定义验证函数的极限,分段函数的连续性的讨论.

四、部分重点、难点内容浅析

1. 极限概念是高等数学最基本的概念之一,它是讨论微分法与积分法的基础,因此必须认真掌握.首先要求会叙述六种极限的定义,具体说来就是要会填写习题 1-3 中第 4 题的表格;其次要体味极限定义的内在含义(这是更重要的),会回答习题 1-3 中第 1 题中的几个问题.

2. 求极限是本章的重点之一,其方法贯穿于本章内容之中,现将它归纳如下:

(1) 利用极限定义,验证某常数为已知函数在自变量的某种变化趋向下的极限;

(2) 利用函数的连续性求极限:若 $f(x)$ 在 x_0 处连续,则 $\lim\limits_{x \to x_0} f(x) = f(x_0)$;

(3) 利用极限的四则运算法则求极限;

(4) 利用约简分式法求极限;

(5) 利用无穷小性质求极限;

(6) 作变量代换求极限:$\lim\limits_{x \to x_0} f[\varphi(x)] = \lim\limits_{u \to u_0} f(u)$,其中 $u = \varphi(x) \neq u_0$,$\lim\limits_{x \to x_0} \varphi(x) = u_0$;

(7) 利用两个重要极限求极限;

(8) 利用左、右极限求极限;

(9) 利用夹逼定理和单调有界准则求极限;

(10) 利用数列极限与函数的极限之关系求极限.

以后我们还将遇到一些求极限的新方法.

3. 函数的连续性是本章的又一重点. 应理解函数在一点连续的概念,知道初等函数在其有定义的区间内处处连续,以及闭区间上连续函数的性质. 分段函数在分段点处的连续性可利用单侧极限与极限的关系加以讨论.

表 1-6

分类	第一类间断点		第二类间断点	
	可去间断点	有穷跳跃间断点	无穷型间断点	振荡型间断点
定义	$f(x_0+0)=f(x_0-0)$ $=A\neq f(x_0)$ 或 $f(x_0+0)=f(x_0-0)$ 但 $f(x)$ 在 x_0 无定义	$f(x_0+0)$ 与 $f(x_0-0)$ 都存在但不相等	左、右极限中至少有一个为无穷大	在 x_0 处极限不存在,永远振荡(无穷型之外的第二类间断点)
概括	左、右极限都存在的间断点		第一类间断点之外的间断点	

(1) 函数 $f(x)$ 在 x_0 处连续的概念:

$$f(x) \text{ 在 } x_0 \text{ 处连续} \Leftrightarrow \lim_{\Delta x \to 0}[f(x_0+\Delta x)-f(x_0)]=0 \Leftrightarrow \lim_{x \to x_0}f(x)=f(x_0)$$

$$\Leftrightarrow \lim_{x \to x_0+0}f(x)=\lim_{x \to x_0-0}f(x)=f(x_0).$$

(2) 间断点的分类如表 1-6 所示.

(3) 初等函数在其有定义的区间内是连续的,利用这一性质,许多极限问题的计算变得简单了. 分段函数常用来作为不连续的例子,但不要误认为分段函数都是不连续的. 分段函数在分段点处的连续性的讨论,一般可先分别求分段函数在该点的左、右极限,再利用函数在一点连续的定义加以判断.

4. 关于复合函数的极限和连续性,我们有 1.5 节的定理 2 和 1.8 节的定理 3、定理 4 三条重要定理. 要注意这三条定理的差异及内在联系. 求复合函数的极限,我们主要是利用前两条定理. 讨论复合函数的连续性,则主要是利用后两条定理.

复 习 题 1

1. 填空题:

(1) $\lim_{n \to \infty} x_n$ 收敛是 $\{x_n\}$ 有界的_____条件;

(2) $f(a^+), f(a^-)$ 都存在且相等是 $\lim_{x \to a} f(x)$ 存在的_____条件;

(3) $\lim_{x \to \infty}\left(x\sin\dfrac{1}{x}+\dfrac{1}{x}\arctan x\right)=$_____;

(4) 若 $\lim_{x \to \infty}\left(\dfrac{x+a}{x-a}\right)^x = e^4$,则 $a=$_____.

2. 判断下列命题是否有错误,并说明理由.

(1) $\lim_{x \to 0}(e^{\frac{1}{x}}-1)=+\infty$;

(2) 因为 $\lim_{x \to 0}\dfrac{\cos x}{1-x}=1$,故 $\cos x$ 与 $1-x$ 当 $x \to 0$ 时为等价无穷小量;

(3) 当 $x \to 0$ 时,$\sin x \sim x$,$\tan x \sim x$,则

$$\lim_{x \to 0} \frac{\sin x - \tan x}{x^3} = \lim_{x \to 0} \frac{x - x}{x^3} = \lim_{x \to 0} \frac{0}{x^3} = 0.$$

3. 已知 $\lim\limits_{x \to \infty} \left(\dfrac{x^2+1}{x+1} - ax - b \right) = 0$，求 a, b.

4. 求下列极限：

(1) $\lim\limits_{x \to 1} \dfrac{x^0 - 3x + 2}{x^3 - x^2 - x + 1}$；

(2) $\lim\limits_{x \to 1} \dfrac{x^2 - \sqrt{x}}{1 - \sqrt{x}}$；

(3) $\lim\limits_{x \to +\infty} \sin\left(\sqrt{x + \sqrt{x}} - \sqrt{x - \sqrt{x}} \right)$；

(4) $\lim\limits_{x \to +\infty} \dfrac{x}{\sqrt{1 + x^3}} \sin x$；

(5) $\lim\limits_{x \to +\infty} \left(\sin\sqrt{x+1} - \sin\sqrt{x} \right)$；

(6) $\lim\limits_{x \to 0} \left(\dfrac{1+x}{1-x} \right)^{\cot x}$；

(7) $\lim\limits_{x \to 0} \dfrac{\ln(1 + 2x)}{e^{\sin x} - 1}$；

(8) $\lim\limits_{x \to 0} \dfrac{\sqrt{1 + x - x^2} - 1}{\ln(1 + x)}$；

(9) $\lim\limits_{n \to \infty} \sqrt[n]{1^n + 2^n + 3^n + \cdots + 10^n}$；

(10) $\lim\limits_{x \to 1} \dfrac{\sqrt[3]{x} - 1}{\sqrt{x} - 1}$；

(11) $\lim\limits_{x \to 0} \dfrac{e^{\sin x} - e^x}{\sin x - x}$；

(12) $\lim\limits_{x \to 0} \dfrac{\sqrt{1 + \sin x} - \sqrt{1 + \tan x}}{x^3}$；

(13) $\lim\limits_{n \to \infty} n^2 \left(e^{\frac{1}{n(n+1)}} - 1 \right)$；

(14) $\lim\limits_{x \to 0} \dfrac{\ln(1 + x - x^2)}{\sin x}$.

5. 讨论函数

$$f(x) = \frac{\dfrac{1}{x} - \dfrac{1}{x+1}}{\dfrac{1}{x-1} - \dfrac{1}{x}}$$

的间断点，并判断其类型.

6. 试确定 a, b 的值，使函数

$$f(x) = \begin{cases} a + \arccos x, & -1 < x < 1, \\ b, & x = -1, \\ \sqrt{x^2 - 1}, & -\infty < x < -1 \end{cases}$$

在 $x = -1$ 处连续.

7. 证明方程 $x = \cos x$ 在 $\left(0, \dfrac{\pi}{2} \right)$ 内至少有一个实根.

8. 指出函数 $f(x) = \dfrac{x e^{\frac{1}{x}}}{\sin x}$ 的间断点，并说明这些间断点的类型.

9. 设 $f(x) = \dfrac{e^x - A}{x(x-1)}$，问 A 为何值时，使 $x = 0$ 和 $x = 1$ 分别为 $f(x)$ 的无穷间断点和可去间断点？

10. 设 $f(x)$ 在 $[a, b]$ 上连续，c, d 是 (a, b) 内的任意两点，s, t 为两个正常数，证明存在点 $\xi \in (a, b)$，使得

$$sf(c) + tf(d) = (s + t) f(\xi).$$

11. 设 $f(x) = \lim\limits_{n \to \infty} \dfrac{(1 - x^{2n}) x}{1 + x^{2n}}$，找出 $f(x)$ 的间断点，并说明其类型.

12. 若 $\lim\limits_{x \to +\infty} \left(2x - \sqrt{ax^2 + bx + 2} \right) = 3$，求 a, b 的值.

第 2 章

导数与微分

微分学是微积分的重要组成部分,其基本概念是导数和微分.它们以极限概念为基础,可看作是极限概念的具体应用.

本章我们主要讨论导数和微分的概念以及它们的计算方法,至于导数的应用,将在第 3 章讨论.

2.1 导数的概念

2.1.1 两个实例

我们通过两个实际问题——直线运动的速度问题和平面曲线的切线问题的讨论来引出导数概念.

1. 直线运动的速度

一质点作直线运动.在该直线上引入原点、方向和单位长度,使直线成为数轴,再取定一个时刻作为测量时间的零点.设运动质点 t 时刻所在点的坐标为 s,显然 s 是 t 的函数,记为

$$s = s(t),$$

秒为**位置函数**.

如果质点作匀速运动,则其速度 v 就等于质点所经过的路程除以所经历的时间.质点在时刻 t_0 到 $t_0 + \Delta t$ 这一时间间隔所经过的路程 Δs 为

$$\Delta s = s(t_0 + \Delta t) - s(t_0),$$

那么

$$v = \frac{\Delta s}{\Delta t}.$$

如果质点作非匀速运动,那么如何刻画质点在 t_0 时刻的速度(称为**瞬时速度**)呢?这时 $\frac{\Delta s}{\Delta t}$ 表示质点在 t_0 到 $t_0 + \Delta t$ 这一段时间的**平均速度**(通常记作 $\bar{v}$),它与 t_0 和 Δt 都有关.如果固定 t_0,则当 $|\Delta t|$ 很小时,可用 $\frac{\Delta s}{\Delta t}$ 来近似表达质点在 t_0 时刻的速度,且 $|\Delta t|$ 越小这种表达一般也就越精确.由此想到用极限 $\lim\limits_{\Delta t \to 0} \frac{\Delta s}{\Delta t}$ 来描述 t_0 时的瞬时速度 $v(t_0)$,即规定

$$v(t_0) = \lim_{\Delta t \to 0} \frac{\Delta s}{\Delta t} = \lim_{\Delta t \to 0} \frac{s(t_0 + \Delta t) - s(t_0)}{\Delta t}.$$

如果记 $t=t_0+\Delta t$,则有

$$v(t_0) = \lim_{t \to t_0} \frac{s(t) - s(t_0)}{t - t_0}.$$

例 1 自由落体运动的规律为 $s=\dfrac{1}{2}gt^2$,求 $t_0=10\text{s},\Delta t=0.01\text{s}$ 时的平均速度及 $t_0=10\text{s}$ 时的瞬时速度.

解
$$\Delta s = s(t_0 + \Delta t) - s(t_0) = \frac{1}{2}g(t_0 + \Delta t)^2 - \frac{1}{2}gt_0^2$$

$$= \frac{1}{2}g[2t_0\Delta t + (\Delta t)^2],$$

$$\bar{v} = \frac{\Delta s}{\Delta t} = gt_0 + \frac{1}{2}g\Delta t.$$

当 $t_0=10,\Delta t=0.01$ 时,

$$\bar{v} = 10.005g,$$

$$v = \lim_{\Delta t \to 0} \frac{\Delta s}{\Delta t} = \lim_{\Delta t \to 0} \left(gt_0 + \frac{1}{2}g\Delta t\right) = gt_0,$$

$$v \big|_{t_0=10} = 10g.$$

2. 平面曲线的切线

设平面曲线 L 的方程为 $y=f(x)$,$P(x_0, f(x_0))$ 是 L 上的一个点,在 L 上 P 点附近另取一点 $P'(x_0+\Delta x, f(x_0+\Delta x))$,过 P,P' 两点的直线就是 L 的一条割线,它的斜率显然是

$$\tan\varphi = \frac{QP'}{PQ} = \frac{f(x_0 + \Delta x) - f(x_0)}{\Delta x}.$$

如果令 P' 沿 L 移动并无限地接近点 P,那么割线 PP' 的极限位置 PT 就定义为曲线 L 在 P 点的**切线** (图 2-1).当 P' 点无限接近于 P 时,$\Delta x \to 0$,从而我们得到切线 PT 的斜率:

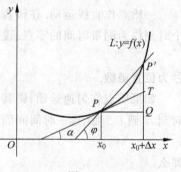

$$k = \tan\alpha = \lim_{\Delta x \to 0} \tan\varphi = \lim_{\Delta x \to 0} \frac{\Delta y}{\Delta x}.$$

知道了切线的斜率,依据平面解析几何的知识,我们可以写出切线 PT 的方程:

$$y - y_0 = \tan\alpha \cdot (x - x_0).$$

例 2 求抛物线 $y=x^2$ 在点 $(2,4)$ 处的切线方程.

图 2-1

解
$$k = \lim_{\Delta x \to 0} \frac{f(x_0 + \Delta x) - f(x_0)}{\Delta x}$$

$$= \lim_{\Delta x \to 0} \frac{(2 + \Delta x)^2 - 2^2}{\Delta x} = \lim_{\Delta x \to 0} (4 + \Delta x) = 4,$$

故切线方程为

$$y - 4 = 4(x - 2),$$

即

$$4x - y - 4 = 0.$$

求曲线的切线的关键是求出切线的斜率.

2.1.2 导数的定义

上面讨论的两个问题,虽然它们的实际意义不同,但在数量上都可表为已知函数 $y=f(x)$ 的增量 $\Delta y=f(x_0+\Delta x)-f(x_0)$ 与自变量的增量 Δx 之比的极限,由此我们引入导数的定义.

定义 设函数 $y=f(x)$ 在 x_0 的某邻域内有定义,当自变量 x 在 x_0 处有增量 Δx(点 $x_0+\Delta x$ 仍在该邻域内)时,相应地,函数 y 取得增量 $\Delta y=f(x_0+\Delta x)-f(x_0)$. 如果 Δy 与 Δx 之比在 $\Delta x\to 0$ 时的极限存在,则称这个极限值为函数 $y=f(x)$ 在点 x_0 处的**导数**,记为 $y'|_{x=x_0}$,即

$$y'|_{x=x_0}=\lim_{\Delta x\to 0}\frac{\Delta y}{\Delta x}=\lim_{\Delta x\to 0}\frac{f(x_0+\Delta x)-f(x_0)}{\Delta x}, \tag{2.1.1}$$

也可记作 $f'(x_0),\dfrac{\mathrm{d}y}{\mathrm{d}x}\Big|_{x=x_0},\dfrac{\mathrm{d}f(x)}{\mathrm{d}x}\Big|_{x=x_0}$.

函数 $y=f(x)$ 在 x_0 处导数存在,就说函数 $f(x)$ 在 x_0 处**可导**.

函数增量与自变量增量之比 $\dfrac{\Delta y}{\Delta x}$ 是函数在以 x_0 和 $x_0+\Delta x$ 为端点的区间上对自变量的**平均变化率**,而导数 $f'(x_0)$ 则是函数 $y=f(x)$ 在点 x_0 处对自变量的**变化率**,它们都反映了函数随自变量的变化而变化的快慢程度.

如果极限 $\lim\limits_{\Delta x\to 0}\dfrac{\Delta y}{\Delta x}$ 不存在,我们就说函数 $y=f(x)$ 在 x_0 处**不可导**. 如果不可导的原因是由于 $\lim\limits_{\Delta x\to 0}\dfrac{\Delta y}{\Delta x}=\infty$,为方便起见,我们也往往说函数 $y=f(x)$ 在 x_0 处的导数为无穷大.

如果记 $x=x_0+\Delta x$,则 $\Delta y=f(x_0+\Delta x)-f(x_0)=f(x)-f(x_0)$,$\Delta x=x-x_0$,于是式(2.1.1)也可写成

$$y'|_{x=x_0}=\lim_{x\to x_0}\frac{f(x)-f(x_0)}{x-x_0}. \tag{2.1.2}$$

由导数的定义及极限存在的含义可知,如果函数 $y=f(x)$ 在 x_0 处可导,必须且只须极限

$$\lim_{\Delta x\to 0^+}\frac{f(x_0+\Delta x)-f(x_0)}{\Delta x}\quad\left(\text{或}\lim_{x\to x_0+0}\frac{f(x)-f(x_0)}{x-x_0}\right)$$

和

$$\lim_{\Delta x\to 0^-}\frac{f(x_0+\Delta x)-f(x_0)}{\Delta x}\quad\left(\text{或}\lim_{x\to x_0-0}\frac{f(x)-f(x_0)}{x-x_0}\right)$$

同时存在且相等,它们分别叫做 $f(x)$ 在点 x_0 的**右导数**和**左导数**,分别记作

$$f'_+(x_0)\text{ 和 }f'_-(x_0).$$

上面我们讲的是函数在某一点 x_0 处可导. 如果函数 $y=f(x)$ 在开区间 I 内的每一点都可导,就称函数 $y=f(x)$ 在区间 I 内可导. 这时,对于任一 $x\in I$,都对应着 $f(x)$ 的一个确定的导数值,这样就构成了一个新的函数,这个函数叫做原来函数 $y=f(x)$ 的**导函数**,记作 $y',f'(x),\dfrac{\mathrm{d}y}{\mathrm{d}x}$ 或 $\dfrac{\mathrm{d}f(x)}{\mathrm{d}x}$.

函数 $y=f(x)$ 在闭区间 $[a,b]$ 上可导,是指 $f(x)$ 在开区间 (a,b) 内可导,且在左端点

$x=a$ 处存在右导数 $f'_+(a)$,在右端点 $x=b$ 处存在左导数 $f'_-(b)$.

计算导函数的公式为

$$y'=\lim_{\Delta x\to 0}\frac{f(x+\Delta x)-f(x)}{\Delta x},$$

其中 x 可取区间 I 内的任何值,但在取极限的过程中,x 是常量,Δx 只是变量.

显然,函数 $y=f(x)$ 在点 x_0 处的导数 $f'(x_0)$ 就是导函数 $f'(x)$ 在 $x=x_0$ 处的函数值,即

$$f'(x_0)=f'(x)\mid_{x=x_0}.$$

在不致混淆的情况下,导函数也简称为**导数**.

有了导数的概念,在前面的实例中,变速直线运动的瞬时速度 $v(t)$ 就是位置函数 $s=s(t)$ 对于时间 t 的导数,即

$$v(t)=\frac{\mathrm{d}s}{\mathrm{d}t};$$

曲线 $y=f(x)$ 在点 x 处的切线的斜率就是曲线的纵坐标 y 对横坐标 x 的导数,即

$$\tan\alpha=\frac{\mathrm{d}y}{\mathrm{d}x}=f'(x).$$

2.1.3　求导数举例

现在我们根据导数的定义来求一些简单函数的导数,其中有些也是今后在导数计算中经常用到的基本公式,应当熟记.

由导数的定义知,求函数 $y=f(x)$ 的导数 $f'(x)$ 可以分为下面三个步骤:

(1) 求增量:$\Delta y=f(x+\Delta x)-f(x)$;

(2) 算比值:$\dfrac{\Delta y}{\Delta x}=\dfrac{f(x+\Delta x)-f(x)}{\Delta x}$;

(3) 取极限:$y'=\lim\limits_{\Delta x\to 0}\dfrac{\Delta y}{\Delta x}$.

例 3　求常函数 $f(x)=C$ 的导数.

解
$$\Delta y=f(x+\Delta x)-f(x)=C-C=0,$$
$$f'(x)=\lim_{\Delta x\to 0}\frac{\Delta y}{\Delta x}=\lim_{\Delta x\to 0}\frac{0}{\Delta x}=\lim_{\Delta x\to 0}0=0,$$

即
$$(C)'=0.$$

这就是说,常数的导数等于零.

例 4　求 $y=x^3$ 的导数.

解
$$\Delta y=(x+\Delta x)^3-x^3=3x^2\cdot\Delta x+3x\cdot(\Delta x)^2+(\Delta x)^3,$$
$$\frac{\Delta y}{\Delta x}=3x^2+3x\cdot\Delta x+(\Delta x)^2,$$
$$(x^3)'=\lim_{\Delta x\to 0}\frac{\Delta y}{\Delta x}=\lim_{\Delta x\to 0}[3x^2+3x\cdot\Delta x+(\Delta x)^2]=3x^2.$$

例 5　求 $y=\sqrt{x}$ 的导数$(x>0)$.

解　$y'=\lim\limits_{\Delta x\to 0}\dfrac{\sqrt{x+\Delta x}-\sqrt{x}}{\Delta x}=\lim\limits_{\Delta x\to 0}\dfrac{(\sqrt{x+\Delta x}-\sqrt{x})(\sqrt{x+\Delta x}+\sqrt{x})}{\Delta x(\sqrt{x+\Delta x}+\sqrt{x})}$

$$= \lim_{\Delta x \to 0} \frac{1}{\sqrt{x+\Delta x}+\sqrt{x}} = \frac{1}{2\sqrt{x}} = \frac{1}{2}x^{-\frac{1}{2}}.$$

更一般地,对于幂函数 $y=x^{\mu}(x>0,\mu$ 为实数)有

$$(x^{\mu})' = \mu x^{\mu-1}.$$

这个公式的证明将在 2.3 节中给出.

例 6 求 $y=\sin x$ 的导数.

解
$$(\sin x)' = \lim_{\Delta x \to 0} \frac{\sin(x+\Delta x)-\sin x}{\Delta x} = \lim_{\Delta x \to 0} \frac{2\cos\left(x+\frac{\Delta x}{2}\right)\sin\frac{\Delta x}{2}}{\Delta x}$$

$$= \lim_{\Delta x \to 0} \cos\left(x+\frac{\Delta x}{2}\right) \cdot \frac{\sin\frac{\Delta x}{2}}{\frac{\Delta x}{2}} = \cos x.$$

用类似方法可求得

$$(\cos x)' = -\sin x.$$

例 7 求 $y=\ln x$ 的导数.

解
$$y' = \lim_{h \to 0} \frac{f(x+h)-f(x)}{h} = \lim_{h \to 0} \frac{\ln(x+h)-\ln x}{h}$$

$$= \lim_{h \to 0} \frac{1}{h}\ln\left(1+\frac{h}{x}\right) = \lim_{h \to 0} \ln\left(1+\frac{h}{x}\right)^{\frac{x}{h}\cdot\frac{1}{x}}$$

$$= \lim_{h \to 0} \frac{1}{x}\ln\left(1+\frac{h}{x}\right)^{\frac{x}{h}} = \frac{1}{x},$$

即

$$(\ln x)' = \frac{1}{x}.$$

利用导数的定义还可求得 $(e^x)' = e^x$,建议读者自己动手做做看.

2.1.4 导数的几何意义

由前面关于曲线的切线问题的讨论及导数的定义可知,函数 $y=f(x)$ 在 x_0 处的导数 $f'(x_0)$ 在几何上表示曲线 $y=f(x)$ 在点 $P(x_0,f(x_0))$ 处的切线的斜率,即

$$f'(x_0) = \tan\alpha,$$

其中 α 是切线的倾角(图 2-2).

如果 $f(x)$ 在 x_0 处的导数为无穷大,这时曲线 $y=f(x)$ 的割线以垂直于 x 轴的直线 $x=x_0$ 为极限位置,即曲线在 $P(x_0,f(x))$ 处具有垂直于 x 轴的切线.

由导数的几何意义及直线的点斜式方程,可知曲线 $y=f(x)$ 在 $P(x_0,f(x_0))$ 处的切线方程为

$$y-f(x_0) = f'(x_0)(x-x_0).$$

过切点 P 且与切线 PT 垂直的直线叫做曲线 $y=f(x)$ 在

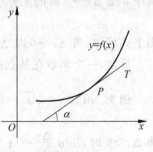

图 2-2

P 点的**法线**,如果 $f'(x_0)\neq 0$,则该点法线的斜率为 $-\dfrac{1}{f'(x_0)}$,法线方程为

$$y - f(x_0) = \frac{-1}{f'(x_0)}(x - x_0).$$

如果 $f'(x_0)=0$,则法线方程为

$$x = x_0.$$

如果 $f'(x_0)=\infty$,则法线方程为

$$y = f(x_0).$$

例 8　曲线 $y=x^{\frac{3}{2}}$ 上哪一点处的切线与直线 $y=3x+1$ 平行? 并求曲线在该点的切线和法线方程.

解　直线 $y=3x+1$ 的斜率为 $k=3$,所求切线的斜率也应等于 3.

由导数的几何意义,$y=x^{\frac{3}{2}}$ 的导数 $y'=(x^{\frac{3}{2}})'=\dfrac{3}{2}x^{\frac{1}{2}}$ 在所求点的导数值也应为 3,即

$$\frac{3}{2}x^{\frac{1}{2}} = 3.$$

解得 $x=4$,所求点为 $P(4,8)$.

曲线在该点的切线方程为

$$y - 8 = 3(x - 4), \quad 即 \quad 3x - y = 4.$$

法线方程为

$$y - 8 = -\frac{1}{3}(x - 4), \quad 即 \quad x + 3y = 28.$$

2.1.5　函数的可导性与连续性的关系

定理　若函数 $y=f(x)$ 在点 x 处可导,则函数在该点必然连续.

证明　函数 $y=f(x)$ 在点 x 处可导,即

$$\lim_{\Delta x \to 0} \frac{f(x + \Delta x) - f(x)}{\Delta x} = \lim_{\Delta x \to 0} \frac{\Delta y}{\Delta x} = f'(x)$$

存在.由具有极限的函数与无穷小量的关系知道

$$\frac{\Delta y}{\Delta x} = f'(x) + \alpha,$$

其中 α 是 $\Delta x \to 0$ 时的无穷小量.上式两边同乘以 Δx,得

$$\Delta y = f'(x) \cdot \Delta x + \alpha \cdot \Delta x.$$

由上式可知,当 $\Delta x \to 0$ 时 $\Delta y \to 0$,即函数 $y=f(x)$ 在点 x 处是连续的.

反之,一个函数在某点连续却不一定在该点可导.

例 9　函数 $y=\sqrt{x^2}=|x|=\begin{cases} x, & x\geqslant 0, \\ -x, & x<0 \end{cases}$ 在 $(-\infty,+\infty)$ 内连续.在 $x=0$ 处,$\Delta y=|\Delta x|$.

当 $\Delta x>0$ 时,$\lim\limits_{\Delta x \to 0^+}\dfrac{\Delta y}{\Delta x}=1$;当 $\Delta x<0$ 时,$\lim\limits_{\Delta x \to 0^-}\dfrac{\Delta y}{\Delta x}=-1$.在 $x=0$ 处,函数 $y=|x|$ 的左、右导数不等,所以函数 $y=|x|$ 在 $x=0$ 处不可导.

例 9 也告诉我们,求分段函数在分段点的导数,首先要考察函数在该点是否连续.如函数在该点不连续,则函数在该点一定不可导.当函数在该点连续时,可分别求函数在该点的左导数和右导数,如两个单侧导数都存在并且相等,则函数在该点可导,否则函数在该点不可导.

函数的连续性与可导性的关系可以概括为:函数连续是可导的必要条件,但不是充分条件.

习题 2-1

1. 按定义求函数 $y=x^2$ 在 $x=2$ 处的导数.

2. 已知质点作直线运动的位置函数为 $s=5t^2+6$,求:

(1) 在 $[2,2+\Delta t]$ 一段时间内的平均速度,设 $\Delta t=1,\Delta t=0.1,\Delta t=0.001$;

(2) $t=2$ 时的瞬时速度.

3. 下列各题中均假定 $f'(x_0)$ 存在,依据导数的定义,指出下列各极限表示什么?

(1) $\lim\limits_{h\to 0}\dfrac{f(x_0+h)-f(x_0)}{h}$;

(2) $\lim\limits_{\Delta x\to 0}\dfrac{f(x_0-\Delta x)-f(x_0)}{\Delta x}$;

(3) $\lim\limits_{h\to 0}\dfrac{f(x_0+h)-f(x_0-h)}{h}$;

(4) $\lim\limits_{x\to 0}\dfrac{f(x)}{x}$,其中 $f(0)=0,f'(0)$ 存在.

4. 下列极限分别是哪个函数在哪一点的导数?

(1) $\lim\limits_{x\to 0}\dfrac{e^x-1}{x}$;

(2) $\lim\limits_{x\to 0}\dfrac{\ln(1+x)}{x}$;

(3) $\lim\limits_{x\to 0}\dfrac{(1+x)^m-1}{x}$;

(4) $\lim\limits_{x\to \frac{\pi}{4}}\dfrac{\arctan x-\arctan\frac{\pi}{4}}{x-\frac{\pi}{4}}$.

5. 依据导数的定义求下列导数:

(1) $y=\sin 2x$,求 y';

(2) $y=\cos x$,求 $\dfrac{dy}{dx}$;

(3) $y=3x-1$,求 $\dfrac{dy}{dx}$ 和 $\dfrac{dy}{dx}\Big|_{x=\pi}$;

(4) $y=e^x$,求 $\dfrac{dy}{dx},\dfrac{dy}{dx}\Big|_{x=1},\dfrac{dy}{dx}\Big|_{x=5}$.

6. 依据幂函数的求导公式求下列函数的导数:

(1) $y=x^5$;

(2) $y=\sqrt[5]{x^2}$;

(3) $y=\dfrac{1}{\sqrt{x}}$;

(4) $y=x^2\sqrt[3]{x}$;

(5) $y=\dfrac{1}{x^2}$;

(6) $y=\dfrac{x^2\sqrt[3]{x}}{\sqrt{x^3}}$.

7. 应用求导公式求解下列各题:

(1) 已知作直线运动的物体的运动规律为 $s=t^3$ m,求这物体在 $t=2$s 时的速度;

(2) 求曲线 $y=\sin x$ 在 $x=\dfrac{2\pi}{3}$,$x=\pi$ 对应点处的切线的斜率;

(3) 曲线 $y=\ln x$ 在点 $(e,1)$ 处的切线方程;

(4) 在抛物线 $y=x^2$ 上取横坐标分别为 $x_1=1,x_2=3$ 的两点,过这两点作割线,问曲线上哪一点的切线平行于这条割线?

8. 如果 $f(x)$ 为偶函数,且 $f'(0)$ 存在,证明 $f'(0)=0$.

9. 证明：可导的偶函数的导数是奇函数，而可导的奇函数的导数是偶函数.

10. 讨论下列函数在 $x=0$ 处的连续性与可导性：

(1) $y=|\sin x|$；

(2) $y=\begin{cases} x\sin\dfrac{1}{x}, & x\neq 0, \\ 0, & x=0; \end{cases}$

(3) $y=\begin{cases} x^2\sin\dfrac{1}{x}, & x\neq 0, \\ 0, & x=0; \end{cases}$

(4) $y=\begin{cases} \ln(1+x), & x\geqslant 0, \\ x, & x<0. \end{cases}$

11. 要使函数

$$f(x)=\begin{cases} x^2, & x\geqslant 1, \\ ax+b, & x<1 \end{cases}$$

在 $x=1$ 处可导，求 a,b 的值.

12. 已知 $f(x)=\begin{cases} \sin x, & x>0, \\ x, & x\leqslant 0, \end{cases}$ 求 $f'(x)$.

13. 证明：双曲线 $xy=a^2$ 上任一点的切线与两坐标轴构成的三角形面积都等于 $2a^2$.

14. 有一质量分布不均匀的细杆 AB，长 20cm，AM 段的质量与从 A 到 M 的长度的平方成正比，并且已知一段 $AN=2$cm 的质量为 8g. 试求：

(1) $AN=2$cm 的一段上的平均线密度；

(2) 全杆的平均线密度；

(3) A 点的线密度；

(4) 在任意点 $M(0\leqslant|AM|\leqslant 20)$ 处的线密度.

2.2   函数的求导法则

2.1 节我们根据导数的定义，求出了一些简单函数的导数. 但是，对于比较复杂的函数，根据定义来求它们的导数往往很困难. 在本节中，我们将介绍一些求导数的基本法则，借助这些法则，我们就能比较方便地求出常见的函数——初等函数的导数.

2.2.1   函数的和、差、积、商的求导法则

定理 1   两个可导函数的和（或差）的导数等于这两个函数的导数的和（或差），即 $(u(x)\pm v(x))'=u'(x)\pm v'(x)$.

证明   设 $y=f(x)=u(x)+v(x)$，且 $u(x),v(x)$ 在点 x 处可导.

记 $\Delta u=u(x+\Delta x)-u(x)$，$\Delta v=v(x+\Delta x)-v(x)$，则有

$$\lim_{\Delta x\to 0}\frac{\Delta u}{\Delta x}=u'(x),\qquad \lim_{\Delta x\to 0}\frac{\Delta v}{\Delta x}=v'(x).$$

于是

$$\begin{aligned} \Delta y &= f(x+\Delta x)-f(x)=[u(x+\Delta x)+v(x+\Delta x)]-[u(x)+v(x)]\\ &=[u(x+\Delta x)-u(x)]+[v(x+\Delta x)-v(x)]=\Delta u+\Delta v, \end{aligned}$$

$$y'=\lim_{\Delta x\to 0}\frac{\Delta y}{\Delta x}=\lim_{\Delta x\to 0}\frac{\Delta u+\Delta v}{\Delta x}=\lim_{\Delta x\to 0}\frac{\Delta u}{\Delta x}+\lim_{\Delta x\to 0}\frac{\Delta v}{\Delta x}=u'(x)+v'(x).$$

以上结果可简记为

$$(u + v)' = u' + v'. \tag{2.2.1}$$

类似地可得

$$(u - v)' = u' - v'. \tag{2.2.2}$$

这条法则可以推广到任意有限项的情形,例如

$$y = x^3 - \cos x + \ln x,$$

则

$$y' = (x^3)' - (\cos x)' + (\ln x)' = 3x^2 + \sin x + \frac{1}{x}.$$

定理 2 两个可导函数乘积的导数等于第一个因子的导数与第二个因子的乘积,加上第一个因子与第二个因子的导数的乘积,即 $(u(x)v(x))' = u'(x)v(x) + u(x)v'(x)$.

证明 设 $y = f(x) = u(x)v(x)$,且 $u(x), v(x)$ 在 x 点均可导.

$$\Delta y = f(x + \Delta x) - f(x) = u(x + \Delta x)v(x + \Delta x) - u(x)v(x)$$
$$= (u(x) + \Delta u(x))(v(x) + \Delta v(x)) - u(x)v(x) = \Delta u(x) \cdot v(x)$$
$$+ u(x) \cdot \Delta v(x) + \Delta u(x) \cdot \Delta v(x),$$

$$y' = \lim_{\Delta x \to 0} \frac{\Delta y}{\Delta x} = \lim_{\Delta x \to 0} \left(\frac{\Delta u(x)}{\Delta x} \cdot v(x) + u \cdot \frac{\Delta v(x)}{\Delta x} + \Delta u(x) \cdot \frac{\Delta v(x)}{\Delta x} \right)$$
$$= v(x) \lim_{\Delta x \to 0} \frac{\Delta u(x)}{\Delta x} + u(x) \lim_{\Delta x \to 0} \frac{\Delta v(x)}{\Delta x} + \lim_{\Delta x \to 0} \left(\Delta u(x) \cdot \frac{\Delta v(x)}{\Delta x} \right)$$
$$= u'(x)v(x) + u(x)v'(x).$$

以上结果可简记为

$$(uv)' = u'v + uv'. \tag{2.2.3}$$

例如,$y = \sqrt{x} \ln x$,则 $y' = (\sqrt{x})' \ln x + \sqrt{x} (\ln x)' = \frac{\ln x}{2\sqrt{x}} + \frac{1}{\sqrt{x}}$.

积的求导法则可以推广到任意有限多个函数乘积的情况,例如

$$(uvw)' = [(uv)w]' = (uv)'w + (uv)w' = u'vw + uv'w + uvw'. \tag{2.2.4}$$

如果在公式 $(uv)' = u'v + uv'$ 中令 $v = C$(常数),则有

$$(Cu)' = Cu'. \tag{2.2.5}$$

例如,自由落体运动的路程公式为 $s = \frac{1}{2}gt^2$,t 时刻的瞬时速度

$$v(t) = \frac{ds}{dt} = \left(\frac{1}{2}gt^2 \right)' = \frac{1}{2}g(t^2)' = gt.$$

定理 3 两个可导函数之商的导数等于分子的导数与分母的乘积减去分子与分母的导数的乘积,再除以分母的平方,即 $\left(\dfrac{u(x)}{v(x)} \right)' = \dfrac{u'(x)v(x) - u(x)v'(x)}{v(x)^2}$.

证明 设 $y = f(x) = \dfrac{u(x)}{v(x)}$,$u(x), v(x)$ 在 x 处可导,且 $v(x) \neq 0$.

$$\Delta y = \frac{u(x + \Delta x)}{v(x + \Delta x)} - \frac{u(x)}{v(x)} = \frac{u(x) + \Delta u(x)}{v(x) + \Delta v(x)} - \frac{u(x)}{v(x)}$$
$$= \frac{(u(x) + \Delta u(x))v(x) - u(x)(v(x) + \Delta v(x))}{(v(x) + \Delta v(x))v(x)}$$
$$= \frac{\Delta u(x) \cdot v(x) - u(x) \cdot \Delta v(x)}{v(x)(v(x) + \Delta v(x))},$$

$$\lim_{\Delta x \to 0} \frac{\Delta y}{\Delta x} = \lim_{\Delta x \to 0} \frac{\dfrac{\Delta u(x)}{\Delta x} \cdot v(x) - u(x) \cdot \dfrac{\Delta v(x)}{\Delta x}}{v(x)(v(x) + \Delta v(x))}$$

$$= \frac{\left(\lim_{\Delta x \to 0} \dfrac{\Delta u(x)}{\Delta x}\right) \cdot v(x) - u(x) \left(\lim_{\Delta x \to 0} \dfrac{\Delta v(x)}{\Delta x}\right)}{v(x)(v(x) + \lim_{\Delta x \to 0} \Delta v(x))}$$

$$= \frac{u'(x)v(x) - u(x)v'(x)}{v(x)^2}.$$

以上结果可简记为

$$\left(\frac{u}{v}\right)' = \frac{u'v - uv'}{v^2}. \tag{2.2.6}$$

例 1 求 $y = \log_a x$ 的导数.

解 $y = \log_a x = \dfrac{1}{\ln a} \ln x$，所以

$$y' = (\log_a x)' = \left(\frac{1}{\ln a} \ln x\right)' = \frac{1}{\ln a}(\ln x)' = \frac{1}{x \ln a}.$$

例 2 求 $y = \tan x$ 的导数.

解
$$(\tan x)' = \left(\frac{\sin x}{\cos x}\right)' = \frac{(\sin x)' \cos x - \sin x (\cos x)'}{\cos^2 x}$$
$$= \frac{\cos^2 x + \sin^2 x}{\cos^2 x} = \sec^2 x.$$

例 3 求 $y = \sec x$ 的导数.

解
$$(\sec x)' = \left(\frac{1}{\cos x}\right)' = \frac{(1)' \cos x - 1 \cdot (\cos x)'}{\cos^2 x}$$
$$= \frac{\sin x}{\cos^2 x} = \sec x \tan x.$$

用类似的方法可求得：

$$(\cot x)' = -\csc^2 x; \qquad (\csc x)' = -\csc x \cot x.$$

例 4 求 $y = e^x \cot x$ 的导数.

解 $y' = (e^x \cot x)' = (e^x)' \cot x + e^x (\cot x)' = e^x \cot x - e^x \csc^2 x.$

例 5 $f(x) = e^x (\sin x + \cos x)$，求 $f'\left(\dfrac{\pi}{3}\right)$.

解
$$f'(x) = (e^x)'(\sin x + \cos x) + e^x (\sin x + \cos x)'$$
$$= e^x (\sin x + \cos x) + e^x (\cos x - \sin x) = 2 e^x \cos x,$$
$$f'\left(\frac{\pi}{3}\right) = 2 e^{\frac{\pi}{3}} \cos \frac{\pi}{3} = e^{\frac{\pi}{3}}.$$

2.2.2 反函数的导数

定理 4（反函数的求导法则） 如果单调函数 $x = \varphi(y)$ 在某区间 I_y 内可导，且 $\varphi'(y) \neq 0$，那么它的反函数 $y = f(x)$ 在对应区间 I_x 内也可导，且有

$$f'(x) = \frac{1}{\varphi'(y)}. \tag{2.2.7}$$

证明 任取 $x \in I_x$，给 x 以增量 $\Delta x (\Delta x \neq 0, x + \Delta x \in I_x)$，由 $y = f(x)$ 的单调性知

$$\Delta y = f(x + \Delta x) - f(x) \neq 0,$$

因而
$$\frac{\Delta y}{\Delta x} = \frac{1}{\dfrac{\Delta x}{\Delta y}}.$$

又由 $y = f(x)$ 的连续性知，当 $\Delta x \to 0$ 时必有 $\Delta y \to 0$. 所以

$$\lim_{\Delta x \to 0} \frac{\Delta y}{\Delta x} = \lim_{\Delta x \to 0} \frac{1}{\frac{\Delta x}{\Delta y}} = \frac{1}{\lim_{\Delta y \to 0} \frac{\Delta x}{\Delta y}} = \frac{1}{\varphi'(y)},$$

即

$$f'(x) = \frac{1}{\varphi'(y)}.$$

上述定理可简单地叙述为：**反函数的导数等于直接函数的导数的倒数.**

下面用定理 4 来求反三角函数和指数函数的导数.

例 6 设直接函数为 $x = \sin y$，则 $y = \arcsin x$ 是它的反函数. $x = \sin y$ 在开区间 $I_y = \left(-\frac{\pi}{2}, \frac{\pi}{2}\right)$ 内单调、可导，且有 $(\sin y)' = \cos y \neq 0$. 由定理 4 知，在对应区间 $I_x = (-1, 1)$ 内有

$$(\arcsin x)' = \frac{1}{(\sin y)'} = \frac{1}{\cos y}.$$

但在区间 I_y 内，$\cos y = \sqrt{1 - \sin^2 y} = \sqrt{1 - x^2}$，从而有

$$(\arcsin x)' = \frac{1}{\sqrt{1 - x^2}}.$$

用类似方法可求得反余弦函数的导数公式：

$$(\arccos x)' = -\frac{1}{\sqrt{1 - x^2}}.$$

例 7 函数 $y = \arctan x$ 是 $x = \tan y$ 的反函数，函数 $x = \tan y$ 在区间 $I_y = \left(-\frac{\pi}{2}, \frac{\pi}{2}\right)$ 内单调、可导，且导数 $(\tan y)' = \sec^2 y \neq 0$. 依据定理 4，在对应区间 $I_x = (-\infty, +\infty)$ 内其反函数 $y = \arctan x$ 可导，且有

$$(\arctan x)' = \frac{1}{(\tan y)'} = \frac{1}{\sec^2 y}.$$

而 $\sec^2 y = \tan^2 y + 1 = x^2 + 1$，于是有

$$(\arctan x)' = \frac{1}{1 + x^2}.$$

用类似方法可求得反余切函数的求导公式：

$$(\text{arccot} x)' = -\frac{1}{1 + x^2}.$$

例 8 指数函数 $y = a^x$ 是对数函数 $x = \log_a y$ 的反函数. 由本节例 1 知，函数 $x = \log_a y$ 在区间 $I_y = (0, +\infty)$ 内单调、可导，且有

$$(\log_a y)' = \frac{1}{y \ln a} \neq 0.$$

依定理 4，在对应区间 $I_x = (-\infty, +\infty)$ 内，其反函数 $y = a^x$ 单调、可导，且有

$$(a^x)' = \frac{1}{(\log_a y)'} = \frac{1}{\frac{1}{y \ln a}} = y \ln a = a^x \ln a.$$

当 $a = e$ 时，$(e^x)' = e^x \ln e = e^x$.

2.2.3 复合函数的导数

定理 5（复合函数的求导法则） 若函数 $u = \varphi(x)$ 在点 x 处有导数 $u'_x = \dfrac{du}{dx} = \varphi'(x)$，函数 $y = f(u)$ 在对应点 u 处也有导数 $y'_u = \dfrac{dy}{du} = f'(u)$，则复合函数 $y = f[\varphi(x)]$ 在点 x 处可

导,且有

$$\frac{dy}{dx} = \frac{dy}{du} \cdot \frac{du}{dx} = f'(u)\varphi'(x),$$

或记作

$$y'_x = y'_u u'_x. \tag{2.2.8}$$

证明　对于自变量 x 的增量 Δx,对应地有 $u=\varphi(x)$ 的增量 $\Delta u=\varphi(x+\Delta x)-\varphi(x)$;当 $\Delta u \neq 0$ 时,对于中间变量 u 的增量 Δu,又对应地有 $y=f(u)$ 的增量 $\Delta y=f(u+\Delta u)-f(u)$,这时有

$$\frac{\Delta y}{\Delta x} = \frac{\Delta y}{\Delta u} \cdot \frac{\Delta u}{\Delta x}.$$

因为 $u=\varphi(x)$ 在点 x 处可导,所以 $u=\varphi(x)$ 在点 x 处连续,即当 $\Delta x \to 0$ 时,$\Delta u \to 0$. 又因为

$$\lim_{\Delta x \to 0} \frac{\Delta u}{\Delta x} = \varphi'(x), \quad \lim_{\Delta u \to 0} \frac{\Delta y}{\Delta u} = f'(u),$$

所以

$$\frac{dy}{dx} = \lim_{\Delta x \to 0} \frac{\Delta y}{\Delta x} = \lim_{\Delta u \to 0} \frac{\Delta y}{\Delta u} \cdot \lim_{\Delta x \to 0} \frac{\Delta u}{\Delta x} = f'(u)\varphi'(x).$$

当 $\Delta u=0$ 时,可以证明上述结论仍成立.

复合函数的求导法则可以推广到多个中间变量的情形. 我们以两个中间变量的情况为例,设 $y=f(u),u=\varphi(v),v=\psi(x)$,则复合函数 $y=f\{\varphi[\psi(x)]\}$ 的导数为

$$\frac{dy}{dx} = \frac{dy}{du} \cdot \frac{du}{dv} \cdot \frac{dv}{dx} = f'(u)\varphi'(v)\psi'(x). \tag{2.2.9}$$

或记作

$$y'_x = y'_u u'_v v'_x.$$

当然式(2.2.9)成立的条件与式(2.2.8)相类似,请读者自行给出.

下面我们通过例子熟悉复合函数的求导法则.

例 9　$y=(ax+b)^{100}$,求 y'_x.

解　$y=u^{100},u=ax+b,$

$$y'_x = y'_u u'_x = 100u^{99} \cdot a = 100a(ax+b)^{99}.$$

例 10　$y=\sin x^2$,求 $\dfrac{dy}{dx}$.

解　$y=\sin u,u=x^2,$

$$\frac{du}{dx} = \frac{dy}{du} \cdot \frac{du}{dx} = \cos u \cdot 2x = 2x\cos x^2.$$

例 11　$y=\sqrt{a^2-x^2}$,求 $\dfrac{dy}{dx}$.

解　$y=u^{\frac{1}{2}},u=a^2-x^2,$

$$\frac{dy}{dx} = \frac{dy}{du} \cdot \frac{du}{dx} = \frac{1}{2}u^{-\frac{1}{2}} \cdot (-2x) = -\frac{x}{\sqrt{a^2-x^2}}.$$

例 12　证明幂函数求导公式:$(x^\mu)' = \mu x^{\mu-1}$(μ 为实常数).

证明　这里就 $x>0$ 的情况给出证明.

$$y = x^\mu = (e^{\ln x})^\mu = e^{\mu \ln x}.$$

令 $\mu\ln x=u$，则 $y=\mathrm{e}^u$. 由复合函数求导公式可得

$$y'_x = y'_u \cdot u'_x = \mathrm{e}^u \cdot \frac{\mu}{x} = \mathrm{e}^{\mu\ln x} \cdot \frac{\mu}{x} = x^\mu \cdot \frac{\mu}{x} = \mu x^{\mu-1},$$

即

$$(x^\mu)' = \mu x^{\mu-1}.$$

对于复合函数的分解比较熟练之后，可不必再写出中间变量，而采用下列例题中的方式来计算导数.

例 13 求下列函数的导数：

(1) $y=\sin^2\left(2x-\dfrac{\pi}{4}\right)$；　　　　(2) $y=\ln\sin x^2$.

解 (1) $y' = 2\sin\left(2x-\dfrac{\pi}{4}\right) \cdot \left[\sin\left(2x-\dfrac{\pi}{4}\right)\right]'$

$$= 2\sin\left(2x-\frac{\pi}{4}\right) \cdot \cos\left(2x-\frac{\pi}{4}\right) \cdot \left(2x-\frac{\pi}{4}\right)' = 2\sin\left(4x-\frac{\pi}{2}\right).$$

(2) $y' = \dfrac{1}{\sin x^2} \cdot (\sin x^2)' = \dfrac{\cos x^2}{\sin x^2} \cdot (x^2)' = 2x\cot x^2.$

2.2.4 初等函数的导数

借助于上面所讲的求导法则，我们已解决了哪些函数的导数计算问题了呢？首先，常数及基本初等函数的导数我们都会求了，将这些求导公式集中列表如下，初学者一定要熟记：

$(C)'=0,$ 　　　　　　　　　　　　　$(x^a)'=ax^{a-1},$

$(\ln x)'=\dfrac{1}{x},$ 　　　　　　　　　　　$(\log_a x)'=\dfrac{1}{x\ln a},$

$(\mathrm{e}^x)'=\mathrm{e}^x,$ 　　　　　　　　　　　$(a^x)'=a^x\ln a,$

$(\sin x)'=\cos x,$ 　　　　　　　　　$(\cos x)'=-\sin x,$

$(\tan x)'=\sec^2 x,$ 　　　　　　　　$(\cot x)'=-\csc^2 x,$

$(\sec x)'=\tan x\sec x,$ 　　　　　　$(\csc x)'=-\cot x\csc x,$

$(\arcsin x)'=\dfrac{1}{\sqrt{1-x^2}},$ 　　　　　$(\arccos x)'=-\dfrac{1}{\sqrt{1-x^2}},$

$(\arctan x)'=\dfrac{1}{1+x^2},$ 　　　　　　$(\mathrm{arccot}\,x)'=-\dfrac{1}{1+x^2}.$

其次，应用函数的和、差、积、商的求导法则，常数与基本初等函数的和、差、积、商的导数也会求了. 再利用反函数及复合函数的求导法则，则一切初等函数的导数都可以利用上述公式和法则进行计算了，且初等函数的导数一般仍为初等函数.

例 14 $y=\mathrm{e}^{ax}\sin bx$，求 y'.

解 $y' = (\mathrm{e}^{ax})'\sin bx + \mathrm{e}^{ax}(\sin bx)' = a\mathrm{e}^{ax}\sin bx + \mathrm{e}^{ax}(b\cos bx) = \mathrm{e}^{ax}(a\sin bx + b\cos bx).$

例 15 $y=2^{\arctan\sqrt{x}} - \ln\sqrt{x+\sqrt{x^2+1}}$，求 y'.

解 $y = 2^{\arctan\sqrt{x}} - \dfrac{1}{2}\ln(x+\sqrt{x^2+1}),$

$$y' = 2^{\arctan\sqrt{x}} \cdot \ln 2 \cdot (\arctan\sqrt{x})' - \frac{1}{2} \cdot \frac{1}{x+\sqrt{x^2+1}} \cdot (x+\sqrt{x^2+1})'$$

$$= 2^{\arctan\sqrt{x}} \cdot \ln 2 \cdot \frac{1}{1+x} \cdot \frac{1}{2\sqrt{x}} - \frac{1}{2} \cdot \frac{1}{x+\sqrt{x^2+1}} \cdot \left(1 + \frac{x}{\sqrt{x^2+1}}\right)$$

$$= \frac{\ln 2}{2\sqrt{x}(1+x)} \cdot 2^{\arctan\sqrt{x}} - \frac{1}{2\sqrt{x^2+1}}.$$

以上两个例子在求导过程中都用到了各种求导法则,有的在求导之前还对函数进行了适当变形,从而减少了计算量.

双曲函数 $\sinh x = \dfrac{e^x - e^{-x}}{2}$, $\cosh x = \dfrac{e^x + e^{-x}}{2}$, $\tanh x = \dfrac{\sinh x}{\cosh x} = \dfrac{e^x - e^{-x}}{e^x + e^{-x}}$ 和反双曲函数

$\operatorname{arsinh} x = \ln(x + \sqrt{x^2+1})$, $\operatorname{arcosh} x = \ln(x + \sqrt{x^2-1})$, $\operatorname{artanh} x = \dfrac{1}{2}\ln\dfrac{1+x}{1-x}$ 也都是初等函数,它们的导数不难由前面所讨论过的求导公式和求导法则算出.

例 16   求 $y = \sinh x$ 的导数.

解 $y' = (\sinh x)' = \left(\dfrac{e^x - e^{-x}}{2}\right)' = \dfrac{(e^x)' - (e^{-x})'}{2} = \dfrac{e^x + e^{-x}}{2} = \cosh x.$

例 17   求 $y = \operatorname{arsinh} x$ 的导数.

解   函数 $y = \operatorname{arsinh} x$ 可看作函数 $x = \sinh y$ 的反函数. 在区间 $I_y = (-\infty, +\infty)$ 内,$\sinh y$ 可导,且 $(\sinh y)' = \cosh y > 0$. 依反函数的求导法则可得

$$(\operatorname{arsinh} x)' = \frac{1}{(\sinh y)'} = \frac{1}{\cosh y} = \frac{1}{\sqrt{1 + \sinh^2 y}} = \frac{1}{\sqrt{1 + x^2}}.$$

当然,反双曲正弦的导数也可由 $\operatorname{arsinh} x = \ln(x + \sqrt{1+x^2})$ 利用复合函数的求导法则得到.

另外,几个双曲函数和反双曲函数的导数公式可由读者自行证明:

$$(\cosh x)' = \sinh x, \qquad\qquad (\tanh x)' = \frac{1}{\cosh^2 x},$$

$$(\operatorname{arcosh} x)' = \frac{1}{\sqrt{x^2-1}}, \qquad\qquad (\operatorname{artanh} x)' = \frac{1}{1-x^2}.$$

习题 2-2

1. 证明余切函数和余割函数的求导公式:

$$(\cot x)' = -\csc^2 x; \qquad (\csc x)' = -\cot x \csc x.$$

2. 求下列函数的导数:

(1) $y = 3x^2 - \dfrac{2}{x^2} + 1$;   (2) $y = x^2(2+\sqrt{x})$;   (3) $y = x^2 \log_a x$;

(4) $y = e^x(x\sin x + \cos x)$;   (5) $y = 2\tan x + \sec x - 5$;   (6) $y = \sin x \cos x$;

(7) $y = \dfrac{1}{x^2+x+1}$;   (8) $y = \dfrac{x-1}{x+1}$;   (9) $y = \dfrac{e^x-1}{e^x+1}$;

(10) $y = \dfrac{t-\sin t}{t+\sin t}$.

3. 求下列函数的导数:

(1) $y = (3x+4)^3$;   (2) $y = \sin(2x-5)$;   (3) $y = e^{-3x^2}$;

(4) $y = \ln(x^2+1)$;   (5) $y = \arctan x^2$;   (6) $y = \log_a(x^2+x+1)$;

(7) $y=\sqrt{x+\sqrt{x}}$；　　　　(8) $y=\arccos\dfrac{1}{x}$；　　　　(9) $y=\dfrac{1}{\sqrt{a^2-x^2}}$；

(10) $y=e^{\sqrt{\frac{1-x}{1+x}}}$；　　　(11) $y=\ln[\ln(\ln x)]$；　　　(12) $y=\sin[\sin(\sin x)]$；

(13) $y=\sin nx\sin^n x$；　　(14) $y=\arcsin\sqrt{\dfrac{1-x}{1+x}}$；　(15) $y=\ln(x+\sqrt{a^2+x^2})$；

(16) $y=\ln(\sec x+\tan x)$；　　　　　(17) $y=\ln(\csc x-\cot x)$；

(18) $y=\cos 3x+\cos^3 x+\cos x^3$；　　(19) $y=\dfrac{x}{2}\sqrt{a^2-x^2}+\dfrac{a^2}{2}\arcsin\dfrac{x}{a}$；

(20) $y=\sqrt{x^2-a^2}-a\arccos\dfrac{a}{x}$.

4. 证明下列导数公式：

(1) $(\cosh x)'=\sinh x$；　　　　　　(2) $(\tanh x)'=\dfrac{1}{\cosh^2 x}$；

(3) $(\operatorname{arcosh} x)'=\dfrac{1}{\sqrt{x^2-1}}$；　　　　(4) $(\operatorname{artanh} x)'=\dfrac{1}{1-x^2}$.

5. 求下列函数在给定点的导数：

(1) $f(x)=\dfrac{1-\sqrt{x}}{1+\sqrt{x}}$，在 $x=4$ 处；　　(2) $y=\cot\sqrt[3]{1+x^2}$，在 $x=0$ 处；

(3) $y=\ln(1+a^{-2x})$，在 $x=0$ 处；　　(4) $y=\sqrt{1+\ln^2 x}$，在 $x=e$ 处.

6. 曲线 $y=xe^{-x}$ 上哪一点的切线平行于 x 轴？求此切线方程.

7. 直线 $x-y=1$ 与抛物线 $y=x^2-4x+5$ 有两个交点，过此两交点的抛物线的两法线与抛物线的弦构成一个三角形，求此三角形的面积.

8. 已知某电容器在充电过程中，电压 u 的变化规律是 $u(t)=E(1-e^{-\frac{t}{RC}})$，其中 E 是电源电动势，R 是电阻，C 是电容，E,R,C 均为常数. 求充电速度（即电压 u 对时间 t 的变化率）.

9. 电工学中有如下基本关系式：$u_L=L\dfrac{\mathrm{d}i}{\mathrm{d}t}$，$i=C\dfrac{\mathrm{d}u_C}{\mathrm{d}t}$，其中 L 为电感（H），C 为电容（F），u 为元件两端的电压（V），i 为电流（A）；$\dfrac{\mathrm{d}i}{\mathrm{d}t}$ 为电流的变化率（A/s），$\dfrac{\mathrm{d}u_C}{\mathrm{d}t}$ 为电压的变化率.

(1) 设电感为 L 的线圈中通有电流 $i(t)=I_m\sin\omega t$（A），求线圈两端的电压降 u_L（图 2-3(a)）；

(2) 设电容 C 两端的电压为 $u_C=U_m\sin\omega t$，求回路中的电流 $i(t)$（图 2-3(b)）；

(3) 电容器通过电阻放电时，电容器上的电压的变化规律是 $u_C=u_0e^{-\frac{t}{RC}}$，求放电时的电流（图 2-3(c)）.

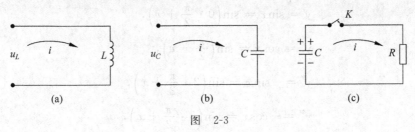

图　2-3

10. 设 $f(x)$ 为可导函数，问：

(1) $f'(x_0)$ 和 $[f(x_0)]'$ 有什么不同？　　(2) $f'(x^2)$ 和 $[f(x^2)]'$ 有什么不同？

2.3 高 阶 导 数

我们知道,变速直线运动的速度 $v(t)$ 是位置函数 $s(t)$ 对时间 t 的导数,即

$$v(t) = \frac{\mathrm{d}s}{\mathrm{d}t} \quad 或 \quad v = s'.$$

而加速度 a 又是速度 v 对时间 t 的导数,即

$$a = \frac{\mathrm{d}v}{\mathrm{d}t} = \frac{\mathrm{d}}{\mathrm{d}t}\left(\frac{\mathrm{d}s}{\mathrm{d}t}\right), \quad 或 \quad a = (s')'.$$

这种导数的导数 $\dfrac{\mathrm{d}}{\mathrm{d}t}\left(\dfrac{\mathrm{d}s}{\mathrm{d}t}\right)$ 或 $(s')'$ 叫做 s 对 t 的**二阶导数**,记作

$$\frac{\mathrm{d}^2 s}{\mathrm{d}t^2} \quad 或 \quad s''.$$

所以直线运动的加速度 a 就是位置函数 s 对时间 t 的二阶导数.

一般地,函数 $y=f(x)$ 的导数 $y'=f'(x)$ 仍然是 x 的函数,如果 $f'(x)$ 仍然可导的话,我们把 $y'=f'(x)$ 的导数叫做函数 $y=f(x)$ 的**二阶导数**,记作 y''、$f''(x)$ 或 $\dfrac{\mathrm{d}^2 y}{\mathrm{d}x^2}$,即

$$y'' = (y')', \quad f''(x) = [f'(x)]' \quad 或 \quad \frac{\mathrm{d}^2 y}{\mathrm{d}x^2} = \frac{\mathrm{d}}{\mathrm{d}x}\left(\frac{\mathrm{d}y}{\mathrm{d}x}\right).$$

相应地,我们把 $y=f(x)$ 的导数 $f'(x)$ 也叫做 $y=f(x)$ 的**一阶导数**.

类似地可定义 $y=f(x)$ 的三阶导数,四阶导数,$\cdots$,n 阶导数,分别记作

$$y''', \quad y^{(4)}, \quad \cdots, \quad y^{(n)};$$

$$f'''(x), \quad f^{(4)}(x), \quad \cdots, \quad f^{(n)}(x);$$

或

$$\frac{\mathrm{d}^3 y}{\mathrm{d}x^3}, \quad \frac{\mathrm{d}^4 y}{\mathrm{d}x^4}, \quad \cdots, \quad \frac{\mathrm{d}^n y}{\mathrm{d}x^n}.$$

$y=f(x)$ 具有 n 阶导数,也常说成 $y=f(x)$ 为 ***n* 阶可导**.二阶和二阶以上的导数统称为**高阶导数**.

因为高阶导数是导数的导数,所以求高阶导数就是接连多次地求导.因此,仍可用前面学过的求导方法来计算高阶导数.

例 1 求 $y=x^2 \mathrm{e}^{2x}$ 的二阶导数.

解 $y' = (x^2)' \mathrm{e}^{2x} + x^2 (\mathrm{e}^{2x})' = 2x \mathrm{e}^{2x} + 2x^2 \mathrm{e}^{2x} = 2(x+x^2) \mathrm{e}^{2x}$,

$y'' = 2(1+2x) \mathrm{e}^{2x} + 4(x+x^2) \mathrm{e}^{2x} = 2(1+4x+2x^2) \mathrm{e}^{2x}.$

例 2 求 $y=\sin x$ 的 n 阶导数.

解

$$y = \sin x = \sin\left(0 \cdot \frac{\pi}{2} + x\right),$$

$$y' = \cos x = \sin\left(\frac{\pi}{2} + x\right),$$

$$y'' = -\sin x = \sin\left(2 \cdot \frac{\pi}{2} + x\right),$$

$$y''' = -\cos x = \sin\left(3 \cdot \frac{\pi}{2} + x\right),$$

$$\vdots$$

$$y^{(n)} = (\sin x)^{(n)} = \sin\left(n \cdot \frac{\pi}{2} + x\right).$$

例3 求 $y = x^\mu$ 的 n 阶导数.

解 当 μ 不是自然数时,

$$y' = \mu x^{\mu-1},$$
$$y'' = \mu(\mu-1)x^{\mu-2},$$
$$y''' = \mu(\mu-1)(\mu-2)x^{\mu-3},$$
$$\vdots$$
$$y^{(n)} = \mu(\mu-1)\cdots(\mu-n+1)x^{\mu-n}.$$

当 $\mu = n$ 为自然数时,

$$y^{(n)} = (x^n)^{(n)} = n!,$$

而

$$y^{(n+1)} = y^{(n+2)} = \cdots = 0.$$

例4 求 $y = a^x$ 的 n 阶导数.

$$y = a^x,$$
$$y' = a^x \ln a,$$
$$y'' = a^x (\ln a)^2,$$
$$y''' = a^x (\ln a)^3,$$
$$\vdots$$
$$y^{(n)} = a^x (\ln a)^n.$$

特别地,$y = e^x$ 的 n 阶导数为

$$y^{(n)} = (e^x)^{(n)} = e^x.$$

例5 求 $y = \ln(1+x)$ 的 n 阶导数.

解 $y' = \dfrac{1}{1+x}$, $y'' = \dfrac{-1}{(1+x)^2}$, $y''' = \dfrac{1 \times 2}{(1+x)^3}$, $y^{(4)} = \dfrac{-1 \times 2 \times 3}{(1+x)^4}$, $\cdots$,

一般有

$$y^{(n)} = \frac{(-1)^{n-1}(n-1)!}{(1+x)^n}.$$

如果函数 $u = u(x)$, $v = v(x)$ 都在点 x 处具有 n 阶导数,显然函数 $u \pm v$ 在点 x 处也具有 n 阶导数,且有

$$(u \pm v)^{(n)} = u^{(n)} \pm v^{(n)}.$$

但乘积 uv 的 n 阶导数就不是如此简单了,由公式

$$(uv)' = u'v + uv',$$

可推得

$$(uv)'' = u''v + 2u'v' + uv'',$$
$$(uv)''' = u'''v + 3u''v' + 3u'v'' + uv'''.$$

利用数学归纳法可以证明:

$$(uv)^{(n)} = \sum_{k=0}^{n} C_n^k u^{(n-k)} v^{(k)}. \tag{2.3.1}$$

式(2.3.1)称为**莱布尼茨公式**.

例6 设 $y = x^2 e^{2x}$,求 $y^{(20)}$.

解 令 $u = e^{2x}$, $v = x^2$,则有

$$u^{(k)} = 2^k e^{2x}, \quad k = 0,1,2,\cdots,n,$$
$$v^{(0)} = x^2, v^{(1)} = 2x, v^{(2)} = 2, v^{(k)} = 0, \quad k = 3,4,\cdots,20.$$

代入莱布尼茨公式,得

$$y^{(20)} = (e^{2x} \cdot x^2)^{(20)} = u^{(20)} v + C_{20}^1 u^{(19)} v' + C_{20}^2 u^{(18)} v'' + 0$$

$$= 2^{20} e^{2x} \cdot x^2 + 20 \cdot 2^{19} e^{2x} \cdot 2x + \frac{20 \times 19}{2!} \cdot 2^{18} e^{2x} \cdot 2$$

$$= 2^{20} e^{2x} (x^2 + 20x + 95).$$

习题 2-3

1. 求下列函数的二阶导数：

(1) $y = x^2 (x^2 - 1)^3$;　　　　　(2) $y = 3x^2 - \ln x$;　　　　　(3) $y = x \cos x$;

(4) $y = \sqrt{a^2 - x^2}$;　　　　　(5) $y = \dfrac{e^x}{x}$;　　　　　(6) $y = x e^{x^2}$.

2. 求 $y = x^5 - x^4$ 在 $x = 1$ 处的各阶导数.

3. 若 $f''(t)$ 存在, 求下列函数的二阶导数：

(1) $y = f(x^2)$;　　　　　　　(2) $y = \sin[f(x)]$.

4. 验证函数 $y = C_1 e^{\lambda x} + C_2 e^{-\lambda x} (\lambda, C_1, C_2$ 是常数)满足关系式：

$$y'' - \lambda^2 y = 0.$$

5. 求下列函数的 n 阶导数的一般表达式：

(1) $y = (1 + x)^a$;　　　　　　(2) $y = x e^x$;　　　　　　(3) $y = e^{kx}$;

(4) $y = e^x \sin x$;　　　　　　(5) $y = x \ln x$;　　　　　(6) $y = \dfrac{1}{x^2 - x - 2}$.

6. 若 $y = x^2 \sin 2x$, 求 $y^{(50)}$.

2.4　隐函数及参数方程所确定的函数的导数

2.4.1　隐函数的导数

变量 x, y 之间的函数关系, 可以用不同的方式表达. 前面讨论的函数都把因变量 y 用含自变量 x 的明显的表达式表示, 如 $y = \sin x^2$, $y = \ln(x + \sqrt{x^2 + 1})$ 等, 用这种方式表达的函数叫做**显函数**. 如果变量 x, y 之间的函数关系是由一个二元方程

$$F(x, y) = 0$$

确定的, 那么这种函数叫做**隐函数**.

例如, 方程 $x + y^3 - 1 = 0$ 确定了 x, y 间的函数关系, 当变量 x 在 $(-\infty, +\infty)$ 内取值时, y 有确定的值与之对应.

在方程 $F(x, y) = 0$ 中如果能解出 $y = y(x)$, 就把隐函数化成了显函数, 这个工作称作**隐函数的显化**. 例如, 从 $x + y^3 - 1 = 0$ 中解出 $y = \sqrt[3]{1 - x}$, 就将由方程 $x + y^3 - 1 = 0$ 所确定的隐函数化成了显函数. 但是隐函数的显化往往是困难的, 甚至是不可能的. 例如, 方程 $xy - e^x + e^y = 0$ 虽然也确定了 x, y 间的函数关系, 但却不能表示成显函数.

我们希望不论隐函数能否显化, 都能设法直接由方程 $F(x, y) = 0$ 求出由它确定的隐函数的导数来.

把由 $F(x,y)=0$ 确定的函数 $y=y(x)$ 代入原方程,得到恒等式

$$F[x,y(x)] \equiv 0.$$

注意这里的 y 是 x 的函数,运用复合函数的求导法则在上恒等式的两端对 x 求导,就得到一个含 y' 的方程.从中解出 y',就得到所求隐函数 y 的导数.

例 1 求由方程 $\dfrac{x^2}{a^2}+\dfrac{y^2}{b^2}=1$ 确定的隐函数 $y=y(x)$ 的导数.

解 注意到 y 是 x 的函数,在方程两端对 x 求导得

$$\frac{2x}{a^2}+\frac{2yy'}{b^2}=0,$$

解得

$$y'=-\frac{b^2x}{a^2y}.$$

这个结果中的 y 是由方程 $\dfrac{x^2}{a^2}+\dfrac{y^2}{b^2}=1$ 确定的隐函数.

例 2 求由方程 $xy-\mathrm{e}^x+\mathrm{e}^y=0$ 所确定的隐函数 $y=y(x)$ 在 $x=0$ 处的导数.

解 方程两端对 x 求导得

$$y+xy'-\mathrm{e}^x+\mathrm{e}^y \cdot y'=0,$$

从而

$$y'=\frac{\mathrm{e}^x-y}{\mathrm{e}^y+x}.$$

由原方程知,当 $x=0$ 时有 $y=0$,于是

$$y'\big|_{x=0}=\frac{\mathrm{e}^0-0}{\mathrm{e}^0+0}=1.$$

例 3 求由方程 $y=1+x\mathrm{e}^y$ 确定的隐函数 y 的二阶导数 $\dfrac{\mathrm{d}^2y}{\mathrm{d}x^2}$.

解 方程两边对 x 求导得

$$y'=\mathrm{e}^y+x\mathrm{e}^y \cdot y',$$

从而

$$y'=\frac{\mathrm{e}^y}{1-x\mathrm{e}^y}.$$

上式两端再对 x 求导,得

$$y''=\frac{\mathrm{e}^y \cdot y'(1-x\mathrm{e}^y)-\mathrm{e}^y(-\mathrm{e}^y-x\mathrm{e}^y \cdot y')}{(1-x\mathrm{e}^y)^2}$$

$$=\frac{\mathrm{e}^y \cdot y'+\mathrm{e}^{2y}}{(1-x\mathrm{e}^y)^2}=\frac{\mathrm{e}^{2y}(2-x\mathrm{e}^y)}{(1-x\mathrm{e}^y)^3}=\frac{\mathrm{e}^{2y}(3-y)}{(2-y)^3}.$$

也可在等式 $y'=\mathrm{e}^y+x\mathrm{e}^y \cdot y'$ 的两端再对 x 求导,得

$$y''=\mathrm{e}^y \cdot y'+\mathrm{e}^y \cdot y'+x\mathrm{e}^y \cdot (y')^2+x\mathrm{e}^y \cdot y'',$$

整理并将 $y'=\dfrac{\mathrm{e}^y}{1-x\mathrm{e}^y}$ 代入,得

$$y''=\frac{\mathrm{e}^y(2+xy')y'}{1-x\mathrm{e}^y}=\frac{\mathrm{e}^{2y}(2-x\mathrm{e}^y)}{(1-x\mathrm{e}^y)^3}=\frac{\mathrm{e}^{2y}(3-y)}{(2-y)^3}.$$

从上面的几个例子可以看出,隐函数的求导并没有什么新的方法和技巧,只要在方程

$$F(x,y)=0$$

的两端对 x 求导时,牢记 y 是 x 的函数,利用复合函数的求导法则就可以求出 y' 来,只不过

y' 的表达式中往往含有 y,这是与显函数的求导结果不同的.

有时 y 与 x 之间的函数关系虽然可由显函数表示,但直接求导计算不方便,而利用所谓**对数求导法**却比较简单.这种方法是先在 $y=f(x)$ 的两端取对数,然后再求出 y 的导数 y'.我们通过下面的例子来说明这种方法.

例 4 求幂指函数 $y=u(x)^{v(x)}$ 的导数,其中 $u(x)$,$v(x)$ 都是可导函数,且 $u(x)>0$.

解 先对 $y=u^v$ 的两端取对数,得

$$\ln y = v \ln u.$$

上式两边对 x 求导,注意 y,u,v 都是 x 的函数,得

$$\frac{1}{y} \cdot y' = v' \ln u + v \cdot \frac{1}{u} \cdot u'.$$

从而有

$$y' = y\left(v' \ln u + \frac{vu'}{u}\right) = u^v\left(\frac{u'v}{u} + v' \ln u\right).$$

如果 $y=x^{\sin x}$,则

$$y' = x^{\sin x}\left(\frac{\sin x}{x} + \cos x \ln x\right).$$

幂指函数的求导,也可用下面的方法计算:

$$(u^v)' = (e^{v \ln u})' = e^{v \ln u} \cdot (v \ln u)' = u^v\left(\frac{u'v}{u} + v' \ln u\right).$$

例 5 求 $y=\sqrt{\dfrac{(x-1)(x-2)}{(x-3)(x-4)}}$ 的导数.

解 这个函数直接求导比较复杂.先将等式两边取对数(假定 $x>4$)得

$$\ln y = \frac{1}{2}[\ln(x-1) + \ln(x-2) - \ln(x-3) - \ln(x-4)],$$

上式两边对 x 求导,得

$$\frac{1}{y} \cdot y' = \frac{1}{2}\left(\frac{1}{x-1} + \frac{1}{x-2} - \frac{1}{x-3} - \frac{1}{x-4}\right),$$

于是有

$$y' = \frac{1}{2}\sqrt{\frac{(x-1)(x-2)}{(x-3)(x-4)}}\left(\frac{1}{x-1} + \frac{1}{x-2} - \frac{1}{x-3} - \frac{1}{x-4}\right).$$

当 $x<1$ 或 $2<x<3$ 时,用上面的方法可得同样的结果.

我们知道,无论 $x>0$ 或者 $x<0$,都有 $(\ln|x|)'=\dfrac{1}{x}$.当 $f(x)\neq0$ 且 $f(x)$ 可导时,有 $(\ln|f(x)|)'=\dfrac{f'(x)}{f(x)}$,与 $f(x)>0$ 时 $(\ln f(x))'$ 的结果相同.所以利用对数求导法计算导数时,对 x 的取值范围一般可不加讨论也不必取绝对值而直接在等式两端取对数,然后作求导计算就可以了.

对数求导法主要用于幂指函数和因子较多的函数的求导计算.

在 2.2 节讲过的反函数的求导法则,利用隐函数的求导方法也可以得到.下面举一个例子.

例 6 求 $y=\arccos x$ 的导数.

解 因为 $y=\arccos x$,所以有 $x=\cos y$,将此等式两边对 x 求导得

$$1 = -\sin y \cdot y',$$

于是
$$y' = -\frac{1}{\sin y}.$$

由于 $0 < y < \pi$, 故 $\sin y = \sqrt{1 - \cos^2 y} = \sqrt{1 - x^2}$. 所以
$$y' = -\frac{1}{\sqrt{1 - x^2}}.$$

2.4.2 参数方程确定的函数的导数

一般地, 若参数方程
$$\begin{cases} x = \varphi(t), \\ y = \psi(t) \end{cases} \tag{2.4.1}$$

确定 y 与 x 间的函数关系, 则称此函数为**由参数方程(2.4.1)所确定的函数**.

设函数 $\varphi(t), \psi(t)$ 都可导, 且 $\varphi'(t) \neq 0$; $x = \varphi(t)$ 具有单调连续的反函数 $t = \varphi^{-1}(x)$, 把 $t = \varphi^{-1}(x)$ 代入 $y = \psi(t)$, 得到复合函数
$$y = \psi[\varphi^{-1}(x)].$$

由复合函数及反函数的求导法则, 就有
$$\frac{dy}{dx} = \frac{dy}{dt} \cdot \frac{dt}{dx} = \frac{dy}{dt} \cdot \frac{1}{\frac{dx}{dt}} = \frac{\psi'(t)}{\varphi'(t)},$$

即
$$\frac{dy}{dx} = \frac{\frac{dy}{dt}}{\frac{dx}{dt}} = \frac{\psi'(t)}{\varphi'(t)}. \tag{2.4.2}$$

式(2.4.2)就是由参数方程(2.4.1)所确定的 x 的函数 y 的求导公式.

例7 已知椭圆的参数方程为
$$\begin{cases} x = a\cos t, \\ y = b\sin t, \end{cases}$$

求椭圆在 $t = \frac{\pi}{4}$ 的对应点处的切线方程.

解 当 $t = \frac{\pi}{4}$ 时, 椭圆上相应点 M_0 的坐标是:
$$x_0 = a\cos\frac{\pi}{4} = \frac{\sqrt{2}}{2}a, \quad y_0 = b\sin\frac{\pi}{4} = \frac{\sqrt{2}}{2}b.$$

曲线在 M_0 点的切线斜率为
$$\frac{dy}{dx}\Big|_{t=\frac{\pi}{4}} = \frac{(b\sin t)'}{(a\cos t)'}\Big|_{t=\frac{\pi}{4}} = \frac{b\cos t}{-a\sin t}\Big|_{t=\frac{\pi}{4}} = -\frac{b}{a}.$$

代入直线的点斜式方程, 即得椭圆在 M_0 处的切线方程:
$$y - \frac{\sqrt{2}}{2}b = -\frac{b}{a}\left(x - \frac{\sqrt{2}}{2}a\right),$$

化简后可得 $bx + ay - \sqrt{2}ab = 0$.

如果 $\varphi(t), \psi(t)$ 是二阶可导的, 那么从公式(2.4.2)还可进一步得到函数的二阶导数公式

$$\frac{d^2 y}{dx^2} = \frac{d}{dx}\left(\frac{dy}{dx}\right) = \frac{d}{dt}\left(\frac{\psi'(t)}{\varphi'(t)}\right) \cdot \frac{dt}{dx} = \frac{\psi''(t)\varphi'(t) - \psi'(t)\varphi''(t)}{[\varphi'(t)]^2} \cdot \frac{1}{\varphi'(t)},$$

即

$$\frac{d^2 y}{dx^2} = \frac{\psi''(t)\varphi'(t) - \psi'(t)\varphi''(t)}{[\varphi'(t)]^3}. \tag{2.4.3}$$

例 8 设 $\begin{cases} x = \sqrt{1+t}, \\ y = \sqrt{1-t}, \end{cases}$ 求证：$\dfrac{dy}{dx} = -\dfrac{x}{y}, \dfrac{d^2 y}{dx^2} = -\dfrac{2}{y^3}.$

证明

$$\frac{dy}{dx} = \frac{(\sqrt{1-t})'}{(\sqrt{1+t})'} = \frac{\frac{1}{2}(1-t)^{-\frac{1}{2}} \cdot (-1)}{\frac{1}{2}(1+t)^{-\frac{1}{2}}} = -\frac{\sqrt{1+t}}{\sqrt{1-t}} = -\frac{x}{y},$$

$$\frac{d^2 y}{dx^2} = \frac{d}{dx}\left(\frac{dy}{dx}\right) = -\frac{1 \cdot y - xy'}{y^2} = -\frac{y - x \cdot \left(-\dfrac{x}{y}\right)}{y^2}$$

$$= -\frac{x^2 + y^2}{y^3} = -\frac{2}{y^3},$$

或者

$$\frac{d^2 y}{dx^2} = \frac{d}{dt}\left(-\frac{\sqrt{1+t}}{\sqrt{1-t}}\right) \cdot \frac{dt}{dx} = -\frac{\dfrac{\sqrt{1-t}}{2\sqrt{1+t}} + \dfrac{\sqrt{1+t}}{2\sqrt{1-t}}}{1-t} \cdot 2\sqrt{1+t}$$

$$= -\frac{2}{(1-t)^{\frac{3}{2}}} = -\frac{2}{y^3}.$$

2.4.3 相关变化率

作为导数的一个简单应用,我们来讨论相关变化率的问题.

设 $x = x(t)$ 及 $y = y(t)$ 都是 t 的可导函数,而 x 与 y 之间存在着某种函数关系,从而变化率 $\dfrac{dx}{dt}$ 和 $\dfrac{dy}{dt}$ 之间也存在着一定的关系,这两个相互依赖的变化率称为**相关变化率**. 相关变化率问题就是研究这样的两个变化率之间的关系,以便从其中一个变化率求出另一个变化率.

例 9 落在平静水面上的石头,产生同心圆波纹,若最外一圈波的半径的增大率总是 6m/s,问在 2s 末扰动水面面积的增大率是多少?

解 设石击水面 ts 后,最外一圈波的半径为 r,扰动水面的面积为 A,则有

$$A = \pi r^2.$$

两端对 t 求导,则有

$$\frac{dA}{dt} = 2\pi r \cdot \frac{dr}{dt}.$$

当 $t = 2s$ 时,$r = 12$,$\dfrac{dr}{dt} = 6$,所以

$$\left.\frac{dA}{dt}\right|_{t=2} = 2\pi \cdot 12 \times 6 = 144\pi\,(m^2/s).$$

例 10 有一直圆锥形容器,其顶点朝下,底半径为 4cm,高为 50cm,现以 5cm³/s 的速度将水注入容器内,问当水深为 5cm 时,水面上升的速度是多少?

解 设在 t 时刻容器内水深为 $h(t)$,水表面半径为 $r(t)$,水的体积为 $V(t)$,则有

$$V = \frac{1}{3}\pi r^2 h.$$

而 $\dfrac{r}{4} = \dfrac{h}{50}$,即 $r = \dfrac{2}{25}h$,故

$$V = \frac{1}{3}\pi\left(\frac{2}{25}h\right)^2 \cdot h = \frac{4\pi}{3} \cdot \frac{h^3}{25^2}.$$

将上式两端对 t 求导,得

$$\frac{\mathrm{d}V}{\mathrm{d}t} = \frac{4\pi}{25^2}h^2 \cdot \frac{\mathrm{d}h}{\mathrm{d}t}.$$

当 $h = 5, \dfrac{\mathrm{d}V}{\mathrm{d}t} = 5$ 时,水面上升的速度为

$$\frac{\mathrm{d}h}{\mathrm{d}t} = \frac{25^2}{4\pi} \times \frac{1}{5^2} \times 5 = \frac{125}{4\pi}(\mathrm{cm/s}).$$

习题 2-4

1. 求由下列方程所确定的隐函数 y 的导数 $\dfrac{\mathrm{d}y}{\mathrm{d}x}$:

(1) $x^3 + y^3 - 3xy = 0$;   (2) $\cos(xy) = x$;   (3) $xy = \mathrm{e}^{x+y}$;

(4) $\mathrm{e}^y = \sin(x+y)$;   (5) $\arctan\dfrac{y}{x} = \ln\sqrt{x^2+y^2}$;   (6) $x^y + 5^y = 1$.

2. 求曲线 $x^{\frac{2}{3}} + y^{\frac{2}{3}} = a^{\frac{2}{3}}$ 在点 $\left(\dfrac{\sqrt{2}}{4}a, \dfrac{\sqrt{2}}{4}a\right)$ 处的切线方程和法线方程.

3. 求由下列方程所确定的隐函数 y 的二阶导数 $\dfrac{\mathrm{d}^2 y}{\mathrm{d}x^2}$:

(1) $x - y + \dfrac{1}{2}\sin y = 0$;   (2) $x^2 - y^2 = 1$;   (3) $y = \sin(x+y)$;   (4) $y = \tan(x+y)$.

4. 利用对数求导法求下列函数的导数:

(1) $y = (\ln x)^x$;   (2) $y = \left(\dfrac{x}{1+x}\right)^x$;   (3) $y = x\sqrt{\dfrac{1-x}{1+x}}$;

(4) $x^y = y^x$;   (5) $y = \sqrt{x\sin x \sqrt{1-\mathrm{e}^x}}$.

5. 求由下列参数方程所确定的函数的导数 $\dfrac{\mathrm{d}y}{\mathrm{d}x}$:

(1) $\begin{cases} x = t^2, \\ y = t^3; \end{cases}$ (2) $\begin{cases} x = a\sin^2 t, \\ y = b\cos^2 t; \end{cases}$ (3) $\begin{cases} x = \theta(1-\sin\theta), \\ y = \theta\cos\theta; \end{cases}$ (4) $\begin{cases} x = \mathrm{e}^t\sin t, \\ y = \mathrm{e}^t\cos t. \end{cases}$

6. 已知曲线 $\begin{cases} x = \dfrac{3at}{1+t^2}, \\ y = \dfrac{3at^2}{1+t^2}, \end{cases}$ 求相应于 $t = 2$ 处曲线的切线方程与法线方程.

7. 求由下列参数方程所确定的函数的二阶导数 $\dfrac{\mathrm{d}^2 y}{\mathrm{d}x^2}$:

(1) $\begin{cases} x = a\cos t, \\ y = b\sin t; \end{cases}$ (2) $\begin{cases} x = \ln(1+t^2), \\ y = t - \arctan t. \end{cases}$

8. 一气球从距观察员 500m 处离地铅直上升,其速度为 140m/min,当气球高度为 500m 时,观察员视线的仰角增加的速度是多少?

9. 灯高 4m,人高 $\frac{5}{3}$m,若人以 56m/min 的速度离开灯杆,求人影增长的速度.

10. 水从高为 18cm,底面半径为 6cm 的正圆锥形漏斗中流入一半径为 5cm 的圆柱形 筒中,开始时漏斗中装满了水.已知当漏斗中水的深度为 12cm 时,其水面下落的速度是 1cm/min,问此时筒中水面上升的速度是多少?

2.5　函数的微分及其应用

2.5.1　微分的概念

先看一个例子,一正方形金属薄片受热膨胀,其边长由 x_0 变到 $x_0+\Delta x$,其面积 A 相应 地有一个改变量:

$$\Delta A = (x_0 + \Delta x)^2 - x_0^2 = 2x_0\Delta x + (\Delta x)^2.$$

ΔA 包含两部分:第一部分 $2x_0\Delta x$ 是 Δx 的线性函数 (图 2-4 中带斜线的两长方形面积之和),而第二部分 $(\Delta x)^2$ (图 2-4 中小正方形面积)是当 $\Delta x \to 0$ 时比 Δx 高阶的无穷小 量. 由此可见,当边长的改变量很小,即 $|\Delta x|$ 很小时,面积的改 变量 ΔA 可以近似地用 $2x_0\Delta x$ 来代替.

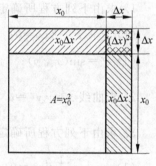

图 2-4

一般地,对于函数 $y=f(x)$,当自变量在 x_0 处有一个改变 量 Δx 时,函数相应的改变量

$$\Delta y = f(x_0 + \Delta x) - f(x_0)$$

如果可以分成上述类似的两部分,即

$$\Delta y = A\Delta x + o(\Delta x),$$

其中 A 是不依赖于 Δx 的常数,则 $A\Delta x$ 是 Δx 的线性函数,且它与 Δy 之差

$$\Delta y - A\Delta x = o(\Delta x)$$

是比 Δx 高阶的无穷小量.所以当 $A\neq 0$,且 $|\Delta x|$ 很小时,我们可以用 $A\Delta x$ 近似代替 Δy,从 而使 Δy 的计算大大简化.由此我们引入函数微分的概念.

定义　设函数 $y=f(x)$ 在点 x_0 的某邻域内有定义,如果对于自变量的改变量 Δx,函数 的相应的改变量 Δy 可表示为

$$\Delta y = A\Delta x + o(\Delta x), \tag{2.5.1}$$

其中 A 是不依赖于 Δx 的常数,而 $o(\Delta x)$ 是比 Δx 高阶的无穷小(当 $\Delta x \to 0$ 时),则称函数 $y=f(x)$ 在 x_0 处是**可微**的,而 $A\Delta x$ 叫做函数 $y=f(x)$ 在点 x_0 处相应于自变量增量 Δx 的 **微分**,记作 dy,即

$$dy = A\Delta x.$$

下面讨论函数可微的条件.

设函数 $y=f(x)$ 在 x_0 点可微,则依定义有式(2.5.1)成立.式(2.5.1)两边同除以 Δx,得

$$\frac{\Delta y}{\Delta x} = A + \frac{o(\Delta x)}{\Delta x}.$$

当 $\Delta x \to 0$ 时,由上式可得到

$$A = \lim_{\Delta x \to 0} \frac{\Delta y}{\Delta x} = f'(x_0).$$

这说明,如果 $y = f(x)$ 在 x_0 点可微,则 $f(x)$ 在 x_0 点也一定可导,且 $A = f'(x_0)$.

反之,如果函数 $y = f(x)$ 在 x_0 点可导,即极限

$$\lim_{\Delta x \to 0} \frac{\Delta y}{\Delta x} = f'(x_0)$$

存在,根据极限与无穷小量的关系,有

$$\frac{\Delta y}{\Delta x} = f'(x_0) + \alpha,$$

其中 α 是 $\Delta x \to 0$ 时的无穷小量,两边同乘以 Δx,有

$$\Delta y = f'(x_0) \Delta x + \alpha \Delta x.$$

因为 $\alpha \Delta x = o(\Delta x)$,且 $f'(x_0)$ 不依赖于 Δx,故上式相当于式(2.5.1),所以 $y = f(x)$ 在 x_0 点可微.

由以上分析可知,函数 $y = f(x)$ 在 x_0 点可微与可导这两种说法是等价的,且当 $f(x)$ 在 x_0 点可微时,其微分一定是

$$dy = f'(x_0) \Delta x. \tag{2.5.2}$$

当 $f'(x_0) \neq 0$ 时有

$$\lim_{\Delta x \to 0} \frac{\Delta y - dy}{\Delta y} = \lim_{\Delta x \to 0} \frac{\Delta y - f'(x_0)\Delta x}{\Delta y} = \lim_{\Delta x \to 0} \left[1 - \frac{f'(x_0)}{\frac{\Delta y}{\Delta x}} \right] = 0.$$

这说明,当 $\Delta x \to 0$ 时,$\Delta y - dy$ 不仅是较 Δx 高阶的无穷小量,而且也是比 Δy 高阶的无穷小量,因此,dy 是 Δy 的主部. 又由于 $dy = f'(x_0)\Delta x$ 是 Δx 的线性函数,所以当 $f'(x_0) \neq 0$ 时,我们称 dy 是 Δy 的**线性主部**(当 $\Delta x \to 0$ 时). 从而,当 $|\Delta x|$ 很小时,有近似公式

$$\Delta y \approx dy.$$

例 1 求函数 $y = x^3$ 当 $x = 2$,$\Delta x = 0.01$ 时的增量和微分.

解 当 $x = 2$,$\Delta x = 0.01$ 时,函数 $y = x^3$ 的增量为

$$\Delta y = [(x + \Delta x)^3 - x^3] = 3x^2 \Delta x + 3x(\Delta x)^2 + (\Delta x)^3$$
$$= 0.12 + 0.0006 + 0.000001 = 0.120601.$$

函数的微分为

$$dy = [(x^3)' \cdot \Delta x]_{\substack{x=2 \\ \Delta x = 0.01}} = 0.12.$$

函数 $y = f(x)$ 在任意点 x 处的微分,称为**函数的微分**,记作 dy 或 $df(x)$,即

$$dy = f'(x)\Delta x.$$

例如,函数 $y = \arctan x$ 的微分为

$$dy = (\arctan x)' \Delta x = \frac{\Delta x}{1 + x^2}.$$

显然,函数的微分 $dy = f'(x)\Delta x$ 与 x 和 Δx 有关.

通常把自变量 x 的增量 Δx 称为**自变量的微分**,记作 dx,即 $dx = \Delta x$. 于是函数 $y = f(x)$ 的微分又可记作

$$dy = f'(x)dx.$$

由上式可得

$$\frac{\mathrm{d}y}{\mathrm{d}x} = f'(x).$$

这表明函数的微分 $\mathrm{d}y$ 与自变量的微分 $\mathrm{d}x$ 之商等于该函数的导数,因此导数又叫做**微商**.

例 2 已知 $y = \cos\left(1 - \frac{1}{x}\right)$ 求 $\mathrm{d}y$.

解 $y' = -\sin\left(1 - \frac{1}{x}\right) \cdot \left(1 - \frac{1}{x}\right)' = -\frac{1}{x^2}\sin\left(1 - \frac{1}{x}\right)$,所以

$$\mathrm{d}y = -\frac{1}{x^2}\sin\left(1 - \frac{1}{x}\right)\mathrm{d}x.$$

2.5.2　微分的几何意义

函数的微分就是它的导数与自变量的增量的乘积,而导数的几何意义是曲线切线的斜率,因此,根据导数的几何意义,不难知道微分的几何意义.

在直角坐标系中,可微函数 $y = f(x)$ 的图形是一条曲线.对于某一固定的 x_0 值,曲线上有一确定点 $M(x_0, y_0)$,当自变量有一微小增量 Δx 时得到曲线上另一点 $N(x_0 + \Delta x, y_0 + \Delta y)$.从图 2-5 可知

$$MQ = \Delta x, \quad QN = \Delta y.$$

过 M 点作曲线的切线 MT,它的倾角为 α,则 $QP = MQ \cdot \tan\alpha = \Delta x \cdot f'(x_0) = \mathrm{d}y$.

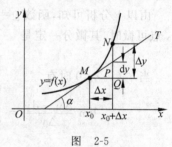

图　2-5

由此可知,当 Δy 是曲线上点的纵坐标的增量时,$\mathrm{d}y$ 就是曲线的切线上点的纵坐标的相应增量.图中也可以看出,当 $|\Delta x|$ 很小时,$|PN| = |\Delta y - \mathrm{d}y|$ 比 $|\Delta x|$ 小得多.因此在点 M 附近,我们可以用切线增量来近似代替原来的曲线增量.

2.5.3　微分的运算

由函数微分的表达式

$$\mathrm{d}y = f'(x)\mathrm{d}x$$

可知,要计算函数的微分,只要计算函数的导数,再乘以自变量的微分就可以了.因此,我们由导数基本公式表即可列出相应的微分基本公式表;由函数的和、差、积、商的求导法则可得到函数的和、差、积、商的微分法则;由复合函数的求导法则可得到复合函数的微分法则.

1. 微分基本公式表

$\mathrm{d}(C) = 0$, $\qquad\qquad\qquad\qquad \mathrm{d}(x^\mu) = \mu x^{\mu-1}\mathrm{d}x$,

$\mathrm{d}(\sin x) = \cos x\,\mathrm{d}x$, $\qquad\qquad\quad \mathrm{d}(\cos x) = -\sin x\,\mathrm{d}x$,

$\mathrm{d}(\tan x) = \sec^2 x\,\mathrm{d}x$, $\qquad\qquad\quad \mathrm{d}(\cot x) = -\csc^2 x\,\mathrm{d}x$,

$\mathrm{d}(\sec x) = \sec x\tan x\,\mathrm{d}x$, $\qquad\qquad \mathrm{d}(\csc x) = -\csc x\cot x\,\mathrm{d}x$,

$\mathrm{d}(a^x) = a^x\ln a\,\mathrm{d}x$, $\qquad\qquad\quad\; \mathrm{d}(e^x) = e^x\,\mathrm{d}x$,

$\mathrm{d}(\log_a x) = \frac{1}{x\ln a}\mathrm{d}x$, $\qquad\qquad\; \mathrm{d}(\ln x) = \frac{1}{x}\mathrm{d}x$,

$$d(\arcsin x) = \frac{1}{\sqrt{1-x^2}}dx, \qquad d(\arccos x) = -\frac{1}{\sqrt{1-x^2}}dx,$$

$$d(\arctan x) = \frac{1}{1+x^2}dx, \qquad d(\text{arccot}\, x) = -\frac{1}{1+x^2}dx.$$

2. 函数的和、差、积、商的微分法则

$$d(u \pm v) = du \pm dv,$$

$$d(uv) = vdu + udv,$$

$$d(Cu) = Cdu,$$

$$d\left(\frac{u}{v}\right) = \frac{vdu - udv}{v^2}.$$

现在以商的微分法则为例加以证明.

$$d\left(\frac{u}{v}\right) = \left(\frac{u}{v}\right)'dx,$$

而

$$\left(\frac{u}{v}\right)' = \frac{u'v - uv'}{v^2},$$

所以

$$d\left(\frac{u}{v}\right) = \frac{u'v - uv'}{v^2} \cdot dx = \frac{u'vdx - uv'dx}{v^2}.$$

由于 $u'dx = du, v'dx = dv$，所以

$$d\left(\frac{u}{v}\right) = \frac{vdu - udv}{v^2}.$$

其他法则都可用类似的方法证明.

3. 复合函数的微分法则

设 $y = f(u), u = \varphi(x), f'(u), \varphi'(x)$ 存在，则复合函数 $y = f[\varphi(x)]$ 的微分为

$$dy = y_x' dx = f'(u)\varphi'(x)dx.$$

由于 $\varphi'(x)dx = du$，所以复合函数 $y = f[\varphi(x)]$ 的微分公式也可以写成

$$dy = f'(u)du \quad 或 \quad dy = y_u' du.$$

由此可见，无论 u 是自变量还是自变量的可微函数（中间变量），函数 $y = f(u)$ 的微分总是保持同一形式 $dy = f'(u)du$，这一性质称为**一阶微分形式的不变性**.

根据这一性质，我们可以在前面的微分基本公式表中将自变量 x 换成任一可微函数 u，公式仍然成立，由此更便于求一些复杂函数的导数或微分.

由于导数可视作微分之商，再利用微分形式的不变性，则由参数方程(2.4.1)确定的函数的二阶导数公式可更方便地导出：

$$\frac{dy}{dx} = \frac{d\psi(t)}{d\varphi(t)} = \frac{\psi'(t)dt}{\varphi'(t)dt} = \frac{\psi'(t)}{\varphi'(t)} = \frac{y_t'}{x_t'};$$

$$\frac{d^2 y}{dx^2} = \frac{d}{dx}\left(\frac{dy}{dx}\right) = \frac{d\left(\frac{\psi'(t)}{\varphi'(t)}\right)}{d\varphi(t)} = \frac{\left(\frac{\psi'(t)}{\varphi'(t)}\right)_t' dt}{\varphi'(t)dt} = \frac{\psi''(t)\varphi'(t) - \psi'(t)\varphi''(t)}{[\varphi'(t)]^3}.$$

例 3 $y = e^{\sin(x^2 - x)}$，求 dy.

解 由微分形式的不变性，得

$$dy = e^{\sin(x^2-x)}d\sin(x^2-x) = e^{\sin(x^2-x)}\cos(x^2-x)d(x^2-x)$$

$$= (2x-1)e^{\sin(x^2-x)}\cos(x^2-x)dx.$$

例 4 $y = e^{x^2}\ln(x+1)$,求 dy.

解   由积的微分法则及微分形式的不变性,得

$$dy = \ln(x+1)d(e^{x^2}) + e^{x^2}d[\ln(x+1)]$$

$$= e^{x^2}\ln(x+1)d(x^2) + e^{x^2} \cdot \frac{1}{x+1}d(x+1)$$

$$= 2xe^{x^2}\ln(x+1)dx + \frac{e^{x^2}}{x+1}dx = e^{x^2}\left[2x\ln(x+1) + \frac{1}{x+1}\right]dx.$$

例 5   利用微分的概念和计算法则,求由参数方程

$$\begin{cases} x = 1 - t^2, \\ y = t + t^3 \end{cases}$$

确定的函数 $y = y(x)$ 的二阶导数.

解 $\dfrac{dy}{dx} = \dfrac{d(t+t^3)}{d(1-t^2)} = \dfrac{(t+t^3)'dt}{(1-t^2)'dt} = \dfrac{1+3t^2}{-2t}$,

$$\frac{d^2y}{dx^2} = \frac{d}{dx}\left(\frac{dy}{dx}\right) = \frac{d\left(-\dfrac{1+3t^2}{2t}\right)}{d(1-t^2)} = \frac{\left(-\dfrac{1+3t^2}{2t}\right)'dt}{(1-t^2)'dt}$$

$$= \frac{-\dfrac{1}{2} \cdot \dfrac{6t \cdot t - (1+3t^2) \cdot 1}{t^2}}{-2t} = \frac{3t^2-1}{4t^3}.$$

例 6   在下列等式的括号中填入适当的函数,使等式成立:

(1) $d($ $) = xdx$;   (2) $d($ $) = \cos\left(4t - \dfrac{\pi}{3}\right)dt$.

解   (1) 因为 $d(x^2) = 2xdx$,所以

$$xdx = \frac{1}{2}d(x^2) = d\left(\frac{1}{2}x^2\right).$$

一般有

$$d\left(\frac{1}{2}x^2 + C\right) = xdx(C \text{ 为任意常数}).$$

(2) 因为 $d\left[\sin\left(4t - \dfrac{\pi}{3}\right)\right] = 4\cos\left(4t - \dfrac{\pi}{3}\right)dt$,所以

$$\cos\left(4t - \frac{\pi}{3}\right)dt = \frac{1}{4}d\left[\sin\left(4t - \frac{\pi}{3}\right)\right] = d\left[\frac{1}{4}\sin\left(4t - \frac{\pi}{3}\right)\right].$$

一般有 $$d\left[\frac{1}{4}\sin\left(4t - \frac{\pi}{3}\right) + C\right] = \cos\left(4t - \frac{\pi}{3}\right)dt.$$

2.5.4   微分在近似计算中的应用

1. 利用微分计算近似值

我们知道,如果函数 $y = f(x)$ 在点 x_0 的导数 $f'(x_0) \neq 0$,且 $|\Delta x|$ 很小时,有

$$\Delta y \approx dy = f'(x_0)\Delta x.$$

上式也可写成

$$f(x_0 + \Delta x) - f(x_0) \approx f'(x_0)\Delta x, \tag{2.5.3}$$

或 $$f(x_0 + \Delta x) \approx f(x_0) + f'(x_0)\Delta x. \tag{2.5.4}$$

在式(2.5.4)中令 $x=x_0+\Delta x$，即 $\Delta x=x-x_0$，那么式(2.5.4)可改写成

$$f(x)\approx f(x_0)+f'(x_0)(x-x_0).\tag{2.5.5}$$

如果 $f(x_0)$，$f'(x_0)$ 都容易计算，且 $|\Delta x|=|x-x_0|$ 较小，则我们可以利用式(2.5.3)、式(2.5.4)或者式(2.5.5)进行近似计算. 这种近似计算的实质就是用 x 的线性函数 $f(x_0)+f'(x_0)(x-x_0)$ 来近似函数 $f(x)$. 从几何的角度看，就是用曲线 $y=f(x)$ 在点 $M(x_0,f(x_0))$ 处的切线来近似代替曲线(就切点邻近部分而言).

例7 求 $\sqrt{8.9}$ 的近似值.

解 把 $\sqrt{8.9}$ 看成是函数 $f(x)=\sqrt{x}$ 在 $x=8.9$ 处的函数值. 这一步是选函数. 第二步是选 $x_0=9$，则 $\Delta x=x-x_0=8.9-9=-0.1$. x_0 的选取应使 $f(x_0)$，$f'(x_0)$ 易求，且使 $|\Delta x|$ 较小. 第三步就是利用式(2.5.5)进行计算.

$$f(x)=\sqrt{x},\quad f'(x)=\frac{1}{2\sqrt{x}},$$

$$f(9)=3,\quad f'(9)=\frac{1}{6}.$$

于是
$$\sqrt{8.9}\approx f(9)+f'(9)(8.9-9)=3+\frac{1}{6}\times(-0.1)\approx 2.9833.$$

例8 计算 $\sin29°$ 的近似值.

解 选函数 $f(x)=\sin x$，$30°=\frac{\pi}{6}\text{rad}$，即取 $x_0=\frac{\pi}{6}$.

$$f\left(\frac{\pi}{6}\right)=\frac{1}{2},\quad f'\left(\frac{\pi}{6}\right)=\cos x\,|_{x=\frac{\pi}{6}}=\frac{\sqrt{3}}{2},$$

$$29°-30°=-1°=-\frac{\pi}{180}\text{rad}.$$

由公式(2.5.5)可得

$$\sin29°\approx f\left(\frac{\pi}{6}\right)+f'\left(\frac{\pi}{6}\right)\left(-\frac{\pi}{180}\right)=\frac{1}{2}-\frac{\sqrt{3}}{2}\cdot\frac{\pi}{180}$$

$$\approx 0.5-1.732\times 0.009\approx 0.5-0.016=0.484.$$

读者可利用电子计算器计算与此结果对照.

在公式(2.5.5)中，如果取 $x_0=0$，则 $x-x_0=x$，当 $|x|\ll 1$ 时，则有

$$f(x)\approx f(0)+f'(0)x.\tag{2.5.6}$$

由此可推出以下几个常用的近似公式：

当 $|x|\ll 1$ 时，有

$$\sin x\approx x,\qquad\qquad\tan x\approx x,$$
$$e^x\approx 1+x,\qquad\qquad \ln(1+x)\approx x,$$
$$\sqrt[n]{1+x}\approx 1+\frac{x}{n},\qquad\qquad (1+x)^a\approx 1+\alpha x.$$

作为练习，读者可自己利用式(2.5.6)推证上面的几个近似公式.

例9 求 $\sqrt[4]{257}$ 的近似值.

解
$$\sqrt[4]{257}=\sqrt[4]{256+1}=4\sqrt[4]{1+\frac{1}{256}}.$$

这里 $\frac{1}{256}$ 较小，利用公式 $\sqrt[4]{1+x}\approx 1+\frac{x}{4}$，可得

$$\sqrt[4]{257} \approx 4\left(1 + \frac{1}{4} \times \frac{1}{256}\right) = 4 + \frac{1}{256} \approx 4.0039.$$

利用微分做近似计算的关键是选函数 $f(x)$ 和选点 x_0，使要计算的数值为函数 $f(x)$ 在 $x_0 + \Delta x$ 处的函数值，而 $f(x_0)$，$f'(x_0)$ 易求，且 $|\Delta x|$ 充分小.

*2. 微分在误差估计中的应用

在实际工作中，常常会遇到估计误差的问题. 例如，要测量一球体的体积，一般是先测量球体的直径 D，再利用公式 $V = \frac{\pi}{6}D^3$ 计算出球的体积，由于在测量直径 D 时一般会产生误差，因而计算出的体积 V 也会有误差，这后一种误差我们把它叫做**间接测量误差**.

下面讨论如何利用微分来估计间接测量误差，问题的一般提法是：设 $y = f(x)$，由于 x 有误差，函数 y 的误差如何估计？

先说明什么叫绝对误差、什么叫相对误差.

如果某个量的精确值为 A，它的近似值为 a，那么 $|A - a|$ 叫做 a 的**绝对误差**，而绝对误差 $|A - a|$ 与 $|a|$ 的比值 $\frac{|A - a|}{|a|}$ 叫做 a 的**相对误差**. 但在实际工作中精确值 A 往往是无法量的，于是绝对误差及相对误差也就无法求得. 但是根据测量工具有精度等因素，有时能够确定误差在某一个范围内. 如果某个量的精确值是 A，测得它的近似值是 a，又知道它的误差不超过 δ_A，即

$$|A - a| < \delta_A,$$

那么 δ_A 叫做 a 的**绝对误差限**，$\frac{\delta_A}{|a|}$ 叫做 a 的**相对误差限**.

一般地，根据直接测量值 x 按公式 $y = f(x)$ 计算 y 时，如果已知测量 x 的绝对误差限是 δ_x，即

$$|\Delta x| < \delta_x,$$

那么，当 $f'(x) \neq 0$ 时，y 的绝对误差

$$|\Delta y| \approx |dy| = |f'(x)||\Delta x| \leqslant |f'(x)|\delta_x,$$

即 y 的绝对误差限约为

$$\delta_y = |f'(x)|\delta_x, \tag{2.5.7}$$

y 的相对误差限约为

$$\frac{\delta_y}{|y|} = \left|\frac{f'(x)}{f(x)}\right|\delta_x. \tag{2.5.8}$$

以后常把绝对误差限与相对误差限简称为**绝对误差**与**相对误差**.

例10 测得球的直径 D 为 20cm，已知 D 的绝对误差 $\delta_D = 0.05$cm，试计算体 V 的绝对误差 δ_V 及相对误差 $\frac{\delta_V}{V}$.

解 因为 $V = \frac{\pi}{6}D^3$，所以

$$\delta_V = |V'|\delta_D = \frac{\pi}{2}D^2\delta_D \approx \frac{1}{2} \times 3.14 \times 400 \times 0.05 \approx 31(\text{cm}^3).$$

$$\frac{\delta_V}{V} = \left|\frac{V'}{V}\right|\delta_D = \left|\frac{\frac{\pi}{2}D^2}{\frac{\pi}{6}D^3}\right|\delta_D = \frac{3}{D} \cdot \delta_D = \frac{3}{20} \times 0.05 = 0.0075 = 0.75\%.$$

习题 2-5

1. 已知 $y=x^3-x$,计算在 $x=2$ 处当 Δx 分别等于 $1,0.1,0.01$ 时的 Δy 及 dy.

2. 函数 $y=f(x)$ 的自变量在 x_0 处的增量为 0.2,对应的函数的微分为 -0.04,求 $f'(x_0)$.

3. 设函数 $y=f(x)$ 的图形如图 2-6 所示,试在图 2-6(a)、(b)、(c)、(d)中分别标出在点 x_0 的 $\Delta y,dy,\Delta y-dy$,并说明它们的正负.

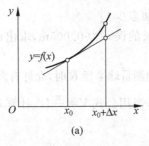
(a)

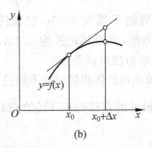
(b)

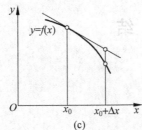
(c)

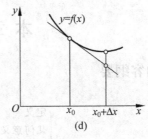
(d)

图 2-6

4. 求下列函数的微分:

(1) $y=\dfrac{1}{x}+\sqrt{x}$;

(2) $y=x^2\sin x$;

(3) $y=e^x\cos x$;

(4) $y=\dfrac{\arcsin x}{\sqrt{1-x^2}}$;

(5) $y=\ln\ln\ln x$;

(6) $y=e^{\sin x^2}$;

(7) $u=A\sin(\omega t+\varphi)$($A,\omega,\varphi$ 为常数,t 是变量);

(8) $y(x)$ 由方程 $y-x-\dfrac{1}{2}\sin y=0$ 确定.

5. 填空:

(1) $d(x^2-\sin x)=($ 　　$)dx$;

(2) $d\sin^2 x=($ 　　$)d\sin x$;

(3) $d\sqrt{1-x^2}=($ 　　$)dx$;

(4) $d\arctan x^2=($ 　　$)dx^2$;

(5) $d($ 　　$)=x^2dx$;

(6) $d($ 　　$)=(1+\sin x)dx$;

(7) $d($ 　　$)=\dfrac{1}{2x+1}d(2x+1)$;

(8) $d($ 　　$)=e^{2x}d2x$;

(9) $d($ 　　$)=x^2e^{x^3}dx$;

(10) $d($ 　　$)=\dfrac{1}{1+x^2}dx$.

6. 推导下列近似公式($|x|$ 充分小):

(1) $\ln(1+x)\approx x$;

(2) $(1+x)^\alpha\approx 1+\alpha x$.

7. 求下列各数的近似值：

(1) $\sqrt[5]{0.95}$；　　　　　(2) $e^{1.01}$；　　　　　(3) $\sqrt[3]{997}$；

(4) $\sqrt[6]{65}$；　　　　　(5) $\tan 43°$；　　　　　(6) $\arccos 0.4995$；

(7) $\lg 11$；　　　　　(8) $\arctan 1.02$.

8. 正立方体的棱长 $x=10\mathrm{m}$，如果棱长增加 $0.01\mathrm{m}$，求此正立方体体积增加的精确值与近似值.

9. 已知单摆的振动周期 $T=2\pi\sqrt{\dfrac{l}{g}}$，其中 $g=980\mathrm{cm/s^2}$，l 为摆长（单位：cm），设原摆长为 20cm，为使周期 T 增大 0.05s，摆长约需增加多少？

*10. 有一正方形，测得其边长为 2.4m，若边长的误差为 0.005m，求出该正方形的面积，并估计其绝对误差和相对误差.

*11. 为使计算出球的体积的误差不超过 1‰，问测量球半径 R 时，允许有多大的相对误差？

*12. 已知测量球的直径时有 1‰ 的相对误差，当用公式 $V=\dfrac{\pi}{6}D^3$ 计算球体积时，相对误差有多大？

本 章 小 结

一、本章内容纲要

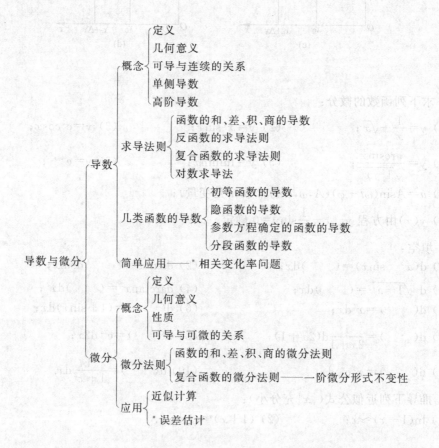

二、教学基本要求

1. 理解导数和微分的概念,了解其几何意义.

2. 熟悉导数和微分的运算法则和导数基本公式,能熟练地求初等函数的导数.

3. 了解高阶导数的概念,会求 $e^x,\sin x,\dfrac{1}{1+x}$ 等几个简单函数的 n 阶导数.

4. 掌握隐函数和参数方程确定的函数的一阶导数的方法,会求它们的二阶导数.

5. 会利用微分做近似计算.

三、本章重点和难点

本章重点是理解导数的概念,熟练掌握初等函数的求导方法(包含基本初等函数的求导公式,导数的四则运算法则,复合函数的求导法则).

本章难点有:复合函数的求导,参数方程确定的函数的二阶导数,将有关的实际问题归结为求导问题.

四、部分重点、难点内容浅析

1. 导数是本课程中最重要的概念之一.导数的定义是极限概念的具体运用.简单地说,函数 $y=f(x)$ 在 x_0 处的导数就是

$$f'(x_0)=\lim_{\Delta x\to 0}\frac{f(x_0+\Delta x)-f(x_0)}{\Delta x}.$$

当且仅当上述极限存在时,我们称函数 $y=f(x)$ 在 x_0 点可导.由于函数在一点的极限是双侧的,即极限存在的充要条件是左、右极限分别存在且相等,因此导数存在的充要条件是左、右导数分别存在且相等.从这里,我们可以得出分段函数在分段点处可导性的判别方法.由导数的定义也容易推知连续与可导的关系:连续是可导的必要条件,可导是连续的充分条件.

2. 复合函数的求导,既是本章的难点,又是本章的重点.说它是本章的难点,是因为初学者往往容易在这里出错.出错的原因,一是对复合函数的复合步骤搞不清,二是利用复合函数求导法则时漏掉了某一个甚至某几个求导层次.说它是本章的重点,是因为对复合函数求导掌握的好坏,直接影响求导运算这一基本运算能力,且对后续内容学习(如第 4 章中不定积分的换元法等)产生重大影响.

求复合函数的导数时,首先要搞清复合关系,弄清是由哪几个基本初等函数复合而成,然后由最外层开始,由外及内一层层地求导,注意不要遗漏.为避免遗漏,对于多个中间变量的复合函数,初学者可采用一步只求导一层的方法.例如,$y=\ln(\cos(\arctan(\sinh x)))$,求 y' 时采用一步只求一层导数的方法去做:

$$y'=\frac{1}{\cos(\arctan(\sinh x))}\cdot[\cos(\arctan(\sinh x))]'$$

$$=\frac{1}{\cos(\arctan(\sinh x))}\cdot[-\sin(\arctan(\sinh x))]\cdot[\arctan(\sinh x)]'$$

$$= - \tan(\arctan(\sinh x)) \cdot \frac{1}{1 + \sinh^2 x} \cdot (\sinh x)'$$

$$= - \tan(\arctan(\sinh x)) \cdot \frac{1}{1 + \sinh^2 x} \cdot \cosh x,$$

再将结果化简,得

$$y' = - \sinh x \cdot \frac{1}{\cosh^2 x} \cdot \cosh x = - \tanh x.$$

一般的初等函数的求导运算,是以基本初等函数的求导公式为基础,综合运用函数的和、差、积、商的求导法则和复合函数的求导法则而实现的.

复合函数的求导法则也是隐函数求导法,参数方程确定的函数的导数、二阶导数的求法及对数求导法的理论根据.

3. 函数的微分的定义看去很复杂,待搞清了可微与可导的关系及微分的特性之后,就不难理解了. 函数的微分有两个特性:

(1) 微分 dy 与自变量增量 Δx 成正比关系,$f'(x)$ 是比例系数——$dy = f'(x)\Delta x$;

(2) 微分 dy 与函数的增量 Δy 的关系是:$\Delta y - dy$ 是一个比 Δx 高阶的无穷小量,在 $f'(x) \neq 0$ 时,dy 是 Δy 的线性主部.

微分具有的第一个特性保证了微分计算的简单性,第二个特性保证了在 Δx 充分小时,用 dy 代替 Δy 有一定的精确度.

由于函数的可微与可导是等价的,所以有的教材中直接将函数的微分定义为函数的导数与自变量增量的乘积. 这样做的优点是微分定义简洁,缺点是与多元函数微分(第7章)的定义不协调.

由微分的表达式可知,函数的导数可看作函数的微分与自变量的微分之商,故导数又称作微商,这一观点在某些导数计算上非常有用,例如,反函数的导数、参数方程确定的函数的导数视作微分 dy 与 dx 之商,则求导公式立即可以得出. 一阶微分形式的不变性在微分计算和某些理论推导中有重要作用.

函数的求导法则、微分法则统称为函数的微分法.

复习题 2

1. 填空题:

(1) 已知 $f'(2) = 1$,则 $\lim\limits_{x \to 0} \frac{f(2-x) - f(2)}{2x} = $ _____;

(2) 若 $f(x)$ 在 $x = 0$ 处连续,且 $\lim\limits_{x \to 0} \frac{f(x)}{x} = -1$,则有 $f(0) = $ _____,$f'(0) = $ _____;

(3) $f'_-(x_0)$ 和 $f'_+(x_0)$ 存在且相等是 $f(x)$ 在 x_0 处连续的 _____ 条件,是 $f'(x_0)$ 存在的 _____ 条件;

(4) 若 $f(x) = \begin{cases} x^2 - x - 2, & x \leqslant 0, \\ ax + b, & x > 0 \end{cases}$ 处处可导,则 $a = $ _____,$b = $ _____.

2. 单项选择题:

(1) 函数 $f(x)$ 在 $x=a$ 处可导的充分条件是(　　).

(A) $\lim\limits_{h\to+\infty} h\left[f\left(a+\dfrac{1}{h}\right)-f(a)\right]$ 存在　　(B) $\lim\limits_{h\to 0}\dfrac{f(a+h)-f(a-h)}{2h}$ 存在

(C) $\lim\limits_{h\to 0}\dfrac{f(a+2h)-f(a+h)}{h}$ 存在　　(D) $\lim\limits_{h\to 0}\dfrac{f(a-h)-f(a)}{h}$ 存在

(2) 函数 $f(x)=(x-1)|x^3-x|$ 的不可导点共有(　　).

(A) 0 个　　　　　(B) 1 个　　　　　(C) 2 个　　　　　(D) 3 个

(3) 函数 $f(x)=\begin{cases}x^2\sin\dfrac{1}{x}, & x\neq 0,\\ 0, & x=0,\end{cases}$ 则 $f(x)$ 在 $x=0$ 处(　　).

(A) 不连续　　　　　　　　　　　　　(B) 连续但不可导

(C) 可导但导函数不连续　　　　　　　(D) 可导且导函数连续

(4) 设 $f(x)$ 是奇函数,$g(x)$ 是偶函数,$f'(1)=2,g'(1)=3$,则 $f'(-1)+g'(-1)=$

(　　).

(A) 5　　　　　(B) -5　　　　　(C) 1　　　　　(D) -1

3. 求下列函数的导数:

(1) $y=x|x|$;　　　　(2) $f(x)=\begin{cases}\ln(1-x), & x<0,\\ \sin x, & x\geqslant 0.\end{cases}$

4. 设函数 $y=f(x)$ 在 $x=t$ 处可导,试求:

$$\lim\limits_{h\to 0}\frac{1}{h}\left[f\left(t+\frac{h}{a}\right)-f\left(t-\frac{h}{b}\right)\right],$$

其中 a,b,t 均为与 h 无关的常数.

5. 若 $f(x)=x(x-1)(x-2)\cdots(x-100)$,求 $f'(0)$.

6. 求下列函数的导数 $\dfrac{\mathrm{d}y}{\mathrm{d}x}$:

(1) $y=\log_x a$　$(a>0,a\neq 1)$;　　　　(2) $y=\sqrt{x\sqrt{x\sqrt{x}}}$;

(3) $y=\arcsin(\cos x),x\in(0,\pi)$;　　　　(4) $y=(\tan x)^{\sin x}$;

(5) $y=f(\sin^2 x)+\sin f(x^2)$,$f$ 为可导函数;　　(6) $y=(x-1)\sqrt[3]{(3x+1)^2(2-x)}$.

7. 求 $y=\ln(x^2-1)$ 的 n 阶导数.

8. 设 $f(x)=\begin{cases}x^n\sin\dfrac{1}{x}, & x\neq 0,\\ 0, & x=0,\end{cases}$ 其中 n 为自然数,问:

(1) n 为何值时函数 $f(x)$ 在 $x=0$ 处连续?　(2) n 为何值时函数 $f(x)$ 在 $x=0$ 处可

导?　(3) n 为何值时导函数 $f'(x)$ 在 $x=0$ 处连续?

9. 已知 $\sqrt{x^2+y^2}=\mathrm{e}^{\arctan\frac{y}{x}}$,证明:$x\mathrm{d}x+y\mathrm{d}y=x\mathrm{d}y-y\mathrm{d}x$.

10. 求由下列方程确定的隐函数的导数 y'_x:

(1) $x^y=y^{\sin x}$;　　　　(2) $(2x-y)\mathrm{e}^x=(y-x)\ln(x-y)$;

(3) $x=\mathrm{e}^{\frac{x-y}{y}}$;　　　　(4) $\sin(xy)-\ln\dfrac{x+1}{y}=1$.

11. 在椭圆 $x^2 + \dfrac{y^2}{3} = 1$ 上作四条切线,使切线组成一个顶点在坐标轴上的正方形,求此正方形顶点的坐标.

12. 求曲线 $\begin{cases} x = \dfrac{1+t}{t^3}, \\ y = \dfrac{3+t}{2t^2} \end{cases}$ 在 $t=1$ 对应点处的切线方程和法线方程.

13. 证明曲线 $\begin{cases} x = a\left(\ln\tan\dfrac{t}{2} + \cos t\right) \\ y = a\sin t \end{cases}$ $(a>0, 0<t<\pi)$ 上任一点的切线与 x 轴的交点到切点的距离为常数.

14. 求 a 为何值时,抛物线 $y = ax^2$ 与对数曲线 $y = \ln x$ 相切.

15. 设 $y = y(x)$ 由方程 $xy + e^y = e$ 所确定,求 $y''(0)$.

16. 设 $f(x)$ 当 $x \leqslant 1$ 时二阶可导,如何选取 a, b, c 才能使函数

$$F(x) = \begin{cases} f(x), & x \leqslant 0, \\ ax^2 + bx + c, & x > 0 \end{cases}$$

在 $x=0$ 处存在二阶导数?

17. 设 $\varphi(x)$ 在 $x=a$ 处连续,$f(x) = |x-a|\varphi(x)$,讨论 $f(x)$ 在点 $x=a$ 处的可导性.

18. $f(x) = 2x^5 + |x^5|$,求 $f(x)$ 在点 $x=0$ 处导数的最高阶数.

第 **3** 章

中值定理与导数的应用

在第 2 章,我们由实际问题引入了导数的概念,并系统地讨论了导数的计算方法.本章我们将利用导数来研究函数及曲线的某些性态,并利用这些知识来解决一些实际问题.我们首先介绍几个重要定理,它们统称为微分中值定理,是导数应用的理论基础.

3.1 中 值 定 理

3.1.1 罗尔定理

罗尔定理 若函数 $f(x)$ 满足条件:

(1) 在闭区间 $[a,b]$ 上连续;

(2) 在开区间 (a,b) 内可导;

(3) $f(a)=f(b)$.

则在 (a,b) 内至少存在一点 ξ,使得

$$f'(\xi)=0.$$

在证明这个定理之前,让我们先考察一下定理的几何意义.在图 3-1 中,设曲线弧 $\overset{\frown}{AB}$ 的方程为 $y=f(x)(a\leqslant x\leqslant b)$. 罗尔定理的条件表示: $\overset{\frown}{AB}$ 是一条连续的曲线弧,除端点外处处具有不垂直于 x 轴的切线,且两端点的纵坐标相等.定理的结论表述了这样一个几何事实:在曲线弧 $\overset{\frown}{AB}$ 上至少有一点 C,在该点处曲线的切线平行于 x 轴,即平行于弦 AB. 从图 3-1 中我们可以看到,在曲线的最高点处或最低点处,切线是水平的,这就启发了我们的证明思路.

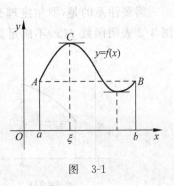

图 3-1

下面对罗尔定理进行证明.

证明 因为 $f(x)$ 在 $[a,b]$ 上连续,依闭区间上连续函数的性质, $f(x)$ 在 $[a,b]$ 上必取得最大值 M 和最小值 m,这样只有两种可能情况:

(1) $M=m$. 这时, $f(x)$ 在 $[a,b]$ 上必然取相同的数值 M. 因此,对任意的 $x\in(a,b)$,有 $f'(x)=0$. 这时可以取 (a,b) 内任意一点作为 ξ,而有 $f'(\xi)=0$.

(2) $M>m$. 因为 $f(a)=f(b)$,所以 M,m 这两个数中,至少有一个不等于 $f(a)$. 为确定起见,不妨设 $M\neq f(a)$(如果设 $m\neq f(a)$,证法完全类似),那么必定在 (a,b) 内有一点 ξ,使

得 $f(\xi)=M.$ 下面我们证明 $f(x)$ 在 ξ 点的导数等于零.

因为 ξ 是 (a,b) 内的点,依条件(2)知 $f'(\xi)$ 存在,即极限

$$\lim_{\Delta x\to 0}\frac{f(\xi+\Delta x)-f(\xi)}{\Delta x}$$

存在. 而极限存在必定左、右极限都存在且相等,因此有

$$f'(\xi)=\lim_{\Delta x\to 0^+}\frac{f(\xi+\Delta x)-f(\xi)}{\Delta x}=\lim_{\Delta x\to 0^-}\frac{f(\xi+\Delta x)-f(\xi)}{\Delta x}.$$

由于 $f(\xi)=M$,所以不论 Δx 是正的还是负的,只要 $\xi+\Delta x$ 在 $[a,b]$ 上,总有

$$f(\xi+\Delta x)\leqslant f(\xi),$$

即

$$f(\xi+\Delta x)-f(\xi)\leqslant 0.$$

当 $\Delta x>0$ 时,

$$\frac{f(\xi+\Delta x)-f(\xi)}{\Delta x}\leqslant 0,$$

当 $\Delta x<0$ 时,

$$\frac{f(\xi+\Delta x)-f(\xi)}{\Delta x}\geqslant 0.$$

依据函数极限的保号性,有

$$f'(\xi)=\lim_{\Delta x\to 0^+}\frac{f(\xi+\Delta x)-f(\xi)}{\Delta x}\leqslant 0,$$

和

$$f'(\xi)=\lim_{\Delta x\to 0^-}\frac{f(\xi+\Delta x)-f(\xi)}{\Delta x}\geqslant 0,$$

所以必然有

$$f'(\xi)=0.$$

定理证毕.

需要注意的是,罗尔定理有三个条件,如这三个条件不能同时满足,则结论可能不成立. 图 3-2 表明函数 $f(x)$ 不满足其中一个条件时,结论不成立的例子.

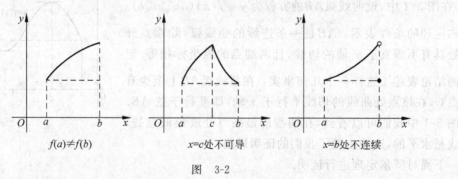

图　3-2

罗尔定理的结论是开区间 (a,b) 内至少有一点 ξ,使得 $f'(\xi)=0.$ 有的函数这样的点可能不止一个. 另外,定理只是肯定了 ξ 点的存在性,至于 ξ 究竟等于多少,定理本身并没有告诉我们,即使是给定的具体函数,也不一定能求出 ξ 点来. 例如,函数 $f(x)=x\ln(2+x)$ 在 $[-1,0]$ 上连续;在 $(-1,0)$ 内可导,且 $f'(x)=\ln(2+x)+\dfrac{x}{2+x}$;$f(-1)=f(0)=0.$ 该函

数满足罗尔定理的条件,但不易找到精确的 $\xi \in (-1,0)$,使得 $f'(\xi) = \ln(2+\xi) + \dfrac{\xi}{2+\xi} = 0$.

3.1.2 拉格朗日中值定理

罗尔定理中 $f(a) = f(b)$ 这个条件要求太强,使罗尔定理的应用受到限制.如果把 $f(a) = f(b)$ 这个条件取消,但仍保留另外两个条件,并相应地改变结论,那么就得到微分学中非常重要的拉格朗日中值定理.

拉格朗日中值定理 如果函数 $f(x)$ 满足条件:

(1) 在闭区间 $[a,b]$ 上连续;

(2) 在开区间 (a,b) 内可导.

则在 (a,b) 内至少存在一点 ξ,使等式

$$f(b) - f(a) = f'(\xi)(b-a) \qquad (3.1.1)$$

成立.

先看一下定理的几何意义.将式(3.1.1)改写成

$$\frac{f(b)-f(a)}{b-a} = f'(\xi) \qquad (3.1.2)$$

的形式,由图 3-3 可以看出,$\dfrac{f(b)-f(a)}{b-a}$ 表示弦 AB 的

斜率,而 $f'(\xi)$ 为曲线在点 C 处的切线的斜率.因此,拉

格朗日中值定理的几何意义是:如果连续曲线弧 $\overset{\frown}{AB}$ 除

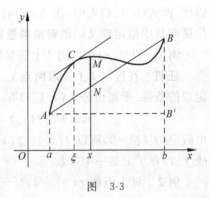

图 3-3

端点外处处有不垂直于 x 轴的切线,那么这弧上至少有一点 C,使曲线在 C 点的切线平行于弦 AB.

当 $f(a) = f(b)$ 时,拉格朗日中值定理就变成了罗尔定理,罗尔定理是拉格朗日中值定理的特例.这也启发我们应设法利用罗尔定理来证明拉格朗日中值定理.

弦 AB 所在直线的方程为 $y = f(a) + \dfrac{f(b)-f(a)}{b-a}(x-a)$.将点 x 处弧段 $\overset{\frown}{AB}$ 的纵坐标

减去弦 AB 的纵坐标,可得有向线段 NM 的值(图 3-3),它是变量 x 的函数,可表示为

$$\varphi(x) = f(x) - f(a) - \frac{f(b)-f(a)}{b-a}(x-a).$$

当 $x=a$ 或 $x=b$ 时,M 点与 N 点重合,即有 $\varphi(a) = \varphi(b) = 0$.这样就可用函数 $\varphi(x)$ 作为辅助函数,利用罗尔定理来证明拉格朗日中值定理.

证明 引进辅助函数

$$\varphi(x) = f(x) - f(a) - \frac{f(b)-f(a)}{b-a}(x-a).$$

易知 $\varphi(x)$ 在 $[a,b]$ 上连续,在 (a,b) 内可导.且有 $\varphi(a) = \varphi(b) = 0$,满足罗尔定理的条件.依罗尔定理,$(a,b)$ 内至少存在一点 ξ,使得

$$\varphi'(\xi) = f'(\xi) - \frac{f(b)-f(a)}{b-a} = 0.$$

由此可得

$$\frac{f(b) - f(a)}{b - a} = f'(\xi),$$

即

$$f(b) - f(a) = f'(\xi)(b - a).$$

定理证毕.

公式(3.1.1)与式(3.1.2)都叫做**拉格朗日中值公式**,它还有其他形式,

若记 $\xi = a + \theta(b - a)$,其中 $0 < \theta < 1$,则式(3.1.1)又可记成

$$f(b) - f(a) = f'[a + \theta(b - a)](b - a). \tag{3.1.3}$$

如 x 和 $x + \Delta x$ 属于上述区间 $[a, b]$,则在以 x 和 $x + \Delta x$ 为端点的区间上(不论 $\Delta x > 0$ 或 $\Delta x < 0$),都有

$$\Delta y = f(x + \Delta x) - f(x) = f'(x + \theta \Delta x) \Delta x \quad (0 < \theta < 1). \tag{3.1.4}$$

我们知道,函数的微分 dy 作为函数增量 Δy 的近似值,当 $|\Delta x|$ 充分小时才有较高的精确度. 而式(3.1.4)表明,在 Δx 为有限值时, $f'(x + \theta \Delta x) \Delta x$ 就是 Δy 的精确表达式. 因此,拉格朗日中值定理又叫做**有限增量定理**,式(3.1.4)称为**有限增量公式**.

例 1   设 $f(x)$ 在区间 I 上的导数恒为零,那么 $f(x)$ 在区间 I 上是一个常数.

证明   在区间 I 上任取两点 $x_1, x_2 (x_1 < x_2)$,显然 $f(x)$ 在区间 $[x_1, x_2]$ 上满足拉格朗日定理的条件. 于是由公式(3.1.1)有

$$f(x_2) - f(x_1) = f'(\xi)(x_2 - x_1) \quad (x_1 < \xi < x_2).$$

由假定, $f'(\xi) = 0$,所以 $f(x_2) - f(x_1) = 0$,即 $f(x_2) = f(x_1)$. 由于 x_1, x_2 是 I 上任意两点,故 $f(x)$ 在 I 上是一个常数.

例 2   对于函数 $f(x) = 4x^3 - 5x^2 + 2x$ 在区间 $[0, 1]$ 上验证拉格朗日中值定理的正确性.

解   显然,函数 $f(x)$ 在区间 $[0, 1]$ 上连续,在区间 $(0, 1)$ 内可导,且 $f'(x) = 12x^2 - 10x + 2$.

由拉格朗日中值定理,应存在 $\xi \in (0, 1)$,使得

$$f'(\xi) = \frac{f(1) - f(0)}{1 - 0}.$$

而 $f(1) = 1, f(0) = 0$,所以应有 $\xi \in (0, 1)$,使得

$$f'(\xi) = 12\xi^2 - 10\xi + 2 = 1.$$

解上面的方程,得 $\xi_{1,2} = \dfrac{5 \pm \sqrt{13}}{12}$, ξ_1, ξ_2 均在区间 $(0, 1)$ 内,能使 $f'(\xi) = \dfrac{f(1) - f(0)}{1 - 0}$ 成立. 所以,函数 $f(x) = 4x^3 - 5x^2 + 2x$ 在区间 $[0, 1]$ 上对拉格朗日中值定理是正确的.

例 3   证明 $|\sin x_1 - \sin x_2| \leqslant |x_1 - x_2|$,其中 x_1, x_2 为任意实数.

证明   当 $x_1 = x_2$ 时,显然有 $|\sin x_1 - \sin x_2| = |x_1 - x_2|$.

当 $x_1 \neq x_2$ 时,不妨设 $x_1 < x_2$. 函数 $f(x) = \sin x$ 在区间 $[x_1, x_2]$ 上连续,在 (x_1, x_2) 内可导,且 $f'(x) = \cos x$. 由拉格朗日中值定理得

$$\sin x_2 - \sin x_1 = \cos \xi \cdot (x_2 - x_1) \quad (x_1 < \xi < x_2).$$

而 $|\cos \xi| \leqslant 1$,于是有

$$|\sin x_2 - \sin x_1| = |\cos \xi| \cdot |x_2 - x_1| \leqslant |x_2 - x_1|,$$

即有

$$|\sin x_1 - \sin x_2| \leqslant |x_1 - x_2|.$$

所以,对任何实数 x_1, x_2,均有不等式 $|\sin x_1 - \sin x_2| \leqslant |x_1 - x_2|$ 成立.

例 4 利用拉格朗日中值定理证明

$$\frac{x}{1+x} < \ln(1+x) < x \quad (x > 0).$$

证明 因为 $\ln(1+x)=\ln(1+x)-\ln 1$，所以可考虑对函数 $f(t)=\ln t$ 在区间 $[1,1+x]$ 上应用拉格朗日中值定理进行证明.

函数 $f(t)=\ln t$ 在闭区间 $[1,1+x]$ 上连续，在开区间 $(1,1+x)$ 内可导，且 $f'(t)=\dfrac{1}{t}$. 由拉格朗日中值公式，至少存在一点 $\xi \in (1,1+x)$，使得

$$f(1+x)-f(1)=\ln(1+x)-\ln 1=f'(\xi)(1+x-1)=\frac{x}{\xi},$$

即

$$\ln(1+x)=\frac{x}{\xi}.$$

因为

$$\frac{1}{1+x} < \frac{1}{\xi} < \frac{1}{1},$$

所以

$$\frac{x}{1+x} < \frac{x}{\xi} < x \quad (x > 0).$$

从而得到

$$\frac{x}{1+x} < \ln(1+x) < x \quad (x > 0).$$

利用拉格朗日中值定理证明不等式的关键，首先要依据被证不等式的特点选择一个恰当的函数 $f(x)$ 并确定所要考察的区间，其次要把 $f'(\xi)$（或 $|f'(\xi)|$）作适当的放大或缩小，以出现所要证明的不等式.

3.1.3 柯西中值定理

柯西中值定理 如果函数 $F(x),G(x)$ 满足条件：
(1) 在闭区间 $[a,b]$ 上连续；
(2) 在开区间 (a,b) 内可导；
(3) 在 (a,b) 内的每一点 $F'(x)$ 均不为零.
则在 (a,b) 内至少存在一点 ξ，使得

$$\frac{G(b)-G(a)}{F(b)-F(a)}=\frac{G'(\xi)}{F'(\xi)}. \tag{3.1.5}$$

式 (3.1.5) 又叫做柯西中值公式. 如果 $F(x)=x$，则柯西中值公式就退化成了拉格朗日中值公式. 所以，柯西中值定理是拉格朗日中值定理的推广，拉格朗日中值定理是柯西中值定理的特例.

证明 首先注意到 $F(a)\neq F(b)$. 否则，根据罗尔定理，在 (a,b) 内至少有一点使 $F'(x)=0$，但这与定理的假设矛盾.

令 $\dfrac{G(b)-G(a)}{F(b)-F(a)}=k$，则有

$$G(b)-G(a)=kF(b)-kF(a),$$

即

$$G(b)-kF(b)=G(a)-kF(a).$$

上式左、右两端可分别看作函数 $\varphi(x)=G(x)-kF(x)$ 在 $x=b$ 和 $x=a$ 时的取值,即有 $\varphi(b)=\varphi(a)$ 成立.

易知,$\varphi(x)$ 在 $[a,b]$ 上满足罗尔定理的条件.所以在 (a,b) 内至少有一点 ξ,使得

$$\varphi'(\xi)=G'(\xi)-kF'(\xi)=0,$$

即

$$\frac{G'(\xi)}{F'(\xi)}-k=\frac{G(b)-G(a)}{F(b)-F(a)},$$

于是定理得证.

柯西中值定理的几何意义也可用图 3-3 作出解释:设曲线 $\overparen{AB}$ 的参数方程为

$$\begin{cases} x=F(t), \\ y=G(t), \end{cases} a\leqslant t\leqslant b,$$

C 点对应于参数 $t=\xi$.则弦 AB 的斜率为 $\dfrac{G(b)-G(a)}{F(b)-F(a)}$,$C$ 点的切线斜率为 $\dfrac{\mathrm{d}y}{\mathrm{d}x}\Big|_{t=\xi}=\dfrac{G'(\xi)}{F'(\xi)}$.
C 点的切线平行于弦 AB 这一几何事实,即可表示为

$$\frac{G(b)-G(a)}{F(b)-F(a)}=\frac{G'(\xi)}{F'(\xi)}.$$

例 5　对于函数 $F(x)=x^2+1,G(x)=x^3$ 在区间 $[1,2]$ 上验证柯西中值定理的正确性.

解　显然,函数 $F(x)=x^2+1,G(x)=x^3$ 在区间 $[1,2]$ 上满足柯西定理的条件.下面只要验证确实存在 $\xi\in(1,2)$,使得

$$\frac{G(2)-G(1)}{F(2)-F(1)}=\frac{G'(\xi)}{F'(\xi)}.$$

事实上,由 $F(2)=5,F(1)=2,G(2)=8,G(1)=1,F'(\xi)=2\xi,G'(\xi)=3\xi^2$,上式化为

$$\frac{8-1}{5-2}=\frac{3\xi^2}{2\xi}.$$

由此解得 $\xi=\dfrac{14}{9}$ 是属于开区间 $(1,2)$ 的一个数,它能使 $\dfrac{G(2)-G(1)}{F(2)-F(1)}=\dfrac{G'(\xi)}{F'(\xi)}$ 成立.

验证完毕.

习题 3-1

1. 就下列函数验证罗尔定理的正确性:

(1) $y=x^2-3x+2$ 在区间 $[1,2]$ 上;

(2) $f(x)=(x-1)(x-2)(x-3)$ 在区间 $[1,3]$ 上;

(3) $f(x)=\ln\sin x$ 在区间 $\left[\dfrac{\pi}{6},\dfrac{5\pi}{6}\right]$ 上.

2. 不用求 $f(x)=x(x-1)(x-2)(x-3)\cdots(x-100)$ 的导数,说明方程 $f'(x)=0$ 有多少个实根,并指出它们所在的区间.

3. 若在区间 I 内处处有 $f'(x)=g'(x)$,证明在 I 内有 $f(x)=g(x)+C$,其中 C 为任意常数.

4. 对函数 $y=2x-x^2$ 在区间 $[0,1]$ 上验证拉格朗日中值定理是正确的.

5. 试证明对于函数 $f(x)=ax^2+bx+c(a\neq0)$ 应用拉格朗日中值定理时,所求得的 ξ 总是位于所论区间的中点.

6. 曲线 $y=\ln x$ 上哪一点的切线平行于连接点 $A(1,0)$ 和 $B(e,1)$ 的弦?

7. 应用拉格朗日中值定理证明不等式:

(1) $nb^{n-1}(a-b)<a^n-b^n<na^{n-1}(a-b)$,其中 $a>b>0$,n 为大于 1 的自然数;

(2) $\dfrac{a-b}{a}<\ln\dfrac{a}{b}<\dfrac{a-b}{b}$,其中 $a>b>0$;

(3) $e^x>e\cdot x$ $(x>1)$;

(4) $|\arctan x_1-\arctan x_2|\leqslant|x_1-x_2|$.

8. 对函数 $F(x)=x^2$,$G(x)=x^3$ 在区间 $[0,1]$ 上写出柯西公式,并求出 ξ.

9. $f(x)$ 在 (a,b) 内具有二阶导数,且有 $f(x_1)=f(x_2)=f(x_3)$,其中 $a<x_1<x_2<x_3<b$,求证至少存在一点 $\xi\in(a,b)$,使得 $f''(\xi)=0$.

10. 证明恒等式:

$$\arcsin x+\arccos x=\frac{\pi}{2} \quad (-1\leqslant x\leqslant1).$$

11. 证明方程 $x^3+x-1=0$ 只有一个正根.

12. 设方程 $a_0x^n+a_1x^{n-1}+\cdots+a_{n-1}x=0(a_0\neq0,n\geqslant2)$ 有一个正根 x_0,证明方程 $na_0x^{n-1}+(n-1)a_1x^{n-2}+\cdots+a_{n-1}=0$ 至少有一个小于 x_0 的正根.

13. 设处处有 $f'(x)=f(x)$ 成立,且有 $f(0)=1$,试证明:$f(x)=e^x$. $\left(\text{提示:令 } \varphi(x)=\dfrac{f(x)}{e^x}.\right)$

14. 设 $f(x)$ 在 $[a,b](b>a>0)$ 上连续,在 (a,b) 内可导,n 为自然数,求证:存在 $\xi\in(a,b)$,使得 $n\xi^{n-1}[f(b)-f(a)]=(b^n-a^n)f'(\xi)$.

3.2　洛必达法则

如果当 $x\to a$(或 $x\to\infty$)时,两个函数 $F(x)$ 和 $G(x)$ 都趋于零或都趋于无穷大,这时极限 $\lim\limits_{\substack{x\to a\\(x\to\infty)}}\dfrac{G(x)}{F(x)}$ 可能存在,也可能不存在.通常把这种形式的极限称为**未定式**,并分别简记作 $\dfrac{0}{0}$ 或 $\dfrac{\infty}{\infty}$.在第 1 章中,我们已遇到过这种类型的极限,例如极限 $\lim\limits_{x\to0}\dfrac{\sin x}{x}$,$\lim\limits_{x\to1}\dfrac{x^3-1}{x^2-1}$,$\lim\limits_{x\to\infty}\dfrac{3x^2-x+1}{x^2+8x-5}$ 等都是这类极限的例子.这类极限一般不能直接利用商的极限运算法则来计算.下面我们利用柯西中值定理给出计算这类极限的一种简便有效的方法,通称为**洛必达法则**.

洛必达法则 I　如果函数 $F(x)$,$G(x)$ 满足条件:

(1) $\lim\limits_{x\to a}F(x)=0$,　$\lim\limits_{x\to a}G(x)=0$;

(2) $F(x)$ 与 $G(x)$ 在 $x=a$ 的某去心邻域内可导,且 $F'(x)\neq0$;

(3) 极限 $\lim\limits_{x\to a}\dfrac{G'(x)}{F'(x)}$ 存在(或为无穷大).

那么 $\lim\limits_{x\to a}\dfrac{G(x)}{F(x)}=\lim\limits_{x\to a}\dfrac{G'(x)}{F'(x)}$.

证明　由于我们讨论的是 $x\to a$ 时的极限,与 $f(x)$,$G(x)$ 在 $x=a$ 点的取值无关,所以我们可以规定 $F(a)=0$,$G(a)=0$.这样由条件(1)知 $F(x)$ 和 $G(x)$ 在 $x=a$ 点连续.再由条件(2)知 $F(x)$ 和 $G(x)$ 在 $x=a$ 的某一邻域内都是连续的. 设 x 是这邻域内的一点,则在以 a 和 x 为端点的区间上,柯西中值定理的条件都得到满足,因此有

$$\frac{G(x)}{F(x)}=\frac{G(x)-G(a)}{F(x)-F(a)}=\frac{G'(\xi)}{F'(\xi)} \quad (\xi \text{ 在 } a \text{ 与 } x \text{ 之间}).$$

令 $x \to a$ 对上式两端取极限,并注意到当 $x \to a$ 时有 $\xi \to a$,再根据条件(3),就有

$$\lim_{x \to a}\frac{G(x)}{F(x)}=\lim_{\xi \to a}\frac{G'(\xi)}{F'(\xi)}=\lim_{x \to a}\frac{G'(x)}{F'(x)}.$$

例 1 求极限 $\lim\limits_{x \to 1}\dfrac{x-1}{\cot \frac{\pi}{2}x}$.

解 这是 $\dfrac{0}{0}$ 型未定式,满足洛必达法则的条件. 于是

$$\lim_{x \to 1}\frac{x-1}{\cot \frac{\pi}{2}x}=\lim_{x \to 1}\frac{1}{-\frac{\pi}{2}\csc^2 \frac{\pi}{2}x}=\lim_{x \to 1}\left(-\frac{2}{\pi}\sin^2 \frac{\pi}{2}x\right)=-\frac{2}{\pi}.$$

例 2 求极限 $\lim\limits_{x \to 0}\dfrac{x}{\ln\cos x}$.

解 这也是 $\dfrac{0}{0}$ 型未定式.

$$\lim_{x \to 0}\frac{x}{\ln\cos x}=\lim_{x \to 0}\frac{1}{-\dfrac{\sin x}{\cos x}}=\lim_{x \to 0}-\frac{\cos x}{\sin x}=\infty.$$

洛必达法则 I 对于 $x \to a+0, x \to a-0, x \to \infty, x \to +\infty$ 或 $x \to -\infty$ 时的 $\dfrac{0}{0}$ 型未定式都是适用的(当然应满足相应的条件),我们不再一一证明了.

例 3 求极限 $\lim\limits_{x \to +\infty}\dfrac{\dfrac{\pi}{2}-\arctan x}{\dfrac{1}{x}}$.

解 这是 $\dfrac{0}{0}$ 型未定式.

$$\lim_{x \to +\infty}\frac{\dfrac{\pi}{2}-\arctan x}{\dfrac{1}{x}}=\lim_{x \to +\infty}\frac{\dfrac{-1}{1+x^2}}{-\dfrac{1}{x^2}}=\lim_{x \to +\infty}\frac{x^2}{1+x^2}=1.$$

对于 $\dfrac{\infty}{\infty}$ 型的未定式,我们有如下类似的法则.

洛必达法则 II 如果函数 $F(x), G(x)$ 满足条件:

(1) $\lim\limits_{x \to a}F(x)=\infty, \lim\limits_{x \to a}G(x)=\infty$;

(2) $F(x)$ 和 $G(x)$ 在 $x=a$ 的某去心邻域内可导,且 $F'(x)\neq 0$;

(3) 极限 $\lim\limits_{x \to a}\dfrac{G'(x)}{F'(x)}$ 存在(或为无穷大).

那么 $\lim\limits_{x \to a}\dfrac{G(x)}{F(x)}=\lim\limits_{x \to a}\dfrac{G'(x)}{F'(x)}$.

证明从略.

洛必达法则Ⅱ对于 $x \to a+0, x \to a-0, x \to \infty, x \to +\infty, x \to -\infty$ 等时的 $\frac{\infty}{\infty}$ 型未定式也适用.

例 4 求 $\lim\limits_{x \to +\infty} \dfrac{\ln x}{x^a}$ (a 是任一大于零的常数).

解 这是 $\frac{\infty}{\infty}$ 型未定式. 应用洛必达法则Ⅱ, 有

$$\lim_{x \to +\infty} \frac{\ln x}{x^a} = \lim_{x \to +\infty} \frac{\frac{1}{x}}{a x^{a-1}} = \lim_{x \to +\infty} \frac{1}{a x^a} = 0.$$

需要说明的是: 应用洛必达法则求 $\frac{0}{0}$ 型或 $\frac{\infty}{\infty}$ 型未定式的极限时, 我们采用的是试探法.

即经过检验, 先确定 $F(x), G(x)$ 满足洛必达法则的前两个条件, 进一步假定 $\lim \dfrac{G'(x)}{F'(x)}$ 存在 (或为无穷大), 就得到

$$\lim \frac{G(x)}{F(x)} = \lim \frac{G'(x)}{F'(x)}.$$

若能求出

$$\lim \frac{G'(x)}{F'(x)} = l,$$

则有

$$\lim \frac{G(x)}{F(x)} = l.$$

如果 $\lim \dfrac{G'(x)}{F'(x)}$ 仍难以确定, 并仍属于 $\frac{0}{0}$ 型或 $\frac{\infty}{\infty}$ 型未定式, 且能满足定理的条件, 则对 $\lim \dfrac{G'(x)}{F'(x)}$ 重复使用洛必达法则, 直到求出极限为止.

例 5 求 $\lim\limits_{x \to 0} \dfrac{x - \sin x}{x^3}$.

解 这是 $\frac{0}{0}$ 型未定式. 使用洛必达法则, 有

$$\lim_{x \to 0} \frac{x - \sin x}{x^3} = \lim_{x \to 0} \frac{1 - \cos x}{3x^2}.$$

$\lim\limits_{x \to 0} \dfrac{1 - \cos x}{3x^2}$ 仍是 $\frac{0}{0}$ 型未定式. 再使用洛必达法则, 有

$$\lim_{x \to 0} \frac{1 - \cos x}{3x^2} = \lim_{x \to 0} \frac{\sin x}{6x} = \frac{1}{6},$$

于是

$$\lim_{x \to 0} \frac{x - \sin x}{x^3} = \frac{1}{6}.$$

例 6 求 $\lim\limits_{x \to 0} \dfrac{e^x - e^{-x} - 2x}{x - \sin x}$.

解 $\lim\limits_{x \to 0} \dfrac{e^x - e^{-x} - 2x}{x - \sin x} = \lim\limits_{x \to 0} \dfrac{e^x + e^{-x} - 2}{1 - \cos x} = \lim\limits_{x \to 0} \dfrac{e^x - e^{-x}}{\sin x} = \lim\limits_{x \to 0} \dfrac{e^x + e^{-x}}{\cos x} = 2.$

这里三次使用洛必达法则, 最后才求出了未定式的极限.

例 7 求 $\lim\limits_{x \to +\infty} \dfrac{x^a}{e^x}$ ($a > 0$ 为任意常数).

解 设 $a \leqslant m < a + 1$ (m 为自然数).

$$\lim_{x \to +\infty} \frac{x^\alpha}{e^x} = \lim_{x \to +\infty} \frac{\alpha x^{\alpha-1}}{e^x} = \lim_{x \to +\infty} \frac{\alpha(\alpha-1)x^{\alpha-2}}{e^x} = \cdots$$

$$= \lim_{x \to +\infty} \frac{\alpha(\alpha-1)\cdots(\alpha-m+1)x^{\alpha-m}}{e^x} = 0.$$

除了上面讲的两种未定式之外,还有下面几种常见的未定式:

$$0 \cdot \infty, \infty - \infty, 0^0, 1^\infty, \infty^0.$$

这几种未定式都可以化成 $\frac{0}{0}$ 型或 $\frac{\infty}{\infty}$ 型的未定式来求解. 下面通过例子加以说明.

例 8   求极限 $\lim_{x \to 0+0} x^\alpha \ln x (\alpha > 0$ 为任意常数).

解   这是 $0 \cdot \infty$ 型未定式,可化成 $\frac{\infty}{\infty}$ 型未定式求解.

$$\lim_{x \to 0+0} x^\alpha \ln x = \lim_{x \to 0+0} \frac{\ln x}{x^{-\alpha}} = \lim_{x \to 0+0} \frac{\frac{1}{x}}{-\alpha x^{-\alpha-1}} = \lim_{x \to 0+0} \frac{-x^\alpha}{\alpha} = 0.$$

例 9   求极限 $\lim_{x \to 1}\left(\frac{1}{x-1} - \frac{1}{\ln x}\right)$.

解   这是 $\infty - \infty$ 型未定式,通分后可化成 $\frac{0}{0}$ 型未定式来求解.

$$\lim_{x \to 1}\left(\frac{1}{x-1} - \frac{1}{\ln x}\right) = \lim_{x \to 1} \frac{\ln x - x + 1}{(x-1)\ln x} = \lim_{x \to 1} \frac{\frac{1}{x} - 1}{\ln x + \frac{x-1}{x}} = \lim_{x \to 1} \frac{1-x}{x\ln x + x - 1}$$

$$= \lim_{x \to 1} \frac{-1}{\ln x + 1 + 1} = -\frac{1}{2}.$$

例 10   求 $\lim_{x \to 0+0} x^x$.

解   这是 0^0 型未定式. 设 $y = x^x$,取对数得

$$\ln y = x \ln x,$$

当 $x \to 0+0$ 时,上式右端是 $0 \cdot \infty$ 型未定式.

$$\lim_{x \to 0+0} x \ln x = \lim_{x \to 0+0} \frac{\ln x}{x^{-1}} = \lim_{x \to 0+0} \frac{\frac{1}{x}}{-x^{-2}} = \lim_{x \to 0+0} (-x) = 0.$$

因为 $y = e^{\ln y},$

而 $\lim y = \lim e^{\ln y} = e^{\lim \ln y},$

所以 $\lim_{x \to 0+0} x^x = \lim_{x \to 0+0} y = e^0 = 1.$

$\infty^0, 1^\infty$ 型的未定式,都可仿照例 10 的方法求解.

对洛必达法则的使用,再作如下几点说明:

(1) 使用洛必达法则之前,要检查洛必达法则所要求的条件是否得到满足,特别是首先要检查是不是 $\frac{0}{0}$ 型或 $\frac{\infty}{\infty}$ 型的未定式,否则就不能使用.

(2) 洛必达法则是求解未定式的一种有效方法,但有时还需与其他求极限的方法结合使用. 如可化简时尽可能先化简,能应用等价无穷小替代或已知的极限结果时,应尽可能应用,这样可以使运算简捷.

(3) 洛必达法则中的条件是充分条件,当 $\lim\frac{G'(x)}{F'(x)}$ 不存在时,不能断言 $\lim\frac{G(x)}{F(x)}$ 不存在.

例 11　求 $\lim\limits_{x\to 0}\dfrac{x-\tan x}{x^2\sin x}$.

解　如果直接利用洛必达法则,那么分母的导数(尤其是高阶导数)较繁.如果作一个等阶无穷小替代,那么运算就方便得多了.

$$\lim_{x\to 0}\frac{x-\tan x}{x^2\sin x}=\lim_{x\to 0}\frac{x-\tan x}{x^3}=\lim_{x\to 0}\frac{1-\sec^2 x}{3x^2}=\lim_{x\to 0}\frac{-2\sec^2 x\tan x}{6x}$$

$$=-\frac{1}{3}\lim_{x\to 0}\frac{\tan x}{x}\cdot\lim_{x\to 0}\sec^2 x=-\frac{1}{3}.$$

例 12　求 $\lim\limits_{x\to\infty}\dfrac{x-\sin x}{x+\sin x}$.

解　这是 $\dfrac{\infty}{\infty}$ 型未定式.

由于

$$\frac{(x-\sin x)'}{(x+\sin x)'}=\frac{1-\cos x}{1+\cos x}=\frac{2\sin^2\dfrac{x}{2}}{2\cos^2\dfrac{x}{2}}=\tan^2\frac{x}{2},$$

这里 $\lim\limits_{x\to\infty}\tan^2\dfrac{x}{2}$ 不存在.但是

$$\lim_{x\to\infty}\frac{x-\sin x}{x+\sin x}=\lim_{x\to\infty}\frac{1-\dfrac{\sin x}{x}}{1+\dfrac{\sin x}{x}}=1.$$

这说明, $\lim\dfrac{G'(x)}{F'(x)}$ 不存在, $\lim\dfrac{G(x)}{F(x)}$ 仍可能存在.洛必达法则并非万能,它在某些情况下失效.作为例子,读者可考察极限 $\lim\limits_{x\to+\infty}\dfrac{\sqrt{1+x^2}}{x}$,如果使用洛必达法则,将会出现什么结果.

习题 3-2

1. 求下列极限:

(1) $\lim\limits_{x\to 1}\dfrac{x^m-1}{x^n-1}(m,n$ 为自然数$)$;　(2) $\lim\limits_{x\to 0}\dfrac{e^x-1}{x}$;　(3) $\lim\limits_{x\to a}\dfrac{e^x-e^a}{x-a}$;

(4) $\lim\limits_{x\to 0}\dfrac{\arcsin x}{x}$;　(5) $\lim\limits_{x\to a}\dfrac{\sin x-\sin a}{x-a}$;　(6) $\lim\limits_{x\to 0}\dfrac{e^{x^2}-1}{\cos x-1}$;

(7) $\lim\limits_{x\to 0}\dfrac{e^x-e^{-x}}{\sin x}$;　(8) $\lim\limits_{x\to\frac{\pi}{2}}\dfrac{\ln\sin x}{(\pi-2x)^2}$.

2. 计算下列极限:

(1) $\lim\limits_{x\to 0+0}\dfrac{\ln\sin 3x}{\ln\sin 5x}$;　(2) $\lim\limits_{x\to+\infty}\dfrac{e^x+e^{-x}+x}{e^x-e^{-x}-x}$;　(3) $\lim\limits_{x\to\frac{\pi}{2}}\dfrac{\tan x}{\tan 3x}$;

(4) $\lim\limits_{x\to 0+0}\dfrac{\ln\sin 3x}{\ln x^3}$;　(5) $\lim\limits_{x\to+\infty}\dfrac{x^2-\ln x}{x\ln x}$;　(6) $\lim\limits_{x\to 0+0}\dfrac{\ln x}{\ln\sin x}$.

3. 验证极限 $\lim\limits_{x\to 0}\dfrac{x^2\sin\dfrac{1}{x}}{\sin x}$ 存在,但不能用洛必达法则得出.

4. 讨论极限 $\lim\limits_{x \to +\infty} \dfrac{e^x - e^{-x}}{e^x + e^{-x}}$ 运用洛必达法则的可能性.

5. 求下列极限:

(1) $\lim\limits_{x \to 0} x^2 e^{\frac{1}{x^2}}$;

(2) $\lim\limits_{x \to \infty} x(e^{\frac{1}{x}} - 1)$;

(3) $\lim\limits_{x \to 1}(1 - x) \tan \dfrac{\pi x}{2}$;

(4) $\lim\limits_{x \to 0} x \cot 2x$;

(5) $\lim\limits_{x \to 1}\left(\dfrac{2}{x^2 - 1} - \dfrac{1}{x - 1}\right)$;

(6) $\lim\limits_{x \to 1}\left(\dfrac{1}{x - 1} - \dfrac{x}{\ln x}\right)$;

(7) $\lim\limits_{x \to 0 + 0} x^{\sin x}$;

(8) $\lim\limits_{x \to 0 + 0}\left(\dfrac{1}{x}\right)^{\tan x}$;

(9) $\lim\limits_{x \to 0}\left(\dfrac{\sin x}{x}\right)^{\frac{1}{x^2}}$;

(10) $\lim\limits_{x \to \frac{\pi}{2} - 0}(\cos x)^{\frac{\pi}{2} - x}$.

3.3　函数的单调性与函数的极值

3.3.1　函数的单调性

在第 1 章中定义了函数的单调性,现在给出应用导数符号判别单调性的一种简便方法.

定理 1　设函数 $f(x)$ 在区间 (a,b) 内可导.

(1) 如果在 (a,b) 内 $f'(x) > 0$,则 $f(x)$ 在 (a,b) 内单调增加;

(2) 如果在 (a,b) 内 $f'(x) < 0$,则 $f(x)$ 在 (a,b) 内单调减少.

证明　在 (a,b) 内任取两点 x_1, x_2,不妨设 $x_1 < x_2$. 在区间 $[x_1, x_2]$ 上 $f(x)$ 满足拉格朗日中值定理的条件,于是有

$$f(x_2) - f(x_1) = f'(\xi)(x_2 - x_1) \quad (x_1 < \xi < x_2).$$

如果在 (a,b) 内 $f'(x) > 0$,则 $f'(\xi) > 0$,由上式易知 $f(x_2) - f(x_1) > 0$. 这就说明 $f(x)$ 在 (a,b) 内单调增加.

同理可证,如果在 (a,b) 内 $f'(x) < 0$,则 $f(x)$ 在 (a,b) 内单调减少.

例 1　在区间 $(-\infty, +\infty)$ 内讨论函数 $f(x) = \arctan x$ 的单调性.

解　在 $(-\infty, +\infty)$ 内有 $f'(x) = (\arctan x)' = \dfrac{1}{1 + x^2} > 0$,所以 $\arctan x$ 在区间 $(-\infty, +\infty)$ 内是单调增加的.

例 2　求函数 $f(x) = x^3 - 3x^2 - 5$ 的单调区间.

解　函数的定义域为 $(-\infty, +\infty)$.

$$f'(x) = 3x^2 - 6x = 3x(x - 2).$$

令 $f'(x) = 0$,得根 $x_1 = 0, x_2 = 2$. 这两个根把定义域分成了三个区间. 将区间从左到右列成表 3-1,并考察这三个区间上 $f'(x)$ 的符号,进而判定 $f(x)$ 的单调性.

表　3-1

x	$(-\infty, 0)$	0	$(0, 2)$	2	$(2, +\infty)$
$f'(x)$	+	0	−	0	+
$f(x)$	↗		↘		↗

从表 3-1 可以看出,函数在 $(-\infty, 0)$ 内单调增加,在 $(0, 2)$ 内单调减少,在 $(2, +\infty)$ 内单调增加.

如果连续函数 $f(x)$ 在 (a, b) 内除个别点的导数为零或不存在外,其余的点均有 $f'(x) > 0$（或 $f'(x) < 0$）,那么函数 $f(x)$ 在 (a, b) 内仍是单调增加（或单调减少）的.例如 $y = x^3$ 的导数 $y' = 3x^2$,除 $x = 0$ 这一点外,均有 $y' > 0$,函数 $y = x^3$ 在 $(-\infty, +\infty)$ 内仍是单调增加的.函数 $f(x) = \sqrt[3]{x}$ 的导数 $f'(x) = \dfrac{1}{3\sqrt[3]{x^2}}$ 除在 $x = 0$ 处不存在外,在其余点都大于零,从而函数在其定义域 $(-\infty, +\infty)$ 内都是单调增加的.如果 $f(x)$ 在 $[a, b]$ 上连续,在 (a, b) 内单调,则 $f(x)$ 在 $[a, b]$ 上亦单调.

利用函数的单调性,可以证明某些不等式.

例 3 证明下列不等式:

(1) 当 $0 < x < \dfrac{\pi}{2}$ 时,$\sin x + \tan x > 2x$;

(2) 当 $x > 0$ 时,$x > \ln(1+x) > \dfrac{x}{1+x}$.

证明 (1) 设 $f(x) = \sin x + \tan x - 2x$,则

$$
\begin{aligned}
f'(x) &= \cos x + \sec^2 x - 2 = \frac{\cos^3 x + 1 - 2\cos^2 x}{\cos^2 x} \\
&= \frac{\cos^2 x(\cos x - 1) - (\cos^2 x - 1)}{\cos^2 x} \\
&= \frac{(\cos x - 1)(\cos^2 x - \cos x - 1)}{\cos^2 x} > 0 \quad \left(0 < x < \frac{\pi}{2}\right),
\end{aligned}
$$

所以 $f(x)$ 在 $\left[0, \dfrac{\pi}{2}\right)$ 上单调增加.又因为 $f(0) = 0$,故当 $x \in \left(0, \dfrac{\pi}{2}\right)$ 时,$f(x) > 0$,即 $\sin x + \tan x > 2x$.

(2) 这个不等式在 3.1 节中已用拉格朗日中值定理证明过,现在利用函数的单调性进行证明.

令 $f(x) = x - \ln(1+x)$,则 $f'(x) = 1 - \dfrac{1}{1+x} = \dfrac{x}{1+x}$.函数 $f(x)$ 在 $(-1, +\infty)$ 内连续,当 $x > 0$ 时,$f'(x) > 0$,所以 $f(x)$ 在 $[0, +\infty)$ 上单调增加.又因为 $f(0) = 0$.故当 $x > 0$ 时,有 $f(x) > 0$,即 $x > \ln(1+x)$.

令 $g(x) = \ln(1+x) - \dfrac{x}{1+x}$,则 $g'(x) = \dfrac{1}{1+x} - \dfrac{1}{(1+x)^2} = \dfrac{x}{(1+x)^2} > 0 (x > 0)$.所以 $g(x)$ 在 $[0, +\infty)$ 上单调增加,又因为 $g(0) = 0$,所以当 $x > 0$ 时,$g(x) > g(0) = 0$,即 $\ln(1+x) > \dfrac{x}{1+x}$.

这样,我们就证明了不等式

$$
x > \ln(1+x) > \frac{x}{1+x} \quad (x > 0).
$$

利用函数的单调性可以确定方程根的个数:如果函数 $f(x)$ 在 (a, b) 内单调增（或减）,则方程 $f(x) = 0$ 在 (a, b) 内至多有一个根.

3.3.2　函数的极值

定义　设函数 $f(x)$ 在 x_0 的某邻域内有定义,如果对该邻域内的任何异于 x_0 的点 x,恒有

$$f(x) < f(x_0) \quad (或 \ f(x) > f(x_0)),$$

则称 $f(x_0)$ 是函数 $f(x)$ 的一个**极大值**(或**极小值**),点 x_0 叫做 $f(x)$ 的一个**极大值点**(或**极小值点**).

函数的极大值与极小值统称为**极值**,使函数取得极值的点叫做**极值点**.由图 3-4 可以看出,x_1,x_3,x_5 是函数 $y=f(x)$ 的极大值点,x_2,x_4 是函数 $f(x)$ 的极小值点.从图中还可以看出极小值 $f(x_2)$ 比极大值 $f(x_5)$ 还要大.这是因为极值是一个局部性的概念,它只是就极值点附近的各点的函数值比较而言的,这与函数在某个区间上的最大值或最小值的整体性概念是不同的.

如何去寻找一个函数的极值点呢? 从图 3-4 中还可以看到,在函数的极值点处,曲线上的切线平行于 x 轴,用导数的语言来表达,便有下面的定理.

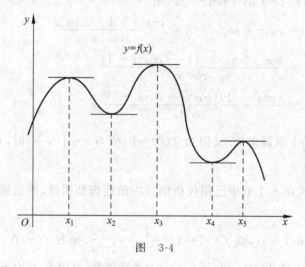

图　3-4

定理 2(极值的必要条件)　设函数 $f(x)$ 在 x_0 处可导,且在 x_0 点取得极值,则有 $f'(x_0)=0$.

证明　为确定起见,不妨设 $f(x_0)$ 是极大值(极小值的情况可类似地证明).根据极大值的定义,存在 x_0 的某个邻域,在此邻域内除 x_0 外,均有 $f(x)<f(x_0)$ 成立.

当 $x<x_0$ 时,$\dfrac{f(x)-f(x_0)}{x-x_0}>0$,因此有

$$f'(x_0) = \lim_{x \to x_0-0} \frac{f(x)-f(x_0)}{x-x_0} \geqslant 0;$$

当 $x>x_0$ 时,$\dfrac{f(x)-f(x_0)}{x-x_0}<0$,因此有

$$f'(x_0) = \lim_{x \to x_0+0} \frac{f(x)-f(x_0)}{x-x_0} \leqslant 0.$$

从而得到 $f'(x_0)=0$.

使函数 $f(x)$ 的导数为零的点(即方程 $f'(x)=0$ 的实根)叫做函数 $f(x)$ 的**驻点**.定理 2 又可表述为:可导函数的极值点必是它的驻点.但反过来,函数的驻点不一定是极值点.例如,$f(x)=x^3$ 的导数 $f'(x)=3x^2$,$x=0$ 是这个函数的驻点,但不是它的极值点.

既然函数的驻点不一定是函数的极值点,那么在求出函数的驻点之后,怎样判定它们是不是函数的极值点呢?如果是极值点又如何进一步判定是极大值点还是极小值点呢?联系到前面用导数符号判定函数单调性的方法,这一问题是不难解决的.

定理 3(极值的第一充分条件) 设函数 $f(x)$ 在点 x_0 的一个邻域内可导,且 $f'(x)=0$.

(1) 如果当 $x<x_0$(x 取在 x_0 的邻近,下同)时,$f'(x)>0$;当 $x>x_0$ 时,$f'(x)<0$,那么 $f(x)$ 在 x_0 点取得极大值.

(2) 如果当 $x<x_0$ 时,$f'(x)<0$;当 $x>x_0$ 时,$f'(x)>0$,那么 $f(x)$ 在 x_0 点取得极小值.

(3) 如果在 x_0 的两侧邻近,$f'(x)$ 恒为正或恒为负,那么 $f(x)$ 在 x_0 处没有极值.

证明 就情形(1)来说,依函数单调性的判定法,函数在 x_0 的左侧邻近是单调增加的,在 x_0 的右侧邻近是单调减少的,且 $f(x)$ 在 x_0 处连续,所以 $f(x_0)$ 是函数 $f(x)$ 的一个极大值.

类似地可以证明情形(2)和情形(3),不再一一详述了.

有时所给函数具有二阶导数,我们也可以利用二阶导数来判断极值点.

定理 4(极值的第二充分条件) 设函数 $f(x)$ 在点 x_0 具有二阶导数,且 $f'(x_0)=0$,$f''(x_0)\neq0$,那么

(1) 当 $f''(x_0)<0$ 时,x_0 是函数 $f(x)$ 的一个极大值点;

(2) 当 $f''(x_0)>0$ 时,x_0 是函数 $f(x)$ 的一个极小值点.

证明 如果 $f''(x_0)>0$,即

$$\lim_{x\to x_0}\frac{f'(x)-f'(x_0)}{x-x_0}=\lim_{x\to x_0}\frac{f'(x)}{x-x_0}=f''(x_0)>0,$$

由极限的局部保号性,在 x_0 邻近 $\dfrac{f'(x)}{x-x_0}>0$.由此可知,在 x_0 左侧邻近,由于 $x-x_0<0$,必有 $f'(x)<0$;在 x_0 右侧邻近,由于 $x-x_0>0$,必有 $f'(x)>0$.根据定理 3 知,x_0 是 $f(x)$ 的一个极小值点.

$f''(x_0)<0$ 时的情形,可以类似地证明.

应该注意的是,如果 $f''(x_0)=0$,从定理 4 无法对 x_0 点是否为极值点作出判断.在这种情况下,可再用定理 3 进行判断.

例 4 求函数 $f(x)=x^4-2x^3$ 的极值点和极值.

解 函数的定义域为 $(-\infty,+\infty)$,在此区间内 $f(x)$ 处处可导,且有

$$f'(x)=4x^3-6x^2=2x^2(2x-3).$$

令 $f'(x)=0$,解得驻点 $x_1=0$,$x_2=\dfrac{3}{2}$,这两个点将 $f(x)$ 的定义域分成了三个区间.我们列出表 3-2,以利用定理 3 判断驻点的性态.

表 3-2

x	$(-\infty,0)$	0	$(0,3/2)$	3/2	$(3/2,+\infty)$
$f'(x)$	$-$	0	$-$		$+$
$f(x)$	↘	非极值	↘	极小值	↗

从表 3-2 中可知，$x_1=0$ 不是极值点，$x_2=\dfrac{3}{2}$ 是函数的极小值点，极小值 $f\left(\dfrac{3}{2}\right)=-\dfrac{27}{16}$.

例 5 求函数 $f(x)=(x-1)\sqrt[3]{x^2}$ 的极值.

解 函数的定义域为 $(-\infty,+\infty)$，函数在定义域上连续.

$$f'(x)=\sqrt[3]{x^2}+(x-1)\cdot\frac{2}{3}x^{\frac{1}{3}}=\frac{5x-2}{3\sqrt[3]{x}},$$

$x=\dfrac{2}{5}$ 是驻点，$x=0$ 是不可导点. 讨论结果列于表 3-3.

表 3-3

x	$(-\infty,0)$	0	$(0,2/5)$	2/5	$(2/5,+\infty)$
$f'(x)$	$+$	不存在	$-$	0	$+$
$f(x)$	↗	极大值	↘	极小值	↗

从表中易知，$x=0$ 是极大值点，极大值 $f(0)=0$；$x=\dfrac{2}{5}$ 是极小值点，极小值 $f\left(\dfrac{2}{5}\right)=-\dfrac{3\sqrt[3]{20}}{25}$.

从例 5 知，函数的不可导点也有可能是极值点. 求函数 $f(x)$ 的极值点不但要从 $f(x)$ 的驻点中去找，还要从 $f(x)$ 的不可导点中去找.

例 6 求函数 $f(x)=\dfrac{1}{2}\cos2x+\sin x(0\leqslant x\leqslant2\pi)$ 的极值.

解 我们用极值的第二充分条件来判断.

$$f'(x)=-\sin2x+\cos x,\quad f''(x)=-2\cos2x-\sin x.$$

令 $f'(x)=0$，即 $-\sin2x+\cos x=0$，或 $\cos x(1-2\sin x)=0$，在 $[0,2\pi]$ 上有四个驻点：

$$x_1=\frac{\pi}{6},\quad x_2=\frac{\pi}{2},\quad x_3=\frac{5\pi}{6},\quad x_4=\frac{3\pi}{2}.$$

而

$$f''\left(\frac{\pi}{6}\right)=-\frac{3}{2}<0,\quad f''\left(\frac{\pi}{2}\right)=1>0,$$

$$f''\left(\frac{5\pi}{6}\right)=-\frac{3}{2}<0,\quad f''\left(\frac{3\pi}{2}\right)=3>0.$$

所以极大值点为 $x_1=\dfrac{\pi}{6},x_3=\dfrac{5\pi}{6}$；极小值点为 $x_2=\dfrac{\pi}{2},x_4=\dfrac{3\pi}{2}$. 它们对应的极值为：

$$极大值\quad f\left(\frac{\pi}{6}\right)=\frac{3}{4},\quad f\left(\frac{5\pi}{6}\right)=\frac{3}{4};$$

$$极小值\quad f\left(\frac{\pi}{2}\right)=\frac{1}{2},\quad f\left(\frac{3\pi}{2}\right)=-\frac{3}{2}.$$

一般我们可按如下步骤求函数 $f(x)$ 的极值：

（1）求出函数的定义域并考察函数的连续性.

（2）求出 $f'(x)$.

（3）解方程 $f'(x)=0$，求出 $f(x)$ 的所有驻点，并找出 $f(x)$ 的不可导点.

（4）用驻点及导数不存在的点把函数的定义域划分成若干部分区间，在各部分区间上列表考察 $f'(x)$ 的符号，用定理 3 进行判断. 对二阶导数存在的驻点，也可用定理 4 进行判断.

（5）最后计算各极值点的函数值.

3.3.3　最大值和最小值问题

在实践中，常会遇到这样一类问题：在一定条件下，怎样使"用料最省"、"费用最低"、"效率最高"、"收益最大"等问题. 这类问题在数学上归结为求函数的最大值和最小值问题.

我们知道，如果函数 $f(x)$ 在闭区间 $[a,b]$ 上连续，则必在 $[a,b]$ 上有最大值和最小值. 函数在闭区间上的最大值和最小值一般只能在区间内的极值点和区间的端点处取得，因此求连续函数在闭区间上的最大值和最小值的方法是：求出区间内的全部驻点和导数不存在的点的函数值，并把它们与区间端点的函数值比较大小，即可求出函数在此区间上的最大值和最小值.

例 7　求 $f(x)=|x|e^x$ 在 $[-2,1]$ 上的最大值与最小值.

解　函数 $f(x)$ 在 $[-2,1]$ 上连续.

当 $x<0$ 时，$f(x)=-xe^x$，$f'(x)=-(x+1)e^x$. 令 $f'(x)=0$，可得驻点 $x=-1$；

当 $x>0$ 时，$f(x)=xe^x$，$f'(x)=(x+1)e^x>0$；

当 $x=0$ 时，$f(x)$ 不可导（也可不讨论这一点的可导性）.

计算函数 $f(x)$ 在 $x=-2,-1,0,1$ 处的函数值：

$$f(-2)=\frac{2}{e^2}, \quad f(-1)=\frac{1}{e}, \quad f(0)=0, \quad f(1)=e.$$

所以函数 $f(x)$ 在 $[-2,1]$ 上的最大值为 e，最小值为 0.

在某些特殊情况下，求最大值和最小值有更简便的方法. 这里介绍两种情况：

（1）如果 $f(x)$ 在 $[a,b]$ 上单调增加，则 $f(a)$ 是最小值，$f(b)$ 是最大值；如果 $f(x)$ 在 $[a,b]$ 上单调减少，则 $f(a)$ 是最大值，$f(b)$ 是最小值.

（2）如果 $f(x)$ 在 $[a,b]$ 上可微，且在 (a,b) 内仅有一个驻点 x_0，则当 x_0 是极大值点时，$f(x_0)$ 就是最大值；当 x_0 是极小值点时，$f(x_0)$ 就是最小值（对开区间内的可微函数，也有类似的结论）.

对于某些实际问题，最大值或最小值的求法还可更简单一些：如果 $f(x)$ 在区间 I 上是可导的，且由问题的实际意义可以断定函数 $f(x)$ 在区间 I 内部的某一点可取得最大值（或最小值），而函数 $f(x)$ 在区间 I 内又只有一个驻点，则可断定函数 $f(x)$ 在这个驻点处必取得最大值（或最小值），而不必去验证这个驻点是不是极值点.

例 8　制作一个上下均有底的圆柱形容器，要求容积为定值 V_0，问怎样选择底半径 r 和高 h，使所用材料最省？

解　这里所说的材料最省实际上就是表面积最小.

容器的表面积

$$S=2\pi rh+2\pi r^2.$$

由于容积为常数 V_0，因此有 $\pi r^2 h = V_0$，即 $h = \dfrac{V_0}{\pi r^2}$，于是表面积 S 与底半径 r 的函数关系为

$$S = 2\pi r^2 + \frac{2V_0}{r} \quad (0 < r < +\infty).$$

从实际问题看，r 的取值过大或过小都不能使 S 取得最小值，必有一值当 $r \in (0, +\infty)$，使 S 的值最小.

令 $\dfrac{dS}{dr} = 4\pi r - \dfrac{2V_0}{r^2} = 0$，可得 $(0, +\infty)$ 内的唯一驻点 $r = \sqrt[3]{\dfrac{V_0}{2\pi}}$，这一点就一定是使 S 取得最小值的点. 这时，容器的高度

$$h = \frac{V_0}{\pi r^2}\bigg|_{r = \sqrt[3]{\frac{V_0}{2\pi}}} = 2\sqrt[3]{\frac{V_0}{2\pi}},$$

为底半径的 2 倍. 最小表面积

$$S = 2\pi rh + 2\pi r^2 = 3\sqrt[3]{2\pi V_0^2}.$$

例 9 一顶角为 $\dfrac{\pi}{2}$ 的正圆锥形容器内盛有 $b\mathrm{L}$(b 为一正常数)水，现往里灌水，从开始($t=0$ 时)到时间 t 时，灌入的水量为 $at^2\mathrm{L}$(a 为正常数). 问何时水深 h 上升得最快(图 3-5)？

解 水深 h 是时间 t 的函数，水深 h 上升得最快，是指 $v(t) = \dfrac{dh}{dt}$ 取得最大值.

设 t 时刻的水深为 h，则有

$$b + at^2 = \frac{1}{3}\pi r^2 h = \frac{1}{3}\pi h^3,$$

由此可得

$$h = \sqrt[3]{\frac{3(b + at^2)}{\pi}}.$$

水深上升的速度

$$v = \frac{dh}{dt} = \sqrt[3]{\frac{3}{\pi}} \cdot \frac{1}{3}(b + at^2)^{-\frac{2}{3}} \cdot 2at = \frac{2a}{\sqrt[3]{9\pi}} \cdot t(b + at^2)^{-\frac{2}{3}},$$

$$v' = \frac{2a}{\sqrt[3]{9\pi}}\left[(b + at^2)^{-\frac{2}{3}} - \frac{2}{3}t(b + at^2)^{-\frac{5}{3}} \cdot 2at\right] = \frac{2a}{\sqrt[3]{9\pi}}(b + at^2)^{-\frac{5}{3}}\left(b - \frac{1}{3}at^2\right).$$

令 $v' = 0$，得驻点 $t = \sqrt{\dfrac{3b}{a}}$(负的舍去).

当 $0 < t < \sqrt{\dfrac{3b}{a}}$ 时，$v' > 0$；当 $t > \sqrt{\dfrac{3b}{a}}$ 时，$v' < 0$，所以 $t = \sqrt{\dfrac{3b}{a}}$ 是 $v(t)$ 的极大值点，且是 $t > 0$ 时唯一的驻点. 故当 $t = \sqrt{\dfrac{3b}{a}}$ 时 $v = \dfrac{dh}{dt}$ 取得最大值，即此时水深 h 上升得最快.

例 10 已知电源电压为 E，内阻为 r(常数)，问负载电阻 R 多大时，输出功率最大？

解 由电学知识，消耗在负载电阻 R 上的功率 $P = i^2 R$，其中 i 是回路中的电流强度. 由于 $i = \dfrac{E}{r + R}$，所以

$$P = i^2 R = \left(\frac{E}{r+R}\right)^2 R = \frac{E^2 R}{(r+R)^2} \quad (R > 0).$$

而

$$\frac{\mathrm{d}P}{\mathrm{d}R} = \frac{E^2(r-R)}{(r+R)^3},$$

令 $\dfrac{\mathrm{d}P}{\mathrm{d}R} = 0$,得 $R = r$,这是区间$(0, +\infty)$内的唯一驻点. 由题意知,P 在这点取得最大值. 即当负载电阻等于内电阻时,输出功率为最大.

习题 3-3

1. 判断函数 $f(x) = \cos x - x$ 的单调性.

2. 确定下列函数的单调区间:

(1) $y = x^3 - 3x^2 - 9x + 14$;　　　　(2) $y = (x-2)^5(2x+1)^4$;

(3) $y = \sqrt{2x - x^2}$;　　　　(4) $y = \ln(x + \sqrt{x^2+1})$;

(5) $y = 2\sin x + \cos 2x (0 \leqslant x \leqslant 2\pi)$;　　(6) $y = 2x^2 - \ln x$.

3. 证明下列不等式:

(1) $\arctan x \geqslant x (x \leqslant 0)$;　　　　(2) $\ln x > \dfrac{2(x-1)}{x+1}(x > 1)$;

(3) $2\sqrt{x} > 3 - \dfrac{1}{x}(x > 1)$;　　　　(4) $ex < \mathrm{e}^x (x > 1)$.

4. 方程 $\ln x = ax (a > 0)$有几个实根? (提示:对 a 的取值分 $a > \dfrac{1}{\mathrm{e}}$,$a = \dfrac{1}{\mathrm{e}}$,$\dfrac{1}{\mathrm{e}} > a > 0$ 三种情况讨论.)

5. 证明方程 $x = \sin x$ 只有一个实根.

6. 求下列函数的极值:

(1) $y = 2x^2 - x^4$;　　　　(2) $y = \mathrm{e}^x \sin x$;

(3) $y = x + \dfrac{a^2}{x}(a > 0)$;　　　　(4) $y = \arctan x - \dfrac{1}{2}\ln(1 + x^2)$;

(5) $y = 2 - (x-1)^{\frac{2}{3}}$;　　　　(6) $y = 2\mathrm{e}^x + \mathrm{e}^{-x}$.

7. a 为何值时,函数 $f(x) = a\sin x + \dfrac{1}{3}\sin 3x$ 在 $x = \dfrac{\pi}{3}$ 处具有极值? 它是极大值还是极小值?

8. 求下列函数在指定区间上的最大值和最小值:

(1) $y = x^5 - 5x^4 + 5x^3 + 1, x \in [-1, 2]$;　　(2) $y = \sqrt{100 - x^2}, x \in [-6, 8]$;

(3) $y = 2\tan x - \tan^2 x, x \in \left[0, \dfrac{\pi}{2}\right)$;　　(4) $y = \dfrac{1}{x} + \dfrac{2}{1-x}, x \in (0, 1)$.

9. 求下列函数在其定义域内的最大值与最小值:

(1) $y = x\mathrm{e}^{-x}$;　　　　(2) $y = \dfrac{\ln x}{x}$.

10. 求内接于半径为 R 的球的体积最大的圆柱体的高和底半径.

11. 从半径为 R 的圆形铁片上截下一中心角为 α 的扇形做成一圆锥形漏斗. 问 α 为何值时才能使做成的漏斗容积最大?

12. 长 24cm 的线剪成两段,一段围成圆,另一段围成正方形. 应如何剪法,才能使圆与正方形面积之和为最小?

13. 求内接于半径为 R 的已知球内的正圆锥体的最大体积.

14. 从椭圆 $4x^2 + y^2 = 4$ 上哪一点作切线,才能使该切线与两坐标轴所围成的三角形面积最小?

3.4　曲线的凹凸、拐点及函数作图

3.4.1　曲线的凹凸及其判定方法

3.3 节中,我们研究了用导数的正负判断函数的增减性及极值点,这对于函数的作图无疑是有帮助的.但仅此还不能掌握函数的图形的形状.图 3-6 中的弧 $\overparen{ACB}$ 和 $\overparen{ADB}$ 同是单调上升的,但二者有重大差别.弧 $\overparen{ACB}$ 是向上凸而上升,而弧 $\overparen{ADB}$ 是向上凹而上升,它们的凹凸性是不同的.下面给出曲线凹凸性的定义.

定义　若曲线弧位于该弧段上每一点的切线上方,则称此**曲线弧是**(向上)**凹的**(或凹弧);若曲线弧位于每一点的切线的下方,则称此**曲线弧是**(向上)**凸的**(或凸弧).

图 3-7(a)中,弧 $\overparen{AB}$ 是凹的,图 3-7(b)中弧 $\overparen{CD}$ 是凸的.

从图 3-7 中还可以看出,凹弧上的点沿着 x 正向移动时,切线的斜率是逐渐增加的;凸弧上的点沿着 x 轴正向移动时,切线的斜率是逐渐减少的.由于函数 $f'(x)$ 的几何意义是曲线 $y = f(x)$ 的切线的斜率,故有:$f'(x)$ 单调增加,则曲线是凹的;$f'(x)$ 单调减少,则曲线是凸的.再根据一阶导数 $f'(x)$ 的单调性与二阶导数 $f''(x)$ 的符号之间的关系,便可得到如下的曲线凹凸性的判别方法.

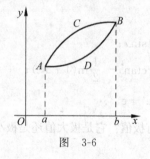

图　3-6

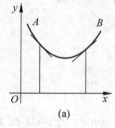

(a)

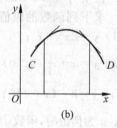

(b)

图　3-7

曲线凹凸性的判定法　设 $f(x)$ 在 $[a,b]$ 上连续,在 (a,b) 内具有二阶导数,那么

(1) 如果在 (a,b) 内有 $f''(x) > 0$,则 $y = f(x)$ 在 $[a,b]$ 上的图形是凹的;

(2) 如果在 (a,b) 内有 $f''(x) < 0$,则 $y = f(x)$ 在 $[a,b]$ 上的图形是凸的.

连续曲线上的凹弧与凸弧的分界点叫做曲线的**拐点**.在拐点的两侧 $f''(x)$ 要变号,因此曲线的拐点的横坐标只能是使 $f''(x) = 0$ 的点或 $f''(x)$ 不存在的点.

由图 3-7 不难知道,如果函数 $y = f(x)$ 在 $[a,b]$ 上的图形是凹的,则对任意的 x_1、$x_2 \in [a,b]$,有

$$\frac{1}{2}[f(x_1) + f(x_2)] > f\left(\frac{x_1 + x_2}{2}\right);$$

如果 $y = f(x)$ 的图形是凸的,则有

$$\frac{1}{2}[f(x_1)+f(x_2)]<f\left(\frac{x_1+x_2}{2}\right).$$

例 1　求曲线 $y=x^3$ 的凹凸区间及拐点.

解　曲线 $y=x^3$ 在 $(-\infty,+\infty)$ 内连续. $f'(x)=3x^2$, $f''(x)=6x$. 当 $x<0$ 时, $f''(x)<0$, 曲线是凸的; 当 $x>0$ 时, $f''(x)>0$, 曲线是凹的. 点 $(0,0)$ 是曲线的拐点..

例 2　求曲线 $y=e^{-x^2}$ 的凹凸区间与拐点.

解　函数在 $(-\infty,+\infty)$ 内连续, $y'=-2xe^{-x^2}$, $y''=2e^{-x^2}(2x^2-1)$. 令 $y''=0$, 得 $x=\pm\frac{\sqrt{2}}{2}$. 点 $x=\pm\frac{\sqrt{2}}{2}$ 将函数的定义域分成三个部分区间, 列表 3-4 讨论.

表　3-4

x	$\left(-\infty,-\frac{\sqrt{2}}{2}\right)$	$-\frac{\sqrt{2}}{2}$	$\left(-\frac{\sqrt{2}}{2},\frac{\sqrt{2}}{2}\right)$	$\frac{\sqrt{2}}{2}$	$\left(\frac{\sqrt{2}}{2},+\infty\right)$
y''	$+$	0	$-$	0	$+$
曲线 $y=f(x)$	凹弧	有拐点	凸弧	有拐点	凹弧

在 $x=\pm\frac{\sqrt{2}}{2}$ 处, 曲线上的对应点 $\left(-\frac{\sqrt{2}}{2},e^{-\frac{1}{2}}\right)$ 和 $\left(\frac{\sqrt{2}}{2},e^{-\frac{1}{2}}\right)$ 为拐点. 曲线如图 3-8 所示.

例 3　讨论曲线 $y=(x-1)\sqrt[3]{x^2}$ 的凹凸及拐点.

解　曲线 $y=(x-1)\sqrt[3]{x^2}$ 在 $(-\infty,+\infty)$ 内连续.

$$y'=\frac{5}{3}x^{\frac{2}{3}}-\frac{2}{3}x^{-\frac{1}{3}},\quad y''=\frac{10}{9}x^{-\frac{1}{3}}+\frac{2}{9}x^{-\frac{4}{3}}=\frac{2(5x+1)}{9x\sqrt[3]{x}}.$$

当 $x=0$ 时, y'' 不存在; 当 $x=-\frac{1}{5}$ 时, $y''=0$. 点 $x=-\frac{1}{5}$ 和 $x=0$ 将定义域分成三个部分区间, 列表 3-5 讨论如下:

表　3-5

x	$\left(-\infty,-\frac{1}{5}\right)$	$-\frac{1}{5}$	$\left(-\frac{1}{5},0\right)$	0	$(0,+\infty)$
y''	$-$	0	$+$	不存在	$+$
曲线 $y=f(x)$	凸弧	有拐点	凹弧	无拐点	凹弧

所以曲线在 $\left(-\infty,-\frac{1}{5}\right)$ 内是凸的, 在 $\left(-\frac{1}{5},0\right)$ 和 $(0,+\infty)$ 内是凹的. 当 $x=-\frac{1}{5}$ 时, 对应点 $\left(-\frac{1}{5},-\frac{6}{25}\sqrt[3]{5}\right)$ 为拐点. 图形如图 3-9 所示.

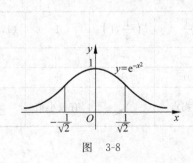

图　3-8

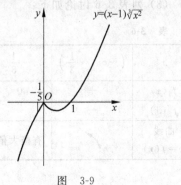

图　3-9

3.4.2　函数作图

首先介绍一下有关渐近线的知识.

如果当 $x \to x_0$（有时仅当 $x \to x_0^+$ 或 $x \to x_0^-$）时，$f(x) \to \infty$，则称直线 $x = x_0$ 为曲线 $y = f(x)$ 的**铅直渐近线**. 这时，点 $x = x_0$ 显然是函数 $y = f(x)$ 的一个无穷间断点.

例如，$\lim\limits_{x \to 0^+} \ln x = -\infty$，所以直线 $x = 0$ 是对数曲线 $y = \ln x$ 的一条铅直渐近线.

如果当 $x \to \infty$（有时仅当 $x \to +\infty$ 或 $x \to -\infty$）时，$f(x) \to a$，则将直线 $y = a$ 称为曲线 $y = f(x)$ 的**水平渐近线**.

例如，$\lim\limits_{x \to \infty}\left[\dfrac{1}{(x-1)^2} + 2\right] = 2$，所以直线 $y = 2$ 是曲线 $y = \dfrac{1}{(x-1)^2} + 2$ 的水平渐近线. 此外，该曲线还有一条铅直渐近线 $x = 1$.

对铅直及水平渐近线的讨论，有助于了解曲线在纵横两个方向上是否具有无限接近于某些定直线的性态，对函数的作图有一定的指导意义. 此外还有斜渐近线，我们就不作介绍了.

对于给定的函数 $y = f(x)$，一般可采取如下步骤作图（根据所给函数选择使用）：

（1）确定函数的定义域；

（2）考察函数的奇偶性、周期性；

（3）求函数的一、二阶导数，并求出使 $f'(x) = 0$ 及 $f''(x) = 0$ 的点和导数不存在的点；

（4）列表讨论函数的单调性，极值，以及图形的凹凸和拐点；

（5）找出铅直和水平渐近线；

（6）根据需要找出曲线上的若干特殊点，如使 $f'(x) = 0$ 的点，使 $f''(x) = 0$ 的点及函数图形与坐标轴的交点等；

（7）描绘图形.

例 4　作函数 $f(x) = x^3 - x^2 - x + 1$ 的图形.

解　（1）函数 $f(x)$ 的定义域为 $(-\infty, +\infty)$.

（2）$f'(x) = 3x^2 - 2x - 1$，$f''(x) = 6x - 2$.

当 $x = -\dfrac{1}{3}$ 和 $x = 1$ 时，$f'(x) = 0$；当 $x = \dfrac{1}{3}$ 时，$f''(x) = 0$. 以上三点将定义域分成四个部分区间.

（3）列表 3-6 讨论如下：

表　3-6

x	$\left(-\infty, -\dfrac{1}{3}\right)$	$-\dfrac{1}{3}$	$\left(-\dfrac{1}{3}, \dfrac{1}{3}\right)$	$\dfrac{1}{3}$	$\left(\dfrac{1}{3}, 1\right)$	1	$(1, +\infty)$
$f'(x)$	+	0	−	−	−	0	+
$f''(x)$	−	−	−	0	+	+	+
曲线 $y = f(x)$	↗	有极大值	↘	有拐点	↘	有极小值	↗

符号 ↗(或↘)表示曲线是上升(或下降)的凸弧;↘(或↗)表示曲线是下降(或上升)的凹弧.

(4) 在 $x=-\dfrac{1}{3}$ 处,函数取得极大值,$f\left(-\dfrac{1}{3}\right)=\dfrac{32}{27}$;

在 $x=1$ 处,函数取得极小值,$f(1)=0$;

在 $x=\dfrac{1}{3}$ 处,曲线上对应点 $\left(\dfrac{1}{3},\dfrac{16}{27}\right)$ 为拐点.

为作图需要,再求出曲线上几个点:$f(-1)=0$,得点 $(-1,0)$;$f(0)=1$,得点 $(0,1)$;$f\left(\dfrac{3}{2}\right)=\dfrac{5}{8}$,得点 $\left(\dfrac{3}{2},\dfrac{5}{8}\right)$.

(5) 综合以上各条,可作出函数 $f(x)=x^3-x^2-x+1$ 的图形如图 3-10 所示.

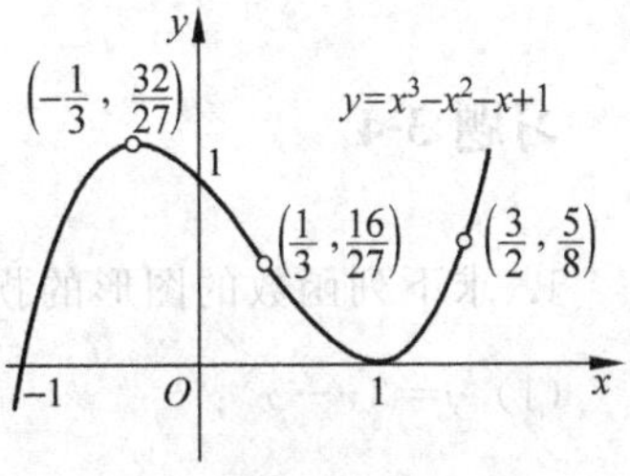

例 5 作函数 $y=1+\dfrac{36x}{(x+3)^2}$ 的图形.

解 (1) 所给函数 $y=f(x)$ 的定义域为 $(-\infty,-3)\cup(-3,+\infty)$.

图 3-10

(2) $f'(x)=\dfrac{36(3-x)}{(x+3)^3}$, $f''(x)=\dfrac{72(x-6)}{(x+3)^4}$.

$f'(x)=0$ 的根是 $x=3$,$f''(x)=0$ 的根是 $x=6$.点 $x=3$ 和 $x=6$ 把定义域分成四个部分区间.

(3) 列表 3-7.

表 3-7

x	$(-\infty,-3)$	$(-3,3)$	3	$(3,6)$	6	$(6,+\infty)$
$f'(x)$	$-$	$+$	0	$-$	$-$	$-$
$f''(x)$	$-$	$-$	$-$	$-$	0	$+$
曲线 $y=f(x)$	↘	↗	有极大值	↘	有拐点	↘

(4) $\lim\limits_{x\to\infty}f(x)=1$,$\lim\limits_{x\to-3}f(x)=-\infty$,所以函数的图形有一水平渐近线 $y=1$ 和一条铅直渐近线 $x=-3$.

(5) 在 $x=3$ 处,函数取得极大值 $f(3)=4$,得曲线上一点 $(3,4)$;在 $x=6$ 处,$f(6)=\dfrac{11}{3}$,曲线上有拐点 $\left(6,\dfrac{11}{3}\right)$.

再求曲线上几个点:

由 $f(0)=1,f(-1)=-8,f(-9)=-8,f(-15)=-\dfrac{11}{4}$,得到图形上的四个点 $(0,1)$、$(-1,-8)$、$(-9,-8)$、$\left(-15,-\dfrac{11}{4}\right)$.

(6) 描绘出函数的图形如图 3-11 所示.

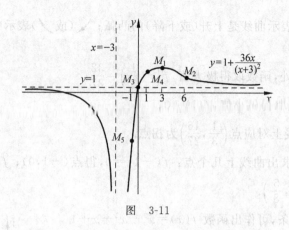

图　3-11

习题 3-4

1. 求下列函数的图形的拐点及凹凸区间：

(1) $y=3x-x^3$；　　　　　(2) $y=\dfrac{x^4}{(1+x)^3}$；　　　　　(3) $y=xe^{-x}$；

(4) $y=\ln(1+x^2)$；　　　　(5) $y=\tan x$；　　　　　(6) $y=e^{\arctan x}$.

2. 问 a,b 为何值时，点 $(1,3)$ 为曲线 $y=ax^3+bx^2$ 的拐点？

3. 试证明曲线 $y=\dfrac{x-1}{x^2+1}$ 有三个拐点位于同一条直线上.

4. 试确定曲线 $y=f(x)=ax^3+bx^2+cx+d$ 中的 a,b,c,d，使得 $f'(-2)=0$，$f(-2)=44$，点 $(1,-10)$ 为曲线的拐点.

5. 求下列曲线的拐点：

(1) $\begin{cases} x=t^2, \\ y=3t+t^3; \end{cases}$　　　　　(2) $\begin{cases} x=e^t, \\ y=e^t\sin t \end{cases}$ $(0\leqslant t\leqslant\pi)$.

6. 作出下列函数的图形：

(1) $y=x^4-2x+10$；　　　　(2) $y=\dfrac{x}{3-x^2}$；　　　　(3) $y=e^{-\frac{1}{x}}$；

(4) $y=\ln(1+x^2)$；　　　　(5) $y=\sqrt[3]{x^2}+2$；　　　　(6) $y=e^{-\frac{(x-1)^2}{2}}$.

3.5　泰 勒 公 式

3.5.1　泰勒公式

在讨论用函数的微分近似代替函数的改变量时，我们曾得到近似公式
$$f(x)\approx f(x_0)+f'(x_0)(x-x_0), \tag{3.5.1}$$
当 $x\to x_0$ 时，其误差是比 $x-x_0$ 高阶的无穷小. 式 (3.5.1) 的右端是一个关于 $x-x_0$ 的线性函数，所以式 (3.5.1) 实际上表示在 x_0 的附近用一个线性函数去近似替代函数 $f(x)$. 但是，这种近似表示式有两点不足处. 其一是误差只能是比 $x-x_0$ 高阶的无穷小，当 $|x-x_0|$ 不是

很小的时候,不能达到很高的精度.其二是没有导出误差公式,难以估计误差.因此,在遇到对精度要求较高的情况,就需用关于 $x-x_0$ 的高次多项式近似表示函数,同时给出估计误差的公式.

下面我们进一步分析近似公式(3.5.1).令

$$R_1(x) = f(x) - [f(x_0) + f'(x_0)(x-x_0)], \qquad (3.5.2)$$

并假定 $f(x)$ 在 x_0 的邻域内具有二阶导数.由式(3.5.2)容易看出 $R_1(x_0)=0$,$R'_1(x_0)=0$,$R''_1(x)=f''(x)$.当 $x\to x_0$ 时,$R_1(x)$ 和 $(x-x_0)^2$ 都是无穷小,利用柯西中值定理将二者进行比较,有

$$\frac{R_1(x)}{(x-x_0)^2} = \frac{R_1(x)-R_1(x_0)}{(x-x_0)^2-(x_0-x_0)^2} = \frac{R'_1(\xi_1)}{2(\xi_1-x_0)}$$

$$= \frac{R'_1(\xi_1)-R'_1(x_0)}{2(\xi_1-x_0)-2(x_0-x_0)}$$

$$= \frac{R''_1(\xi)}{2} = \frac{f''(\xi)}{2!} \quad (\xi_1 \text{ 在 } x \text{ 与 } x_0 \text{ 之间}),$$

其中 ξ 在 ξ_1 与 x_0 之间,因而也在 x 与 x_0 之间.于是有

$$R_1(x) = \frac{f''(\xi)}{2!}(x-x_0)^2,$$

代入式(3.5.2)可得

$$f(x) = f(x_0) + \frac{f'(x_0)}{1!}(x-x_0) + \frac{f''(\xi)}{2!}(x-x_0)^2. \qquad (3.5.3)$$

式(3.5.3)叫做函数 $f(x)$ 的**一阶泰勒公式**,$R_1(x)$ 称为**一阶泰勒公式的余项**,当 $x\to x_0$ 时,$R_1(x)$ 是较 $x-x_0$ 高阶的无穷小.将函数 $f(x)$ 的一阶泰勒公式与拉格朗日中值公式

$$f(x) = f(x_0) + f'(\xi)(x-x_0)$$

相比较知,它是拉格朗日中值公式的推广.拉格朗日中值公式也可叫做**零阶泰勒公式**.利用一阶泰勒公式的前两项作近似计算时(即微分近似公式(3.5.1)),可以通过余项 $R_1(x)$ 估计误差.

例 1 求 $\sqrt{0.97}$ 的近似值,并估计误差.

解 我们利用函数 $f(x)=\sqrt{x}$ 在 x_0 处的一阶泰勒公式求 $\sqrt{0.97}$ 的近似值,并估计误差,由于

$$f(x) = \sqrt{x}, \quad f'(x) = \frac{1}{2\sqrt{x}}, \quad f''(x) = -\frac{1}{4x\sqrt{x}},$$

所以有

$$\sqrt{x} = \sqrt{x_0} + \frac{1}{2\sqrt{x_0}}(x-x_0) + \frac{1}{2!}\left(-\frac{1}{4\xi\sqrt{\xi}}\right)(x-x_0)^2.$$

因为 $x=0.97$,故选取 $x_0=1$(x_0 的选取应使 $|x-x_0|$ 较小,且使 $f(x_0)$,$f'(x_0)$ 易求),于是 $x-x_0=-0.03$,代入上式,得

$$\sqrt{0.97} = 1 + \frac{1}{2}(-0.03) + \frac{1}{2!}\left(-\frac{1}{4\xi\sqrt{\xi}}\right)(-0.03)^2 \quad (0.97 < \xi < 1).$$

故

$$\sqrt{0.97} \approx 1 + \frac{1}{2}(-0.03) = 0.9850.$$

利用余项估计误差如下:

$$|R_1| = \left| \frac{1}{2!}\left(-\frac{1}{4\xi\sqrt{\xi}}\right)(0.03)^2 \right| < \frac{1}{8} \times \frac{1}{0.97\sqrt{0.97}} \times 0.0009$$

$$< \frac{1}{8} \times \frac{1}{0.9} \times \frac{1}{0.9} \times 0.0009 < \frac{1}{7} \times 0.001 < 0.0002.$$

所以 $0.9850 - 0.0002 < \sqrt{0.97} < 0.9850,$

故 $\sqrt{0.97}$ 的三位有效数字的近似值为 0.985.

利用式(3.5.3)作近似计算,虽然可作误差估计,但有时精度还不能满足要求,因此需要改进式(3.5.3).如何改进呢?

如果在一阶泰勒公式(3.5.3)中,将 ξ(ξ 在 x 与 x_0 之间)用 x_0 代替,则有近似公式

$$f(x) \approx f(x_0) + \frac{f'(x_0)}{1!}(x-x_0) + \frac{f''(x_0)}{2!}(x-x_0)^2. \tag{3.5.4}$$

令 $$R_2(x) = f(x) - \left[f(x_0) + \frac{f'(x_0)}{1!}(x-x_0) + \frac{f''(x_0)}{2!}(x-x_0)^2 \right]. \tag{3.5.5}$$

在假定 $f(x)$ 在 x_0 的某邻域内具有三阶导数的前提下,利用前面讨论 $R_1(x)$ 时同样的推理方法,可得

$$R_2(x) = \frac{f'''(\xi)}{3!}(x-x_0)^3 \quad (\xi \text{ 在 } x \text{ 与 } x_0 \text{ 之间}).$$

代入式(3.5.5)可得

$$f(x) = f(x_0) + \frac{f'(x_0)}{1!}(x-x_0) + \frac{f''(x_0)}{2!}(x-x_0)^2$$

$$+ \frac{f'''(\xi)}{3!}(x-x_0)^3 \quad (\xi \text{ 在 } x \text{ 与 } x_0 \text{ 之间}). \tag{3.5.6}$$

式(3.5.6)称为函数 $f(x)$ 的**二阶泰勒公式**,$R_2(x)$ 称为二阶泰勒公式的余项,当 $x \to x_0$ 时,它是较 $(x-x_0)^2$ 高阶的无穷小.

如此继续讨论下去,可得到一般情形下的泰勒公式,我们用定理表述如下.

泰勒中值定理   如果函数 $f(x)$ 在 x_0 的某邻域内有直至 $n+1$ 阶的导数,则对该邻域内任何一点 x,有

$$f(x) = f(x_0) + \frac{f'(x_0)}{1!}(x-x_0) + \frac{f''(x_0)}{2!}(x-x_0)^2 + \cdots$$

$$+ \frac{f^{(n)}(x_0)}{n!}(x-x_0)^n + R_n(x), \tag{3.5.7}$$

其中 $$R_n(x) = \frac{f^{(n+1)}(\xi)}{(n+1)!}(x-x_0)^{n+1} \quad (\xi \text{ 在 } x \text{ 与 } x_0 \text{ 之间}).$$

式(3.5.7)称为函数 $f(x)$ 在点 x_0 处的 **n 阶泰勒公式**,$R_n(x) = \dfrac{f^{(n+1)}(\xi)}{(n+1)!}(x-x_0)^{n+1}$ 称为**拉格朗日型余项**(简称拉氏余项),当 $x \to x_0$ 时,它是比 $(x-x_0)^n$ 高阶的无穷小.所以又可将余项记作 $R_n(x) = o[(x-x_0)^n]$,称为**佩亚诺型余项**.这样就有

$$f(x) = f(x_0) + \frac{f'(x_0)}{1!}(x-x_0) + \frac{f''(x_0)}{2!}(x-x_0)^2 + \cdots$$

$$+ \frac{f^{(n)}(x_0)}{n!}(x-x_0)^n + o[(x-x_0)^n]. \tag{3.5.8}$$

式(3.5.8)称为函数 $f(x)$ 的带佩亚诺型余项的 **n 阶泰勒公式**(式(3.5.8)成立的条件可弱化

为 $f^{(n)}(x_0)$ 存在,这里不证).

函数 $f(x)$ 的 n 阶泰勒公式使我们可以用一个关于 $(x-x_0)$ 的 n 次多项式(通常记为 $P_n(x)$,称为 **n 次泰勒多项式**)来近似地表示函数 $f(x)$(在 x_0 的某邻域内),并可通过余项 $R_n(x)$ 估计误差. 一般说来,当 x 充分接近 x_0 时,n 取得越大,用泰勒多项式 $P_n(x)$ 近似表示 $f(x)$ 时产生的误差就越小.

在泰勒公式(3.5.7)中,当 $x_0=0$ 时,公式变成为

$$f(x) = f(0) + \frac{f'(0)}{1!}x + \frac{f''(0)}{2!}x^2 + \cdots + \frac{f^{(n)}(0)}{n!}x^n + R_n(x), \qquad (3.5.9)$$

其中
$$R_n(x) = \frac{f^{(n+1)}(\xi)}{(n+1)!}x^{n+1} \quad (\xi \text{ 在 } x \text{ 与 } 0 \text{ 之间}).$$

式(3.5.9)称为函数 $f(x)$ 的带拉氏余项的 **n 阶麦克劳林公式**.

类似地,式(3.5.8)就变成

$$f(x) = f(0) + \frac{f'(0)}{1!}x + \frac{f''(0)}{2!}x^2 + \cdots + \frac{f^{(n)}(0)}{n!}x^n + o(x^n). \qquad (3.5.10)$$

式(3.5.10)称为函数 $f(x)$ 的带佩氏余项的 **n 阶麦克劳林公式**.

例2 将函数 $f(x)=x^2\ln x^2$ 在 $x=-1$ 处展成三阶泰勒公式.

解 $f(x)=x^2\ln x^2$, $f(-1)=0$;

$f'(x)=2x\ln x^2+2x$, $f'(-1)=-2$;

$f''(x)=2\ln x^2+6$, $f''(-1)=6$;

$f'''(x)=\dfrac{4}{x}$, $f'''(-1)=-4$;

$f^{(4)}(x)=-\dfrac{4}{x^2}$, $f^{(4)}(\xi)=-\dfrac{4}{\xi^2}$.

所以
$$x^2\ln x^2 = -2(x+1) + \frac{6}{2!}(x+1)^2 - \frac{4}{3!}(x+1)^3$$
$$- \frac{4}{4!\xi^2}(x+1)^4 \quad (\xi \text{ 在 } x \text{ 与 } -1 \text{ 之间}).$$

3.5.2 几个常见函数的麦克劳林公式

1. 函数 $f(x)=e^x$ 的麦克劳林公式

因为

$$f(x) = f'(x) = f''(x) = \cdots = f^{(n)}(x) = f^{(n+1)}(x) = e^x,$$
$$f(0) = f'(0) = f''(0) = \cdots = f^{(n)}(0) = 1, \quad f^{(n+1)}(\xi) = e^\xi,$$

代入式(3.5.8),得

$$e^x = 1 + x + \frac{x^2}{2!} + \cdots + \frac{x^n}{n!} + \frac{e^\xi}{(n+1)!}x^{n+1} \quad (\xi \text{ 在 } x \text{ 与 } 0 \text{ 之间}).$$

2. 函数 $f(x)=\sin x$ 的麦克劳林公式

因为

$$f(x) = \sin x, \quad f(0) = 0;$$
$$f'(x) = \cos x = \sin\left(x + \frac{\pi}{2}\right), \quad f'(0) = 1;$$

$$f''(x) = \sin\left(x + 2 \cdot \frac{\pi}{2}\right), \quad f''(0) = 0;$$

$$f'''(x) = \sin\left(x + 3 \cdot \frac{\pi}{2}\right), \quad f'''(0) = -1;$$

$$\vdots$$

$$f^{(n)}(x) = \sin\left(x + n \cdot \frac{\pi}{2}\right),$$

$$f^{(n)}(0) = \begin{cases} 0, & n = 2k, \\ (-1)^{k-1}, & n = 2k-1, \end{cases} \quad k = 1, 2, \cdots.$$

代入式(3.5.9),得

$$\sin x = x - \frac{x^3}{3!} + \frac{x^5}{5!} - \cdots + \frac{(-1)^{k-1}}{(2k-1)!} x^{2k-1}$$

$$+ \frac{\sin\left(\xi + \frac{2k+1}{2}\pi\right)}{(2k+1)!} x^{2k+1} \quad (\xi \text{ 在 } x \text{ 与 } 0 \text{ 之间}).$$

3. 函数 $f(x) = \cos x$ 的麦克劳林公式

类似地可求得

$$\cos x = 1 - \frac{x^2}{2!} + \frac{x^4}{4!} - \cdots + \frac{(-1)^k}{(2k)!} x^{2k}$$

$$+ \frac{\cos\left(\xi + \frac{2k+2}{2}\pi\right)}{(2k+2)!} x^{2k+2} \quad (\xi \text{ 在 } x \text{ 与 } 0 \text{ 之间}).$$

4. 函数 $f(x) = \ln(1+x)$ 的麦克劳林公式

因为

$$f(x) = \ln(1+x), \quad f(0) = 0;$$

$$f'(x) = \frac{1}{1+x}, \quad f'(0) = 1;$$

$$f''(x) = -\frac{1}{(1+x)^2}, \quad f''(0) = -1;$$

$$f'''(x) = \frac{2!}{(1+x)^3}, \quad f'''(0) = 2!;$$

$$\vdots$$

$$f^{(n)}(x) = \frac{(-1)^{n-1}(n-1)!}{(1+x)^n}, \quad f^{(n)}(0) = (-1)^{n-1}(n-1)!;$$

$$f^{(n+1)}(x) = \frac{(-1)^n n!}{(1+x)^{n+1}}, \quad f^{(n+1)}(\xi) = (-1)^n \frac{n!}{(1+\xi)^{n+1}}.$$

所以

$$\ln(1+x) = x - \frac{x^2}{2} + \frac{x^3}{3} - \cdots + (-1)^{n-1} \frac{x^n}{n} + \frac{(-1)^n}{(n+1)(1+\xi)^{n+1}} x^{n+1} \quad (\xi \text{ 在 } x \text{ 与 } 0 \text{ 之间}).$$

5. 函数 $f(x) = (1+x)^m$(m 为任何实数)的麦克劳林公式

因为

$$f(x) = (1+x)^m, \quad f(0) = 1;$$

$$f'(x) = m(1+x)^{m-1}, \quad f'(0) = m;$$

$$f''(x) = m(m-1)(1+x)^{m-2}, \quad f''(0) = m(m-1);$$

$$\vdots$$

$$f^{(n)}(x) = m(m-1)\cdots(m-n+1)(1+x)^{m-n},$$

$$f^{(n)}(0) = m(m-1)\cdots(m-n+1);$$

$$f^{(n+1)}(x) = m(m-1)\cdots(m-n)(1+x)^{m-n-1},$$

$$f^{(n+1)}(\xi) = m(m-1)\cdots(m-n)(1+\xi)^{m-n-1}.$$

代入式(3.5.8),得

$$(1+x)^m = 1 + mx + \frac{m(m-1)}{2!}x^2 + \cdots + \frac{m(m-1)(m-n+1)}{n!}x^n$$

$$+ \frac{m(m-1)\cdots(m-n)}{(n+1)!}(1+\xi)^{m-n-1}x^{n+1} \quad (\xi \text{ 在 } x \text{ 与 } 0 \text{ 之间}).$$

在上面的展开式中,如果 m 为自然数,则 $f^{(m+1)}(x)=0$,这时 $(1+x)^m$ 的 m 阶泰勒公式的余项为零.$(1+x)^m$ 的展开式成为

$$(1+x)^m = 1 + mx + \frac{m(m-1)}{2!}x^2 + \cdots + mx^{m-1} + x^m,$$

这是大家所熟悉的**牛顿二项式定理**.

上面的五个展开式(佩亚诺余项型展开式)经常用到,应该记住.

例3　对函数 $f(x) = \sqrt{1+x}$ 写出它的二阶麦克劳林公式.

解　利用函数 $(1+x)^m$ 的麦克劳林展开式可得

$$\sqrt{1+x} = 1 + \frac{1}{2}x + \frac{\frac{1}{2}\left(\frac{1}{2}-1\right)}{2!}x^2 + \frac{\frac{1}{2}\left(\frac{1}{2}-1\right)\left(\frac{1}{2}-2\right)}{3!}(1+\xi)^{\frac{1}{2}-3} \cdot x^3$$

$$= 1 + \frac{1}{2}x - \frac{1}{8}x^2 + \frac{1}{16}(1+\xi)^{-\frac{5}{2}}x^3 \quad (\text{其中 } \xi \text{ 在 } x \text{ 与 } 0 \text{ 之间}).$$

例4　利用佩亚诺余项型麦克劳林公式计算极限

$$\lim_{x \to 0} \frac{x - \sin x}{e^x - 1 - x + \frac{x^2}{2}}.$$

解　$$\sin x = x - \frac{x^3}{3!} + o(x^3), \quad e^x = 1 + x + \frac{x^2}{2!} + \frac{x^3}{3!} + o(x^3),$$

所以

$$\lim_{x \to 0} \frac{x - \sin x}{e^x - 1 - x - \frac{x^2}{2}} = \lim_{x \to 0} \frac{\frac{x^3}{3!} - o(x^3)}{\frac{x^3}{3!} + o(x^3)} = 1.$$

当然,这个极限也可用洛必达法则进行计算.

习题 3-5

1. 将多项式 $x^4 - 5x^3 + 5x^2 + x + 2$ 展开成 $x-2$ 的幂的形式.

2. 将多项式 $x^5 + 2x^4 - x^2 + x + 1$ 在 $x_0 = -1$ 处展成四阶泰勒公式.

3. 写出下列函数在指定点处的泰勒公式:

(1) $f(x) = \cos x$,在 $x_0 = \frac{\pi}{4}$ 处的四阶泰勒公式;

(2) $f(x)=\dfrac{1}{x}$,在 $x_0=-1$ 处的 n 阶泰勒公式.

4. 写出下列函数的麦克劳林公式:

(1) $y=x\mathrm{e}^{-x}$,到 n 阶(拉格朗日型余项);

(2) $y=\ln\cos x$,到 4 阶(佩亚诺型余项).

5. 则 $|x|$ 较小时,证明下列近似等式,并估计它们的误差(利用拉格朗日型余项):

(1) $\tan x\approx x+\dfrac{x^3}{3}+\dfrac{2x^5}{15}$;   (2) $\arcsin x\approx x+\dfrac{x^3}{6}$.

6. 利用函数 $y=\mathrm{e}^x$ 的三阶麦克劳林公式,计算 $\mathrm{e}^{0.2}$ 的近似值,并估计误差.

7. 利用麦克劳林公式求下列极限:

(1) $\lim\limits_{x\to 0}\dfrac{\sin x-x}{x^2\sin x}$;   (2) $\lim\limits_{x\to 0}\dfrac{\ln(1+x)-x+\dfrac{x^2}{2}-\dfrac{x^3}{3}}{\cos x-1+\dfrac{x^2}{2}}$.

3.6 弧微分及曲率

3.6.1 弧微分

为讨论曲线的曲率并为后面将要论述的曲线的长度、曲线积分等内容作准备,我们这里先介绍弧微分的概念.

设曲线 L 的方程为 $y=f(x)$,$x\in[a,b]$. 函数 $f(x)$ 在 (a,b) 内有一阶连续导数. 在 L 上取定一点 $M_0(x_0,y_0)$ 作为计量弧长的起点,并规定依 x 增大的方向(当曲线由参数方程给出时,依参变量增大的方向)作为曲线的正向. 对曲线 L 上任意取定的一点 $M(x,y)$,规定有向弧段 $\overset{\frown}{M_0M}$ 的值 s(记号 $\overset{\frown}{M_0M}$ 也用来表示有向弧段 $\overset{\frown}{M_0M}$ 的值)如下:s 的绝对值等于这段弧的长度,当有向弧 $\overset{\frown}{M_0M}$ 的方向与 L 的正向一致时 s 为正,相反时 s 为负,作了这样的规定之后易知:s 是 x 的函数 $s=s(x)$,并且是单值、单调增加的函数,$s(x_0)=0$. 下面我们求 $s(x)$ 的微分.

当自变量在点 x 处有增量 Δx 时,曲线 L 上便有一点 $M_1(x+\Delta x,y+\Delta y)$ 与之对应,$s(x)$ 便有增量 Δs(图 3-12):

$$\Delta s=\overset{\frown}{M_0M_1}-\overset{\frown}{M_0M}=\overset{\frown}{MM_1}.$$

于是

$$\left(\frac{\Delta s}{\Delta x}\right)^2=\left(\frac{\overset{\frown}{MM_1}}{\Delta x}\right)^2=\left(\frac{\overset{\frown}{MM_1}}{|MM_1|}\right)^2\cdot\frac{|MM_1|^2}{(\Delta x)^2}$$

$$=\left(\frac{\overset{\frown}{MM_1}}{|MM_1|}\right)^2\cdot\frac{(\Delta x)^2+(\Delta y)^2}{(\Delta x)^2}$$

$$=\left(\frac{\overset{\frown}{MM_1}}{|MM_1|}\right)^2\cdot\left[1+\left(\frac{\Delta y}{\Delta x}\right)^2\right]. \qquad (3.6.1)$$

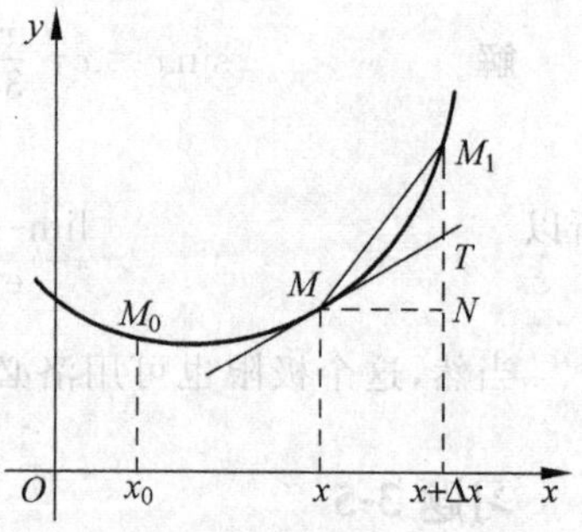

图 3-12

可以证明(这里不证),当 $\Delta x\to 0$ 时,即点 M_1 沿 L 趋于点 M 时,相应的弧的长度与弦的长度之比的极限为 1,即

$$\lim\limits_{\Delta x\to 0}\left|\frac{\overset{\frown}{MM_1}}{MM_1}\right|=1.$$

于是令 $\Delta x \to 0$ 对式(3.6.1)两端取极限,得

$$\left(\frac{\mathrm{d}s}{\mathrm{d}x}\right)^2 = 1 + \left(\frac{\mathrm{d}y}{\mathrm{d}x}\right)^2.$$

两边开平方,有

$$\frac{\mathrm{d}s}{\mathrm{d}x} = \pm\sqrt{1 + y'^2}.$$

由于 s 是 x 的单调增函数,从而根号前应取正号,于是有

$$\mathrm{d}s = \sqrt{1 + y'^2}\,\mathrm{d}x. \tag{3.6.2}$$

或者表示为

$$(\mathrm{d}s)^2 = (\mathrm{d}x)^2 + (\mathrm{d}y)^2. \tag{3.6.3}$$

这就是**弧微分公式**.

当曲线由参数方程 $\begin{cases} x = x(t), \\ y = y(t) \end{cases}$ 给出时,弧微分公式为

$$\mathrm{d}s = \sqrt{x_t'^2 + y_t'^2}\,\mathrm{d}t. \tag{3.6.4}$$

由式(3.6.3)可以明显看出弧微分的几何意义:在图 3-12 中,直角三角形 MNT 的直角边 $MN = |\mathrm{d}x|$,$NT = |\mathrm{d}y|$,斜边 $MT = |\mathrm{d}s|$. 这就是说,弧长的微分等于自变量 x 的增量相对应的切线段的长度($\Delta x > 0$ 时).

3.6.2 曲率及其计算公式

我们直觉地认识到:直线不弯曲;同一个圆周上处处弯曲的程度相同,而不同的圆则半径较小的圆比半径较大的圆的弯曲程度要大;而其他曲线的不同部分有不同的弯曲程度,例如抛物线 $y = x^2$ 在顶点附近要比远离顶点的部分弯曲得厉害些.

研究曲线的弯曲程度具有重要的实际意义.如在设计铁路、公路的弯道时,需要考虑它的弯曲程度.如果弯曲太厉害,车辆高速行驶时,就容易造成出轨翻车事故.在机械、土建中遇到的各种轴、梁,它们在负载的作用下要弯曲变形,在设计时要考虑对它的弯曲程度作一定的限制.这就要求我们能定量地描述和计算曲线的弯曲程度.下面就来讨论这个问题.

在图 3-13 中,弧段 $\overparen{M_1 N_1}$ 和 $\overparen{M_2 N_2}$ 的长度都是 s. 图 3-13(a)中,在 M_1 点作切线(切线的正向取弧长增加的方向),当 M_1 沿曲线变到 N_1 时,设想切线也随之转动,变为 N_1 点的切线,在这过程中,切线转过的角度为 α_1. 类似地,图 3-13(b)中,切线转过的角度为 α_2. 容易看出,对同样的弧长,弧段 $\overparen{M_2 N_2}$ 要比 $\overparen{M_1 N_1}$ 弯曲得厉害些,而相应的切线的转角有 $\alpha_2 > \alpha_1$. 因此,切线转角大小是衡量曲线弯曲程度的一个标志.

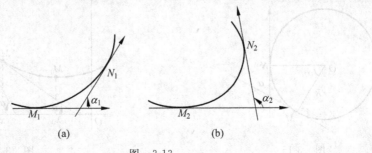

图 3-13

但是,仅由切线转角的大小还不能完全反映曲线的弯曲程度. 由图 3-14 可以看出,两弧段 $\overparen{MN}$ 和 $\overparen{M'N'}$ 的切线转角都是 α,但这里 $s>s'$,而 $\overparen{MN}$ 的弯曲程度要比 $\overparen{M'N'}$ 小. 因此,考察弧段的弯曲程度时,必须同时考察弧段的长度和切线的转角这两个因素.

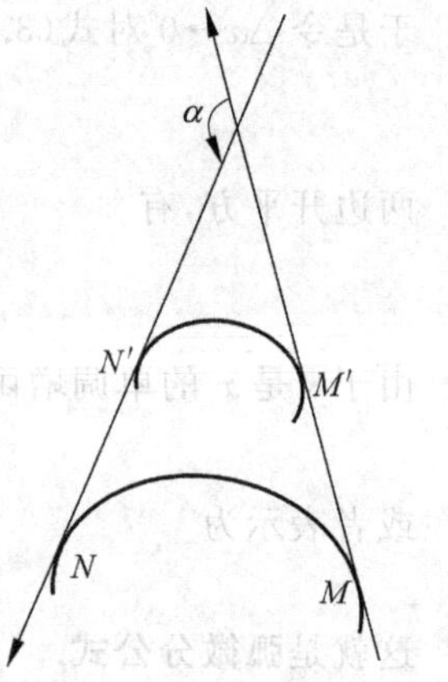

通常用比值 $\dfrac{\alpha}{s}$ 表示弧段 $\overparen{MN}$ 的平均弯曲程度,称 $\dfrac{\alpha}{s}$ 为 $\overparen{MN}$ 的**平均曲率**,记作

$$\overline{K}=\frac{\alpha}{s}.$$

当 $s\to 0$,即点 N 沿曲线趋于 M 时,如果弧 $\overparen{MN}$ 的平均曲率 $\overline{K}$ 的极限存在,就称此极限为曲线在 M 点的**曲率**,记作 K,即

$$K=\lim_{s\to 0}\frac{\alpha}{s}.$$

图 3-14

例 1   求半径为 R 的圆的曲率.

解   设圆弧段 $\overparen{MN}$ 长为 s,切线由点 M 转到点 N 的转角为 α,这个角等于弧 $\overparen{MN}$ 所对的圆心角(图 3-15).

因为 $s=\alpha R$,所以 $\dfrac{\alpha}{s}=\dfrac{1}{R}$,于是所求曲率

$$K=\lim_{s\to 0}\frac{\alpha}{s}=\frac{1}{R}.$$

这说明,圆的曲率处处相同,且等于这个圆的半径的倒数. 不同的圆,半径大的曲率小,半径小的曲率大. 这与我们的直观感觉是一致的.

利用曲率定义计算曲率一般是不方便的,下面导出计算曲率的公式.

设曲线 l 的方程为 $y=f(x)$,函数 $f(x)$ 具有二阶导数. 在 l 上取定一点 M_0 为度量弧长的基点,弧 $\overparen{M_0 M}$ 的长为 s,曲线在 M 点的切线的倾角为 α. 在弧上另取一点 $N(x+\Delta x,y+\Delta y)$,这时 s 的改变量 $\Delta s=\overparen{MN}$,α 的改变量为 $\Delta\alpha$(图 3-16),于是弧段 $\overparen{MN}$ 的平均曲率为 $\overline{K}=\left|\dfrac{\Delta\alpha}{\Delta s}\right|$(这里取绝对值是因为 Δs,$\Delta\alpha$ 都可能是负值). 令 $\Delta s\to 0$,即 N 点沿曲线趋于 M,取平均曲率的极限,就得到曲线在 M 点的曲率:

$$K=\lim_{\Delta s\to 0}\left|\frac{\Delta\alpha}{\Delta s}\right|=\left|\frac{\mathrm{d}\alpha}{\mathrm{d}s}\right|. \tag{3.6.5}$$

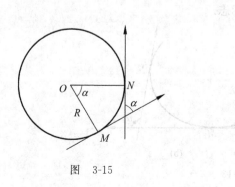

图   3-15

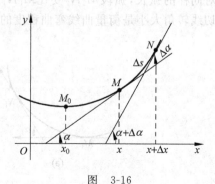

图   3-16

由于 $\tan\alpha = y'$，于是 $\alpha = \arctan y'$. 注意到 y' 是 x 的函数，等式两边对 x 求导，得

$$\frac{\mathrm{d}\alpha}{\mathrm{d}x} = (\arctan y')'_x = \frac{y''}{1 + y'^2},$$

于是

$$\mathrm{d}\alpha = \frac{y''}{1 + y'^2}\mathrm{d}x.$$

又由式(3.6.2)知道

$$\mathrm{d}s = \sqrt{1 + y'^2}\,\mathrm{d}x,$$

从而有

$$K = \frac{|y''|}{(1 + y'^2)^{\frac{3}{2}}}. \tag{3.6.6}$$

这就是在直角坐标系下曲率的计算公式.

例2 求直线 $y = ax + b$ 的曲率.

解 $y' = a, y'' = 0$，代入式(3.6.6)，得 $K = 0$. 这说明直线上任一点处的曲率都为零，和我们的直观感觉是一致的.

例3 抛物线 $y = ax^2 + bx + c$ 上哪一点的曲率最大?

解 $y' = 2ax + b, y'' = 2a$，代入式(3.6.6)，得

$$K = \frac{|2a|}{[1 + (2ax + b)^2]^{\frac{3}{2}}},$$

分子为常数 $|2a|$，使 K 最大，应使分母最小. 易知，当 $2ax + b = 0$，即 $x = -\dfrac{b}{2a}$ 时分母最小，此时 K 有最大值 $|2a|$. 而 $x = -\dfrac{b}{2a}$ 对应于抛物线的顶点，因此抛物线在顶点处曲率最大.

在实际问题中，如果 $|y'| \ll 1$，可以忽略不计，这时可得曲率的近似计算公式:

$$K \approx |y''|.$$

例4 求曲线

$$\begin{cases} x = a(t - \sin t), \\ y = a(1 - \cos t) \end{cases}$$

在任意点处的曲率($a > 0$).

解
$$\frac{\mathrm{d}y}{\mathrm{d}x} = \frac{y'_t}{x'_t} = \frac{a\sin t}{a(1 - \cos t)} = \frac{\sin t}{1 - \cos t} = \cot\frac{t}{2},$$

$$\frac{\mathrm{d}^2 y}{\mathrm{d}x^2} = \frac{\mathrm{d}}{\mathrm{d}t}\left(\frac{\mathrm{d}y}{\mathrm{d}x}\right) \cdot \frac{\mathrm{d}t}{\mathrm{d}x} = \left(\cot\frac{t}{2}\right)' \cdot \frac{1}{2a\sin^2\frac{t}{2}}$$

$$= -\frac{1}{2}\csc^2\frac{t}{2} \cdot \frac{1}{2a\sin^2\frac{t}{2}} = -\frac{1}{4a\sin^4\frac{t}{2}}.$$

所以

$$K = \left|\frac{y''}{(1 + y'^2)^{\frac{3}{2}}}\right| = \frac{1}{4a\sin^4\frac{t}{2}} \cdot \frac{1}{\left(1 + \cot^2\frac{t}{2}\right)^{\frac{3}{2}}} = \frac{1}{4a\left|\sin\frac{t}{2}\right|}.$$

*3.6.3 曲率圆

最后,我们介绍一下曲率圆、曲率中心、曲率半径的概念.

设曲线 $y=f(x)$ 在点 $M(x,y)$ 处的曲率为 $K(K\neq0)$,在点 M 处的曲线的法线上,在指向曲线凹的一侧上取一点 D,使 $|MD|=\dfrac{1}{K}=\rho$. 以 D 为圆心,ρ 为半径作圆,则称该圆心曲线在点 M 处的**曲率圆**,点 D 称为曲线在点 M 处的**曲率中心**,曲率圆的半径 $\rho=\dfrac{1}{K}$ 叫做曲线在点 M 处的**曲率半径**(图 3-17).

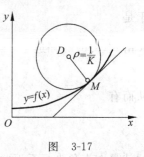

图 3-17

显然,曲线 $y=f(x)$ 与上述曲率圆在点 M 处相切(即它们在该点有相同的切线),并且在点 M 处有相同的曲率. 既然在点 M 处曲线与其曲率圆弯曲程度相同,那么,在 M 点附近的曲线弧段可以用曲率圆的弧段近似代替.

曲线在点 $M(x,y)$ 处的曲率中心 $D(\xi,\eta)$ 的坐标为:

$$\begin{cases} \xi = x - \dfrac{y'(1+y'^2)}{y''}, \\ \eta = y + \dfrac{1+y'^2}{y''}. \end{cases} \tag{3.6.7}$$

这里我们仅给出计算公式,对于具体推导过程我们就不叙述了.

习题 3-6

1. 求下列曲线在给定点的曲率:

(1) $xy=4$,点$(2,2)$;　　　　　　(2) $y=x^2+x$,点$(0,0)$;

(3) $\dfrac{x^2}{4}+y^2=1$,点$(0,1)$;　　　(4) $y=\sin x$,点$\left(\dfrac{\pi}{2},1\right)$;

(5) $\begin{cases} x=a(t-\sin t), \\ y=a(1-\cos t), \end{cases} t=\dfrac{\pi}{3}$;　　(6) $\begin{cases} x=3t^2, \\ y=3t-t^3, \end{cases} t=1.$

2. 求对数曲线 $y=\ln x$ 上曲率半径最小的点,并求该点的曲率半径.

3. 求曲线 $\sqrt{x}+\sqrt{y}=\sqrt{a}$ 上曲率半径最小的点.

4. 求曲线 $y=\ln\sec x$ 上点 (x_0,y_0) 处的曲率及曲率半径.

5. 求曲线 $x=a\cos^2\theta,y=a\sin^3\theta$ 在 $\theta=\theta_0$ 处的曲率半径.

*6. 求曲线 $y=\tan x$ 在点 $\left(\dfrac{\pi}{4},1\right)$ 处的曲率圆方程.

*7. 求曲线 $y=\ln x$ 在$(1,0)$处的曲率圆方程.

3.7　方程的近似解

求方程 $f(x)=0$ 的根的问题在实际工作中常会遇到. 对于一元二次方程,我们熟知它的求根公式,很容易求得它的实根的精确值(假如存在的话). 对于高次方程和其他类型的方程,要想求得其实根的精确值,往往非常困难,甚至不可能,因此就需要寻求方程的近似解.

求方程的近似解,可分两步来解决.

第一步是确定根的大致范围,即确定一个区间 $[a,b]$(称作**隔离区间**),使所求根是位于这个区间内的唯一实根.这一步的工作利用函数的连续性、单调性等性质,作出 $y=f(x)$ 的草图,由曲线与 x 轴的交点可定出根的隔离区间.

第二步,以根的隔离区间的端点,作为根的初始值,逐步改善根的近似值的精确度,直至求得满足精确度要求的近似解.完成这一步的工作的方法较多,这里介绍两种常用的方法——**二分法**和**切线法**.

3.7.1　二分法

设 $f(x)$ 在 $[a,b]$ 上连续,$f(a)f(b)<0$,且方程在 (a,b) 内仅有一个实根 ξ,这样,$[a,b]$ 就是这个根的一个隔离区间.

取 $[a,b]$ 的中点 $\xi_1=\dfrac{a+b}{2}$,计算 $f(\xi_1)$.如果 $f(\xi_1)=0$,则 $\xi=\xi_1$.

如果 $f(\xi_1)\neq0$,那么用 ξ_1 作为 ξ 的近似值,误差将不超过区间长度的一半.如果这误差不能满足精确度要求,则在 $[a,\xi_1]$ 和 $[\xi_1,b]$ 中选取一个区间,使其端点处的函数值异号.记选取的这个区间为 $[a_1,b_1]$,这是一个新的隔离区间,其长度为 $\dfrac{1}{2}(b-a)$.重复以上的做法,假定经过 $n-1$ 次求得 $\xi_1,\xi_2,\cdots,\xi_{n-1}$ 均不是方程的根,且作为根的近似值达不到精度要求,而经过第 n 次所求得的 ξ_n,要么就是方程的根 ξ,不然的话,ξ_n 作为 ξ 的近似值,误差小于 $\dfrac{1}{2^n}(b-a)$.如果这已符合问题的精度要求,便可取 ξ_n 作为 ξ 的近似值.

例1　用二分法求方程 $x-\ln(2+x)=0$ 的一个近似根,要求误差不超过 0.01.

解　函数 $f(x)=x-\ln(2+x)$ 的定义域为 $(-2,+\infty)$,函数在定义域内是连续的.

$$f'(x)=1-\frac{1}{x+2}=\frac{x+1}{x+2},$$

当 $x\in(-2,-1)$ 时,$f'(x)<0$,$f(x)$ 单调减少;当 $x\in(-1,+\infty)$ 时,$f'(x)>0$,$f(x)$ 单调增加.

又由于 $\lim\limits_{x\to-2}f(x)=+\infty$,$f(-1)=-1$,$\lim\limits_{x\to+\infty}f(x)=+\infty$,所以方程 $f(x)=0$ 有且只有两个实根,分别位于区间 $(-2,-1)$ 和 $(-1,+\infty)$ 内.又由于 $f(2)=2-\ln4=0.614>0$,所以方程 $f(x)=0$ 在 $(-1,2)$ 内有且只有一个实根.这里,我们以 $[-1,2]$ 为隔离区间,求方程的一个近似实根.

计算得:

$\xi_1=0.5$,$f(\xi_1)=-0.416<0$,故取 $[a_1,b_1]=[0.5,2]$;

$\xi_2=1.25$,$f(\xi_2)=0.071>0$,故取 $[a_2,b_2]=[0.5,1.25]$;

$\xi_3=0.875$,$f(\xi_3)=-0.181<0$,故取 $[a_3,b_3]=[0.875,1.25]$;

$\xi_4=1.1$(不一定取中点),$f(\xi_4)=-0.031$,可取 $[a_4,b_4]=[1.1,1.25]$;

$\xi_5=1.175$,$f(\xi_5)=0.020$,可取 $[a_5,b_5]=[1.1,1.175]$;

$\xi_6=1.14$,$f(\xi_6)=-0.004$,可取 $[a_6,b_6]=[1.14,1.175]$;

$\xi_7=1.16, f(\xi_7)=0.009$,可取$[a_7,b_7]=[1.14,1.16]$.

区间$[1.14,1.16]$的长度为 0.02,取其中点 $\xi_8=1.15$ 作为近似根,误差不超过 0.01,满足精确度要求.如果想进一步知道 $\xi_8=1.15$ 是根的不足近似值还是过剩近似值,只要计算一下 $f(\xi_8)$ 就行了.

$$f(\xi_8) = 0.003$$

所以
$$1.14 < \xi < 1.15,$$

1.14 作为 ξ 的不足近似值,1.15 作为 ξ 的过剩近似值,误差都不超过 0.01.

3.7.2 切线法

用二分法计算近似根,方法虽然简单,但要达到精度要求,往往需要较多的计算次数,这种现象我们称之为**收敛较慢**.下面介绍一种**收敛较快**的求根方法,叫做**切线法**(或叫做**牛顿法**).

设 $f(x)$ 在$[a,b]$上具有二阶导数,$f(a)f(b)<0$,且 $f'(x)$ 及 $f''(x)$ 分别保持确定的符号.在这样的条件下,方程 $f(x)=0$ 在(a,b)内有唯一实根,且 $y=f(x)$ 在$[a,b]$上的图形$\overset{\frown}{AB}$只有如图 3-18 中所示的四种不同的情况.

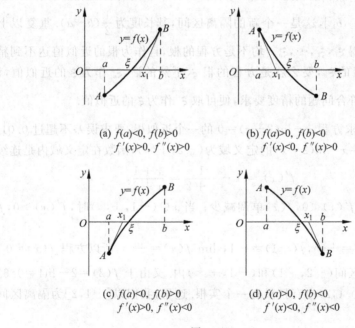

(a) $f(a)<0, f(b)>0$
$f'(x)>0, f''(x)>0$

(b) $f(a)>0, f(b)<0$
$f'(x)<0, f''(x)>0$

(c) $f(a)<0, f(b)>0$
$f'(x)>0, f''(x)<0$

(d) $f(a)>0, f(b)<0$
$f'(x)<0, f''(x)<0$

图   3-18

我们用曲线弧某一端的切线来代替曲线弧,从而求出方程实根的近似值,所以这种方法叫切线法.从图 3-18 可以看出,如果在纵坐标与 $f''(x)$ 同号的那个端点(此端点记作$(x_0, f(x_0))$)作切线,该切线与 x 轴的交点的横坐标 x_1 就比 x_0 更接近方程的根 ξ(从图上还可以看出,如果在另一端点作切线,就不能保证该切线与 x 轴的交点的横坐标比 a 或 b 更接近方程的根 ξ).

下面以图 3-18(b)：$f(a) > 0, f(b) < 0, f'(x) < 0, f''(x) > 0$ 为例进行讨论. 此时, $f(a)$ 与 $f''(x)$ 同号, 故令 $x_0 = a$, 在端点 $(x_0, f(x_0))$ 作切线, 切线方程为

$$y - f(x_0) = f'(x_0)(x - x_0).$$

令 $y = 0$, 从上式解出 x, 就得到切线与 x 轴交点的横坐标为

$$x_1 = x_0 - \frac{f(x_0)}{f'(x_0)},$$

x_1 比 x_0 更接近方程的根 ξ.

再在点 $(x_1, f(x_1))$ 作切线, 又可得到近似根 x_2:

$$x_2 = x_1 - \frac{f(x_1)}{f'(x_1)}.$$

重复以上步骤, 可得第 n 次近似根:

$$x_n = x_{n-1} - \frac{f(x_{n-1})}{f'(x_{n-1})}. \tag{3.7.1}$$

如果 $f(b)$ 与 $f''(x)$ 同号, 则取 $x_0 = b$, 仍可按公式(3.7.1)计算切线与 x 轴交点的横坐标, 也就是方程的近似根.

例 2　求方程 $x - \ln(x+2) = 0$ 在 $[-1, 2]$ 上的近似根, 要求误差不超过 0.01.

此问题与例 1 中的问题相同, 这里用牛顿法求近似根.

解　令 $f(x) = x - \ln(x+2)$, 有

$$f'(x) = 1 - \frac{1}{x+2}, \quad f''(x) = \frac{1}{(x+2)^2} > 0, \quad x \in (-1, 2).$$

由于 $f(2) = 2 - \ln 4 > 0$ 与 $f''(x)$ 同号, 所以取 $x_0 = 2$.

$$x_1 = x_0 - \frac{f(x_0)}{f'(x_0)} = 2 - \frac{f(2)}{f'(2)} \approx 1.181;$$

$$x_2 = x_1 - \frac{f(x_1)}{f'(x_1)} = 1.181 - \frac{f(1.181)}{f'(1.181)} \approx 1.146;$$

$$x_3 = x_2 - \frac{f(x_2)}{f'(x_2)} = 1.146 - \frac{f(1.146)}{f'(1.146)} \approx 1.146.$$

不能再按此法继续下去了. 由 $f(1.146) = -0.0001, f(1.147) = 0.0006$, 知 ξ 介于 1.146 与 1.147 之间. 取 $x_4 = 1.1465$ 作为近似根, 其误差小于 0.0005.

从这个例子看到, 用切线法求近似根, 三次就满足精度要求, 而二分法用了七次, 误差还较大, 二者之优劣可立见. 但由于计算机的广泛使用, 二分法编程序简单, 所以仍不失其实用价值.

习题 3-7

1. 试证明方程 $x^3 - 3x^2 + 6x - 1 = 0$ 在区间 $(0,1)$ 内有唯一的实根, 并且二分法求这个根的近似值, 使误差不超过 0.01.

2. 求方程 $x^3 + 3x - 1 = 0$ 的近似根, 使误差不超过 0.01.

3. 求方程 $x^4 + x^3 - 3x^2 + 12x - 12 = 0$ 在区间 $(1,2)$ 内的实根, 要求误差不超过 0.0001 (用切线法).

4. 求方程 $\sin 2x = x$ 的正实根, 使误差不超过 0.01.

本 章 小 结

一、本章内容纲要

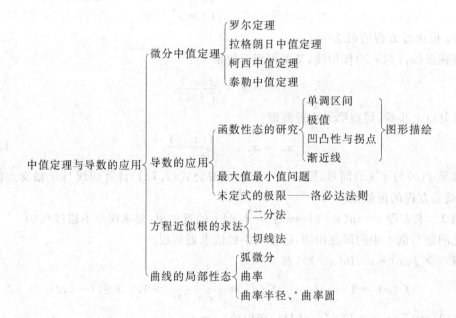

二、教学基本要求

1. 理解罗尔定理和拉格朗日中值定理,知道柯西中值定理和泰勒中值定理,知道函数 $\sin x$, $\cos x$, e^x, $\ln(1+x)$, $(1+x)^m$ 的麦克劳林展开式.

2. 知道洛必达法则的使用条件,能熟练地运用这个法则求 $\frac{0}{0}$ 型和 $\frac{\infty}{\infty}$ 型的未定式的极限,会将其他形式的未定式化为 $\frac{0}{0}$ 或 $\frac{\infty}{\infty}$ 型未定式.

3. 理解函数的极值的概念. 掌握求函数的极值、判断函数的增减与函数图形的凹凸以及求函数图形的拐点的方法. 能利用函数的性态作图(包括单调、凹凸、拐点、渐近线、极值等的讨论). 掌握较简单的最大值、最小值的应用问题的求解方法.

4. 知道弧微分、曲率、曲率半径的概念. 会计算曲率和曲率半径.

5. 会利用切线法求方程的近似解.

三、本章的重点和难点

本章的重点是理解罗尔定理和拉格朗日中值定理,会利用洛必达法则求极限,利用导数讨论函数的增减、极值、函数图形的凹凸性及函数作图,最大值最小值的应用问题.

本章的难点是柯西中值定理和泰勒中值定理,利用中值定理证明一些等式和不等式,以及函数图形的描绘.

四、部分重点、难点内容浅析

1. 本章所讲的中值定理包含如下四条定理：罗尔定理、拉格朗日定理、柯西中值定理、泰勒中值定理. 这些定理有一个共同特点，就是函数在一定条件下，在给定的区间内至少存在一点，使得这点的导数值具有这样或那样的性质，故通常称之为微分中值定理. 这四个定理中，罗尔定理是基础，拉格朗日定理是核心，柯西中值定理和泰勒中值定理是拉格朗日中值定理的推广. 拉格朗日定理和柯西中值定理的证明都是以罗尔定理为基础的. 拉格朗日中值定理是用导数研究函数的单调性、极值、曲线的凹凸性的理论基础. 洛必达法则的证明及泰勒公式的推导都依赖于柯西中值定理.

2. 利用导数研究函数的单调性、极值、函数图形的凹凸性，进而作出函数的图形，是本章的重点. 其理论论据主要是拉格朗日中值定理，其方法步骤在 3.3 节和 3.4 节中已作了详尽的介绍，这里不再重复. 实际问题中的最大值、最小值问题，也是本章的重点，3.3 节中已作了概括总结. 至于应用中值定理作一些简单的推理论证，常见的有两大类问题：一类是根的存在性问题，证明主要是利用罗尔定理或拉格朗日中值定理（有时还要用到介值性定理、函数的单调性等）；另一类是证明不等式，主要是利用拉格朗日中值定理和泰勒中值定理，或者利用函数的单调性、极值（实质上也是利用拉格朗日中值定理）加以证明. 这两类问题有时往往比较困难，是本章的难点.

3. 利用洛必达法则求 $\dfrac{0}{0}$ 及 $\dfrac{\infty}{\infty}$ 型未定式的极限是本章的又一重点. 在大多数情况下，利用洛必达法则能够简单而又有效地求出未定式的极限. 第 1 章的许多未定式的极限，在那里需要特殊的方法和技巧，而在这里可用洛必达法则很方便地求出. 利用洛必达法则时，一要时时注意所求极限是否满足法则所要求的条件，否则不能使用；二要和第 1 章所讲一些求极限的方法、结论结合起来，这样往往能简化计算；三是当 $\lim\dfrac{G'(x)}{F'(x)}$ 不存在时，法则失效，但不能断言原极限不存在，而需改用其他方法解决.

其他五种形式的未定式（$\infty \cdot 0, \infty - \infty, 1^{\infty}, \infty^{0}, 0^{0}$）都可采用转化为 $\dfrac{0}{0}$ 或 $\dfrac{\infty}{\infty}$ 型未定式的方法求其极限.

有些数列的极限问题，可转化为自变量连续变化的函数的极限问题进而利用洛必达法则加以解决.

复 习 题 3

1. 选择题：

（1）设 $f(x)$ 是奇函数，且当 $x>0$ 时有 $f'(x)>0, f''(x)>0$，则当 $x<0$ 时，有（　　）.

(A) $f'(x)>0, f''(x)<0$ 　　　　　　(B) $f'(x)<0, f''(x)>0$

(C) $f'(x)>0, f''(x)>0$ 　　　　　　(D) $f'(x)<0, f''(x)<0$

(2) $f(x)$ 是可导函数,则 $f'(x_0)=0$ 是 $f(x_0)$ 为极值的(　　).

(A) 充分而非必要条件　　　　　　(B) 必要而非充分条件

(C) 充分必要条件　　　　　　　　(D) 既非充分又非必要条件

2. 填空题:

(1) 若在 $[a,b]$ 上有 $f''(x)<0$,则 $f'(a)$,$f'(b)$ 和 $f(b)-f(a)$ 的大小关系是_____.

(2) 若函数 $y=x^2+ax+b$ 在 $x=1$ 处取得极小值 5,则 $a=$_____,$b=$_____.

3. 填写表 3-8,并说明这三个微分中值定理之间的关系:

表 3-8

定　理	条　件	结　论	几何意义
罗尔定理			
拉格朗日中值定理			
柯西中值定　理			

4. 使用洛必达法则求 $\dfrac{0}{0}$ 及 $\dfrac{\infty}{\infty}$ 型未定式的极限应注意哪些问题?

5. 若 $f(x)$,$g(x)$ 在 (a,b) 内可导,且 $f'(x)>g'(x)$,能否由此得出 $f(x)>g(x)$ 的结论? 试考察函数 $f(x)=-e^{-x}$ 和 $g(x)=e^{-x}$.

6. 如果 $f(x)$ 和 $g(x)$ 在 (a,b) 内可微,且有 $f(x)>g(x)$,能否由此得出 $f'(x)>g'(x)$ 的结论? 试在 $(0,+\infty)$ 内考察函数 $f(x)=\dfrac{1}{x}$ 和 $g(x)=-\dfrac{1}{x}$.

7. 函数的驻点、极值点有什么区别和联系? 函数的极值点应在哪些点中去找? 函数的极值与函数的最值有什么区别及联系? 如何求函数的极值? 如何求函数的最大值与最小值?

8. 若 $f''(x_0)=0$,能否说 $(x_0,f(x_0))$ 一定是曲线 $y=f(x)$ 上的拐点? 试研究函数 $y=x^4$ 在 $x=0$ 处的情形. 反之,若 $(x_0,f(f(x_0)))$ 是曲线 $y=f(x)$ 上的拐点,能否断定 $f''(x_0)=0$? 试考察函数 $y=x^{\frac{4}{3}}$.

9. 证明方程 $x^5+x-3=0$ 只有一个正根.

10. 设函数 $f(x)=a\ln x+bx^2+x$ 在 $x_1=1$,$x_2=2$ 处都取得极值,试确定 a,b 值,并问这时函数在 x_2,x_2 处取得极大值还是极小值.

11. 设 $\dfrac{a_0}{n+1}+\dfrac{a_1}{n}+\cdots+\dfrac{a_{n-1}}{2}+a_n=0$,试证明方程 $a_0x^n+a_1x^{n-1}+\cdots+a_{n-1}x+a_n=0$ 在 0 与 1 之间至少有一个实根.

12. 试证明方程 $4ax^3+3bx^2+2cx=a+b+c$ 在 $(0,1)$ 内至少有一个实根.

13. 求函数 $y=\left(1+x+\dfrac{x^2}{2!}+\cdots+\dfrac{x^n}{n!}\right)e^{-x}$ 的极值.

14. 证明下列不等式:

(1) $\ln(1+x)\geqslant\dfrac{\arctan x}{1+x}$ $(x\geqslant 0)$;

(2) $\dfrac{x}{y} < \dfrac{\sin x}{\sin y} \left(0 < x < y < \dfrac{\pi}{2} \right)$;

(3) $x^p + (1-x)^p \geqslant \dfrac{1}{2^{p-1}} (p > 1, 0 \leqslant x \leqslant 1)$;

(4) 当 $x > 0$ 时, $\ln(1+x) > x - \dfrac{x^2}{2}$.

15. 设 $x + y = a$, 其中 a 为正的常数, x, y 取正值. 证明当 $x = y$ 时, $x^2 + y^2$ 为最小, 并作出几何解释.

16. 求以下数列的最大项:

(1) $x_n = \dfrac{n^{10}}{2^n}$;　　　　　　(2) $x_n = \sqrt[n]{n}$.

17. 过点 $P(1,4)$ 引一直线, 使它在两坐标轴上的截距都为正, 且使其和为最小, 求这直线的方程.

18. 用某种仪器测量某零件的长度 n 次, 所得数据 (长度) 为 $x_1, x_2, \cdots, x_n$. 试证明表达式 $x = \dfrac{x_1 + x_2 + \cdots + x_n}{n}$ 算得的长度 x 才能较好地表达该零件的长度, 也就是说能使 x 与 n 个数据的差的平方和 $(x-x_1)^2 + (x-x_2)^2 + \cdots + (x-x_n)^2$ 为最小.

19. 求下列极限:

(1) $\displaystyle\lim_{x \to 0} \dfrac{e^x - \cos x\, e^{\sin x}}{1 - \cos x}$;　　　　　(2) $\displaystyle\lim_{x \to 0} \left(\dfrac{a^{x+1} + b^{x+1}}{a+b} \right)^{\frac{1}{x}} (a > 0, b > 0)$;

(3) $\displaystyle\lim_{x \to 0} \dfrac{x(e^x + 1) - 2(e^x - 1)}{x^3}$;　　　　(4) $\displaystyle\lim_{x \to 0^+} (\tan x)^{\sin x}$;

(5) $\displaystyle\lim_{x \to 0} \left(\dfrac{a_1^x + a_2^x + \cdots + a_n^x}{n} \right)^{\frac{1}{x}} (a_i > 0, a_i \neq 1)$;　(6) $\displaystyle\lim_{x \to 0} \dfrac{(1+x)^{\frac{1}{x}} - e}{x}$.

20. 讨论函数 $y = \dfrac{2x-1}{(x-1)^2}$ 的性态, 并作图.

21. 讨论函数 $y = xe^{-x}$ 的性态, 并作图.

22. 证明方程 $a^x = bx(a > 1)$ 当 $b > e\ln a$ 时有两个实根; 当 $0 < b < e\ln a$ 时没有实根; 当 $b < 0$ 时有唯一的实根.

第 **4** 章

不 定 积 分

在第 2 章中,我们讨论了求已知函数的导数的问题.本章将讨论相反的问题,即要寻找一个可导函数,使它的导数等于已知的函数,这是积分学的基本问题之一.

4.1 不定积分的概念与性质

4.1.1 不定积分的概念

定义 1 设函数 $f(x)$ 在区间 I 内有定义,如果存在函数 $F(x)$,使得对任一 $x \in I$,都有
$$F'(x) = f(x) \quad \text{或} \quad \mathrm{d}F(x) = f(x)\mathrm{d}x$$
成立,则称 $F(x)$ 为 $f(x)$(或 $f(x)\mathrm{d}x$)在区间 I 内的一个**原函数**.

例如,在 $(-\infty, +\infty)$ 内有 $(x^3)' = 3x^2$,所以 x^3 是 $3x^2$ 在 $(-\infty, +\infty)$ 内的一个原函数.

又如,当 $x \in (0, +\infty)$ 时,$(\ln x)' = \dfrac{1}{x}$,故 $\ln x$ 是 $\dfrac{1}{x}$ 在 $(0, +\infty)$ 内的一个原函数.

关于原函数,我们很自然地会提出如下问题:

(1) 一个函数具备怎样的条件,就能保证它的原函数一定存在?

(2) 如果 $F(x)$ 是 $f(x)$ 在区间 I 内的一个原函数,那么 $f(x)$ 还有没有别的原函数? 如有,它们和 $F(x)$ 有什么联系?

对问题(1),我们将在下一章进行讨论,这里先给出结论.

原函数存在定理 如果函数 $f(x)$ 在区间 I 内连续,则在该区间内它的原函数一定存在. 即在区间 I 内存在可导函数 $F(x)$,使得对任一 $x \in I$,有
$$F'(x) = f(x)$$
成立.

对于问题(2),我们讨论如下.

首先,如果 $F(x)$ 是 $f(x)$ 在区间 I 内的一个原函数,即对任一 $x \in I$,都有 $F'(x) = f(x)$,那么,对任何常数 C,显然有
$$[F(x) + C]' = f(x),$$
即对任何常数 C,函数 $F(x) + C$ 也是 $f(x)$ 的原函数.

其次,如果 $G(x)$ 也是 $f(x)$ 在区间 I 内的一原函数,即对任一 $x \in I$,有 $G'(x) = f(x)$,那么
$$[G(x) - F(x)]' = G'(x) - F'(x) = f(x) - f(x) \equiv 0.$$

由 3.1 节知道导数恒为零的函数必为常数,所以

$$G(x) - F(x) = C_0 \quad (C_0 \text{ 为某一常数}).$$

这表明 $G(x)$ 与 $F(x)$ 只相差一个常数.因此,当 C 为任意常数时,$F(x) + C$ 包括了 $f(x)$ 的全部原函数.

由以上分析,我们引入下面的定义.

定义 2 如果在区间 I 内,$f(x)$ 的一个原函数为 $F(x)$,那么 $f(x)$ 的原函数的全体 $F(x) + C(C$ 为任意常数)叫做 $f(x)$(或 $f(x)\mathrm{d}x$)在区间 I 内的**不定积分**,记作 $\int f(x)\mathrm{d}x$,即

$$\int f(x)\mathrm{d}x = F(x) + C,$$

其中记号 $\int$ 称为**积分号**,$f(x)$ 称为**被积函数**,$f(x)\mathrm{d}x$ 称为**被积表达式**,x 称为**积分变量**,任意常数 C 称为**积分常数**.

例 1 求 $\int x^3 \mathrm{d}x$.

解 因为 $\left(\dfrac{x^4}{4}\right)' = x^3$,所以 $\dfrac{x^4}{4}$ 是 x^3 的一个原函数,于是

$$\int x^3 \mathrm{d}x = \frac{1}{4}x^4 + C.$$

例 2 求 $\int \dfrac{\mathrm{d}x}{1+x^2}$.

解 由于 $(\arctan x)' = \dfrac{1}{1+x^2}$,所以有

$$\int \frac{1}{1+x^2}\mathrm{d}x = \arctan x + C.$$

例 3 求 $\int \dfrac{\mathrm{d}x}{x}$.

解 当 $x > 0$ 时,$(\ln x)' = \dfrac{1}{x}$,所以有

$$\int \frac{1}{x}\mathrm{d}x = \ln x + C \quad (x > 0);$$

当 $x < 0$ 时,$[\ln(-x)]' = \dfrac{-1}{-x} = \dfrac{1}{x}$,所以有

$$\int \frac{1}{x}\mathrm{d}x = \ln(-x) + C \quad (x < 0).$$

因此,不论 $x > 0$ 或 $x < 0$,都有公式

$$\int \frac{1}{x}\mathrm{d}x = \ln |x| + C.$$

例 4 设曲线通过点 $(2,3)$,曲线上任一点切线的斜率为 $3x^2$,求此曲线的方程.

解 设所求曲线方程为 $y = f(x)$,由题设,曲线上任一点 (x,y) 处的切线斜率为

$$f'(x) = 3x^2,$$

即 $f(x)$ 是 $3x^2$ 的一个原函数.由于

$$\int 3x^2 \mathrm{d}x = x^3 + C,$$

故必有某个常数 C，使得 $f(x)=x^3+C$，即曲线方程为 $y=x^3+C$. 又因为曲线过点 $(2,3)$，则有

$$3 = 2^3 + C, \quad C = -5.$$

于是所求曲线方程为

$$y = x^3 - 5.$$

一般地，函数 $f(x)$ 的原函数的图形称为 $f(x)$ 的**积分曲线**. 如果 $F(x)$ 是 $f(x)$ 的一个原函数，则曲线 $y=F(x)$ 为 $f(x)$ 的一条积分曲线，而 $y=F(x)+C$ 为 $f(x)$ 的**积分曲线族**. 如果我们作出了 $f(x)$ 的任意一条积分曲线，将它沿 y 轴上下平移，就可得到 $f(x)$ 的所有积分曲线. 同时，由于 $[F(x)+C]'=f(x)$，可见这些曲线上的点在横坐标相同时，有相互平行的切线（图 4-1）.

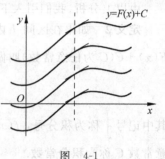

图　4-1

4.1.2　不定积分的性质

从不定积分的定义，容易推知不定积分具有如下性质.

性质 1　一个函数先积分后求导仍为函数自身，即

$$\left[\int f(x)\mathrm{d}x \right]' = f(x),$$

或

$$\mathrm{d}\left[\int f(x)\mathrm{d}x \right] = f(x)\mathrm{d}x.$$

性质 2　一个函数先求导（设该函数在 I 内处处可导）后积分等于函数自身再加一个任意常数，即

$$\int F'(x)\mathrm{d}x = F(x) + C,$$

或

$$\int \mathrm{d}F(x) = F(x) + C.$$

以上两条性质表明：先积分后微分，作用抵消；先微分后积分，则抵消后多一任意常数. 如果不计常数，求导（或微分）运算和积分运算相互抵消，因此微分运算与积分运算是互逆的.

性质 3　函数和的不定积分等于各函数不定积分的和，即

$$\int [f_1(x) + f_2(x)]\mathrm{d}x = \int f_1(x)\mathrm{d}x + \int f_2(x)\mathrm{d}x.$$

证明　将上式右端对 x 求导，得

$$\left[\int f_1(x)\mathrm{d}x + \int f_2(x)\mathrm{d}x \right]' = \left[\int f_1(x)\mathrm{d}x \right]' + \left[\int f_2(x)\mathrm{d}x \right]'$$
$$= f_1(x) + f_2(x),$$

这表示公式右端是 $f_1(x)+f_2(x)$ 的原函数. 而且右端有两个积分记号，包含了任意常数，所以右端是 $f_1(x)+f_2(x)$ 的不定积分.

不难把上述公式推广到任意有限多个函数的情形.

性质 4 被积函数中的常数因子可以提到积分号外面来,即

$$\int kf(x)\,\mathrm{d}x = k\int f(x)\,\mathrm{d}x.$$

证明和性质 3 相同.

综合性质 3 和性质 4,可得

$$\int [k_1 f_1(x) + k_2 f_2(x)]\,\mathrm{d}x = k_1\int f_1(x)\,\mathrm{d}x + k_2\int f_2(x)\,\mathrm{d}x.$$

4.1.3 基本积分表

既然积分运算和微分运算互为逆运算,那么我们就可以由导数公式得到相应的积分公式.

下面我们把一些基本的积分公式列出,通常称为**基本积分公式表**.

(1) $\displaystyle\int 0\,\mathrm{d}x = C$;

(2) $\displaystyle\int x^\mu\,\mathrm{d}x = \dfrac{1}{\mu+1}x^{\mu+1} + C\,(\mu\neq -1)$;

(3) $\displaystyle\int \dfrac{1}{x}\,\mathrm{d}x = \ln|x| + C$;

(4) $\displaystyle\int \cos x\,\mathrm{d}x = \sin x + C$;

(5) $\displaystyle\int \sin x\,\mathrm{d}x = -\cos x + C$;

(6) $\displaystyle\int \dfrac{1}{\cos^2 x}\,\mathrm{d}x = \int \sec^2 x\,\mathrm{d}x = \tan x + C$;

(7) $\displaystyle\int \dfrac{1}{\sin^2 x}\,\mathrm{d}x = \int \csc^2 x\,\mathrm{d}x = -\cot x + C$;

(8) $\displaystyle\int \sec x\tan x\,\mathrm{d}x = \sec x + C$;

(9) $\displaystyle\int \csc x\cot x\,\mathrm{d}x = -\csc x + C$;

(10) $\displaystyle\int \mathrm{e}^x\,\mathrm{d}x = \mathrm{e}^x + C$;

(11) $\displaystyle\int a^x\,\mathrm{d}x = \dfrac{a^x}{\ln a} + C$;

(12) $\displaystyle\int \dfrac{1}{\sqrt{1-x^2}}\,\mathrm{d}x = \arcsin x + C = -\arccos x + C$;

(13) $\displaystyle\int \dfrac{1}{1+x^2}\,\mathrm{d}x = \arctan x + C = -\operatorname{arccot} x + C$;

(14) $\displaystyle\int \sinh x\,\mathrm{d}x = \cosh x + C$;

(15) $\displaystyle\int \cosh x\,\mathrm{d}x = \sinh x + C$.

以上 15 个基本积分公式是求不定积分基础,必须熟记.

例 5 求 $\displaystyle\int \dfrac{\mathrm{d}x}{x^2\sqrt{x}}$.

解
$$\int \dfrac{\mathrm{d}x}{x^2\sqrt{x}} = \int x^{-\frac{5}{2}}\,\mathrm{d}x = \dfrac{1}{-\frac{5}{2}+1}x^{-\frac{5}{2}+1} + C = -\dfrac{2}{3x\sqrt{x}} + C.$$

例 6 求 $\displaystyle\int \left[\sqrt{x} + \dfrac{x-1}{x} + \dfrac{(x-1)^2}{\sqrt{x}}\right]\mathrm{d}x$.

解 原式 $= \displaystyle\int \left[x^{\frac{1}{2}} + 1 - \dfrac{1}{x} + x^{\frac{3}{2}} - 2x^{\frac{1}{2}} + x^{-\frac{1}{2}}\right]\mathrm{d}x$

$= \displaystyle\int \mathrm{d}x - \int \dfrac{1}{x}\,\mathrm{d}x + \int x^{\frac{3}{2}}\,\mathrm{d}x - \int x^{\frac{1}{2}}\,\mathrm{d}x + \int x^{-\frac{1}{2}}\,\mathrm{d}x$

$= x - \ln x + \dfrac{2}{5}x^{\frac{5}{2}} - \dfrac{2}{3}x^{\frac{3}{2}} + 2x^{\frac{1}{2}} + C.$

例 7　求 $\int \dfrac{1+x+x^2}{x(1+x^2)}\mathrm{d}x$.

解　原式 $= \int \left[\dfrac{x}{x(1+x^2)} + \dfrac{1+x^2}{x(1+x^2)} \right]\mathrm{d}x$

$\qquad = \int \dfrac{\mathrm{d}x}{1+x^2} + \int \dfrac{\mathrm{d}x}{x} = \arctan x + \ln|x| + C$.

例 8　求 $\int \tan^2 x\,\mathrm{d}x$.

解　$\int \tan^2 x\,\mathrm{d}x = \int (\sec^2 x - 1)\mathrm{d}x = \int \sec^2 x\,\mathrm{d}x - \int \mathrm{d}x = \tan x - x + C$.

例 9　求 $\int 3^{2x}\mathrm{e}^x\,\mathrm{d}x$.

解　原式 $= \int (9\mathrm{e})^x\,\mathrm{d}x = \dfrac{(9\mathrm{e})^x}{\ln(9\mathrm{e})} + C = \dfrac{9^x\mathrm{e}^x}{1+2\ln 3} + C$.

例 10　求 $\int \dfrac{\mathrm{d}x}{\sin^2 \dfrac{x}{2}\cos^2 \dfrac{x}{2}}$.

解　原式 $= \int \dfrac{\mathrm{d}x}{\left(\dfrac{\sin x}{2}\right)^2} = 4\int \dfrac{\mathrm{d}x}{\sin^2 x} = -4\cot x + C$.

检验积分结果是否正确，只要把结果求导，看求导结果是否等于被积函数就可以了.

当基本积分公式表中没有被积函数的类型时，应考虑对被积函数作适当的恒等变型（代数的或三角的），化为积分表中诸被积函数的线性组合（即各函数分别乘以常数再相加），然后利用性质 3、性质 4 求积分. 这样的积分方法通常称之为**直接积分法**，上面的例 7 至例 10 都是这样做的.

习题 4-1

1. 判断下列式子对不对，为什么？

(1) $\int x^2\,\mathrm{d}x = \dfrac{1}{3}x^3 + 1$;

(2) $\int x^2\,\mathrm{d}x = \dfrac{1}{3}x^2 + C^2$（$C$ 为任意常数）;

(3) $\dfrac{\mathrm{d}}{\mathrm{d}x}\left[\int f(x)\,\mathrm{d}x\right] = f(x)$;

(4) $\int f'(x)\,\mathrm{d}x = f(x)$;

(5) $\mathrm{d}\left[\int f'(x)\,\mathrm{d}x\right] = f'(x)$;

(6) $\int f'(x_0)\,\mathrm{d}x = f(x) + C$.

2. 验证下列各组函数分别是同一函数的原函数：

(1) $y = \ln 3x, y = \ln ax(a>0), y = \ln x + 2$;

(2) $y = (\mathrm{e}^x + \mathrm{e}^{-x})^2, y = (\mathrm{e}^x - \mathrm{e}^{-x})^2$;

(3) $y = \ln(\sec x + \tan x), y = \ln\tan\left(\dfrac{\pi}{4} + \dfrac{x}{2}\right)$;

(4) $y = \ln(\csc x - \cot x), y = \ln\tan\dfrac{x}{2}$.

3. 根据不定积分的定义验证：

(1) $\int 2\sin x\cos x\,\mathrm{d}x = \sin^2 x + C$;

(2) $\int 2\sin x\cos x\,\mathrm{d}x = -\cos^2 x + C$.

能否说函数 $2\sin x\cos x$ 有两族不同的原函数族？为什么？

4. 已知曲线 $y=f(x)$ 上任一点 (x,y) 处的切线斜率为 $\cos x$，且曲线通过点 $(0,1)$，求曲线方程.

5. 一质点作直线运动，已知 $a(t)=12t^2-3\sin t$，$v(0)=5$，$s(0)=-3$，求：

(1) v 与 t 的函数关系；　　　　　(2) s 与 t 的函数关系.

6. 求下列不定积分：

(1) $\displaystyle\int\frac{\mathrm{d}x}{x^2}$；

(2) $\displaystyle\int x\sqrt{x}\,\mathrm{d}x$；

(3) $\displaystyle\int(1+\sqrt{t})\,\mathrm{d}t$；

(4) $\displaystyle\int\frac{\mathrm{d}h}{\sqrt{2gh}}$ （g 为常数）；

(5) $\displaystyle\int\frac{x-x^2}{\sqrt{x}}\,\mathrm{d}x$；

(6) $\displaystyle\int(ax+b)^2\,\mathrm{d}x$；

(7) $\displaystyle\int(\sqrt{x}+1)(\sqrt[3]{x}-1)\,\mathrm{d}x$；

(8) $\displaystyle\int\frac{x^3-27}{x-3}\,\mathrm{d}x$；

(9) $\displaystyle\int\frac{x^4}{1+x^2}\,\mathrm{d}x$；

(10) $\displaystyle\int\frac{3x^2-1}{1+x^2}\,\mathrm{d}x$；

(11) $\displaystyle\int\left(3^x-\frac{1}{\sqrt{1-x^2}}\right)\mathrm{d}x$；

(12) $\displaystyle\int\mathrm{e}^x\left(1-\frac{\mathrm{e}^{-x}}{x}\right)\mathrm{d}x$；

(13) $\displaystyle\int 3^x\mathrm{e}^{2x}\,\mathrm{d}x$；

(14) $\displaystyle\int\left(\sin\frac{x}{2}+\cos\frac{x}{2}\right)^2\mathrm{d}x$；

(15) $\displaystyle\int\cos^2\frac{x}{2}\,\mathrm{d}x$；

(16) $\displaystyle\int\sin^2\frac{x}{2}\,\mathrm{d}x$；

(17) $\displaystyle\int\frac{\mathrm{d}x}{1+\cos 2x}$；

(18) $\displaystyle\int\frac{\cos 2x}{\cos x-\sin x}\,\mathrm{d}x$；

(19) $\displaystyle\int\sec x(\sec x-\tan x)\,\mathrm{d}x$；

(20) $\displaystyle\int\frac{\cos 2x}{\sin^2 x\cos^2 x}\,\mathrm{d}x$；

(21) $\displaystyle\int\cot^2 x\,\mathrm{d}x$；

(22) $\displaystyle\int(1-x^2)\sqrt{x\sqrt{x}}\,\mathrm{d}x$；

(23) $\displaystyle\int\mathrm{e}^{x-2}\,\mathrm{d}x$；

(24) $\displaystyle\int(a\sinh x-b\cosh x)\,\mathrm{d}x$.

7. 验证下列不定积分的正确性：

(1) $\displaystyle\int\tan x\,\mathrm{d}x=-\ln|\cos x|+C$；

(2) $\displaystyle\int\frac{\mathrm{d}x}{a^2+x^2}=\frac{1}{a}\arctan\frac{x}{a}+C$；

(3) $\displaystyle\int\frac{\mathrm{d}x}{a^2-x^2}=\frac{1}{2a}\ln\left|\frac{a+x}{a-x}\right|+C$；

(4) $\displaystyle\int\frac{\mathrm{d}x}{\sqrt{x^2\pm a^2}}=\ln\left|x+\sqrt{x^2\pm a^2}\right|+C$.

4.2 换元积分法

利用基本积分公式和不定积分的性质，我们所能计算的不定积分是非常有限的，即使像 $\ln x$，$\sec x$ 这样一些基本初等函数的积分都不能求得，因此有必要进一步研究不定积分的方法. 本节把复合函数的微分法反过来用于求不定积分，得到一种重要的积分方法——**换元积分法**，简称**换元法**. 通常我们将换元法分为两类，下面先讲第一类换元法.

4.2.1 第一类换元法

定理 1（第一类换元法）　设 $\displaystyle\int f(u)\,\mathrm{d}u=F(u)+C$，且 $u=\varphi(x)$ 有连续导数 $\varphi'(x)$，若

$$g(x)\,\mathrm{d}x=f[\varphi(x)]\varphi'(x)\,\mathrm{d}x=f[\varphi(x)]\,\mathrm{d}\varphi(x),$$

则

$$\int g(x)dx = \int f[\varphi(x)]\varphi'(x)dx = \left[\int f(u)du\right]_{u=\varphi(x)}$$
$$= [F(u) + C]_{u=\varphi(x)} = F[\varphi(x)] + C. \tag{4.2.1}$$

证明　利用微分形式的不变性,有

$$dF[\varphi(x)] = F'(u)du = f[\varphi(x)]d\varphi(x) = f[\varphi(x)]\varphi'(x)dx = g(x)dx,$$

即 $F[\varphi(x)]$ 是 $g(x)$ 的一个原函数,定理得证.

定理1提供了一种十分重要的积分方法,它的思路是:设积分 $\int g(x)dx$ 不易求得,如果被积表达式 $g(x)dx$ 可化为 $f[\varphi(x)]\varphi'(x)dx$ 的形式,令 $\varphi(x) = u$,则有

$$\int g(x)dx = \int f[\varphi(x)]\varphi'(x)dx = \int f[\varphi(x)]d\varphi(x) = \int f(u)du.$$

这样,对函数 $g(x)$ 的积分就转化为对 $f(u)$ 的积分. 如果函数 $f(u)$ 的不定积分容易求得,只要把结果中的 u 用 $\varphi(x)$ 代入就可以得到 $g(x)$ 的积分结果了. 由于这一积分方法的关键是通过将被积式 $g(x)dx$ 进行微分变形,从中凑出 $\varphi(x)$ 的微分 $\varphi'(x)dx$,所以这种积分方法又叫做**凑微分法**. 凑微分法能大大扩展基本积分表的使用范围,是最基本也是应用最广的一种积分方法. 它的具体步骤示意如下:

$$\int g(x)dx \xrightarrow{\text{凑微分}} \int f[\varphi(x)]\varphi'(x)dx$$
$$\xrightarrow{\text{换元令}\varphi(x)=u} \int f(u)du \xrightarrow{\text{积分}} F(u) + C$$
$$\xrightarrow{\text{用}u=\varphi(x)\text{回代}} F[\varphi(x)] + C.$$

例1　求 $\int \sin 2x dx$.

解　被积式 $g(x)dx = \sin 2x dx = \sin 2x \cdot \frac{1}{2}d(2x)$,令 $2x = u$,则有

$$\int \sin 2x dx = \int \sin 2x \cdot \frac{1}{2}d(2x) = \frac{1}{2}\int \sin u du$$
$$= -\frac{1}{2}\cos u + C = -\frac{1}{2}\cos 2x + C.$$

例2　求 $\int e^{3x-1}dx$.

解　$g(x)dx = e^{3x-1}dx = e^{3x-1} \cdot \frac{1}{3}d(3x-1)$,令 $3x-1 = u$,则有

$$\int e^{3x-1}dx = \int e^{3x-1} \cdot \frac{1}{3}d(3x-1) = \frac{1}{3}\int e^u du = \frac{1}{3}e^u + C = \frac{1}{3}e^{3x-1} + C.$$

例3　求 $\int (ax+b)^m dx$ $(m \neq -1, a \neq 0)$.

解　$dx = \frac{1}{a}d(ax+b)$,令 $ax+b = u$,有

$$\int (ax+b)^m dx = \int (ax+b)^m \cdot \frac{1}{a}d(ax+b) = \frac{1}{a}\int u^m du$$
$$= \frac{1}{a(m+1)}u^{m+1} + C = \frac{1}{a(m+1)}(ax+b)^{m+1} + C.$$

一般地,对于积分 $\int f(ax+b)dx$,总可将被积式中的 dx 凑成 $\frac{1}{a}d(ax+b)$,从而有

$$\int f(ax+b)dx = \int f(ax+b) \cdot \frac{1}{a}d(ax+b) = \frac{1}{a}\left[\int f(u)du\right]_{u=ax+b}.$$

例 4 求 $\int x\mathrm{e}^{-x^2}\,\mathrm{d}x$.

解 将被积式中的 $x\,\mathrm{d}x$ 凑成 $x\,\mathrm{d}x = -\dfrac{1}{2}\mathrm{d}(-x^2)$,令 $-x^2 = u$,则有

$$\int x\mathrm{e}^{-x^2}\,\mathrm{d}x = \int \mathrm{e}^{-x^2}\cdot\left(-\frac{1}{2}\right)\mathrm{d}(-x^2) = -\frac{1}{2}\int \mathrm{e}^u\,\mathrm{d}u$$

$$= -\frac{1}{2}\mathrm{e}^u + C = -\frac{1}{2}\mathrm{e}^{-x^2} + C.$$

例 5 求 $\displaystyle\int \frac{x\,\mathrm{d}x}{\sqrt{1-x^2}}$.

解 将被积式中的 $x\,\mathrm{d}x$ 凑成 $x\,\mathrm{d}x = -\dfrac{1}{2}\mathrm{d}(1-x^2)$,令 $1-x^2 = u$,则有

$$原式 = \int \frac{1}{\sqrt{1-x^2}}\cdot\left(-\frac{1}{2}\right)\mathrm{d}(1-x^2)$$

$$= -\frac{1}{2}\int u^{-\frac{1}{2}}\,\mathrm{d}u = -\frac{1}{2}\cdot\frac{1}{-\frac{1}{2}+1}u^{-\frac{1}{2}+1} + C$$

$$= -u^{\frac{1}{2}} + C = -\sqrt{1-x^2} + C.$$

一般地,形如 $\int xf(ax^2+b)\,\mathrm{d}x$ 的积分,都可将 $x\,\mathrm{d}x$ 凑成 $\dfrac{1}{2a}\mathrm{d}(ax^2+b)$,而将原积分化为

$$\int xf(ax^2+b)\,\mathrm{d}x = \frac{1}{2a}\left[\int f(u)\,\mathrm{d}u\right]_{u=ax^2+b}.$$

更一般地,形如 $\int x^n f(ax^{n+1}+b)\,\mathrm{d}x\,(n\neq -1)$ 的积分都可将被积式中的 $x^n\,\mathrm{d}x$ 凑成为 $\dfrac{1}{(n+1)a}\mathrm{d}(ax^{n+1}+b)$,再作变量代换进行积分.

当我们对变量代换比较熟悉之后,在积分过程中可以不必将中间变量 u 写出,从而简化步骤.

其他类型的微分变形还有许多,如:

$$\frac{1}{x}\mathrm{d}x = \mathrm{d}\ln x, \quad \frac{1}{\sqrt{x}}\mathrm{d}x = 2\mathrm{d}\sqrt{x} = \frac{2}{a}\mathrm{d}(a\sqrt{x}+b), \mathrm{e}^x\,\mathrm{d}x = \mathrm{d}\mathrm{e}^x, \quad \cos x\,\mathrm{d}x = \mathrm{d}\sin x,$$

$$\sin x\,\mathrm{d}x = -\mathrm{d}\cos x, \quad \sec^2 x\,\mathrm{d}x = \mathrm{d}\tan x, \quad \csc^2 x\,\mathrm{d}x = -\mathrm{d}\cot x, \quad \sec x\tan x\,\mathrm{d}x = \mathrm{d}\sec x,$$

$$\frac{\mathrm{d}x}{1+x^2} = \mathrm{d}\arctan x, \quad \frac{1}{\sqrt{1-x^2}}\mathrm{d}x = \mathrm{d}\arcsin x, \quad \frac{x}{\sqrt{1+x^2}}\mathrm{d}x = \mathrm{d}\sqrt{1+x^2},$$

$$\frac{x}{\sqrt{1-x^2}}\mathrm{d}x = -\mathrm{d}\sqrt{1-x^2}, \cdots.$$

积分时应根据被积函数的特点加以选择使用.

例 6 求 $\int \tan x\,\mathrm{d}x$.

解
$$\int \tan x\,\mathrm{d}x = \int \frac{\sin x}{\cos x}\,\mathrm{d}x = -\int \frac{\mathrm{d}\cos x}{\cos x} = -\ln|\cos x| + C.$$

类似地可得
$$\int \cot x\,\mathrm{d}x = \ln|\sin x| + C.$$

例7 求 $\int \dfrac{\mathrm{d}x}{a^2 + x^2}$.

解
$$\int \frac{\mathrm{d}x}{a^2 + x^2} = \int \frac{1}{a^2} \cdot \frac{\mathrm{d}x}{1 + \left(\dfrac{x}{a}\right)^2} = \frac{1}{a}\int \frac{\mathrm{d}\left(\dfrac{x}{a}\right)}{1 + \left(\dfrac{x}{a}\right)^2} = \frac{1}{a}\arctan \frac{x}{a} + C.$$

例8 求 $\int \dfrac{\mathrm{d}x}{x\ln x}$.

解
$$\int \frac{\mathrm{d}x}{x\ln x} = \int \frac{\mathrm{d}\ln x}{\ln x} = \ln |\ln x| + C.$$

例9 求 $\int \dfrac{\mathrm{e}^x}{1 - 2\mathrm{e}^x}\mathrm{d}x$.

解
$$\int \frac{\mathrm{e}^x \mathrm{d}x}{1 - 2\mathrm{e}^x} = -\frac{1}{2}\int \frac{\mathrm{d}(1 - 2\mathrm{e}^x)}{1 - 2\mathrm{e}^x} = -\frac{1}{2}\ln |1 - 2\mathrm{e}^x| + C.$$

例10 求 $\int \dfrac{\arcsin x}{\sqrt{1 - x^2}}\mathrm{d}x$.

解
$$\int \frac{\arcsin x}{\sqrt{1 - x^2}}\mathrm{d}x = \int \arcsin x \, \mathrm{d}\arcsin x = \frac{1}{2}(\arcsin x)^2 + C.$$

有时,需要把被积函数作适当的恒等变形后,才能利用凑微分法积分.

例11 求 $\int \dfrac{x}{1 + x}\mathrm{d}x$.

解
$$\int \frac{x}{1 + x}\mathrm{d}x = \int \frac{1 + x - 1}{1 + x}\mathrm{d}x = \int \left(1 - \frac{1}{1 + x}\right)\mathrm{d}x$$
$$= \int \mathrm{d}x - \int \frac{1}{1 + x}\mathrm{d}x = \int \mathrm{d}x - \int \frac{\mathrm{d}(1 + x)}{1 + x}$$
$$= x - \ln |1 + x| + C.$$

例12 求 $\int \dfrac{\mathrm{d}x}{a^2 - x^2}$.

解
$$\frac{1}{a^2 - x^2} = \frac{1}{(a - x)(a + x)} = \frac{1}{2a}\left(\frac{1}{a - x} + \frac{1}{a + x}\right),$$

所以
$$\int \frac{\mathrm{d}x}{a^2 - x^2} = \frac{1}{2a}\left[\int \frac{\mathrm{d}x}{a - x} + \int \frac{\mathrm{d}x}{a + x}\right]$$
$$= \frac{1}{2a}\left[-\int \frac{\mathrm{d}(a - x)}{a - x} + \int \frac{\mathrm{d}(a + x)}{a + x}\right]$$
$$= \frac{1}{2a}(-\ln |a - x| + \ln |a + x|) + C$$
$$= \frac{1}{2a}\ln \left|\frac{a + x}{a - x}\right| + C.$$

例13 $\int \dfrac{\mathrm{d}x}{1 + \mathrm{e}^x}$.

解
$$\int \frac{\mathrm{d}x}{1 + \mathrm{e}^x} = \int \frac{1 + \mathrm{e}^x - \mathrm{e}^x}{1 + \mathrm{e}^x}\mathrm{d}x = \int \left(1 - \frac{\mathrm{e}^x}{1 + \mathrm{e}^x}\right)\mathrm{d}x$$
$$= \int \mathrm{d}x - \int \frac{\mathrm{d}(1 + \mathrm{e}^x)}{1 + \mathrm{e}^x} = x - \ln(1 + \mathrm{e}^x) + C.$$

例 14 求 $\int \sin^2 x \mathrm{d}x$.

解
$$\int \sin^2 x \mathrm{d}x = \int \frac{1-\cos 2x}{2} \mathrm{d}x = \frac{1}{2}\int \mathrm{d}x - \frac{1}{2}\int \cos 2x \mathrm{d}x$$
$$= \frac{x}{2} - \frac{1}{4}\int \cos 2x \mathrm{d}(2x) = \frac{x}{2} + \frac{\sin 2x}{4} + C.$$

例 15 求 $\int \sin^3 x \mathrm{d}x$.

解
$$\int \sin^3 x \mathrm{d}x = \int (1-\cos^2 x)\sin x \mathrm{d}x$$
$$= -\int (1-\cos^2 x)\mathrm{d}\cos x = -\left(\cos x - \frac{1}{3}\cos^3 x\right) + C.$$

例 16 求 $\int \cos^4 x \mathrm{d}x$.

解
$$\cos^4 x = \left(\frac{\cos 2x + 1}{2}\right)^2 = \frac{1}{4}(\cos^2 2x + 2\cos 2x + 1)$$
$$= \frac{1}{4}\left(\frac{\cos 4x + 1}{2} + 2\cos 2x + 1\right)$$
$$= \frac{1}{8}\cos 4x + \frac{1}{2}\cos 2x + \frac{3}{8},$$

所以
$$\int \cos^4 x \mathrm{d}x = \frac{1}{8}\int \cos 4x \mathrm{d}x + \frac{1}{2}\int \cos 2x \mathrm{d}x + \frac{3}{8}\int \mathrm{d}x$$
$$= \frac{1}{32}\int \cos 4x \mathrm{d}(4x) + \frac{1}{4}\int \cos 2x \mathrm{d}(2x) + \frac{3}{8}\int \mathrm{d}x$$
$$= \frac{1}{32}\sin 4x + \frac{1}{4}\sin 2x + \frac{3}{8}x + C.$$

例 17 求 $\int \sin^2 x \cos^3 x \mathrm{d}x$.

解
$$\int \sin^2 x \cos^3 x \mathrm{d}x = \int \sin^2 x \cos^2 x \mathrm{d}\sin x$$
$$= \int \sin^2 x (1-\sin^2 x)\mathrm{d}\sin x = \frac{1}{3}\sin^3 x - \frac{1}{5}\sin^5 x + C.$$

例 18 求 $\int \sin 3x \cos 2x \mathrm{d}x$.

解
$$\int \sin 3x \cos 2x \mathrm{d}x = \frac{1}{2}\int (\sin 5x + \sin x)\mathrm{d}x = \frac{1}{2}\left(-\frac{1}{5}\cos 5x - \cos x\right) + C$$
$$= -\frac{1}{10}\cos 5x - \frac{1}{2}\cos x + C.$$

例 19 求 $\int \sec x \mathrm{d}x$.

解
$$\int \sec x \mathrm{d}x = \int \frac{\mathrm{d}x}{\cos x} = \int \frac{\cos x \mathrm{d}x}{\cos^2 x}$$
$$= \int \frac{\mathrm{d}\sin x}{1-\sin^2 x} = \frac{1}{2}\ln\left|\frac{1+\sin x}{1-\sin x}\right| + C \quad (由例 12)$$
$$= \frac{1}{2}\ln\left|\frac{(1+\sin x)^2}{1-\sin^2 x}\right| + C = \ln|\sec x + \tan x| + C.$$

类似地可求得

$$\int \csc x \, \mathrm{d}x = \int \frac{\mathrm{d}x}{\sin x} = \int \frac{\sin x}{\sin^2 x} \mathrm{d}x$$

$$= -\int \frac{\mathrm{d}\cos x}{1 - \cos^2 x} = -\frac{1}{2} \ln \left| \frac{1 + \cos x}{1 - \cos x} \right| + C$$

$$= \frac{1}{2} \ln \left| \frac{1 - \cos x}{1 + \cos x} \right| + C = \frac{1}{2} \ln \left| \frac{(1 - \cos x)^2}{1 - \cos^2 x} \right| + C$$

$$= \ln | \csc x - \cot x | + C.$$

还可用其他的方法计算积分 $\int \sec x \, \mathrm{d}x$ 和 $\int \csc x \, \mathrm{d}x$，读者不妨试试看.

4.2.2　第二类换元法

第一类换元法是通过选择适当的新变量 $u = \varphi(x)$，使不易积分的 $\dot{g}(x)\mathrm{d}x$，化为

$$g(x)\mathrm{d}x = f[\varphi(x)]\varphi'(x)\mathrm{d}x = f(u)\mathrm{d}u,$$

通过计算易于积分的 $\int f(u)\mathrm{d}u$ 而得到 $\int g(x)\mathrm{d}x$ 的积分结果.

但在有的场合，我们会遇到相反的情形. 适当选择变量代换 $x = \psi(t)$，而将 $g(x)\mathrm{d}x$ 化为

$$g(x)\mathrm{d}x = g[\psi(t)]\psi'(t)\mathrm{d}t,$$

如果 $g[\psi(t)]\psi'(t)\mathrm{d}t = f(t)\mathrm{d}t$ 易于积分，则有换元公式

$$\int g(x)\mathrm{d}x \xrightarrow{\quad x = \psi(t) \quad} \int g[\psi(t)]\psi'(t)\mathrm{d}t = \int f(t)\mathrm{d}t.$$

这个公式的成立是需要一定条件的. 一是要求右侧的不定积分存在，这在 $\psi'(t)$ 连续的假设下是可以实现的. 二是求出右侧积分的结果后，必须用 $x = \psi(t)$ 的反函数 $t = \varphi(x)$ 代回去. 为保证这反函数存在且单值、可导，我们可假定直接函数 $x = \psi(t)$ 在某区间 I_t 内是单调的、可导的、且导数 $\psi'(t) \neq 0$.

综上所述，我们有下面的定理，它所给出的积分方法叫做**第二类换元法**，又叫做**代入换元法**.

定理 2（第二类换元法）　设 $x = \psi(t)$ 单调且有连续导函数，$\psi'(t) \neq 0$，若

$$\int g[\psi(t)]\psi'(t)\mathrm{d}t = \int f(t)\mathrm{d}t = F(t) + C,$$

则有换元公式

$$\int g(x)\mathrm{d}x = \left[\int g[\psi(t)]\psi'(t)\mathrm{d}t\right]_{t = \psi^{-1}(x)} = \left[\int f(t)\mathrm{d}t\right]_{t = \psi^{-1}(x)}$$

$$= [F(t) + C]_{t = \psi^{-1}(x)} = F[\psi^{-1}(x)] + C, \qquad (4.2.2)$$

其中 $t = \psi^{-1}(x)$ 是 $x = \psi(t)$ 的反函数.

证明　将 $F[\psi^{-1}(x)]$ 对 x 求导，t 为中间变量，利用复合函数求导法则及反函数求导法则，有

$$\frac{\mathrm{d}F[\psi^{-1}(x)]}{\mathrm{d}x} = \frac{\mathrm{d}F(t)}{\mathrm{d}t} \cdot \frac{\mathrm{d}t}{\mathrm{d}x} = f(t) \cdot \frac{1}{\dfrac{\mathrm{d}x}{\mathrm{d}t}}$$

$$= g[\psi(t)]\psi'(t) \cdot \frac{1}{\psi'(t)} = g[\psi(t)] = g(x).$$

这就证明了公式(4.2.2).

应用第二类换元法积分的具体步骤示意如下:

$$\int g(x)\mathrm{d}x \xrightarrow{x=\psi(t)} \int g[\psi(t)]\psi'(t)\mathrm{d}t = \int f(t)\mathrm{d}t$$

$$\xrightarrow{\text{求出 } f(t) \text{ 的不定积分}} F(t) + C$$

$$\xrightarrow{\text{用 } x=\psi(t) \text{ 的反函数 } t=\psi^{-1}(x) \text{ 代入}} F[\psi^{-1}(x)] + C.$$

例 20　求 $\displaystyle\int \sqrt{a^2 - x^2}\,\mathrm{d}x\ (a > 0)$.

解　这个积分的困难之处在于有根式 $\sqrt{a^2 - x^2}$. 作变换 $x = a\sin t$ 可去掉根号, 为使函数 $x = a\sin t$ 单调, 取 $t \in \left(-\dfrac{\pi}{2}, \dfrac{\pi}{2}\right)$, 于是有

$$\text{原式} = \int \sqrt{a^2 - a^2\sin^2 t}\,\mathrm{d}(a\sin t) = a^2 \int \cos^2 t\,\mathrm{d}t$$

$$= \frac{a^2}{2}\int (\cos 2t + 1)\mathrm{d}t = \frac{a^2}{2}\left(\frac{1}{2}\sin 2t + t\right) + C.$$

至此还需将变量 t 用变量 x 代回. 为此可依据 $\sin t = \dfrac{x}{a}$, 利用辅助三角形(图 4-2)求出

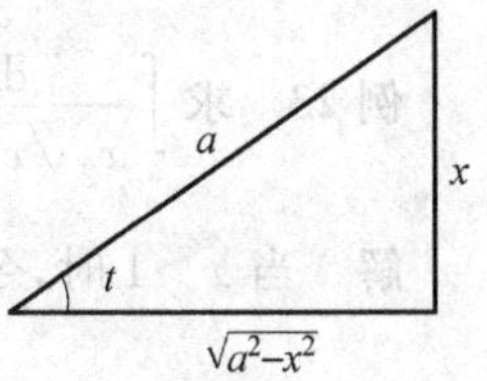

$$\cos t = \frac{\sqrt{a^2 - x^2}}{a},$$

所以

图 4-2

$$t = \arcsin \frac{x}{a}, \quad \frac{1}{2}\sin 2t = \sin t\cos t = \frac{1}{a^2}x\sqrt{a^2 - x^2},$$

于是所求积分为

$$\int \sqrt{a^2 - x^2}\,\mathrm{d}x = \frac{a^2}{2}\arcsin \frac{x}{a} + \frac{1}{2}x\sqrt{a^2 - x^2} + C.$$

例 21　求 $\displaystyle\int \frac{\mathrm{d}x}{\sqrt{x^2 - a^2}}\ (a > 0)$.

解　当 $x > a$ 时, 令 $x = a\sec t\ \left(0 < t < \dfrac{\pi}{2}\right)$, 函数单调可导,

$$\int \frac{\mathrm{d}x}{\sqrt{x^2 - a^2}} = \int \frac{\mathrm{d}(a\sec t)}{\sqrt{a^2\sec^2 t - a^2}}$$

$$= \int \frac{a\sec t\tan t\,\mathrm{d}t}{a\tan t} = \int \sec t\,\mathrm{d}t = \ln|\sec t + \tan t| + C_1,$$

利用辅助三角形(图 4-3)求出 $\tan t = \dfrac{1}{a}\sqrt{x^2 - a^2}$, 于是所求积分为

$$\int \frac{\mathrm{d}x}{\sqrt{x^2 - a^2}} = \ln\left|\frac{x}{a} + \frac{1}{a}\sqrt{x^2 - a^2}\right| + C_1 = \ln|x + \sqrt{x^2 - a^2}| + C.$$

当 $x<-a$ 时的情况读者可自行讨论(可令 $u=-x$),两种情况结果相同.

本例中的换元,也可令 $x=a\cosh t(x>a$ 时),读者不妨一试.

例 22　求 $\int \dfrac{\mathrm{d}x}{\sqrt{x^2+a^2}}$.

解　令 $x=a\tan t\left(-\dfrac{\pi}{2}<t<\dfrac{\pi}{2}\right)$,则有

$$\int \frac{\mathrm{d}x}{\sqrt{x^2+a^2}}=\int \frac{\mathrm{d}(a\tan t)}{\sqrt{a^2\tan^2 t+a^2}}=\int \frac{a\sec^2 t\mathrm{d}t}{a\sec t}=\int \sec t\mathrm{d}t=\ln|\sec t+\tan t|+C_1.$$

利用图 4-4 可求得

$$\sec t=\frac{1}{a}\sqrt{x^2+a^2},$$

于是　　　$\int \dfrac{\mathrm{d}x}{\sqrt{x^2+a^2}}=\ln\left|\dfrac{1}{a}\sqrt{x^2+a^2}+\dfrac{x}{a}\right|+C_1=\ln(x+\sqrt{x^2+a^2})+C.$

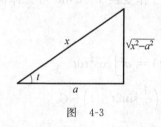

图　4-3

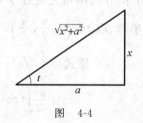

图　4-4

例 23　求 $\int \dfrac{\mathrm{d}x}{x\sqrt{x^2-1}}$.

解　当 $x>1$ 时,令 $x=\dfrac{1}{t}$,则 $\mathrm{d}x=-\dfrac{1}{t^2}\mathrm{d}t$,于是

$$\int \frac{\mathrm{d}x}{x\sqrt{x^2-1}}=\int \frac{-\dfrac{1}{t^2}\mathrm{d}t}{\dfrac{1}{t}\sqrt{\dfrac{1}{t^2}-1}}=-\int \frac{\mathrm{d}t}{\sqrt{1-t^2}}=-\arcsin\frac{1}{x}+C.$$

当 $x<-1$ 时,令 $u=-x$,易知

$$\int \frac{\mathrm{d}x}{x\sqrt{x^2-1}}=-\arcsin\frac{1}{u}+C=-\arcsin\frac{1}{-x}+C.$$

所以无论是 $x>1$ 时还是 $x<-1$ 时,都有

$$\int \frac{\mathrm{d}x}{x\sqrt{x^2-1}}=-\arcsin\frac{1}{|x|}+C.$$

例 24　求 $\int \dfrac{\mathrm{d}x}{1+\sqrt{x}}$.

解　令 $x=t^2(t\geqslant 0)$,则有

$$\int \frac{\mathrm{d}x}{1+\sqrt{x}}=\int \frac{\mathrm{d}t^2}{1+\sqrt{t^2}}=\int \frac{2t\mathrm{d}t}{1+t}=2\int \frac{1+t-1}{1+t}\mathrm{d}t=2\left(\int \mathrm{d}t-\int \frac{\mathrm{d}t}{1+t}\right)$$

$$=2[t-\ln(1+t)]+C=2[\sqrt{x}-\ln(1+\sqrt{x})]+C.$$

例 25 求 $\displaystyle\int \frac{\sqrt{x}}{1+\sqrt[3]{x}}\mathrm{d}x$.

解 令 $x=t^6\,(t\geqslant 0)$，则有

$$\int \frac{\sqrt{x}}{1+\sqrt[3]{x}}\mathrm{d}x=\int \frac{t^3}{1+t^2}6t^5\,\mathrm{d}t$$

$$=6\int \frac{t^8-1+1}{1+t^2}\mathrm{d}t=6\Big[\int (t^4+1)(t^2-1)\,\mathrm{d}t+\int \frac{\mathrm{d}t}{1+t^2}\Big]$$

$$=6\Big[\int (t^6-t^4+t^2-1)\,\mathrm{d}t+\int \frac{\mathrm{d}t}{1+t^2}\Big]$$

$$=6\Big(\frac{1}{7}t^7-\frac{1}{5}t^5+\frac{1}{3}t^3-t+\arctan t\Big)+C$$

$$=\frac{6}{7}x^{\frac{7}{6}}-\frac{6}{5}x^{\frac{5}{6}}+2x^{\frac{1}{2}}-6x^{\frac{1}{6}}+6\arctan x^{\frac{1}{6}}+C.$$

例 26 求 $\displaystyle\int \frac{1}{x}\sqrt{\frac{1+x}{x}}\mathrm{d}x$.

解 为去掉根号，令 $\sqrt{\dfrac{1+x}{x}}=t$，这时，$x=\dfrac{1}{t^2-1}$，$\mathrm{d}x=\dfrac{-2t}{(t^2-1)^2}\mathrm{d}t$，从而

$$\int \frac{1}{x}\cdot\sqrt{\frac{1+x}{x}}\mathrm{d}x=\int (t^2-1)\cdot t\cdot\frac{-2t}{(t^2-1)^2}\mathrm{d}t$$

$$=-2\int \frac{t^2}{t^2-1}\mathrm{d}t=-2\Big(\int \mathrm{d}t-\int \frac{\mathrm{d}t}{1-t^2}\Big)$$

$$=-2t+\ln\Big|\frac{1+t}{1-t}\Big|+C$$

$$=-2\sqrt{\frac{1+x}{x}}+\ln\Big|x\Big(1+\sqrt{\frac{1+x}{x}}\Big)^2\Big|+C.$$

计算含有根式的被积函数的积分问题，常用第二类换元法. 各种各样的代换函数，目的都是为了化去根式. 我们总结出一些常见的代换方法，列成表 4-1.

表 4-1

被积函数特点	变量代换方法
(1) 含有 $\sqrt{a^2-x^2}$	设 $x=a\sin t$
(2) 含有 $\sqrt{x^2-a^2}$	设 $x=a\sec t$ 或 $x=a\cosh t$
(3) 含有 $\sqrt{x^2+a^2}$	设 $x=a\tan t$ 或 $x=a\sinh t$
(4) 含有 $\sqrt[n]{ax+b}$	设 $ax+b=t^n$
(5) 含有 $\sqrt[n]{\dfrac{ax+b}{cx+d}}$	设 $\dfrac{ax+b}{cx+d}=t^n$
(6) 含有 $\sqrt{ax^2+bx+c}$	将 ax^2+bx+c 配方后再作适当的三角代换

当然，并不是只要被积函数中含有根式就一定要用表 4-1 中的代换方法，如能用凑微分法或其他简捷方法的应尽量采用.

本节有些例题中的结果，以后常常用到，把它们列在下面，作为基本积分公式表的补充. 读者最好把它们记住，这将会有利于提高积分运算能力.

基本积分公式表(续):

(16) $\int \tan x \mathrm{d}x = -\ln|\cos x| + C;$　　　　(17) $\int \cot x \mathrm{d}x = \ln|\sin x| + C;$

(18) $\int \sec x \mathrm{d}x = \ln|\sec x + \tan x| + C;$　　　　(19) $\int \csc x \mathrm{d}x = \ln|\csc x - \cot x| + C;$

(20) $\int \dfrac{\mathrm{d}x}{a^2 + x^2} = \dfrac{1}{a}\arctan \dfrac{x}{a} + C;$　　　　(21) $\int \dfrac{\mathrm{d}x}{a^2 - x^2} = \dfrac{1}{2a}\ln\left|\dfrac{a+x}{a-x}\right| + C;$

(22) $\int \dfrac{\mathrm{d}x}{\sqrt{a^2 - x^2}} = \arcsin \dfrac{x}{a} + C;$　　　　(23) $\int \dfrac{\mathrm{d}x}{\sqrt{x^2 \pm a^2}} = \ln|x + \sqrt{x^2 \pm a^2}| + C.$

习题 4-2

1. 在下列各式等号右端的空白处,填入适当的系数,使等式成立:

(1) $\mathrm{d}x = \underline{\quad} \mathrm{d}(ax + b);$　　　　(2) $x\mathrm{d}x = \underline{\quad} \mathrm{d}(x^2);$

(3) $x\mathrm{d}x = \underline{\quad} \mathrm{d}(1 - x^2);$　　　　(4) $x\mathrm{d}x = \underline{\quad} \mathrm{d}(ax^2 + b);$

(5) $x^3 \mathrm{d}x = \underline{\quad} \mathrm{d}(3x^4 - 5);$　　　　(6) $\mathrm{e}^{2x}\mathrm{d}x = \underline{\quad} \mathrm{d}(\mathrm{e}^{2x});$

(7) $\mathrm{e}^{-\frac{x}{2}}\mathrm{d}x = \underline{\quad} \mathrm{d}(\mathrm{e}^{-\frac{x}{2}});$　　　　(8) $\sin 3x \mathrm{d}x = \underline{\quad} \mathrm{d}(\cos 3x);$

(9) $\dfrac{\mathrm{d}x}{x} = \underline{\quad} \mathrm{d}(2\ln x - 1);$　　　　(10) $\dfrac{\mathrm{d}x}{1 + 4x^2} = \underline{\quad} \mathrm{d}(\arctan 2x);$

(11) $\dfrac{x\mathrm{d}x}{\sqrt{1 - x^2}} = \underline{\quad} \mathrm{d}(\sqrt{1 - x^2});$　　　　(12) $\dfrac{\mathrm{d}x}{x^3} = \underline{\quad} \mathrm{d}\left(\dfrac{1}{x^2} - 3\right).$

2. 求下列不定积分:

(1) $\int \mathrm{e}^{3t}\mathrm{d}t;$　　　　(2) $\int (5 - 2x)^3 \mathrm{d}x;$　　　　(3) $\int \dfrac{\mathrm{d}x}{3x - 1};$

(4) $\int \dfrac{\mathrm{d}x}{\sqrt{1 - 2x}};$　　　　(5) $\int \cos(2x - 1)\mathrm{d}x;$　　　　(6) $\int \sin^2 3x \mathrm{d}x;$

(7) $\int \dfrac{\sin\sqrt{t}}{\sqrt{t}}\mathrm{d}t;$　　　　(8) $\int x^2 \sqrt{x^3 + 1}\mathrm{d}x;$　　　　(9) $\int \dfrac{\mathrm{d}x}{\sqrt{2x - x^2}};$

(10) $\int \dfrac{a + x}{\sqrt{a^2 - x^2}}\mathrm{d}x;$　　　　(11) $\int \dfrac{x\mathrm{d}x}{1 + x^4};$　　　　(12) $\int \dfrac{\mathrm{d}x}{x^2 + 6x + 9};$

(13) $\int \dfrac{x^3 \mathrm{d}x}{(1 + x^4)^2};$　　　　(14) $\int 2^{2x+3}\mathrm{d}x;$　　　　(15) $\int \dfrac{\mathrm{e}^{2x}}{1 + \mathrm{e}^{2x}}\mathrm{d}x;$

(16) $\int \dfrac{\mathrm{e}^{-x}}{1 - \mathrm{e}^{-x}}\mathrm{d}x;$　　　　(17) $\int \dfrac{\mathrm{d}x}{x\ln^2 x};$　　　　(18) $\int \dfrac{\mathrm{d}x}{x\ln x\ln(\ln x)};$

(19) $\int \dfrac{\cos x \mathrm{d}x}{\mathrm{e}^{\sin x}};$　　　　(20) $\int \dfrac{\ln(\ln x)}{x\ln x}\mathrm{d}x;$　　　　(21) $\int x\cos x^2 \mathrm{d}x;$

(22) $\int \cot(2x - 3)\mathrm{d}x;$　　　　(23) $\int \cos^5 x \mathrm{d}x;$　　　　(24) $\int \dfrac{\sin x \cos x}{1 + \sin^4 x}\mathrm{d}x;$

(25) $\int \dfrac{\sin 2x}{\sin^2 x + 3}\mathrm{d}x;$　　　　(26) $\int \dfrac{\sin x + \cos x}{\sin x - \cos x}\mathrm{d}x;$　　　　(27) $\int \cos^2(\omega t + \varphi)\sin(\omega t + \varphi)\mathrm{d}t;$

(28) $\int \sin^2 x \cos^2 x \mathrm{d}x;$　　　　(29) $\int \sin 5x \cos 3x \mathrm{d}x;$　　　　(30) $\int \cos x \cos^2 3x \mathrm{d}x;$

(31) $\int (1 - \cos x)^3 \mathrm{d}x;$　　　　(32) $\int \dfrac{\mathrm{d}x}{\sin x \cos x};$　　　　(33) $\int \tan^3 x \sec x \mathrm{d}x;$

(34) $\int \tan^3 x \, dx$;　　(35) $\int \frac{1}{x^2} \tan \frac{1}{x} \, dx$;　　(36) $\int \frac{dx}{\cos^2 x \sqrt{\tan x - 1}}$;

(37) $\int \frac{\arctan \sqrt{x}}{\sqrt{x}(1+x)} \, dx$;　　(38) $\int \frac{\sec^2 x \, dx}{(1+\tan x)^2}$;　　(39) $\int \tanh x \, dx$;

(40) $\int x \cosh(x^2 + 1) \, dx$.

3. 求下列不定积分：

(1) $\int [f(x)]^3 f'(x) \, dx$;　(2) $\int \frac{f'(x)}{1+f^2(x)} \, dx$;　(3) $\int \frac{f'(x)}{f(x)} \, dx$;　(4) $\int e^{f(x)} f'(x) \, dx$.

4. 求下列不定积分：

(1) $\int \frac{dx}{\sin x}$;　　(2) $\int \frac{1+\ln x}{x \ln x} \, dx$;　　(3) $\int \frac{dx}{x(x^6 + 4)}$;

(4) $\int \frac{\ln \tan x}{\cos x \sin x} \, dx$;　(5) $\int e^{x+e^x} \, dx$;　　(6) $\int \sqrt{\frac{1-x}{1+x}} \, dx$.

5. 用下列指定的变换计算 $\int \frac{dx}{x\sqrt{x^2-1}}$ $(x>1)$，并想一想为什么可以作这样的变换？

(1) $x = \sec t$;　　(2) $x = \cosh t$;　　(3) $\sqrt{x^2-1} = t$;　　(4) $x = \frac{1}{t}$.

6. 求下列不定积分：

(1) $\int \frac{dx}{1+\sqrt{2x}}$;　　(2) $\int \frac{\sqrt{x}}{\sqrt{x}-\sqrt[3]{x}} \, dx$;　(3) $\int \sqrt{\frac{x}{1-x}} \, dx$;

(4) $\int \frac{x^3 \, dx}{\sqrt{1+x^2}}$;　　(5) $\int \frac{x^2}{\sqrt{a^2-x^2}} \, dx$;　(6) $\int \frac{\sqrt{x^2+a^2}}{x^2} \, dx$;

(7) $\int \frac{dx}{x^2\sqrt{1-x^2}}$;　　(8) $\int \frac{dx}{x\sqrt{1-x^2}}$;　　(9) $\int \frac{x^3 \, dx}{\sqrt{x^8-4}}$;

(10) $\int \frac{x^2}{(x-1)^{100}} \, dx$;　(11) $\int \frac{dx}{x^2\sqrt{1+x^2}}$;　(12) $\int \frac{dx}{x^2\sqrt{x^2-9}}$;

(13) $\int \frac{dx}{\sqrt{x^2-2x+2}}$;　(14) $\int \frac{dx}{\sqrt{x^2-4x+3}}$.

4.3　分部积分法

分部积分法也是求不定积分的重要方法，它是由两个函数乘积的微分法则得来的.

设 $u(x)$ 和 $v(x)$ 具有连续的导数 $u'(x)$ 和 $v'(x)$，由乘积的微分法，有

$$d(uv) = u \, dv + v \, du,$$

移项得　　　　　　　　　　$u \, dv = d(uv) - v \, du,$

两边求不定积分，则有

$$\int u \, dv = uv - \int v \, du, \tag{4.3.1}$$

或　　　　　　　　$$\int uv' \, dx = uv - \int vu' \, dx. \tag{4.3.2}$$

公式(4.3.1)和式(4.3.2)都叫做**分部积分公式**. 它将求 $u \, dv$ 的不定积分问题化为求 $v \, du$

的不定积分问题. 如果求 $\int u\mathrm{d}v$ 有困难, 而求 $\int v\mathrm{d}u$ 较容易时, 分部积分公式就可以发挥作用了.

例 1 求 $\int x\cos x\mathrm{d}x$.

解 这个积分用直接积分法和换元积分法都难以得到结果, 试用分部积分法解决.

设 $u=x, \mathrm{d}v=\cos x\mathrm{d}x=\mathrm{d}\sin x$, 则有

$$\mathrm{d}u=\mathrm{d}x, \quad v=\sin x,$$

代入分部积分公式 (4.3.1), 得

$$\int x\cos x\mathrm{d}x=\int x\mathrm{d}\sin x=x\sin x-\int \sin x\mathrm{d}x=x\sin x+\cos x+C.$$

在求这个积分时, 如果设 $u=\cos x, \mathrm{d}v=x\mathrm{d}x$, 那么

$$\mathrm{d}u=-\sin x\mathrm{d}x, \quad v=\frac{x^2}{2},$$

于是

$$\int x\cos x\mathrm{d}x=\frac{x^2}{2}\cos x+\int \frac{x^2}{2}\sin x\mathrm{d}x,$$

上式右端的积分比原积分更不易求出.

可见, 在应用分部积分法时, 恰当地选取 u 和 $\mathrm{d}v$ 是一个关键. 选取 u 和 $\mathrm{d}v$ 时一般应考虑以下两点:

(1) v 要容易求出;

(2) $\int v\mathrm{d}u$ 要比 $\int u\mathrm{d}v$ 容易积出.

例 2 求 $\int x^2\mathrm{e}^x\mathrm{d}x$.

解 设 $u=x^2, \mathrm{d}v=\mathrm{e}^x\mathrm{d}x$, 那么 $\mathrm{d}u=2x\mathrm{d}x, v=\mathrm{e}^x$, 于是

$$\int x^2\mathrm{e}^x\mathrm{d}x=x^2\mathrm{e}^x-2\int x\mathrm{e}^x\mathrm{d}x.$$

再一次使用分部积分法, 有

$$\int x^2\mathrm{e}^x\mathrm{d}x=x^2\mathrm{e}^x-2\int x\mathrm{e}^x\mathrm{d}x=x^2\mathrm{e}^x-2\int x\mathrm{d}\mathrm{e}^x$$

$$=x^2\mathrm{e}^x-2\left[x\mathrm{e}^x-\int \mathrm{e}^x\mathrm{d}x\right]=x^2\mathrm{e}^x-2x\mathrm{e}^x+2\mathrm{e}^x+C.$$

从上两例可知, 若 $P_n(x)$ 为 n 次多项式函数, 则下列积分:

$$\int P_n(x)\mathrm{e}^{ax}\mathrm{d}x, \quad \int P_n(x)\sin(ax+b)\mathrm{d}x, \quad \int P_n(x)\cos(ax+b)\mathrm{d}x$$

都可接连使用 n 次分部积分公式求得结果, 对每一个积分, 都应取多项式部分作为 u.

例 3 求 $\int x\ln x\mathrm{d}x$.

解 设 $u=\ln x, \mathrm{d}v=x\mathrm{d}x$, 那么 $\mathrm{d}u=\dfrac{\mathrm{d}x}{x}, v=\dfrac{x^2}{2}$, 利用分部积分公式, 有

$$\int x\ln x\mathrm{d}x=\frac{x^2}{2}\ln x-\int \frac{x^2}{2}\cdot\frac{\mathrm{d}x}{x}=\frac{x^2}{2}\ln x-\frac{x^2}{4}+C.$$

例 4 求 $\int \arctan x\mathrm{d}x$.

解 设 $u=\arctan x, \mathrm{d}v=\mathrm{d}x$, 则 $\mathrm{d}u=\dfrac{\mathrm{d}x}{1+x^2}, v=x$. 于是

$$\int \arctan x\mathrm{d}x=x\arctan x-\int \frac{x}{1+x^2}\mathrm{d}x=x\arctan x-\frac{1}{2}\ln(1+x^2)+C.$$

上面的两个例子说明,如果被积函数是多项式函数与对数函数或反三角函数的乘积,则可以考虑使用分部积分法,并设对数函数或反三角函数为 u.

例 5　求 $\int e^x \sin x dx$.

解　$\int e^x \sin x dx = \int e^x d(-\cos x) = -e^x \cos x + \int e^x \cos x dx$

$$= -e^x \cos x + \int e^x d\sin x = -e^x \cos x + e^x \sin x - \int e^x \sin x dx.$$

上式右端的第三项就是所要求的积分,将它移项到等式左端,再两端同除以 2,得

$$\int e^x \sin x dx = \frac{1}{2} e^x (\sin x - \cos x) + C.$$

在这个积分过程中,两次使用了分部积分公式,每次都是选取 $u = e^x$. 也可以每次都选三角函数为 u,但不可一次选三角函数为 u,一次选指数函数为 u,读者不妨试一试看.

例 6　求 $\int \sec^3 x dx$.

解　$\int \sec^3 x dx = \int \sec x \cdot \sec^2 x dx = \int \sec x d\tan x$

$$= \sec x \tan x - \int \tan x \cdot \sec x \tan x dx = \sec x \tan x - \int \sec x (\sec^2 x - 1) dx$$

$$= \sec x \tan x + \int \sec x dx - \int \sec^3 x dx$$

$$= \sec x \tan x + \ln |\sec x + \tan x| - \int \sec^3 x dx.$$

将等式右端的第三项移至左端,再两端同除以 2,得

$$\int \sec^3 x dx = \frac{1}{2} [\sec x \tan x + \ln |\sec x + \tan x|] + C.$$

例 5 和例 6 是用分部积分法求不定积分的又一常见类型. 当用分部积分法求 $\int g(x) dx$ 时,如果经过若干运算之后有

$$\int g(x) dx = \varphi(x) + k \int g(x) dx \quad (k \neq 1),$$

于是　　　　　　　　　$(1-k) \int g(x) dx = \varphi(x) + C_1,$

故有　　　　　　　　　$\int g(x) dx = \frac{1}{1-k} \varphi(x) + C.$

这种积分方法,通常称之为"复原法".

例 7　求 $\int \sqrt{a^2 - x^2} dx$.

解　这个积分在 4.2 节曾用第二类换元法求过,现在利用分部积分法计算.

$$\int \sqrt{a^2 - x^2} dx = x\sqrt{a^2 - x^2} - \int x d\sqrt{a^2 - x^2} = x\sqrt{a^2 - x^2} + \int \frac{x^2}{\sqrt{a^2 - x^2}} dx$$

$$= x\sqrt{a^2 - x^2} + \int \frac{a^2 - (a^2 - x^2)}{\sqrt{a^2 - x^2}} dx$$

$$= x\sqrt{a^2 - x^2} + a^2 \int \frac{dx}{\sqrt{a^2 - x^2}} - \int \sqrt{a^2 - x^2} dx$$

$$= x\sqrt{a^2 - x^2} + a^2 \arcsin \frac{x}{a} - \int \sqrt{a^2 - x^2} dx,$$

于是有

$$\int \sqrt{a^2 - x^2}\,\mathrm{d}x = \frac{1}{2}x\ \sqrt{a^2 - x^2} + \frac{a^2}{2}\arcsin\frac{x}{a} + C.$$

例 8 求 $\int \sin^n x\,\mathrm{d}x$（$n$ 为自然数）.

解 $\int \sin^n x\,\mathrm{d}x = \int \sin^{n-1} x\,\mathrm{d}(-\cos x)$

$$= -\sin^{n-1} x\cos x + \int \cos x\,\mathrm{d}\sin^{n-1} x$$

$$= -\sin^{n-1} x\cos x + (n-1)\int \sin^{n-2} x(1 - \sin^2 x)\,\mathrm{d}x$$

$$= -\sin^{n-1} x\cos x + (n-1)\int \sin^{n-2} x\,\mathrm{d}x - (n-1)\int \sin^n x\,\mathrm{d}x.$$

移项且两边同除以 n，得

$$\int \sin^n x\,\mathrm{d}x = -\frac{1}{n}\sin^{n-1} x\cos x + \frac{n-1}{n}\int \sin^{n-2} x\,\mathrm{d}x. \tag{4.3.3}$$

同样方法可得

$$\int \cos^n x\,\mathrm{d}x = \frac{1}{n}\cos^{n-1} x\sin x + \frac{n-1}{n}\int \cos^{n-2} x\,\mathrm{d}x. \tag{4.3.4}$$

上面的结果将 $\sin x$ 的 n 次幂的不定积分化成了 $n-2$ 次幂的不定积分，这样的公式称**为对 n 的递推公式**. 反复运用递推公式，最后归结为求 $\sin x$ 或 $\cos x$ 的一次幂或零次幂的不定积分. 例如：

$$\int \sin^4 x\,\mathrm{d}x = -\frac{1}{4}\sin^3 x\cos x + \frac{3}{4}\int \sin^2 x\,\mathrm{d}x$$

$$= -\frac{1}{4}\sin^3 x\cos x + \frac{3}{4}\left[-\frac{1}{2}\sin x\cos x + \frac{1}{2}\int 1 \cdot \mathrm{d}x \right]$$

$$= -\frac{1}{4}\sin^3 x\cos x - \frac{3}{8}\sin x\cos x + \frac{3}{8}x + C.$$

当 n 次为较大的偶数时，运用上面的递推公式求 $\sin^n x$ 或 $\cos^n x$ 的不定积分较为方便；当 n 为奇数时，用 4.2 节中介绍过的凑微分法更简单.

有时，在计算一个积分问题的过程中要用到多种积分方法，同一个积分问题也往往会有多种解题思路，这里仅举一个例子.

例 9 求 $\int x^3\ \sqrt{4 - x^2}\,\mathrm{d}x$.

解法一 先用代入换元法.

令 $x = 2\sin t\ \left(-\frac{\pi}{2} < t < \frac{\pi}{2} \right)$，则

$$原式 = 32\int \sin^3 t\ |\cos t|\ \cos t\,\mathrm{d}t = 32\int (1 - \cos^2 t)\cos^2 t\,\mathrm{d}(-\cos t)$$

$$= 32\int (\cos^4 t - \cos^2 t)\,\mathrm{d}\cos t = 32\left(\frac{1}{5}\cos^5 t - \frac{1}{3}\cos^3 t \right) + C$$

$$= \frac{1}{5}(4 - x^2)^{\frac{5}{2}} - \frac{4}{3}(4 - x^2)^{\frac{3}{2}} + C.$$

解法二 用分部积分法结合凑微分法.

$$原式 = \int x^2 (4-x^2)^{\frac{1}{2}} \cdot \left(-\frac{1}{2}\right) \mathrm{d}(4-x^2)$$

$$= -\frac{1}{3} x^2 (4-x^2)^{\frac{3}{2}} + \frac{2}{3} \int x (4-x^2)^{\frac{3}{2}} \mathrm{d}x$$

$$= -\frac{1}{3} x^2 (4-x^2)^{\frac{3}{2}} - \frac{2}{15} (4-x^2)^{\frac{5}{2}} + C.$$

解法三 用凑微分法.

$$原式 = \int (x^2 - 4 + 4)(4-x^2)^{\frac{1}{2}} \left(-\frac{1}{2}\right) \mathrm{d}(4-x^2)$$

$$= \int \left[\frac{1}{2} (4-x^2)^{\frac{3}{2}} - 2(4-x^2)^{\frac{1}{2}} \right] \mathrm{d}(4-x^2)$$

$$= \frac{1}{5} (4-x^2)^{\frac{5}{2}} - \frac{4}{3} (4-x^2)^{\frac{3}{2}} + C.$$

解法四 令 $\sqrt{4-x^2} = u(u>0)$，则 $4-x^2 = u^2, -x\mathrm{d}x = u\mathrm{d}u$.

$$原式 = \int (4-u^2) \cdot u \cdot (-u\mathrm{d}u) = \int (u^4 - 4u^2) \mathrm{d}u$$

$$= \frac{1}{5} u^5 - \frac{4}{3} u^3 + C = \frac{1}{5} (4-x^2)^{\frac{5}{2}} - \frac{4}{3} (4-x^2)^{\frac{3}{2}} + C.$$

习题 4-3

1. 求下列不定积分：

(1) $\int x\cos mx \, \mathrm{d}x$；

(2) $\int x\sec^2 x \, \mathrm{d}x$；

(3) $\int x\tan^2 x \, \mathrm{d}x$；

(4) $\int x^2 \sin 2x \, \mathrm{d}x$；

(5) $\int x\mathrm{e}^{-\frac{x}{2}} \, \mathrm{d}x$；

(6) $\int x^2 \mathrm{e}^{3x} \, \mathrm{d}x$；

(7) $\int \ln(1+x^2) \, \mathrm{d}x$；

(8) $\int \ln x \, \mathrm{d}x$；

(9) $\int (\ln x)^2 \, \mathrm{d}x$；

(10) $\int \ln(x + \sqrt{x^2+1}) \, \mathrm{d}x$；

(11) $\int \arcsin x \, \mathrm{d}x$；

(12) $\int x\arcsin x \, \mathrm{d}x$；

(13) $\int x\arctan x \, \mathrm{d}x$；

(14) $\int x^2 \arctan x \, \mathrm{d}x$；

(15) $\int x\cos^2 x \, \mathrm{d}x$；

(16) $\int \dfrac{\ln(x+1)}{\sqrt{x+1}} \, \mathrm{d}x$；

(17) $\int \dfrac{\ln x}{x^2} \, \mathrm{d}x$；

(18) $\int \dfrac{\ln\cos x}{\cos^2 x} \, \mathrm{d}x$；

(19) $\int \sin(\ln x) \, \mathrm{d}x$；

(20) $\int \left(\ln\ln x + \dfrac{1}{\ln x} \right) \mathrm{d}x$；

(21) $\int \mathrm{e}^{-x} \sin 2x \, \mathrm{d}x$；

(22) $\int \mathrm{e}^{ax} \cos bx \, \mathrm{d}x$；

(23) $\int \mathrm{e}^{\sqrt{x}} \, \mathrm{d}x$；

(24) $\int \dfrac{\arcsin \sqrt{x}}{\sqrt{x}} \, \mathrm{d}x$.

2. 求下列不定积分：

(1) $\int \dfrac{\arcsin \sqrt{x}}{\sqrt{1-x}} \, \mathrm{d}x$；

(2) $\int \dfrac{x^2 \arctan x}{1+x^2} \, \mathrm{d}x$；

(3) $\int \dfrac{x\arctan x}{\sqrt{1+x^2}} \, \mathrm{d}x$；

(4) $\int \dfrac{\ln\ln x}{x} \, \mathrm{d}x$；

(5) $\int x^2 \sqrt{x^2+a^2} \, \mathrm{d}x$；

(6) $\int \dfrac{x\mathrm{e}^x}{\sqrt{\mathrm{e}^x - 1}} \, \mathrm{d}x$.

3. 若 $P(x)$ 为多项式,用分部积分法计算下列类型的积分时,如何选择 u 和 $\mathrm{d}v$?

(1) $\int P(x)\sin bx\,\mathrm{d}x$;   (2) $\int P(x)\ln x\,\mathrm{d}x$;   (3) $\int P(x)\mathrm{e}^{ax}\,\mathrm{d}x$;   (4) $\int P(x)\arctan x\,\mathrm{d}x$.

4.4   两类函数的积分

前面介绍了求不定积分的两种基本方法——换元积分法和分部积分法,从中可以体会到,不定积分的技巧性很强,但对某些类型的初等函数的积分,却有一定的规律可循.本节介绍的有理函数和三角有理式这两类函数的积分,就属于这种情况.

4.4.1   有理函数的积分

1. 有理函数的部分分式

设 $P(x)$ 和 $Q(x)$ 都是实系数多项式,则形如

$$\frac{P(x)}{Q(x)} = \frac{a_0 x^n + a_1 x^{n-1} + \cdots + a_{n-1}x + a_n}{b_0 x^m + b_1 x^{m-1} + \cdots + b_{m-1}x + b_m} \tag{4.4.1}$$

的函数称为 x 的**有理函数**,x 的有理函数常记为 $R(x)$. 当 $n \geqslant m$ 时,称 $\dfrac{P(x)}{Q(x)}$ 为**假分式**;$n < m$ 时,称 $\dfrac{P(x)}{Q(x)}$ 为**真分式**. 对于假分式,总可以化为一个多项式与一个真分式之和. 由于多项式的积分容易求出,所以讨论有理函数的积分,只要讨论真分式的积分.

以下假定 $\dfrac{P(x)}{Q(x)}$ 为真分式,且 $P(x)$ 和 $Q(x)$ 无公因式(称为**既约真分式**).

我们将形如

$$\left.\begin{array}{l} \dfrac{A}{x-a}, \quad \dfrac{A}{(x-a)^n}(n\text{ 为正整数,且 }n\geqslant 2), \\[3mm] \dfrac{Cx+D}{x^2+px+q}(p^2-4q<0), \quad \dfrac{Cx+D}{(x^2+px+q)^n}(n\geqslant 2, p^2-4q<0) \end{array}\right\} \tag{4.4.2}$$

的四种分式称为**最简分式**,其中 A, C, D, a, p, q 都是常数. 可以证明(我们这里不证),任何既约真分式都能分解成这四种最简分式之和,即有如下定理.

定理   如果既约真分式 $\dfrac{P(x)}{Q(x)}$ 的分母 $Q(x)$ 在实数范围内能分解成如下形式的乘积:

$$Q(x) = b_0(x-a)^\alpha \cdots (x-b)^\beta (x^2+px+q)^\lambda \cdots (x^2+rx+s)^\mu$$

(其中 $p^2-4q<0, \cdots, r^2-4s<0$),那么真分式 $\dfrac{P(x)}{Q(x)}$ 可以分解成如下部分分式之和:

$$\begin{aligned} \frac{P(x)}{Q(x)} = {} & \frac{A_1}{(x-a)^\alpha} + \frac{A_2}{(x-a)^{\alpha-1}} + \cdots + \frac{A_\alpha}{x-a} + \cdots \\[2mm] & + \frac{B_1}{(x-b)^\beta} + \frac{B_2}{(x-b)^{\beta-1}} + \cdots + \frac{B_\beta}{x-b} \\[2mm] & + \frac{M_1 x + N_1}{(x^2+px+q)^\lambda} + \frac{M_2 x + N_2}{(x^2+px+q)^{\lambda-1}} + \cdots + \frac{M_\lambda x + N_\lambda}{x^2+px+q} + \cdots \\[2mm] & + \frac{R_1 x + S_1}{(x^2+rx+s)^\mu} + \frac{R_2 x + S_2}{(x^2+rx+s)^{\mu-1}} + \cdots + \frac{R_\mu x + S_\mu}{x^2+rx+s}, \end{aligned} \tag{4.4.3}$$

其中 $A_i, \cdots, B_i, M_i, N_i, \cdots, R_i$ 及 S_i 等都是常数.

对于公式(4.4.3)应注意：

(1) 分母 $Q(x)$ 中如有因子 $(x-a)^k$, 那么分解后有下列 k 个部分分式之和：

$$\frac{A_1}{(x-a)^k} + \frac{A_2}{(x-a)^{k-1}} + \cdots + \frac{A_k}{x-a},$$

其中 $A_1, A_2, \cdots, A_k$ 都是常数.

(2) 分母 $Q(x)$ 中有因子 $(x^2+px+q)^k$, 其中 $p^2-4q<0$, 那么分解后有下列 k 个部分分式之和：

$$\frac{M_1 x + N_1}{(x^2+px+q)^k} + \frac{M_2 x + N_2}{(x^2+px+q)^{k-1}} + \cdots + \frac{M_k x + N_k}{x^2+px+q},$$

其中 $M_i, N_i (i=1,2,\cdots,k)$ 为常数.

例如, 真分式 $\dfrac{x^2+1}{x(x-1)^3}$ 可分解成

$$\frac{x^2+1}{x(x-1)^3} = \frac{A}{x} + \frac{B_1}{(x-1)^3} + \frac{B_2}{(x-1)^2} + \frac{B_3}{x-1},$$

其中 $A, B_i (i=1,2,3)$ 都是待定常数.

真分式 $\dfrac{x^4}{(x+1)^2(x^2+4)^3}$ 可分解成

$$\frac{x^4}{(x+1)^2(x^2+4)^3} = \frac{A_1}{(x+1)^2} + \frac{A_2}{x+1} + \frac{C_1 x + D_1}{(x^2+4)^3} + \frac{C_2 x + D_2}{(x^2+4)^2} + \frac{C_3 x + D_3}{x^2+4},$$

其中 $A_i (i=1,2), C_j, D_j (j=1,2,3)$ 都是待定常数.

下面介绍求待定常数的方法.

例 1 将 $\dfrac{2x-1}{x^3-3x^2+2x}$ 分解为最简分式之和.

解 $Q(x) = x^3-3x^2+2x = x(x-1)(x-2)$, 则

$$\frac{2x-1}{x^3-3x^2+2x} = \frac{A}{x} + \frac{B}{x-1} + \frac{C}{x-2}.$$

去分母, 得

$$2x-1 = A(x-1)(x-2) + Bx(x-2) + Cx(x-1)$$
$$= (A+B+C)x^2 + (-3A-2B-C)x + 2A.$$

因为这是恒等式, 两端 x 的同次幂的系数必须相等, 所以有

$$\begin{cases} A+B+C = 0, \\ -3A-2B-C = 2, \\ 2A = -1. \end{cases}$$

解此方程组可得 $\qquad A = -\dfrac{1}{2}, \quad B = -1, \quad C = \dfrac{3}{2}.$

于是 $\qquad \dfrac{2x-1}{x^3-3x^2+2x} = -\dfrac{1}{2x} - \dfrac{1}{x-1} + \dfrac{3}{2(x-2)}.$

例 2 化 $\dfrac{x^2-2x-2}{x^3-1}$ 为最简分式之和.

解 $\qquad \dfrac{x^2-2x-2}{x^3-1} = \dfrac{x^2-2x-2}{(x-1)(x^2+x+1)} = \dfrac{A}{x-1} + \dfrac{Cx+D}{x^2+x+1}.$

去分母, 得

$$x^2 - 2x - 2 = A(x^2 + x + 1) + (x - 1)(Cx + D)$$
$$= (A + C)x^2 + (A - C + D)x + (A - D),$$

比较系数,有

$$\begin{cases} A + C = 1, \\ A - C + D = -2, \\ A - D = -2. \end{cases}$$

从中解得 $A = -1, C = 2, D = 1$. 于是

$$\frac{x^2 - 2x - 2}{x^3 - 1} = \frac{-1}{x - 1} + \frac{2x + 1}{x^2 + x + 1}.$$

上面例 1 和例 2 中求待定常数的方法叫做**比较系数法**. 下面再介绍另一种方法.

在例 1 的求解过程中,去分母之后我们得到恒等式

$$2x - 1 = A(x - 1)(x - 2) + Bx(x - 2) + Cx(x - 1).$$

令 $x = 0$ 代入上式,可得 $-1 = 2A$,即 $A = -\frac{1}{2}$;令 $x = 1$ 代入,可得 $1 = -B$,即 $B = -1$;令 $x = 2$ 代入,可得 $3 = 2C$,即 $C = \frac{3}{2}$. 得到的结果与例 1 完全一致,但计算量要少得多.

在例 2 中,通分之后我们得到恒等式:

$$x^2 - 2x - 2 = A(x^2 + x + 1) + (x - 1)(Cx + D).$$

令 $x = 1$ 代入,得 $-3 = 3A$,即 $A = -1$;令 $x = 0$ 代入并注意到 $A = -1$,得 $-2 = -1 - D$,即 $D = 1$;令 $x = -1$ 代入,得 $1 = -1 + 2C - 2D$,于是有 $C = 2$.

上面的求待定常数的方法叫做**数值代入法**. 当 $Q(x)$ 仅有单实根时,这种方法更有效.

有些真分式分解成最简分式,可采用将分子拆项方式化为最简分式之和,而不必像上面那样去求待定常数. 例如

$$\frac{2x^2 + 1}{x(x^2 + 1)} = \frac{x^2 + (x^2 + 1)}{x(x^2 + 1)} = \frac{1}{x} + \frac{x}{x^2 + 1}.$$

$$\frac{x^3 + 3}{(x - 1)^4} = \frac{[(x - 1) + 1]^3 + 3}{(x - 1)^4} = \frac{1}{x - 1} + \frac{3}{(x - 1)^2} + \frac{3}{(x - 1)^3} + \frac{4}{(x - 1)^4}.$$

2. 有理函数的积分

既然分式可化为多项式与真分式之和,而真分式又可分解成四类最简分式之和,那么,有理函数的积分就可转化为这四类最简分式的积分. 下面举几个有理真分式积分的例子.

例 3　求 $\displaystyle\int \frac{1}{x(x^2 + 1)} dx$.

解　$$\frac{1}{x(x^2 + 1)} = \frac{1 + x^2 - x^2}{x(x^2 + 1)} = \frac{1}{x} - \frac{x}{x^2 + 1},$$

所以　$$\int \frac{dx}{x(x^2 + 1)} = \int \left(\frac{1}{x} - \frac{x}{x^2 + 1} \right) dx$$

$$= \ln|x| - \frac{1}{2}\ln(x^2 + 1) + C = \frac{1}{2}\ln \frac{x^2}{1 + x^2} + C.$$

例 4　求 $\displaystyle\int \frac{1}{x(x - 1)^2} dx$.

解　$$\frac{1}{x(x - 1)^2} = \frac{A}{x} + \frac{B}{x - 1} + \frac{C}{(x - 1)^2},$$

去分母后得

$$1 = A(x-1)^2 + Bx(x-1) + Cx.$$

令 $x=0$，得 $A=1$；令 $x=1$，得 $C=1$；令 $x=2$，得 $B=-1$. 所以

$$\int \frac{\mathrm{d}x}{x(x-1)^2} = \int \left[\frac{1}{x} - \frac{1}{x-1} + \frac{1}{(x-1)^2} \right]\mathrm{d}x = \ln|x| - \ln|x-1| - \frac{1}{x-1} + C$$

$$= \ln\left|\frac{x}{x-1}\right| - \frac{1}{x-1} + C.$$

例 5 求 $\displaystyle\int \frac{x+3}{x^2+4x+5}\mathrm{d}x$.

解 x^2+4x+5 在实数范围内不能分解，将其配方，得

$$x^2+4x+5 = (x+2)^2+1.$$

令 $x+2=t$，则 $x=t-2$，$\mathrm{d}x=\mathrm{d}t$，代入积分式，得

$$\int \frac{x+3}{x^2+4x+5}\mathrm{d}x = \int \frac{t+1}{t^2+1}\mathrm{d}t = \int \frac{t}{t^2+1}\mathrm{d}t + \int \frac{1}{t^2+1}\mathrm{d}t$$

$$= \frac{1}{2}\ln(t^2+1) + \arctan t + C$$

$$= \frac{1}{2}\ln(x^2+4x+5) + \arctan(x+2) + C.$$

一般地，形如

$$\int \frac{Cx+D}{x^2+px+q}\mathrm{d}x \quad (p^2-4q<0)$$

的积分，可将分子拆成两部分之和：

$$Cx+D = \frac{C}{2}\cdot 2x + \frac{C}{2}\cdot p - \frac{C}{2}\cdot p + D = \frac{C}{2}(2x+p) - \frac{Cp}{2} + D.$$

从而有

$$\int \frac{Cx+D}{x^2+px+q}\mathrm{d}x = \frac{C}{2}\int \frac{2x+p}{x^2+px+q}\mathrm{d}x + \left(D-\frac{Cp}{2}\right)\int \frac{\mathrm{d}x}{x^2+px+q}$$

$$= \frac{C}{2}\ln(x^2+px+q) + \left(D-\frac{Cp}{2}\right)\int \frac{\mathrm{d}x}{x^2+px+q}.$$

对后一个积分，可将分母配方：

$$x^2+px+q = \left(x+\frac{p}{2}\right)^2 + \left(q-\frac{p^2}{4}\right),$$

并令 $x+\dfrac{p}{2}=t$，$q-\dfrac{p^2}{4}=a^2$，则有

$$\int \frac{\mathrm{d}x}{x^2+px+q} = \int \frac{\mathrm{d}t}{t^2+a^2} = \frac{1}{a}\arctan\frac{t}{a} + C$$

$$= \frac{2}{\sqrt{4q-p^2}}\arctan\frac{2x+p}{\sqrt{4q-p^2}} + C.$$

以上结论，不必硬记，遇到这种类型的积分，只要会按例 5 的方法计算就行了.

至于形如

$$\int \frac{Cx+D}{(x^2+px+q)^n}\mathrm{d}x \quad (p^2-4q<0, n\geqslant 2)$$

的积分,一般说来计算较繁,我们不再介绍了,需要时可查积分表.

需要注意的是,并不是有理函数的积分都要先将被积式拆成部分分式之和然后再积分,而应根据被积函数的特点选择较简便的方法.

例 6　求 $\int \dfrac{\mathrm{d}x}{x(x^6-1)}$.

解　$\int \dfrac{\mathrm{d}x}{x(x^6-1)} = \int \dfrac{x^5 \mathrm{d}x}{x^6(x^6-1)} = \dfrac{1}{6}\int \dfrac{\mathrm{d}x^6}{x^6(x^6-1)} \xup, \dfrac{1}{6}\int \dfrac{\mathrm{d}u}{u(u-1)}$

$$= \dfrac{1}{6}\int \left(\dfrac{1}{u-1} - \dfrac{1}{u} \right)\mathrm{d}u = \dfrac{1}{6}(\ln|u-1| - \ln u) + C$$

$$= \dfrac{1}{6}\ln(x^6-1) - \ln|x| + C.$$

或者　$\int \dfrac{\mathrm{d}x}{x(x^6-1)} = \int \dfrac{[x^6-(x^6-1)]\mathrm{d}x}{x(x^6-1)} = \int \dfrac{x^5 \mathrm{d}x}{x^6-1} - \int \dfrac{\mathrm{d}x}{x}$

$$= \dfrac{1}{6}\ln|x^6-1| - \ln|x| + C.$$

4.4.2　三角函数有理式的积分

由三角函数 $\sin x, \cos x$ 以及常数经过有限次四则运算得到的式子称为**三角函数有理式**,记作 $R(\sin x, \cos x)$. 例如

$$\dfrac{\sin x}{2+\cos x}, \qquad \dfrac{\sqrt{2}\cos x}{\sin x+\tan x}, \qquad \sec^2 x \tan x, \qquad \cdots$$

都是三角函数有理式.

由于

$$\sin x = 2\sin \dfrac{x}{2}\cos \dfrac{x}{2} = \dfrac{2\sin \dfrac{x}{2}\cos \dfrac{x}{2}}{\cos^2 \dfrac{x}{2} + \sin^2 \dfrac{x}{2}} = \dfrac{2\tan \dfrac{x}{2}}{1+\tan^2 \dfrac{x}{2}},$$

$$\cos x = \cos^2 \dfrac{x}{2} - \sin^2 \dfrac{x}{2} = \dfrac{\cos^2 \dfrac{x}{2} - \sin^2 \dfrac{x}{2}}{\cos^2 \dfrac{x}{2} + \sin^2 \dfrac{x}{2}} = \dfrac{1-\tan^2 \dfrac{x}{2}}{1+\tan^2 \dfrac{x}{2}},$$

所以,如果作变换 $t = \tan \dfrac{x}{2}$,那么

$$\sin x = \dfrac{2t}{1+t^2}, \quad \cos x = \dfrac{1-t^2}{1+t^2},$$

$$x = 2\arctan t, \quad \mathrm{d}x = \dfrac{2}{1+t^2}\mathrm{d}t.$$

于是有

$$\int R(\sin x, \cos x)\mathrm{d}x = \int R\left(\dfrac{2t}{1+t^2}, \dfrac{1-t^2}{1+t^2} \right) \cdot \dfrac{2}{1+t^2}\mathrm{d}t.$$

这样,三角函数有理式的积分就化为有理函数的积分. 令 $t = \tan \dfrac{x}{2}$ 所作的代换称为"**万能代换**".

例7 求 $\displaystyle\int \frac{1+\sin x}{\sin x(1+\cos x)}\mathrm{d}x$.

解 作"万能代换" $t = \tan\dfrac{x}{2}$，则有

$$\text{原式} = \int \frac{1+\dfrac{2t}{1+t^2}}{\dfrac{2t}{1+t^2}\left(1+\dfrac{1-t^2}{1+t^2}\right)} \cdot \frac{2}{1+t^2}\mathrm{d}t = \frac{1}{2}\int \frac{t^2+2t+1}{t}\mathrm{d}t = \frac{1}{2}\int\left(t+2+\frac{1}{t}\right)\mathrm{d}t$$

$$= \frac{1}{4}t^2 + t + \frac{1}{2}\ln|t| + C = \frac{1}{4}\tan^2\frac{x}{2} + \tan\frac{x}{2} - \frac{1}{2}\ln\left|\tan\frac{x}{2}\right| + C.$$

虽然"万能代换"总能把三角函数有理式的积分转化为有理函数的积分，但有时会使某些积分计算复杂化，因此这种代换不一定是最简捷的代换．例如：

(1) 对积分 $\displaystyle\int R(\sin x)\cos x\mathrm{d}x$，若令 $\sin x = t$，则

$$\int R(\sin x)\cos x\mathrm{d}x = \int R(t)\mathrm{d}t.$$

(2) 对积分 $\displaystyle\int R(\cos x)\sin x\mathrm{d}x$，若令 $\cos x = t$，则有

$$\int R(\cos x)\sin x\mathrm{d}x = -\int R(t)\mathrm{d}t.$$

(3) 对积分 $\displaystyle\int R(\cos^2 x, \sin^2 x)\mathrm{d}x$，若令 $\tan x = t$，由于

$$\cos^2 x = \frac{\cos^2 x}{\cos^2 x + \sin^2 x} = \frac{1}{1+\tan^2 x} = \frac{1}{1+t^2},$$

$$\sin^2 x = \frac{\tan^2 x}{1+\tan^2 x} = \frac{t^2}{1+t^2}, \quad \mathrm{d}x = \frac{\mathrm{d}t}{1+t^2},$$

所以有

$$\int R(\cos^2 x, \sin^2 x)\mathrm{d}x = \int R\left(\frac{1}{1+t^2}, \frac{t^2}{1+t^2}\right) \cdot \frac{1}{1+t^2}\mathrm{d}t.$$

(4) 对积分 $\displaystyle\int R(\tan x)\mathrm{d}x$，若令 $\tan x = t$，则有 $\mathrm{d}x = \dfrac{\mathrm{d}t}{1+t^2}$，于是有

$$\int R(\tan x)\mathrm{d}x = \int R(t)\frac{1}{1+t^2}\mathrm{d}t.$$

例8 求 $\displaystyle\int \frac{\sin^3 x}{2+\cos x}\mathrm{d}x$.

解
$$\text{原式} = \int \frac{1-\cos^2 x}{2+\cos x}\sin x\mathrm{d}x = \int \frac{1-\cos^2 x}{2+\cos x}\mathrm{d}(-\cos x)$$

$$\xlongequal{\text{令}\cos x = t} \int \frac{t^2-1}{2+t}\mathrm{d}t = \int\left(t-2+\frac{3}{t+2}\right)\mathrm{d}t$$

$$= \frac{t^2}{2} - 2t + 3\ln|t+2| + C$$

$$= \frac{\cos^2 x}{2} - 2\cos x + 3\ln(\cos x + 2) + C.$$

例9 求 $\int \dfrac{\mathrm{d}x}{2-\sin^2 x}$.

解 令 $\tan x = t$，则 $\sin^2 x = \dfrac{t^2}{1+t^2}$，$\mathrm{d}x = \dfrac{1}{1+t^2}\mathrm{d}t$，于是

$$\int \frac{\mathrm{d}x}{2-\sin^2 x} = \int \frac{1}{2-\dfrac{t^2}{1+t^2}} \cdot \frac{1}{1+t^2}\mathrm{d}t = \int \frac{\mathrm{d}t}{2+t^2}$$

$$= \frac{1}{\sqrt{2}}\arctan \frac{t}{\sqrt{2}} + C = \frac{1}{\sqrt{2}}\arctan\left(\frac{\tan x}{\sqrt{2}}\right) + C.$$

习题 4-4

1. 先将被积函数分解成最简分式之和然后再积分：

(1) $\int \dfrac{x+1}{(x-1)(x-2)}\mathrm{d}x$；　　(2) $\int \dfrac{x^5+x^4-8}{x^3-x}\mathrm{d}x$；　　(3) $\int \dfrac{5x^2-10x-4}{(2x+1)(x-1)^2}\mathrm{d}x$；

(4) $\int \dfrac{1}{1+x^3}\mathrm{d}x$；　　(5) $\int \dfrac{1}{x^4-1}\mathrm{d}x$；　　(6) $\int \dfrac{\mathrm{d}x}{(x^2+1)(x^2+4)}$.

2. 选择适当的方法计算下列积分：

(1) $\int \dfrac{x^{11}\,\mathrm{d}x}{(6+x^6)^3}$；　　(2) $\int \dfrac{x^5\,\mathrm{d}x}{x^{12}-1}$；　　(3) $\int \dfrac{1}{x(1+x^2)}\mathrm{d}x$；

(4) $\int \dfrac{\mathrm{d}x}{x(x^{10}-2)}$；　　(5) $\int \dfrac{x+x^3}{1+x^4}\mathrm{d}x$；　　(6) $\int \left(\dfrac{x-1}{x+1}\right)^4\mathrm{d}x$.

3. 求下列不定积分：

(1) $\int \dfrac{\mathrm{d}x}{2+\sin x}$；　　(2) $\int \dfrac{\sin x}{1+\sin x}\mathrm{d}x$；　　(3) $\int \dfrac{\mathrm{d}x}{\sin x+\cos x}$；

(4) $\int \dfrac{\mathrm{d}x}{\sin x+\tan x}$；　　(5) $\int \dfrac{\mathrm{d}x}{\cos^2 x+\cos x}$；　　(6) $\int \dfrac{\sin^2 x}{1+3\cos^2 x}\mathrm{d}x$；

(7) $\int \dfrac{1-\tan x}{1+\tan x}\mathrm{d}x$；　　(8) $\int \dfrac{1+\tan x}{\sin^2 x}\mathrm{d}x$.

4.5　积分表的使用

　　前面几节介绍了不定积分的概念、性质及积分的一般方法. 通过前面的讨论可以看出，积分的计算要比导数的计算灵活、复杂，因而也困难得多. 为了实用的方便，往往把常用的积分公式汇集成表，这种表叫做**积分表**. 积分表是按照被积函数的类型来排列的，求积分时，有时可根据被积函数的特点在积分表中直接查到积分结果，有的则需要先作一适当的代换，才能在积分表中查到.

　　本书末附有一个较简单的积分表，一般常见的积分都可以在表中查到. 下面举例说明积分表的用法.

例 1 求 $\displaystyle\int\frac{\mathrm{d}x}{4+9x^2}$.

解 被积函数中含有 ax^2+b, 在积分表(四)中, 查得公式(22)为

$$\int\frac{\mathrm{d}x}{ax^2+b}=\frac{1}{\sqrt{ab}}\arctan\sqrt{\frac{a}{b}}x+C \quad (a>0,b>0).$$

用 $a=9,b=4$ 代入, 得

$$\int\frac{\mathrm{d}x}{4+9x^2}=\frac{1}{6}\arctan\frac{3x}{2}+C.$$

例 2 求 $\displaystyle\int\frac{x\mathrm{d}x}{\sqrt{x^2+x+1}}$.

解 被积函数中含有 $\sqrt{\pm ax^2+bx+c}\,(a>0)$, 在积分表(九)中查得公式(75)为

$$\int\frac{x\mathrm{d}x}{\sqrt{ax^2+bx+c}}$$
$$=\frac{1}{a}\sqrt{ax^2+bx+c}-\frac{b}{2\sqrt{a^3}}\ln|2ax+b+2\sqrt{a}\,\sqrt{ax^2+bx+c}|+C.$$

将 $a=b=c=1$ 代入, 得

$$\int\frac{x\mathrm{d}x}{\sqrt{x^2+x+1}}=\sqrt{x^2+x+1}-\frac{1}{2}\ln|2x+1+2\sqrt{x^2+x+1}|+C.$$

例 3 求 $\displaystyle\int\frac{\mathrm{d}x}{x\sqrt{4x^2+9}}$.

解 表中无相应的公式, 令 $2x=u$, 则有

$$\int\frac{\mathrm{d}x}{x\sqrt{4x^2+9}}=\int\frac{\mathrm{d}u}{u\sqrt{u^2+a^2}},$$

其中 $a=3$, 由积分表(六)中的公式(37), 有

$$\int\frac{\mathrm{d}x}{x\sqrt{4x^2+9}}=\int\frac{\mathrm{d}u}{u\sqrt{u^2+a^2}}=\frac{1}{a}\ln\frac{\sqrt{u^2+a^2}-a}{|u|}+C=\frac{1}{3}\ln\frac{\sqrt{4x^2+9}-3}{|2x|}+C.$$

例 4 求 $\displaystyle\int\frac{\mathrm{d}x}{(x^2+4x+6)^2}$.

解 这个积分在表中不能直接查到, 令 $x+2=u$, 则

$$(x^2+4x+6)^2=[u^2+(\sqrt{2})^2]^2,\quad \mathrm{d}x=\mathrm{d}u,$$

于是

$$\int\frac{\mathrm{d}x}{(x^2+4x+6)^2}=\int\frac{\mathrm{d}u}{[u^2+(\sqrt{2})^2]^2}.$$

查积分表(三)中公式(20), 有

$$\int\frac{\mathrm{d}x}{(x^2+a^2)^n}=\frac{x}{2(n-1)a^2(x^2+a^2)^{n-1}}+\frac{2n-3}{2(n-1)a^2}\int\frac{\mathrm{d}x}{(x^2+a^2)^{n-1}}.$$

现在 $n=2,a=\sqrt{2}$, 于是有

$$\int\frac{\mathrm{d}u}{[u^2+(\sqrt{2})^2]^2}=\frac{u}{4(u^2+2)}+\frac{1}{4}\int\frac{\mathrm{d}u}{u^2+2}=\frac{u}{4(u^2+2)}+\frac{1}{4\sqrt{2}}\arctan\frac{u}{\sqrt{2}}+C.$$

所以

$$\int\frac{\mathrm{d}x}{(x^2+4x+6)^2}=\frac{x+2}{4(x^2+4x+6)}+\frac{1}{4\sqrt{2}}\arctan\frac{x+2}{\sqrt{2}}+C.$$

一般说来, 查积分表可以节省计算积分的时间. 但是, 只有掌握了前面学过的各种积分

方法,才能灵活地使用积分表.而对一些简单的积分,应用所学过的积分方法直接计算,可能比查表更快些.

最后我们指出:在 4.1 节曾指出,连续函数一定有原函数,即连续函数的不定积分一定存在.我们又知道,初等函数在其有定义的区间内是连续的,于是其原函数一定存在.但是初等函数的原函数不一定都是初等函数.如 $\int e^{-x^2}\mathrm{d}x$,$\int \dfrac{e^x}{x}\mathrm{d}x$,$\int \sin x^2\mathrm{d}x$,$\int \dfrac{\sin x}{x}\mathrm{d}x$,$\int \dfrac{\mathrm{d}x}{\ln x}$,

$\int \dfrac{\mathrm{d}x}{\sqrt{1+x^4}}$ 等都不是初等函数(此时通常称为"积不出").

习题 4-5

利用积分表求下列积分:

(1) $\displaystyle\int \frac{x^2\,\mathrm{d}x}{2+3x^2}$;

(2) $\displaystyle\int \frac{\mathrm{d}x}{\sqrt{(x^2+a^2)^3}}$;

(3) $\displaystyle\int \frac{\mathrm{d}x}{\sqrt{4x^2-9}}$;

(4) $\displaystyle\int \frac{\mathrm{d}x}{\sqrt{5-4x+x^2}}$;

(5) $\displaystyle\int e^{-2x}\sin 3x\,\mathrm{d}x$;

(6) $\displaystyle\int e^{2x}\cos x\,\mathrm{d}x$;

(7) $\displaystyle\int \frac{\mathrm{d}x}{\sqrt{x^2+3x-4}}$;

(8) $\displaystyle\int \frac{\mathrm{d}x}{3+5\sin x}$;

(9) $\displaystyle\int \sin^6 x\,\mathrm{d}x$;

(10) $\displaystyle\int x\arcsin 2x\,\mathrm{d}x$;

(11) $\displaystyle\int \frac{\mathrm{d}x}{x^2\sqrt{2x-1}}$;

(12) $\displaystyle\int \ln^3 x\,\mathrm{d}x$;

(13) $\displaystyle\int \sin 3x\sin 5x\,\mathrm{d}x$;

(14) $\displaystyle\int \frac{\mathrm{d}x}{\sin^3 x}$;

(15) $\displaystyle\int x^2\sqrt{x^2-2}\,\mathrm{d}x$;

(16) $\displaystyle\int \frac{\mathrm{d}x}{x(2-3x)^2}$.

本 章 小 结

一、本章内容纲要

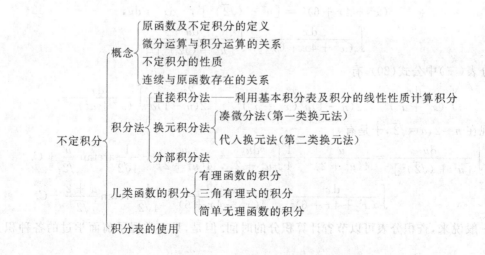

二、教学基本要求

1. 理解原函数、不定积分的概念,理解积分运算与微分运算的关系,了解不定积分的性质.

2. 熟悉不定积分的基本积分公式.

3. 熟练掌握不定积分的第一类换元法(凑微分法).

4. 掌握第二类换元法,熟悉被积函数中含有 $\sqrt{a^2-x^2}$、$\sqrt{x^2\pm a^2}$ 时的换元方法.

5. 熟练掌握分部积分法,对常见的几种类型的积分,如

$$\int x^n\sin bx\,dx, \quad \int x^n e^{ax}\,dx, \quad \int x^n\arcsin x\,dx, \quad \int x^n\ln x\,dx, \quad \int e^{ax}\sin bx\,dx$$

及类似于上述类型的积分,能熟练地选择 u 和 dv.

6. 会求较简单的有理函数及三角有理式的积分,会求较简单的无理函数,如 $R(\sqrt[n]{x}, \sqrt[n_2]{x})$,$R(x, \sqrt[n]{ax+b})$,$R\left(x, \sqrt[n]{\dfrac{ax+b}{cx+d}}\right)$ 等的不定积分,知道如何作变量代换可化去被积函数中的根式.

7. 会查积分表.

三、本章重点和难点

本章重点是原函数与不定积分的概念、性质,基本积分公式,换元积分法和分部积分法. 本章难点是被积函数需经恒等变形后才可使用其他积分方法计算的积分问题,以及积分方法的综合运用.

四、部分重点、难点内容浅析

1. 要熟悉书中所给出的 23 个基本积分公式.其他各种各样的积分都是通过各种手段将被积函数化为基本积分公式中的被积函数的形式,从而得到积分结果的.因此,基本积分公式及积分的线性性质是不定积分法的基础.这个基础如果掌握得不牢,其他都无从谈起. 初学者容易犯的一个错误是将积分公式与求导公式记混淆,这是应特别注意的.积分结果中应含有一任意常数 C,注意不要漏掉.

由于同一函数的原函数之间可相差一常数,而同一函数通过代数或三角的恒等变形又有不同的表达形式,这就造成许多函数的积分结果在表达形式上的差异(尤其是结果中含有三角函数、反三角函数、对数函数的情况).积分结果的正误一般可通过微分运算来检验.

2. 凑微分法是积分方法中用得最多、最灵活,因而也是最重要、最难以掌握好的一种积分方法.凑微分法积分的基本思路是将不易积分的被积式 $g(x)dx$ 变形,从中凑出一个新的变量 $u=\varphi(x)$ 的微分 $\varphi'(x)dx=du$,

$$g(x)\,dx = f[\varphi(x)]d\varphi(x) = f(u)\,du,$$

从而转化为对 $f(u)du$ 的积分.如果 $\int f(u)du$ 是基本积分公式所包含的积分,问题立即得到

解决；如果 $\int f(u)\mathrm{d}u$ 虽然不是基本积分公式中包含的积分，但计算 $\int f(u)\mathrm{d}u$ 较 $\int g(x)\mathrm{d}x$ 容易些，那么这个换元步骤也是有成效的.如仅用凑微分法就能得出积分结果,则新变量 u 可不明显写出,否则一般需将新变量 u 引入.为了增强利用凑微分法积分的能力,首先需熟悉一些常见的凑微分公式,如 4.2 节正文中的一些凑微分方法及习题 5-2 中的第 1 题；其次需多做练习,采用"试试看"的方法,不要怕失败,不断总结经验教训.

3. 第二类换元法的基本思路是将难以积分的 $g(x)\mathrm{d}x$ 通过变量代换 $x=\psi(t)$ 化为
$$g(x)\mathrm{d}x = g[\psi(t)]\psi'(t)\mathrm{d}t = f(t)\mathrm{d}t,$$
而 $f(t)\mathrm{d}t$ 易于积分,如果 $\int f(t)\mathrm{d}t = F(t)+C$,则有
$$\int g(x)\mathrm{d}x \xrightarrow{x=\psi(t)} \int f(t)\mathrm{d}t = [F(t)+C]_{t=\psi^{-1}(x)},$$
其中 $t=\psi^{-1}(x)$ 是 $x=\psi(t)$ 的反函数.

通常,对于不能用直接积分法、凑微分法化为基本积分公式中的积分,又不能用分部积分法解决的典型的积分问题,则可考虑采用第二类换元法.特别是被积函数中含有根式的情况,常用到第二类换元法,以化去被积函数中的根式.但应知道第二类换元法既不仅仅是解决被积函数中含有根式的积分的方法,也不是被积函数中含有根式的积分都要用第二类换元法.

4. 分部积分法是由乘积的微分法得到的:
$$\mathrm{d}(uv) = u\mathrm{d}v + v\mathrm{d}u,$$
$$\int u\mathrm{d}v = \int [\mathrm{d}(uv) - v\mathrm{d}u] = uv - \int v\mathrm{d}u.$$
它的作用是将难以积分的 $\int u\mathrm{d}v$ 转化为计算易于积分的 $\int v\mathrm{d}u$.

分部积分的关键是如何在被积式中选定 u 和 $\mathrm{d}v$,一般应要求 v 容易求出,并且 $\int v\mathrm{d}u$ 易积.当被积函数是两类函数的乘积时,一般可按"对数函数、反三角函数、幂函数、三角函数、指数函数"的先后顺序,把排在前面的函数选做 u,后面的作为 v'.

对于 4.3 节中的几个典型例题,应该熟练掌握.

5. 不定积分法与微分法相比,有较大的灵活性.一方面,求同一个函数的不定积分,往往可用多种不同的积分方法.另一方面,同一类函数的积分,有时又必须用不同的积分方法.例如求下列两组积分
$$\int \sec x\mathrm{d}x, \quad \int \sec^2 x\mathrm{d}x, \quad \int \sec^3 x\mathrm{d}x, \quad \int \sec^4 x\mathrm{d}x$$
和 $\int \dfrac{1}{x^2-x-2}\mathrm{d}x, \quad \int \dfrac{2x-1}{x^2-x-2}\mathrm{d}x, \quad \int \dfrac{2x+1}{x^2-x-2}\mathrm{d}x, \quad \int \dfrac{\mathrm{d}x}{(x^2-x-2)^2},$
就需要用到各种不同的方法.

当我们拿到一个积分问题时,一般采用的思路是首先看所求积分是否为某种积分法的典型题；如果不是,则应根据被积函数的特点,有目的地试用某些积分方法,看能否解决问题.对于一些困难的积分问题,只有采用"试试看"的办法,才能找到恰当的方法.

有时,一个积分问题往往需要综合运用多种积分方法才能解决.这种综合运用各种积

方法的能力是建立在熟练掌握各种积分方法的基础之上的,并且要多做题,在解题过程中总结经验,摸索规律,增强解题能力.

复习题 4

1. 回答下列问题:

(1) 函数 $f(x)$ 原函数与不定积分二者之间有何区别与联系?

(2) 若 $F'(x) = G'(x)$,是否有 $F(x) = G(x)$?

(3) 若 $F'(x) = f(x)$,是否有 $\int f(x)\mathrm{d}x = F(x)$?

(4) $\ln(2x)$ 与 $\ln x$ 是否为同一函数的原函数?

2. 设 $f(u)$ 的原函数易求,那么下列积分应如何"凑微分"?

(1) $\int f(ax+b)\mathrm{d}x$;　　　　(2) $\int x f(ax^2+b)\mathrm{d}x$;　　(3) $\int x^m f(ax^{m+1}+b)\mathrm{d}x$;

(4) $\int \mathrm{e}^x f(a\mathrm{e}^x+b)\mathrm{d}x$;　　　(5) $\int \frac{1}{x} f(\ln x+b)\mathrm{d}x$;　　(6) $\int f(\sin x)\cos x\mathrm{d}x$;

(7) $\int f(\cos x)\sin x\mathrm{d}x$;　　　(8) $\int \frac{1}{\cos^2 x} f(\tan x)\mathrm{d}x$;　　(9) $\int f\left(\arcsin \frac{x}{a}\right)\frac{\mathrm{d}x}{\sqrt{a^2-x^2}}$;

(10) $\int \frac{1}{a^2+x^2} f\left(\arctan \frac{x}{a}\right)\mathrm{d}x$;　(11) $\int f\left(\frac{1}{t}\right)\frac{\mathrm{d}t}{t^2}$;　　(12) $\int f(\sqrt{a^2-x^2})\frac{x\mathrm{d}x}{\sqrt{a^2-x^2}}$.

3. 用以下三种代换计算积分 $\int \frac{\mathrm{d}x}{x^2\sqrt{x^2+a^2}}$:

(1) $x = \frac{1}{t}$;　　　　　　(2) $x = a\tan t$;　　　　(3) $x = a\sinh t$.

4. 利用下列各方法求 $\int \frac{x^3}{(1+x^2)^2}\mathrm{d}x$:

(1) 换元法: $x = \tan t$;　　　　(2) 凑微分法: $x^3\mathrm{d}x = \frac{1}{2}(x^2+1-1)\mathrm{d}(x^2+1)$;

(3) 分部积分法: $u = x^2$;　　　　(4) 最简分式法.

5. 选择适当的方法计算下列不定积分:

(1) $\int \cot(2x-1)\mathrm{d}x$;　　　(2) $\int \frac{\mathrm{d}x}{\sqrt[3]{(ax+b)^2}}(a \neq 0)$;　　(3) $\int \frac{x-1}{(x+1)^8}\mathrm{d}x$;

(4) $\int x^2(2-x)^{10}\mathrm{d}x$;　　　(5) $\int \frac{2^{x+1}-3^{x-1}}{6^x}\mathrm{d}x$;　　　(6) $\int \mathrm{e}^{2x} \cdot 2^x\mathrm{d}x$;

(7) $\int \frac{\mathrm{e}^x(1+\mathrm{e}^x)}{\sqrt{1-\mathrm{e}^{2x}}}\mathrm{d}x$;　　　(8) $\int \frac{\mathrm{d}x}{\mathrm{e}^x+4\mathrm{e}^{-x}+3}$;　　　(9) $\int \frac{x-x^3}{1+x^4}\mathrm{d}x$;

(10) $\int \frac{x^3}{\sqrt{1-x^2}}\mathrm{d}x$;　　　(11) $\int \frac{\mathrm{d}x}{\sqrt{1+x}+\sqrt[3]{1+x}}$;　　(12) $\int \frac{\mathrm{d}x}{x-\sqrt{x^2-1}}$;

(13) $\int \frac{x^3}{(x-1)^{100}}\mathrm{d}x$;　　　(14) $\int \frac{1}{x^4-x^2}\mathrm{d}x$;　　　(15) $\int \frac{\mathrm{d}x}{\sqrt{4x^2+4x+5}}$;

(16) $\displaystyle\int \frac{x}{\sqrt{2+4x-x^2}}\mathrm{d}x$;　　　(17) $\displaystyle\int \mathrm{e}^{\sin^2 x}\sin 2x\,\mathrm{d}x$;　　　(18) $\displaystyle\int \frac{x}{1-\cos x}\mathrm{d}x$;

(19) $\displaystyle\int \frac{x\mathrm{e}^x}{(1+x)^2}\mathrm{d}x$;　　　(20) $\displaystyle\int \frac{x}{\cos^2 x}\mathrm{d}x$;　　　(21) $\displaystyle\int \frac{\mathrm{d}x}{\sinh x}$;

(??) $\displaystyle\int \frac{\ln(1+x)}{(1+x)^n}\mathrm{d}x$;　　　(23) $\displaystyle\int \frac{\ln x-1}{(\ln x)^2}\mathrm{d}x$;　　　(24) $\displaystyle\int \frac{\mathrm{d}x}{2\sin x-\cos x+5}$;

(25) $\displaystyle\int \frac{\ln(\arcsin x)}{\sqrt{1-x^2}\,\arcsin x}\mathrm{d}x$;　　　(26) $\displaystyle\int \sin\sqrt[3]{x}\,\mathrm{d}x$;　　　(27) $\displaystyle\int x\mathrm{e}^{x^2}(x^2+1)\mathrm{d}x$;

(28) $\displaystyle\int \frac{\arcsin\sqrt{x}}{\sqrt{x(1-x)}}\mathrm{d}x$.

6. 设 $f'(\sin^2 x)=\cos^2 x$,求 $f(x)$.

7. 设 $f(x)$ 的一个原函数为 $\ln(x+\sqrt{1+x^2})$,求 $\displaystyle\int xf'(x)\mathrm{d}x$.

8. 设函数 $f(x)$ 在 $x=1$ 时有一极小值,当 $x=-1$ 时有极大值 4,其导函数为 $f'(x)=3x^2+bx+c$,求函数 $f(x)$.

9. 求 $f(x)=\sin|x|$ 的不定积分.

10. 求分段函数

$$f(x)=\begin{cases} x, & x<1, \\ \cos\dfrac{\pi}{2}(x-1), & x\geqslant 1 \end{cases}$$

的不定积分.

第5章

定积分及其应用

第 4 章我们从微分运算的逆运算引出了不定积分的概念,并系统地介绍了各种积分法,这是积分学的一类基本问题.本章将要介绍积分学的另一类基本问题——定积分,它在自然科学和工程技术中有着广泛的应用.我们先从实际问题引出定积分的概念,然后讨论定积分的性质和计算方法,最后介绍定积分在几何学、物理学中的一些应用.

5.1 定积分的概念

5.1.1 两个实际问题

1. 曲边梯形面积

在初等数学中,我们会计算多边形与圆的面积,至于其他的由一条封闭曲线所围图形的面积,我们还不会计算.这个问题的解决有赖于曲边梯形面积的计算.所谓**曲边梯形**,是指图 5-1 中由三条直线段和一条曲线弧所围成的图形,这三条直线段中有两条相互平行,另一条与前两条垂直叫做**底边**,曲线弧叫做**曲边**,这条曲边与任一条垂直于底边的直线至多有一个交点.封闭曲线所围图形的面积可以分成几个曲边梯形的面积来计算.例如,图 5-2 中图形 $DFCE$ 的面积等于曲边梯形 $DABCF$ 的面积减去曲边梯形 $DABCE$ 的面积.

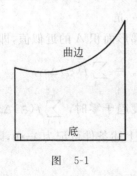

图 5-1

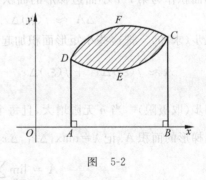

图 5-2

现在我们来讨论如何求曲边梯形的面积.

设曲边梯形是由连续曲线 $y=f(x)(f(x)\geqslant 0)$,x 轴及直线 $x=a,x=b$ 所围成(图 5-3).

如果 $y=f(x)$ 在 $[a,b]$ 上为常数,则曲边梯形实际上是一个矩形,面积容易求出.现在 $\overset{\frown}{DC}$ 是一曲线弧,上面每一点的高度是变动的,因而不能用"高×底"来计算面积.但是,如果通过分割底边,将整个曲边梯形分成若干个小曲边梯形,而对每一个小曲边梯形,由于底边很小,而 $y=f(x)$ 连续,曲边上点的高度变化不大,就可以用某一点的高度作为高,作一个小矩形,用来近似代替小曲边梯形,并用这些小矩形面积之和近似代替整个曲边梯形面积.当我们将底边无限细分,使每个小区间的长度都趋于零时,所有小矩形面积之和的极限就是曲边梯形的面积(这也是曲边梯形面积的定义).详细说来,整个过程就是:

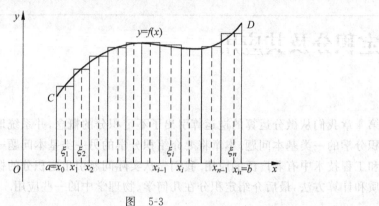

图   5-3

第一步(分割)   将区间$[a,b]$用分点

$$a = x_0 < x_1 < x_2 < \cdots < x_{n-1} < x_n = b$$

任意分成 n 个小区间(称为**子区间**)

$$[x_0,x_1], \quad [x_1,x_2], \quad \cdots, \quad [x_{n-1},x_n],$$

每个小区间的长度为

$$\Delta x_i = x_i - x_{i-1}, \quad i = 1,2,\cdots,n.$$

过每个分点作平行于 y 轴的直线段,把曲边梯形分为 n 个小曲边梯形.记其面积为 $\Delta A_i (i=1,2,\cdots,n)$,则 $A = \sum\limits_{i=1}^{n} \Delta A_i.$

第二步(近似)   在每个子区间 $[x_{i-1},x_i]$ 上任取一点 ξ_i,以 $[x_{i-1},x_i]$ 为底,以 $f(\xi_i)$ 为高的小矩形面积作为第 i 个小曲边梯形的面积 ΔA_i 的近似值

$$\Delta A_i \approx f(\xi_i)\Delta x_i, \quad i = 1,2,\cdots,n.$$

第三步(求和)   把这些小矩形面积加起来,得到曲边梯形面积 A 的近似值,即

$$A \approx f(\xi_1)\Delta x_1 + f(\xi_2)\Delta x_2 + \cdots + f(\xi_n)\Delta x_n = \sum_{i=1}^{n} f(\xi_i)\Delta x_i.$$

第四步(取极限)   当 n 无限增大,且每个子区间的长度趋于零时,$\sum\limits_{i=1}^{n} f(\xi_i)\Delta x_i$ 的极限就是曲边梯形的面积 A.记 $\lambda = \max\{\Delta x_1, \Delta x_2, \cdots, \Delta x_n\}$,则上述条件可记为 $\lambda \to 0$,因而有

$$A = \lim_{\lambda \to 0} \sum_{i=1}^{n} f(\xi_i)\Delta x_i.$$

2. 变速直线运动的路程

如果物体作等速直线运动,则由时间 T_1 到 T_2 这段时间物体经过的路程为

$$路程 = 速度 \times 时间.$$

如果物体作变速直线运动,则不能用上面的公式计算路程.下边讨论求变速直线运动的路程的一般方法.

设物体作变速直线运动,速度 $v(t)$ 也是 $[T_1,T_2]$ 上的连续函数,且 $v(t) \geqslant 0$,要计算在

T_1 到 T_2 这段时间内物体所经过的路程. 解决的思路与曲边梯形面积问题相同. 将时间区间 $[T_1, T_2]$ 分成若干子区间, 当子区间的长度很小时, 由于 $v(t)$ 是连续函数, 在每个子区间上速度变化也很小, 可近似地看成匀速运动, 从而可利用求匀速直线运动路程的公式求得每个小时间段上路程的近似值. 把这些近似值加起来就得到 $[T_1, T_2]$ 这段时间内物体运动的路程的近似值. 当每个子区间的长度趋于零时, 上述近似值的极限就是路程. 具体步骤如下:

第一步　在时间间隔 $[T_1, T_2]$ 内任意插入若干个分点
$$T_1 = t_0 < t_1 < t_2 < \cdots < t_{n-1} < t_n = T_2,$$
将 $[T_1, T_2]$ 分成 n 个子区间 $[t_{i-1}, t_i](i=1,2,\cdots,n)$, 每个子区间的长度 $\Delta t_i = t_i - t_{i-1}$. 相应地, 在各小段时间内物体经过的路程依次为 $\Delta s_1, \Delta s_2, \cdots, \Delta s_n$, 则 $s = \sum\limits_{i=1}^{n} \Delta s_i$.

第二步　在每个子区间上任取一时刻 $\tau_i \in [t_{i-1}, t_i]$, 以 τ_i 时刻的速度 $v(\tau_i)$ 代替 $[t_{i-1}, t_i]$ 上各个时刻的速度, 得到 Δs_i 的近似值, 即
$$\Delta s_i \approx v(\tau_i) \Delta t_i, \quad i = 1, 2, \cdots, n.$$

第三步　将 $\Delta s_i (i=1,2,\cdots,n)$ 的近似值求和, 得到总路程 s 的近似值为
$$s = \sum_{i=1}^{n} \Delta s_i \approx \sum_{i=1}^{n} v(\tau_i) \Delta t_i.$$

第四步　记 $\lambda = \max\{\Delta t_1, \Delta t_2, \cdots, \Delta t_n\}$, 当 $\lambda \to 0$ 时, 取上述和式的极限, 就得到路程 s 的精确值, 即
$$s = \lim_{\lambda \to 0} \sum_{i=1}^{n} v(\tau_i) \Delta t_i.$$

5.1.2　定积分的概念

以上两个问题的实际意义虽然不同, 但所求量都归结为有相同结构形式的和式极限. 这不是偶然的巧合, 而是反映了所求量在数量关系上有如下三个共同特征.

(1) 所求量取决于某个自变量 x 的一个变化区间 $[a,b]$ 及定义在这个区间上的某个函数 $f(x)$.

(2) 所求量对于区间 $[a,b]$ 具有可加性, 即若将区间 $[a,b]$ 分成若干子区间, 总量等于各个子区间上所对应部分量之和.

(3) 部分量可用 Δx_i 的线性函数 $f(\xi_i) \Delta x_i$ 近似表示.

同时在求总量时, 我们都用了分割、近似、求和、取极限四个步骤, 得到了一种特殊形式的和式的极限.

抛开这些问题的实际意义, 而抓住它们在数量关系上共同的本质与特性加以概括, 我们就可以抽象出下述定积分的定义.

定义　设 $f(x)$ 为定义在 $[a,b]$ 上的有界函数. 在 $[a,b]$ 内任意插入 $n-1$ 个分点
$$a = x_0 < x_1 < x_2 < \cdots < x_{n-1} < x_n = b,$$
将 $[a,b]$ 分成 n 个子区间 $[x_{i-1}, x_i](i=1,2,\cdots,n)$, 每个子区间的长度 $\Delta x_i = x_i - x_{i-1}(i=1, 2,\cdots,n)$. 在每个子区间 $[x_{i-1}, x_i]$ 上任取一点 $\xi_i (x_{i-1} \leqslant \xi_i \leqslant x_i)$, 作函数值 $f(\xi_i)$ 与子区间长度 Δx_i 的乘积 $f(\xi_i) \Delta x_i (i=1,2,\cdots,n)$, 并作和式

$$\sum_{i=1}^{n} f(\xi_i)\Delta x_i. \tag{5.1.1}$$

记 $\lambda = \max\{\Delta x_1, \Delta x_2, \cdots, \Delta x_n\}$，若不论区间 $[a,b]$ 怎样分法，也不论 ξ_i 在 $[x_{i-1}, x_i]$ 上怎样取法，只要 $\lambda \to 0$ 时，式(5.1.1)的极限总存在，则称此极限值为函数 $f(x)$ 在 $[a,b]$ 上的**定积分**，记作 $\int_a^b f(x)\mathrm{d}x$，即

$$\int_a^b f(x)\mathrm{d}x = \lim_{\lambda \to 0}\sum_{i=1}^{n} f(\xi_i)\Delta x_i. \tag{5.1.2}$$

其中 $f(x)$ 叫做**被积函数**，$f(x)\mathrm{d}x$ 叫做**被积表达式**，x 叫做**积分变量**，a 叫做**积分下限**，b 叫做**积分上限**，$[a,b]$ 叫做**积分区间**，$\int$ 叫做**积分号**，$\sum_{i=1}^{n} f(\xi_i)\Delta x_i$ 叫做 $f(x)$ 在 $[a,b]$ 上的**积分和**.

　　根据定积分的定义，前面两个例子可以用定积分表示如下.

　　曲边梯形的面积 A 是表示曲边的函数 $y = f(x)$（$f(x) \geqslant 0$）在底边对应的区间 $[a,b]$ 上的定积分，即

$$A = \int_a^b f(x)\mathrm{d}x.$$

　　变速直线运动的路程 s 是速度函数 $v(t)$（$v(t) \geqslant 0$）在时间间隔 $[T_1, T_2]$ 上的定积分，即

$$s = \int_{T_1}^{T_2} v(t)\mathrm{d}t.$$

　　关于定积分的定义，我们作如下几点说明：

　　(1) 所谓极限 $\lim\limits_{\lambda \to 0}\sum\limits_{i=1}^{n} f(\xi_i)\Delta x_i$ 存在，是指不管对区间 $[a,b]$ 怎样划分，也不管 ξ_i 在 $[x_{i-1}, x_i]$ 上怎样选取，只要 $\lambda \to 0$，极限 $\lim\limits_{\lambda \to 0}\sum\limits_{i=1}^{n} f(\xi_i)\Delta x_i$ 都存在而且相等.

　　(2) 定积分 $A = \int_a^b f(x)\mathrm{d}x$ 表示的是一个数值，这个数值取决于积分区间 $[a,b]$ 和被积分函数 $f(x)$，它与积分变量所使用的字母无关，即

$$\int_a^b f(x)\mathrm{d}x = \int_a^b f(t)\mathrm{d}t = \int_a^b f(u)\mathrm{d}u.$$

　　(3) 当 $\lim\limits_{\lambda \to 0}\sum\limits_{i=1}^{n} f(\xi_i)\Delta x_i$ 存在时，即定积分 $\int_a^b f(x)\mathrm{d}x$ 存在时，我们称函数 $f(x)$ 在 $[a,b]$ 上**可积**. 可以证明，如果 $f(x)$ 在 $[a,b]$ 上连续，则 $f(x)$ 在 $[a,b]$ 上可积；如果 $f(x)$ 在 $[a,b]$ 上有界且只有有限个间断点，则 $f(x)$ 在 $[a,b]$ 上可积（证明很复杂，我们不作论证）.

　　(4) 在定积分的定义中，规定了积分下限小于积分上限，实际应用及理论分析中会遇到下限大于上限或下限等于上限的情况，为此我们规定：

① $\displaystyle\int_a^b f(x)\mathrm{d}x = -\int_b^a f(x)\mathrm{d}x$；

② $\displaystyle\int_a^a f(x)\mathrm{d}x = 0$.

下面介绍定积分的几何意义.

　　由前面的例子及定积分的定义知，当 $f(x) \geqslant 0$ 时，$\int_a^b f(x)\mathrm{d}x$ 表示由曲线 $y = f(x)$ 和直

线 $x=a$，$x=b$ 及 x 轴所围曲边梯形的面积．当 $f(x)\leqslant 0$ 时，相应的曲边梯形在 x 轴下方，定

积分 $\int_a^b f(x)\mathrm{d}x$ 是一个负数，其绝对值等于曲边梯形的面积，或者说 $\int_a^b f(x)\mathrm{d}x$ 表示该曲边

梯形面积的负值．当 $f(x)$ 在 $[a,b]$ 上有正有负时，我们对面积赋以正负号，在 x 轴上方的图

形面积赋以正号，在 x 轴下方的图形面积赋以负号，则定积分 $\int_a^b f(x)\mathrm{d}x$ 的几何意义是介于

曲线 $y=f(x)$，直线 $x=a$，$x=b$ 及 x 轴之间的各部分面积的代数和，或者说 $\int_a^b f(x)\mathrm{d}x$ 表示

x 轴上方的图形面积减去 x 轴下方图形面积所得的差（图 5-4）．

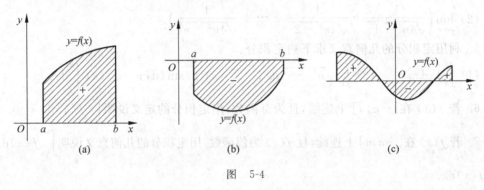

图 5-4

为加强对定积分概念的理解，我们举一个利用定义计算定积分的例子．

例 用定义计算定积分 $\int_0^1 \mathrm{e}^x\mathrm{d}x$．

解 被积函数 e^x 在积分区间 $[0,1]$ 上连续，所以 e^x 在 $[0,1]$ 上可积．注意到定积分定义

后面的说明（1），为了便于计算，我们可以将区间 $[0,1]$ n 等分，分点为 $x_i=\dfrac{i}{n}(i=0,1,$

$2,\cdots,n)$，且取 $\xi_i=x_i(i=1,2,\cdots,n)$．于是得到积分和

$$\sum_{i=1}^n f(\xi_i)\Delta x_i = \sum_{i=1}^n \left(\mathrm{e}^{\frac{i}{n}}\cdot\frac{1}{n}\right) = \frac{1}{n}\sum_{i=1}^n \mathrm{e}^{\frac{i}{n}} = \frac{1}{n}\left(\mathrm{e}^{\frac{1}{n}}+\mathrm{e}^{\frac{2}{n}}+\cdots+\mathrm{e}^{\frac{n}{n}}\right)$$

$$= \frac{1}{n}\cdot\frac{\mathrm{e}^{\frac{1}{n}}-\mathrm{e}^{\frac{n+1}{n}}}{1-\mathrm{e}^{\frac{1}{n}}} = \frac{1}{n}\cdot\frac{\mathrm{e}^{\frac{1}{n}}(1-\mathrm{e})}{1-\mathrm{e}^{\frac{1}{n}}} = (\mathrm{e}-1)\mathrm{e}^{\frac{1}{n}}\cdot\frac{\frac{1}{n}}{\mathrm{e}^{\frac{1}{n}}-1}.$$

当 $\lambda\to 0$ 时，$n\to\infty$，于是

$$\int_0^1 \mathrm{e}^x\mathrm{d}x = \lim_{n\to\infty}\left((\mathrm{e}-1)\mathrm{e}^{\frac{1}{n}}\cdot\frac{\frac{1}{n}}{\mathrm{e}^{\frac{1}{n}}-1}\right) = (\mathrm{e}-1)\lim_{n\to\infty}\mathrm{e}^{\frac{1}{n}}\cdot\lim_{n\to\infty}\frac{\frac{1}{n}}{\mathrm{e}^{\frac{1}{n}}-1} = \mathrm{e}-1.$$

习题 5-1

1. 把定积分 $\int_0^{\frac{\pi}{2}}\sin x\mathrm{d}x$ 写成积分和的极限形式．

2. 把区间 $[0,1]$ 上的积分和的极限

$$\lim_{\lambda \to 0} \sum_{i=1}^{n} \frac{1}{1+\xi_i^2} \Delta x_i$$

用定积分记号表示出来.

3. 利用定积分定义计算下列定积分：

(1) $\int_0^1 x^2 \mathrm{d}x$；　　　(2) $\int_1^2 x \mathrm{d}x$.

4. 把下列各题的和式极限表示成定积分：

(1) $\lim_{n \to \infty} \left(\frac{1}{n+1} + \frac{1}{n+2} + \cdots + \frac{1}{n+n} \right)$；

(2) $\lim_{n \to \infty} \left(\frac{1}{\sqrt{4n^2-1^2}} + \frac{1}{\sqrt{4n^2-2^2}} + \cdots + \frac{1}{\sqrt{4n^2-n^2}} \right)$.

5. 利用定积分的几何意义求下列定积分：

(1) $\int_0^1 2x \mathrm{d}x$；　　(2) $\int_0^a \sqrt{a^2-x^2} \mathrm{d}x$；　　(3) $\int_0^{2\pi} \sin x \mathrm{d}x$；　　(4) $\int_a^b \mathrm{d}x$.

6. 若 $f(x)$ 在 $[-a,a]$ 上连续，且为奇函数，用定积分的定义说明 $\int_{-a}^{a} f(x)\mathrm{d}x = 0$.

7. 若 $f(x)$ 在 $[-a,a]$ 上连续，且 $f(x)$ 为偶函数，用定积分的几何意义说明 $\int_{-a}^{a} f(x)\mathrm{d}x = 2\int_0^a f(x)\mathrm{d}x$.

5.2　定积分的性质

本节讨论定积分的性质. 在下面的讨论中，假设所涉及的定积分都是存在的.

性质 1　函数的和（差）的定积分等于它们的定积分的和（差），即

$$\int_a^b [f(x) \pm g(x)]\mathrm{d}x = \int_a^b f(x)\mathrm{d}x \pm \int_a^b g(x)\mathrm{d}x.$$

证明

$$\begin{aligned}
\int_a^b [f(x) \pm g(x)]\mathrm{d}x &= \lim_{\lambda \to 0} \sum_{i=1}^{n} [f(\xi_i) \pm g(\xi_i)]\Delta x_i \\
&= \lim_{\lambda \to 0} \sum_{i=1}^{n} f(\xi_i)\Delta x_i \pm \lim_{\lambda \to 0} \sum_{i=1}^{n} g(\xi_i)\Delta x_i \\
&= \int_a^b f(x)\mathrm{d}x \pm \int_a^b g(x)\mathrm{d}x.
\end{aligned}$$

性质 1 对任意有限个函数都是成立的.

性质 2　被积函数的常数因子可以提到积分号外面，即

$$\int_a^b kf(x)\mathrm{d}x = k\int_a^b f(x)\mathrm{d}x \quad (k \text{ 为常数}).$$

证法完全类似于性质 1.

性质 3　定积分对于积分区间具有可加性，即

$$\int_a^b f(x)\mathrm{d}x = \int_a^c f(x)\mathrm{d}x + \int_c^b f(x)\mathrm{d}x,$$

这里 c 可以在 $[a,b]$ 内，也可以在 $[a,b]$ 之外.

证明　先设 $a < c < b$.

因 $f(x)$ 在 $[a,b]$ 上可积，所以不论将区间 $[a,b]$ 怎样划分，积分和式的极限总是不变的.

因此,我们在分区间时,可以使 c 点永远是一个分点.这样,区间 $[a,b]$ 上的积分和等于 $[a,c]$ 上的积分和加 $[c,b]$ 上的积分和,记为

$$\sum_{[a,b]} f(\xi_i)\Delta x_i = \sum_{[a,c]}{}' f(\xi_i)\Delta x_i + \sum_{[c,b]}{}'' f(\xi_i)\Delta x_i.$$

令 $\lambda \to 0$,上式两端同时取极限,即得

$$\int_a^b f(x)\mathrm{d}x = \int_a^c f(x)\mathrm{d}x + \int_c^b f(x)\mathrm{d}x.$$

当 c 点在 $[a,b]$ 之外时,不妨设 $a<b<c$(当 $c<a<b$ 时可类似地证明),由于

$$\int_a^c f(x)\mathrm{d}x = \int_a^b f(x)\mathrm{d}x + \int_b^c f(x)\mathrm{d}x,$$

所以

$$\int_a^b f(x)\mathrm{d}x = \int_a^c f(x)\mathrm{d}x - \int_b^c f(x)\mathrm{d}x = \int_a^c f(x)\mathrm{d}x + \int_c^b f(x)\mathrm{d}x.$$

性质 4 如果在区间 $[a,b]$ 上有 $f(x) \leqslant g(x)$,那么

$$\int_a^b f(x)\mathrm{d}x \leqslant \int_a^b g(x)\mathrm{d}x \quad (a<b).$$

推论 如果在区间 $[a,b]$ 上,$f(x) \geqslant 0$,则有

$$\int_a^b f(x)\mathrm{d}x \geqslant 0 \quad (a<b).$$

性质 5
$$\left| \int_a^b f(x)\mathrm{d}x \right| \leqslant \int_a^b |f(x)|\mathrm{d}x \quad (a<b).$$

证明 因为 $-|f(x)| \leqslant f(x) \leqslant |f(x)|$,所以由性质 4 有

$$-\int_a^b |f(x)|\mathrm{d}x \leqslant \int_a^b f(x)\mathrm{d}x \leqslant \int_a^b |f(x)|\mathrm{d}x,$$

即

$$\left| \int_a^b f(x)\mathrm{d}x \right| \leqslant \int_a^b |f(x)|\mathrm{d}x.$$

性质 6 设 M,m 是 $f(x)$ 在 $[a,b]$ 上的最大值和最小值,则有

$$m(b-a) \leqslant \int_a^b f(x)\mathrm{d}x \leqslant M(b-a) \quad (a<b).$$

这一性质又叫做定积分的**估值定理**.

性质 7(定积分中值定理) 如果函数 $f(x)$ 在 $[a,b]$ 上连续,则在闭区间 $[a,b]$ 上至少存在一点 ξ,使下式成立:

$$\int_a^b f(x)\mathrm{d}x = f(\xi)(b-a) \quad (a \leqslant \xi \leqslant b).$$

证明 将性质 6 中的不等式同除以 $b-a$,得

$$m \leqslant \frac{1}{b-a}\int_a^b f(x)\mathrm{d}x \leqslant M.$$

这表明确定的数值 $\dfrac{1}{b-a}\displaystyle\int_a^b f(x)\mathrm{d}x$ 介于函数 $f(x)$ 在区间 $[a,b]$ 上的最小值 m 与最大值 M 之间.根据闭区间上连续函数的介值定理,在 $[a,b]$ 上至少存在一点 ξ,使得函数 $f(x)$ 在该点的函数值与这个确定的数值相等,即有

$$\frac{1}{b-a}\int_a^b f(x)\mathrm{d}x = f(\xi) \quad (a \leqslant \xi \leqslant b).$$

两端同乘以 $b-a$,即得所要证明的等式.

积分中值定理的几何意义是：设 $f(x) \geqslant 0$，则在 $[a,$ $b]$ 上至少有一点 ξ，使得以 $[a,b]$ 为底边，以 $f(\xi)$ 为高的长方形面积，等于以曲线 $y = f(x)$ 为曲边，以 $[a,b]$ 为底的曲边梯形的面积（图 5-5）.

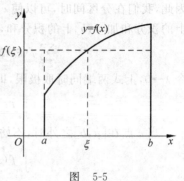

图　5-5

从积分中值定理的几何解释容易看出，数值 $\dfrac{1}{b-a} \displaystyle\int_a^b f(x)\mathrm{d}x$ 表示曲线 $y = f(x)$ 在 $[a,b]$ 上的平均高度，也就是函数 $f(x)$ 在 $[a,b]$ 上的**平均值**. 这是有限个数的平均值概念的拓广.

积分中值定理和微分中值定理相类似，它仅肯定了 ξ 点的存在性，至于在 $[a,b]$ 上哪一点，定理并没有告诉我们，所以不能利用它计算定积分. 但这并不影响它在理论上的重要性，5.3 节将看到它在证明定积分的基本公式中所起的主要作用.

例 1　估算定积分 $\displaystyle\int_{-1}^2 \mathrm{e}^{-x^2}\mathrm{d}x$ 值的范围.

解　先求被积分函数在 $[-1,2]$ 上的最大值和最小值.

$$f'(x) = -2x\mathrm{e}^{-x^2},$$

驻点为 $x=0$. 算出驻点及区间端点的函数值

$$f(0) = 1, \quad f(-1) = \mathrm{e}^{-1}, \quad f(2) = \mathrm{e}^{-4}.$$

从中知 $M=1, m=\mathrm{e}^{-4}$. 由估值定理，得

$$\mathrm{e}^{-4}[2-(-1)] \leqslant \int_{-1}^2 \mathrm{e}^{-x^2}\mathrm{d}x \leqslant 1 \times [2-(-1)],$$

即

$$3\mathrm{e}^{-4} \leqslant \int_{-1}^2 \mathrm{e}^{-x^2}\mathrm{d}x \leqslant 3.$$

例 2　设 $f(x)$ 连续，且有 $f(x) = x + 2\displaystyle\int_0^1 f(t)\mathrm{d}t$，求 $f(x)$.

解　定积分 $\displaystyle\int_0^1 f(t)\mathrm{d}t$ 是一数值，设为 A，于是有

$$f(x) = x + 2A.$$

在 $[0,1]$ 上积分，

$$\int_0^1 f(x)\mathrm{d}x = \int_0^1 (x+2A)\mathrm{d}x,$$

由定积分的几何意义知 $\displaystyle\int_0^1 x\mathrm{d}x = \dfrac{1}{2}$，于是有

$$A = \frac{1}{2} + 2A, \quad A = -\frac{1}{2},$$

所以

$$f(x) = x - 1.$$

习题 5-2

1. 证明下列各式：

(1) $\int_a^b 1 \cdot \mathrm{d}x = b - a$；　　　　(2) 若 $f(x) \geqslant 0$，则 $\int_a^b f(x)\mathrm{d}x \geqslant 0(a \leqslant b)$.

2. 比较下列积分的大小：

(1) $\int_0^1 x\mathrm{d}x, \int_0^1 x^2 \mathrm{d}x$ 及 $\int_0^1 \sqrt{x}\mathrm{d}x$；　　　　　(2) $\int_1^2 \ln x\mathrm{d}x, \int_1^2 (\ln x)^2 \mathrm{d}x$；

(3) $\int_e^{e^2} \ln x\mathrm{d}x, \int_e^{e^2} (\ln x)^2 \mathrm{d}x$；　　　　　(4) $\int_0^1 \mathrm{e}^x \mathrm{d}x, \int_0^1 (1+x)\mathrm{d}x$.

3. 设 $f(x)$ 在 $[a,b]$ 上连续，且有 $f(x) \geqslant 0$，如果 $\int_a^b f(x)\mathrm{d}x = 0$，试证明在 $[a,b]$ 上 $f(x) \equiv 0$.

4. 估计下列积分值的范围：

(1) $\int_1^2 x^{\frac{4}{3}} \mathrm{d}x$；　　　　　(2) $\int_{-2}^0 x\mathrm{e}^x \mathrm{d}x$；

(3) $\int_{\frac{\pi}{4}}^{\frac{5\pi}{4}} (1 + \sin^2 x)\mathrm{d}x$；　　　　　(4) $\int_{\frac{1}{\sqrt{3}}}^{\sqrt{3}} x\arctan x\mathrm{d}x$.

5.3　微积分基本公式

利用定义计算定积分是十分繁难的，我们需要寻求计算定积分的简便有效的方法. 为此，我们首先讨论变上限的定积分的问题.

5.3.1　变上限的定积分

设函数 $f(x)$ 在 $[a,b]$ 上连续，$x \in [a,b]$，现考察 $f(x)$ 在部分区间 $[a,x]$ 上的定积分

$$\int_a^x f(x)\mathrm{d}x.$$

首先，由于 $f(x)$ 在 $[a,x]$ 上仍旧连续，因此上面的积分是可积的. 这时，x 既表示积分变量，又表示积分上限. 因为定积分与积分变量所使用的字母无关，故上面的积分可改记为

$$\int_a^x f(t)\mathrm{d}t.$$

如果上限 x 在 $[a,b]$ 上任意变动，则对每一个 x 取定的值，定积分 $\int_a^x f(t)\mathrm{d}t$ 有一个确定的值与之对应，所以它在 $[a,b]$ 上定义了一个函数，记作 $\Phi(x)$：

$$\Phi(x) = \int_a^x f(t)\mathrm{d}t \quad (a \leqslant x \leqslant b).$$

这个函数具有下面定理 1 所指出的重要性质.

定理 1　如果 $f(x)$ 在 $[a,b]$ 上连续，则积分变上限的函数

$$\Phi(x) = \int_a^x f(t)\mathrm{d}t \quad (a \leqslant x \leqslant b)$$

在 $[a,b]$ 上可导,且有

$$\Phi'(x) = \frac{\mathrm{d}}{\mathrm{d}x}\int_a^x f(t)\mathrm{d}t = f(x). \tag{5.3.1}$$

证明 因为 $\Phi(x) = \int_a^x f(t)\mathrm{d}t$,所以

$$\Phi(x+\Delta x) = \int_a^{x+\Delta x} f(t)\mathrm{d}t \quad (x+\Delta x \in [a,b]).$$

由此得函数 $\Phi(x)$ 的增量为

$$\Delta\Phi(x) = \Phi(x+\Delta x) - \Phi(x) = \int_a^{x+\Delta x} f(t)\mathrm{d}t - \int_a^x f(t)\mathrm{d}t$$

$$= \int_a^x f(t)\mathrm{d}t + \int_x^{x+\Delta x} f(t)\mathrm{d}t - \int_a^x f(t)\mathrm{d}t = \int_x^{x+\Delta x} f(t)\mathrm{d}t.$$

再由积分中值定理,有

$$\Delta\Phi(x) = f(\xi)\Delta x,$$

其中 ξ 在 x 与 $x+\Delta x$ 之间(图5-6). 又由于 $f(x)$ 在 $[a,b]$ 上连续,所以当 $\Delta x \to 0$ 时,有 $\xi \to x$, $f(\xi) \to f(x)$. 于是有

$$\lim_{\Delta x \to 0}\frac{\Delta\Phi(x)}{\Delta x} = \lim_{\Delta x \to 0} f(\xi) = \lim_{\xi \to x} f(\xi) = f(x).$$

这就是说函数 $\Phi(x) = \int_a^x f(t)\mathrm{d}t$ 在 $[a,b]$ 上可导,且有

$$\Phi'(x) = f(x).$$

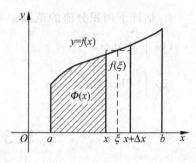

图 5-6

定理1告诉我们,连续函数 $f(x)$ 取变上限 x 的定积分后再对 x 求导,其结果还原为 $f(x)$ 本身. 联想到原函数的定义,说明 $\Phi(x) = \int_a^x f(t)\mathrm{d}t$ 就是 $f(x)$ 的一个原函数. 定理1实际上证明了连续函数的原函数的存在性,所以定理1也可以叫做**原函数存在定理**. $\Phi(x) = \int_a^x f(t)\mathrm{d}t$ 是 x 的连续函数,但不一定是初等函数. 例如 $\int_0^x \mathrm{e}^{-t^2}\mathrm{d}t$ 就不是初等函数. 因此,一个初等函数的原函数不一定是初等函数.

例1 若 $\Phi(x) = \int_0^x \mathrm{e}^{-t^2}\mathrm{d}t$,求 $\Phi'(x)$.

解 由定理1,即可得

$$\Phi'(x) = \mathrm{e}^{-x^2}.$$

例2 求 $\left(\int_x^a \sin t^2\,\mathrm{d}t\right)'$.

解 $$\left(\int_x^a \sin t^2\,\mathrm{d}t\right)' = \left(-\int_a^x \sin t^2\,\mathrm{d}t\right)' = -\sin x^2.$$

例3 求 $\dfrac{\mathrm{d}}{\mathrm{d}x}\displaystyle\int_a^{x^2} \sin t^2\,\mathrm{d}t$.

解 记积分上限 x^2 为 u,利用复合函数的求导法则,有

$$\frac{\mathrm{d}}{\mathrm{d}x}\int_a^{x^2} \sin t^2\,\mathrm{d}t = \left(\int_a^u \sin t^2\,\mathrm{d}t\right)'_u \cdot u'_x = \sin u^2 \cdot 2x = 2x\sin x^4.$$

一般地,若 $f(x)$ 为连续函数,$\varphi(x)$ 为可微函数,则有

$$\frac{\mathrm{d}}{\mathrm{d}x}\int_a^{\varphi(x)} f(t)\mathrm{d}t = f[\varphi(x)]\varphi'(x). \tag{5.3.2}$$

当积分的上下限均为 x 的可微函数时,有

$$\frac{\mathrm{d}}{\mathrm{d}x}\int_{\psi(x)}^{\varphi(x)} f(t)\mathrm{d}t = f[\varphi(x)]\varphi'(x) - f[\psi(x)]\psi'(x). \tag{5.3.3}$$

例 4　设 $\Phi(x) = \int_{x^2}^{1} \frac{\sin\sqrt{t}}{t}\mathrm{d}t \,(x > 0)$,求 $\Phi'\left(\frac{\pi}{2}\right)$.

解
$$\Phi'(x) = \left(-\int_1^{x^2} \frac{\sin\sqrt{t}}{t}\mathrm{d}t\right)_x' = -\frac{\sin\sqrt{x^2}}{x^2}\cdot 2x = -\frac{2\sin x}{x},$$

$$\Phi'\left(\frac{\pi}{2}\right) = -\frac{2\sin\frac{\pi}{2}}{\frac{\pi}{2}} = -\frac{4}{\pi}.$$

例 5　求极限 $\lim\limits_{x\to 0} \dfrac{\displaystyle\int_0^x t\sin t^2 \,\mathrm{d}t}{x^4}$.

解　所求极限为 $\dfrac{0}{0}$ 型未定式,由洛必达法则,有

$$\lim_{x\to 0} \frac{\displaystyle\int_0^x t\sin t^2 \,\mathrm{d}t}{x^4} = \lim_{x\to 0} \frac{x\sin x^2}{4x^3} = \lim_{x\to 0} \frac{x^2}{4x^2} = \frac{1}{4}.$$

5.3.2　微积分基本公式

定理 2　设 $f(x)$ 在 $[a,b]$ 上连续,$F(x)$ 是 $f(x)$ 在 $[a,b]$ 上的任一原函数,则有

$$\int_a^b f(x)\mathrm{d}x = F(b) - F(a). \tag{5.3.4}$$

证明　已知 $F(x)$ 是 $f(x)$ 的一个原函数,定理 1 告诉我们,$\int_a^x f(t)\mathrm{d}t$ 也是 $f(x)$ 的一个原函数,所以这两个函数之差必为一常数:

$$\int_a^x f(t)\mathrm{d}t - F(x) = C.$$

在上式中令 $x = a$,由于 $\int_a^a f(t)\mathrm{d}t = 0$,于是有

$$C = -F(a),$$

即有

$$\int_a^x f(t)\mathrm{d}t = F(x) - F(a). \tag{5.3.5}$$

在式(5.3.5)中令 $x = b$,得

$$\int_a^b f(t)\mathrm{d}t = F(b) - F(a).$$

又因定积分的值与积分变量使用什么字母无关,习惯上仍用 x 表示积分变量,于是有

式(5.3.4)成立.

式(5.3.4)叫做**微积分基本公式**,也叫做**牛顿-莱布尼茨公式**,以纪念这两位微积分的主要发明者.在使用时,常将 $F(b)-F(a)$ 记作 $F(x)\Big|_a^b$(或者 $[F(x)]_a^b$),于是式(5.3.4)又可写成

$$\int_a^b f(x)\mathrm{d}x = F(x)\Big|_a^b, \tag{5.3.6}$$

牛顿-莱布尼茨公式将定积分与原函数联系起来,这样定积分的计算就方便多了.

例 6　计算 $\int_0^1 \mathrm{e}^x \mathrm{d}x$.

解　这个积分我们在 5.1 节例题中用积分定义计算过,现在用定积分基本式计算.
因为 e^x 是 e^x 的一个原函数,所以

$$\int_0^1 \mathrm{e}^x \mathrm{d}x = \mathrm{e}^x \Big|_0^1 = \mathrm{e}-1.$$

例 7　计算 $\int_{-2}^{-1} \frac{1}{x}\mathrm{d}x$.

解
$$\int_{-2}^{-1} \frac{1}{x}\mathrm{d}x = \ln|x| \Big|_{-2}^{-1} = \ln 1 - \ln 2 = -\ln 2.$$

例 8　计算 $\int_0^{\frac{1}{2}} \frac{2x+1}{\sqrt{1-x^2}}\mathrm{d}x$.

解
$$\int_0^{\frac{1}{2}} \frac{2x+1}{\sqrt{1-x^2}}\mathrm{d}x = \int_0^{\frac{1}{2}} \frac{2x\,\mathrm{d}x}{\sqrt{1-x^2}} + \int_0^{\frac{1}{2}} \frac{\mathrm{d}x}{\sqrt{1-x^2}}$$
$$= \Big[-2(1-x^2)^{\frac{1}{2}}\Big]_0^{\frac{1}{2}} + \Big[\arcsin x\Big]_0^{\frac{1}{2}} = -\sqrt{3} + 2 + \frac{\pi}{6}.$$

例 9　计算 $\int_{-2}^4 |x-1|\mathrm{d}x$.

解　当 $x \geqslant 1$ 时,$|x-1|=x-1$;当 $x<1$ 时,$|x-1|=1-x$.于是

$$\int_{-2}^4 |x-1|\mathrm{d}x = \int_{-2}^1 (1-x)\mathrm{d}x + \int_1^4 (x-1)\mathrm{d}x$$
$$= \Big[x-\frac{x^2}{2}\Big]_{-2}^1 + \Big[\frac{x^2}{2}-x\Big]_1^4 = 9.$$

例 10　计算 $\int_{-\frac{\pi}{2}}^{\frac{\pi}{2}} \sqrt{\cos x - \cos^3 x}\,\mathrm{d}x$.

解
$$\int_{-\frac{\pi}{2}}^{\frac{\pi}{2}} \sqrt{\cos x - \cos^3 x}\,\mathrm{d}x = \int_{-\frac{\pi}{2}}^{\frac{\pi}{2}} |\sin x| \sqrt{\cos x}\,\mathrm{d}x$$
$$= \int_{-\frac{\pi}{2}}^0 -\sin x \sqrt{\cos x}\,\mathrm{d}x + \int_0^{\frac{\pi}{2}} \sin x \sqrt{\cos x}\,\mathrm{d}x$$
$$= \Big[\frac{2}{3}(\cos x)^{\frac{3}{2}}\Big]_{-\frac{\pi}{2}}^0 - \Big[\frac{2}{3}(\cos x)^{\frac{3}{2}}\Big]_0^{\frac{\pi}{2}}$$
$$= \frac{2}{3} - \Big(-\frac{2}{3}\Big) = \frac{4}{3}.$$

本例也可利用偶函数的性质简化计算.

习题 5-3

1. 说明 $\int x^2 \, \mathrm{d}x, \int_0^x x^2 \, \mathrm{d}x$ 及 $\int_0^1 x^2 \, \mathrm{d}x$ 之间的区别及联系.

2. 求下列函数的导数：

(1) $f(x) = \int_1^x t^2 \mathrm{e}^{-t} \mathrm{d}t$；
(2) $g(x) = \int_x^0 \mathrm{e}^{-t^2} \mathrm{d}t$；

(3) $\Phi(t) = \int_t^{t^2} \dfrac{\sin x}{x} \mathrm{d}x \, (t > 0)$；
(4) $F(x) = \int_{\sin x}^{\cos x} \dfrac{\mathrm{e}^t}{\sqrt{1+t^2}} \mathrm{d}t$.

3. 求由参数方程 $x = \int_0^t \sin u \, \mathrm{d}u, y = \int_0^{t^2} \cos u \, \mathrm{d}u$ 所确定的函数 $y(x)$ 的导数 $\dfrac{\mathrm{d}y}{\mathrm{d}x}$.

4. 求由 $\int_0^y \mathrm{e}^t \mathrm{d}t + \int_0^x \cos t \, \mathrm{d}t = 0$ 所确定的隐函数 y 对 x 的导数 $\dfrac{\mathrm{d}y}{\mathrm{d}x}$.

5. 当 x 为何值时，函数 $I(x) = \int_0^x t \mathrm{e}^{-t^2} \mathrm{d}t$ 有极值？

6. 计算下列定积分：

(1) $\int_4^9 \sqrt{x}(1+\sqrt{x}) \mathrm{d}x$；
(2) $\int_0^{\sqrt{3}a} \dfrac{\mathrm{d}x}{a^2+x^2}$；
(3) $\int_{-\mathrm{e}-1}^{-2} \dfrac{\mathrm{d}x}{1+x}$；

(4) $\int_0^{\frac{\pi}{4}} \tan^2 x \, \mathrm{d}x$；
(5) $\int_0^{2\pi} |\sin x| \, \mathrm{d}x$；
(6) $\int_1^{\mathrm{e}} \dfrac{1+\ln x}{x} \mathrm{d}x$；

(7) $\int_0^{\frac{\pi}{6}} \dfrac{1}{\cos^2 2\theta} \mathrm{d}\theta$；
(8) $\int_{\frac{1}{\pi}}^{\frac{2}{\pi}} \dfrac{\sin \dfrac{1}{y}}{y^2} \mathrm{d}y$；
(9) $\int_{-\frac{1}{2}}^{\frac{1}{2}} \sin x \cdot \sqrt{1-x^2} \, \mathrm{d}x$；

(10) $\int_{-1}^1 |\sin x| \, \mathrm{d}x$.

7. 设 $f(x) = \begin{cases} \ln x, & x \geqslant 1, \\ x-1, & x < 1, \end{cases}$ 求 $\int_0^{\mathrm{e}} f(x) \mathrm{d}x$.

8. 求下列极限：

(1) $\lim\limits_{x \to 0} \dfrac{\displaystyle\int_0^x \cos t^2 \, \mathrm{d}t}{x}$；
(2) $\lim\limits_{x \to +\infty} \dfrac{\displaystyle\int_0^x (\arctan t)^2 \, \mathrm{d}t}{\sqrt{x^2+1}}$.

9. 设 $f(x) = \begin{cases} x^2, x \in [0,1], \\ x, x \in (1,2]. \end{cases}$ 求函数 $\Phi(x) = \int_0^x f(x) \mathrm{d}x \, (0 \leqslant x \leqslant 2)$ 的表达式，并讨论 $\Phi(x)$ 在 $(0,2)$ 内的连续性.

10. 求函数 $\Phi(x) = \int_0^x \dfrac{3t+1}{t^2+1} \mathrm{d}t$ 在 $[-1,1]$ 上的最大值与最小值.

11. 设 $f(x)$ 在 $[0,+\infty)$ 上连续，且 $f(x) > 0$，求证函数

$$F(x) = \dfrac{\displaystyle\int_0^x t f(t) \mathrm{d}t}{\displaystyle\int_0^x f(t) \mathrm{d}t}$$

在 $(0,+\infty)$ 内单调增加.

12. 下列积分应用牛顿-莱布尼茨公式的结果是否正确,为什么?

(1) 因为 $\displaystyle\int \frac{1}{x^2}dx = -\frac{1}{x} + C$,所以 $\displaystyle\int_{-1}^{1} \frac{1}{x^2}dx = \left[-\frac{1}{x}\right]_{-1}^{1} = -2$;

(2) 因为 $\displaystyle\int \frac{\sec^2 x}{2+\tan^2 x}dx = \int \frac{d\tan x}{2+\tan^2 x} = \frac{1}{\sqrt{2}}\arctan\left(\frac{1}{\sqrt{2}}\tan x\right) + C$,所以

$$\int_0^{2\pi} \frac{\sec^2 x}{2+\tan^2 x}dx = \left[\frac{1}{\sqrt{2}}\arctan\left(\frac{1}{\sqrt{2}}\tan x\right)\right]_0^{2\pi} = 0;$$

(3) 因为 $\displaystyle\left(-\arctan\frac{1}{x}\right)' = -\frac{1}{1+\left(\frac{1}{x}\right)^2} \cdot \left(-\frac{1}{x^2}\right) = \frac{1}{1+x^2}$,所以

$$\int_{-1}^{1} \frac{1}{1+x^2}dx = \left[-\arctan\frac{1}{x}\right]_{-1}^{1} = -\frac{\pi}{2}.$$

5.4　定积分的换元积分法和分部积分法

利用牛顿-莱布尼茨公式计算定积分的关键是求不定积分,而换元积分法与分部积分法是求不定积分的两种基本方法,如果能将这两种方法直接用到定积分上去,将会使计算简化.下面我们建立定积分的换元公式和分部积分公式.

5.4.1　定积分的换元积分法

定理　设 $f(x)$ 在闭区间 $[a,b]$ 上连续,函数 $x=\varphi(t)$ 满足下列条件:

(1) $x=\varphi(t)$ 在 $[\alpha,\beta]$ 上有连续导函数;

(2) 当 t 在 $[\alpha,\beta]$ 或 $[\beta,\alpha]$ 上变化时,$x=\varphi(t)$ 的值在 $[a,b]$ 上变动,且 $\varphi(\alpha)=a,\varphi(\beta)=b$,则有

$$\int_a^b f(x)dx = \int_\alpha^\beta f[\varphi(t)]\varphi'(t)dt. \tag{5.4.1}$$

公式(5.4.1)叫做**定积分的换元公式**.

证明　设 $F(x)$ 是 $f(x)$ 的一个原函数,由牛顿-莱布尼茨公式,有

$$\int_a^b f(x)dx = F(b) - F(a).$$

另一方面,记 $G(t)=F[\varphi(t)]$,依复合函数的求导法则,有

$$G'(t) = \frac{dF(x)}{dx} \cdot \frac{dx}{dt} = f(x) \cdot \varphi'(t) = f[\varphi(t)]\varphi'(t),$$

所以 $G(t)$ 是 $f[\varphi(t)]\varphi'(t)$ 的一个原函数,故有

$$\int_\alpha^\beta f[\varphi(t)]\varphi'(t)dt = \left[G(t)\right]_\alpha^\beta = \left[F[\varphi(t)]\right]_\alpha^\beta = F[\varphi(\beta)] - F[\varphi(\alpha)].$$

再由 $\varphi(\alpha)=a,\varphi(\beta)=b$ 可得

$$\int_\alpha^\beta f[\varphi(t)]\varphi'(t)dt = F(b) - F(a).$$

所以

$$\int_a^b f(x)dx = \int_\alpha^\beta f[\varphi(t)]\varphi'(t)dt.$$

应用换元公式时,当用 $x = \varphi(t)$ 把原来的积分变量 x 换成新的积分变量 t 时,积分限也要换成相应于新变量 t 的积分限,这时积分上限不一定大于下限. 在求出 $f[\varphi(t)]\varphi'(t)$ 的原函数 $G(t)$ 之后不必像计算不定积分时那样要再把 $G(t)$ 变换成原先变量 x 的函数,而只要把 t 的上下限分别代入 $G(t)$ 然后相减就可以了.

例 1 求 $\int_0^a \sqrt{a^2 - x^2}\,\mathrm{d}x\,(a > 0)$.

解 设 $x = a\sin t$,则 $\mathrm{d}x = a\cos t\mathrm{d}t$,且当 $x = 0$ 时,$t = 0$;当 $x = a$ 时,$t = \dfrac{\pi}{2}$,于是,

$$\int_0^a \sqrt{a^2 - x^2}\,\mathrm{d}x = \int_0^{\frac{\pi}{2}} a^2\cos^2 t\mathrm{d}t = \frac{a^2}{2}\int_0^{\frac{\pi}{2}} (1 + \cos 2t)\,\mathrm{d}t$$

$$= \frac{a^2}{2}\left[t + \frac{1}{2}\sin 2t\right]_0^{\frac{\pi}{2}} = \frac{\pi a^2}{4}.$$

利用定积分的几何意义更容易得到这一积分结果.

例 2 求 $\int_0^4 \dfrac{x + 2}{\sqrt{2x + 1}}\,\mathrm{d}x$.

解 令 $\sqrt{2x + 1} = t$,则 $x = \dfrac{t^2 - 1}{2}$,$\mathrm{d}x = t\mathrm{d}t$,且当 $x = 0$ 时,$t = 1$;当 $x = 4$ 时,$t = 3$. 于是

$$\int_0^4 \frac{x + 2}{\sqrt{2x + 1}}\,\mathrm{d}x = \int_1^3 \frac{\dfrac{t^2 - 1}{2} + 2}{t} \cdot t\mathrm{d}t = \frac{1}{2}\int_1^3 (t^2 + 3)\,\mathrm{d}t = \frac{1}{2}\left[\frac{t^3}{3} + 3t\right]_1^3 = \frac{22}{3}.$$

例 3 计算 $\int_{-2}^{-\sqrt{2}} \dfrac{\mathrm{d}x}{\sqrt{x^2 - 1}}$.

解 令 $x = \sec t$,则 $\mathrm{d}x = \sec t\tan t\mathrm{d}t$,且当 $x = -2$ 时,$t = \dfrac{2\pi}{3}$;$x = -\sqrt{2}$ 时,$t = \dfrac{3\pi}{4}$. 这时,$\sqrt{x^2 - 1} = -\tan t$,于是

$$\int_{-2}^{-\sqrt{2}} \frac{\mathrm{d}x}{\sqrt{x^2 - 1}} = -\int_{\frac{2\pi}{3}}^{\frac{3\pi}{4}} \sec t\mathrm{d}t = -\left[\ln|\sec t + \tan t|\right]_{2\pi/3}^{3\pi/4} = \ln\frac{2 + \sqrt{3}}{\sqrt{2} + 1}.$$

例 4 计算 $\int_0^{\frac{\pi}{2}} \cos^3 x\sin x\mathrm{d}x$.

解 令 $\cos x = t$,则 $\mathrm{d}t = -\sin x\mathrm{d}x$,且当 $x = 0$ 时,$t = 1$;$x = \dfrac{\pi}{2}$ 时,$t = 0$. 于是

$$\int_0^{\frac{\pi}{2}} \cos^3 x\sin x\mathrm{d}x = -\int_1^0 t^3\,\mathrm{d}t = \int_0^1 t^3\,\mathrm{d}t = \left[\frac{1}{4}t^4\right]_0^1 = \frac{1}{4}.$$

在上例中,被积函数的原函数可用凑微分法积出,在计算定积分时,如果不明显地写出新变量 t,那么定积分的上下限就不要变更. 具体算法如下:

$$\int_0^{\frac{\pi}{2}} \cos^3 x\sin x\mathrm{d}x = -\int_0^{\frac{\pi}{2}} \cos^3 x\mathrm{d}\cos x = -\left[\frac{1}{4}\cos^4 x\right]_0^{\frac{\pi}{2}} = \frac{1}{4}.$$

例 5 计算 $\int_0^{\pi} \sqrt{\sin^3 x - \sin^5 x}\,\mathrm{d}x$.

解 $\sqrt{\sin^3 x - \sin^5 x} = (\sin x)^{\frac{3}{2}}|\cos x|$. 在 $\left[0, \dfrac{\pi}{2}\right]$ 上,$|\cos x| = \cos x$;在 $\left[\dfrac{\pi}{2}, \pi\right]$ 上,$|\cos x| = -\cos x$. 所以

$$\int_0^\pi \sqrt{\sin^3 x - \sin^5 x}\, dx = \int_0^{\frac{\pi}{2}} (\sin x)^{\frac{3}{2}} \cos x dx - \int_{\frac{\pi}{2}}^\pi (\sin x)^{\frac{3}{2}} \cos x dx$$

$$= \int_0^{\frac{\pi}{2}} (\sin x)^{\frac{3}{2}}\, d\sin x - \int_{\frac{\pi}{2}}^\pi (\sin x)^{\frac{3}{2}}\, d\sin x$$

$$= \left[\frac{2}{5}(\sin x)^{\frac{5}{2}}\right]_0^{\frac{\pi}{2}} - \left[\frac{2}{5}(\sin x)^{\frac{5}{2}}\right]_{\frac{\pi}{2}}^\pi = \frac{4}{5}.$$

例 6 设 $f(x)$ 在 $[-a,a]$ 上连续,证明:

(1) 若 $f(x)$ 为偶函数,则有 $\int_{-a}^a f(x)dx = 2\int_0^a f(x)dx$;

(2) 若 $f(x)$ 为奇函数,则有 $\int_{-a}^a f(x)dx = 0$.

证明 因为 $\int_{-a}^a f(x)dx = \int_{-a}^0 f(x)dx + \int_0^a f(x)dx$,对于积分 $\int_{-a}^0 f(x)dx$ 作代换 $x = -t$,则有

$$\int_{-a}^0 f(x)dx = -\int_a^0 f(-t)dt = \int_0^a f(-t)dt = \int_0^a f(-x)dx.$$

于是

$$\int_{-a}^a f(x)dx = \int_0^a [f(x) + f(-x)]dx.$$

(1) 如果 $f(x)$ 是偶函数,则有 $f(-x) = f(x)$,$f(x) + f(-x) = 2f(x)$,于是

$$\int_{-a}^a f(x)dx = 2\int_0^a f(x)dx.$$

(2) 如果 $f(x)$ 是奇函数,则有 $f(-x) = -f(x)$,$f(x) + f(-x) = 0$,所以

$$\int_{-a}^a f(x)dx = 0.$$

例 7 设 $f(x)$ 是 $[0,1]$ 上的连续函数,证明:

(1) $\int_0^{\frac{\pi}{2}} f(\sin x)dx = \int_0^{\frac{\pi}{2}} f(\cos x)dx$;

(2) $\int_0^\pi f(\sin x)dx = 2\int_0^{\frac{\pi}{2}} f(\sin x)dx$.

证明 (1) 令 $x = \frac{\pi}{2} - t$,则 $dx = -dt$,$\sin x = \sin\left(\frac{\pi}{2} - t\right) = \cos t$. $x = 0$ 时,$t = \frac{\pi}{2}$; $x = \frac{\pi}{2}$ 时,$t = 0$. 于是

$$\int_0^{\frac{\pi}{2}} f(\sin x)dx = -\int_{\frac{\pi}{2}}^0 f(\cos t)dt = \int_0^{\frac{\pi}{2}} f(\cos t)dt = \int_0^{\frac{\pi}{2}} f(\cos x)dx.$$

(2) $\int_0^\pi f(\sin x)dx = \int_0^{\frac{\pi}{2}} f(\sin x)dx + \int_{\frac{\pi}{2}}^\pi f(\sin x)dx$. 对于 $\int_{\frac{\pi}{2}}^\pi f(\sin x)dx$,作代换 $x = \pi - t$,则有

$$\int_{\frac{\pi}{2}}^\pi f(\sin x)dx = -\int_{\frac{\pi}{2}}^0 f[\sin(\pi - t)]dt = \int_0^{\frac{\pi}{2}} f(\sin t)dt = \int_0^{\frac{\pi}{2}} f(\sin x)dx.$$

所以有

$$\int_0^\pi f(\sin x)dx = 2\int_0^{\frac{\pi}{2}} f(\sin x)dx.$$

例 8 设 $f(x)$ 是以 $T(>0)$ 为周期的可积函数,试证明对任何实数 a,都有 $\int_a^{a+T} f(x)\mathrm{d}x = \int_0^T f(x)\mathrm{d}x$.

证明 $\int_a^{a+T} f(x)\mathrm{d}x = \int_a^T f(x)\mathrm{d}x + \int_T^{a+T} f(x)\mathrm{d}x$.

对上式右端的第二个积分作换元积分:令 $x = T + u$,则 $\mathrm{d}x = \mathrm{d}u$,且当 $x = T$ 时,$u = 0$;当 $x = a + T$ 时,$u = a$. 由于 $f(x)$ 是以 T 为周期的周期函数,所以 $f(x) = f(T + u) = f(u)$. 于是

$$\int_T^{a+T} f(x)\mathrm{d}x = \int_0^a f(T+u)\mathrm{d}u = \int_0^a f(u)\mathrm{d}u = \int_0^a f(x)\mathrm{d}x.$$

因此有

$$\int_a^{a+T} f(x)\mathrm{d}x = \int_a^T f(x)\mathrm{d}x + \int_0^a f(x)\mathrm{d}x = \int_0^T f(x)\mathrm{d}x.$$

5.4.2 定积分的分部积分法

设 $u(x), v(x)$ 在 $[a,b]$ 上有连续的导函数,由乘积的导数公式,有
$$(uv)' = uv' + u'v.$$
上式两端求在 $[a,b]$ 上的定积分,得
$$\int_a^b (uv)'\mathrm{d}x = \int_a^b uv'\mathrm{d}x + \int_a^b u'v\mathrm{d}x.$$
而
$$\int_a^b (uv)'\mathrm{d}x = \left[uv\right]_a^b,$$
所以有
$$\int_a^b uv'\mathrm{d}x = \left[uv\right]_a^b - \int_a^b u'v\mathrm{d}x, \tag{5.4.2}$$
或简记为
$$\int_a^b u\,\mathrm{d}v = \left[uv\right]_a^b - \int_a^b v\,\mathrm{d}u. \tag{5.4.2'}$$
这就是定积分的**分部积分公式**.

例 9 求 $\int_0^{\frac{1}{2}} \arcsin x\,\mathrm{d}x$.

解
$$\int_0^{\frac{1}{2}} \arcsin x\,\mathrm{d}x = \left[x\arcsin x\right]_0^{\frac{1}{2}} - \int_0^{\frac{1}{2}} \frac{x}{\sqrt{1-x^2}}\mathrm{d}x$$
$$= \frac{1}{2} \cdot \frac{\pi}{6} + \frac{1}{2}\int_0^{\frac{1}{2}} (1-x^2)^{-\frac{1}{2}}\mathrm{d}(1-x^2)$$
$$= \frac{\pi}{12} + \left[(1-x^2)^{\frac{1}{2}}\right]_0^{\frac{1}{2}} = \frac{\pi}{12} + \frac{\sqrt{3}}{2} - 1.$$

上例中,在用了分部积分法之后,还用了定积分的换元法(凑微分法),由于没有明显写出新的变量,所以积分限保持不变.

例 10 求 $\int_0^1 e^{\sqrt{x}} dx$.

解 先作变量代换，令 $\sqrt{x}=t$，则 $x=t^2$，$dx=2tdt$. 且当 $x=0$ 时，$t=0$；当 $x=1$ 时，$t=1$. 于是

$$\int_0^1 e^{\sqrt{x}} dx = 2\int_0^1 te^t dt.$$

再利用分部积分法计算上式右端的积分：

$$\int_0^1 te^t dt = \left[te^t \right]_0^1 - \int_0^1 e^t dt = e - \left[e^t \right]_0^1 = e - (e-1) = 1.$$

所以

$$\int_0^1 e^{\sqrt{x}} dx = 2.$$

例 11 计算 $\int_0^{\frac{\pi}{2}} \sin^n x \, dx$（$n$ 为自然数）.

解 记 $\int_0^{\frac{\pi}{2}} \sin^n x \, dx = I_n$，则

$$\begin{aligned}
I_n &= \int_0^{\frac{\pi}{2}} \sin^{n-1} x \, d(-\cos x) \\
&= \left[-\cos x \sin^{n-1} x \right]_0^{\frac{\pi}{2}} + \int_0^{\frac{\pi}{2}} \cos x \cdot (n-1) \sin^{n-2} x \cos x \, dx \\
&= (n-1) \int_0^{\frac{\pi}{2}} \sin^{n-2} x (1 - \sin^2 x) \, dx \\
&= (n-1) \int_0^{\frac{\pi}{2}} \sin^{n-2} x \, dx - (n-1) \int_0^{\frac{\pi}{2}} \sin^n x \, dx \\
&= (n-1) I_{n-2} - (n-1) I_n.
\end{aligned}$$

移项整理，可得

$$I_n = \frac{n-1}{n} I_{n-2}. \tag{5.4.3}$$

式(5.4.3)为定积分 I_n 关于下标 n 的递推公式.

如果把式(5.4.3)中的 n 换成 $n-2$，则有

$$I_{n-2} = \frac{n-3}{n-2} I_{n-4}.$$

如此依次进行下去，直到 I_n 的下标递减到 0 或 1 为止，于是

$$I_{2m} = \frac{2m-1}{2m} \cdot \frac{2m-3}{2m-2} \cdot \frac{2m-5}{2m-4} \cdot \cdots \cdot \frac{5}{6} \cdot \frac{3}{4} \cdot \frac{1}{2} \cdot I_0,$$

$$I_{2m+1} = \frac{2m}{2m+1} \cdot \frac{2m-2}{2m-1} \cdot \frac{2m-4}{2m-3} \cdot \cdots \cdot \frac{6}{7} \cdot \frac{4}{5} \cdot \frac{2}{3} I_1,$$

$$m = 1, 2, \cdots.$$

而

$$I_0 = \int_0^{\frac{\pi}{2}} dx = \frac{\pi}{2}, \quad I_1 = \int_0^{\frac{\pi}{2}} \sin x \, dx = 1,$$

所以

$$\begin{cases} I_{2m} = \dfrac{2m-1}{2m} \cdot \dfrac{2m-3}{2m-2} \cdot \dfrac{2m-5}{2m-4} \cdot \cdots \cdot \dfrac{5}{6} \cdot \dfrac{3}{4} \cdot \dfrac{1}{2} \cdot \dfrac{\pi}{2}, \\ I_{2m+1} = \dfrac{2m}{2m+1} \cdot \dfrac{2m-2}{2m-1} \cdot \dfrac{2m-4}{2m-3} \cdot \cdots \cdot \dfrac{6}{7} \cdot \dfrac{4}{5} \cdot \dfrac{2}{3}, \quad m=1,2,\cdots. \end{cases} \tag{5.4.4}$$

对于积分 $\displaystyle\int_0^{\frac{\pi}{2}} \cos^n x \, dx$,利用例 7(1) 中的结论,易知

$$\int_0^{\frac{\pi}{2}} \cos^n x \, dx = \int_0^{\frac{\pi}{2}} \sin^n x \, dx.$$

式(5.4.3)和式(5.4.4)可当公式使用.

例 12 求 $\displaystyle\int_0^{\pi} \sin^6 x \, dx$.

解 $\displaystyle\int_0^{\pi} \sin^6 x \, dx = 2\int_0^{\frac{\pi}{2}} \sin^6 x \, dx = 2 \times \dfrac{5}{6} \times \dfrac{3}{4} \times \dfrac{1}{2} \times \dfrac{\pi}{2} = \dfrac{5\pi}{16}.$

习题 5-4

1. 利用函数的奇偶性计算下列积分:

(1) $\displaystyle\int_{-\pi}^{\pi} \sqrt{x^2+1}\sin x \, dx$;

(2) $\displaystyle\int_{-\frac{\pi}{2}}^{\frac{\pi}{2}} \cos^6 \theta \, d\theta$;

(3) $\displaystyle\int_{-\frac{1}{2}}^{\frac{1}{2}} \dfrac{(\arcsin x)^2}{\sqrt{1-x^2}} \, dx$;

(4) $\displaystyle\int_5^{-5} \dfrac{x^5 \sin^2 x}{x^2+3} \, dx$.

2. 计算下列积分:

(1) $\displaystyle\int_{\frac{\pi}{3}}^{\pi} \sin\left(x+\dfrac{\pi}{3}\right) dx$;

(2) $\displaystyle\int_{-2}^{1} \dfrac{dx}{(11+5x)^3}$;

(3) $\displaystyle\int_0^{\frac{\pi}{2}} \sin^3 \theta \cos\theta \, d\theta$;

(4) $\displaystyle\int_0^{\pi} (\sin^3 \theta - 1) \, d\theta$;

(5) $\displaystyle\int_1^{e} \dfrac{1+\ln x}{x} \, dx$;

(6) $\displaystyle\int_1^{4} \dfrac{dx}{1+\sqrt{x}}$;

(7) $\displaystyle\int_0^{2} \sqrt{4-x^2} \, dx$;

(8) $\displaystyle\int_0^{1} \sqrt{(1-x^2)^3} \, dx$;

(9) $\displaystyle\int_1^{2} \dfrac{dx}{x\sqrt{x^2-1}}$;

(10) $\displaystyle\int_{-\sqrt{2}}^{-2} \dfrac{dx}{x\sqrt{x^2-1}}$;

(11) $\displaystyle\int_{\frac{\sqrt{2}}{2}}^{1} \dfrac{\sqrt{1-x^2}}{x^2} \, dx$;

(12) $\displaystyle\int_1^{e^2} \dfrac{dx}{x\sqrt{1+\ln x}}$;

(13) $\displaystyle\int_1^{\sqrt{3}} \dfrac{dx}{x^2\sqrt{1+x^2}}$;

(14) $\displaystyle\int_{-\frac{\pi}{2}}^{\frac{\pi}{2}} \cos x \cos 2x \, dx$;

(15) $\displaystyle\int_0^{\pi} \sqrt{1+\cos 2x} \, dx$;

(16) $\displaystyle\int_0^{1} \dfrac{dx}{1+e^x}$.

3. 设 $f(x)$ 在 $[-a, a]$ 上连续.

(1) 证明 $\displaystyle\int_{-a}^{a} f(x) \, dx = \int_{-a}^{a} f(-x) \, dx$;

(2) 证明 $\displaystyle\int_{-a}^{a} f(x) \, dx = \dfrac{1}{2}\int_{-a}^{a} [f(x)+f(-x)] \, dx$;

(3) 利用(2)的结果计算积分 $\int_{-\frac{\pi}{4}}^{\frac{\pi}{4}} \dfrac{\mathrm{d}x}{1+\sin x}$.

4. 证明 $\int_0^1 x^m(1-x)^n \mathrm{d}x = \int_0^1 x^n(1-x)^m \mathrm{d}x$.

5. 若 $f(t)$ 是连续的奇函数,证明 $\int_0^x f(t)\mathrm{d}t$ 是偶函数;若 $f(t)$ 是连续的偶函数,证明 $\int_0^x f(t)\mathrm{d}t$ 是奇函数.

6. 试证明:

(1) $\int_0^\pi \sin^n x\,\mathrm{d}x = 2\int_0^{\frac{\pi}{2}} \sin^n x\,\mathrm{d}x$;   (2) $\int_0^{2\pi} \sin^{2n} x\,\mathrm{d}x = 4\int_0^{\frac{\pi}{2}} \sin^{2n} x\,\mathrm{d}x$;

(3) $\int_0^{2\pi} \sin^{2n+1} x\,\mathrm{d}x = 0$;   (4) $\int_{-\pi}^{\pi} \cos^{2n} x\,\mathrm{d}x = 4\int_0^{\frac{\pi}{2}} \sin^{2n} x\,\mathrm{d}x$.

7. 设 $f(x) = \begin{cases} x\mathrm{e}^{x^2}, & x > 0, \\ x^2 - 2x, & x \leqslant 0. \end{cases}$ 计算 $\int_1^4 f(x-2)\,\mathrm{d}x$.

8. 计算下列积分:

(1) $\int_0^1 x\mathrm{e}^{-x}\mathrm{d}x$;   (2) $\int_0^2 \ln(x+\sqrt{x^2+1})\mathrm{d}x$;   (3) $\int_0^{\frac{\pi}{2}} x^2 \sin x\,\mathrm{d}x$;

(4) $\int_1^e x^2 \ln x\,\mathrm{d}x$;   (5) $\int_0^1 x\arctan x\,\mathrm{d}x$;   (6) $\int_{\frac{\pi}{4}}^{\frac{\pi}{3}} \dfrac{x}{\sin^2 x}\mathrm{d}x$;

(7) $\int_1^4 \dfrac{\ln x}{\sqrt{x}}\mathrm{d}x$;   (8) $\int_{\frac{1}{e}}^e |\ln x|\,\mathrm{d}x$;   (9) $\int_0^{\frac{\pi}{2}} \mathrm{e}^{2t}\cos t\,\mathrm{d}t$;

(10) $\int_0^{\frac{\pi}{2}} \sin^5 x\,\mathrm{d}x$;   (11) $\int_0^1 \sqrt{(1-x^2)^5}\,\mathrm{d}x$;   (12) $\int_0^\pi x^2 \sin^2 x\,\mathrm{d}x$;

(13) $\int_{-\frac{1}{2}}^{\frac{1}{2}} x^2 \arcsin x\,\mathrm{d}x$;   (14) $\int_0^1 x(1-x)^8 \mathrm{d}x$.

5.5　定积分的近似计算

在工程技术和科学实验中,有些定积分问题,它们的被积函数往往难于用公式表示,而是用图形或表格给出的;或者被积函数虽然能用公式给出,但要计算它的原函数却很困难,或者其原函数不能用初等函数表示.这时,我们就需要考虑定积分的近似计算问题.

我们知道,定积分

$$\int_a^b f(x)\mathrm{d}x \quad (f(x) \geqslant 0)$$

不论其在实际问题中的意义如何,在数值上都等于曲线 $y = f(x)$,直线 $x=a, x=b$ 与 x 轴所围成的曲边梯形的面积.因此,不管被积函数是以什么形式给出的,只要近似地算出相应的曲边梯形的面积,就得到了所给定积分的近似值.这就是下面所说的定积分的近似计算方法的基本思想.

5.5.1　矩形法

将区间$[a,b]$ n 等分,取每个子区间的左端点作为 ξ_i 作积分和,用此积分和作为定积分的近似值(图 5-7),即:

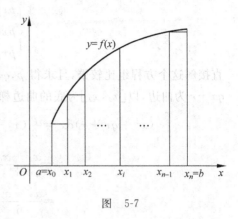

$$\int_a^b f(x)\mathrm{d}x \approx f(x_0)\Delta x_1 + f(x_1)\Delta x_2 + \cdots + f(x_{n-1})\Delta x_n$$

$$= \frac{b-a}{n}[f(x_0) + f(x_1) + \cdots + f(x_{n-1})].$$

$$(5.5.1)$$

图　5-7

式(5.5.1)就是积分近似计算的**矩形法公式**.

如果 ξ_i 取在每个子区间的右端点,则有

$$\int_a^b f(x)\mathrm{d}x \approx f(x_1)\Delta x_1 + f(x_2)\Delta x_2 + \cdots + f(x_n)\Delta x_n$$

$$= \frac{b-a}{n}[f(x_1) + f(x_2) + \cdots + f(x_n)].$$

$$(5.5.2)$$

式(5.5.2)也是定积分近似计算的矩形法公式.

5.5.2　梯形法

与矩形法类似,如果在每个子区间上以小梯形的面积近似代替小曲边梯形的面积,就得到如下的定积分的近似公式:

$$\int_a^b f(x)\mathrm{d}x \approx \frac{f(x_0)+f(x_1)}{2}\Delta x_1 + \frac{f(x_1)+f(x_2)}{2}\Delta x_2 + \cdots + \frac{f(x_{n-1})+f(x_n)}{2}\Delta x_n$$

$$= \frac{b-a}{n}\left[\frac{f(x_0)+f(x_n)}{2} + f(x_1) + f(x_2) + \cdots + f(x_{n-1})\right].$$

$$(5.5.3)$$

式(5.5.3)叫做积分近似计算的**梯形法公式**.显然,由式(5.5.3)所得的近似值,实际上就是由式(5.5.1)和式(5.5.2)所得近似值的平均值.

5.5.3　抛物线法

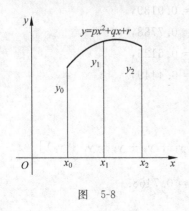

图　5-8

矩形法和梯形法都是以直线段代替曲线弧段,为了提高近似积分的精度,可以考虑用抛物线来代替曲线,从而算出积分的近似值,这种方法叫做近似积分的**抛物线法**.具体做法如下:

将区间$[a,b]$分成 n(偶数)个长度相等的小区间,每两个相邻的子区间作为一个考虑的单位(图 5-8).设抛物线

$$y = px^2 + qx + r$$

过三点(x_0,y_0),(x_1,y_1),(x_2,y_2),则 p,q,r 满足方程组

$$\begin{cases} px_0^2 + qx_0 + r = y_0, \\ px_1^2 + qx_1 + r = y_1, \\ px_2^2 + qx_2 + r = y_2. \end{cases} \tag{5.5.4}$$

直接解这个方程组比较繁,且求得 p,q,r 也不是最终目的,因为我们关心的是以 $y = px^2 + qx + r$ 为曲边,以 $[x_0, x_2]$ 为底的曲边梯形的面积. 该曲边梯形的面积为

$$\int_{x_0}^{x_2} (x^2 + qx + r)\mathrm{d}x = \frac{p}{3}(x_2^3 - x_0^3) + \frac{q}{2}(x_2^2 - x_0^2) + r(x_2 - x_0)$$

$$= \frac{x_2 - x_0}{6}[2p(x_2^2 + x_2 x_0 + x_0^2) + 3q(x_2 + x_0) + 6r]$$

$$= \frac{x_2 - x_0}{6}[(px_2^2 + qx_2 + r) + (px_0^2 + qx_0 + r) + p(x_2 + x_0)^2 + 2q(x_2 + x_0) + 4r].$$

由式(5.5.4)及 $x_2 + x_0 = 2x_1$,上式可变形为

$$\int_{x_0}^{x_2} (px^2 + qx + r)\mathrm{d}x = \frac{x_2 - x_0}{6}[y_2 + y_0 + 4px_1^2 + 4qx_1 + 4r]$$

$$= \frac{b-a}{3n}(y_0 + 4y_1 + y_2).$$

由上述结果可知,在区间 $[x_2, x_4]$ 上,对应的曲边梯形面积为

$$\int_{x_2}^{x_4} (px^2 + qx + r)\mathrm{d}x = \frac{b-a}{3n}(y_2 + 4y_3 + y_4).$$

依此类推,共可得 $\frac{n}{2}$ 个这样的曲边梯形的面积,把这 $\frac{n}{2}$ 个曲边梯形的面积加起来就得到:

$$\int_a^b f(x)\mathrm{d}x \approx \frac{b-a}{3n}[y_0 + y_n + 2(y_2 + y_4 + \cdots + y_{n-2}) + 4(y_1 + y_3 + \cdots + y_{n-1})]. \tag{5.5.5}$$

公式(5.5.5)叫做近似积分的**抛物线法公式**,也叫**辛普森公式**.

例　利用抛物线法计算 $\int_0^1 \mathrm{e}^{-x^2}\mathrm{d}x$ 的近似值(取 $n = 10$).

解　$x_0 = 0, x_1 = 0.1, x_2 = 0.2, \cdots, x_{10} = 1$. 查数学用表或用计算器算出

$$y_0 = f(0) = 1, \qquad\qquad y_1 = 0.9900,$$
$$y_2 = 0.9608, \qquad\qquad y_3 = 0.9139,$$
$$y_4 = 0.8521, \qquad\qquad y_5 = 0.7788,$$
$$y_6 = 0.6977, \qquad\qquad y_7 = 0.6126,$$
$$y_8 = 0.5273, \qquad\qquad y_9 = 0.4449,$$
$$y_{10} = f(1) = 0.3679.$$

代入辛普森公式,得

$$\int_0^1 \mathrm{e}^{-x^2}\mathrm{d}x \approx \frac{1}{30}[y_0 + y_{10} + 2(y_2 + y_4 + y_6 + y_8) + 4(y_1 + y_3 + y_5 + y_7 + y_9)]$$

$$= \frac{1}{30}(1.3679 + 2 \times 3.0379 + 4 \times 3.7403) = 0.7468.$$

习题 5-5

1. 用矩形法计算 $4\int_0^1 \sqrt{1-x^2}\,dx$ 的近似值(取 $n=10$,精确到 0.001).

2. 用三种积分近似计算方法计算 $\int_1^2 \dfrac{dx}{x}$ 以求 $\ln 2$ 的近似值(取 $n=10$,被积函数值取四位小数).

3. 设河宽 20m,从左岸起,每隔 2m 测得河深如下表所示:

x	0	2	4	6	8	10	12	14	16	18	20
y(河深)	0	1.2	5.4	7.8	8	8.7	7.9	7.4	5.4	4.3	2

试求出河床的横断面面积的近似值(用抛物线法).

5.6 广 义 积 分

前面我们讨论的定积分,积分区间是有限的,被积函数在积分区间上是有界函数.现在我们对此加以推广,或是积分区间变为无限区间,或是被积函数在积分区间上无界,这类积分称为**广义积分**(或反常积分).相应地,前面所讲的定积分称为**常义积分**.

5.6.1 无穷限的广义积分

定义 1 设函数 $f(x)$ 在区间 $[a,+\infty)$ 上连续,取 $b>a$,如果极限

$$\lim_{b\to+\infty}\int_a^b f(x)\,dx$$

存在,则称此极限为**函数 $f(x)$ 在无穷区间 $[a,+\infty)$ 上的广义积分**,记作 $\int_a^{+\infty} f(x)\,dx$,即

$$\int_a^{+\infty} f(x)\,dx = \lim_{b\to+\infty}\int_a^b f(x)\,dx. \tag{5.6.1}$$

这时也称广义积分 $\int_a^{+\infty} f(x)\,dx$ **收敛**;否则称广义积分 $\int_a^{+\infty} f(x)\,dx$ **发散**.

类似地可定义:

$$\int_{-\infty}^b f(x)\,dx = \lim_{a\to-\infty}\int_a^b f(x)\,dx, \tag{5.6.2}$$

$$\int_{-\infty}^{+\infty} f(x)\,dx = \int_{-\infty}^0 f(x)\,dx + \int_0^{+\infty} f(x)\,dx, \tag{5.6.3}$$

当 $\int_{-\infty}^0 f(x)\,dx$ 和 $\int_0^{+\infty} f(x)\,dx$ 都收敛时,称 $\int_{-\infty}^{+\infty} f(x)\,dx$ **收敛**,否则称 $\int_{-\infty}^{+\infty} f(x)\,dx$ **发散**.

上述广义积分统称为**无穷限的广义积分**,也称为**第一类广义积分**.

例 1 求 $\int_1^{+\infty} \dfrac{dx}{x^2}$.

解

$$\lim_{b\to+\infty}\int_1^b \frac{dx}{x^2} = \lim_{b\to+\infty}\left[-\frac{1}{x}\right]_1^b = \lim_{b\to+\infty}\left(1-\frac{1}{b}\right) = 1,$$

所以 $\int_1^{+\infty} \dfrac{\mathrm{d}x}{x^2} = 1$.

例 2　讨论 $\int_1^{+\infty} \dfrac{\mathrm{d}x}{x}$ 的敛散性.

解
$$\lim_{b \to +\infty} \int_1^b \dfrac{\mathrm{d}x}{x} = \lim_{b \to +\infty} \left[\ln x \right]_1^b = \lim_{b \to +\infty} \ln b = +\infty,$$

所以 $\int_1^{+\infty} \dfrac{\mathrm{d}x}{x}$ 发散.

例 3　计算广义积分 $\int_{-\infty}^{+\infty} \dfrac{\mathrm{d}x}{1+x^2}$.

解
$$\int_{-\infty}^{+\infty} \dfrac{\mathrm{d}x}{1+x^2} = \int_{-\infty}^0 \dfrac{\mathrm{d}x}{1+x^2} + \int_0^{+\infty} \dfrac{\mathrm{d}x}{1+x^2} = \lim_{a \to -\infty} \int_a^0 \dfrac{\mathrm{d}x}{1+x^2} + \lim_{b \to +\infty} \int_0^b \dfrac{\mathrm{d}x}{1+x^2}$$
$$= \lim_{a \to -\infty} \left[\arctan x \right]_a^0 + \lim_{b \to +\infty} \left[\arctan x \right]_0^b = -\lim_{a \to -\infty} \arctan a + \lim_{b \to +\infty} \arctan b$$
$$= -\left(-\dfrac{\pi}{2} \right) + \dfrac{\pi}{2} = \pi.$$

如果 $F(x)$ 是 $f(x)$ 在积分区间上的一个原函数,而记 $F(+\infty) = \lim\limits_{b \to +\infty} F(x), F(-\infty) = \lim\limits_{a \to -\infty} F(x)$,则广义积分可简记为

$$\int_a^{+\infty} f(x)\mathrm{d}x = \left[F(x) \right]_a^{+\infty} = F(+\infty) - F(a),$$
$$\int_{-\infty}^b f(x)\mathrm{d}x = \left[F(x) \right]_{-\infty}^b = F(b) - F(-\infty),$$
$$\int_{-\infty}^{+\infty} f(x)\mathrm{d}x = \left[F(x) \right]_{-\infty}^{+\infty} = F(+\infty) - F(-\infty).$$

这时广义积分收敛或发散就取决于 $F(+\infty) = \lim\limits_{x \to +\infty} F(x)$ 和 $F(-\infty) = \lim\limits_{x \to -\infty} F(x)$ 是否存在.

例 4　计算广义积分 $\int_0^{+\infty} t\mathrm{e}^{-pt}\mathrm{d}t$($p$ 为正的常数).

解
$$\int_0^{+\infty} t\mathrm{e}^{-pt}\mathrm{d}t = \left[-\dfrac{t}{p}\mathrm{e}^{-pt} \right]_0^{+\infty} + \dfrac{1}{p}\int_0^{+\infty} \mathrm{e}^{-pt}\mathrm{d}t = -\dfrac{1}{p}\lim_{t \to +\infty}\left(\dfrac{t}{\mathrm{e}^{pt}} - 0 \right) - \dfrac{1}{p^2}\left[\mathrm{e}^{-pt} \right]_0^{+\infty}$$
$$= -\dfrac{1}{p^2}(0-1) = \dfrac{1}{p^2}.$$

例 5　讨论 $\int_0^{+\infty} \sin x \mathrm{d}x$ 的敛散性.

解
$$\int_0^{+\infty} \sin x \mathrm{d}x = \left[-\cos x \right]_0^{+\infty},$$

由于 $\lim\limits_{x \to +\infty}(-\cos x)$ 不存在,所以广义积分 $\int_0^{+\infty} \sin x \mathrm{d}x$ 发散.

5.6.2　无界函数的广义积分

定义 2　设函数 $f(x)$ 在 $(a,b]$ 上连续,而在点 a 的右邻域内无界. 取 $a<t<b$,如果极限

$$\lim_{t \to a+0} \int_t^b f(x)\mathrm{d}x$$

存在,则称此极限为**函数 $f(x)$ 在区间 $(a,b]$ 上的广义积分**,仍记作 $\int_a^b f(x)\mathrm{d}x$,即

$$\int_a^b f(x)\mathrm{d}x = \lim_{t \to a+0}\int_t^b f(x)\mathrm{d}x, \tag{5.6.4}$$

这时也称广义积分 $\int_a^b f(x)\mathrm{d}x$ **收敛**. 否则称广义积分 $\int_a^b f(x)\mathrm{d}x$ **发散**.

类似地可定义

$$\int_a^b f(x)\mathrm{d}x = \lim_{t \to b-0}\int_a^t f(x)\mathrm{d}x, \tag{5.6.5}$$

其中 $f(x)$ 在 $[a,b)$ 上连续, 在 b 点的左邻域内无界;

$$\int_a^b f(x)\mathrm{d}x = \int_a^c f(x)\mathrm{d}x + \int_c^b f(x)\mathrm{d}x, \tag{5.6.6}$$

其中 $f(x)$ 在 $[a,b]$ 上除 c 点外连续, 而在点 c 的左右邻域内无界, 当式(5.6.6)右侧两个广义积分都存在时称广义积分 $\int_a^b f(x)\mathrm{d}x$ **收敛**, 否则称为**发散**;

$$\int_a^b f(x)\mathrm{d}x = \int_a^c f(x)\mathrm{d}x + \int_c^b f(x)\mathrm{d}x, \tag{5.6.7}$$

其中 $f(x)$ 在 (a,b) 内连续, 在 a 点右邻域及 b 点的左邻域内无界, c 为 (a,b) 内任意取定的一点, 当式(5.6.7)右侧两广义积分都存在时称广义积分 $\int_a^b f(x)\mathrm{d}x$ **收敛**, 否则称为**发散**.

我们通常把使得被积函数无界的点称为**瑕点**, 因此也称这类广义积分为**瑕积分**, 或**第二类广义积分**.

例6 求 $\int_0^1 \dfrac{\mathrm{d}x}{\sqrt{1-x}}$.

解 $\dfrac{1}{\sqrt{1-x}}$ 在 $[0,1)$ 上连续, 在 $x=1$ 的左邻域内无界, 所以 $\int_0^1 \dfrac{\mathrm{d}x}{\sqrt{1-x}}$ 是广义积分.

$$\int_0^1 \frac{\mathrm{d}x}{\sqrt{1-x}} = \left[-2\sqrt{1-x}\right]_0^1 = 2-0 = 2.$$

例7 讨论广义积分 $\int_{-1}^1 \dfrac{\mathrm{d}x}{x^2}$ 的敛散性.

解 $\dfrac{1}{x^2}$ 在 $[-1,1]$ 上除点 $x=0$ 外连续, 且 $\lim\limits_{x\to 0}\dfrac{1}{x^2}=\infty$.

$$\int_0^1 \frac{\mathrm{d}x}{x^2} = \left[-\frac{1}{x}\right]_0^1 = +\infty,$$

即广义积分 $\int_0^1 \dfrac{\mathrm{d}x}{x^2}$ 发散, 所以广义积分 $\int_{-1}^1 \dfrac{\mathrm{d}x}{x^2}$ 发散.

例8 证明广义积分 $\int_0^1 \dfrac{1}{x^p}\mathrm{d}x$ 当 $p<1$ 的收敛, 当 $p\geqslant 1$ 时发散.

证明 当 $p=1$ 时,

$$\int_0^1 \frac{\mathrm{d}x}{x} = \left[\ln x\right]_0^1 = +\infty.$$

当 $p\neq 1$ 时,

$$\int_0^1 \frac{\mathrm{d}x}{x^p} = \left[\frac{1}{1-p}x^{1-p}\right]_0^1 = \begin{cases} \dfrac{1}{1-p}, & p<1, \\ +\infty, & p>1. \end{cases}$$

所以, 当 $p<1$ 时, 该广义积分收敛, 其值为 $\dfrac{1}{1-p}$; 当 $p\geqslant 1$ 时, 该广义积分发散.

习题 5-6

1. 判断下列广义积分的敛散性,如收敛,则计算广义积分的值:

(1) $\int_0^{+\infty} e^{-x} dx$;

(2) $\int_1^{+\infty} \frac{dx}{x^4}$;

(3) $\int_1^{+\infty} \frac{dx}{\sqrt{x}}$;

(4) $\int_1^{+\infty} \frac{1}{x(x+1)} dx$;

(5) $\int_{-\infty}^{-1} \frac{1}{x^2(x^2+1)} dx$;

(6) $\int_0^{+\infty} e^{-x} \sin x \, dx$;

(7) $\int_0^{+\infty} x^2 e^{-x} dx$;

(8) $\int_{-\infty}^{+\infty} \frac{dx}{x^2+2x+2}$;

(9) $\int_0^1 \frac{x \, dx}{\sqrt{1-x^2}}$;

(10) $\int_0^1 \frac{dx}{x \sqrt{-\ln x}}$;

(11) $\int_0^1 \ln x \, dx$;

(12) $\int_1^e \frac{dx}{x \sqrt{1-(\ln x)^2}}$;

(13) $\int_{-\frac{\pi}{4}}^{\frac{\pi}{4}} \frac{dx}{\sin^2 x}$;

(14) $\int_2^4 \frac{dx}{x^2-2x-3}$.

2. 讨论广义积分 $\int_2^{+\infty} \frac{dx}{x(\ln x)^k}$ 的敛散性.

5.7 定积分的应用

5.7.1 定积分的元素法

在 5.1 节,定积分的概念是由两个实际问题——曲边梯形的面积和变速直线运动的路程问题引入的.从中我们知道,将一个量 Q 用定积分表示,通常要经过四个步骤:

第一步　分割:用任意一组分点将区间 $[a,b]$ 分成 n 个小区间 $[x_{i-1}, x_x]$($i=1,2,\cdots$,n),相应地,Q 被分成 n 个部分量 ΔQ_i($i=1,2,\cdots,n$),于是有

$$Q = \sum_{i=1}^n \Delta Q_i.$$

具有这种性质的量称为**对区间具有可加性**.

第二步　近似:即求部分量 ΔQ_i 的近似值,

$$\Delta Q_i \approx f(\xi_i) \Delta x_i \quad (x_{i-1} \leqslant \xi_i \leqslant x_i).$$

第三步　求和:求得量 Q 的近似值,

$$Q \approx \sum_{i=1}^n f(\xi_i) \Delta x_i.$$

第四步　取极限:当 $\lambda = \max\{\Delta x_1, \Delta x_2, \cdots, \Delta x_n\} \to 0$ 时,极限(当 $f(x)$ 满足一定条件时,该极限一定存在)

$$\lim_{\lambda \to 0} \sum_{i=1}^n f(\xi_i) \Delta x_i$$

就是量 Q 的精确值.

量 Q 用定积分表示,就是

$$Q = \lim_{\lambda \to 0} \sum_{i=1}^n f(\xi_i) \Delta x_i = \int_a^b f(x) dx.$$

在引出 Q 的积分表达式的四个步骤中,第二步是关键.这一步是确定 ΔQ_i 的近似值 $f(\xi_i)\Delta x_i$,从形式上看,它和定积分中的被积式 $f(x)\mathrm{d}x$ 非常相似,$f(\xi_i)\Delta x_i$ 可看成 $f(x)\mathrm{d}x$ 的雏形.实用上,通常是在 $[a,b]$ 内任取一小区间 $[x,x+\mathrm{d}x]$,量 Q 相应于这个小区间的部分量记为 ΔQ,以小区间 $[x,x+\mathrm{d}x]$ 的左端点为 ξ 求得 ΔQ 的近似值

$$\Delta Q \approx f(x)\mathrm{d}x,$$

上式右端 $f(x)\mathrm{d}x$ 叫做量 Q 的**元素**,记为 $\mathrm{d}Q=f(x)\mathrm{d}x$,而

$$Q = \sum \Delta Q = \lim \sum f(x)\mathrm{d}x = \int_a^b f(x)\mathrm{d}x.$$

这种将量 Q 用定积分表示的简化方法称为定积分的**元素法**或**微元法**.

利用元素法将实际问题中所要求的量用定积分表示的一般步骤是:

(1) 根据问题的具体情况,选取一个变量例如 x 作为积分变量,并确定它的变化区间 $[a,b]$.

(2) 设想把 $[a,b]$ 分成若干小区间,从中任取一个小区间,并记为 $[x,x+\mathrm{d}x]$,求出相应于这个小区间的部分量 ΔQ 的近似值.如果 ΔQ 能近似地表示成 $[a,b]$ 上的一个连续函数在小区间左端点 x 处的函数值 $f(x)$ 与小区长度 $\mathrm{d}x$ 的乘积[①],就把这乘积 $f(x)\mathrm{d}x$ 称作量 Q 的元素并记为 $\mathrm{d}Q$,即

$$\mathrm{d}Q = f(x)\mathrm{d}x.$$

(3) 以所求量 Q 的元素 $f(x)\mathrm{d}x$ 为被积表达式在 $[a,b]$ 上积分,就得到所要求的量 Q,

$$Q = \int_a^b f(x)\mathrm{d}x.$$

下面我们用元素法来讨论定积分的一些几何、物理应用问题.

5.7.2 几何应用

1. 平面图形的面积

设平面图形由两条直线 $x=a$,$x=b(a<b)$ 及两条曲线 $y=f(x)$,$y=g(x)(f(x)\geqslant g(x))$ 围成(图 5-9),我们求这图形的面积.

取 $[a,b]$ 上的任一小区间 $[x,x+\mathrm{d}x]$,相应于这小区间的小条形面积(图 5-9 的斜线部分)ΔA 可以用以 $f(x)-g(x)$ 为高,以 $\mathrm{d}x$ 为底的小矩形面积近似代替,即

$$\Delta A \approx (f(x)-g(x))\mathrm{d}x = \mathrm{d}A.$$

故所求图形面积为

$$A = \int_a^b (f(x)-g(x))\mathrm{d}x. \tag{5.7.1}$$

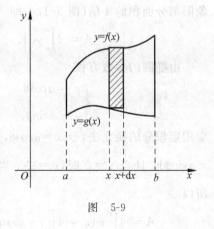

图 5-9

例1 求由曲线 $y=x^2$ 和 $y=\sqrt{x}$ 所围图形的面积.

解 依题意作图如图 5-10 所示.解方程组
$$\begin{cases} y=\sqrt{x}, \\ y=x^2, \end{cases}$$
得到两组解:$x=0,y=0$ 和 $x=1,y=1$.即这

---

① ΔQ 与 $f(x)\mathrm{d}x$ 的差应是 $\mathrm{d}x$ 的高阶无穷小量,在实际问题中取出的 $f(x)\mathrm{d}x$ 一般都满足这一条件,通常不加验证.

两条曲线的交点为 $(0,0)$ 及 $(1,1)$. 由此知图形在直线 $x=0$ 和 $x=1$ 之间. 取 x 为积分变量, 它的变化区间为 $[0,1]$. 由公式 (5.7.1) 知

$$A = \int_0^1 (\sqrt{x} - x^2) dx = \left[\frac{2}{3} x^{\frac{3}{2}} - \frac{1}{3} x^3 \right]_0^1 = \frac{1}{3}.$$

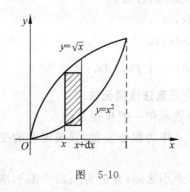

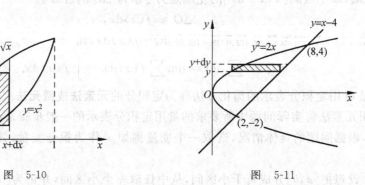

图 5-10   图 5-11

例 2 求抛物线 $x = \frac{1}{2} y^2$ 及直线 $x = 4 + y$ 围成的图形的面积.

解 所围图形如图 5-11 所示. 将两方程联立, 求得曲线交点 $A(2,-2)$ 和 $B(8,4)$. 取 y 为积分变量, 其变化区间为 $[-2,4]$, 所求面积为

$$A = \int_{-2}^4 \left[(4+y) - \frac{1}{2} y^2 \right] dy = \left[4y + \frac{y^2}{2} - \frac{1}{6} y^3 \right]_{-2}^4 = 18.$$

在例 2 中, 如果取 x 为积分变量, 则

$$A = \int_0^2 \left[\sqrt{2x} - (-\sqrt{2x}) \right] dx + \int_2^8 \left[\sqrt{2x} - (x-4) \right] dx.$$

显然, 计算量较大. 从例 2 中我们可以看出, 积分变量的选取是否适当, 对计算的繁、简往往有很大影响.

例 3 求椭圆 $\frac{x^2}{a^2} + \frac{y^2}{b^2} = 1$ 所围图形的面积.

解 由于椭圆的对称性, 面积 A 等于椭圆在第一象限部分面积的 4 倍 (图 5-12), 即

$$A = 4 \int_0^a y dx.$$

由椭圆的参数方程

$$\begin{cases} x = a\cos\theta, \\ y = b\sin\theta, \end{cases}$$

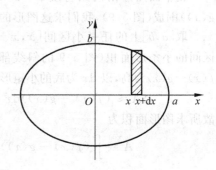

应用定积分的换元法, 令 $x = a\cos\theta$, 则 $y = b\sin\theta$, $dx = -a\sin\theta d\theta$. 且当 $x=0$ 时, $\theta = \frac{\pi}{2}$; 当 $x=a$ 时, $\theta = 0$.

图 5-12

所以

$$A = 4 \int_0^a y dx = 4 \int_{\frac{\pi}{2}}^0 -ab\sin^2\theta d\theta = 4ab \int_0^{\frac{\pi}{2}} \sin^2\theta d\theta = 4ab \cdot \frac{1}{2} \cdot \frac{\pi}{2} = \pi ab.$$

一般说来, 当曲边梯形的曲边 (曲边在 x 轴上方时) 由参数方程 $x = \varphi(t), y = \psi(t)$ 给出

时,如果 α,β 分别为对应于曲边的起点、终点的参数的取值,则所求曲边梯形的面积为

$$A = \int_\alpha^\beta \psi(t)\varphi'(t)\,\mathrm{d}t. \tag{5.7.2}$$

在极坐标系中,如果平面图形是由曲线 $r=r(\theta)$ 及射线 $\theta=\alpha,\theta=\beta(\alpha<\beta)$ 所围成(图 5-13),这种图形叫做**曲边扇形**. 这里,函数 $r(\theta)$ 在区间 $[\alpha,\beta]$ 上连续,且有 $r(\theta)\geqslant 0$. 现在我们讨论如何计算它的面积.

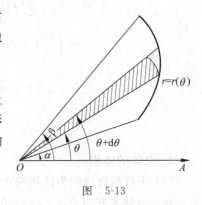

取 θ 为积分变量,它的变化区间为 $[\alpha,\beta]$. 在 $[\alpha,\beta]$ 上任取一小区间 $[\theta,\theta+\mathrm{d}\theta]$,相应于这小区间的窄曲边扇形的面积可以用半径为 $r=r(\theta)$,中心角为 $\mathrm{d}\theta$ 的圆扇形的面积近似代替,即

$$\Delta A \approx \frac{1}{2}[r(\theta)]^2\,\mathrm{d}\theta,$$

图 5-13

这也就是曲边扇形的面积元素 $\mathrm{d}A$. 以 $\mathrm{d}A=\dfrac{1}{2}[r(\theta)]^2\,\mathrm{d}\theta$ 为被积表达式在 $[\alpha,\beta]$ 计算定积分,就得到曲边扇形的面积

$$A = \int_\alpha^\beta \frac{1}{2}[r(\theta)]^2\,\mathrm{d}\theta. \tag{5.7.3}$$

例 4 求双纽线 $r^2=a^2\cos 2\theta$ 所围图形的面积.

解 双纽线所围图形如图 5-14 所示. 当 θ 从 0 变化到 $\dfrac{\pi}{4}$ 时,画出了极轴上方从 M 到 O 的一段弧. 由图形的对称性, $A=4A_1$,所以

$$A = 4\int_0^{\frac{\pi}{4}} \frac{1}{2}r^2\,\mathrm{d}\theta = 2a^2\int_0^{\frac{\pi}{4}}\cos 2\theta\,\mathrm{d}\theta = 2a^2\left[\frac{1}{2}\sin 2\theta\right]_0^{\frac{\pi}{4}} = a^2.$$

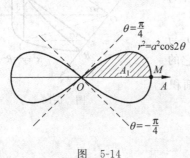

图 5-14

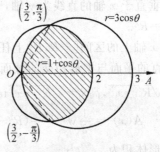

图 5-15

例 5 求由曲线 $r=(1+\cos\theta)$ 和曲线 $r=3\cos\theta$ 各自所围图形的公共部分的面积.

解 在极坐标系下作曲线 $r=1+\cos\theta$ 和 $r=3\cos\theta$,如图 5-15 所示,图中的阴影部分就是所要计算的图形的面积.

解方程组

$$\begin{cases} r = 1+\cos\theta, \\ r = 3\cos\theta, \end{cases}$$

得两曲线的两交点 $\left(\dfrac{3}{2},\dfrac{\pi}{3}\right)$ 和 $\left(\dfrac{3}{2},-\dfrac{\pi}{3}\right)$. 由图形的对称性知, 所求面积为

$$A = 2\int_0^{\frac{\pi}{3}} \frac{1}{2}(1+\cos\theta)^2 \mathrm{d}\theta + 2\int_{\frac{\pi}{3}}^{\frac{\pi}{2}} \frac{1}{2}(3\cos\theta)^2 \mathrm{d}\theta$$

$$= \int_0^{\frac{\pi}{3}} \left(1 + 2\cos\theta + \frac{1+\cos2\theta}{2}\right)\mathrm{d}\theta + 9\int_{\frac{\pi}{3}}^{\frac{\pi}{2}} \frac{1+\cos2\theta}{2}\mathrm{d}\theta$$

$$= \left[\frac{3}{2}\theta + 2\sin\theta + \frac{1}{4}\sin2\theta\right]_0^{\frac{\pi}{3}} + \frac{9}{2}\left[\theta + \frac{1}{2}\sin2\theta\right]_{\frac{\pi}{3}}^{\frac{\pi}{2}}$$

$$= \frac{\pi}{2} + \sqrt{3} + \frac{\sqrt{3}}{8} + \frac{9}{2}\left(\frac{\pi}{6} - \frac{\sqrt{3}}{4}\right) = \frac{5\pi}{4}.$$

2. 立体的体积

（1）平行截面面积为已知的立体的体积

设一立体夹在过点 $x=a, x=b$ 且垂直于 x 轴的两平面之间, 如果过 $x\in[a,b]$ 且垂直于 x 轴的平面与立体相交所得截面的面积是 x 的已知的连续函数 $A(x)$, 我们要求这立体的体积 V.

取 x 为积分变量, 它的变化区间为 $[a,b]$. 相应于 $[a,b]$ 上任意子区间 $[x, x+\mathrm{d}x]$ 的立体薄片的体积, 近似地等于以 $A(x)$ 为底、$\mathrm{d}x$ 为高的柱体的体积, 即体积元素为

$$\mathrm{d}V = A(x)\mathrm{d}x.$$

将其在 $[a,b]$ 上积分, 就得到立体的体积

$$V = \int_a^b A(x)\mathrm{d}x. \tag{5.7.4}$$

例 6 一平面经过半径为 R 的圆柱体的底面中心, 与底面交角为 α, 求截下的楔形立体的体积（图 5-16）.

解 取圆柱底面与这平面的交线为 x 轴, 底面上过圆心且垂直于 x 轴的直线为 y 轴, 于是底面圆的方程为 $x^2 + y^2 = R^2$.

在 x 轴上的区间 $[-R, R]$ 上任取一点 x, 过点 x 与 x 轴垂直的平面与楔形相交的截面是一个三角形, 它的底 $y = \sqrt{R^2 - x^2}$, 高 $h = \sqrt{R^2 - x^2}\tan\alpha$, 由此得截面面积

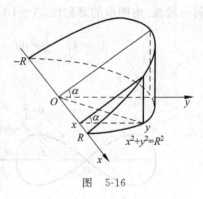

图 5-16

$$A(x) = \frac{1}{2}yh = \frac{1}{2}(R^2 - x^2)\tan\alpha.$$

从而楔形体积为

$$V = 2\int_0^R \frac{1}{2}(R^2 - x^2)\tan\alpha\,\mathrm{d}x = \tan\alpha\left[R^2 x - \frac{1}{3}x^3\right]_0^R = \frac{2}{3}R^3\tan\alpha.$$

（2）旋转体的体积

设有一曲边梯形由 $y = f(x)\,(f(x)\geqslant 0), y=0$ 及 $x=a, x=b$ 围成, 它绕 x 轴旋转一周而形成一个旋转体（图 5-17）.

取 x 为积分变量, 其变化区间为 $[a,b]$, 在 $[a,b]$ 内取一点 x, 过点 x 且垂直于 x 轴的平面截立体所得截面是一半径为 y 的圆, 于是截面积

$$A(x) = \pi y^2 = \pi f^2(x).$$

由公式(5.7.4),可得旋转体的体积

$$V = \int_a^b \pi y^2 \, \mathrm{d}x = \int_a^b \pi f^2(x) \, \mathrm{d}x. \tag{5.7.5}$$

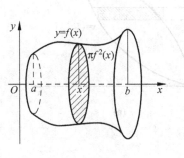

图 5-17

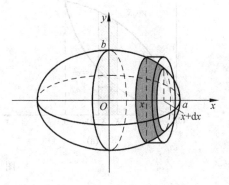

图 5-18

例7 求椭圆 $\dfrac{x^2}{a^2} + \dfrac{y^2}{b^2} = 1$ 所围图形分别绕 x 轴和 y 轴旋转一周所成旋转体的体积 (图 5-18).

解 绕 x 轴旋转一周而成的旋转体体积

$$V_x = \int_{-a}^a \pi y^2 \, \mathrm{d}x = 2\pi \int_0^a b^2 \left(1 - \frac{x^2}{a^2}\right) \mathrm{d}x = 2\pi b^2 \left[x - \frac{x^3}{3a^2}\right]_0^a = \frac{4}{3}\pi ab^2.$$

绕 y 轴旋转一周而成的旋转体体积

$$V_y = \int_{-b}^b \pi x^2 \, \mathrm{d}y = 2\pi \int_0^b a^2 \left(1 - \frac{y^2}{b^2}\right) \mathrm{d}y = 2\pi a^2 \left[y - \frac{y^3}{3b^2}\right]_0^b = \frac{4}{3}\pi a^2 b.$$

特别地,当 $a = b$ 时,旋转体为球体,体积为

$$V = \frac{4}{3}\pi a^3.$$

例8 证明平面图形 $0 \leqslant a \leqslant x \leqslant b, 0 \leqslant y \leqslant f(x)$ 绕 y 轴旋转一周所成旋转体的体积(图 5-19)为

$$V = 2\pi \int_a^b x f(x) \, \mathrm{d}x.$$

证明 在 $[a,b]$ 上任取一子区间 $[x, x+\mathrm{d}x]$,相应于该子区的小曲边梯形(图 5-19 中的带斜线部分)绕 y 轴旋转所生成的立体可近似地看成一内半径为 x、高为 $f(x)$、厚度为 $\mathrm{d}x$ 的圆桶薄壁,其体积近似为 $2\pi x f(x) \mathrm{d}x$. 故所求旋转体体积为

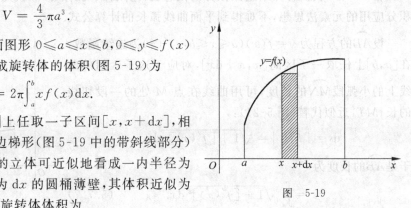

图 5-19

$$V = \int_a^b 2\pi x f(x) \, \mathrm{d}x = 2\pi \int_a^b x f(x) \, \mathrm{d}x. \tag{5.7.6}$$

例9 求两条抛物线 $y = x^2, y = \sqrt{x}$ 所围图形绕 x 轴的旋转体体积(图 5-20).

解法一 取 x 为积分变量,x 的变化范围是 $[0,1]$. 所求旋转体的体积可看作以 $y = \sqrt{x} \ (0 \leqslant x \leqslant 1)$ 为曲边的曲边梯形绕 x 轴的旋转体体积减去以 $y = x^2 \ (0 \leqslant x \leqslant 1)$ 为曲边的曲边梯形绕 x 轴的旋转体体积(图 5-20(a)),即有

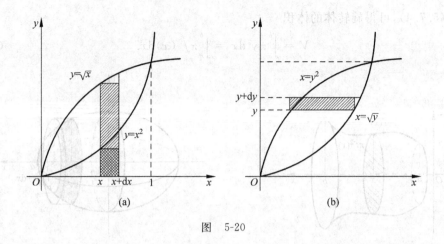

图 5-20

$$V = V_1 - V_2 = \int_0^1 \pi y_1^2 \mathrm{d}x - \int_0^1 \pi y_2^2 \mathrm{d}x = \pi \int_0^1 (x - x^4) \mathrm{d}x = \pi \left[\frac{x^2}{2} - \frac{x^5}{5} \right]_0^1 = \frac{3}{10}\pi.$$

解法二 取 y 为积分变量,其变化范围为 $[0,1]$. 在 $[0,1]$ 上任取一小区间 $[y, y+\mathrm{d}y]$,相应于这个小区间的平面图形上的窄条形(图 5-20(b))绕 x 轴的旋转体可近似地看作一内半径为 y、高度为 $x_2 - x_1 = \sqrt{y} - y^2$、厚度为 $\mathrm{d}y$ 的圆桶薄壁,其体积近似为

$$2\pi y(x_2 - x_1)\mathrm{d}y = 2\pi y(\sqrt{y} - y^2)\mathrm{d}y,$$

故所求旋转体体积为

$$V = \int_0^1 2\pi y(\sqrt{y} - y^2)\mathrm{d}y = 2\pi \left[\frac{2}{5} y^{\frac{5}{2}} - \frac{1}{4} y^4 \right]_0^1 = \frac{3}{10}\pi.$$

3. 平面曲线的弧长

在 3.6 节,我们曾介绍过弧微分的概念及计算公式,弧微分 $\mathrm{d}s$ 就是弧长的元素,结合定积分应用的元素法思想,不难得到平面曲线弧长的计算公式.

设 $\overset{\frown}{AB}$ 的方程为 $y = f(x)(a \leqslant x \leqslant b)$,$f'(x)$ 为连续函数,在 $[a,b]$ 上任取一子区间 $[x, x+\mathrm{d}x]$,对应于这子区间的曲线上的小弧段 $\overset{\frown}{MN}$ 的长度,可用曲线在点 M 处的一段切线的长 $|MT|$ 近似代替(图 5-21):

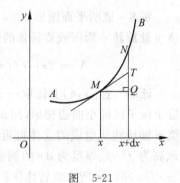

$$\mathrm{d}s = |MT| = \sqrt{1 + [f'(x)]^2}\,\mathrm{d}x.$$

于是 $\overset{\frown}{AB}$ 的长度为

$$s = \int_a^b \sqrt{1 + [f'(x)]^2}\,\mathrm{d}x. \tag{5.7.7}$$

图 5-21

当 $\overset{\frown}{AB}$ 由参数方程

$$\begin{cases} x = \varphi(t), \\ y = \psi(t), \end{cases} \quad \alpha \leqslant t \leqslant \beta$$

给出,且 $\varphi'(t), \psi'(t)$ 在 $[\alpha, \beta]$ 上连续时,则 $\overset{\frown}{AB}$ 的长度为

$$s = \int_\alpha^\beta \sqrt{[\varphi'(t)]^2 + [\psi'(t)]^2}\,\mathrm{d}t. \tag{5.7.8}$$

例 10 求悬链线 $y = a\cosh\dfrac{x}{a}\ (-a \leqslant x \leqslant a)$ 的弧长(图 5-22).

解 $y' = \sinh\dfrac{x}{a}, \quad \mathrm{d}s = \sqrt{1 + y'^2}\,\mathrm{d}x = \cosh\dfrac{x}{a}\mathrm{d}x.$

$$s = \int_{-a}^{a} \cosh\frac{x}{a}\mathrm{d}x = 2\int_{0}^{a} \cosh\frac{x}{a}\mathrm{d}x = 2a\left[\sinh\frac{x}{a}\right]_{0}^{a}$$
$$= 2a\sinh 1 = a(\mathrm{e} - \mathrm{e}^{-1}).$$

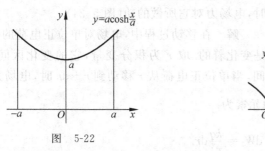

图 5-22

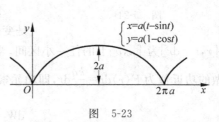

图 5-23

例 11 求摆线 $\begin{cases} x = a(t - \sin t), \\ y = a(1 - \cos t) \end{cases}$ 的第一拱的长(图 5-23).

解 $x'(t) = a(1 - \cos t), y'(t) = a\sin t,$

$$\mathrm{d}s = \sqrt{[x'(t)]^2 + [y'(t)]^2}\,\mathrm{d}t = a\sqrt{(1 - \cos t)^2 + \sin^2 t}\,\mathrm{d}t$$
$$= a\sqrt{2 - 2\cos t}\,\mathrm{d}t = 2a\left|\sin\frac{t}{2}\right|\mathrm{d}t.$$

摆线的第一拱相应于参数 t 的取值范围是 $[0, 2\pi]$,于是

$$s = \int_{0}^{2\pi} 2a\left|\sin\frac{t}{2}\right|\mathrm{d}t = 2a\int_{0}^{2\pi} 2a\sin\frac{t}{2}\mathrm{d}t = 4a\left[-\cos\frac{t}{2}\right]_{0}^{2\pi} = 8a.$$

例 12 求心形线 $r = a(1 + \cos\theta)$ 的周长.

解 心形线的参数方程可表示为

$$\begin{cases} x = r\cos\theta = a(\cos\theta + \cos^2\theta), \\ y = r\sin\theta = a(\sin\theta + \sin\theta\cos\theta). \end{cases}$$

$$x'(\theta) = a(-\sin\theta - \sin 2\theta), \quad y'(\theta) = a(\cos\theta + \cos 2\theta),$$
$$\mathrm{d}s = \sqrt{[x'(\theta)]^2 + [y'(\theta)]^2}\,\mathrm{d}\theta = a\sqrt{(\sin\theta + \sin 2\theta)^2 + (\cos\theta + \cos 2\theta)^2}\,\mathrm{d}\theta$$
$$= a\sqrt{2 + 2\cos\theta}\,\mathrm{d}\theta = 2a\left|\cos\frac{\theta}{2}\right|\mathrm{d}\theta.$$

当 θ 的取值从 $-\pi$ 变化到 π 时,可画出整条曲线,所以心形线长度为

$$s = \int_{-\pi}^{\pi} 2a\left|\cos\frac{\theta}{2}\right|\mathrm{d}\theta = 4a\int_{0}^{\pi} \cos\frac{\theta}{2}\mathrm{d}\theta = 8a\left[\sin\frac{\theta}{2}\right]_{0}^{\pi} = 8a.$$

从上面三个例子可以看出,无论曲线方程由哪种形式给出,在计算弧长时,由于公式中被积函数是非负的,所以积分上限一定要大于下限.

5.7.3 定积分的物理应用

1. 功

由物理学可知,若常力 F 作用在物体上,使物体沿力的方向移动距离 s,则力 F 对物体

做的功为

$$W = Fs.$$

如果物体在运动过程中所受的力是变化的,则计算变力对物体所做的功,将与上述情况不同.下面通过例题来说明如何应用定积分计算变力所做的功.

例 13 把一个带 $+q$ 电量的点电荷放在 r 轴上坐标原点处,形成一电场,求单位正电荷在电场中沿 r 轴从 $r=a$ 处移动到 $r=b(0<a<b)$ 处时,电场力对它所做的功(图 5-24).

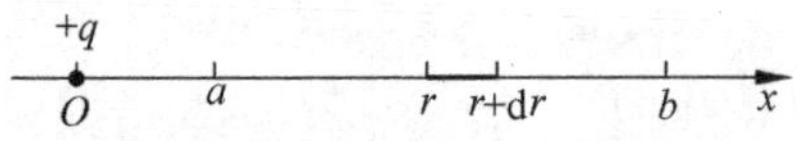

图 5-24

解 在移动过程中,电场对单位正电荷的作用力是变化着的.取 r 为积分变量,它的变化区间为 $[a, b]$.设 $[r, r+dr]$ 为 $[a, b]$ 上的任一小区间,当单位正电荷从 r 移动到 $r+dr$ 时,电场力 F 对它所做的功近似为 $F(r)dr = \dfrac{kq}{r^2}dr$,即功元素为

$$dW = \frac{kq}{r^2}dr.$$

以 $dW = \dfrac{kq}{r^2}dr$ 为被积表达式,在 $[a, b]$ 上积分,便得到

$$W = \int_a^b \frac{kq}{r^2}dr = kq\left[-\frac{1}{r}\right]_a^b = kq\left(\frac{1}{a} - \frac{1}{b}\right).$$

将单位正电荷从 $r=a$ 处移动到无限远处时,电场力所做的功称为电场中 $r=a$ 处的**电位** V. 于是

$$V = \int_a^{+\infty} \frac{kq}{r^2}dr = kq\left[-\frac{1}{r}\right]_a^{+\infty} = \frac{kq}{a}.$$

例 14 设有一半径为 R 的半球形容器,里面盛满了某种液体,要把液体从容器顶端全部抽出,问至少需做多少功?

解 容器的剖面图及坐标系的选取如图 5-25 所示.可以理解为液体是一层层被抽到容器口的.于是取 x 为积分变量,其变化区间为 $[0, R]$.在 $[0, R]$ 上任取一小区间 $[x, x+dx]$,相应于这一小区间的一薄层液体的重量约为 $\rho g\pi y^2 dx = \rho g\pi(R^2 - x^2)dx$($\rho$ 为液体的密度),这一薄层液体到容器口的距离可近似看作 x,于是得到功元素为

$$dW = \pi\rho g x(R^2 - x^2)dx.$$

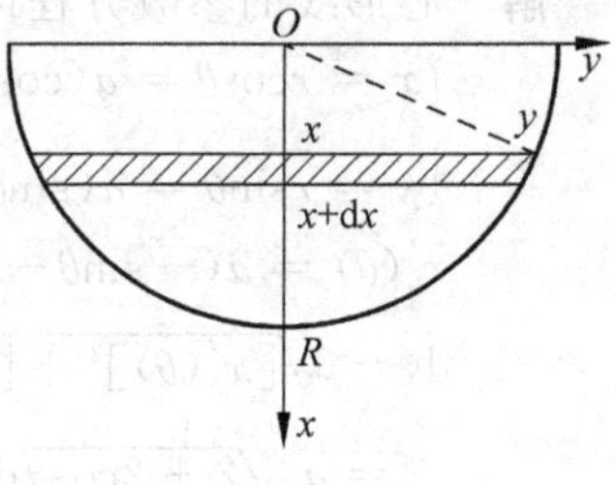

将 dW 在 $[0, R]$ 上积分,便得到所求的功为

图 5-25

$$W = \pi\rho g\int_0^R x(R^2 - x^2)dx = \frac{1}{4}\pi\rho gR^4.$$

2. 液体的压力

设有一平面薄片垂直地放在液体中,其形状为由曲线 $y = f(x)(f(x) \geqslant 0)$ 与直线 $x=a$, $x=b$ 及 x 轴所围成(图 5-26)的曲边梯形,坐标原点 O 在液面上.求液体对该薄片的压力.

在 $[a, b]$ 上任取一小区间 $[x, x+dx]$,相应的曲边梯形的面积约为 $f(x)dx$,小曲边梯形上任一点的压强近似为 ρgx,其中 ρ 为液体的密度.于是小曲边梯形一侧所受到的压力近似为(即压力元素)

$$dP = \rho g x f(x) dx.$$

将 dP 在 $[a,b]$ 上积分,便得到液体对该平面薄片一侧的压力

$$P = \int_a^b \rho g x f(x) dx. \tag{5.7.9}$$

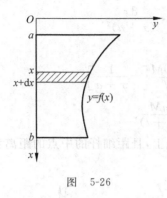

图 5-26

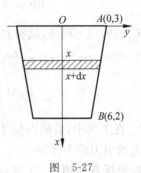

图 5-27

例 15 有一等腰梯形闸门,竖直立于水中(图 5-27),当水面与闸门上缘平齐时,求水对闸门的压力.

解 选取坐标系如图 5-27 所示,AB 边的方程是

$$y - 3 = \frac{2-3}{6-0}(x-0),$$

即

$$y = -\frac{1}{6}x + 3.$$

取 x 为积分变量,积分区间为 $[0,6]$. 在 $[0,6]$ 上取任一小区间 $[x, x+dx]$,相应于该小区间的小横条的面积近似为 $2y\,dx = 2\left(-\frac{x}{6}+3\right)dx$,小横条上任一点的压强近似为 $\rho g x$,于是小横条所受压力近似为

$$dP = 2\rho g x \left(-\frac{x}{6}+3\right)dx.$$

将 dP 在 $[0,6]$ 上积分,便得到闸门所受压力

$$P = \int_0^6 2\rho g x \left(-\frac{x}{6}+3\right)dx = 2\rho g\left[-\frac{x^3}{18}+\frac{3}{2}x^2\right]_0^6 = 84\rho g.$$

3. 引力

由万有引力定律,质量为 m_1 和 m_2 的两质点间的引力大小为

$$F = k\frac{m_1 m_2}{r^2},$$

其中 r 为两质点间的距离,k 为常数.

下面举例说明可以用定积分计算的某些特殊情况下的非质点间的引力问题.

例 16 设有质量为 M,长度为 l 的均匀细杆,另有一质量为 m 的质点和杆位于同一直线上,且到杆近端的距离为 a,计算杆对质点的引力.

解 选取坐标系如图 5-28 所示,以 x 为积分变量,其变化区间为 $[0,l]$,在 $[0,l]$ 上任取一小区间 $[x, x+dx]$,相应于这一小区间的小段杆

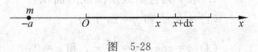

图 5-28

的质量为 $\frac{M}{l}dx$,由于 dx 很小,可将这小段细杆近似地看作一质点,它与质点间的距离为 $x+a$,由万有引力定律,可得引力元素为

$$dF = k\frac{m \cdot \frac{M}{l}dx}{(x+a)^2} = \frac{kmM}{l} \cdot \frac{dx}{(x+a)^2}.$$

将 dF 在 $[0, l]$ 上积分,就得到细杆对质点的引力

$$F = \int_0^l \frac{kmM}{l} \cdot \frac{dx}{(x+a)^2} = \frac{kmM}{l}\left[-\frac{1}{x+a}\right]_0^l$$

$$= \frac{kmM}{l}\left(\frac{1}{a} - \frac{1}{a+l}\right) = \frac{kmM}{a(a+l)}.$$

例 17 在上例中,若质点位于均匀细杆的中垂线上,且距细杆的中点的距离为 a,那么细杆对质点的引力应为多少?

解 取坐标系如图 5-29 所示,x 为积分变量,变

化区间为 $\left[-\frac{l}{2}, \frac{l}{2}\right]$. 在 $\left[-\frac{l}{2}, \frac{l}{2}\right]$ 上任取一小区间

$[x, x+dx]$,相应的这一小段细杆可近似地看成质点,

其质量为 $\frac{M}{l}dx$,与质点的距离约为 $r = \sqrt{a^2+x^2}$,它对

质点的引力大小近似为

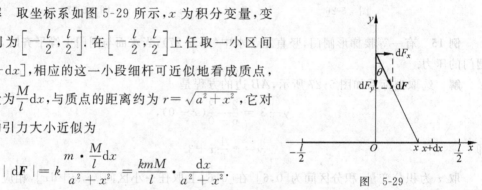

图 5-29

$$|dF| = k\frac{m \cdot \frac{M}{l}dx}{a^2+x^2} = \frac{kmM}{l} \cdot \frac{dx}{a^2+x^2}.$$

设 $dF = \{dF_x, dF_y\}$,由对称性知 $F_x = 0$,故只需计算 F_y.

$$dF_y = -|dF| \cdot \cos\theta = -\frac{kmM}{l} \cdot \frac{dx}{a^2+x^2} \cdot \frac{a}{\sqrt{a^2+x^2}}$$

$$= -\frac{kmM}{l} \cdot \frac{dx}{(a^2+x^2)^{\frac{3}{2}}},$$

负号表示力的方向与 y 轴正向方向相反. 在 $\left[-\frac{l}{2}, \frac{l}{2}\right]$ 上积分,

$$F_y = \int_{-\frac{l}{2}}^{\frac{l}{2}} -\frac{kmM}{l} \cdot \frac{dx}{(x^2+a^2)^{\frac{3}{2}}} = -\frac{2kmM}{a\sqrt{4a^2+l^2}}.$$

由于 $F_x = 0$,所以细杆对质点引力的大小为 $\frac{2kmM}{a\sqrt{4a^2+l^2}}$,方向是沿细杆的中垂线指向

细杆.

习题 5-7

1. 求下列各曲线所围成的面积:

(1) $y = x^2$ 和 $y = 2x+3$;

(2) $y = x, y = 2x$ 和 $y = 2$;

(3) $y = \cos x, y = \frac{3\pi}{2} - x$ 和 $x = 0$;

(4) $x^2+y^2 = 3ax$ 与 $x^2+y^2 = \sqrt{3}ay$;

(5) $y=\sin x$ 和 $y=\sin 2x(0\leqslant x\leqslant\pi)$； (6) $y=\ln x$, y 轴与直线 $y=\ln a$, $y=\ln b(0<a<b)$.

2. 求由抛物线 $y^2=2px$ 及其在点 $\left(\dfrac{p}{2},p\right)$ 处的法线所围图形的面积.

3. 求由抛物线 $y^2=4ax(a>0)$ 与过焦点的弦所围成图形的面积的最小值.

4. 求由下列参数方程表示的曲线所围图形的面积：

(1) $x=a\cos^3\theta$, $y=a\sin^3\theta$；

(2) 摆线 $x=a(t-\sin t)$, $y=a(1-\cos t)$ 之第一拱($0\leqslant t\leqslant 2\pi$)与 x 轴.

5. 求下列极坐标方程表示的曲线所围的图形的面积：

(1) $r=a\sin 2\theta$；   (2) $r=a\cos 3\theta$；   (3) 对数螺线 $r=ae^\theta$ 及射线 $\theta=-\pi$, $\theta=\pi$.

6. 求下列各曲线所围图形的公共部分的面积：

(1) $r=1$ 和 $r^2=2\cos 2\theta$；   (2) $r=\sqrt{2}\sin\theta$ 和 $r^2=\cos 2\theta$；

(3) $r=\sqrt{2}\cos\theta$ 和 $r^2=\sqrt{3}\sin 2\theta$.

7. 有一立体以长半轴 $a=10$, 短半轴 $b=5$ 的椭圆为底, 而垂直于长轴的截面都是等边三角形, 试求其体积.

8. 求下列曲线所围图形按指定轴旋转所产生的旋转体体积：

(1) $y=x^3$, $y=0$, $x=2$ 所围, 分别绕 x 轴及 y 轴旋转；

(2) $y=x^2$, $y=\sqrt{x}$ 所围, 绕 x 轴旋转；

(3) $y=\sin x(0\leqslant x\leqslant\pi)$, x 轴所围, 分别绕 x 轴及 y 轴旋转；

(4) $x^2+(y-5)^2=16$, 绕 x 轴旋转；

(5) $x^2+y^2=a^2$ 绕直线 $x=-b$ 旋转($b>a>0$)；

(6) 摆线 $x=a(t-\sin t)$, $y=a(1-\cos t)(0\leqslant t\leqslant 2\pi)$ 及 x 轴所围, 绕 x 轴旋转.

9. 证明球缺的体积公式：

$$V=\pi H^2\left(R-\frac{H}{3}\right),$$

其中 R 是球半径, H 是球缺的高.

10. 计算下列曲线的弧长：

(1) $y=\dfrac{\sqrt{x}}{3}(3-x)$ 由 $x=1$ 到 $x=3$ 的一段弧；

(2) $x=\dfrac{1}{4}y^2-\dfrac{1}{2}\ln y$, 由 $y=1$ 到 $y=e$；

(3) 星形线 $x=a\cos^3 t$, $y=a\sin^3 t$ 的全长；

(4) 对数螺线 $r=ae^{\lambda\theta}(\lambda>0)$ 从 $\theta=0$ 到 $\theta=2\pi$.

11. 试证明：设曲线的极坐标方程为 $r=\varphi(\theta)$, 那么相应于 $\theta_1\leqslant\theta\leqslant\theta_2$ 的一段弧长为

$$s=\int_{\theta_1}^{\theta_2}\sqrt{\varphi^2(\theta)+\varphi'^2(\theta)}\,\mathrm{d}\theta.$$

12. 在摆线 $x=a(t-\sin t)$, $y=a(1-\cos t)$ 上求分摆线第一拱($0\leqslant t\leqslant 2\pi$)成 $1:3$ 的点的坐标.

13. 欲将一深 2m, 顶半径 3m 的盛满水的圆锥形贮水池的水抽完, 需做多少功？

14. 一半径为 8m, 高 10m 正圆柱形贮水池, 内装水的深度为 6m, 要将水抽完, 需做多少功？

15. 把弹簧拉长所需的力与弹簧伸长的长度成正比,已知 10 牛顿的力能使弹簧伸长 1cm,求把弹簧伸长 10cm 所做的功.

16. 有一圆台形水池深为 1m,上下底半径分为 2m 和 1m,其中盛满了水,现要将水全部抽完,需做多少功?

17. 底为 a,高为 h 的等腰三角形薄板铅直地沉没在水中:

(1) 底与水面平齐,顶向下,计算薄板一侧所受的压力;

(2) 底平行于水面,顶与水面平齐,则水对薄板一侧的压力增加几倍?

(3) 顶点朝下,底与水面平行,且在水面之下 $\dfrac{h}{2}$,求一侧所受的压力.

18. 垂直于水面的闸门的形状为等腰梯形,上底为 2m,下底为 1m,高 3m,露出水面 1m,求水对闸门的压力.

19. 有一椭圆形薄片长半轴为 am,短半轴为 bm,薄板垂直立于水中,其短半轴与水面平齐,求水对薄板一侧的压力.

20. 设半径为 R 的半圆弧细丝,质量均匀分布(线密度 μ 为常数). 在圆心处有一质量为 m 的质点,求铁丝对质点的引力.

本 章 小 结

一、本章内容纲要

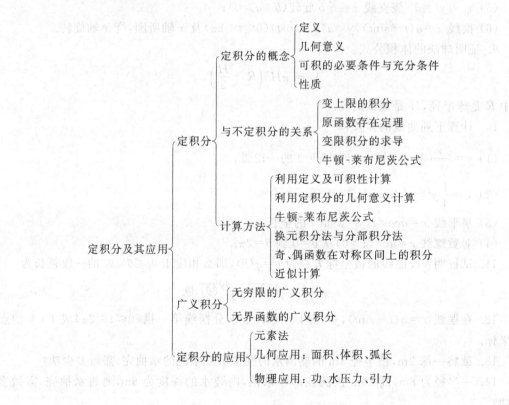

二、教学基本要求

1. 理解定积分的概念和几何意义,了解定积分的性质,知道常见的定积分存在的充分条件.

2. 理解变上限的定积分是积分上限的函数及其求导定理,熟练掌握牛顿-莱布尼茨公式.

3. 掌握定积分的换元积分法和分部积分法,会利用矩形法、梯形法和抛物线法作定积分的近似计算.

4. 了解两类广义积分的概念,会计算一些简单的广义积分.

5. 掌握定积分的元素法,并用于某些几何量(面积、体积、弧长)和物理量(功、液压力、引力)的计算.

三、本章的重点和难点

本章的重点是:定积分的概念,变上限的定积分及其求导定理,牛顿-莱布尼茨公式,定积分的换元法和分部积分法,用元素法将一个量表成定积分的分析方法,定积分的几何应用.

本章的难点是:定积分概念的理解,利用变限积分所确定的函数及其导数研究函数,利用元素法将一个量表成积分式的分析方法.

四、部分重点、难点内容浅析

1. 定积分是本章最基本、最重要的概念,也是本门课程最重要的概念之一.定积分的定义很长,初学者往往感到难以理解,抓不住要点.分析一下定义的内容,可将定义内容分成三部分:先讲条件——$f(x)$是$[a,b]$上的有界函数;再讲做法——分割、作乘积、求和、取极限;最后是结论——如果极限$\lim\limits_{\lambda \to 0}\sum\limits_{i=1}^{n}f(\xi_i)\Delta x_i$存在,则称此极限值为$f(x)$在$[a,b]$上的定积分.

一般说来,积分和$\sum\limits_{i=1}^{n}f(\xi_i)\Delta x_i$与区间$[a,b]$的分法及$\xi_i$点的取法都有关.函数$f(x)$应满足怎样的条件才能使$\lim\limits_{\lambda \to 0}\sum\limits_{i=1}^{n}f(\xi_i)\Delta x_i$存在(与$[a,b]$的分法及$\xi_i$点的取法无关)呢?本书给出了可积的两个充分性条件:

(1) 如果$f(x)$在$[a,b]$上连续,则$\lim\limits_{\lambda \to 0}\sum\limits_{i=1}^{n}f(\xi_i)\Delta x_i$存在,即$f(x)$在$[a,b]$上可积;

(2) 如$f(x)$在$[a,b]$上有界且只有有限个间断点,则$\lim\limits_{\lambda \to 0}\sum\limits_{i=1}^{n}f(\xi_i)\Delta x_i$存在,即$f(x)$在$[a,b]$上可积.

结合定积分的定义可知,$f(x)$在$[a,b]$上有界,是$f(x)$在$[a,b]$上可积的必要条件.当函数$f(x)$在$[a,b]$上可积时,定积分的值与被积函数及积分区间有关,而与积分变量使用什么字母无关.

2. 研究定积分与不定积分(或原函数)的关系,是解决定积分计算的关键.它们之间的关系可概括如下:

(1) 如$f(x)$在$[a,b]$上连续,x是$[a,b]$内任一点,则变上限定积分$\displaystyle\int_a^x f(t)\mathrm{d}t$是$f(x)$在

该区间上的一个原函数. 这一结论又叫做原函数存在定理.

(2) 如果 $F(x)$ 是连续函数 $f(x)$ 在包含 $[a,b]$ 的某区间上的一个原函数,则有

$$\int_a^b f(x)\mathrm{d}x = F(b) - F(a).$$

这就是著名的牛顿-莱布尼茨公式. 这一公式使得定积分可以借用不定积分的结果进行计算.

3. 在使用积分基本公式进行定积分计算时,应注意以下几点:

(1) 要检查被积函数在积分区间上是否有界及是否连续. 如 $f(x)$ 在 $[a,b]$ 上连续,则找到 $f(x)$ 在 $[a,b]$ 上的一个原函数 $F(x)$,直接套用牛顿-莱布尼茨公式即可; 如 $f(x)$ 在 $[a,b]$ 上除有限个第一类间断点外是连续的,间断点将 $[a,b]$ 分成若干子区间,则将原定积分表示成几个子区间上的定积分之和,在每个子区间上,被积函数可看成是连续的,可利用牛顿-莱布尼茨公式计算; 如 $f(x)$ 在 $[a,b]$ 上无界,则是广义积分所讨论的问题了.

(2) 使用牛顿-莱布尼茨公式时,需注意 $F(x)$ 一定要是 $f(x)$ 在积分区间 $[a,b]$ 上的原函数. 例如函数 $\dfrac{1}{x\sqrt{x^2-1}}$ 的定义域为 $(-\infty,-1)\cup(1,+\infty)$. 当 $x>1$ 时,

$$\left(-\arcsin\frac{1}{x}\right)' = -\frac{1}{\sqrt{1-\left(\frac{1}{x}\right)^2}}\cdot\left(-\frac{1}{x^2}\right) = -\frac{|x|}{\sqrt{x^2-1}}\cdot\left(-\frac{1}{x^2}\right) = \frac{1}{x\sqrt{x^2-1}};$$

当 $x<-1$ 时,

$$\left(\arcsin\frac{1}{x}\right)' = \frac{1}{\sqrt{1-\left(\frac{1}{x}\right)^2}}\cdot\left(-\frac{1}{x^2}\right) = \frac{|x|}{\sqrt{x^2-1}}\left(-\frac{1}{x^2}\right) = \frac{1}{x\sqrt{x^2-1}}.$$

所以 $-\arcsin\dfrac{1}{x}$ 是 $\dfrac{1}{x\sqrt{x^2-1}}$ 在区间 $(1,+\infty)$ 上的一个原函数,而 $\arcsin\dfrac{1}{x}$ 是 $\dfrac{1}{x\sqrt{x^2-1}}$ 在区间 $(-\infty,-1)$ 上的一个原函数. 如果不注意这一点,而按下式计算:

$$\int_{\sqrt{2}}^{2}\frac{1}{x\sqrt{x^2-1}}\mathrm{d}x = \left[\arcsin\frac{1}{x}\right]_{\sqrt{2}}^{2} = \arcsin\frac{1}{2} - \arcsin\frac{1}{\sqrt{2}}$$

$$= \frac{\pi}{6} - \frac{\pi}{4} = -\frac{\pi}{12},$$

则得出错误的结论. 因为被积函数在积分区间上连续且恒为正值,积分结果不可能为负数.

(3) 利用函数的奇偶性、周期性计算定积分,往往可简化计算,达到事半功倍的效果.

① 如 $f(x)$ 为连续的偶函数,则有

$$\int_{-a}^{a}f(x)\mathrm{d}x = 2\int_{0}^{a}f(x)\mathrm{d}x;$$

② 如 $f(x)$ 为连续的奇函数,则有

$$\int_{-a}^{a}f(x)\mathrm{d}x = 0;$$

③ 如连续函数 $f(x)$ 是以 T 为周期的周期函数,则有

$$\int_{a}^{a+T}f(x)\mathrm{d}x = \int_{0}^{T}f(x)\mathrm{d}x.$$

4. 变上限或变下限定积分的求导,有如下几个常用的公式,其中 $f(x)$ 是连续函数, $\varphi(x),\psi(x)$ 是可微函数:

(1) $\left(\displaystyle\int_a^x f(t)\mathrm{d}t \right)' = f(x);$

(2) $\left(\displaystyle\int_x^b f(t)\mathrm{d}t \right)' = -f(x);$

(3) $\left(\displaystyle\int_a^{\varphi(x)} f(t)\mathrm{d}t \right)' = f[\varphi(x)]\varphi'(x);$

(4) $\left(\displaystyle\int_{\psi(x)}^{\varphi(x)} f(t)\mathrm{d}t \right)' = f[\varphi(x)]\varphi'(x) - f[\psi(x)]\psi'(x).$

5. 利用换元法和分部积分法计算定积分,比先计算不定积分,再利用牛顿-莱布尼茨公式计算定积分的方法往往能减少运算量.有些特殊的定积分,即使被积函数的原函数不能用初等函数表达,也能求得积分值.

(1) 在计算定积分时,如果作的是第一类换元法,由于这时一般不需将新变量代入,所以积分限也无需变化,这时有

$$\int_a^b f(x)\mathrm{d}x = \int_a^b g[\varphi(x)]\varphi'(x)\mathrm{d}x = \int_a^b g[\varphi(x)]\mathrm{d}\varphi(x)$$
$$= \Big[G[\varphi(x)] \Big]_a^b = G[\varphi(b)] - G[\varphi(a)].$$

这里 $G(u)$ 是 $g(u)$ 的一个原函数,则 $G[\varphi(x)]$ 是 $g[\varphi(x)]\varphi'(x) = f(x)$ 的一个原函数,上面的计算定积分的方法实质上可以看作是先求原函数,再利用牛顿-莱布尼茨公式.如作第一类换元法积分时需将新变量引入,则积分限也要随之改变.

(2) 定积分的换元法主要是指第二类换元法:

$$\int_a^b f(x)\mathrm{d}x \xrightarrow[\substack{\varphi(\alpha)=a \\ \varphi(\beta)=b}]{x=\varphi(t)} \int_\alpha^\beta f[\varphi(t)]\varphi'(t)\mathrm{d}t = \int_\alpha^\beta g(t)\mathrm{d}t$$
$$= \Big[G(t) \Big]_\alpha^\beta = G(\beta) - G(\alpha).$$

使用这一方法积分时,一方面要注意函数 $x=\varphi(t)$ 应满足的条件,同时还要注意换元之后的积分限与原先的积分限之间的关系.由于求得 $f[\varphi(t)]\varphi'(t) = g(t)$ 的原函数后,可直接将新的积分上、下限代入然后相减就得到所要计算的定积分值,而不必再换回原积分变量,这样就减少了运算量.

(3) 定积分的分部积分的公式是

$$\int_a^b u\,\mathrm{d}v = \Big[uv \Big]_a^b - \int_a^b v\,\mathrm{d}u.$$

从 5.4 节例 10 可体会到这种积分方法的特殊作用.

(4) 利用定积分的换元法和分部积分法,某些函数的原函数即使不能用初等函数表出,它们在特定区间上的定积分也能计算出来。

6. 元素法是定积分应用的基本思想方法,在实际问题中,如果所求量 Q 符合下面的三个条件:

(1) Q 是与一个变量 x 的变化区间 $[a,b]$ 及在这个区间上有定义的一个有界函数 $f(x)$ 有关的量;

(2) Q 对于区间 $[a,b]$ 具有可加性;

(3) 部分量 ΔQ_i 的近似值可表为 $f(\xi_i)\Delta x_i$.
则量 Q 就可用定积分来表达,有

$$Q = \int_a^b f(x)\mathrm{d}x.$$

在这个积分式中,关键是定出 $f(x)\mathrm{d}x$. $\mathrm{d}Q=f(x)\mathrm{d}x$ 是小区间 $[x,x+\mathrm{d}x]$ 对应的部分量 ΔQ 的近似值($\Delta Q-f(x)\mathrm{d}x$ 应是较 $\mathrm{d}x$ 高阶的无穷小量),若 Q 是面积,则 $f(x)\mathrm{d}x$ 就是面积元素,若 Q 是功,则 $f(x)\mathrm{d}x$ 就是功元素等等. 这种方法就叫做元素法.

用元素法求面积、体积、弧长等几何量时,一般应采用依题意画出图形,求出某些关键点的坐标;选定积分变量并确定其变化区间;找出所求量的元素的表达式(这是关键);列出积分式并进行计算等几个步骤. 当平面图形的边界曲线由参数方程、极坐标方程给出时,更要注意作图这一步骤.

用元素法求功、水压力、引力等物理量时,一般应采用建立坐标系并画出相应图形;选定积分变量并确定积分区间;找出所求量的元素的表达式;列出积分式并计算等几个步骤. 不同的坐标系虽不影响最后结果,但对列出所求量的元素的表达式的难、易及积分计算的繁、简往往有较大影响.

复 习 题 5

1. 回答下列问题:

(1) 定积分问题中,可积的必要条件是什么? 常见的充分条件是什么?

(2) 设 $f(x)$ 为连续函数,$\int f(x)\mathrm{d}x$、$\int_a^x f(t)\mathrm{d}t$、$\int_a^b f(x)\mathrm{d}x$ 之间有什么区别及联系?

2. 下面各题的做法是否正确,为什么?

(1) $\displaystyle\int_0^\pi \sqrt{\sin x-\sin^3 x}\,\mathrm{d}x=\int_0^\pi \cos x\sqrt{\sin x}\,\mathrm{d}x=\left[\frac{2}{3}(\sin x)^{\frac{3}{2}}\right]_0^\pi=0$;

(2) $\displaystyle\int_{-1}^1 \frac{x^2+1}{x^4+1}\mathrm{d}x=\int_{-1}^1 \frac{1+\dfrac{1}{x^2}}{x^2+\dfrac{1}{x^2}}\mathrm{d}x=\int_{-1}^1 \frac{\mathrm{d}\left(x-\dfrac{1}{x}\right)}{\left(x-\dfrac{1}{x}\right)^2+2}=\left[\frac{1}{\sqrt 2}\arctan\frac{x^2-1}{\sqrt 2\,x}\right]_{-1}^1=0$;

(3) $\displaystyle\int_0^2 \frac{\mathrm{d}x}{x^2+x-2}=\frac{1}{3}\int_0^2\left(\frac{1}{x-1}-\frac{1}{x+2}\right)\mathrm{d}x$

$\qquad\qquad\qquad=\left[\frac{1}{3}\ln|x-1|\right]_0^2-\left[\frac{1}{3}\ln|x+2|\right]_0^2=-\frac{1}{3}\ln 2$.

3. 检查下列代换是否正确:

(1) $\displaystyle\int_0^\pi \frac{\mathrm{d}x}{1+\sin^2 x}$,令 $\tan x=t$;   (2) $\displaystyle\int_0^3 x\sqrt[3]{1-x^2}\,\mathrm{d}x$,令 $x=\sin t$.

4. 求下列极限:

(1) $\displaystyle\lim_{x\to 0^+}\frac{\displaystyle\int_0^{\sqrt x}(1-\cos t^2)\mathrm{d}t}{x^{5/2}}$;   (2) $\displaystyle\lim_{x\to 0}\frac{\displaystyle\int_0^{x^2}\ln(t+1)\sin 3t\,\mathrm{d}t}{\ln^2(x^2+1)}$.

5. A,B 为何值时,函数

$$f(x)=\begin{cases}\dfrac{A(1-\cos x)}{x^2}, & x<0,\\[2mm] 4, & x=0,\\[2mm] \dfrac{B\sin x+\displaystyle\int_0^x \cos t^2\,\mathrm{d}t}{x}, & x>0,\end{cases}$$

在 $x=0$ 处连续?

6. 设 $f(x)$ 在 $[a,b]$ 上连续,且 $f(x)>0$,若

$$F(x) = \int_a^x f(x)\mathrm{d}x + \int_b^x \frac{\mathrm{d}x}{f(x)} \quad (a \leqslant x \leqslant b),$$

试证明:(1) $F'(x) \geqslant 2$;(2)方程 $F(x)=0$ 在 (a,b) 内仅有一个实根.

7. 函数 $I(x) = \int_0^{x^2} (t-1)\mathrm{e}^{-t}\mathrm{d}t$ 在 x 为何值时取得极值,是极大值还是极小值?

8. 计算下列积分:

(1) $\displaystyle\int_1^e \frac{1+\ln x}{x}\mathrm{d}x$;　　　(2) $\displaystyle\int_0^{\frac{\pi}{2}} \frac{\sin x}{3+\sin^2 x}\mathrm{d}x$;　　　(3) $\displaystyle\int_{\sqrt{2}}^2 \frac{1}{x\sqrt{x^2-1}}\mathrm{d}x$;

(4) $\displaystyle\int_{-2}^{-1} \frac{1}{\sqrt{x^2-1}}\mathrm{d}x$;　　　(5) $\displaystyle\int_0^{\frac{\pi}{2}} \frac{\mathrm{d}x}{2+\sin x}$;　　　(6) $\displaystyle\int_0^{\frac{\pi}{2}} \cos^5 2x \sin 4x\,\mathrm{d}x$;

(7) $\displaystyle\int_0^1 \sqrt{(1-x^2)^3}\,\mathrm{d}x$;　　(8) $\displaystyle\int_0^1 \sqrt{x(2-x)}\,\mathrm{d}x$;　　(9) $\displaystyle\int_{\frac{1}{\pi}}^{\frac{2}{\pi}} \frac{1}{x^2}\sin\frac{1}{x}\mathrm{d}x$;

(10) $\displaystyle\int_0^1 \ln(1+\sqrt{x})\mathrm{d}x$;　(11) $\displaystyle\int_0^{-\ln 2} \sqrt{1-\mathrm{e}^{2x}}\,\mathrm{d}x$;　(12) $\displaystyle\int_0^3 \frac{\arctan\sqrt{x}}{\sqrt{x}(1+x)}\mathrm{d}x$;

(13) $\displaystyle\int_0^1 \ln(1+x^2)\mathrm{d}x$;　(14) $\displaystyle\int_0^{\frac{\pi}{2}} \frac{\cos x - \sin x}{1+\sin x \cos x}\mathrm{d}x$;　(15) $\displaystyle\int_1^e \sin(\ln x)\mathrm{d}x$;

(16) $\displaystyle\int_0^{2\pi} |x-\pi|\sin x\,\mathrm{d}x$.

9. 若 $f(x) = \begin{cases} 0, & x \leqslant 0, \\ \dfrac{1}{2}x, & 0 < x \leqslant 2, \\ 1, & 2 < x, \end{cases}$ 试用分段函数表示 $\displaystyle\int_0^x f(t)\mathrm{d}t$.

10. 利用函数的奇偶性计算下列积分:

(1) $\displaystyle\int_{-1}^1 \frac{1-\sin^3 x}{\sqrt{4-x^2}}\mathrm{d}x$;　　(2) $\displaystyle\int_{-5}^5 \frac{x^3 \sin x^2}{1+x^2+x^4}\mathrm{d}x$;

(3) $\displaystyle\int_{-\frac{\pi}{2}}^{\frac{\pi}{2}} \sqrt{1-\cos 2x}\,\mathrm{d}x$;　(4) $\displaystyle\int_{-\pi}^{\pi} (\mathrm{e}^{\cos x} - \mathrm{e}^{-\cos x})\mathrm{d}x$.

11. 计算下列广义积分:

(1) $\displaystyle\int_2^{+\infty} \frac{1}{x\sqrt{x-1}}\mathrm{d}x$;　(2) $\displaystyle\int_1^{+\infty} \frac{\mathrm{d}x}{x^2(x+1)}$;　(3) $\displaystyle\int_0^{+\infty} \frac{\mathrm{d}x}{(1+x^2)^2}$;

(4) $\displaystyle\int_e^{+\infty} \frac{\mathrm{d}x}{x\ln^2 x}$;　　(5) $\displaystyle\int_0^{+\infty} \mathrm{e}^{-x}\cos x\,\mathrm{d}x$;　(6) $\displaystyle\int_{-\frac{1}{2}}^{\frac{1}{2}} \frac{\mathrm{d}x}{x(1-x^2)}$;

(7) $\displaystyle\int_1^2 \frac{\mathrm{d}x}{x\sqrt{x^2-1}}$;　　(8) $\displaystyle\int_0^1 (\ln x)^2\mathrm{d}x$.

12. 求下列各组曲线所围成图形的面积:

(1) $y = \dfrac{8}{x^2+4}$ 及 $y = \dfrac{1}{4}x^2$ 所围图形;

(2) $y = |\ln x|,\ y=0,\ x = \dfrac{1}{e},\ x=e$ 所围图形;

(3) $y^2 = 3x,\ y^2 = 4-x$ 所围图形;

（4）$r=\sqrt{2}\cos\theta,r^2=\sqrt{3}\sin2\theta$ 各自所围图形的公共部分.

13. 设 $y=x^2$ 定义在 $[0,1]$ 上，t 是 $[0,1]$ 上任一点，问 t 取何值时，曲线 $y=x^2(0\leqslant x\leqslant1)$，直线 $x=1,y=t$ 及 y 轴所围的两小块图形的面积之和为最小？

14. 求由 $y=\ln x,y=0$ 和 $x=2$ 所围平面图形绕 y 轴旋转一周所得旋转体的体积.

15. 求曲线 $\begin{cases}x=\arctan t,\\ y=\dfrac{1}{2}\ln(1+t^2),\end{cases}$ 且 $t=0$ 到 $t=1$ 的一段弧长.

16. 求曲线 $y=\displaystyle\int_{-\frac{\pi}{2}}^{x}\sqrt{\cos t}\,\mathrm{d}t$ 的弧长.

17. 一圆柱形气罐的直径为 24cm，长为 80cm，其中充满压强为 $2\times10^4\mathrm{N/m^2}$ 的理想气体. 在温度不变的情况下，将气体压缩为原体积的一半需要做多少功？

18. 一直角梯形薄片上底为 6m，下底为 10m，高 5m，垂直放入水中，下底沉入水中 20m 处（底平行于水面），求水对该薄片一侧的压力.

第 **6** 章

向量代数与空间解析几何

空间解析几何与平面解析几何相仿,它也是用代数方法来研究空间几何问题的. 空间解析几何的知识是学习多元函数微积分的重要基础. 本章首先建立空间直角坐标系,进而介绍向量及其运算,并以向量为工具来讨论空间的平面和直线,最后介绍几种常见的二次曲面方程与图形.

6.1 空间直角坐标系

6.1.1 空间直角坐标系

从空间某一定点 O,作三条相互垂直的数轴,它们都以 O 为原点且一般具有相同的长度单位,其正方向分别为 Ox,Oy,Oz,这样就建立了**空间直角坐标系**. 点 O 叫做坐标原点,数轴 Ox,Oy,Oz 分别叫做 x **轴**(横轴)、y **轴**(纵轴)、z **轴**(竖轴). 每两坐标轴所确定的平面称为**坐标平面**,由 x 轴和 y 轴所确定的坐标面称为 xOy **面**,类似地还有 yOz **面**及 zOx **面**(图 6-1).

空间直角坐标系有**右手系**和**左手系**两种,我们采用的是右手系. 右手系的坐标轴的正向是这样规定的:伸出右手握住 z 轴,让大拇指指向 z 轴正向,则其余四指指出从 x 轴正向转过 $\dfrac{\pi}{2}$ 弧度的角便与 y 轴正向重合的旋转方向(图 6-2). 而左手系则改用左手来做同样的规定.

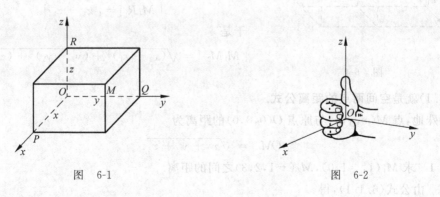

图 6-1　　　　　　　　　　　　　　　图 6-2

取定了空间直角坐标系,就可以利用三个有序数来确定空间点的位置. 设 M 为空间任一点,过 M 作三个平面分别垂直于 x 轴、y 轴与 z 轴,它们的交点分别为 P,Q,R,这三点在

x轴、y轴、z轴上的坐标分别为x,y,z. 于是空间一点M就唯一地确定了一组有序数(x,y,z). 反之,对于某个有序数组(x,y,z),便可唯一地确定一点M(见图6-1). 这样,空间的点与一组有序数(x,y,z)之间建立了一一对应关系,有序数组(x,y,z)就称为**点M的坐标**,并依次称x,y,z为点M的**横坐标**、**纵坐标**和**竖坐标**,记为$M(x,y,z)$. 显然,原点O的坐标为$(0,0,0)$;点P的坐标为$(x,0,0)$;点Q的坐标为$(0,y,0)$;点R的坐标为$(0,0,z)$.

建立了空间直角坐标系后,整个空间就被三个坐标面分为八个部分,每一部分称为一个**卦限**(图6-3). 我们把点的坐标都是正数的那个卦限叫做**第一卦限**. 在上半空间$(z>0)$中,按逆时针方向旋转分别为Ⅰ,Ⅱ,Ⅲ,Ⅳ四个卦限,下半空间$(z<0)$中,与Ⅰ,Ⅱ,Ⅲ,Ⅳ四个卦限依次对应的是Ⅴ,Ⅵ,Ⅶ,Ⅷ四个卦限. 每个卦限中点的坐标的符号为

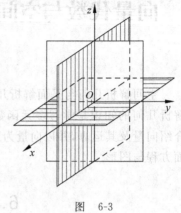

Ⅰ$(+,+,+)$;   Ⅱ$(-,+,+)$;

Ⅲ$(-,-,+)$;   Ⅳ$(+,-,+)$;

Ⅴ$(+,+,-)$;   Ⅵ$(-,+,-)$;

Ⅶ$(-,-,-)$;   Ⅷ$(+,-,-)$.

图 6-3

6.1.2 两点间的距离公式

设$M_1(x_1,y_1,z_1)$,$M_2(x_2,y_2,z_2)$为空间中的两个点,由图6-4可以求得M_1,M_2之间的距离,

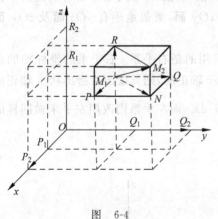

$$|M_1M_2|^2 = |M_1N|^2 + |NM_2|^2,$$

其中

$$|M_1N|^2 = |M_1P|^2 + |M_1Q|^2.$$

由于

$$|M_1P| = |x_2 - x_1|,$$

$$|M_1Q| = |y_2 - y_1|,$$

$$|M_1R| = |z_2 - z_1|,$$

于是

$$|M_1M_2| = \sqrt{(x_2-x_1)^2 + (y_2-y_1)^2 + (z_2-z_1)^2}. \tag{6.1.1}$$

图 6-4

式(6.1.1)就是**空间两点的距离公式**.

特殊地,点$M(x,y,z)$与原点$O(0,0,0)$的距离为

$$|OM| = \sqrt{x^2 + y^2 + z^2}. \tag{6.1.2}$$

例1 求$M_1(1,-1,0)$,$M_2(-1,2,3)$之间的距离.

解 由公式(6.1.1),得

$$|M_1M_2| = \sqrt{(-1-1)^2 + (2+1)^2 + (3-0)^2} = \sqrt{22}.$$

例 2 在 z 轴上求与点 $A(3,-1,1)$ 和点 $B(0,2,4)$ 等距离的点.

解 因为所求的点在 z 轴上,故可设该点为 $M(0,0,z)$,依题意有

$$|AM| = |BM|,$$

即

$$\sqrt{(3-0)^2+(-1-0)^2+(1-z)^2} = \sqrt{(0-0)^2+(2-0)^2+(4-z)^2}.$$

解得 $z=\dfrac{3}{2}$,于是所求点为 $M\left(0,0,\dfrac{3}{2}\right)$.

习题 6-1

1. 问在 yOz 坐标面上的点的坐标有什么特点?

2. 在空间直角坐标系中,指出下列各点在哪个卦限?

$\quad A(1,-2,3)$; $\quad B(2,3,-4)$; $\quad C(2,-3,-4)$; $\quad D(-2,-3,1)$.

3. 求下列各对点之间的距离:

(1) $(2,3,1),(2,7,4)$; $\qquad$ (2) $(4,-1,2),(-1,3,4)$.

4. 求点 $M(4,-3,5)$ 到坐标原点和各坐标轴的距离.

5. 在 xOy 坐标面上找一点,使它的 x 坐标为 1,且与点 $(1,-2,2)$ 和点 $(2,-1,-4)$ 等距离.

6. 试证明以三点 $A(4,1,9),B(10,-1,6,),C(2,4,3)$ 为顶点的三角形是等腰直角三角形.

7. 求点 $P_0(x_0,y_0,z_0)$ 关于(1)各坐标平面;(2)各坐标轴;(3)坐标原点对称的点的坐标.

8. 过点 $M_0(3,-5,12)$ 作一直线与 y 轴平行,求该直线上与原点距离为 13 的点的坐标.

6.2 向量的概念

6.2.1 向量的概念

有一些物理量,如力、位移、速度、加速度等,它们除有大小外还有方向,这种既有大小又有方向的量称为**向量**.

在数学上,往往用一条有方向的线段表示向量,如 $\overrightarrow{AB}$,$\overrightarrow{CD}$. 有时也用一个黑体字母或用一个字母上面加一个箭号表示,如 $\boldsymbol{a},\boldsymbol{i},\boldsymbol{F}$ 或 $\vec{a},\vec{i},\vec{F}$ 等(图 6-5). 向量的大小称为向量的**模**,用 $|\overrightarrow{AB}|,|\overrightarrow{CD}|,|\boldsymbol{a}|,|\vec{a}|$ 等表示. 模等于 1 的向量称为**单位向量**,用 $\overrightarrow{AB}°,\overrightarrow{CD}°,\boldsymbol{a}°,\vec{a}°$ 等表示. 模等于零的向量,称为**零向量**,记作 $\boldsymbol{0}$,零向量的方向不定,或方向为任意,本教材中一个字母表示的向量通常用黑斜体字母表示,两个字母表示的向量用白斜体字母上加箭号表示.

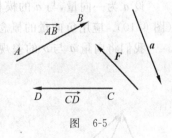

图 6-5

对于向量,如果只考虑其大小和方向,不考虑其起点,此时向量可以平行地自由移动,这种向量称为**自由向量**. 因此,如果两向量 $\boldsymbol{a},\boldsymbol{b}$ 的大小相等,相互平行且指向相同,就称它们是**相等的**. 记作 $\boldsymbol{a}=\boldsymbol{b}$.

在直角坐标系中,如以坐标原点 O 为起点,向一个点 M 引向量 $\overrightarrow{OM}$,这个向量就叫做点 M 对于原点 O 的**向径**,常用黑体字母 $\boldsymbol{r}$ 表示.

6.2.2 向量的加减法

1. 向量的加法

设有两个非零向量 a，b 平移 a，b 使其起点重合，并以 a，b 为邻边作平行四边形（图 6-6），则由始点到对顶点的向量定义为 a，b 之和，记为 $a+b$，这就是向量加法的**平行四边形法则**.

若 a，b 平行，我们规定：当 a，b 方向相同时，它们的和向量的方向与原来两向量的方向相同，其模等于两向量的模的和. 当 a，b 方向相反时，和向量的方向与模较大的向量的方向相同，而其模等于两向量的模的差.

由于向量可以平行移动，所以也可以用另一法则来定义 a 与 b 之和：将 b 平行移动使其始点与 a 的终点重合，则由 a 的始点到 b 的终点的向量叫做 a，b 之和，这种方法称为向量加法的**三角形法则**（图 6-7）. 这个法则可以推广到求任意有限个向量之和（图 6-8）.

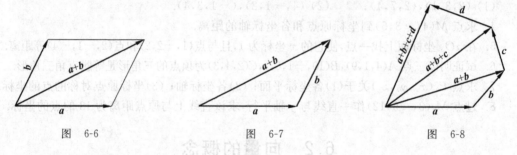

图 6-6   图 6-7   图 6-8

向量的加法满足下列规则：

(1) $a+b=b+a$;   （交换律）

(2) $(a+b)+c=a+(b+c)$.   （结合律）

由图 6-6、图 6-9 很容易验证以上两规则.

2. 向量的减法

设 a 为一向量，与 a 的模相同而方向相反的向量叫做 a 的**负向量**（或逆向量），记作 $-a$（图 6-10）. 应用负向量的概念，可以把向量的减法转化为向量的加法来运算.

我们将向量 a 与 b 的差规定为 a 与 b 的负向量 $-b$ 的和（图 6-11）：

$$a-b=a+(-b).$$

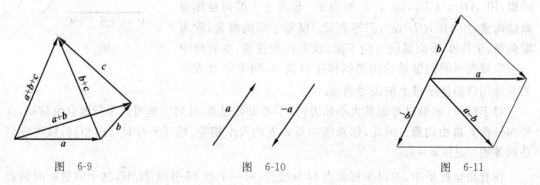

图 6-9   图 6-10   图 6-11

由三角形法则容易用作图法得到向量 a 与 b 的差：将向量 a 与 b 的起点放在一起，则由 b 的终点到 a 的终点的向量就是 a 与 b 的差 $a-b$（图 6-12）.

显然，$a-a=a+(-a)=\mathbf{0}$.

3. 数与向量的乘法

设 λ 是一个实数，a 是非零向量，我们规定 λ 与 a 的乘积（记作 λa）如下：

(1) λa 是一个向量；

(2) λa 的模是 $|\lambda \cdot a|$，即 $|\lambda a|=|\lambda| \cdot |a|$；

(3) λa 的方向为：

λa 的方向与 a 相同，若 $\lambda>0$；

λa 的方向与 a 相反，若 $\lambda<0$；

λa 是零向量，若 $\lambda=0$.

如果 a 为零向量，规定 $\lambda \mathbf{0}=\mathbf{0}$（图 6-13）.

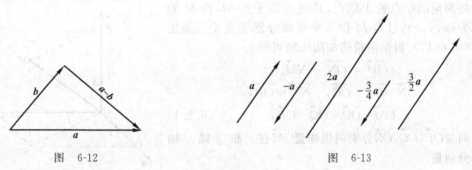

图 6-12   图 6-13

数与向量的乘积满足下列规律（λ, μ 为实数）：

(1) $\lambda(\mu a)=(\lambda \mu) a$；

(2) $(\lambda+\mu) a=\lambda a+\mu a$；

(3) $\lambda(a+b)=\lambda a+\lambda b$.

这些规律都比较明显，证明从略.

设 a 是非零向量，令 $\lambda=\dfrac{1}{|a|}$，于是 $\lambda a=\dfrac{a}{|a|}$，由于 $\left|\dfrac{a}{|a|}\right|=\dfrac{1}{|a|} \cdot |a|=1$，故 $\dfrac{a}{|a|}$ 是一个与 a 同向的单位向量，记作

$$a^{\circ}=\frac{a}{|a|},$$

因此 a 可以表示为

$$a=|a| \, a^{\circ}.$$

上两式将给以后的向量运算带来很大方便.

习题 6-2

1. a, b 均为非零向量，下列各式在什么条件下成立：

(1) $|a+b|=|a-b|$；   (2) $|a+b|=|a|+|b|$；

(3) $|a+b|=||a|-|b||$；   (4) $\dfrac{a}{|a|}=\dfrac{b}{|b|}$.

2. 已知平行四边形 $ABCD$,设 $\overrightarrow{AB}=a$,$\overrightarrow{AD}=b$,试用 a 与 b 表示向量 $\overrightarrow{MA}$,$\overrightarrow{MB}$,$\overrightarrow{MC}$,$\overrightarrow{MD}$,这里的 M 是平行四边形对角线的交点.

3. M,N,P 分别为 $\triangle ABC$ 的三个边 $\overrightarrow{AB}$,$\overrightarrow{BC}$,$\overrightarrow{CA}$ 的中点,已知 $\overrightarrow{AB}=a$,$\overrightarrow{BC}=b$,$\overrightarrow{CA}=c$,求 $\overrightarrow{AN}$,$\overrightarrow{BP}$,$\overrightarrow{CM}$.

6.3　向量的坐标表达式

6.3.1　向量的坐标

以上是从几何角度讨论了向量及其运算,为了更好地使用向量这个有力工具,我们引入向量的坐标表达式,以便用代数的方法来讨论向量及其运算.

将向量的始点置于原点,其终点位于点 M,设 M 的坐标为 (x,y,z),过点 M 作三个平面分别垂直于三条坐标轴(图 6-14).根据向量的加法法则可得

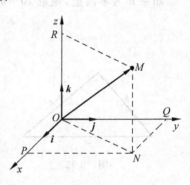

$$\overrightarrow{OM} = \overrightarrow{ON} + \overrightarrow{NM}.$$

由于　　　　　$\overrightarrow{ON}=\overrightarrow{OP}+\overrightarrow{OQ},\quad \overrightarrow{NM}=\overrightarrow{OR},$

因而　　　　　$\overrightarrow{OM}=\overrightarrow{OP}+\overrightarrow{OQ}+\overrightarrow{OR},$　　　　(6.3.1)

其中向量 $\overrightarrow{OP}$,$\overrightarrow{OQ}$,$\overrightarrow{OR}$ 分别叫做向量 $\overrightarrow{OM}$ 在 x 轴、y 轴、z 轴上的分向量.

设 i,j,k 分别为沿 x 轴、y 轴、z 轴正向的单位向量(称为这一坐标系中的**基本单位向量**),由于点 P 在 x 轴上的坐标为 x,因此 $\overrightarrow{OP}=xi$,同样可得 $\overrightarrow{OQ}=yj$,$\overrightarrow{OR}=zk$.将它们代入式(6.3.1)得

$$\overrightarrow{OM} = xi + yj + zk,$$　　　　(6.3.2)

式(6.3.2)称为向量 $\overrightarrow{OM}$ 的**坐标表达式**,简记为

$$\overrightarrow{OM} = (x,y,z).$$

图 6-14

x,y,z 也称为向量 $\overrightarrow{OM}$ 的**坐标**. 显然

$$0 = (0,0,0);\quad i = (1,0,0);$$
$$j = (0,1,0);\quad k = (0,0,1).$$

有了向量的坐标表达式后,对向量的运算就可转化为代数运算,这样就方便多了.

设　　　　　$a=(a_x,a_y,a_z),\quad b=(b_x,b_y,b_z),$

即　　　　　$a=a_xi+a_yj+a_zk,\quad b=b_xi+b_yj+b_zk,$

则　　　　　$a+b = (a_x+b_x)i + (a_y+b_y)j + (a_z+b_z)k$
$$= (a_x+b_x,a_y+b_y,a_z+b_z);$$
$$a-b = (a_x-b_x)i + (a_y-b_y)j + (a_z-b_z)k$$
$$= (a_x-b_x,a_y-b_y,a_z-b_z);$$
$$\lambda a = (\lambda a_x)i + (\lambda a_y)j + (\lambda a_z)k$$
$$= (\lambda a_x,\lambda a_y,\lambda a_z)\quad (\lambda \text{ 为实数}).$$

例1　已知 $a=2i-3j+5k$,$b=3i+j-2k$,求 $a+b$,$a-b$,$3a$.

解　　　　　$a+b = (2+3)i + (-3+1)j + (5-2)k = 5i-2j+3k;$

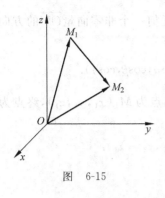

图 6-15

$$a - b = (2-3)i + (-3-1)j + (5+2)k = -i - 4j + 7k;$$
$$3a = (3 \times 2)i + [3 \times (-3)]j + (3 \times 5)k = 6i - 9j + 15k.$$

例 2　已知 $M_1(x_1, y_1, z_1)$，$M_2(x_2, y_2, z_2)$，求 $\overrightarrow{M_1 M_2}$ 的坐标表达式.

解　由式(6.3.2)有
$$\overrightarrow{OM_1} = (x_1, y_1, z_1), \quad \overrightarrow{OM_2} = (x_2, y_2, z_2).$$

再由向量减法的三角形法则(见图 6-15)，有
$$\overrightarrow{M_1 M_2} = \overrightarrow{OM_2} - \overrightarrow{OM_1} = (x_2 - x_1, y_2 - y_1, z_2 - z_1).$$

6.3.2　向量的模与方向余弦

设 $\overrightarrow{OM} = (x, y, z)$，由两点间的距离公式可得向量 $\overrightarrow{OM}$ 的模为
$$|\overrightarrow{OM}| = \sqrt{x^2 + y^2 + z^2}, \tag{6.3.3}$$
即向量的模等于它的坐标平方之和的平方根. 若空间向量由空间任意两点 $M_1(x_1, y_1, z_1)$，$M_2(x_2, y_2, z_2)$ 给出，则
$$\overrightarrow{M_1 M_2} = (x_2 - x_1, y_2 - y_1, z_2 - z_1)$$
的模为
$$|\overrightarrow{M_1 M_2}| = \sqrt{(x_2 - x_1)^2 + (y_2 - y_1)^2 + (z_2 - z_1)^2}. \tag{6.3.4}$$

为了表示向量的方向，如图 6-16 所示，把向量 $\overrightarrow{OM}$ 分别与 x, y, z 三轴的正向的夹角 $\alpha, \beta, \gamma (0 \leqslant \alpha, \beta, \gamma \leqslant \pi)$ 称为向量 $\overrightarrow{OM}$ 的**方向角**，把 $\cos\alpha, \cos\beta, \cos\gamma$ 称为向量 $\overrightarrow{OM}$ 的**方向余弦**. 一般用方向余弦表示向量的方向较为方便.

设向量 $\overrightarrow{OM} = (x, y, z)$，如何求其方向余弦呢?
因为

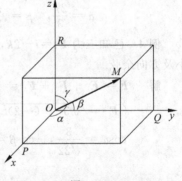

图 6-16

$$x = \sqrt{x^2 + y^2 + z^2} \cos\alpha,$$
$$y = \sqrt{x^2 + y^2 + z^2} \cos\beta,$$
$$z = \sqrt{x^2 + y^2 + z^2} \cos\gamma,$$

所以
$$\begin{cases} \cos\alpha = \dfrac{x}{\sqrt{x^2 + y^2 + z^2}}, \\[2mm] \cos\beta = \dfrac{y}{\sqrt{x^2 + y^2 + z^2}}, \\[2mm] \cos\gamma = \dfrac{z}{\sqrt{x^2 + y^2 + z^2}}. \end{cases} \tag{6.3.5}$$

知道了向量的方向余弦，就可以得到向量的方向角. 方向角(或方向余弦)之间不是独立的，由式(6.3.5)容易知道它们之间满足关系:
$$\cos^2\alpha + \cos^2\beta + \cos^2\gamma = 1. \tag{6.3.6}$$

式(6.3.6)告诉我们,任一向量的方向余弦的平方和等于 1. 任何一个非零向量$\overrightarrow{OM}$的方向余弦就是与$\overrightarrow{OM}$同方向的单位向量$\overrightarrow{OM}°$的三个坐标,即

$$\overrightarrow{OM}° = \frac{\overrightarrow{OM}}{|\overrightarrow{OM}|} = \frac{1}{\sqrt{x^2+y^2+z^2}}(x,y,z) = (\cos\alpha,\cos\beta,\cos\gamma).$$

以上讨论容易推广到空间任一非零向量 a. 设向量 a 的起点为 $M_1(x_1,y_1,z_1)$,终点为 $M_2(x_2,y_2,z_2)$,则

$$a = (a_x,a_y,a_z) = \overrightarrow{M_1M_2} = (x_2-x_1,y_2-y_1,z_2-z_1).$$

它的方向余弦为

$$\begin{cases} \cos\alpha = \dfrac{a_x}{\sqrt{a_x^2+a_y^2+a_z^2}}, \\[2mm] \cos\beta = \dfrac{a_y}{\sqrt{a_x^2+a_y^2+a_z^2}}, \\[2mm] \cos\gamma = \dfrac{a_z}{\sqrt{a_x^2+a_y^2+a_z^2}}. \end{cases} \tag{6.3.7}$$

例 3　已知 $M_1(2,2,\sqrt{2}),M_2(1,3,0)$ 两点,计算向量 $\overrightarrow{M_1M_2}$ 的模、方向余弦和方向角.

解　$\overrightarrow{M_1M_2} = (1-2,3-2,0-\sqrt{2}) = (-1,1,-\sqrt{2})$;

$|\overrightarrow{M_1M_2}| = \sqrt{(-1)^2+1^2+(-\sqrt{2})^2} = \sqrt{1+1+2} = 2$;

$\cos\alpha = -\dfrac{1}{2}, \quad \cos\beta = \dfrac{1}{2}, \quad \cos\gamma = -\dfrac{\sqrt{2}}{2}$;

$\alpha = \dfrac{2\pi}{3}, \quad \beta = \dfrac{\pi}{3}, \quad \gamma = \dfrac{3\pi}{4}$.

例 4　已知三力 $F_1 = i-2k, F_2 = 2i-3j+4k, F_3 = j+k$ 作用于一质点,求合力 F 的大小及方向余弦.

解　$F = F_1+F_2+F_3 = (1+2)i+(-3+1)j+(-2+4+1)k = 3i-2j+3k$.

$|F| = \sqrt{3^2+(-2)^2+3^2} = \sqrt{22}$;

$\cos\alpha = \dfrac{3}{\sqrt{22}}, \quad \cos\beta = \dfrac{-2}{\sqrt{22}}, \quad \cos\gamma = \dfrac{3}{\sqrt{22}}$.

习题 6-3

1. 已知向量 $a = (3,5,-1), b = (2,2,2), c = (4,-1,-3)$,求:

(1) $2a-3b+4c$;　　(2) $ma+nb$(m,n 是常数).

2. 设向量 $a = (3,2,1), b = (1,-1,2), c = (x,y,z)$,问当 x,y,z 分别取什么值时,等式 $3a-5b+2c=0$ 才能成立?

3. 设 $a = i+2j-2k$,求 $|a|$ 及 a 的方向余弦.

4. 设 $M_1(1,-1,2), M_2(-1,1,0)$,求 $\overrightarrow{M_1M_2}$ 及其模、方向余弦、$\overrightarrow{M_1M_2}°$.

5. 设向量 a 的始点为 $(2,0,-1)$,$|a|=3$,方向余弦中的 $\cos\alpha = \dfrac{1}{2}, \cos\beta = \dfrac{1}{2}$,求向量 a 的坐标表示式及其终点.

6.4 数量积与向量积

6.4.1 两向量的数量积

设一物体在常力 F 作用下沿直线从点 M_1 移动到点 M_2，以 s 表示位移$\overrightarrow{M_1M_2}$，由物理学知道，力 F 所做的功为

$$W = |F||s|\cos\theta, \tag{6.4.1}$$

其中 θ 为 F 与 s 的夹角(图 6-17)，功 W 是数量，它由力 F 和位移 s 的模及其夹角的余弦所确定.形如式(6.4.1)的数量关系在其他一些问题中还会遇到. 由此,我们可以引入两向量的数量积的概念.

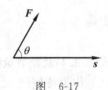

图　6-17

1. 数量积的定义

定义　两向量 a,b 的**数量积**等于这两个向量的模及其夹角 θ 的余弦的乘积,记为 $a \cdot b$,即

$$a \cdot b = |a||b|\cos\theta. \tag{6.4.2}$$

由于数量积使用记号"·",所以也称为**点积**.

根据这个定义,上述问题中力所做的功 W 就是力 F 与位移 s 的数量积,即 $W = F \cdot s$. 应该注意,两向量的数量积是一个数量,而不是向量.

数量积具有以下运算规律(证明从略):

(1) $a \cdot b = b \cdot a$;　　　　　　　　(交换律)

(2) $a \cdot (b+c) = a \cdot b + a \cdot c$;　　　(分配律)

(3) $(\lambda a) \cdot b = \lambda(a \cdot b) = a \cdot (\lambda b)$.　(结合律)

根据数量积的定义可知:

(1) $a \cdot a = |a|^2$.

这是由于 a 与 a 的夹角 $\theta = 0$,故有

$$a \cdot a = |a||a|\cos\theta = |a|^2.$$

对于基本单位向量 i,j,k 来说,有

$$i \cdot i = 1, \quad j \cdot j = 1, \quad k \cdot k = 1.$$

$a \cdot a$ 也可简记为 a^2.

(2) 两个非零向量 a 与 b 相互垂直的充要条件是

$$a \cdot b = 0.$$

证　若 $a \perp b$,则 $\theta = \dfrac{\pi}{2}, \cos\dfrac{\pi}{2} = 0$,于是

$$a \cdot b = |a||b|\cos\frac{\pi}{2} = 0.$$

反之,若 $a \cdot b = 0$,由于 $|a| \neq 0, |b| \neq 0$,则必有 $\cos\theta = 0, \theta = \dfrac{\pi}{2}$,故 $a \perp b$.

这个事实可简记为

$$a \perp b \Leftrightarrow a \cdot b = 0.$$

我们认为零向量垂直于任何向量,于是对任何向量 a,b 均有

$$a \perp b \iff a \cdot b = 0. \tag{6.4.3}$$

对于基本单位向量 i,j,k 来说,有

$$i \cdot j = 0, \quad j \cdot k = 0, \quad k \cdot i = 0.$$

2. 数量积的坐标表示式

设 $a = a_x i + a_y j + a_z k, b = b_x i + b_y j + b_z k$. 利用数量积的运算性质,有

$$\begin{aligned}
a \cdot b &= (a_x i + a_y j + a_z k) \cdot (b_x i + b_y j + b_z k) \\
&= a_x b_x i \cdot i + a_x b_y i \cdot j + a_x b_z i \cdot k + a_y b_x j \cdot i \\
&\quad + a_y b_y j \cdot j + a_y b_z j \cdot k + a_z b_x k \cdot i + a_z b_y k \cdot j + a_z b_z k \cdot k,
\end{aligned}$$

于是

$$a \cdot b = a_x b_x + a_y b_y + a_z b_z. \tag{6.4.4}$$

式(6.4.4)就是数量积的坐标表示式,它表明两向量的数量积等于它们对应坐标的乘积之和.

作为特例

$$|a| = \sqrt{a \cdot a} = \sqrt{a_x^2 + a_y^2 + a_z^2}. \tag{6.4.5}$$

由式(6.4.2),当 a,b 都是非零向量时,有公式

$$\cos\theta = \frac{a \cdot b}{|a||b|},$$

将式(6.4.4)、式(6.4.5)代入上式,可得

$$\cos\theta = \frac{a_x b_x + a_y b_y + a_z b_z}{\sqrt{a_x^2 + a_y^2 + a_z^2}\sqrt{b_x^2 + b_y^2 + b_z^2}}. \tag{6.4.6}$$

这就是两向量夹角余弦的坐标表示式.

由式(6.4.4)或者由式(6.4.6)知,式(6.4.3)还可以表示为

$$a \perp b \iff a_x b_x + a_y b_y + a_z b_z = 0. \tag{6.4.7}$$

例 1　设力 $F = 2i - 3j + 4k$ 作用在一质点上,质点由 $M_1(1,2,-1)$ 沿直线移到 $M_2(3,1,2)$. 求 F 所做的功.

解　$s = \overrightarrow{M_1 M_2} = 2i - j + 3k$,则所求的功为

$$W = F \cdot s = 2 \times 2 + (-3) \times (-1) + 4 \times 3 = 4 + 3 + 12 = 19.$$

例 2　试证向量 $a = 3i + k$ 与 $b = i - 2j - 3k$ 互相垂直.

证明　由于 $a \cdot b = 3 \times 1 + 0 \times (-2) + 1 \times (-3) = 0$,故 $a \perp b$.

6.4.2　两向量的向量积

由力学知识知道,作用于 A 点(令 $\overrightarrow{OA} = r$)的力 F 对于 O 点的力矩是一个向量 $\overrightarrow{OM}$,它的大小等于力的大小 $|F|$ 与力臂长 $|OP|$ 的乘积,即

$$|\overrightarrow{OM}| = |OP||F| = |r||F|\sin\theta; \tag{6.4.8}$$

它的方向是垂直于 r 与 F 所在的平面,其正向按**右手法则**确定,即当右手的四指按照从 r 的正向绕 O 点转过 $\theta(0 < \theta < \pi)$ 角与 F 的正向一致时的旋转方向握拳,则大拇指的指向即为 $\overrightarrow{OM}$ 的正向(图 6-18).

这个例子表明,由向量 r 和 F 确定了一个新向量 $\overrightarrow{OM}$,它的模等于 $|r||F|\sin\theta$,它的方向

是垂直于 r 与 F 所在平面且按从 r 到 F 的右手法则来确定它的正向.

1. 向量积的定义

定义　两个向量 a 与 b 的**向量积**规定为一个向量 c,c 由下列条件确定:

（1）$|c|=|a||b|\sin\theta$,其中 θ 为 a,b 的夹角;

（2）$c \perp a,c \perp b$;

（3）c 的方向按从 a 到 b 的右手法则来确定（图 6-19）.

c 记为 $a \times b$,即 $c=a \times b$.

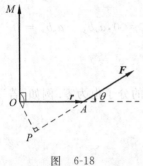

图　6-18

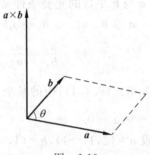

图　6-19

由于向量积所使用的记号是"×",所以也称向量积为**叉积**. 向量积的几何意义是:$a \times b$ 的模恰是 a,b 为邻边所构成的平行四边形的面积（图 6-19）. 应该注意,两向量的向量积是一个向量.

向量积满足下列规律（证明从略）:

（1）$a \times b=-(b \times a)$;　　　　　　　　　（反交换律）

（2）$a \times (b+c)=a \times b+a \times c$;　　　　　（分配律）

（3）$(\lambda a) \times b=\lambda(a \times b)=a \times (\lambda b)$.　（结合律）

由向量积定义知,若两非零向量 a 和 b 平行,即 $\theta=0$ 或 $\theta=\pi$ 时,则有 $|a||b|\sin\theta=0$,即 $a \times b=0$;反之,若两个非零向量 a 和 b 有 $a \times b=0$,则有 $\sin\theta=0$,即 a 和 b 平行. 若规定零向量与任何向量平行,则上述结论可表述为:两向量平行的充要条件是它们的向量积为零向量.

这个事实也可简记为

$$a \,/\!/\, b \quad \Leftrightarrow \quad a \times b=0. \tag{6.4.9}$$

对于基本单位向量 i,j,k 来说,有

$$i \times i=0, \quad j \times j=0, \quad k \times k=0.$$

由定义可得

$$i \times j=k; \quad j \times i=-k;$$
$$j \times k=i; \quad k \times j=-i;$$
$$k \times i=j; \quad i \times k=-j.$$

2. 向量积的坐标表示式

设 $a=a_x i+a_y j+a_z k,b=b_x i+b_y j+b_z k$,利用向量积的运算规律,得

$$a \times b=(a_x i+a_y j+a_z k) \times (b_x i+b_y j+b_z k)$$
$$=a_x b_x(i \times i)+a_x b_y(i \times j)+a_x b_z(i \times k)$$
$$+a_y b_x(j \times i)+a_y b_y(j \times j)+a_y b_z(j \times k)$$

$$+a_zb_x(\boldsymbol{k}\times\boldsymbol{i})+a_zb_y(\boldsymbol{k}\times\boldsymbol{j})+a_zb_z(\boldsymbol{k}\times\boldsymbol{k}),$$

于是

$$\boldsymbol{a}\times\boldsymbol{b}=(a_yb_z+a_zb_y)\boldsymbol{i}+(a_zb_x-a_xb_z)\boldsymbol{j}+(a_xb_y-a_yb_x)\boldsymbol{k}.$$

为了帮助记忆,利用三阶行列式,上式可记为

$$\boldsymbol{a}\times\boldsymbol{b}=\begin{vmatrix} \boldsymbol{i} & \boldsymbol{j} & \boldsymbol{k} \\ a_x & a_y & a_z \\ b_x & b_y & b_z \end{vmatrix}. \tag{6.4.10}$$

两非零向量 $\boldsymbol{a}$ 与 $\boldsymbol{b}$ 平行的充要条件又可表示为

$$\boldsymbol{a}\;/\!/\;\boldsymbol{b} \quad \Leftrightarrow \quad a_yb_z-a_zb_y=0, a_zb_x-a_xb_z=0, a_xb_y-a_yb_x=0$$

$$\Leftrightarrow \quad \frac{a_x}{b_x}=\frac{a_y}{b_y}=\frac{a_z}{b_z}. \tag{6.4.11}$$

应当注意:如果式(6.4.11)中的某个分母为零,则相应的分子也为零. 例如,若 $\dfrac{a_x}{0}=\dfrac{a_y}{0}=\dfrac{a_z}{2}$,

应理解为 $a_x=0, a_y=0$.

例 3 设 $\boldsymbol{a}=(2,1,-1), \boldsymbol{b}=(1,-1,2)$,计算 $\boldsymbol{a}\times\boldsymbol{b}$.

$$\boldsymbol{a}\times\boldsymbol{b}=\begin{vmatrix} \boldsymbol{i} & \boldsymbol{j} & \boldsymbol{k} \\ 2 & 1 & -1 \\ 1 & -1 & 2 \end{vmatrix}=\boldsymbol{i}-5\boldsymbol{j}-3\boldsymbol{k}.$$

例 4 求垂直于 $\boldsymbol{a}=(2,2,1), \boldsymbol{b}=(4,5,3)$ 的单位向量.

解 由向量积的定义,向量 $\boldsymbol{c}=\boldsymbol{a}\times\boldsymbol{b}$ 与 $\boldsymbol{a},\boldsymbol{b}$ 都垂直,故先求出 $\boldsymbol{a}\times\boldsymbol{b}$:

$$\boldsymbol{c}=\boldsymbol{a}\times\boldsymbol{b}=\begin{vmatrix} \boldsymbol{i} & \boldsymbol{j} & \boldsymbol{k} \\ 2 & 2 & 1 \\ 4 & 5 & 3 \end{vmatrix}=\boldsymbol{i}-2\boldsymbol{j}+2\boldsymbol{k}.$$

$$|\boldsymbol{c}|=\sqrt{1^2+(-2)^2+2^2}=3,$$

所以 $\boldsymbol{c}^\circ=\dfrac{\boldsymbol{c}}{|\boldsymbol{c}|}=\left(\dfrac{1}{3},-\dfrac{2}{3},\dfrac{2}{3}\right)$ 即为所求的一个单位向量. 又 $-\boldsymbol{c}^\circ=\left(-\dfrac{1}{3},\dfrac{2}{3},-\dfrac{2}{3}\right)$ 也是同

时垂直于 $\boldsymbol{a},\boldsymbol{b}$ 的单位向量.

例 5 求以 $A(1,2,3), B(2,0,4), C(2,-1,3)$ 为顶点的三角形的面积.

解 由向量积的几何意义知

$$S_{\triangle ABC}=\frac{1}{2}\,|\,\overrightarrow{AB}\times\overrightarrow{AC}\,|.$$

而

$$\overrightarrow{AB}=(1,-2,1), \quad \overrightarrow{AC}=(1,-3,0),$$

$$\overrightarrow{AB}\times\overrightarrow{AC}=\begin{vmatrix} \boldsymbol{i} & \boldsymbol{j} & \boldsymbol{k} \\ 1 & -2 & 1 \\ 1 & -3 & 0 \end{vmatrix}=3\boldsymbol{i}+\boldsymbol{j}-\boldsymbol{k},$$

所以

$$S_{\triangle ABC}=\frac{1}{2}\sqrt{3^2+1^2+(-1)^2}=\frac{1}{2}\sqrt{11}.$$

例 6　如果三个向量经过平移后能位于同一平面上,则称此三向量**共面**. 试证明向量 $a=-2i+3j+k, b=-j+k, c=i-j-k$ 共面.

证明

$$d=a\times b=\begin{vmatrix} i & j & k \\ -2 & 3 & 1 \\ 0 & -1 & 1 \end{vmatrix}=4i+2j+2k,$$

而

$$c\cdot d=1\times4+(-1)\times2+(-1)\times2=0.$$

这说明 a,b,c 三向量都垂直于向量 $d(d\neq0)$,即 a,b,c 三向量共面.

一般地,若 $a=(a_x,a_y,a_z), b=(b_x,b_y,b_z), c=(c_x,c_y,c_z)$. 则 a,b,c 三向量共面的充要条件是

$$\begin{vmatrix} a_x & a_y & a_z \\ b_x & b_y & b_z \\ c_x & c_y & c_z \end{vmatrix}=0.$$

习题 6-4

1. 已知 $a=3i+2j-k, b=i-j+2k$,求:

(1) $a\cdot b$;　　　(2) $(5a)\cdot(-3b)$.

2. 已知两向量 a 与 b 的夹角为 $\frac{2}{3}\pi$, $|a|=3$, $|b|=4$,试计算:

(1) $a\cdot b$;　　(2) a^2;　　(3) $(a+b)^2$;　　(4) $(a-b)^2$.

3. 已知 $A(-1,2,3), B(1,1,1)$ 和 $C(0,0,5)$,试证明 $\triangle ABC$ 是直角三角形,并求角 B.

4. 一动点与 $P(1,1,1)$ 联成向量,此向量与 $n=(2,2,3)$ 垂直,求动点的轨迹.

5. 设 $a=mi+3j+(n-1)k, b=3i+lj+3k$,求 a 和 b 的模及方向余弦,并求出使 $a=b$ 的 m,n,l 的值.

6. 设向量的方向角为 α,β,γ.

(1) 若 $\alpha=60°,\beta=120°$,求 γ;　　(2) 若 $\alpha=135°,\beta=60°$,求 γ.

7. 设 $a=2i-j+k, b=i+2j-k$,求:

(1) $a\times b$;　　(2) $(a+b)\times(a-b)$.

8. 已知 $|a|=10, b=3i-j+\sqrt{15}k$,又知 a 与 b 平行,求 a.

9. 已知 $A(1,-1,2), B(3,3,1)$ 和 $C(3,1,3)$,求与 $\overrightarrow{AB}$、$\overrightarrow{BC}$ 同时垂直的单位向量.

10. 已知三角形的三个顶点为 $A(3,4,1)$、$B(2,3,0)$、$C(3,5,1)$,试求其面积.

11. a,b,c 为三非零向量,判断下列命题正确与否:

(1) $a\cdot b=a\cdot c$,则 $b=c$;　　(2) $(a\cdot b)c=a(b\cdot c)$;

(3) $|a\cdot b|\leqslant|a||b|$;　　(4) 若 a,b,c 共面,则 $a\cdot(b\times c)=0$.

6.5　空间曲面与曲线的方程

6.5.1　曲面方程

在平面解析几何中,把平面曲线看成是平面上的动点按某一条件运动的几何轨迹,在空间解析几何中,任何曲面都可看成是空间动点按某一条件运动的几何轨迹. 空间动点坐标

可以用坐标 (x,y,z) 表示,动点所满足的条件可用 x,y,z 的方程表示.

1. 曲面方程的概念

定义 如果曲面 S 与三元方程

$$F(x,y,z)=0 \qquad\qquad (6.5.1)$$

有下述关系:

(1) 曲面 S 上任一点的坐标都满足方程(6.5.1);

(2) 不在曲面 S 上的点的坐标都不满足方程(6.5.1).

则方程(6.5.1)就叫做**曲面 S 的方程**,而曲面 S 就叫做方程(6.5.1)的**图形**(图 6-20).

例 1 求以点 $M_0(x_0,y_0,z_0)$ 为球心, R 为半径的球面方程.

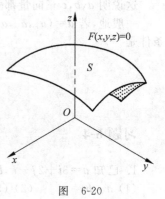

图 6-20

解 设 $M(x,y,z)$ 是球面上任一点,则

$$|M_0M|=R.$$

而 $\qquad |M_0M|=\sqrt{(x-x_0)^2+(y-y_0)^2+(z-z_0)^2}$,

于是 $\qquad \sqrt{(x-x_0)^2+(y-y_0)^2+(z-z_0)^2}=R$,

即 $\qquad (x-x_0)^2+(y-y_0)^2+(z-z_0)^2=R^2.$ (6.5.2)

显然,在球面上的点的坐标一定满足这个方程,而不在球面上的点的坐标一定不满足这个方程,故方程(6.5.2)是所求的球面方程.

如果球心在原点 $(0,0,0)$,则球面方程为

$$x^2+y^2+z^2=R^2.$$

例 2 一动点 M 与二定点 $A(2,-3,2)$ 及 $B(1,4,-2)$ 等距离,求动点轨迹的方程.

解 设动点 M 的坐标为 (x,y,z) ,由题设有 $|AM|=|BM|$,于是

$$\sqrt{(x-2)^2+(y+3)^2+(z-2)^2}=\sqrt{(x-1)^2+(y-4)^2+(z+2)^2},$$

化简后得

$$x-7y+4z+2=0.$$

这个方程代表一个平面,它是线段 AB 的垂直平分面.

此外,我们还很容易知道:

xOy 坐标面的方程为 $z=0$;

yOz 坐标面的方程为 $x=0$;

zOx 坐标面的方程为 $y=0$.

方程 $z=a(a\neq 0)$ 是过点 $(0,0,a)$ 且平行于 xOy 坐标面的平面的方程.

2. 柱面方程

设有一条曲线 C 及一条定直线 L ,过曲线 C 上每一点作与 L 平行的直线,这些平行直线所形成的曲面称为**柱面**, C 称为柱面的**准线**,这些相互平行的直线称为柱面的**母线**(图 6-21).这里我们只讨论准线在坐标面上,而母线垂直于该坐标面的柱面.这种柱面的方程有个显著的特点,即在曲面方程中缺少某一坐标.设方程中缺 z ,即曲面方程为

$$f(x,y)=0, \qquad\qquad (6.5.3)$$

这意味着不论空间中点的 z 坐标怎样,凡 x 坐标和 y 坐标满足方程(6.5.3)的点,都在方程

(6.5.3)所表示的曲面 S 上；反之，凡是点的 x 坐标和 y 坐标不满足方程(6.5.3)的，不论 z 坐标怎样，这些点都不在曲面 S 上．因此，式(6.5.3)在空间直线坐标系中表示以 xOy 平面上的曲线 $f(x,y)=0$ 为准线，而母线平行于 z 轴的柱面(图 6-22)．

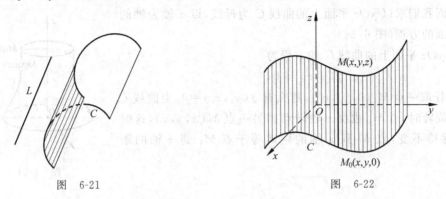

图 6-21   图 6-22

例如：

(1) $x+y=1$，表示母线平行 z 轴的**平面**(图 6-23(a))；

(2) $x^2+y^2=R^2$，表示母线平行 z 轴的**圆柱面**(图 6-23(b))；

(3) $\dfrac{x^2}{a^2}+\dfrac{y^2}{b^2}=1$，表示母线平行 z 轴的**椭圆柱面**(图 6-23(c))；

(4) $\dfrac{x^2}{a^2}-\dfrac{y^2}{b^2}=1$，表示母线平行 z 轴的**双曲柱面**(图 6-23(d))；

(5) $x^2=2py(p>0)$，表示母线平行 z 轴的**抛物柱面**(图 6-23(e))．

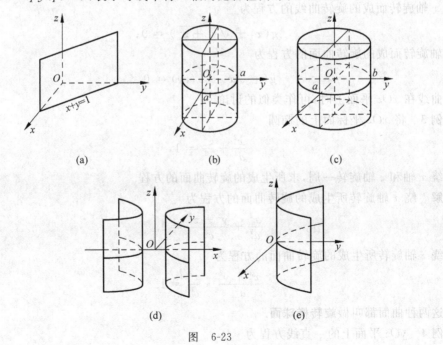

(a)   (b)   (c)

(d)   (e)

图   6-23

类似地可知，方程 $G(x,z)=0$，只含 x,z 而缺 y，表示母线平行于 y 轴的柱面，方程 $H(y,z)=0$，只含 y,z 而缺 x，表示母线平行于 x 轴的柱面．

3. 旋转曲面的方程

一平面曲线 C 绕同一平面上的一条定直线 l 旋转一周所成的曲面叫做**旋转曲面**,曲线 C 叫做该旋转曲面的**母线**,直线 l 叫做旋转曲面的**轴**.

下面我们求以 yOz 平面上的曲线 C 为母线,以 z 轴为轴的旋转曲面的方程(图 6-24).

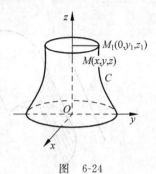

图 6-24

设 yOz 平面上的曲线 C 的方程为
$$f(y,z) = 0,$$
在 C 上任取一点 $M_1(0,y_1,z_1)$,那么有 $f(y_1,z_1)=0$.当曲线 C 绕 z 轴旋转时,点 M_1 也绕 z 轴转动到另一点 $M(x,y,z)$,这时 $z=z_1$ 保持不变,点 M 到 z 轴的距离等于点 M_1 到 z 轴的距离,即
$$d = \sqrt{x^2+y^2} = |y_1|.$$
将 $z_1=z$,$y_1=\pm\sqrt{x^2+y^2}$ 代入 $f(y_1,z_1)=0$,即得
$$f(\pm\sqrt{x^2+y^2},z) = 0, \tag{6.5.4}$$
这就是所求旋转曲面的方程.

同理,若将曲线 C 绕 y 轴旋转一周,所得旋转曲面的方程为
$$f(y,\pm\sqrt{x^2+z^2}) = 0. \tag{6.5.5}$$
若平面 xOy 上的曲线方程为
$$g(x,y) = 0,$$
则绕 x 轴旋转而成的旋转曲线的方程为
$$g(x,\pm\sqrt{y^2+z^2}) = 0; \tag{6.5.6}$$
绕 y 轴旋转而成的旋转曲面的方程为
$$g(\pm\sqrt{x^2+z^2},y) = 0. \tag{6.5.7}$$
曲线在 xOz 平面上时,可作类似的讨论.

例 3 将 xOz 坐标面上的椭圆
$$\frac{x^2}{a^2} + \frac{z^2}{c^2} = 1,$$
分别绕 x 轴和 z 轴旋转一周,求所生成的旋转曲面的方程.

解 绕 x 轴旋转所生成的旋转曲面的方程为
$$\frac{x^2}{a^2} + \frac{y^2+z^2}{c^2} = 1.$$
绕 z 轴旋转所生成的旋转曲面的方程为
$$\frac{x^2+y^2}{a^2} + \frac{z^2}{c^2} = 1.$$

这两种曲面都叫做**旋转椭球面**.

例 4 yOz 平面上的一直线方程为
$$y = z\tan\alpha,$$
其中 $\alpha\left(0<\alpha<\dfrac{\pi}{2}\right)$ 是直线与 z 轴的夹角,试求该直线绕 z 轴旋转一周所生成的旋转曲面的

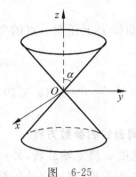

图 6-25

方程.

解 因为 z 轴为旋转轴,所以只要将直线方程中的 y 换成 $\pm\sqrt{x^2+y^2}$,便得到旋转曲面的方程

$$\pm\sqrt{x^2+y^2}=z\tan\alpha,$$

即

$$x^2+y^2=k^2z^2, \tag{6.5.8}$$

其中,$k=\tan\alpha$ 是正的常数(图 6-25).

一般地,一条直线绕与之相交的另一条直线旋转一周所得的旋转曲面叫做**圆锥面**.两直线的交点叫做圆锥面的**顶点**,两直线的夹角 α 叫做圆锥面的**半顶角**.

6.5.2 空间曲线方程

1. 空间曲线的一般方程

空间曲线 L 可以看作是两个曲面 S_1 与 S_2 的交线(图 6-26).

设

$$S_1: F(x,y,z)=0,$$
$$S_2: G(x,y,z)=0.$$

由于曲线 L 上的点同时在这两个曲面上,该点的坐标 (x,y,z) 必须同时满足上两个方程;且不在曲线 L 上的点,它不可能同时在这两个曲面上,所以它的坐标 (x,y,z) 亦必不同时满足上两个方程. 因此,由这两曲面的方程联立的方程组:

$$\begin{cases} F(x,y,z)=0, \\ G(x,y,z)=0. \end{cases} \tag{6.5.9}$$

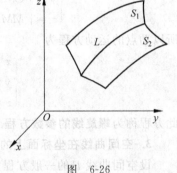

图 6-26

就叫做**空间曲线** L **的一般方程**.

例 5 方程组

$$\begin{cases} x^2+y^2=R^2, \\ z=a \end{cases}$$

表示平面 $z=a$ 与圆柱面 $x^2+y^2=R^2$ 的交线,它是 $z=a$ 平面上的一个圆.

例 6 方程组

$$\begin{cases} x^2+y^2+z^2=9, \\ z=2 \end{cases}$$

表示平面 $z=2$ 与球面 $x^2+y^2+z^2=9$ 的交线,它是 $z=2$ 平面上的一个圆.

但要注意,已知一曲线,作为两个曲面的交线,表示它的方程组并不唯一. 如例 6 中所示的圆也可以表示为

$$\begin{cases} x^2+y^2=5, \\ z=2, \end{cases}$$

即也可看成是平面 $z=2$ 与圆柱面 $x^2+y^2=5$ 的交线.

2. 空间曲线的参数方程

与平面曲线一样,空间曲线也可以用参数方程来表示,只要将曲线 Γ 上任意一点的坐标 x,y,z 分别用同一个参数 t 的函数表示,即

$$\begin{cases} x = x(t), \\ y = y(t), \\ z = z(t). \end{cases} \tag{6.5.10}$$

随着 t 的变动便可得到曲线 Γ 上的全部点,方程组(6.5.10)叫做**空间曲线的参数方程**.

例7 设圆柱面 $x^2 + y^2 = R^2$ 上有一动点 M.它一方面以等角速度 ω 绕 z 轴旋转,另一方面又以等速 v_0 沿 z 轴正向移动,开始时即 $t=0$ 时,动点位于 $A(R,0,0)$ 处,求动点的运动方程.

解 设动点经过 t 时刻的位置为 $M(x,y,z)$(图 6-27),M' 是 M
在 xOy 坐标面上的投影,则

$$\angle AOM' = \varphi = \omega t,$$

$$\begin{cases} x = |OM'|\cos\varphi = R\cos\omega t, \\ y = |OM'|\sin\varphi = R\sin\omega t, \\ z = |MM'| = v_0 t. \end{cases}$$

所以动点的运动方程为

$$\begin{cases} x = R\cos\omega t, \\ y = R\sin\omega t, \\ z = v_0 t. \end{cases}$$

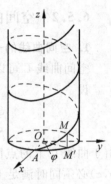

图 6-27

此方程称为**螺旋线**的参数方程.

3. 空间曲线在坐标面上的投影

设空间曲线 Γ 的一般方程为

$$\begin{cases} F(x,y,z) = 0, \\ G(x,y,z) = 0. \end{cases} \tag{6.5.11}$$

现在要求它在 xOy 坐标面上的投影曲线的方程.首先通过曲线 Γ 上每一点作 xOy 面的垂直,这就相当于作一个母线平行于 z 轴且通过曲线 Γ 的柱面,这个柱面与 xOy 面的交线就是曲线 Γ 在 xOy 面上的**投影曲线**.这个柱面方程可由方程组(6.5.11)消去 z 而得

$$H(x,y) = 0. \tag{6.5.12}$$

方程(6.5.12)缺 z,显见它表示一个母线平行 z 轴的柱面,且这个柱面必定包含曲线 Γ,方程(6.5.12)就称为曲线 Γ 关于 xOy 面的**投影柱面**,它与 xOy 坐标面的交线就是空间曲线 Γ 在 xOy 面上的**投影曲线**,其方程为

$$\begin{cases} H(x,y) = 0, \\ z = 0. \end{cases} \tag{6.5.13}$$

同理,分别从方程(6.5.11)消去 x 或 y,再分别和 $x=0$ 或 $y=0$ 联立,就可得空间曲线 Γ 在 yOz 或 zOx 面上的投影曲线方程.

投影曲线在第 8 章重积分的计算中很有用处.

例 8 求曲线

$$\begin{cases} x^2 + y^2 + z^2 = a^2, \\ x^2 + y^2 = z^2. \end{cases}$$

在 xOy 面上的投影曲线.

解 由所给曲线的方程组中消去 z,得

$$2(x^2 + y^2) = a^2,$$

即

$$x^2 + y^2 = \frac{a^2}{2},$$

这就是曲线关于 xOy 坐标面的投影柱面. 所以,曲线在 xOy 面上的投影曲线方程为

$$\begin{cases} x^2 + y^2 = \dfrac{a^2}{2}, \\ z = 0. \end{cases}$$

习题 6-5

1. 指出下列方程所表示的曲面:

(1) $4x^2 + y^2 = 1$;　　　　　　　　　(2) $x^2 + z^2 = 2x$;

(3) $y^2 = 1$;　　　　　　　　　　　(4) $y^2 - z^2 = 1$;

(5) $x^2 - y^2 = 0$;　　　　　　　　　(6) $x^2 + y^2 + z^2 = 0$.

2. 求出下列方程所表示的球面的球心坐标与半径:

(1) $x^2 + y^2 + z^2 + 4x - 2y + z + \dfrac{5}{4} = 0$;

(2) $2x^2 + 2y^2 + 2z^2 - x = 0$.

3. 一球面过 $(0,2,2)$、$(4,0,0)$ 两点,球心在 y 轴上,求它的方程.

4. 一动点与两定点 $(2,3,1)$、$(4,5,6)$ 等距离,求此动点的轨迹方程.

5. 一柱面的母线平行于 x 轴,准线为 yOz 面上的曲线 $y^2 + z^2 - 4y = 0$,求此柱面的方程.

6. 将 xOz 平面上的抛物线 $z^2 = 2x$ 绕 x 轴旋转一周,求所生成的旋转曲面的方程.

7. 将 xOy 平面上的双曲线 $9x^2 - 4y^2 = 36$ 分别绕 x 轴及 y 轴旋转一周,求所生成的旋转曲面的方程.

8. 指出下列方程组各表示什么曲线:

(1) $\begin{cases} y = 3x + 2, \\ y = 2x - 3; \end{cases}$　　　　　　　(2) $\begin{cases} x = 3, \\ y = -2z^2. \end{cases}$

9. 指出下列曲面与各坐标面的交线:

(1) $x^2 + 4y^2 + 16z^2 = 64$;　　　　　(2) $x^2 + 4y^2 - 16z^2 = 64$;

(3) $x^2 + 9y^2 = 10z$;　　　　　　　(4) $x^2 + 4y^2 - 16z^2 = 0$.

10. 求曲线

$$\begin{cases} x^2 + z^2 + 3yz - 2x + 3z - 3 = 0, \\ y - z + 1 = 0 \end{cases}$$

在 xOy 面上的投影曲线方程.

11. 求曲线

$$\begin{cases} x^2 + y^2 - z = 0, \\ z = x + 1 \end{cases}$$

在 xOy 面上的投影曲线方程.

12. 求两球面 $x^2 + y^2 + z^2 = 1$ 和 $x^2 + (y-1)^2 + (z-1)^2 = 1$ 的交线在 xOy 面上的投影曲线的方程.

6.6 空间平面的方程

在本节和 6.7 节里,我们将以向量为工具,在空间直角坐标系中讨论最简单的曲面和曲线——空间平面和空间直线.

6.6.1 平面的点法式方程

如果一非零向量垂直于一平面,这向量就叫做该平面的**法线向量**. 显然,平面上的任一向量都与该平面的法向量垂直.

由于过空间一点可以作而且只能作一平面垂直于一已知向量,所以,如果已知平面 π 经过点 $M_0(x_0, y_0, z_0)$ 和该平面的一个法向量 $n = (A, B, C)$,则平面 π 的位置就完全确定了. 下面建立平面 π 的方程.

设 $M(x, y, z)$ 是平面 π 上任一点(图 6-28),那么,$\overrightarrow{M_0 M}$ 必与 n 垂直,由两向量垂直的充要条件知

$$n \cdot \overrightarrow{M_0 M} = 0.$$

而 $n = (A, B, C)$,$\overrightarrow{M_0 M} = (x - x_0, y - y_0, z - z_0)$,所以有

$$A(x - x_0) + B(y - y_0) + C(z - z_0) = 0. \quad (6.6.1)$$

式(6.6.1)就是所求的平面方程,它称为**平面的点法式方程**.

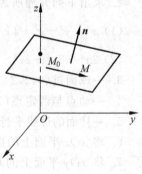

图 6-28

例 1 求过点 $(1, 1, 1)$ 且垂直于向量 $n = (2, 2, 3)$ 的平面方程.

解 由平面的点法式方程(6.6.1),得所求平面方程为

$$2(x - 1) + 2(y - 1) + 3(z - 1) = 0,$$

即

$$2x + 2y + 3z - 7 = 0.$$

例 2 求过点 $M_1(1, 2, -1)$,$M_2(2, 3, 1)$ 和 $M_3(3, -1, 2)$ 的平面方程.

解 由于 $\overrightarrow{M_1 M_2}$,$\overrightarrow{M_1 M_3}$ 都位于平面上,因而 $\overrightarrow{M_1 M_2} \times \overrightarrow{M_1 M_3}$ 垂直于平面,我们就取 $\overrightarrow{M_1 M_2} \times \overrightarrow{M_1 M_3}$ 为平面的法向量 n. 而

$$\overrightarrow{M_1 M_2} = (1, 1, 2), \quad \overrightarrow{M_1 M_3} = (2, -3, 3),$$

所以

$$n = \overrightarrow{M_1 M_2} \times \overrightarrow{M_1 M_3} = \begin{vmatrix} i & j & k \\ 1 & 1 & 2 \\ 2 & -3 & 3 \end{vmatrix} = 9i + j - 5k.$$

则所求平面方程为
$$9(x-1)+(y-2)-5(z+1)=0,$$
即
$$9x+y-5z-16=0.$$

6.6.2 平面的一般方程

将式(6.6.1)展开,得
$$Ax+By+Cz+(-Ax_0-By_0-Cz_0)=0,$$
令
$$-Ax_0-By_0-Cz_0=D,$$
则有
$$Ax+By+Cz+D=0.$$
由此可见,平面方程是三元一次方程. 反之,任给一个三元一次方程
$$Ax+By+Cz+D=0, \tag{6.6.2}$$
其中,A,B,C 不同时为零. 我们任取满足该方程的一组解 x_0,y_0,z_0,于是
$$Ax_0+By_0+Cz_0+D=0. \tag{6.6.3}$$
由式(6.6.2)减去式(6.6.3)得
$$A(x-x_0)+B(y-y_0)+C(z-z_0)=0. \tag{6.6.4}$$
把它与平面点法式方程(6.6.1)比较,表明式(6.6.4)就是一个通过点 $M_0(x_0,y_0,z_0)$,且以 $n=(A,B,C)$ 为法线向量的平面方程. 因为方程(6.6.4)与方程(6.6.2)同解,所以,三元一次方程(6.6.2)表示一个平面. 总之,任一平面总可用一个三元一次方程来表示. 方程(6.6.2)就称为**平面的一般方程**,其中 x,y,z 的系数 A,B,C 就是平面法向量的三个坐标,即
$$n=(A,B,C).$$

例如,方程
$$3x-4y+z-9=0$$
表示一个平面,它的一个法线向量为 $n=(3,-4,1)$.

对于一些特殊的三元一次方程,应该熟悉它们图形的特点.

(1) 当 $D=0$ 时,方程
$$Ax+By+Cz=0$$
表示一个通过原点的平面.

(2) 系数 A,B,C 中有且仅有一个为零时的情况:

当 $A=0$ 时,方程变为 $By+Cz+D=0$.因法线向量 $n=(0,B,C)$,与 $i=(1,0,0)$ 垂直,所以平面平行于 x 轴. 如此时还有 $D=0$,方程变为 $By+Cz=0$,则平面过 x 轴. 同理有 $B=0$ 时,方程为 $Ax+Cz+D=0$,平面平行于 y 轴;

$C=0$ 时,方程为 $Ax+By+D=0$,平面平行于 z 轴.

(3) 系数 A,B,C 中有且仅有两个零时的情况:

当 $A=B=0$ 而 $C\neq0$ 时,方程为
$$Cz+D=0, \quad \text{或} \quad z=-\frac{D}{C},$$
法线向量 $n=(0,0,C)$ 与 $k=(0,0,1)$ 平行,故此平面平行于 xOy 坐标面. 如此时还有 $D=0$,方程变为 $z=0$,它表示 xOy 坐标面.

同理,当 $A=C=0$ 而 $B\neq0$ 时,方程为 $By+D=0$,平面平行于 xOz 坐标面;$B=C=0$

而 $A \neq 0$ 时,方程为 $Ax + D = 0$,平面平行于 yOz 坐标面.

例3 指出下列平面位置的特点,并作出其图形:

(1) $3x - 2y + z = 0$;　　　　　　　　(2) $x + y = 4$;

(3) $-2x + y = 0$;　　　　　　　　　(4) $z = 1$.

解 (1) $D = 0$,故平面通过坐标原点;

(2) $C = 0$,不含 z 项,故平面平行 z 轴;

(3) $C = 0$,$D = 0$,不含 z 项,且不含常数项,故平面通过 z 轴;

(4) $A = 0$,$B = 0$,不含 x,y 项,故平面平行于 xOy 坐标面(见图 6-29).

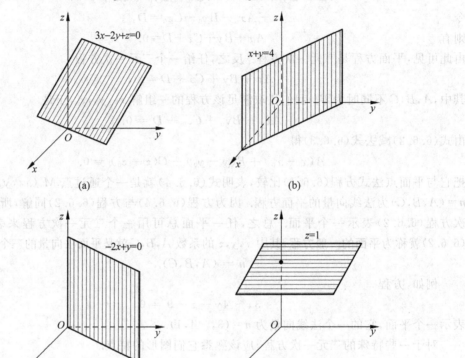

图　6-29

例4 设一平面与 x,y,z 三轴分别交于 $P(a,0,0)$,$Q(0,b,0)$,$R(0,0,c)$ 三点(图 6-30),求这平面的方程(其中 $a \neq 0$,$b \neq 0$,$c \neq 0$).

解 设所求平面的方程为

$$Ax + By + Cz + D = 0, \tag{6.6.5}$$

将 P,Q,R 三点坐标代入得

$$\begin{cases} Aa + D = 0, \\ Bb + D = 0, \\ Cc + D = 0, \end{cases}$$

由此得 $A = -\dfrac{D}{a}$,$B = -\dfrac{D}{b}$,$C = -\dfrac{D}{c}$,代入式(6.6.5),并除以 $D(D \neq 0)$,便得所求平面方程

$$\frac{x}{a} + \frac{y}{b} + \frac{z}{c} = 1. \tag{6.6.6}$$

方程(6.6.6)叫做平面的**截距式方程**,而 a,b,c 依次叫做平面在 x 轴、y 轴、z 轴上的**截距**.

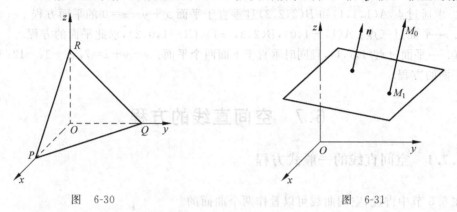

图 6-30   图 6-31

例 5 求点 $M_0(x_0,y_0,z_0)$ 到平面 $Ax+By+Cz+D=0$ 的距离 d.

解 从 M_0 向所给平面作垂线,设垂足为 $M_1(x_1,y_1,z_1)$,则 $d=|\overrightarrow{M_1M_0}|$(图 6-31). 显然,平面的法线向量 $\boldsymbol{n}=(A,B,C)$ 与 $\overrightarrow{M_1M_0}$ 平行,于是有

$$\overrightarrow{M_1M_0}\cdot\boldsymbol{n}=|\overrightarrow{M_1M_0}|\,|\boldsymbol{n}|\cos(\overset{\frown}{\overrightarrow{M_1M_0},\boldsymbol{n}})=\pm|\overrightarrow{M_1M_0}|\,|\boldsymbol{n}|.$$

所以
$$d=|\overrightarrow{M_1M_0}|=\frac{|\overrightarrow{M_1M_0}\cdot\boldsymbol{n}|}{|\boldsymbol{n}|}$$

$$=\frac{|A(x_0-x_1)+B(y_0-y_1)+C(z_0-z_1)|}{\sqrt{A^2+B^2+C^2}}. \tag{6.6.7}$$

因为点 M_1 在平面 $Ax+By+Cz+D=0$ 上,故有 $Ax_1+By_1+Cz_1+D=0$,即有
$$-Ax_1-By_1-Cz_1=D.$$

将此结果代入式(6.6.7)右端,即得
$$d=\frac{|Ax_0+By_0+Cz_0+D|}{\sqrt{A^2+B^2+C^2}}. \tag{6.6.8}$$

式(6.6.8)就是**点到平面的距离公式**.

习题 6-6

1. 已知 $A(2,-1,2)$ 和 $B(8,-7,5)$,求过点 B 且垂直于 $\overrightarrow{AB}$ 的平面方程.

2. 指出下列平面位置的特点,并作图:

(1) $x=2$;　　　(2) $x+z=1$;　　　(3) $x-y=0$;　　　(4) $\dfrac{x}{1}+\dfrac{y}{2}+\dfrac{z}{3}=1$.

3. 写出满足下列条件的平面方程:

(1) 经过 z 轴,且过点$(-3,1,-2)$;

(2) 平行于 z 轴,且经过点$(4,0,-2)$ 和 $(5,1,7)$.

4. 一平面过点$(2,1,-1)$,而在 x 轴和 y 轴上的截距分别为 2 和 1,求此平面的方程.

5. 求平面 $3x+y-2z-6=0$ 在各坐标轴上的截距,并将平面方程化为截距式方程.

6. 已知一平面过点$(0,0,1)$,平面上有向量 $\boldsymbol{a}=(-2,1,1)$ 和 $\boldsymbol{b}=(-1,0,0)$,求此平面的方程.

7. 求通过点 $M(1,1,-1)$ 且平行于平面 $x-y+2z+5=0$ 的平面方程.

8. 求通过点 $A(1,1,1)$ 和 $B(2,2,2)$ 且垂直于平面 $x+y-z=0$ 的平面方程.

9. 一平面过三点：$A(1,-1,0)$，$B(2,3,-1)$，$C(-1,0,2)$，求此平面的方程.

10. 一平面过点 $(1,1,1)$，且同时垂直于下面两个平面：$x-y+z=7,3x+2y-12z+5=0$，求此平面的方程.

6.7　空间直线的方程

6.7.1　空间直线的一般式方程

在 6.5 节中讲过，空间曲线可以看作两个曲面的交线. 这里，空间直线就可以看作是两个不平行的平面的交线（图 6-32）.

设两个相交平面的方程分别为

$$\pi_1: A_1 x + B_1 y + C_1 z + D_1 = 0;$$
$$\pi_2: A_2 x + B_2 y + C_2 z + D_2 = 0.$$

则它们相交所成的直线的方程，可以通过方程组

$$\begin{cases} A_1 x + B_1 y + C_1 z + D_1 = 0, \\ A_2 x + B_2 y + C_2 z + D_2 = 0 \end{cases} \tag{6.7.1}$$

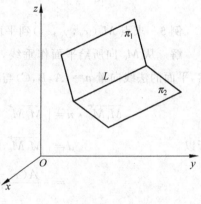

图　6-32

表示，方程组（6.7.1）叫做**空间直线的一般式方程**（也称为直线的**交线式方程**）.

6.7.2　空间直线的标准式方程

直线的一般式方程容易理解，但它的缺点是看不清这条直线的位置. 为此，下面介绍直线方程的另外两种形式：标准式与参数式.

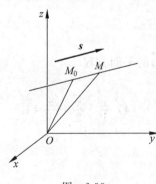

图　6-33

设直线 L 过已知点 $M_0(x_0,y_0,z_0)$，且平行于已知向量 $s=(l,m,n)$，求此直线方程（图 6-33）.

在直线上任取一点 $M(x,y,z)$，则

$$\overrightarrow{M_0 M} = (x-x_0, y-y_0, z-z_0).$$

因为 $\overrightarrow{M_0 M}$ 与 s 平行，根据 6.4 节两向量平行的充要条件得

$$\frac{x-x_0}{l} = \frac{y-y_0}{m} = \frac{z-z_0}{n}. \tag{6.7.2}$$

式（6.7.2）就是所求直线 L 的方程，称为**直线的标准式方程**（也称为直线的**点向式方程**或**对称式方程**），$s=(l,m,n)$ 称为**直线的方向向量**，s 的三个坐标 l,m,n 称为**直线的方向数**（l，m，n 不同时为零）.

在直线的标准方程（6.7.2）中，若直线的方向数中出现零时，对应的分子理解为也等于零. 当 l,m,n 中有一个为零，例如 $l=0$ 时，式（6.7.2）应理解为

$$\begin{cases} x - x_0 = 0, \\ \dfrac{y - y_0}{m} = \dfrac{z - z_0}{n}. \end{cases}$$

当 l, m, n 中有两个零,例如 $l = 0, m = 0$ 时,则式 $(6.7.2)$ 应理解为

$$\begin{cases} x - x_0 = 0, \\ y - y_0 = 0. \end{cases}$$

例 1 化直线的一般式方程

$$\begin{cases} x - 5y - z + 4 = 0, \\ 5x + y - 2z + 8 = 0 \end{cases}$$

为标准式方程.

解 先找出直线上的一点 (x_0, y_0, z_0),例如,可取 $x_0 = 0$,代入原方程,得

$$\begin{cases} -2y - z + 4 = 0, \\ y - 2z + 8 = 0, \end{cases}$$

解得 $y_0 = 0, z_0 = 4$,故 $(0, 0, 4)$ 是直线上的一点.

其次,再确定该直线的方向向量 $\boldsymbol{s}$. 由于该直线同时在上两平面上,故此直线与这两平面的法线向量 $\boldsymbol{n}_1 = (1, -2, -1), \boldsymbol{n}_2 = (5, 1, -2)$ 都垂直,所以可取

$$\boldsymbol{s} = \boldsymbol{n}_1 \times \boldsymbol{n}_2 = \begin{vmatrix} \boldsymbol{i} & \boldsymbol{j} & \boldsymbol{k} \\ 1 & -2 & -1 \\ 5 & 1 & -2 \end{vmatrix} = 5\boldsymbol{i} - 3\boldsymbol{j} + 11\boldsymbol{k}$$

为直线的方向向量. 于是,所求直线的标准式方程为

$$\frac{x}{5} = \frac{y}{-3} = \frac{z - 4}{11}.$$

例 2 已知直线过点 $M_1(x_1, y_1, z_1)$ 和点 $M_2(x_2, y_2, z_2)$,求此直线方程.

解 $\overrightarrow{M_1 M_2} = (x_2 - x_1, y_2 - y_1, z_2 - z_1)$,因为 $M_1 、 M_2$ 在直线上,所以可取 $\boldsymbol{s} = \overrightarrow{M_1 M_2}$ 为直线的方向向量,于是直线方程为

$$\frac{x - x_1}{x_2 - x_1} = \frac{y - y_1}{y_2 - y_1} = \frac{z - z_1}{z_2 - z_1}. \tag{6.7.3}$$

方程组 $(6.7.3)$ 称为**直线的两点式方程**.

6.7.3 直线的参数方程

在直线的标准方程 $(6.7.2)$ 中,设其比值为 t,于是

$$\frac{x - x_0}{l} = \frac{y - y_0}{m} = \frac{z - z_0}{n} = t,$$

从而得

$$\begin{cases} x = x_0 + lt, \\ y = y_0 + mt, \\ z = z_0 + nt. \end{cases} \tag{6.7.4}$$

方程组 $(6.7.4)$ 称为**直线的参数方程**,t 称为**参数**. 对于 t 的不同值,由式 $(6.7.4)$ 所确定的点 $M(x, y, z)$ 就描出直线.

例 3 已知直线 $\dfrac{x-1}{-1}=\dfrac{y-2}{1}=\dfrac{z-3}{-2}$ 和平面 $2x+y-z-5=0$ 相交,求其交点.

解 令

$$\frac{x-1}{-1}=\frac{y-2}{1}=\frac{z-3}{-2}=t,$$

则

$$x=1-t,\quad y=2+t,\quad z=3-2t.$$

代入所给平面方程,得

$$2(1-t)+(2+t)-(3-2t)-5=0.$$

解出 $t=4$,代入参数方程,从而得所求交点的坐标为 $(-3,6,-5)$.

习题 6-7

1. 分别按下列条件求直线方程:
   (1) 经过点 $(1,-2,3)$,且平行于直线

$$\frac{x-3}{2}=y=\frac{z-1}{5};$$

   (2) 经过点 $(3,4,-4)$,且方向数为 $\dfrac{1}{2},\dfrac{\sqrt{2}}{2},-\dfrac{1}{2}$;

   (3) 经过两点 $(3,-2,-1)$ 和 $(5,4,5)$;

   (4) 经过点 $(0,-3,2)$ 而与两点 $(3,4,-7)$ 和 $(2,7,-6)$ 的连线平行.

2. 试求下列直线的标准式方程及参数方程:

   (1) $\begin{cases} x-y+z+5=0,\\ 5x-8y+4z+36=0; \end{cases}$ 　　(2) $\begin{cases} x=2z-5,\\ y=6z+7. \end{cases}$

3. 一直线经过点 $(2,-3,4)$ 且垂直于平面 $3x-y+2z=4$,求此直线方程.

4. 一直线经过点 $(0,2,4)$ 而与两平面 $x+2z=1$ 和 $y-3z=2$ 平行,求此直线方程.

5. 求过直线 $\dfrac{x-1}{1}=\dfrac{y+1}{-1}=\dfrac{z-1}{2}$ 而与平面 $x+y-3z+15=0$ 垂直的平面的方程.

6. 一直线通过点 $A(2,2,-1)$ 且与直线

$$\begin{cases} x=3+t,\\ y=t,\\ z=1-2t \end{cases}$$

平行,求此直线方程.

7. 证明直线 $\dfrac{x}{1}=\dfrac{y-1}{2}=\dfrac{z+2}{-1}$ 与直线 $\dfrac{x-1}{2}=\dfrac{y}{1}=\dfrac{z-3}{4}$ 垂直相交.

6.8 常见的二次曲面的图形

我们知道,空间曲面的方程一般可以表示为

$$F(x,y,z)=0.$$

若 $F(x,y,z)=0$ 为一次方程,则它代表一次曲面,即平面;若 $F(x,y,z)=0$ 为二次方程,则它所代表的曲面叫做**二次曲面**. 对于二次曲面的形状,已难以用描点法来研究它. 为了了解它的形状,我们采用**平行截割法**(又称**截痕法**),即采用一系列平行于坐标平面的平面去截

割曲面,得到一系列交线(又称**截痕**),从这些交线的形状,来看出曲面的大致轮廓.下面讨论几种常见的二次曲面的图形.

6.8.1 椭球面

由方程

$$\frac{x^2}{a^2} + \frac{y^2}{b^2} + \frac{z^2}{c^2} = 1. \tag{6.8.1}$$

所表示的曲面叫做**椭球面**.

分别用平行于三个坐标面的三组平行平面去截割曲面.

先用 xOy 坐标面去截曲面,得截痕

$$\begin{cases} z = 0, \\ \dfrac{x^2}{a^2} + \dfrac{y^2}{b^2} = 1, \end{cases}$$

它是 xOy 坐标面上的椭圆;

再用平行于坐标面 xOy 的平面 $z = h(|h| < c)$ 截割曲面,得截痕

$$\begin{cases} z = h, \\ \dfrac{x^2}{a^2\left(1 - \dfrac{h^2}{c^2}\right)} + \dfrac{y^2}{b^2\left(1 - \dfrac{h^2}{c^2}\right)} = 1, \end{cases}$$

这是平面 $z = h$ 上的一个椭圆,它的两个半轴分别是

$$a_1 = a\sqrt{1 - \frac{h^2}{c^2}}, \quad b_1 = b\sqrt{1 - \frac{h^2}{c^2}}.$$

可以看出,当 $|h|$ 逐渐大到 c 时,两个半轴 a_1, b_1 逐渐减小到零,即椭圆逐渐缩小到一个点.

同理,用另外两组与坐标面平行的平面 $x = h(|h| < a)$ 和 $y = h(|h| < b)$ 去截,所得截痕也是椭圆.

综合以上讨论,大致可知椭球面的图形如图 6-34 所示.

在方程(6.8.1)中,当 $b = c$ 时,方程(6.8.1)变为

$$\frac{x^2}{a^2} + \frac{y^2 + z^2}{b^2} = 1,$$

这是绕 x 轴旋转的**旋转椭球面**. 类似还可得到绕 y 轴和 z 轴的旋转椭球面.

当 $a = b = c$ 时,方程(6.8.1)变为

$$x^2 + y^2 + z^2 = a^2,$$

它表示球心在坐标原点半径为 a 的球面.

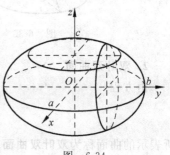

图 6-34

6.8.2 双曲面

1. 单叶双曲面

由方程

$$\frac{x^2}{a^2} + \frac{y^2}{b^2} - \frac{z^2}{c^2} = 1 \tag{6.8.2}$$

所表示的曲面称为**单叶双曲面**. 用平面 $z=h$ 去截曲面,得截痕为椭圆

$$\begin{cases} z = h, \\ \dfrac{x^2}{a^2\left(1+\dfrac{h^2}{c^2}\right)} + \dfrac{y^2}{b^2\left(1+\dfrac{h^2}{c^2}\right)} = 1. \end{cases}$$

用平面 $x=h$ 和 $y=h$ 去截曲面,所得截痕一般都是双曲线(故名双曲面). 综合以上讨论,大致可知单叶双曲面的图形如图 6-35 所示.

在方程(6.8.2)中,当 $a=b$ 时,得

$$\frac{x^2+y^2}{a^2} - \frac{z^2}{c^2} = 1,$$

称为**单叶旋转双曲面**(绕 z 轴旋转).

类似地

$$\frac{x^2}{a^2} - \frac{y^2}{b^2} + \frac{z^2}{c^2} = 1,$$

$$-\frac{x^2}{a^2} + \frac{y^2}{b^2} + \frac{z^2}{c^2} = 1.$$

都是单叶双曲面,讨论同上.读者不难发现单叶双曲面方程中出现的一个负项,与该曲面的中心轴之间的关系.

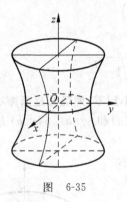

图　6-35　　　　　　　　　　　　　　　　　图　6-36

2. 双叶双曲面

由方程

$$\frac{x^2}{a^2} + \frac{y^2}{b^2} - \frac{z^2}{c^2} = -1 \tag{6.8.3}$$

所表示的曲面称为**双叶双曲面**.同样用截痕法,用 $z=h(|h|>c)$ 截出椭圆,而用 $x=h$ 和 $y=h$ 都截出双曲线,它的图形如图 6-36 所示.

请读者注意方程(6.8.2)与(6.8.3)之间的差异和它们的图形之间的重大区别.

6.8.3 抛物面

1. 椭圆抛物面

由方程

$$\frac{x^2}{a^2} + \frac{y^2}{b^2} = z \qquad (6.8.4)$$

所表示的曲面称为**椭圆抛物面**. 用 $z=h(h>0)$ 去截曲面,所得截痕为椭圆

$$\begin{cases} z=h, \\ \dfrac{x^2}{a^2 h} + \dfrac{y^2}{b^2 h} = 1. \end{cases}$$

用平面 $x=h$ 和 $y=h$ 去截曲面,所得截痕都是抛物线(故名椭圆抛物面). 它的形状如图 6-37 所示.

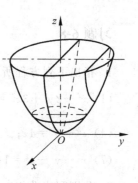

图 6-37

2. 双曲抛物面

方程

$$\frac{x^2}{a^2} - \frac{y^2}{b^2} = z \qquad (6.8.5)$$

所表示的曲面称为**双曲抛物面**. 用平面 $z=h(h\neq 0)$ 去截曲面,所得截痕为双曲线

$$\begin{cases} z=h, \\ \dfrac{x^2}{a^2} - \dfrac{y^2}{b^2} = h. \end{cases}$$

用平面 $x=h$ 和 $y=h$ 去截曲面,所得截痕都是抛物线(故名双曲抛物面). 它的形状如图 6-38 所示,从图形上看像马鞍形,故又称**马鞍面**.

读者也不难发现,方程(6.8.4)与方程(6.8.5)的异同之处,以及它们的图形的特点.

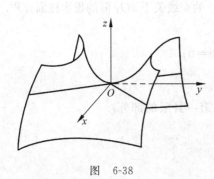

图 6-38

6.8.4 二次锥面

由方程

$$\frac{x^2}{a^2} + \frac{y^2}{b^2} - \frac{z^2}{c^2} = 0 \qquad (6.8.6)$$

所表示的曲面称为**二次锥面**. 用平面 $z=h$ 去截曲面,所得截痕为椭圆

$$\begin{cases} z=h, \\ \dfrac{x^2}{a^2} + \dfrac{y^2}{b^2} = \dfrac{z^2}{c^2}. \end{cases}$$

用坐标面 $x=0$ 和 $y=0$ 去截曲面,分别得两条相交于原点的直线:

$$\begin{cases} x=0, \\ \left(\dfrac{y}{b} - \dfrac{z}{c}\right)\left(\dfrac{y}{b} + \dfrac{z}{c}\right) = 0; \end{cases}$$

$$\begin{cases} y=0, \\ \left(\dfrac{x}{a} - \dfrac{z}{c}\right)\left(\dfrac{x}{a} + \dfrac{z}{c}\right) = 0. \end{cases}$$

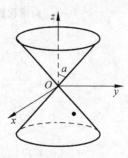

图 6-39

它的图形如图 6-39 所示.

当 $a=b$ 时,就得到圆锥面.

习题 6-8

1. 指出下列方程所表示的曲面：

(1) $x^2 + 2y^2 + 3z^2 = 9$；　　　　(2) $x^2 - \dfrac{y^2}{4} + z^2 = 1$；　　　　(3) $\dfrac{x^2}{4} + \dfrac{y^2}{9} = 3z$；

(4) $x^2 + y^2 = 4z$；　　　　(5) $\dfrac{x^2}{9} + \dfrac{y^2}{16} - \dfrac{z^2}{9} = -1$；　　　　(6) $\dfrac{x^2}{9} + \dfrac{y^2}{9} - \dfrac{z^2}{16} = -1$；

(7) $x^2 - y^2 - z^2 = 1$；　　　　(8) $4x^2 + 9y^2 - 4z^2 = 36$.

2. 分别写出曲面 $\dfrac{x^2}{9} - \dfrac{y^2}{25} + \dfrac{z^2}{4} = 1$ 在下列各平面上截痕的方程，并指出这些截痕是什么曲线：

(1) $x = 2$；　　　　(2) $y = 0$；　　　　(3) $y = 5$；　　　　(4) $z = 2$；　　　　(5) $z = 1$.

3. 求单叶双曲面 $\dfrac{x^2}{16} + \dfrac{y^2}{4} - \dfrac{z^2}{5} = 1$ 与平面 $x - 2z + 3 = 0$ 的交线关于 xOy 面的投影柱面方程.

4. 画出下列各曲面所围成的立体的图形：

(1) $x = 0, y = 0, z = 0, x = 2, y = 1, 3x + 4y + 2z - 12 = 0$；

(2) $x = 0, z = 0, x = 1, y = 2, z = \dfrac{y}{4}$；

(3) $x = 0, y = 0, z = 0, x^2 + y^2 = R^2, y^2 + z^2 = R^2$（在第一卦限的部分）.

本 章 小 结

一、本章内容纲要

向量代数与空间解析几何
- 空间直角坐标系
- 向量
  - 向量概念
    - 向量的坐标表达式
    - 向量的方向余弦
    - 单位向量
    - 向量的夹角
  - 向量运算
    - 向量几何运算
    - 向量代数运算
    - 向量的数量积与向量积
- 空间曲面
  - 曲面方程
  - 旋转曲面方程
  - 柱面方程
- 空间曲线
  - 空间曲线的一般方程
  - 空间曲线的参数方程
  - 空间曲线在坐标面上的投影
- 空间平面
  - 平面的点法式方程
  - 平面的一般方程
- 空间直线
  - 直线的一般式方程
  - 直线的标准式方程
  - 直线的参数方程
- 常见的二次曲面

二、教学基本要求

1. 理解空间直角坐标系、向量等概念,熟悉单位向量、方向余弦及向量的坐标表示.

2. 掌握向量的运算(线性运算、点乘运算、叉乘运算),会求两向量的夹角,掌握两向量平行、垂直的充要条件.

3. 了解曲面方程的概念,知道以坐标轴为旋转轴的旋转曲面和母线平行于坐标轴的柱面的方程及其图形,知道常见的二次曲面的方程及其图形.

4. 熟悉平面方程、直线方程,会根据所给条件求它们的方程.

5. 知道空间曲线的一般方程和参数方程的概念,会求简单空间曲线在坐标面上的投影.

三、本章重点

1. 向量的坐标表达式,单位向量,向量的方向角与方向余弦,向量的运算(线性运算、点乘运算、叉乘运算),两向量的夹角,两向量垂直、平行的充要条件;

2. 空间平面与空间直线的方程;

3. 几种特殊的二次曲面.

四、本章难点

1. 向量的向量积概念及相关的运算;

2. 某些空间平面、直线方程的求法;

3. 空间图形想象力的培养.

五、部分重点、难点内容浅析

1. 本章内容可看成两大块:空间解析几何和向量代数. 当然,这两部分内容不能截然分开,而是相互渗透的. 对于向量代数部分,应理解向量的概念,了解向量的运算的定义及性质. 特别要熟悉向量的坐标表达式及在向量的坐标表示下的加减运算、数乘运算、点乘运算、叉乘运算;向量的模、单位向量、向量的方向角、方向余弦;两向量的夹角、两向量垂直、平行的充要条件等.

2. 空间平面和直线是本章的重点之一,有些平面、直线方程的建立也是本章的难点之一. 平面的方程常用的有两种:一般方程 $Ax+By+Cz+D=0$ 和点法式方程 $A(x-x_0)-B(y-y_0)+C(z-z_0)=0$,其中 $M_0(x_0,y_0,z_0)$ 是平面上的一已知点,$n=(A,B,C)$ 是平面的一个法向量. 重点是点法式方程. 知道平面上一个点和平面的一个法向量就可得到平面方程,非常简捷,平面的一般式方程也很容易化为点法式方程. 直线方程常见的有三种:一般式(交线式)方程,标准式(点向式)方程,参数式方程. 重点是标准式方程,知道一个点,一个方向向量,立即可得到直线的标准式方程 $\dfrac{x-x_0}{l}=\dfrac{y-y_0}{m}=\dfrac{z-z_0}{n}$,其中 $M_0(x_0,y_0,z_0)$ 是直线上的一已知点,$s=(l,m,n)$是直线的一方向向量. 其他两类直线方程都不难化为标准式方程.

　　两平面的位置关系有几种,其充要条件是什么? 两直线的位置关系有几种? 两直线平行、垂直的充要条件是什么? 一平面与一直线的位置关系有几种,二者相互平行和相互垂直的充要条件是什么? 这些问题读者都应能正确回答.

　　有关平面、直线的题目很多,有些还相当困难. 在解决这类问题时,一要熟悉平面、直线的各种方程,二要了解它们的相互位置关系,三要熟悉向量代数的有关知识,在此基础上,依据题意,画出图形,分析已知、所求的关系,一般问题都是不难解决的. 这类问题,有时往往有多种解法,在做题时应尽量试着多用几种方法去解,然后比较各种解法的优劣,总结经验,开阔思路,提高解题能力.

　　3. 应了解曲面方程的概念,知道以坐标轴为旋转轴的旋转曲面及母线平行于坐标轴的柱面的方程及图形,知道常用的二次曲面的方程及其图形,特别是圆锥面、球面、椭球面、椭圆抛物面的方程和图形,要能依据它们的方程画出图形. 在较简单的情况下能画出它们之间的交线,并会确定其交线在坐标平面上的投影曲线及方程. 这对多元函数积分学部分的学习是十分重要的.

复 习 题 6

1. 若 a,b 都是非零向量,试证明:$a \perp b \Leftrightarrow |a+b|=|a-b|$.

2. 若 a,b,c 都是单位向量,且有 $a+b+c=0$,证明 $a \cdot b = b \cdot c = c \cdot a = -\dfrac{1}{2}$.

3. 已知向量 $a=2i-3j+k, b=i-j+3k, c=i-2j$,计算:
   (1) $(a+b) \times (b+c)$;　　　　　　(2) $(a \times b) \cdot c$.

4. 从点 $A(2,-1,7)$ 沿向量 $a=8i+9j-12k$ 的方向取点 B,使线段长 $|AB|=34$,求点 B 的坐标.

5. 已知向量 $a=mi+5j-k$ 和向量 $b=3i+j+nk$ 共线,求系数 m 和 n.

6. 已知 $(\widehat{a,b})=\dfrac{\pi}{3}$,求 $P=la+mb$ 与 $Q=ua+vb$ 的夹角的余弦.

7. 求通过 x 轴且垂直于平面 $5x+4y-2z+3=0$ 的平面方程.

8. 求以 $A(1,1,1), B(-1,1,1), C(1,-1,1)$ 和 $D(1,1,-1)$ 为顶点的四面体的各侧面的方程.

9. 试求两直线 $\dfrac{x-1}{1}=\dfrac{y}{-2}=\dfrac{z+4}{7}$ 和 $\dfrac{x+6}{5}=\dfrac{y-2}{1}=\dfrac{z-3}{-1}$ 的夹角 $\left(0 \leqslant \theta \leqslant \dfrac{\pi}{2}\right)$ 的余弦.

10. 证明:

(1) 直线 $\begin{cases} x+2y-z=7, \\ -2x+y+z=7 \end{cases}$ 与直线 $\begin{cases} x-3y-1=0, \\ 5y-z-2=0 \end{cases}$ 相互平行;

(2) 直线 $\begin{cases} x+2y=1, \\ 2y-z=1 \end{cases}$ 与直线 $\begin{cases} x-y=1, \\ x-2z=3 \end{cases}$ 相互垂直.

11.△ 求原点到直线 $\dfrac{x-2}{1}=\dfrac{y+3}{2}=\dfrac{z-1}{-2}$ 的距离.

12△ 求球面 $x^2+y^2+z^2=9$ 与平面 $x+z=1$ 的交线在 xOy 面上的投影曲线的方程.

13. 求空间直线 $\begin{cases} x+y+z=3, \\ x+2y=1 \end{cases}$ 在 yOz 面上的投影曲线的方程.

14. 描绘下列各组曲面所围成的立体在第一卦限内的图形：

(1) $x=0,z=0,x=1,y=2,z=\dfrac{y}{4}$；

(2) $z=0,z=3,x-y=0,x-\sqrt{3}y=0,x^2+y^2=1$；

(3) $x=0,y=0,z=0,\dfrac{x}{3}+\dfrac{y}{2}+z=1$；

(4) $x=0,y=0,z=0,x^2+y^2=R^2,x^2+z^2=R^2$.

15. 求椭圆抛物面 $z=x^2+2y^2$ 与 $z=1-2x^2-y^2$ 的交线在 xOy 平面上投影曲线的方程.

16. 求圆锥面 $z=\sqrt{x^2+y^2}$ 与柱面 $x=z^2$ 的交线在 xOy 平面上投影曲线的方程.

第 **7** 章

多元函数微分法及其应用

前面各章中我们所讨论的函数都是只有一个自变量的函数,即一元函数.在实际问题中,常常遇到依赖于两个或更多个自变量的函数,即多元函数.本章将在一元函数微分学的基础上,讨论多元函数微分学.多元函数是一元函数的推广,因此它保留了一元函数中的许多性质.但由于自变量由一个增加到多个,也就产生了某些新的问题.对此,我们要在学习中多加注意.本章讨论中以二元函数为主,二元以上的函数的情况可以类推.

7.1 多元函数的基本概念

7.1.1 区域

在讨论一元函数时,用到邻域、区间等概念.为讨论多元函数,我们需要将邻域和区间的概念加以推广,同时还涉及其他一些概念.

在 xOy 平面上以点 $P_0(x_0,y_0)$ 为中心,以 $\delta>0$ 为半径的圆内所有的点,即点集
$$\{(x,y)\mid(x-x_0)^2+(y-y_0)^2<\delta^2\}$$
称为点 $P_0(x_0,y_0)$ 的 δ **邻域**,记为 $U(P_0,\delta)$.

设 E 为平面 xOy 上的点集,P 是平面内一点.如果存在点 P 的某个 δ 邻域 $U(P,\delta)$,使 $U(P,\delta)\subset E$,则称 P 为点集 E 的一个**内点**(图 7-1).如果点集 E 的所有的点都是内点,则称点集 E 为**开集**.例如,点集 $E_1=\{(x,y)\mid x+y>0,x>0\}$ 和点集 $E_2=\{(x,y)\mid 1<x^2+y^2<4\}$ 都是开集.如果点 P 的任何邻域内都既有异于 P 且属于 E 的点,又有不属于 E 的点(点 P 可以属于 E,也可以不属于 E),则称点 P 为点集 E 的一个**边界点**(图 7-2),E 的边界点的全体叫做 E 的**边界**.上面提到的点集 E_2 的边界为圆周 $x^2+y^2=1$ 和圆周 $x^2+y^2=4$.如果对任意给定的 $\delta>0$,点 P 的去心邻域 $\mathring{U}(P,\delta)$ 内总有 E 中的点,则称 P 是 E 的**聚点**.由定

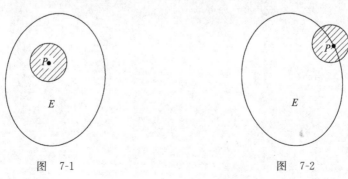

图 7-1   图 7-2

义知,点集 E 的聚点 P 可以属于 E,也可以不属于 E.

设 D 为开集,如果对于 D 内任何两点 P_1 和 P_2,都能用完全属于 D 的折线连接起来,则称开集 D 是**连通的**. 连通的开集称作**开区域**,有时简称**区域**. 如上例中 E_1 和 E_2 都是开区域. 开区域连同它的边界一起称为**闭区域**,例如

$$E_3 = \{(x,y) \mid x+y \geqslant 0, x \geqslant 0\},$$
$$E_4 = \{(x,y) \mid 1 \leqslant x^2 + y^2 \leqslant 4\}$$

都是闭区域.

如果集合 E 可以被包含在以原点为中心的某一圆域内,则称集合 E 为**有界点集**,否则称为**无界点集**. 如上面的 E_1 是无界开区域,E_2 是有界开区域,E_3 是无界闭区域,E_4 是有界闭区域.

平面区域常用不等式或不等式组给出.

例 1 描出下列各区域,并指出它们是怎样的区域:

(1) $x > 0, 0 < y < 1$; (2) $x \leqslant y \leqslant 2x, 0 \leqslant x \leqslant 1$;

(3) $1 < x^2 + (y-2)^2 < 4$; (4) $|x| + |y| \leqslant 1$.

解 (1) 无界开区域,如图 7-3(a)所示; (2) 有界闭区域,如图 7-3(b)所示;

(3) 有界开区域,如图 7-3(c)所示; (4) 有界闭区域,如图 7-3(d)所示.

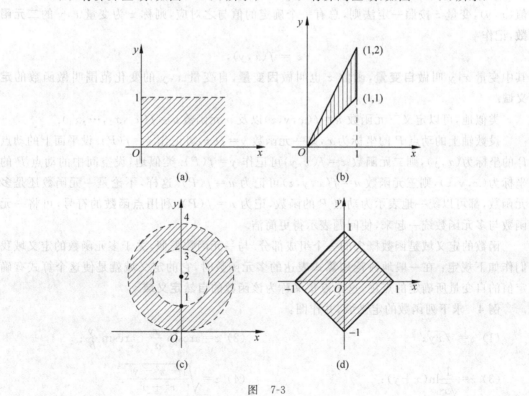

图 7-3

对于空间中的点集,可以类似地给出邻域、开集、开区域、边界、闭区域等概念的定义,这里就不一一叙述了.

7.1.2　多元函数的概念

先看几个例子.

例 2　圆柱体体积 V、底半径 R 及高 H 之间有下面的依赖关系:

$$V = \pi R^2 H.$$

这里 R 和 H 可以独立取值,是两个独立的变量,对于 R,H 在它们的变化范围内($R>0,H>0$)所取得的每一对值,体积 V 就有一个确定的值与之对应.

例 3　电阻 R_1,R_2 并联后的总电阻记为 R,由电学知识,它们之间的关系

$$R = \frac{R_1 R_2}{R_1 + R_2}.$$

对于 R_1,R_2 在它们变化范围内($R_1>0,R_2>0$)所取得的每一对值,R 的对应值随之而确定.

以上两个例子的实际意义虽然不同,但它们都有某种共同的性质,根据这个共性,我们可以给出二元函数的定义.

定义 1　设有三个变量 x,y 和 z,如果对于变量 x,y 在它们变化范围内所取的每一对值 (x,y),变量 z 按照一定法则,总有一个确定的值与之对应,则称 z 为变量 x,y 的**二元函数**,记作

$$z = f(x,y),$$

其中变量 x,y 叫做**自变量**,函数 z 也叫做**因变量**,自变量 x,y 的变化范围叫做函数的**定义域**.

类似地,可以定义三元函数 $u=f(x,y,z)$ 以及 n 元函数 $u=f(x_1,x_2,\cdots,x_n)$.

设数轴上的动点 P 的坐标为 x,则一元函数 $y=f(x)$ 可记作 $y=f(P)$.设平面上的动点 P 的坐标为 (x,y),则二元函数 $z=f(x,y)$ 可记作 $y=f(P)$.类似地,设空间中的动点 P 的坐标为 (x,y,z),则三元函数 $u=f(x,y,z)$ 可记为 $u=f(P)$.这样,不论是一元函数还是多元函数,都可以统一地表示为动点 P 的函数,记为 $u=f(P)$.利用**点函数**的符号,可将一元函数与多元函数统一起来,使问题表示得更简洁.

函数的定义域是函数概念的一个组成部分.与一元函数类似,关于多元函数的定义域我们作如下规定:在一般地讨论用算式表达的多元函数时,它的定义域就是使这个算式有确定值的自变量所确定的点集,这个点集又称为该函数的**自然定义域**.

例 4　求下列函数的定义域,并作图:

(1) $z = \sqrt{xy}$;　　　　　　　　　　(2) $z = \arcsin\dfrac{x}{a} + \arcsin\dfrac{y}{b}$;

(3) $z = \dfrac{1}{\sqrt{x}}\ln(x+y)$;　　　　　　(4) $z = \sqrt{\dfrac{1-x^2-y^2}{x^2+y^2}}$.

解　(1) 定义域 D: $xy\geqslant0$. 即 xOy 平面上的第一、三个两个象限及坐标轴(图 7-4(a)),是一个无界闭集.

(2) 定义域 D: $|x|\leqslant a, |y|\leqslant b(a>b,b>0)$. 见图 7-4(b),是一个有界闭区域.

(3) 定义域 D: $x>0,x+y>0$. 见图 7-4(c),是一个无界开区域.

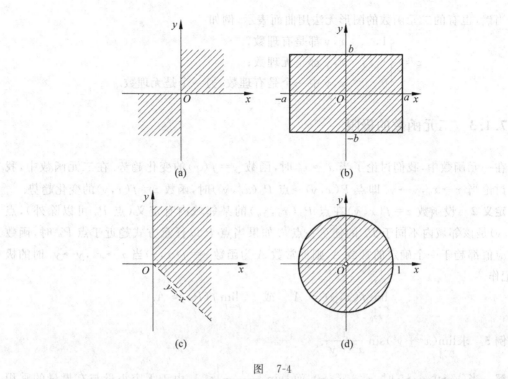

图 7-4

（4）定义域 D：$x^2+y^2\neq0$，$x^2+y^2\leqslant1$. 见图 7-4(d)，是一个有界点集，既不是开区域，也不是闭区域.

下面介绍二元函数的几何意义.

设函数 $z=f(x,y)$ 的定义域为 D，在 D 内任取一点 $P(x,y)$，对应的函数值为 $z=f(x,y)$. 这样，以 x 为横坐标，y 为纵坐标，$z=f(x,y)$ 为竖坐标，在空间确定一点 $M(x,y,z)$. 当点 P 在 D 上变动时，点 M 的轨迹就是二元函数 $z=f(x,y)$ 的图形（图 7-5）. 通常二元函数的图形是一张曲面.

例如，线性函数 $z=ax+by+c$ 的图形是一张平面；函数 $z=\sqrt{1-x^2-y^2}$ 的图形是位于 xOy 平面之上、中心在原点的单位半球面，定义域为 xOy 面上的单位圆 $x^2+y^2\leqslant1$，是一个有界闭区域（图 7-6）.

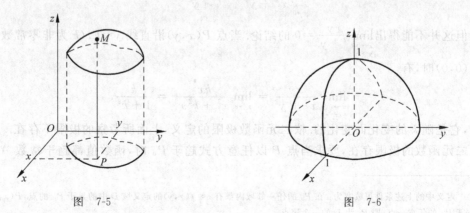

图 7-5　　　　　　　　　　　　　　　　图 7-6

当然,也有的二元函数的图形无法用曲面表示,例如

$$z = \begin{cases} 1, & x,y \text{ 都是有理数;} \\ -1, & x,y \text{ 都是无理数;} \\ 0 & x,y \text{ 中一个是有理数,另一个是无理数.} \end{cases}$$

7.1.3　二元函数的极限

在一元函数中,我们讨论了当 $x \to x_0$ 时,函数 $y = f(x)$ 的变化趋势. 在二元函数中,我们要讨论当 $x \to x_0, y \to y_0$ 即点 $P(x,y) \to$ 点 $P_0(x_0, y_0)$ 时,函数 $z = f(x,y)$ 的变化趋势.

定义 2　设函数 $z = f(x,y)$ 在点 $P_0(x_0, y_0)$ 的某邻域内有定义(点 P_0 可以除外),点 $P(x,y)$ 是该邻域内不同于 P_0 的任意一点①. 如果当点 P 以任意方式趋近于点 P_0 时,函数的对应值都趋于一个确定的常数 A,则称常数 A 为函数 $z = f(x,y)$ **当 $x \to x_0, y \to y_0$ 时的极限**,记作

$$\lim_{\substack{x \to x_0 \\ y \to y_0}} f(x,y) = A \quad \text{或} \quad \lim_{P \to P_0} f(P) = A.$$

例 5　求 $\lim\limits_{\substack{x \to 0 \\ y \to 0}} (x^2 + y^2) \sin \dfrac{1}{x^2 + y^2}$.

解　当 $x \to 0, y \to 0$ 时,$x^2 + y^2 \to 0$. 而 $\left| \sin \dfrac{1}{x^2 + y^2} \right| \leqslant 1$,由于无穷小量与有界量的乘积仍为无穷小量,所以

$$\lim_{\substack{x \to 0 \\ y \to 0}} (x^2 + y^2) \sin \frac{1}{x^2 + y^2} = 0.$$

例 6　考察函数 $\dfrac{xy}{x^2 + y^2}$ 当 $x \to 0, y \to 0$ 时极限是否存在.

解　当点 $P(x,y)$ 沿 x 轴趋近于点 $(0,0)$ 时,$y = 0$,从而有

$$\lim_{\substack{x \to 0 \\ y \to 0}} \frac{xy}{x^2 + y^2} = \lim_{x \to 0} \frac{0}{x^2} = 0.$$

当点 $P(x,y)$ 沿 y 轴趋近于点 $(0,0)$ 时,$x = 0$,从而有

$$\lim_{\substack{x = 0 \\ y \to 0}} \frac{xy}{x^2 + y^2} = \lim_{y \to 0} \frac{0}{y^2} = 0.$$

但这并不能得出 $\lim\limits_{\substack{x \to 0 \\ y \to 0}} \dfrac{xy}{x^2 + y^2} = 0$ 的结论. 当点 $P(x,y)$ 沿直线 $y = kx$(k 为非零常数)趋近于点 $(0,0)$ 时,有

$$\lim_{\substack{x \to 0 \\ y = kx \to 0}} \frac{xy}{x^2 + y^2} = \lim_{x \to 0} \frac{kx^2}{x^2 + k^2 x^2} = \frac{k}{1 + k^2},$$

显然,它是随 k 的变化而变化的. 依二元函数极限的定义,上面所考察的极限不存在.

二元函数的极限存在,要求当点 P 以任意方式趋于 P_0 时,函数值都趋于常数 A. 如果

---

①　定义中的上述条件可放宽为：在 P_0 的任一邻域内都有 $z = f(x,y)$ 的定义域 D 中的异于 P_0 的点,$P(x,y)$ 是 D 中不同于 P_0 的任意一点,即 P_0 为 D 的一个聚点.

点 P 只取某一种或某几种特殊路径趋近 P_0,甚至无穷多种特定的路径而趋近于 P_0,即使这时对应的函数值趋于某一确定常数,我们也不能断言二元函数的极限就一定存在.但是,如果点 P 沿两条不同路径趋于 P_0 时,函数趋于不同的数值,则函数的极限一定不存在.这是判断二元函数极限不存在的常用方法.

二元函数极限的研究,比一元函数的情况要复杂得多.一元函数极限的运算法则,可以推广到二元函数极限运算中来.

7.1.4 二元函数的连续性

定义 3 设函数 $z=f(x,y)$ 在点 P_0 的某邻域内有定义.如果当点 $P(x,y)$ 趋于点 $P_0(x_0,y_0)$ 时,函数 $z=f(x,y)$ 的极限存在,且等于函数在点 P_0 处的函数值,即

$$\lim_{\substack{x \to x_0 \\ y \to y_0}} f(x,y) = f(x_0,y_0),$$

或

$$\lim_{P \to P_0} f(P) = f(P_0),$$

则称函数 $z=f(x,y)$ 在点 $P_0(x_0,y_0)$ 处**连续**.

如果函数 $z=f(x,y)$ 在区域 D 内各点都连续,则称函数 $z=f(x,y)$ 是 D 内的**连续函数**.

如果函数 $z=f(x,y)$ 在 $P_0(x_0,y_0)$ 的任何邻域内都有函数的定义域 D 内异于 P_0 的点(P_0 为 D 的一个聚点),且函数在点 P_0 不连续,则称点 P_0 为函数 $z=f(x,y)$ 的**间断点**.

由定义 3 可知,如果函数 $z=f(x,y)$ 在 $P_0(x_0,y_0)$ 无定义,或虽有定义但当 P 趋于 P_0 时函数极限不存在,或虽然极限存在但极限值不等于该点的函数值,则 $P_0(x_0,y_0)$ 均为函数 $z=f(x,y)$ 的间断点.

例如,函数

$$f(x,y) = \begin{cases} \dfrac{xy}{x^2+y^2}, & x^2+y^2 \neq 0, \\ 0, & x^2+y^2 = 0 \end{cases}$$

在点 $(0,0)$ 及其邻域内有定义,但当 $x \to 0$,$y \to 0$ 时极限不存在,故 $(0,0)$ 是该函数的间断点.

又如,函数 $g(x,y)=\dfrac{xy}{x+y}$ 仅在直线 $x+y=0$ 上没有定义,所以该直线上的每一点都是它的间断点.

与一元函数相类似,可以将**二元初等函数**定义为能用一个算式所表达的二元函数,而这个式子是由常量及基本初等函数经过有限次的四则运算和复合步骤所构成的.一切二元初等函数在其有定义的区域内都是连续的.如 $P_0(x_0,y_0)$ 是二元初等函数 $z=f(x,y)$ 的有定义的区域内的点,则有

$$\lim_{\substack{x \to x_0 \\ y \to y_0}} f(x,y) = f(x_0,y_0).$$

例如

$$\lim_{\substack{x \to 0 \\ y \to \frac{1}{2}}} \arcsin\sqrt{x^2+y^2} = \arcsin\sqrt{0^2+\left(\frac{1}{2}\right)} = \arcsin\frac{1}{2} = \frac{\pi}{6}.$$

在有界闭区域上连续的二元函数,也和在闭区间上连续的一元函数相类似,有以下两条重要性质:

性质 1 在有界闭区域上连续的函数,必有最大值和最小值.

性质 2 在有界闭区域上连续的函数,必能取得介于最大值和最小值之间的任何值.

上而关于二元函数的极限与连续性的讨论及连续函数的性质,都可以类似地推广到二元以上的函数.

习题 7-1

1. 画出下列点集的图形,并指出是怎样的点集:

(1) $x^2+y^2\neq 0$；   (2) $x^2\leqslant y^2\leqslant 1-x^2$；   (3) $xy\leqslant 1$；   (4) $(x-1)^2+y^2<1$.

2. 已知函数 $f(x,y)=\dfrac{x^2-y^2}{2xy}$, 求 $f(y,x)$, $f(-x,-y)$, $f(tx,ty)$, $f(x-y,x+y)$, $\dfrac{f(x+h,y)-f(x,y)}{h}$.

3. 求下列函数的定义域并画出定义域的图形:

(1) $z=\ln(x+y)$；   (2) $z=\dfrac{\sqrt{x}}{x^2+y^2}$；   (3) $z=\dfrac{1}{\sqrt{x}}+\dfrac{1}{\sqrt{y}}$；

(4) $z=\arccos(x-t)$；   (5) $z=\dfrac{1}{\sqrt{y-\sqrt{x}}}$；   (6) $z=\sqrt{x\sin y}$；

(7) $u=\sqrt{R^2-x^2-y^2-z^2}$；   (8) $u=\arcsin\dfrac{\sqrt{x^2+y^2}}{z}$.

4. 求下列函数的极限:

(1) $\lim\limits_{\substack{x\to 0\\y\to 1}}\dfrac{1-xy}{x^2+y^2}$；   (2) $\lim\limits_{\substack{x\to 0\\y\to 0}}\dfrac{2-\sqrt{xy+4}}{xy}$；   (3) $\lim\limits_{\substack{x\to 0\\y\to a}}\dfrac{\sin xy}{x}$；   (4) $\lim\limits_{\substack{x\to 0\\y\to 0}}(1+xy)^{\frac{1}{x}}$.

5. 下列函数在何处间断?

(1) $z=\dfrac{x^2+y^2}{y^2-x}$；

(2) $z=\ln(x^2+y^2)$；

(3) $z=\begin{cases}\dfrac{x^2y}{x^2+y^2}, & x^2+y^2\neq 0,\\ 0, & x^2+y^2=0;\end{cases}$

(4) $z=\sin\dfrac{1}{xy}$.

6. 若 $z=f(x,y)$ 在 $P_0(x_0,y_0)$ 处连续,那么两个一元函数 $f(x,y_0)$ 和 $f(x_0,y)$ 分别在 $x=x_0$ 和 $y=y_0$ 处是否连续? 将问题反过来呢?

7.2 偏 导 数

7.2.1 偏导数的定义及计算方法

1. 偏导数的定义

在一元函数中,导数就是函数对自变量的变化率. 在多元函数中,所谓偏导数就是函数对其中某一个自变量的变化率,而其他自变量保持不变. 如在二元函数 $z=f(x,y)$ 中,当自

变量 y 保持不变时，z 对 x 的变化率叫做 z 对 x 的偏导数；当自变量 x 保持不变时，z 对 y 的变化率叫做 z 对 y 的偏导数．因此，多元函数的偏导数，实质上也是一个一元函数的导数问题，所谓"偏"，是指对其中的一个自变量而言．

定义 设函数 $z = f(x, y)$ 在点 $P_0(x_0, y_0)$ 的某邻域内有定义，当 y 固定在 y_0 而 x 在 x_0 处有增量 Δx 时，相应的函数有偏增量，记为 $\Delta_x z$：

$$\Delta_x z = f(x_0 + \Delta x, y_0) - f(x_0, y_0).$$

如果当 $\Delta x \to 0$ 时，比值 $\dfrac{\Delta_x z}{\Delta x}$ 的极限存在，则称此极限值为函数 $z = f(x, y)$ 在点 $P_0(x_0, y_0)$ 处**对 x 的偏导数**，记作

$$f_x(x_0, y_0), \frac{\partial z}{\partial x}\bigg|_{(x_0, y_0)}, \frac{\partial z}{\partial x}\bigg|_{\substack{x=x_0 \\ y=y_0}}, \frac{\partial f}{\partial x}\bigg|_{(x_0, y_0)}, \frac{\partial f}{\partial x}\bigg|_{\substack{x=x_0 \\ y=y_0}},$$

$$\frac{\partial f(x_0, y_0)}{\partial x}, z_x\bigg|_{(x_0, y_0)}, z_x\bigg|_{\substack{x=x_0 \\ y=y_0}} \text{ 或 } f_x(P_0)^{①},$$

即

$$f_x(x_0, y_0) = \lim_{\Delta x \to 0} \frac{\Delta_x z}{\Delta x} = \lim_{\Delta x \to 0} \frac{f(x_0 + \Delta x, y_0) - f(x_0, y_0)}{\Delta x}.$$

类似地，可以定义函数 $z = f(x, y)$ 在点 $P_0(x_0, y_0)$ 处**对 y 的偏导数**为

$$\lim_{\Delta y \to 0} \frac{\Delta_y z}{\Delta y} = \lim_{\Delta y \to 0} \frac{f(x_0, y_0 + \Delta y) - f(x_0, y_0)}{\Delta y},$$

记作 $f_y(x_0, y_0), \dfrac{\partial z}{\partial y}\bigg|_{(x_0, y_0)}, \dfrac{\partial z}{\partial y}\bigg|_{\substack{x=x_0 \\ y=y_0}}, \dfrac{\partial f}{\partial y}\bigg|_{(x_0, y_0)}, \dfrac{\partial f}{\partial y}\bigg|_{\substack{x=x_0 \\ y=y_0}}, \dfrac{\partial f(x_0, y_0)}{\partial y}, z_y\bigg|_{(x_0, y_0)}, z_y\bigg|_{\substack{x=x_0 \\ y=y_0}}$ 或 $f_y(P_0)$ 等．

如果在平面区域 D 内每一点 $P(x, y)$ 处，函数 $z = f(x, y)$ 对 x 的偏导数都存在，那么这个偏导数仍是 x、y 的函数，称为函数 $z = f(x, y)$ **对自变量 x 的偏导函数**（或简称**偏导数**），记作

$$\frac{\partial z}{\partial x}, z_x, \frac{\partial f}{\partial x}, f_x(x, y) \text{ 或 } f_x(P).$$

类似地，可以定义函数 $z = f(x, y)$ **对自变量 y 的偏导函数**，记作

$$\frac{\partial z}{\partial y}, z_y, \frac{\partial f}{\partial y}, f_y(x, y) \text{ 或 } f_y(P).$$

偏导数的概念很容易仿此推广到二元以上的函数．

2. 偏导数的计算方法

从偏导数的定义可知，求由算式给出的多元函数的偏导数并不需要什么新的方法和技巧，在对某一个自变量求偏导时，只有这个自变量在变动，而其余的自变量暂时看作常量，于是对这个自变量求偏导的方法和一元函数的求导方法没有什么不同．

例 1 求 $z = x^2 y + y^2$ 在 $P_0(2, 3)$ 处的偏导数．

解 把 y 看作常量而对 x 求导，得

$$\frac{\partial z}{\partial x} = 2xy;$$

把 x 看作常量而对 y 求导，得

---

① 偏导数记号 f_x, z_x 也记作 f'_x, z'_x．下一目中关于高阶偏导数的记号也有类似的情形．

$$\frac{\partial z}{\partial y} = x^2 + 2y.$$

再把 $x=2, y=3$ 代入,得

$$\frac{\partial z}{\partial x}\bigg|_{(2,3)} = 12, \quad \frac{\partial z}{\partial y}\bigg|_{(2,3)} = 10.$$

例2 求 $z = x^y (x>0)$ 的偏导数.

解 把 y 看作常量,所给函数成为 x 的幂函数,可得 $\dfrac{\partial z}{\partial x} = yx^{y-1}$;

将 x 看作常量,所给函数成为 y 的指数函数,可得 $\dfrac{\partial z}{\partial y} = x^y \ln x$.

例3 对于关系式 $PV=RT$(R 为常量),求证:

$$\frac{\partial P}{\partial V} \cdot \frac{\partial V}{\partial T} \cdot \frac{\partial T}{\partial P} = -1.$$

证明 所给关系式为理想气态方程式.

对于 $P = \dfrac{RT}{V}$,有

$$\frac{\partial P}{\partial V} = -\frac{RT}{V^2};$$

对于 $V = \dfrac{RT}{P}$,有

$$\frac{\partial V}{\partial T} = \frac{R}{P};$$

对于 $T = \dfrac{PV}{R}$,有

$$\frac{\partial T}{\partial P} = \frac{V}{R}.$$

于是有

$$\frac{\partial P}{\partial V} \cdot \frac{\partial V}{\partial T} \cdot \frac{\partial T}{\partial P} = -\frac{RT}{V^2} \cdot \frac{R}{P} \cdot \frac{V}{R} = -\frac{RT}{PV} = -1.$$

此例说明,偏导数记号是一个整体符号,不能像一元函数的导数那样可看成一个分式.

例4 有一并联电阻如图 7-7 所示,设总电阻为 R,分电阻 $R_1 > R_2 > R_3 > 0$. 如对分电阻 R_1, R_2 或 R_3 中的某一个作微小改变,问改变哪一个,使总电阻改变量最大?

解 函数对某一自变量的偏导数,就是函数对该自变量的变化率. 因此,要确定改变哪一个分电阻能使总电阻改变量为最大,只要看各自偏导数的大小就可以了. 偏导数绝对值最大的一个,就是能使总电阻改变量最大的那一个.

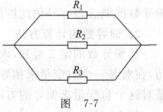

图 7-7

由电学知识

$$\frac{1}{R} = \frac{1}{R_1} + \frac{1}{R_2} + \frac{1}{R_3},$$

$$R = \frac{1}{\dfrac{1}{R_1} + \dfrac{1}{R_2} + \dfrac{1}{R_3}}.$$

$$\frac{\partial R}{\partial R_1} = -\frac{1}{\left(\frac{1}{R_1} + \frac{1}{R_2} + \frac{1}{R_3}\right)^2} \cdot \left(-\frac{1}{R_1^2}\right) = \frac{R^2}{R_1^2}.$$

同理有

$$\frac{\partial R}{\partial R_2} = \frac{R^2}{R_2^2}, \qquad \frac{\partial R}{\partial R_3} = \frac{R^2}{R_3^2}.$$

因为 R_3 最小，故 $\dfrac{\partial R}{\partial R_3}$ 最大，即改变 R_3 可使总电阻 R 改变量最大（改变后的 R_3 仍应是最小的）.

例 5 求 $g(x,y) = \begin{cases} \dfrac{xy}{x^2+y^2}, & (x,y) \neq (0,0), \\ 0, & (x,y) = (0,0) \end{cases}$ 在点 $(0,0)$ 处的偏导数.

解 $g_x(0,0) = \lim\limits_{\Delta x \to 0} \dfrac{g(\Delta x, 0) - g(0,0)}{\Delta x} = \lim\limits_{\Delta x \to 0} \dfrac{0-0}{\Delta x} = 0.$

同样方法可得

$$g_y(0,0) = 0.$$

$g(x,y)$ 在点 $(0,0)$ 处两个偏导数都存在. 但在 7.1 节中我们知道，$g(x,y)$ 在 $(0,0)$ 处是间断的.

一般地，函数 $z=f(x,y)$ 在 $P_0(x_0,y_0)$ 处的偏导数都存在，并不能保证函数在该点连续，这是与一元函数不同的地方. 反之，二元函数在某点连续，也不能保证函数在这一点偏导数存在，这是与一元函数相类似的地方. 例如 $z=|x|+|y|$ 在 $(0,0)$ 处连续，但偏导数不存在.

3. 二元函数偏导数几何意义

函数 $z=f(x,y)$ 的图形是一空间曲面（图 7-8），当 y 取定值 y_0 时，方程组

$$\begin{cases} z = f(x,y), \\ y = y_0 \end{cases}$$

代表曲面 $z=f(x,y)$ 与平面 $y=y_0$ 的交线，交线是一条曲线. 此曲线在平面 $y=y_0$ 上的方程可表示为 $z=f(x,y_0)$，则导数 $\dfrac{\mathrm{d}f(x,y_0)}{\mathrm{d}x}\bigg|_{x=x_0}$ 即偏导数 $f_x(x_0,y_0)$ 就是这曲线在点 $M_0(x_0,y_0,f(x_0,y_0))$ 处的切线 M_0T_x 对 x 轴的斜率，$\tan\alpha = f_x(x_0,y_0)$. 同样地，偏导数 $f_y(x_0,y_0)$ 的几何意义就是曲面 $z=f(x,y)$ 被平面 $x=x_0$ 所截得的曲线在点 M_0 处的切线 M_0T_y 对 y 轴的斜率，$\tan\beta = f_x(x_0,y_0)$.

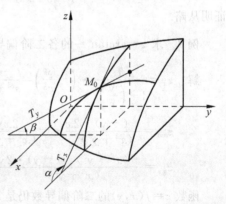

图 7-8

7.2.2 高阶偏导数

设函数 $z=f(x,y)$ 具有偏导数

$$\frac{\partial z}{\partial x} = f_x(x,y), \qquad \frac{\partial z}{\partial y} = f_y(x,y),$$

这两个偏导数仍然是 x,y 的二元函数. 如果这两个二元函数的偏导数也存在，则称它们的偏导数为函数 $z=f(x,y)$ 的**二阶偏导数**.

依照对自变量求导次序的不同,二阶偏导数有下面四个:

$$\frac{\partial}{\partial x}\left(\frac{\partial z}{\partial x}\right) = \frac{\partial^2 z}{\partial x^2} = f_{xx}(x,y) = z_{xx};$$

$$\frac{\partial}{\partial y}\left(\frac{\partial z}{\partial x}\right) = \frac{\partial^2 z}{\partial x \partial y} = f_{xy}(x,y) = z_{xy};$$

$$\frac{\partial}{\partial x}\left(\frac{\partial z}{\partial y}\right) = \frac{\partial^2 z}{\partial y \partial x} = f_{yx}(x,y) = z_{yx};$$

$$\frac{\partial}{\partial y}\left(\frac{\partial z}{\partial y}\right) = \frac{\partial^2 z}{\partial y^2} = f_{yy}(x,y) = z_{yy}.$$

其中 $\frac{\partial^2 z}{\partial x \partial y}$ 和 $\frac{\partial^2 z}{\partial y \partial x}$ 叫做二阶**混合偏导数**. $\frac{\partial^2 z}{\partial x \partial y}$ 表示先对 x 求偏导,再对 y 求偏导, $\frac{\partial^2 z}{\partial y \partial x}$ 的求导顺序则与之相反.

例 6 求 $z = x^3 y^2 - 3xy^3 - xy + 5$ 的二阶偏导数.

解 $\frac{\partial z}{\partial x} = 3x^2 y^2 - 3y^3 - y, \quad \frac{\partial z}{\partial y} = 2x^3 y - 9xy^2 - x.$

$$\frac{\partial^2 z}{\partial x^2} = 6xy^2, \quad \frac{\partial^2 z}{\partial x \partial y} = 6x^2 y - 9y^2 - 1;$$

$$\frac{\partial^2 z}{\partial y \partial x} = 6x^2 y - 9y^2 - 1, \quad \frac{\partial^2 z}{\partial y^2} = 2x^3 - 18xy.$$

例 6 中两个混合偏导数相同,这不是偶然的. 事实上,我们有下面的定理.

定理 若函数 $z = f(x,y)$ 在某区域内有连续的二阶混合偏导数 $f_{xy}(x,y)$ 和 $f_{yx}(x,y)$,则有

$$f_{xy}(x,y) = f_{yx}(x,y).$$

证明从略.

例 7 求 $z = \arctan \frac{y}{x}$ 的各二阶偏导数.

解 $z_x = \dfrac{1}{1 + \left(\dfrac{y}{x}\right)^2} \cdot \left(-\dfrac{y}{x^2}\right) = \dfrac{-y}{x^2 + y^2}, \quad z_y = \dfrac{1}{1 + \left(\dfrac{y}{x}\right)^2} \cdot \left(\dfrac{1}{x}\right) = \dfrac{x}{x^2 + y^2},$

$z_{xx} = \dfrac{-(-y) \cdot 2x}{(x^2 + y^2)^2} = \dfrac{2xy}{(x^2 + y^2)^2}, \quad z_{yy} = -\dfrac{x \cdot 2y}{(x^2 + y^2)^2} = \dfrac{-2xy}{(x^2 + y^2)^2},$

$z_{xy} = \dfrac{-(x^2 + y^2) - (-y) \cdot 2y}{(x^2 + y^2)^2} = \dfrac{y^2 - x^2}{(x^2 + y^2)^2}, \quad z_{yx} = z_{xy} = \dfrac{y^2 - x^2}{(x^2 + y^2)^2}.$

函数 $z = f(x,y)$ 的二阶偏导数仍是 x,y 的二元函数,如果它们仍可继续求偏导数,依照上面的方法可得三阶、四阶以至 n 阶偏导数. 二阶及二阶以上的偏导数统称为**高阶偏导数**.

对二元以上的函数可作类似的讨论.

习题 7-2

1. 设 $z = e^{-x} \sin(x + 2y)$,求函数在点 $\left(0, \dfrac{\pi}{4}\right)$ 处的两个一阶偏导数.

2. 设 $f(x,y) = x + (y-1)\arcsin\sqrt{\dfrac{x}{y}}$,求 $f_x(x,1)$.

3. 求下列函数的一阶偏导数：

(1) $z=\dfrac{\cos x^2}{y}$；　　　　(2) $z=\sqrt{\ln(xy)}$；　　　　(3) $z=xy\sqrt{R^2-x^2-y^2}$；

(4) $z=(1+xy)^{x+y}$；　　(5) $z=\arcsin\dfrac{x}{\sqrt{x^2+y^2}}$；　　(6) $z=\ln\tan\dfrac{x}{y}$.

4. $z=\ln(\sqrt{x}+\sqrt{y})$，求证：

$$x\frac{\partial z}{\partial x}+y\frac{\partial z}{\partial y}=\frac{1}{2}.$$

5. 证明：函数 $z=e^y\arcsin(x-y)$ 满足方程

$$\frac{\partial z}{\partial x}+\frac{\partial z}{\partial y}=z.$$

6. 曲线 $\begin{cases} z=\sqrt{1+x^2+y^2}, \\ x=1 \end{cases}$ 在点 $(1,1,\sqrt{3})$ 处的切线与 y 轴正向所成的倾角是多少？

7. 曲线 $\begin{cases} z=\dfrac{x^2+y^2}{4}, \\ y=4 \end{cases}$ 在点 $(2,4,5)$ 处的切线与 x 轴正向所成的倾角是多少？

8. 设 $(x+y)z=\varphi(x)+\varphi(y)$，其中 φ,ψ 为可微函数，求证：

$$(x+y)(z_x-z_y)=\varphi'(x)-\varphi'(y).$$

9. 求下列函数的二阶偏导数：

(1) $r=\sqrt{x^2+y^2+z^2}$；　　(2) $z=\ln(x^2+xy+y^2)$；　　(3) $z=y^{\ln x}$；　　(4) $z=e^{xe^y}$.

10. 设 $z=x^y y^x$，求证：$x\dfrac{\partial z}{\partial x}+y\dfrac{\partial z}{\partial y}=z(x+y+\ln z)$.

11. 已知 $z=yf(x)+xg(y)$，其中 f,g 为可导函数，试证：

$$xz_x+yz_y=z+xyz_{xy}.$$

7.3　全微分及其应用

7.3.1　全微分的概念

1. 全微分的定义

我们已经了解一元函数微分的概念：对于函数 $y=f(x)$，如果在点 x 处函数的增量可表示为

$$\Delta y=A\Delta x+\alpha,$$

其中 A 与 Δx 无关而仅与 x 有关，而 α 为较 Δx 高阶的无穷小量，那么 $A\Delta x$ 叫做函数 $y=f(x)$ 在点 x 处的微分，记作 $dy=A\Delta x$. 简言之，一元函数的微分就是自变量增量的某个线性函数，它可用来近似代替函数的增量.

对于二元函数 $z=f(x,y)$，设它在点 $P(x,y)$ 的某邻域内有定义，并设点 $P'(x+\Delta x, y+\Delta y)$ 是该邻域内的任一点，则称这两点函数值之差

$$\Delta z=f(x+\Delta x,y+\Delta y)-f(x,y) \tag{7.3.1}$$

为函数在点 $P(x,y)$ 处对应于自变量增量 $\Delta x,\Delta y$ 的**全增量**.

一般说来，计算全增量 Δz 比较复杂，与一元函数的情形相类似，我们希望用自变量增

量 $\Delta x,\Delta y$ 的线性函数来近似代替函数的全增量 Δz,从而引入下面的定义.

定义　如果函数 $z=f(x,y)$ 的全增量

$$\Delta z = f(x+\Delta x,y+\Delta y) - f(x,y)$$

可表示为

$$\Delta z = A\Delta x + B\Delta y + o(\rho), \tag{7.3.2}$$

其中 A,B 不依赖于 $\Delta x,\Delta y$ 而仅与 x,y 有关,$\rho=\sqrt{(\Delta x)^2+(\Delta y)^2}$,则称函数 $z=f(x,y)$ 在点 $P(x,y)$ 处**可微分**(简称**可微**),而 $A\Delta x+B\Delta y$ 称为函数 $z=f(x,y)$ 在点 $P(x,y)$ 处的**全微分**,记作 $\mathrm{d}z$,即

$$\mathrm{d}z = A\Delta x + B\Delta y.$$

如果函数在区域 D 内的每一点均可微分,则称函数的**区域 D 内可微分**,或称函数为区域 D 内的**可微函数**.

7.2 节曾指出,多元函数在某点各个偏导数都存在,并不能保证函数在该点连续.但从上面关于多元函数可微的定义不难知道,如果函数 $z=f(x,y)$ 在点 $P(x,y)$ 处可微,则函数在 P 点必连续.事实上,因为函数在 P 点可微,由式(7.3.2)有

$$\lim_{\substack{\Delta x\to 0\\ \Delta y\to 0}}\Delta z = \lim_{\substack{\Delta x\to 0\\ \Delta y\to 0}}(A\Delta x+B\Delta y+o(\rho)) = 0,$$

从而有

$$\lim_{\substack{\Delta x\to 0\\ \Delta y\to 0}}f(x+\Delta x,y+\Delta y) = f(x,y),$$

因此函数 $z=f(x,y)$ 在点 $P(x,y)$ 处连续.

2. 可微与偏导数的关系

定理 1(函数可微的必要条件)　如果函数 $z=f(x,y)$ 在点 $P(x,y)$ 处可微,$\Delta z=A\Delta x+B\Delta y+o(\rho)$,则该函数在 P 点偏导数必存在,且有 $\dfrac{\partial z}{\partial x}=A,\dfrac{\partial z}{\partial y}=B$.

证明　因为 $z=f(x,y)$ 在 $P(x,y)$ 处可微,故对点 $P(x,y)$ 某邻域内任一点 $P'(x+\Delta x,y+\Delta y)$,总有式(7.3.2)成立.特别地,当 $\Delta y=0$ 时,式(7.3.2)也应成立.这时 $\rho=|\Delta x|$,于是式(7.3.2)变为

$$\Delta_x z = A\Delta x + o(|\Delta x|). \tag{7.3.3}$$

式(7.3.3)两端同除以 Δx,再令 $\Delta x\to 0$ 而取极限,则有

$$\lim_{\Delta x\to 0}\frac{\Delta_x z}{\Delta x} = A,$$

从而偏导数 $\dfrac{\partial z}{\partial x}$ 存在,且有 $\dfrac{\partial z}{\partial x}=A$.

同理可证 $\dfrac{\partial z}{\partial y}$ 存在,且 $\dfrac{\partial z}{\partial y}=B$.

由此可知,当 $z=f(x,y)$ 在 $P(x,y)$ 处可微时,有

$$\mathrm{d}z = \frac{\partial z}{\partial x}\Delta x + \frac{\partial z}{\partial y}\Delta y. \tag{7.3.4}$$

与一元函数中情况相同,我们规定自变量的微分等于自变量的增量,即 $\mathrm{d}x=\Delta x,\mathrm{d}y=\Delta y$,于是全微分便可记作

$$\mathrm{d}z = \frac{\partial z}{\partial x}\mathrm{d}x + \frac{\partial z}{\partial y}\mathrm{d}y. \tag{7.3.5}$$

在一元函数中,可微与可导是等价的,在多元函数中情况就不同了.当函数的各偏导数都存在时,虽然我们能形式地写出 $\frac{\partial z}{\partial x}\Delta x+\frac{\partial z}{\partial y}\Delta y$,但它与 Δz 的差不一定是较 $\rho=\sqrt{(\Delta x)^2+(\Delta y)^2}$ 高阶的无穷小,因此它就不一定是函数的全微分.换句话说,各偏导数存在只是全微分存在的必要条件而不是充分条件.例如,函数

$$z=f(x,y)=\begin{cases}\dfrac{xy}{\sqrt{x^2+y^2}}, & (x,y)\neq(0,0),\\ 0, & (x,y)=(0,0)\end{cases}$$

在点 $(0,0)$ 处有 $f_x(0,0)=f_y(0,0)=0$.而

$$\frac{\Delta z-(f_x(0,0)\Delta x+f_y(0,0)\Delta y)}{\rho}=\frac{\Delta x\cdot\Delta y}{(\Delta y)^2+(\Delta y)^2},$$

从 7.1 节例 5 知,当 $\Delta x,\Delta y$ 都趋于零时,上式右端的极限不存在,由可微的定义则可以断言,函数

$$z=\begin{cases}\dfrac{xy}{\sqrt{x^2+y^2}}, & (x,y)\neq(0,0),\\ 0, & (x,y)=(0,0)\end{cases}$$

在点 $(0,0)$ 处不可微.

那么,对函数的偏导数附加怎样的条件,就能保证函数必可微分呢?我们有下面的定理.

定理 2(函数可微的充分条件) 如果二元函数 $z=f(x,y)$ 的一阶偏导数 $\frac{\partial z}{\partial x}$ 和 $\frac{\partial z}{\partial y}$ 在点 $P(x,y)$ 处连续,则函数 $z=f(x,y)$ 在点 $P(x,y)$ 处可微.

证明从略.

全微分的概念及存在条件,可以推广到二元以上的函数.

例 1 计算函数 $z=x^2y+y^2$ 在点 $(2,-1)$ 处当 $\Delta x=0.02,\Delta y=-0.01$ 时的全增量和全微分.

解 $\Delta z=f(x+\Delta x,y+\Delta y)-f(x,y)$
$=[(2+0.02)^2\times(-1-0.01)+(-1-0.01)^2]-[2^2\times(-1)+(-1)^2]$
$=-0.101104.$

$\frac{\partial z}{\partial x}=2xy,\frac{\partial z}{\partial y}=x^2+2y$ 均为全平面上的连续函数,故函数在点 $(2,-1)$ 处可微.

$$\frac{\partial z}{\partial x}\bigg|_{\substack{x=2\\y=-1}}=-4,\quad \frac{\partial z}{\partial y}\bigg|_{\substack{x=2\\y=-1}}=2,$$

$$dz=\frac{\partial z}{\partial x}\Delta x+\frac{\partial z}{\partial y}\Delta y=-0.08-0.02=-0.1.$$

例 2 单摆运动的周期 $T=2\pi\sqrt{\dfrac{l}{g}}$,其中 l 是摆长,g 是重力加速度,求 dT.

解 $$dT=\frac{\partial T}{\partial l}dl+\frac{\partial T}{\partial g}dg=\frac{2\pi}{\sqrt{g}}\cdot\frac{1}{2\sqrt{l}}dl+2\pi\sqrt{l}\left(-\frac{1}{2}\frac{1}{\sqrt{g^3}}\right)dg$$

$$=\pi\left[\frac{1}{\sqrt{lg}}dl-\sqrt{\frac{l}{g^3}}dg\right].$$

7.3.2　全微分在近似计算中的应用

由二元函数全微分的定义及全微分存在的充分条件可知,当二元函数 $z=f(x,y)$ 在点 $P(x,y)$ 的两个偏导数 $f_x(x,y),f_y(x,y)$ 都连续,且 $|\Delta x|,|\Delta y|$ 都较小时,就有近似公式

$$\Delta z \approx \mathrm{d}z = f_x(x,y)\Delta x + f_y(x,y)\Delta y. \tag{7.3.6}$$

式(7.3.6)也可写成

$$f(x+\Delta x,y+\Delta y) \approx f(x,y) + f_x(x,y)\Delta x + f_y(x,y)\Delta y. \tag{7.3.7}$$

利用式(7.3.6)或式(7.3.7),可对二元函数作近似计算.

例 3　计算 $(1.04)^{2.02}$ 的近似值.

解　设 $f(x,y)=x^y$,要求计算的 $(1.04)^{2.02}=f(1.04,2.02)=f(1+0.04,2+0.02)$.

取 $x=1,y=2$,则 $\Delta x=0.04,\Delta y=0.02$.

$f(1,2)=1,\quad f_x(x,y)=yx^{y-1},\quad f_y(x,y)=x^y\ln x,\quad f_x(1,2)=2,\quad f_y(1,2)=0.$

由式(7.3.7)便有

$$(1.04)^{2.02} \approx 1 + 2\times 0.04 + 0\times 0.02 = 1.08.$$

例 4　一直角三角形斜边长 2.1m,一个锐角为 $29°$,求这锐角邻边长的近似值.

解　邻边长 $l=2.1\cos 29°$,设 $f(x,y)=x\cos y$,令 $x_0=2,y_0=\dfrac{\pi}{6}$,则 $\Delta x=0.1,\Delta y=-\dfrac{\pi}{180}$.

$$l=f\left(2+0.1,\frac{\pi}{6}-\frac{\pi}{180}\right),$$

$$\approx f\left(2,\frac{\pi}{6}\right)+f_x\left(2,\frac{\pi}{6}\right)\Delta x+f_y\left(2,\frac{\pi}{6}\right)\Delta y.$$

$f_x(x,y)=\cos y,f_y(x,y)=-x\sin y$,于是有

$$l\approx 2\cos\frac{\pi}{6}+\cos\frac{\pi}{6}\times 0.1+\left(-2\sin\frac{\pi}{6}\right)\cdot\left(-\frac{\pi}{180}\right)$$

$$=\sqrt{3}+\frac{\sqrt{3}}{2}\times 0.1+\frac{\pi}{180}=1.05\sqrt{3}+\frac{\pi}{180}\approx 1.84.$$

所求邻边长约为 1.84m.

习题 7-3

1. 函数 $z=f(x,y)$ 在区域 D 内连续、偏导存在、可微分、偏导连续几个概念之间有什么关系?你能证明或举例说明你的结论吗?

2. 求下列函数的全微分:

(1) $z=xy+\dfrac{y}{x}$;　　(2) $z=\mathrm{e}^{\frac{x}{y}}$;　　(3) $u=\ln(1+x^2+y^2+z^2)$;　　(4) $z=\sqrt{x^2+y^2}$.

3. 求函数 $z=\mathrm{e}^{xy}$ 当 $x=1,y=1,\Delta x=0.15,\Delta y=0.1$ 时的全微分.

4. 求函数 $z=\ln\sqrt{1+x^2+y^2}$ 在点(1,2)处的全微分.

5. 利用全微分计算近似值:

(1) $\sqrt{(1.97)^3+(1.02)^3}$;　　　　　　(2) $\ln(\sqrt[3]{1.03}+\sqrt[4]{0.98}-1)$.

6. 已知边长 $x=6\text{m}$，$y=8\text{m}$ 的矩形，如果 x 边增加 5cm，y 边减少 10cm，求矩形面积和对角线长度变化的近似值.

7. 有一无盖圆柱形容器，容器的底和壁的厚度均为 0.1cm，内高为 20cm，内半径为 4cm，求容器外壳体积的近似值.

7.4　多元函数的微分法

7.4.1　多元复合函数的求导法则

对一个具体的由算式给出的多元函数求偏导，只需要用一元函数的求导方法就可以了，可以不必引进新的运算法则. 这里讲的多元复合函数求导法则主要是用于并没有给出具体函数关系表达式的多元复合函数，或至少有一层是没有给出具体函数关系表达式的复合函数的情形（通常所说的抽象**符号函数**的情况）. 当然，它对由算式给出的多元复合函数的偏导计算也是有效的.

多元复合函数的复合关系多种多样，我们先讲一种典型的情况.

设 $z=f(u,v)$，而 $u=\varphi(x,y)$，$v=\psi(x,y)$. 为了更直观地表示这些变量之间的关系，我们用图表示：$z\begin{smallmatrix}u\\\diagdown\\v\end{smallmatrix}\begin{smallmatrix}x\\\diagup\diagdown\\y\end{smallmatrix}$，其中直线段表示所连的两个变量中前者是后者的函数. 图中表示出 z 是 u,v 的函数，而 u 和 v 又都是 x,y 的函数，x 和 y 是自变量，u 和 v 是中间变量. 我们要解决的问题是如何计算 $\dfrac{\partial z}{\partial x}$ 和 $\dfrac{\partial z}{\partial y}$，下面建立求导公式.

定理　设 $u=\varphi(x,y)$ 和 $v=\psi(x,y)$ 在点 (x,y) 存在偏导数，$z=f(u,v)$ 在对应点 (u,v) 处可微，则复合函数 $z=f[\varphi(x,y),\psi(x,y)]$ 在点 (x,y) 存在偏导数，且有

$$\begin{cases}\dfrac{\partial z}{\partial x}=\dfrac{\partial z}{\partial u}\dfrac{\partial u}{\partial x}+\dfrac{\partial z}{\partial v}\dfrac{\partial v}{\partial x},\\[2mm]\dfrac{\partial z}{\partial y}=\dfrac{\partial z}{\partial u}\dfrac{\partial u}{\partial y}+\dfrac{\partial z}{\partial v}\dfrac{\partial v}{\partial y}.\end{cases}\tag{7.4.1}$$

证明　给 x 以增量 Δx 而令 y 的值保持不变，中间变量 u,v 得到相应的增量 $\Delta u,\Delta v$，从而函数 $z=f(u,v)$ 得到相应的增量 Δz. 因为 $z=f(u,v)$ 在点 (u,v) 处可微，所以有

$$\Delta z=\dfrac{\partial z}{\partial u}\cdot\Delta u+\dfrac{\partial z}{\partial v}\cdot\Delta v+o(\rho),\tag{7.4.2}$$

其中 $\rho=\sqrt{(\Delta u)^2+(\Delta v)^2}$.

又因为 u,v 对 x 的偏导数存在，故在 y 保持不变的情况下，u 和 v 在点 (x,y) 处沿平行于 x 轴方向都是单变量 x 的连续函数，所以当 $\Delta x\to 0$ 时，有 $\Delta u\to 0$，$\Delta v\to 0$，进而有 $\rho=\sqrt{(\Delta u)^2+(\Delta v)^2}\to 0$.

将式(7.4.2)两端同除以 Δx，得

$$\dfrac{\Delta z}{\Delta x}=\dfrac{\partial z}{\partial u}\cdot\dfrac{\Delta u}{\Delta x}+\dfrac{\partial z}{\partial v}\cdot\dfrac{\Delta v}{\Delta x}+\dfrac{o(\rho)}{\Delta x}.\tag{7.4.3}$$

当 $\Delta x\to 0$ 时，有 $\dfrac{\Delta u}{\Delta x}\to\dfrac{\partial u}{\partial x}$，$\dfrac{\Delta v}{\Delta x}\to\dfrac{\partial v}{\partial x}$，$\dfrac{o(\rho)}{\Delta x}=\dfrac{o(\rho)}{\rho}\cdot\dfrac{\rho}{\Delta x}=\dfrac{o(\rho)}{\rho}\cdot\dfrac{\sqrt{(\Delta u)^2+(\Delta v)^2}}{\Delta x}\to 0$.

于是令 $\Delta x\to 0$，对式(7.4.3)两端取极限即得

$$\frac{\partial z}{\partial x} = \frac{\partial z}{\partial u}\frac{\partial u}{\partial x} + \frac{\partial z}{\partial v}\frac{\partial v}{\partial x}.$$

类似可证公式(7.4.1)中的第二式.

公式(7.4.1)所给出的计算多元复合函数的偏导数的方法通常称为"**链式法则**".公式(7.4.1)可以推广到中间变量和自变量个数多于或少于两个的情形.

对三个中间变量 u,v,w,两个自变量 x,y 的情况,此时变量关系图为 $z\overset{u}{\underset{w}{\diagdown v}}\overset{x}{\diagup y}$,有求导公式

$$\begin{cases}\dfrac{\partial z}{\partial x} = \dfrac{\partial z}{\partial u}\dfrac{\partial u}{\partial x} + \dfrac{\partial z}{\partial v}\dfrac{\partial v}{\partial x} + \dfrac{\partial z}{\partial w}\dfrac{\partial w}{\partial x}, \\[2mm] \dfrac{\partial z}{\partial y} = \dfrac{\partial z}{\partial u}\dfrac{\partial u}{\partial y} + \dfrac{\partial z}{\partial v}\dfrac{\partial v}{\partial y} + \dfrac{\partial z}{\partial w}\dfrac{\partial w}{\partial y}.\end{cases} \tag{7.4.4}$$

对于两个中间变量、一个自变量的情况,此时变量关系图为 $z\overset{u}{\underset{v}{\diagdown}}\diagup x$,有公式

$$\frac{\mathrm{d}z}{\mathrm{d}x} = \frac{\partial z}{\partial u}\frac{\mathrm{d}u}{\mathrm{d}x} + \frac{\partial z}{\partial v}\frac{\mathrm{d}v}{\mathrm{d}x}. \tag{7.4.5}$$

式(7.4.5)中的 $\dfrac{\mathrm{d}z}{\mathrm{d}x}$ 叫做**全导数**.

对于一个中间变量、多个自变量的情况,如 $z=f(u)$,$u=\varphi(x,y)$,变量关系图为 $z-u\overset{x}{\underset{y}{\diagdown}}$,则有公式

$$\frac{\partial z}{\partial x} = \frac{\mathrm{d}z}{\mathrm{d}u}\frac{\partial u}{\partial x}, \qquad \frac{\partial z}{\partial y} = \frac{\mathrm{d}z}{\mathrm{d}u}\frac{\partial u}{\partial y}. \tag{7.4.6}$$

当自变量和中间变量共存时,如 $z=f(u,x,y)$,$u=\varphi(x,y)$,此时不妨将函数关系式 $z=f(u,x,y)$ 中的 x,y 暂时看作式(7.4.4)中的中间变量 v,w 变量关系图为 $z\overset{u}{\underset{y}{\diagdown x}}\overset{x}{\diagup y}$,则有公式

$$\frac{\partial z}{\partial x} = \frac{\partial f}{\partial u}\frac{\partial u}{\partial x} + \frac{\partial f}{\partial x}, \qquad \frac{\partial z}{\partial y} = \frac{\partial f}{\partial u}\frac{\partial u}{\partial y} + \frac{\partial f}{\partial y}. \tag{7.4.7}$$

要注意的是公式(7.4.7)中 $\dfrac{\partial z}{\partial x}$ 与 $\dfrac{\partial f}{\partial x}$ 的不同含义.$\dfrac{\partial z}{\partial x}$ 是将复合函数 $z=f[\varphi(x,y)x,y]$ 中的 y 看作常量而对 x 求偏导,$\dfrac{\partial f}{\partial x}$ 则是把 $f(u,x,y)$ 中的 u,y 看作常量而对 x 求偏导.$\dfrac{\partial z}{\partial y}$ 与 $\dfrac{\partial f}{\partial y}$ 有类似的区别.

多元复合函数的复合关系是多种多样的,我们不可能也没有必要将所有求导公式一一列出.只要能够分析变量关系及区分中间变量和自变量,画出变量关系图,运用"**连线相乘,分线相加**"的链式法则计算偏导数就可以了.

例1　$z=(1+xy)^{x+y}$,求 z_x,z_y.

解　这个题目在习题7-2中出现过.那里是直接对自变量求偏导数,现在我们再利用多元复合函数求偏导的链式法则进行计算.

令 $u=1+xy,v=x+y$,则 $z=u^v$,变量关系图为 $z{<}{\begin{smallmatrix}u\\v\end{smallmatrix}}{\bowtie}{\begin{smallmatrix}x\\y\end{smallmatrix}}$.利用公式(7.4.1),有

$$\frac{\partial z}{\partial x}=\frac{\partial z}{\partial u}\frac{\partial u}{\partial x}+\frac{\partial z}{\partial v}\frac{\partial v}{\partial x}=vu^{v-1}y+u^v\ln u\cdot 1$$

$$=(1+xy)^{x+y}\left[\frac{xy+y^2}{1+xy}+\ln(1+xy)\right];$$

由 x,y 在算式中的对称性知

$$\frac{\partial z}{\partial y}=(1+xy)^{x+y}\left[\frac{xy+x^2}{1+xy}+\ln(1+xy)\right].$$

例2 设 $z=f(u,v)$ 有一阶连续偏导数,$u=xy,v=\dfrac{y}{x}$,求 $\dfrac{\partial z}{\partial x},\dfrac{\partial z}{\partial y}$.

解 变量之间的关系为 $z{<}{\begin{smallmatrix}u\\v\end{smallmatrix}}{\bowtie}{\begin{smallmatrix}x\\y\end{smallmatrix}}$,于是

$$\frac{\partial z}{\partial x}=\frac{\partial z}{\partial u}\frac{\partial u}{\partial x}+\frac{\partial z}{\partial v}\frac{\partial v}{\partial x}=\frac{\partial z}{\partial u}\cdot y+\frac{\partial z}{\partial v}\cdot\left(-\frac{y}{x^2}\right)=y\frac{\partial z}{\partial u}-\frac{y}{x^2}\frac{\partial z}{\partial v};$$

$$\frac{\partial z}{\partial y}=\frac{\partial z}{\partial u}\frac{\partial u}{\partial y}+\frac{\partial z}{\partial v}\frac{\partial v}{\partial y}=\frac{\partial z}{\partial u}\cdot x+\frac{\partial z}{\partial v}\cdot\frac{1}{x}=x\frac{\partial z}{\partial u}+\frac{1}{x}\frac{\partial z}{\partial v}.$$

例3 设 $z=f(x,y)$ 有一阶连续偏导数,将直角坐标化为极坐标,即 $x=r\cos\theta,y=r\sin\theta$,求 $\dfrac{\partial z}{\partial r},\dfrac{\partial z}{\partial\theta}$.

解 变量之间的函数关系为 $z{<}{\begin{smallmatrix}x\\y\end{smallmatrix}}{\bowtie}{\begin{smallmatrix}r\\\theta\end{smallmatrix}}$,于是

$$\frac{\partial z}{\partial r}=\frac{\partial z}{\partial x}\frac{\partial x}{\partial r}+\frac{\partial z}{\partial y}\frac{\partial y}{\partial r}=\frac{\partial z}{\partial x}\cos\theta+\frac{\partial z}{\partial y}\sin\theta,$$

$$\frac{\partial z}{\partial\theta}=\frac{\partial z}{\partial x}\frac{\partial x}{\partial\theta}+\frac{\partial z}{\partial y}\frac{\partial y}{\partial\theta}=\frac{\partial z}{\partial x}\cdot(-r\sin\theta)+\frac{\partial z}{\partial y}\cdot r\cos\theta.$$

例4 设 $z=f\left(\dfrac{y}{x}\right)$,$f(u)$ 为可微函数,证明该函数必满足

$$x\frac{\partial z}{\partial x}+y\frac{\partial z}{\partial y}=0.$$

证明 设 $u=\dfrac{y}{x}$,变量间的函数关系为 $z-u{<}{\begin{smallmatrix}x\\y\end{smallmatrix}}$.

$$\frac{\partial z}{\partial x}=\frac{\mathrm{d}z}{\mathrm{d}u}\frac{\partial u}{\partial x}=f'(u)\left(-\frac{y}{x^2}\right),$$

$$\frac{\partial z}{\partial y}=\frac{\mathrm{d}z}{\mathrm{d}u}\frac{\partial u}{\partial y}=f'(u)\cdot\frac{1}{x}.$$

于是有 $$x\frac{\partial z}{\partial x}+y\frac{\partial z}{\partial y}=f'(u)\left(-\frac{xy}{x^2}\right)+f'(u)\cdot\frac{y}{x}=0.$$

例5 $u=f(x,y,t),x=x(t),y=y(t)$,求 $\dfrac{\mathrm{d}u}{\mathrm{d}t}$(今后在符号函数求导时,我们总假定所需要的条件都已满足,不一定一一说明).

解 变量间的函数关系图为 $u{=}{<}{\begin{smallmatrix}x\\y\\t\end{smallmatrix}}$.

$$\frac{\mathrm{d}u}{\mathrm{d}t} = \frac{\partial f}{\partial x}\frac{\mathrm{d}x}{\mathrm{d}t} + \frac{\partial f}{\partial y}\frac{\mathrm{d}y}{\mathrm{d}t} + \frac{\partial f}{\partial t}.$$

例 6 (1) 若 $u = f(x + xy + xyz)$,求 $\dfrac{\partial u}{\partial x}$;

(2) 若 $u = f(x, xy, xyz)$,求 $\dfrac{\partial u}{\partial x}$.

解 (1) 令 $v = x + xy + xyz$,变量间的函数关系为 $u \!-\!\!-\! v \!\!\diagdown\!\!\!\!\genfrac{}{}{0pt}{}{x}{\genfrac{}{}{0pt}{}{y}{z}}$.

$$\frac{\partial u}{\partial x} = \frac{\mathrm{d}u}{\mathrm{d}v}\frac{\partial v}{\partial x} = f'(v)(1 + y + yz) = f'(x + xy + xyz)(1 + y + yz).$$

(2) 令 $p = x, q = xy, r = xyz$,则 $u = f(p, q, r)$,变量间的函数关系为 $u \!\!\genfrac{}{}{0pt}{}{p}{\genfrac{}{}{0pt}{}{q}{r}}\!\!\diagdown\!\!\!\!\genfrac{}{}{0pt}{}{x}{\genfrac{}{}{0pt}{}{y}{z}}$.

$$\frac{\partial u}{\partial x} = \frac{\partial u}{\partial p}\frac{\mathrm{d}p}{\mathrm{d}x} + \frac{\partial u}{\partial q}\frac{\partial q}{\partial x} + \frac{\partial u}{\partial r}\frac{\partial r}{\partial x} = f_p(p, q, r) + y f_q(p, q, r) + yz f_r(p, q, r).$$

为了方便,有时也可将上面结果简记为

$$\frac{\partial u}{\partial x} = f_1' + y f_2' + yz f_3'.$$

例 7 设 $z = f(x + y, xy)$,f 具有二阶连续偏导数,求 $\dfrac{\partial z}{\partial x}$ 及 $\dfrac{\partial^2 z}{\partial x \partial y}$.

解 令 $x + y = u, xy = v$,则 $z = f(u, v)$.

引入记号 $f_1' = f_u, f_{12}'' = f_{uv}$,等等,则有

$$\frac{\partial z}{\partial x} = \frac{\partial f}{\partial u} \cdot \frac{\partial u}{\partial x} + \frac{\partial f}{\partial v} \cdot \frac{\partial v}{\partial x} = f_1' + f_2' \cdot y,$$

$$\frac{\partial^2 z}{\partial x \partial y} = \frac{\partial}{\partial y}(f_1' + y f_2') = f_{11}'' + f_{12}'' \cdot x + f_2' + y(f_{21}'' + f_{22}'' \cdot x)$$

$$= f_{11}'' + (x + y)f_{12}'' + xy f_{22}'' + f_2'.$$

7.4.2 隐函数的求导公式

1. 一个方程的情形

在一定条件下,由方程 $F(x, y, z) = 0$ 可确定一个二元函数 $z = f(x, y)$,称 z 为方程 $F(x, y, z) = 0$ 所确定的 x, y 的**隐函数**.下面讨论隐函数的求导方法.

设由方程 $F(x, y, z) = 0$ 确定 z 是 x, y 的函数

$$z = f(x, y).$$

把 $z = f(x, y)$ 代入方程 $F(x, y, z) = 0$,得到关于 x, y 的恒等式

$$F[x, y, f(x, y)] \equiv 0.$$

设 F_x, F_y, F_z 连续,且 $F_z \neq 0$,将上式两端分别对 x, y 求偏导,应用复合函数求导法则得

$$F_x + F_z \frac{\partial z}{\partial x} = 0, \quad F_y + F_z \frac{\partial z}{\partial y} = 0,$$

于是有

$$\frac{\partial z}{\partial x} = -\frac{F_x}{F_z}, \quad \frac{\partial z}{\partial y} = -\frac{F_y}{F_z}. \tag{7.4.8}$$

例 8 设 $x^2 + y^2 + z^2 - 4z = 0$，求 $\dfrac{\partial z}{\partial x}$，$\dfrac{\partial^2 z}{\partial x^2}$.

解 $F_x = 2x$，$F_z = 2z - 4$，当 $z \neq 2$ 时，由公式(7.4.8)可得

$$\frac{\partial z}{\partial x} = -\frac{2x}{2z - 4} = \frac{x}{2 - z}.$$

上式两端再一次对 x 求偏导，得

$$\frac{\partial^2 z}{\partial x^2} = \frac{\partial}{\partial x}\left(\frac{\partial z}{\partial x}\right) = \frac{\partial}{\partial x}\left(\frac{x}{2 - z}\right) = \frac{1 \cdot (2 - z) - x\left(-\dfrac{\partial z}{\partial x}\right)}{(2 - z)^2}$$

$$= \frac{2 - z + x \cdot \dfrac{x}{2 - z}}{(2 - z)^2} = \frac{x^2 + (2 - z)^2}{(2 - z)^3}.$$

例 9 设 $F(x - y, y - z) = 0$，求 $\dfrac{\partial z}{\partial x}$，$\dfrac{\partial z}{\partial y}$.

解 令 $u = x - y$，$v = y - z$，原方程可记为 $F(u, v) = 0$，将 z 看作 x, y 的函数，在方程两端对 x 求偏导，得

$$F_u \cdot \frac{\partial u}{\partial x} + F_v \cdot \frac{\partial v}{\partial x} = 0,$$

即

$$F_u + F_v \cdot \left(-\frac{\partial z}{\partial x}\right) = 0,$$

所以有

$$\frac{\partial z}{\partial x} = \frac{F_u}{F_v};$$

方程两端对 y 求偏导，得

$$F_u \cdot \frac{\partial u}{\partial y} + F_v \cdot \frac{\partial v}{\partial y} = 0,$$

即

$$F_u \cdot (-1) + F_v \cdot \left(1 - \frac{\partial z}{\partial y}\right) = 0,$$

于是有

$$\frac{\partial z}{\partial y} = \frac{F_v - F_u}{F_v}.$$

当然，本题也可用公式(7.4.8)计算 $\dfrac{\partial z}{\partial x}$ 和 $\dfrac{\partial z}{\partial y}$. 记 $F(x - y, y - z) = G(x, y, z)$，则

$$G_x = \frac{\partial F(x - y, y - z)}{\partial x} = F_u \cdot \frac{\partial u}{\partial x} = F_u,$$

$$G_y = \frac{\partial F(x - y, y - z)}{\partial y} = F_u \cdot \frac{\partial u}{\partial y} + F_v \cdot \frac{\partial v}{\partial y} = -F_u + F_v,$$

$$G_z = \frac{\partial F(x - y, y - z)}{\partial z} = F_v \cdot \frac{\partial v}{\partial z} = -F_v,$$

所以有

$$\frac{\partial z}{\partial x} = -\frac{G_x}{G_z} = \frac{F_u}{F_v}, \quad \frac{\partial z}{\partial y} = -\frac{G_y}{G_z} = \frac{-F_u + F_v}{F_v}.$$

还可以用全微分法求 $\dfrac{\partial z}{\partial x}$ 和 $\dfrac{\partial z}{\partial y}$. 方程 $F(x - y, y - z) = 0$ 的两端取微分，有

$$F_u \cdot (\mathrm{d}x - \mathrm{d}y) + F_v \cdot (\mathrm{d}y - \mathrm{d}z) = 0,$$

解得

$$\mathrm{d}z = \frac{F_u}{F_v}\mathrm{d}x + \frac{-F_u + F_v}{F_v}\mathrm{d}y.$$

由全微分概念知，$\dfrac{\partial z}{\partial x} = \dfrac{F_u}{F_v}$，$\dfrac{\partial z}{\partial y} = \dfrac{-F_u + F_v}{F_v}$.

2. 方程组的情形

对于方程组 $\begin{cases} F(x,y,u,v)=0, \\ G(x,y,u,v)=0, \end{cases}$ 在 x,y,u,v 四个变量中,一般只能有两个变量独立变化,而另外两个变量则是它们的隐函数. 比如 x,y 可选作自变量,则 u,v 是 x,y 的二元函数,利用所给方程组,我们可以求出 $\dfrac{\partial u}{\partial x},\dfrac{\partial v}{\partial x},\dfrac{\partial u}{\partial y}$ 及 $\dfrac{\partial v}{\partial y}$(这当然需要一定的条件,我们不加以详细叙述,也不给出证明).

例 10　求由方程组 $\begin{cases} u^3+xv=y, \\ v^3+yu=x \end{cases}$ 所确定的隐函数 $u=u(x,y),v=v(x,y)$ 的偏导数 $\dfrac{\partial u}{\partial x}$, $\dfrac{\partial v}{\partial x},\dfrac{\partial u}{\partial y}$ 及 $\dfrac{\partial v}{\partial y}$.

解　所给方程的两端对 x 求偏导,得

$$\begin{cases} 3u^2\dfrac{\partial u}{\partial x}+x\dfrac{\partial v}{\partial x}=-v, \\[2mm] y\dfrac{\partial u}{\partial x}+3v^2\dfrac{\partial v}{\partial x}=1. \end{cases}$$

解此关于 $\dfrac{\partial u}{\partial x}$ 及 $\dfrac{\partial v}{\partial x}$ 的线性方程组,当 $9u^2v^2-xy\neq0$ 时,由克拉默法则有

$$\frac{\partial u}{\partial x}=\frac{\begin{vmatrix} -v & x \\ 1 & 3v^2 \end{vmatrix}}{\begin{vmatrix} 3u^2 & x \\ y & 3v^2 \end{vmatrix}}=-\frac{x+3v^3}{9u^2v^2-xy},$$

$$\frac{\partial v}{\partial x}=\frac{\begin{vmatrix} 3u^2 & -v \\ y & 1 \end{vmatrix}}{\begin{vmatrix} 3u^2 & x \\ y & 3v^2 \end{vmatrix}}=\frac{3u^2+yv}{9u^2v^2-xy}.$$

所给方程的两端对 y 求偏导,得

$$\begin{cases} 3u^2\dfrac{\partial u}{\partial y}+x\dfrac{\partial v}{\partial y}=1, \\[2mm] y\dfrac{\partial u}{\partial y}+3v^2\dfrac{\partial v}{\partial y}=-u. \end{cases}$$

可解得 $\dfrac{\partial u}{\partial x}=\dfrac{xu+3v^2}{9u^2v^2-xy},\dfrac{\partial v}{\partial y}=-\dfrac{y+3u^3}{9u^2v^2-xy}.$

例 11　设 $y=f(x,t)$,而 t 是由方程 $F(x,y,t)=0$ 所确定的隐函数,求证:

$$\frac{\mathrm{d}y}{\mathrm{d}x}=\frac{\dfrac{\partial f}{\partial x}\dfrac{\partial F}{\partial t}-\dfrac{\partial f}{\partial t}\dfrac{\partial F}{\partial x}}{\dfrac{\partial f}{\partial t}\dfrac{\partial F}{\partial y}+\dfrac{\partial F}{\partial t}}.$$

证明　所给两方程中共有三个变量,可确定两个一元隐函数,由题目所给条件知,是将 x 选作自变量,而 y,t 都是 x 的函数. 在方程组

$$\begin{cases} y-f(x,t)=0, \\ F(x,y,t)=0 \end{cases}$$

中的各方程的两端对 x 求导,注意到 y,t 是 x 的函数,可得

$$\begin{cases} \dfrac{\mathrm{d}y}{\mathrm{d}x} - \left(\dfrac{\partial f}{\partial x} + \dfrac{\partial f}{\partial t}\dfrac{\mathrm{d}t}{\mathrm{d}x}\right) = 0, \\ \dfrac{\partial F}{\partial x} + \dfrac{\partial F}{\partial y}\dfrac{\mathrm{d}y}{\mathrm{d}x} + \dfrac{\partial F}{\partial t}\dfrac{\mathrm{d}t}{\mathrm{d}x} = 0, \end{cases}$$

即

$$\begin{cases} \dfrac{\mathrm{d}y}{\mathrm{d}x} - \dfrac{\partial f}{\partial t}\dfrac{\mathrm{d}t}{\mathrm{d}x} = \dfrac{\partial f}{\partial x}, \\ \dfrac{\partial F}{\partial y}\dfrac{\mathrm{d}y}{\mathrm{d}x} + \dfrac{\partial F}{\partial t}\dfrac{\mathrm{d}t}{\mathrm{d}x} = -\dfrac{\partial F}{\partial x}. \end{cases}$$

解得

$$\frac{\mathrm{d}y}{\mathrm{d}x} = \frac{\begin{vmatrix} \dfrac{\partial f}{\partial x} & -\dfrac{\partial f}{\partial t} \\ -\dfrac{\partial F}{\partial x} & \dfrac{\partial F}{\partial t} \end{vmatrix}}{\begin{vmatrix} 1 & -\dfrac{\partial f}{\partial t} \\ \dfrac{\partial F}{\partial y} & \dfrac{\partial F}{\partial t} \end{vmatrix}} = \frac{\dfrac{\partial f}{\partial x}\cdot\dfrac{\partial F}{\partial t} - \dfrac{\partial f}{\partial t}\cdot\dfrac{\partial F}{\partial x}}{\dfrac{\partial F}{\partial t} + \dfrac{\partial F}{\partial y}\cdot\dfrac{\partial f}{\partial t}}.$$

习题 7-4

1. 求下列各函数的一阶偏导数:

(1) $z = u^2 v - u v^2, u = x\cos y, v = x\sin y$; (2) $z = \mathrm{e}^{uv}, u = \ln\sqrt{x^2+y^2}, v = \arctan\dfrac{y}{x}$;

(3) $z = uv, x = u+v, y = 3u+2v$; (4) $z = \dfrac{\cos u}{v}, u = \dfrac{y}{x}, v = x^2 - y^2$.

2. $z = \arcsin(x-y), x = 3t, y = 4t^3$, 求 $\dfrac{\mathrm{d}z}{\mathrm{d}t}$.

3. $u = \mathrm{e}^x(y-z), x = t, y = \sin t, z = \cos t$, 求 $\dfrac{\mathrm{d}u}{\mathrm{d}t}$.

4. 下面各题设 f 有一阶连续偏导数(或导函数),求对自变量的一阶偏导数:

(1) $z = f(ax, by), a, b$ 为常数; (2) $z = f(x^2 - y^2)$;

(3) $z = f(x^2 - y^2, \mathrm{e}^{xy})$; (4) $u = f\left(\dfrac{x}{y}, \dfrac{y}{z}\right)$;

(5) $u = f\left(x, \dfrac{x}{y}\right)$; (6) $u = f(\sin x, xy)$.

5. 设 $u = \varphi(x^2 + y^2)$,其中 φ 是可微函数,证明:

$$x\frac{\partial u}{\partial y} - y\frac{\partial u}{\partial x} = 0.$$

6. $z = xy + xF(u), u = \dfrac{y}{x}, F(u)$ 为可导函数,证明:

$$x\frac{\partial z}{\partial x} + y\frac{\partial z}{\partial y} = z + xy.$$

7. 设 $z = yf(x^2 - y^2), f(u)$ 为可导函数,证明:

$$\frac{1}{x}\frac{\partial z}{\partial x} + \frac{1}{y}\frac{\partial z}{\partial y} = \frac{z}{y^2}.$$

8. 已知 $x^3 + y^3 - 8 = 0$，在点 $(0,2)$ 处求 $\dfrac{dy}{dx}$.

9. 对下列方程所确定的函数 $z = f(x,y)$，求 $\dfrac{\partial z}{\partial x}, \dfrac{\partial z}{\partial y}$：

(1) $x + 2y + z - 2\sqrt{xyz} = 0$；

(2) $\dfrac{x}{z} = \ln\dfrac{z}{y}$；

(3) $x + y + z = e^{x+y+z}$；

(4) $e^z - xyz = 0$.

10. 设方程 $F(x,y,z) = 0$ 可把任一变量确定为其余两变量的函数，且这些函数都具有一阶连续偏导数，证明：

$$\frac{\partial x}{\partial y} \cdot \frac{\partial y}{\partial z} \cdot \frac{\partial z}{\partial x} = -1.$$

11. 设 $u = u(x,t)$ 有二阶连续偏导数，证明引入新变量 $\xi = x + at, \eta = x - at$ 后，方程 $a^2 \dfrac{\partial^2 u}{\partial x^2} - \dfrac{\partial^2 u}{\partial t^2} = 0$ 变换为 $\dfrac{\partial^2 u}{\partial \xi \partial \eta} = 0$（$a$ 为非零常数）.

12. 设 $xu - yv = 0, yu + xv = 1$，求 $\dfrac{\partial u}{\partial x}, \dfrac{\partial u}{\partial y}, \dfrac{\partial v}{\partial x}$ 和 $\dfrac{\partial v}{\partial y}$.

13. 设 $x + y + z = 0, x^2 + y^2 + z^2 = 1$，求 $\dfrac{dx}{dz}, \dfrac{dy}{dz}$.

7.5　偏导数的几何应用

7.5.1　空间曲线的切线及法平面

设空间曲线 Γ 的参数方程为

$$x = \varphi(t), \quad y = \psi(t), \quad z = \omega(t), \tag{7.5.1}$$

并假定式（7.5.1）中的三个函数都可导，且导数不同时为零.

现考虑当 $t = t_0$ 时，在曲线 Γ 上对应点 $M_0(x_0, y_0, z_0)$ 处的切线，这里 $x_0 = \varphi(t_0), y_0 = \psi(t_0), z_0 = \omega(t_0)$.

在 Γ 上任取对应于 $t = t_0 + \Delta t$ 的一动点 $M(x_0 + \Delta x, y_0 + \Delta y, z_0 + \Delta z)$，则曲线的割线 $M_0 M$ 的方程是

$$\frac{x - x_0}{\Delta x} = \frac{y - y_0}{\Delta y} = \frac{z - z_0}{\Delta z}.$$

当动点 M 沿曲线 Γ 趋于 M_0 时，割线 $M_0 M$ 的极限位置 $M_0 T$ 就是曲线 Γ 在点 M_0 处的**切线**（图 7-9）.

用 Δt 遍除割线方程的分母，得

$$\frac{x - x_0}{\dfrac{\Delta x}{\Delta t}} = \frac{y - y_0}{\dfrac{\Delta y}{\Delta t}} = \frac{z - z_0}{\dfrac{\Delta z}{\Delta t}},$$

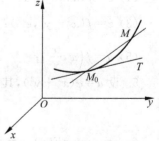

图　7-9

当 $M \to M_0$ 时，有 $\Delta t \to 0$，对上式取极限，即得曲线 Γ 在 M_0 处的切线方程

$$\frac{x - x_0}{\varphi'(t_0)} = \frac{y - y_0}{\psi'(t_0)} = \frac{z - z_0}{\omega'(t_0)}, \tag{7.5.2}$$

这里 $\varphi'(t_0), \psi'(t_0), \omega'(t_0)$ 不全为零. 如有的分母为零，则约定相应的分子亦同时为零.

曲线 Γ 在 M_0 处的切线的一个方向向量（称为曲线的**切向量**）为
$$s = (\varphi'(t_0), \psi'(t_0), \omega'(t_0)).$$

过曲线 Γ 上一点 M_0 而与曲线在该点的切线垂直的平面叫做曲线在 M_0 点的**法平面**. 显然,曲线 Γ 在 M_0 处法平面的一个法向量就是 $(\varphi'(t_0), \psi'(t_0), \omega'(t_0))$,因此该法平面的方程为
$$\varphi'(t_0)(x-x_0) + \psi'(t_0)(y-y_0) + \omega'(t_0)(z-z_0) = 0. \tag{7.5.3}$$

例1 求曲线 $x=t, y=t^2, z=t^3$ 在点 $(1,1,1)$ 处的切线方程及法平面方程.

解 点 $(1,1,1)$ 所对应的参数 $t_0=1, x'_t=1, y'_t=2t, z'_t=3t^2$,曲线在点 $(1,1,1)$ 处的一个切向量可表示为 $(1,2,3)$.

所求曲线的切线方程为
$$\frac{x-1}{1} = \frac{y-1}{2} = \frac{z-1}{3},$$

法平面方程为
$$(x-1) + 2(y-1) + 3(z-1) = 0,$$
即
$$x+2y+3z=6.$$

例2 求曲线 $y=x, z=x^2$ 在点 $M_0(1,1,1)$ 处的切线方程及法平面方程.

解 将 x 看作参数,则曲线的参数方程为 $x=x, y=x, z=x^2 . \frac{\mathrm{d}x}{\mathrm{d}x}=1, \frac{\mathrm{d}y}{\mathrm{d}x}=1, \frac{\mathrm{d}z}{\mathrm{d}x}=2x$,而点 $M_0(1,1,1)$ 对应于参数 $x_0=1$,所以曲线在 M_0 点的一个切向量为 $(1,1,2)$.

于是,切线方程为
$$\frac{x-1}{1} = \frac{y-1}{1} = \frac{z-1}{2},$$

法平面方程为
$$(x-1) + (y-1) + 2(z-1) = 0,$$
即
$$x+y+2z=4.$$

例3 设曲面 Σ 的方程为 $F(x,y,z)=0, M_0$ 为 Σ 上一点,又设 F_x, F_y, F_z 在 M_0 处连续且不同时为零,试证:曲面上过 M_0 的任何曲线的切线都在同一平面内.

证明 设曲面 Σ 上过 M_0 点的任意取定的一条曲线 Γ 的参数方程为
$$x = x(t), \quad y = y(t), \quad z = z(t),$$
由于曲线在曲面上,所以有
$$F[x(t), y(t), z(t)] \equiv 0.$$
若 M_0 点对应于参数 $t=t_0$,上式两端在 t_0 点对 t 求导,得
$$F_x(x_0,y_0,z_0)x'(t_0) + F_y(x_0,y_0,z_0)y'(t_0)$$
$$+ F_z(x_0,y_0,z_0)z'(t_0) = 0,$$
写成向量的数量积形式为
$$(F_x(M_0), F_y(M_0), F_z(M_0)) \cdot (x'(t_0), y'(t_0), z'(t_0)) = 0, \tag{7.5.4}$$

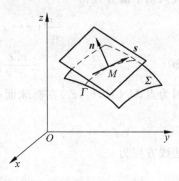

其中 $s=(x'(t_0), y'(t_0), z'(t_0))$ 是曲线 Γ 在 M_0 处的一个切向量,而向量 $n=(F_x(M_0), F_y(M_0), F_z(M_0))$ 完全由曲面 Σ 确定. 因此式 $(7.5.4)$ 说明,曲面 Σ 上过 M_0 的任一条曲线的切线都与向量 n 垂直,即都在过 M_0 而与 n 垂直的平面上(图 7-10).

图 7-10

7.5.2 曲面的切平面与法线

由例 3 可知,曲面上过 M_0 的任一曲线的切线都在同一平面上,称此平面为曲面在 M_0 点的**切平面**,过 M_0 而与切平面垂直的直线称为曲面在 M_0 点的**法线**.

由例 3 知,曲面 $\Sigma: F(x, y, z) = 0$ 过 M_0 点的切面的一个法向量为

$$n = (F_x(M_0), F_y(M_0), F_z(M_0)),$$

故曲面 Σ 过 M_0 点的切平面方程为

$$F_x(M_0)(x - x_0) + F_y(M_0)(y - y_0) + F_z(M_0)(z - z_0) = 0, \tag{7.5.5}$$

曲面 Σ 过 M_0 点的法线的方程为

$$\frac{x - x_0}{F_x(M_0)} = \frac{y - y_0}{F_y(M_0)} = \frac{z - z_0}{F_z(M_0)}. \tag{7.5.6}$$

若曲面 Σ 的方程由显函数 $z = f(x, y)$ 给出,它很容易写成隐函数的形式

$$F(x, y, z) = f(x, y) - z = 0,$$

这时有

$$F_x = f_x(x, y), \quad F_y = f_y(x, y), \quad F_z = -1,$$

故过 M_0 点的切平面的一个法向量为

$$n = (f_x(x_0, y_0), f_y(x_0, y_0), -1),$$

切平面方程为

$$f_x(x_0, y_0)(x - x_0) + f_y(x_0, y_0)(y - y_0) - (z - z_0) = 0, \tag{7.5.7}$$

法线方程为

$$\frac{x - x_0}{f_x(x_0, y_0)} = \frac{y - y_0}{f_y(x_0, y_0)} = \frac{z - z_0}{-1}. \tag{7.5.8}$$

例 4 求椭球面 $\frac{x^2}{a^2} + \frac{y^2}{b^2} + \frac{z^2}{c^2} = 1$ 在点 $M_0(x_0, y_0, z_0)$ 处的切平面方程及法线方程.

解
$$F(x, y, z) = \frac{x^2}{a^2} + \frac{y^2}{b^2} + \frac{z^2}{c^2} - 1,$$

$$F_x(M_0) = \frac{2x_0}{a^2}, \quad F_y(M_0) = \frac{2y_0}{b^2}, \quad F_z(M_0) = \frac{2z_0}{c_2},$$

代入切平面方程得

$$\frac{2x_0}{a^2}(x - x_0) + \frac{2y_0}{b^2}(y - y_0) + \frac{2z_0}{c^2}(z - z_0) = 0,$$

即

$$\frac{x_0 x}{a^2} + \frac{y_0 y}{b^2} + \frac{z_0 z}{c^2} - \left(\frac{x_0^2}{a^2} + \frac{y_0^2}{b^2} + \frac{z_0^2}{c^2}\right) = 0.$$

因为点 $M_0(x_0, y_0, z_0)$ 在椭球面上,所以切平面方程为

$$\frac{x_0 x}{a^2} + \frac{y_0 y}{b^2} + \frac{z_0 z}{c^2} = 1,$$

法线方程为

$$\frac{x - x_0}{\frac{x_0}{a^2}} = \frac{y - y_0}{\frac{y_0}{b^2}} = \frac{z - z_0}{\frac{z_0}{c^2}}.$$

例 5 求抛物面 $z=x^2+y^2$ 在点 $(1,2,5)$ 处的切平面方程及法线方程.

解 $f_x(1,2)=2, f_y(1,2)=4$, 所以, 切平面方程为
$$2(x-1)+4(y-2)-(z-5)=0,$$
即
$$2x+4y-z-5=0.$$
法线方程为
$$\frac{x-1}{2}=\frac{y-2}{4}=\frac{z-5}{-1}.$$

习题 7-5

1. 求曲线 $x=t-\sin t, y=1-\cos t, z=4\sin\dfrac{t}{2}$ 在点 $\left(\dfrac{\pi}{2}-1,1,2\sqrt{2}\right)$ 处的切线方程及法平面方程.

2. 求曲线 $y^2=2mx, z^2=m-x$ 在点 $M_0(x_0,y_0,z_0)$ 处的切线方程及法平面方程.

3. 求曲线 $x=t, y=t^2, z=t^3$ 上的点, 使曲线在该点的切线平行于平面 $x+2y+z=4$.

4. 求曲面 $z=\sin x\cos y$ 在点 $M_0\left(\dfrac{\pi}{4},\dfrac{2\pi}{3},-\dfrac{\sqrt{2}}{4}\right)$ 处的切平面方程及法线方程.

5. 求曲面 $x^2+y^2+4z^2=6$ 上平行于平面 $x+y+4z=16$ 的切平面方程.

6. 求曲面 $z=\sqrt{x^2+y^2}+\sqrt{(x^2+y^2)^3}$ 在点 $(1,0,2)$ 处的切平面, 并求该点的法线与 z 轴夹角的余弦.

7. 证明曲面 $xyz=1$ 上任一点处的切平面与三坐标面围成的立体的体积为定值.

7.6 方向导数与梯度

7.6.1 方向导数

函数 $z=f(x,y)$ 的偏导数 $\dfrac{\partial z}{\partial x}$ 和 $\dfrac{\partial z}{\partial y}$ 分别表示函数 $f(x,y)$ 在点 $P(x,y)$ 沿平行于 x 轴正方向和 y 轴正方向的变化率. 现在我们来讨论函数在给定点沿任一给定方向的变化率.

设函数 $z=f(x,y)$ 在点 $P(x,y)$ 的某邻域内有定义. 自点 P 引射线 l, 射线 l 与 x 轴及 y 轴正向的夹角分别为 α,β. 自点 P 沿射线 l 变动到另一点 $P'(x+\Delta x, y+\Delta y)$ 时, 函数沿 l 的改变量
$$\Delta z=f(x+\Delta x, y+\Delta y)-f(x,y),$$
与 P, P' 两点间的距离
$$\rho=\sqrt{(\Delta x)^2+(\Delta y)^2}$$
的比值 $\dfrac{\Delta z}{\rho}$ 是函数 $z=f(x,y)$ 在点 P 处沿 l 方向到点 P' 的平均变化率 (图 7-11). 当 P' 点沿 l 趋于 P 时, 如果这个比的极限存在, 则称此极限为函数 $f(x,y)$ 在点 P 沿射线 l 方向的**方向导数**, 记为 $\dfrac{\partial f}{\partial l}$, 即
$$\frac{\partial f}{\partial l}=\lim_{\rho\to 0}\frac{f(x+\Delta x, y+\Delta y)-f(x,y)}{\rho}.$$

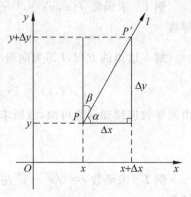

图 7-11

从定义可知,当 $z=f(x,y)$ 在点 $P(x,y)$ 的偏导存在时,则函数 $f(x,y)$ 在点 P 沿 x 轴正向和 y 轴正向的方向导数存在,且其值分别为 f_x 和 f_y;函数在点 P 沿 x 轴负向和 y 轴负向导数分别为 $-f_x$ 和 $-f_y$.

关于方向导数的存在性及计算方法,我们有下面的定理.

定理   如果函数 $z=f(x,y)$ 在点 $P(x,y)$ 是可微分的,那么函数在该点沿任一方向 l 的方向导数都存在,且有

$$\frac{\partial f}{\partial l} = \frac{\partial f}{\partial x}\cos\alpha + \frac{\partial f}{\partial y}\cos\beta, \tag{7.6.1}$$

其中 α,β 为 x 轴及 y 轴正向与方向 l 的夹角.

证明   根据函数 $z=f(x,y)$ 在点 $P(x,y)$ 可微分的条件,函数在 P 点的增量可表达为

$$f(x+\Delta x,y+\Delta y)-f(x,y) = \frac{\partial f}{\partial x}\Delta x + \frac{\partial f}{\partial y}\Delta y + o(\rho),$$

上式两边同除以 ρ,得到

$$\frac{f(x+\Delta x,y+\Delta y)-f(x,y)}{\rho} = \frac{\partial f}{\partial x}\cdot\frac{\Delta x}{\rho} + \frac{\partial f}{\partial y}\cdot\frac{\Delta y}{\rho} + \frac{o(\rho)}{\rho}$$

$$= \frac{\partial f}{\partial x}\cdot\cos\alpha + \frac{\partial f}{\partial y}\cdot\cos\beta + \frac{o(\rho)}{\rho}.$$

令 $\rho \to 0$ 对上式取极限,则有

$$\lim_{\rho\to 0}\frac{\Delta z}{\rho} = \frac{\partial f}{\partial x}\cos\alpha + \frac{\partial f}{\partial y}\cos\beta.$$

这就证明方向导数的存在,且有

$$\frac{\partial f}{\partial l} = \frac{\partial f}{\partial x}\cos\alpha + \frac{\partial f}{\partial y}\cos\beta.$$

与方向 l 同向的单位向量记为 l°,则 $l^\circ = (\cos\alpha,\cos\beta)$,进而有

$$\frac{\partial f}{\partial l} = \left(\frac{\partial f}{\partial x},\frac{\partial f}{\partial y}\right)\cdot l^\circ = \left(\frac{\partial f}{\partial x},\frac{\partial f}{\partial y}\right)\cdot(\cos\alpha,\cos\beta). \tag{7.6.1'}$$

方向导数的概念很容易推广到三元函数.同样可以证明,如果函数 $f(x,y,z)$ 在点 P 可微,那么函数在 P 点沿 l 方向的方向导数为

$$\frac{\partial f}{\partial l} = \frac{\partial f}{\partial x}\cos\alpha + \frac{\partial f}{\partial y}\cos\beta + \frac{\partial f}{\partial z}\cos\gamma, \tag{7.6.2}$$

其中 α,β,γ 分别为 l 与 x 轴、y 轴、z 轴正向的夹角,称作方向 l 的**方向角**.

例 1   求函数 $f(x,y)=x^2-y^2$ 在点 $P(3,4)$ 处沿从点 $P(3,4)$ 到点 $Q(5,2)$ 方向的方向导数.

解   这里的方向,l 即为向量 $\overrightarrow{PQ}=(2,-2)$ 的方向,$\overrightarrow{PQ}^\circ = (\cos\alpha,\cos\beta) = \left(\frac{\sqrt{2}}{2}, -\frac{\sqrt{2}}{2}\right)$.

$$f_x(3,4) = 2x\Big|_{\substack{x=3\\y=4}} = 6, \quad f_y(3,4) = -2y\Big|_{\substack{x=3\\y=4}} = -8.$$

由偏导数连续知函数可微,故所求方向导数

$$\frac{\partial f}{\partial l}\Big|_P = 6\cdot\frac{\sqrt{2}}{2} + (-8)\cdot\left(-\frac{\sqrt{2}}{2}\right) = 7\sqrt{2}.$$

例 2   求函数 $r=\sqrt{x^2+y^2}$ 在点 $P(x,y)$ 处沿方向 l 的方向导数,设 x 轴正向到方向 l 的转角为 φ.

解
$$\frac{\partial r}{\partial x} = \frac{x}{\sqrt{x^2+y^2}} = \frac{x}{r}, \quad \frac{\partial r}{\partial y} = \frac{y}{\sqrt{x^2+y^2}} = \frac{y}{r},$$

又因为方向 l 的方向余弦 $\cos\alpha = \cos\varphi, \cos\beta = \sin\varphi$,所以

$$\frac{\partial r}{\partial l} = \frac{x}{r}\cos\varphi + \frac{y}{r}\sin\varphi.$$

因为函数 $r = \sqrt{x^2+y^2}$ 的几何意义是点 $P(x, y)$ 处的向径 $\boldsymbol{r}$ 的模,设 x 轴正向到 $\boldsymbol{r}$ 的转角为 θ,则

$$\frac{x}{r} = \cos\theta, \quad \frac{y}{r} = \sin\theta,$$

代入上式,得

$$\frac{\partial r}{\partial l} = \cos\theta\cos\varphi + \sin\theta\sin\varphi = \cos(\theta-\varphi).$$

当 $\varphi = \theta$ 时,$\frac{\partial r}{\partial l} = 1$,即函数 r 沿着向径 $\boldsymbol{r}$ 本身的方向的方向导数为 1,而当 $\varphi = \theta \pm \frac{\pi}{2}$ 时,$\frac{\partial r}{\partial l} = 0$,即 r 在与向径 $\boldsymbol{r}$ 垂直的方向上的方向导数为零.

7.6.2 梯度

定义 设函数 $z = f(x, y)$ 在平面区域 D 内可微,则对于 D 内每一点 $P(x, y)$,都可以确定一向量

$$\frac{\partial f}{\partial x}\boldsymbol{i} + \frac{\partial f}{\partial y}\boldsymbol{j},$$

这个向量称为函数 $z = f(x, y)$ 在点 $P(x, y)$ 的**梯度**,记为 $\mathrm{grad}f(x, y)$,即

$$\mathrm{grad}f(x, y) = \frac{\partial f}{\partial x}\boldsymbol{i} + \frac{\partial f}{\partial y}\boldsymbol{j}. \tag{7.6.3}$$

下面,我们研究梯度与方向导数之间的关系.

设 $\boldsymbol{l}^\circ = \cos\alpha\boldsymbol{i} + \cos\beta\boldsymbol{j}$ 是 l 方向上的单位向量,则由方向导数的计算公式可知

$$\frac{\partial f}{\partial l} = \frac{\partial f}{\partial x}\cos\alpha + \frac{\partial f}{\partial y}\cos\beta = \left(\frac{\partial f}{\partial x}, \frac{\partial f}{\partial y}\right) \cdot (\cos\alpha, \cos\beta)$$

$$= \mathrm{grad}f(x, y) \cdot \boldsymbol{l}^\circ = |\mathrm{grad}f(x, y)| \cos(\widehat{\mathrm{grad}f(x, y), \boldsymbol{l}^\circ}).$$

这里 $(\widehat{\mathrm{grad}f(x, y), \boldsymbol{l}^\circ})$ 表示向量 $\mathrm{grad}f(x, y)$ 与向量 $\boldsymbol{l}^\circ$ 的夹角. 当方向 l 与梯度方向一致时,有 $\cos(\widehat{\mathrm{grad}f(x, y), \boldsymbol{l}^\circ}) = 1$,从而 $\frac{\partial f}{\partial l}$ 取得最大值 $|\mathrm{grad}f(x, y)|$. 所以沿梯度方向的方向导数达到最大值,也就是说梯度方向是函数 $f(x, y)$ 在这点增长最快的方向,由此可得梯度与方向导数的关系如下:

函数在某一点的梯度是这样的一个向量,它的方向与函数取得最大方向导数的方向一致,而它的模为方向导数的最大值.

由梯度的定义知,梯度的模为

$$|\mathrm{grad}f(x, y)| = \sqrt{\left(\frac{\partial f}{\partial x}\right)^2 + \left(\frac{\partial f}{\partial y}\right)^2},$$

梯度方向（当 $\operatorname{grad} f(x,y) \neq \mathbf{0}$ 时）的单位向量为

$$\left(\frac{f_x}{\sqrt{f_x^2 + f_y^2}}, \frac{f_y}{\sqrt{f_x^2 + f_y^2}} \right).$$

例 3　求函数 $f(x,y) = \dfrac{1}{x^2 + y^2}$ 在点 $(1,1)$ 处的梯度,方向导数的最大值和最小值.

解
$$\frac{\partial f}{\partial x} = -\frac{2x}{(x^2 + y^2)^2}, \quad \frac{\partial f}{\partial y} = -\frac{2y}{(x^2 + y^2)^2},$$

所以
$$\operatorname{grad} f(x,y) \Big|_{\substack{x=1 \\ y=1}} = -\frac{\mathbf{i}}{2} - \frac{\mathbf{j}}{2},$$

在点 $(1,1)$ 处方向导数的最大值为 $\sqrt{\left(-\dfrac{1}{2}\right)^2 + \left(-\dfrac{1}{2}\right)^2} = \dfrac{\sqrt{2}}{2}$,最小值为 $-\dfrac{\sqrt{2}}{2}$.

例 4　由静电学知识,一点电荷 q（位于原点）在点 $P(x,y,z)$ 处所产生的电位 $v = \dfrac{q}{4\pi\varepsilon r}$,其中 $r = \sqrt{x^2 + y^2 + z^2}$,求 $\operatorname{grad} v$.

解
$$\operatorname{grad} v = \frac{q}{4\pi\varepsilon} \operatorname{grad} \frac{1}{r} = -\frac{q}{4\pi\varepsilon r^3}(x\mathbf{i} + y\mathbf{j} + z\mathbf{k}) = -\frac{q}{4\pi\varepsilon r^3}\mathbf{r},$$

而 q 所产生的电场强度 $\mathbf{E} = \dfrac{q}{4\pi\varepsilon r^3}\mathbf{r}$,于是有 $\operatorname{grad} v = -\mathbf{E}$.

习题 7-6

1. 求函数 $z = x^2 - xy + y^2$ 在点 $(1,1)$ 处沿方向角为 α, β 的方向 $\mathbf{l}$ 的方向导数,问 α, β 为何值时方向导数有（1）最大值;（2）最小值;（3）等于零.

2. 已知点 $M(3,1), N(6,5)$,求函数 $z = x^3 - 3x^2 y + 3xy^2 + 1$ 在点 M 处沿 $\overrightarrow{MN}$ 方向的方向导数.

3. 求 $z = y^2 \mathrm{e}^{2x}$ 在点 $(1,2)$ 处的梯度及其模.

4. 设 u, v 都是 x, y 的函数,且 u, v 的一阶偏导数都连续,证明:

（1）$\operatorname{grad}(u+v) = \operatorname{grad} u + \operatorname{grad} v$;　　　　（2）$\operatorname{grad}(uv) = v \operatorname{grad} u + u \operatorname{grad} v$.

5. 求函数 $z = 1 - \left(\dfrac{x^2}{a^2} + \dfrac{y^2}{b^2}\right)$ 在点 $\left(\dfrac{a}{\sqrt{2}}, \dfrac{b}{\sqrt{2}}\right)$ 处沿曲线 $\dfrac{x^2}{a^2} + \dfrac{y^2}{b^2} = 1$ 在这点的内法线方向的方向导数.

6. 求函数 $u = xyz$ 在点 $P(1,2-3)$ 处沿曲面 $z = x^2 + y^2$ 在点 P 的向上的法向量方向的方向导数.

7.7　多元函数的极值

7.7.1　多元函数的极值及最大值、最小值

在实际问题中,往往会遇到多元函数的最大值、最小值问题.与一元函数类似,多元函数的最大值、最小值问题与极大值、极小值问题密切相关.因此,我们以二元函数为例,先讨论多元函数的极值问题.

定义　设函数 $z = f(x,y)$ 在点 $P_0(x_0, y_0)$ 的某邻域内有定义,对该邻域内异于 P_0 的任一

点(x,y),如果都有 $f(x,y)<f(x_0,y_0)$,则称函数在点(x_0,y_0)有**极大值** $f(x_0,y_0)$;如果都有 $f(x,y)>f(x_0,y_0)$,则称函数在点(x_0,y_0)有**极小值** $f(x_0,y_0)$.极大值和极小值统称为**极值**.

例如:函数 $z=x^2+4y^2$ 在点$(0,0)$处有极小值 0,函数 $z=1-\sqrt{x^2+y^2}$ 在点$(0,0)$有极大值 1,而函数 $z=x^2-y^2$ 在点$(0,0)$处既不取得极大值也不取得极小值.

定理 1(极值的必要条件) 设函数 $z=f(x,y)$ 在点 $P_0(x_0,y_0)$ 处具有偏导数,且在该点处有极值,则它在 P_0 点的偏导数必为零.

证明 因为二元函数 $f(x,y)$ 在(x_0,y_0)取得极值,那么,将 y 固定在 y_0 时,$z=f(x,y_0)$ 就可看作 x 的一元函数,记为 $\varphi(x)$,它必定在 $x=x_0$ 处也取得极值.根据一元函数极值的必要条件,有

$$\varphi'(x_0)=\frac{\mathrm{d}f(x,y_0)}{\mathrm{d}x}\Big|_{x=x_0}=0,$$

即

$$f_x(x_0,y_0)=0.$$

同样可证

$$f_y(x_0,y_0)=0.$$

与一元函数相类似,使二元函数 $f(x,y)$ 的两个偏导数 $f_x(x_0,y_0)=0, f_y(x_0,y_0)=0$ 的点 $P_0(x_0,y_0)$ 叫做二元函数 $f(x,y)$ 的一个**驻点**.定理 1 说明,偏导数都存在的函数的极值点必是函数的驻点.但驻点不一定是极值点.例如,函数 $f(x,y)=xy$ 在点$(0,0)$处有 $f_x(0,0)=0, f_y(0,0)=0$,因此$(0,0)$是该函数的驻点.但点$(0,0)$的任何邻域内既有使函数值为正数的点,又有使函数值为负数的点,所以$(0,0)$不是函数的极值点.

此外,在偏导数不存在的点处,函数也有可能取得极值.例如函数 $z=\sqrt{x^2+y^2}$ 在点$(0,0)$处偏导数不存在,但函数在$(0,0)$处取得极小值.

如何判断函数的一个驻点是否为极值点呢?下面的定理回答了这个问题.

定理 2(极值的充分条件) 设函数 $z=f(x,y)$ 在点 $P_0(x_0,y_0)$ 的某邻域内有一阶、二阶连续偏导数,且 $f_x(x_0,y_0)=0, f_y(x_0,y_0)=0$.若

$$f_{xx}(x_0,y_0)=A, \quad f_{xy}(x_0,y_0)=B, \quad f_{yy}(x_0,y_0)=C,$$

则函数 $f(x,y)$ 在驻点(x_0,y_0)是否取得极值的结论如下:

(1) 当 $AC-B^2>0$ 时,函数有极值,且当 $A<0$ 时有极大值,当 $A>0$ 时有极小值;

(2) 当 $AC-B^2<0$ 时没有极值;

(3) 当 $AC-B^2=0$ 时可能有极值,也可能没有极值,需另作讨论.

证明从略.

根据定理 1、定理 2,我们可将存在二阶连续偏导数的函数 $z=f(x,y)$ 的极值的求法归纳如下:

第一步 解方程组

$$f_x(x,y)=0, \quad f_y(x,y)=0,$$

求得一切实数解,即可得到函数 $f(x,y)$ 的一切驻点.

第二步 对每一个驻点(x_0,y_0),求出二阶偏导数值 A,B,C.

第三步 定出 $AC-B^2$ 的符号,依定理 2 判定 $f(x_0,y_0)$ 是否为极值,是极大值还是极小值.

例 1 求 $f(x,y)=x^3-y^3+3x^2+3y^2-9x$ 的极值.

解 解方程组

$$\begin{cases} f_x(x,y)=3x^2+6x-9=0, \\ f_y(x,y)=-3y^2+6y=0, \end{cases}$$

求得驻点 $(1,0),(1,2),(-3,0),(-3,2)$.

求二阶偏导数

$$f_{xx} = 6x+6, \quad f_{xy} = 0, \quad f_{yy} = -6y+6.$$

列表 7-1 判定.

表 7-1

驻　　点	A	B	C	$AC-B^2$ 的符号	结　　　论
$(1,0)$	12	0	6	+	$f(1,0)=-5$ 是极小值
$(1,2)$	12	0	-6		$(1,2)$ 不是极值点
$(-3,0)$	-12	0	6	$-$	$(-3,0)$ 不是极值点
$(-3,2)$	-12	0	-6	+	$f(-3,2)=3$ 是极大值

由二元函数极值的定义可知,极值只是局部性概念,二元函数的极值不一定是所论区域上的最大值或最小值.因此必须考察函数 $f(x,y)$ 在有界闭区域 D 内的所有驻点、不可导点,并将这些点上的函数值与在区域边界上的函数值进行比较,取其最大者或最小者,即为函数 $f(x,y)$ 在闭区域 D 上的最大值或最小值.但这种方法,因为需要求出函数在区域边界上的最大值和最小值,所以要利用 D 的边界的参数方程,化为求一元函数的最值问题,这往往相当复杂.在通常的实际问题中,如果根据问题的意义,可以判断函数的最大值(最小值)一定在区域 D 的内部取得,而函数在 D 内可微且只有一个驻点,那么可以肯定该驻点处的函数值就是函数 $f(x,y)$ 在 D 上的最大值(最小值).

例 2 将一个正数 a 拆成三个正数之和,使得它们的乘积最大,求这三个正数.

解 设这三个正数分别为 $x,y,a-x-y$,它们的乘积为

$$z = xy(a-x-y) = axy - x^2y - xy^2,$$

z 是 x,y 的二元函数,定义域由 $x>0,y>0,x+y<a$ 所界定,即为直线 $x=0,y=0,x+y=a$ 所围区域 D 的内部(图 7-12).

先求函数的驻点.解方程组

$$\begin{cases} z_x = ay - 2xy - y^2 = 0, \\ z_y = ax - x^2 - 2xy = 0, \end{cases}$$

得四个驻点:$(0,0)$、$(0,a)$、$(a,0)$ 及 $\left(\dfrac{a}{3},\dfrac{a}{3}\right)$.前面三个驻点都位于区域 D 的边界上,不必考虑,点 $\left(\dfrac{a}{3},\dfrac{a}{3}\right)$ 在区域 D 的内部,函数 z 是取正值的连续函数,在 D 的边界上函数值为零,可知函数在点 $\left(\dfrac{a}{3},\dfrac{a}{3}\right)$ 取得最大值.当 $x=y=\dfrac{a}{3}$ 时,第三个数 $a-x-y=\dfrac{a}{3}$,可见当三正数相等时,其乘积最大,最大值为 $\dfrac{a^3}{27}$.

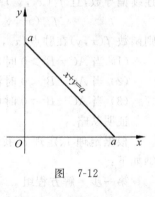

图 7-12

例 3 设长方体内接于半径为 R 的球,问何时长方体体积最大.

解 取球心为原点,坐标轴平行于长方体的棱,因为球和长方体都具有对称性,故只需都考虑第一卦限的部分.

设长方体在第一卦限的顶点为 $P(x,y,z)$,则长方体体积为 $V=8xyz$.长方体内接于

球，故有 $x^2+y^2+z^2=R^2$，解出 z，代入体积函数，则有

$$V=8xy\ \sqrt{R^2-x^2-y^2}\,,$$

问题化为在 $x>0,y>0,x^2+y^2<R^2$ 所界定的区域 D 内求 V 的最大值问题. 解方程组

$$\begin{cases} \dfrac{\partial V}{\partial x}=8y\ \sqrt{R^2-x^2-y^2}+8xy\cdot\dfrac{-x}{\sqrt{R^2-x^2-y^2}}=\dfrac{8y(R^2-2x^2-y^2)}{\sqrt{R^2-x^2-y^2}}=0, \\[3mm] \dfrac{\partial V}{\partial y}=\dfrac{8x(R^2-x^2-2y^2)}{\sqrt{R^2-x^2-y^2}}=0. \end{cases}$$

在区域 D 内部仅得一驻点 $\left(\dfrac{R}{\sqrt{3}},\dfrac{R}{\sqrt{3}}\right)$，而在边界上 $V=0$，所以当 $x=y=z=\dfrac{R}{\sqrt{3}}$ 时，长方体体

积最大，最大值为 $\dfrac{8\sqrt{3}}{9}R^3$.

7.7.2　条件极值

上面讨论的极值问题，其中自变量除了限制在函数定义域内取值之外，没有其他条件约束，所以叫做**无条件极值**问题. 但在实际问题中，常常会遇到对函数的自变量还有**约束条件**的问题. 一般地，求函数 $u=f(x,y,z)$ 在条件 $\varphi(x,y,z)=0$ 下的极值就叫做**条件极值**问题. 例如上面的例 3，可看作是求函数 $V=8xyz$ 在约束条件 $x^2+y^2+z^2=R^2$ 下的条件极值问题.

条件极值有时可化成无条件极值问题，例如从 $\varphi(x,y,z)=0$ 中解出 $z=z(x,y)$，代入 $f(x,y,z)$ 就化为求二元函数 $u=f[x,y,z(x,y)]$ 的普通的极值问题了. 上面的例 3 就是采用的这种方法. 但是，对于复杂的情况，可能从 $\varphi(x,y,z)=0$ 中解不出 z（或 x、或 y），或即使解出也很复杂，因此希望能有一种不必解方程而直接求条件极值的方法. 这种方法确实存在，这就是**拉格朗日乘数法**.

利用拉格朗日乘数法求函数 $z=f(x,y)$ 在约束条件 $\varphi(x,y)=0$ 下的极值的步骤如下（不作证明）：

（1）作辅助函数 $F(x,y,\lambda)=f(x,y)+\lambda\varphi(x,y)$，其中 λ 称为**拉格朗日乘数**.

（2）求函数 $F(x,y,\lambda)$ 的驻点，即解方程组

$$\begin{cases} F_x=f_x(x,y)+\lambda\varphi_x(x,y)=0, \\ F_y=f_y(x,y)+\lambda\varphi_y(x,y)=0, \\ F_\lambda=\varphi(x,y)=0, \end{cases}$$

求得 x,y 及 λ 的值，函数可能在对应点 (x,y) 处取得极值. 至于函数是否一定在该点取得极值，在实际问题中往往可根据问题本身的实际意义加以判定.

例 4　利用拉格朗日乘数法求表面积为 a^2 而体积最大的长方体.

解　设长方体的三棱长分别为 x,y,z，问题是在条件

$$\varphi(x,y,z)=2xy+2yz+2xz-a^2=0$$

下，求函数

$$V=xyz\quad(x>0,y>0,z>0)$$

的最大值. 作辅助函数

$$F(x,y,z,\lambda)=xyz+\lambda(2xy+2yz+2xz-a^2).$$

解方程组

$$
\begin{cases}
F_x = yz + 2\lambda(y+z) = 0, \\
F_y = xz + 2\lambda(x+z) = 0, \\
F_z = xy + 2\lambda(x+y) = 0, \\
F_\lambda = 2xy + 2yz + 2xz - a^2 = 0.
\end{cases}
$$

因为 x,y,z 都应是正数,故 $\lambda \neq 0$. 将前面的三个方程分别乘以 x,y,z,并利用约束条件,则前三个方程变形为

$$
xyz + \lambda(a^2 - 2yz) = 0, \\
xyz + \lambda(a^2 - 2xz) = 0, \\
xyz + \lambda(a^2 - 2xy) = 0.
$$

比较上三式可得

$$
a^2 - 2yz = a^2 - 2xz = a^2 - 2xy,
$$

进而可得 $\qquad\qquad\qquad\qquad x = y = z.$

因此,表面积为定值的长方体中以正方体体积为最大,此时有

$$
x = y = z = \frac{\sqrt{6}}{6}a, \quad V = \frac{\sqrt{6}}{36}a^3.
$$

例 5 已知电流 i(常数)流经电阻 R 时单位时间产生的热量为 $i^2 R$,今把电流 i 分配到电阻分别为 R_1, R_2, R_3(均为常数)的三个元件上,问怎样分配电流能使单位时间在三个元件上产生的热量的总和最小.

解 问题可视作在条件 $i_1 + i_2 + i_3 - i = 0$ 下,求函数 $Q = i_1^2 R_1 + i_2^2 R_2 + i_3^2 R_3$ 的最小值. 作辅助函数

$$
F(i_1, i_2, i_3, \lambda) = i_1^2 R_1 + i_2^2 R_2 + i_3^2 R_3 + \lambda(i_1 + i_2 + i_3 - i).
$$

解方程组

$$
\begin{cases}
F_{i_1} = 2i_1 R_1 + \lambda = 0, \\
F_{i_2} = 2i_2 R_2 + \lambda = 0, \\
F_{i_3} = 2i_3 R_3 + \lambda = 0, \\
F_\lambda = i_1 + i_2 + i_3 - i = 0.
\end{cases}
$$

由前面的三个方程知,当 $i_1 R_1 = i_2 R_2 = i_3 R_3$ 时,即 $i_1 : i_2 : i_3 = \dfrac{1}{R_1} : \dfrac{1}{R_2} : \dfrac{1}{R_3}$ 时,Q 有最小值. 再由第四个方程可得:

$$
i_1 = \frac{\dfrac{1}{R_1}}{\dfrac{1}{R_1} + \dfrac{1}{R_2} + \dfrac{1}{R_3}} i = \frac{R_2 R_3 i}{R_1 R_2 + R_2 R_3 + R_1 R_3},
$$

$$
i_2 = \frac{R_1 R_3 i}{R_1 R_2 + R_2 R_3 + R_1 R_3}, \quad i_3 = \frac{R_1 R_2 i}{R_1 R_2 + R_2 R_3 + R_1 R_3}.
$$

习题 7-7

1. 回答下列问题:

(1) 二元函数 $z = f(x,y)$ 的极值存在的必要条件和充分条件各是什么?

(2) 驻点和极值点有什么关系?

（3）极值点应到哪些点中去找？

（4）在实际问题中，如何求多元函数的最大值和最小值？

2. 求函数 $f(x,y)=4(x-y)-x^2-y^2$ 的极值.

3. 求函数 $z=e^{2x}(x+y^2+2y)$ 的极值.

4. 求 $z=xy$ 在区域 $x^2+y^2\leqslant 1$ 上的最大值和最小值.

5. 求斜边长度为 l 的周长最大的直角三角形.

6. 要造一容积等于定值 $k(k>0)$ 的长方体无盖水池，应如何选择尺寸，使其表面积最小？

7. 有一宽为 24cm 的长方形铁皮，把它的两边折起来做成一断面为等腰梯形的水槽，问怎样折法才能使截面积最大？

8. 有 400 个电池，每个电池的电动势为 2V，内电阻为 0.1Ω. 如图 7-13 进行串联和并联（每串的电池数目相同），负载电阻 $R=10\Omega$. 问怎样进行串联和并联，可使负载上电流最大？

9. 求原点到曲面 $z^2-xy-x+y-4=0$ 的最短距离.

10. 求内接于椭球面 $\dfrac{x^2}{a^2}+\dfrac{y^2}{b^2}+\dfrac{z^2}{c^2}=1$ 的长方体的最大体积（各侧面平行于坐标面）.

11. 求球面 $x^2+y^2+z^2=1$ 上的点到平面 $x+2y+z=6$ 的距离的最大值和最小值.

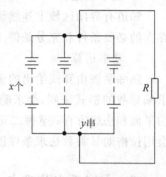

图 7-13

本 章 小 结

一、本章内容纲要

多元函数的微分学
- 多元函数的概念
  - 多元函数的定义
  - 多元函数的极限
  - 多元函数连续定义及多元初等函数的连续性
  - 有界闭区域上连续函数的性质
- 偏导数
  - 显函数的偏导数的定义及计算方法
  - 求复合函数偏导数的链式法则
  - 隐函数的偏导数
- 全微分
  - 定义及性质
  - 可微的必要条件与充分条件
  - 全微分用于近似计算
- 方向导数与梯度
  - 方向导数的定义及计算公式
  - 梯度的定义、梯度与方向导数之关系
- 多元函数的极值
  - 定义
  - 必要条件与充分条件
  - 最大值与最小值问题
  - 条件极值与拉格朗日乘数法
- 几何应用
  - 空间曲线的切线与法平面
  - 曲面的切平面与法线

二、教学基本要求

1. 基本概念

理解多元函数特别是二元函数的概念,了解偏导数、全微分方向导数、梯度、多元函数极值、条件极值等概念,知道多元函数的极限、连续性的概念.

2. 基本理论

知道有界闭区域上连续函数的性质,全微分存在的必要条件和充分条件,二元函数极值存在的必要条件和充分条件.

3. 基本运算

熟练掌握由算式给出的多元函数的偏导数计算,会求二阶偏导数;掌握多元复合函数求偏导数的链式法则,会求隐函数的偏导数;会求空间曲线的切线和法平面方程及曲面的切平面和法线方程;掌握二元函数极值的求法,会解一些简单的最大值、最小值的应用题,会用拉格朗日乘数法求条件极值.

三、本章重点及难点

本章的重点是理解二元函数的概念;掌握多元函数的微分法;掌握多元函数微分学的应用——二元函数的极值、最值问题和曲线的切线、曲面的切平面问题.

本章的难点是多元函数的极限;多元分段函数的极限、连续、可导、可微的讨论;符号函数的微分法.

四、部分重点、难点内容浅析

1. 多元函数的概念是本章最基本的概念,为加深理解,可将它与一元函数的概念加以比较.一元函数与多元函数的共性是都具有函数定义中不可缺少的两要素:定义域和对应规律;差异主要是自变量在不同的空间取值,一元函数在一维空间(直线)取值,n 元函数在 n 维空间取值 $(n \geqslant 2)$,且函数的几何意义也不同.

2. 多元函数的几个概念之间的关系,我们以二元函数为例给出如下关系图:

函数 $z = f(x, y)$ 在点 $P(x, y)$ 处

$$\frac{\partial f}{\partial x}, \frac{\partial f}{\partial y} \text{ 连续} \Rightarrow f(x, y) \text{ 可微}
\begin{cases}
f(x, y) \text{ 连续} \\
\frac{\partial f}{\partial x}, \frac{\partial f}{\partial y} \text{ 存在}
\end{cases}$$

$$f(x, y) \text{ 可微}
\begin{cases}
\text{存在梯度向量} \mathbf{grad} f(x, y) = \frac{\partial f}{\partial x} \mathbf{i} + \frac{\partial f}{\partial y} \mathbf{j} \\
\Downarrow \\
\text{存在任何方向的方向导数}, \frac{\partial f}{\partial l} = \begin{cases} \frac{\partial f}{\partial x} \cos\alpha + \frac{\partial f}{\partial y} \cos\beta \\ \mathbf{grad} f(x, y) \cdot \mathbf{l}^\circ \end{cases}
\end{cases}$$

3. 要理解并灵活运用多元复合函数求导的链式法则.

设 $z = f(u, v)$,$u = u(x, y)$,$v = v(x, y)$,f 为可微函数,u, v 对 x, y 的偏导存在,则复合

函数 $z=f[u(x,y),v(x,y)]$ 对 x,y 的偏导存在,且有

$$\frac{\partial z}{\partial x}=\frac{\partial f}{\partial u}\frac{\partial u}{\partial x}+\frac{\partial f}{\partial v}\frac{\partial v}{\partial x},$$

$$\frac{\partial z}{\partial y}=\frac{\partial f}{\partial u}\frac{\partial u}{\partial y}+\frac{\partial f}{\partial v}\frac{\partial v}{\partial y}.$$

对于中间变量或自变量多于两个、一个中间变量多个自变量、多个中间变量一个自变量及中间变量与自变量同时存在等各种情况,在理解上述公式的基础上,都不难得到相应的求导公式,而不要死记硬背.多元复合函数的求导法则也是多元隐函数微分法的基础.

(1) 对于由算式给出的多元函数 $z=f(x,y)$,可依多元函数偏导数的概念直接对某个自变量求偏导,这时将其余自变量视作常数,只要利用一元函数的求导公式和求导法则就可以了.当然,也可适当引入中间变量,画出变量间的关系图,然后按照"连续相乘、分线相加"的多元复合函数求偏导的链式法则计算偏导数,函数到某自变量的连线有几条,函数对该自变量的偏导数就有几项.

(2) 对于函数关系没有由算式给出的多元复合函数,则应明确变量间的函数关系,分清中间变量与自变量,画出变量间的函数关系图,再利用链式法则求偏导数.这里要特别注意中间变量与自变量共存的情况,这是一个难点.例如,$u=f(x,y,z),z=z(x,y)$ 则函数关系图为 $u\begin{smallmatrix}x\\y\\z\end{smallmatrix}\begin{smallmatrix}x\\y\end{smallmatrix}$,我们有

$$\frac{\partial u}{\partial x}=\frac{\partial f}{\partial x}+\frac{\partial f}{\partial z}\frac{\partial z}{\partial x}\quad\left(\text{或记作}\frac{\partial u}{\partial x}=f'_1+f'_3\cdot\frac{\partial z}{\partial x}\right),$$

$$\frac{\partial u}{\partial y}=\frac{\partial f}{\partial y}+\frac{\partial f}{\partial z}\frac{\partial z}{\partial y}\quad\left(\text{或记作}\frac{\partial u}{\partial y}=f'_2+f'_3\cdot\frac{\partial z}{\partial y}\right).$$

(3) 要注意将多元复合函数求导法则与函数的和、差、积、商的求导法则结合起来使用.

4. 在掌握多元函数微分法的基础上,要进一步掌握其几何应用,并掌握多元函数极值、最值的求法.

(1) 要会求空间曲线的切线、法平面和曲面的切平面、法线.求曲线的切线关键是求出一个切向量 s,求曲面的切平面关键是求出一个法向量 n,有了 s 和 n,由直线的标准式方程或平面的点法式方程即可得到所要求的切线方程或切平面方程.

(2) 多元函数的极值可能在驻点及偏导数不存在的点取得.本教材给出了二元函数极值的充分条件,当读者学习了线性代数课程之后,就能方便地给出 $n(n\geqslant2)$ 元函数极值的充分条件.

(3) 多元函数的最大值、最小值的概念及求法在实际问题中是很有用的,在 7.7 节中已有较详细论述,读者应该掌握.

求二元函数在有界闭区域 D 上最值一般方法如下:

第一步　先求出开区域内右可能取得最值的可疑点(驻点或不可导点).

第二步　再求出边界上有可能取得最值的可疑点(将边界曲线的参数方程代入得到一元函数,可疑点为驻点、不可导点或端点).

第三步　比较上述各点的函数值,其中最大(小)者就是函数在该区域上的最大(小)值.

实际问题中的最佳求法可以简化.

（4）求多元函数的条件极值的方法有两种：一种是化为无条件极值问题；另一种是拉格朗日乘数法. 许多人喜欢用第一种方法，以为这种方法简单，实际上并非如此. 这不仅是因为有些条件极值问题不容易化为无条件极值问题，而且即使能做到这一点，在下一步求驻点的运算中也往往遇到困难，反不如用拉格朗日乘数法方便.

复 习 题 7

1. 设 $z=f(x+y)+x-y$，若当 $x=0$ 时，$z=y^2$，求函数 $f(x)$ 及 z.

2. 设 $z=\sqrt{y}+f(\sqrt{x}-1)$，若 $y=1$ 时，$z=x$，求 $f(t)$ 及 z.

3. 已知 $f\left(x+y,\dfrac{y}{x}\right)=x^2-y^2$，求 $f(x,y)$.

4. 一区域是由下列曲线围成：$y=0,y=2,y=\dfrac{1}{2}x,y=\dfrac{1}{2}x-1$（边界除外）. 试将该区域用不等式表示出来.

5. 求下列函数的定义域：

（1）$z=\arcsin\dfrac{y}{x}$;

（2）$z=\sqrt{\dfrac{x^2+y^2-x}{2x-x^2-y^2}}$;

（3）$z=\sqrt{\sin(x^2+y^2)}$;

（4）$z=\sqrt{xy}+\ln(x+y)$.

6. 若函数 $z=f(x,y)$ 恒满足关系式

$$f(tx,ty)=t^kf(x,y),$$

则该函数叫做 x,y 的 k 次齐次函数. 试证 k 次齐次函数 $z=f(x,y)$ 可化成 $z=x^kF\left(\dfrac{y}{x}\right)$ 的

形式，且当 $f(x,y)$ 可微时满足方程 $x\dfrac{\partial f}{\partial x}+y\dfrac{\partial f}{\partial y}=kf(x,y)$.

7. 求下列函数的一阶偏导数：

（1）$z=\arctan\dfrac{x+y}{1-xy}$;

（2）$z=\ln\tan\dfrac{x}{y}$;

（3）$u=(xy)^z$;

（4）$u=z^{xy}$.

8. 已知 $z=u^2\ln v,u=\dfrac{x}{y},v=3x-2y$，求 $\dfrac{\partial z}{\partial x},\dfrac{\partial z}{\partial y}$.

9. 已知 $w=\ln(x^2+y^2+2z),x=r+s,y=r-s,z=2rs$，求 $\dfrac{\partial w}{\partial r},\dfrac{\partial w}{\partial s}$.

10. 设 $F(x,y,z)=xyz-x^2y+\sin y-8=0$，试用两种以上的方法求 z_x 及 z_y.

11. 设 $u=f(x,y,z)$，而 $x=t,y=\ln t,z=\tan t,f$ 为可微函数，求 $\dfrac{du}{dt}$.

12. 设 $z=\sin\dfrac{x}{y}$，求 dz；又若 $x=\ln t,y=2t$，求 $\dfrac{dz}{dt}$.

13. 若 $\dfrac{1}{z}-\dfrac{1}{x}=f\left(\dfrac{1}{y}-\dfrac{1}{x}\right)$，求证：$x^2\dfrac{\partial z}{\partial x}+y^2\dfrac{\partial z}{\partial y}=z^2$.

14. 已知 $z^x = y^z$，求 $\dfrac{\partial z}{\partial x}, \dfrac{\partial z}{\partial y}$.

15. 求 $z = 2\arctan \dfrac{y}{x}$ 在点 (a, b) 处的切平面与法线方程.

16. 求曲面 $4 - x^2 - y^2 - z^2 = 0$ 的过直线 $\begin{cases} 4x + 2y + 3z = 6, \\ 2x + y = 0 \end{cases}$ 的切平面方程.

17. 求曲面 $z = 4 - x^2 - y^2$ 的平行于平面 $2x + 2y + z = 0$ 的切平面方程.

18. 求曲线 $\begin{cases} x^2 + y^2 + z^2 = 6, \\ z = x^2 + y^2 \end{cases}$ 在点 $(1, 1, 2)$ 处的切线方程.

19. 证明曲面 $\sqrt{x} + \sqrt{y} + \sqrt{z} = \sqrt{a}\ (a > 0)$ 上任何点处的切平面在各坐标轴上截距之和为 a.

20. 曲面 $z = \dfrac{1}{2}x^2 - 4xy + 9y^2 + 3x - 14y + \dfrac{1}{2}$ 在何处有最高点或最低点?

21. $(x_1, y_1), (x_2, y_2), (x_3, y_3)$ 是平面直角坐标系 xOy 中的三点，求点 (x, y) 使它至此三点距离的平方和为最小.

22. 已知矩形周长为 $2p$，将其绕一边旋转一周而得一圆柱体. 求使所得圆柱体体积最大的矩形.

23. 已知椭球面 $\dfrac{x^2}{a^2} + \dfrac{y^2}{b^2} + \dfrac{z^2}{c^2} = 1$，试在第一卦限的椭球面上找一点，使椭球面在该点的切平面与三坐标平面所围立体的体积最小.

24. 抛物面 $z = x^2 + y^2$ 与平面 $x + y + z = 1$ 相交得曲线 Γ，求原点到曲线 Γ 的最长和最短距离.

第 **8** 章

重 积 分

本章和第 9 章是多元函数积分学的内容.我们知道,定积分是一种特定形式的和式的极限,这种和式的极限的概念推广到定义在区域、曲线、曲面上的多元函数的情形,便得到重积分、曲线积分、曲面积分的概念.本章介绍重积分的概念、计算方法及其应用.

8.1 二重积分的概念与性质

8.1.1 二重积分的概念

我们以计算曲顶柱体的体积和平面薄片的质量为例,给出二重积分的定义.

例 1 曲顶柱体的体积.

设有一立体,它的底是 xOy 面上的有界闭区域 D,它的侧面是以 D 的边界曲线为准线,而母线平行于 z 轴的柱面,它的顶是曲面 $z = f(x,y)$,这里 $f(x,y) \geqslant 0$,且在 D 上连续(图 8-1),这种立体叫做**曲顶柱体**.现在我们讨论如何计算这个曲顶柱体的体积 V.

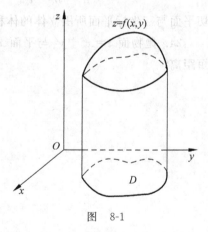

图 8-1

这个问题与求曲边梯形的面积问题相类似,可以用与解决定积分问题类似的方法(即分割、近似代替、求和、取极限的方法)来解决.

(1) 将区域 D 任意分成 n 个小闭区域,称为 D 的**子域**,用 $\Delta\sigma_1, \Delta\sigma_2, \cdots, \Delta\sigma_n$ 表示,同时也用它们来表示各子域的面积的大小.相应地该曲顶柱体被分成 n 个小曲顶柱体.

(2) 小曲顶柱体的体积 ΔV_i 仍无法求得.但是,由于 $f(x,y)$ 在 D 上连续,所以当小区域 $\Delta\sigma_i$ 的直径(指小区域上任意两点间距离的最大值)足够小时,对应的曲顶上竖标 z 的值变化不大,因而我们可以将其近似地看成一平顶柱体.在子域 $\Delta\sigma_i$ 上任取一点 $P_i(\xi_i, \eta_i)$,第 i 个小曲顶柱体的体积用高为 $f(\xi_i, \eta_i)$,底面积为 $\Delta\sigma_i$ 的平顶柱体(图 8-2)的体积近似代替:

$$\Delta V_i \approx f(\xi_i, \eta_i)\Delta\sigma_i, \quad i = 1, 2, \cdots, n.$$

(3) 每个小曲顶柱体的体积都这样近似代替,则整个曲顶柱体的体积

$$V \approx \sum_{i=1}^{n} f(\xi_i, \eta_i)\Delta\sigma_i.$$

（4）用 λ 表示各小区域直径的最大值，当 $\lambda \to 0$ 时（可理解为 $\Delta\sigma_i$ 收缩成一点），上述和式的极限就是曲顶柱体的体积，即

$$V = \lim_{\lambda \to 0} \sum_{i=1}^{n} f(\xi_i, \eta_i) \Delta\sigma_i.$$

例 2 平面薄片的质量.

设薄片在 xOy 平面上占有区域 D，它在点 (x, y) 处的面密度为 $\rho(x, y)$ 这里 $\rho(x, y) > 0$ 且在 D 上连续. 现在我们来讨论如何计算该薄片的质量 m.

首先将 D 任意分成 n 个小区域：

$$\Delta\sigma_1, \Delta\sigma_2, \cdots, \Delta\sigma_n.$$

当 $\Delta\sigma_i$ 的直径很小时，这些小块可分别近似地看成均匀薄片. 在 $\Delta\sigma_i$ 上任取一点 (ξ_i, η_i) （图 8-3），则有

$$\Delta m_i \approx \rho(\xi_i, \eta_i) \Delta\sigma_i, \quad i = 1, 2, \cdots, n.$$

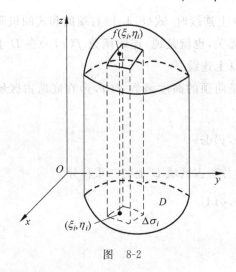

图 8-2

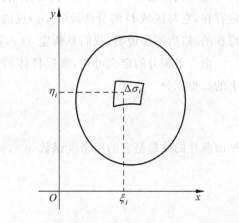

图 8-3

再通过求和、取极限，即得

$$m = \lim_{\lambda \to 0} \sum_{i=1}^{n} \rho(\xi_i, \eta_i) \Delta\sigma_i.$$

上面两个例子的实际意义虽然不同，但所求的量都可以归结为同一形式的和式的极限. 我们一般地研究这种形式的和式的极限，并抽象出如下的二重积分的定义.

定义 设 $f(x, y)$ 是定义在 xOy 平面上的有界闭区域 D 上的有界函数. 将 D 任意分成 n 个小区域

$$\Delta\sigma_1, \Delta\sigma_2, \cdots, \Delta\sigma_n,$$

其中 $\Delta\sigma_i$ 表示第 i 个小闭区域，同时也表示该小区域的面积. 在每个 $\Delta\sigma_i$ 上任取一点 (ξ_i, η_i)，作乘积 $f(\xi_i, \eta_i) \Delta\sigma_i$，并作和式 $\sum_{i=1}^{n} f(\xi_i, \eta_i) \Delta\sigma_i$. 如果当各小闭区域的直径的最大值 λ 趋于零时，这个和式的极限存在，则称此极限为函数 $f(x, y)$ 在闭区域 D 上的**二重积分**，记作 $\iint\limits_{D} f(x, y) \mathrm{d}\sigma$，即

$$\iint\limits_{D} f(x,y)\mathrm{d}\sigma = \lim_{\lambda \to 0} \sum_{i=1}^{n} f(\xi_i,\eta_i)\Delta\sigma_i, \tag{8.1.1}$$

其中 $f(x,y)$ 叫做**被积函数**,D 叫做**积分区域**,$\mathrm{d}\sigma$ 叫做**面积元素**,x,y 叫做**积分变量** $\sum_{i=1}^{n} f(\xi_i,\eta_i)\Delta\sigma_i$ 叫做**积分和**.

由于 $\Delta\sigma_i$ 是对 D 进行任意分割得到的,而在直角坐标系中,我们常用平行于 x 轴和 y 轴的直线网来划分 D,这样得到的小区域 $\Delta\sigma_i$ 中,除包含边界点的一些外,其余绝大多数小闭区域都是矩形闭区域.设矩形闭区域 $\Delta\sigma_i$ 的边长为 Δx_j 和 Δy_k,则 $\Delta\sigma_i = \Delta x_j \Delta y_k$.因此在直角坐标系中可把面积元素 $\mathrm{d}\sigma$ 记作 $\mathrm{d}x\mathrm{d}y$,而二重积分也可记为

$$\iint\limits_{D} f(x,y)\mathrm{d}x\mathrm{d}y,$$

其中 $\mathrm{d}x\mathrm{d}y$ 叫做**直角坐标系中的面积元素**.

这里我们指出,当 $f(x,y)$ 在有界闭区域 D 上连续时,式(8.1.1)右端的和式的极限必定存在,它与区域 D 的分法及(ξ_i,η_i)点的取法无关,也就是说,连续函数 $f(x,y)$ 在 D 上是可积的.以后不加说明,我们总假定 $f(x,y)$ 在 D 上连续.

由二重积分的定义可知,曲顶柱体的体积是曲顶的高度函数 $f(x,y)$ 在底所占区域 D 上的二重积分

$$V = \iint\limits_{D} f(x,y)\mathrm{d}\sigma;$$

平面薄片的质量是它的面密度函数 $\rho(x,y)$ 在薄片所占区域 D 上的二重积分

$$m = \iint\limits_{D} \rho(x,y)\mathrm{d}\sigma.$$

8.1.2 二重积分的性质

比较定积分与二重积分的定义可知,二重积分与定积分有许多类似的性质.

性质 1 被积函数的常数因子可以提到二重积分号的外边,即

$$\iint\limits_{D} kf(x,y)\mathrm{d}\sigma = k\iint\limits_{D} f(x,y)\mathrm{d}\sigma \quad (k \text{ 为常数}).$$

性质 2 有限个函数代数和的二重积分等于各函数的二重积分的代数和.以两个函数的情况为例,有

$$\iint\limits_{D} [f(x,y) \pm g(x,y)]\mathrm{d}\sigma = \iint\limits_{D} f(x,y)\mathrm{d}\sigma \pm \iint\limits_{D} g(x,y)\mathrm{d}\sigma.$$

性质 3 如有界闭区域 D 被有限条曲线分成有限个部分闭区域,则函数在 D 上的二重积分等于在各部分区域上的二重积分的和.例如 D 分成两个闭域 D_1 和 D_2,则

$$\iint\limits_{D} f(x,y)\mathrm{d}\sigma = \iint\limits_{D_1} f(x,y)\mathrm{d}\sigma + \iint\limits_{D_2} f(x,y)\mathrm{d}\sigma.$$

这表示二重积分对积分区域具有**可加性**.

性质 4 如果在 D 上，$f(x,y)\equiv1$，D 的面积为 σ，则

$$\sigma=\iint\limits_D 1\cdot\mathrm{d}\sigma=\iint\limits_D\mathrm{d}\sigma.$$

性质 5 如果在 D 上有 $f(x,y)\leqslant g(x,y)$，则有

$$\iint\limits_D f(x,y)\mathrm{d}\sigma\leqslant\iint\limits_D g(x,y)\mathrm{d}\sigma.$$

性质 6 函数积分的绝对值小于等于函数绝对值的积分，即

$$\left|\iint\limits_D f(x,y)\mathrm{d}\sigma\right|\leqslant\iint\limits_D|f(x,y)|\mathrm{d}\sigma.$$

证明 由于 $-|f(x,y)|\leqslant f(x,y)\leqslant|f(x,y)|$，由性质1和性质5得

$$-\iint\limits_D|f(x,y)|\mathrm{d}\sigma\leqslant\iint\limits_D f(x,y)\mathrm{d}\sigma\leqslant\iint\limits_D|f(x,y)|\mathrm{d}\sigma,$$

故

$$\left|\iint\limits_D f(x,y)\mathrm{d}\sigma\right|\leqslant\iint\limits_D|f(x,y)|\mathrm{d}\sigma.$$

性质 7 设 M 与 m 分别是 $f(x,y)$ 在有界闭区域 D 上的最大值和最小值，σ 是 D 的面积，则有

$$m\sigma\leqslant\iint\limits_D f(x,y)\mathrm{d}\sigma\leqslant M\sigma.$$

性质 8（二重积分的中值定理） 设 $f(x,y)$ 在有界闭区域 D 上连续，σ 是 D 的面积，则 D 上至少存在一点 (ξ,η)，使得下式成立：

$$\iint\limits_D f(x,y)\mathrm{d}\sigma=f(\xi,\eta)\sigma.$$

证明 由性质7有

$$m\sigma\leqslant\iint\limits_D f(x,y)\mathrm{d}\sigma\leqslant M\sigma,$$

上式各除以 σ，得

$$m\leqslant\frac{1}{\sigma}\iint\limits_D f(x,y)\mathrm{d}\sigma\leqslant M.$$

根据闭区域上连续函数的介值定理知，D 上至少存在一点 (ξ,η)，使得

$$\frac{1}{\sigma}\iint\limits_D f(x,y)\mathrm{d}\sigma=f(\xi,\eta),$$

即有

$$\iint\limits_D f(x,y)\mathrm{d}\sigma=f(\xi,\eta)\sigma.$$

如果把二重积分看成是曲顶柱体的体积（$f(x,y)\geqslant0$），那么积分中值定理是说，以 D 为底，曲面 $z=f(x,y)$ 为顶的曲顶柱体的体积，等于同底而高为 $f(\xi,\eta)$ 的平顶柱体的体积. 数值 $\frac{1}{\sigma}\iint\limits_D f(x,y)\mathrm{d}\sigma$ 叫做函数 $f(x,y)$ 在 D 上的**平均值**.

习题 8-1

1. 设有一平面薄板（不计厚度）占有 xOy 平面上的闭区域 D，薄板上分布密度为 $\mu(x,y)$ 的电荷，且 $\mu(x,y)$ 在 D 上连续，试用二重积分表达该薄板上的全部电荷 Q.

2. 设 D 是由 $x+y=1$，$x-y=1$ 及 $x=0$ 所围成的三角形. 试根据 D 的形状特点及被积函数的结构, 画图说明下述积分的几何意义, 并由几何意义算出积分值:

(1) $\iint\limits_{D} y \mathrm{d}\sigma$;　　　　　(2) $\iint\limits_{D} |y| \mathrm{d}\sigma$.

3. 根据二重积分的性质, 比较下列积分的大小:

(1) $\iint\limits_{D}(x+y)^2 \mathrm{d}\sigma$ 与 $\iint\limits_{D}(x+y)^3 \mathrm{d}\sigma$, 其中 D 是由坐标轴及直线 $x+y=1$ 所围成的;

(2) $\iint\limits_{D}(x+y)^2 \mathrm{d}\sigma$ 与 $\iint\limits_{D}(x+y)^3 \mathrm{d}\sigma$, 其中 D 是圆周 $(x-2)^2+(y-1)^2=2$ 所围成的.

4. 设区域 D 可分成两个关于 x 轴对称的部分区域 D_1 和 D_2, 试根据二重积分的定义证明:

(1) 如果连续函数 $f(x,y)$ 关于变量 y 为偶函数, 则有
$$\iint\limits_{D} f(x,y)\mathrm{d}\sigma = 2\iint\limits_{D_1} f(x,y)\mathrm{d}\sigma;$$

(2) 如果连续函数 $f(x,y)$ 关于变量 y 为奇函数, 则有
$$\iint\limits_{D} f(x,y)\mathrm{d}\sigma = 0.$$

5. 计算下列二重积分, 其中 D 为圆域 $x^2+y^2 \leqslant R^2$:

(1) $\iint\limits_{D} xy^4 \mathrm{d}\sigma$;　　　　　(2) $\iint\limits_{D} xy\sqrt{R^2-x^2}\,\mathrm{d}\sigma$;

(3) $\iint\limits_{D} x^3\sqrt{R^2-y^2}\,\mathrm{d}\sigma$;　　　　　(4) $\iint\limits_{D}(x^2-y^4)\sin(xy)\mathrm{d}\sigma$.

8.2　二重积分的计算方法

依照二重积分的定义来计算二重积分, 除少数特别简单的情况外, 对一般的函数和区域来说是不可行的. 本节介绍二重积分的计算方法, 其关键是把二重积分化为两次定积分来进行计算.

8.2.1　二重积分在直角坐标系中的计算方法

我们不准备严格推导二重积分的计算公式, 而是用几何的观点讨论二重积分 $\iint\limits_{D} f(x,y)\mathrm{d}\sigma$ 的计算问题. 在讨论中, 我们假定 $f(x,y) \geqslant 0$.

设积分区域 D 可用不等式
$$\varphi_1(x) \leqslant y \leqslant \varphi_2(x), \quad a \leqslant x \leqslant b$$
来表示(图 8-4, 这样的区域称为 X-型区域), 其中 $\varphi_1(x)$, $\varphi_2(x)$ 在区间 $[a,b]$ 上连续.

依照二重积分的几何意义, $\iint\limits_{D} f(x,y)\mathrm{d}\sigma$ 的值等于以 D 为底, 以曲面 $z=f(x,y)$ 为顶的曲顶柱体的体积. 下面我们用"切片法"来求这个曲顶柱体的体积 V.

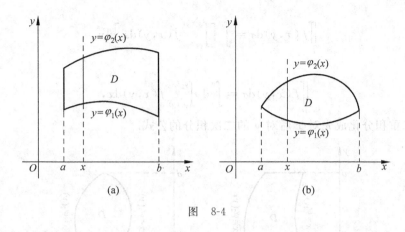

图 8-4

在区间 $[a,b]$(x 轴上的区间)上任意取定一点 x_0,用平面 $x=x_0$ 去截曲顶柱体,所得截面是一个以区间 $[\varphi_1(x_0),\varphi_2(x_0)]$ 为底,以曲线 $z=f(x_0,y)$ 为曲边的曲边梯形(图 8-5 的阴影部分). 由定积分知识,这个曲边梯形的面积为

$$A(x_0) = \int_{\varphi_1(x_0)}^{\varphi_2(x_0)} f(x_0,y)\mathrm{d}y.$$

一般地,用过 $[a,b]$ 上任意一点 x 且平行于 yOz 平面的平面截曲顶柱体,所得截面的面积为

$$A(x) = \int_{\varphi_1(x)}^{\varphi_2(x)} f(x,y)\mathrm{d}y.$$

这里,由于平行截面的面积为已知,于是由定积分知识可得曲顶柱体的体积为

$$V = \int_a^b A(x)\mathrm{d}x = \int_a^b\left[\int_{\varphi_1(x)}^{\varphi_2(x)} f(x,y)\mathrm{d}y\right]\mathrm{d}x.$$

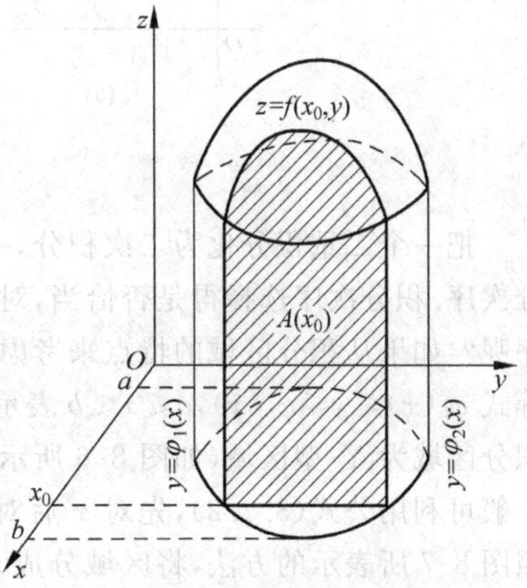

这个体积正是所求的二重积分的值,从而有

图 8-5

$$\iint\limits_D f(x,y)\mathrm{d}\sigma = \int_a^b\left[\int_{\varphi_1(x)}^{\varphi_2(x)} f(x,y)\mathrm{d}y\right]\mathrm{d}x. \tag{8.2.1}$$

式(8.2.1)右端是一个先对 y 后对 x 的**二次积分**. 先对 y 积分,就是把被积函数 $f(x,y)$ 中的 x 暂时看作常量,在区间 $[\varphi_1(x),\varphi_2(x)]$ 上对 y 作第一次积分,这样得到的结果是 x 的函数,然后再对此函数在区间 $[a,b]$ 上作第二次积分,所得结果即为所求的二重积分值.

先对 y 后对 x 的二次积分也常记作

$$\int_a^b\mathrm{d}x\int_{\varphi_1(x)}^{\varphi_2(x)} f(x,y)\mathrm{d}y,$$

因此,等式(8.2.1)也可记作

$$\iint\limits_D f(x,y)\mathrm{d}\sigma = \int_a^b\mathrm{d}x\int_{\varphi_1(x)}^{\varphi_2(x)} f(x,y)\mathrm{d}y. \tag{8.2.1$'$}$$

在上面的讨论中,我们曾假设 $f(x,y)\geqslant 0$,实际上,式(8.2.1)的成立并不受此条件的限制.

类似地,如积分区域由不等式

$$\psi_1(y) \leqslant x \leqslant \psi_2(y), \quad c \leqslant y \leqslant d$$

给出(见图 8-6,这样的区域称为 Y-型区域),其中 $\psi_1(y),\psi_2(y)$ 在区间 $[c,d]$ 上连续,则有

$$\iint\limits_{D} f(x,y)\mathrm{d}\sigma = \int_{c}^{d}\left[\int_{\psi_1(y)}^{\psi_2(y)} f(x,y)\mathrm{d}x\right]\mathrm{d}y, \tag{8.2.2}$$

或记作

$$\iint\limits_{D} f(x,y)\mathrm{d}\sigma = \int_{c}^{d}\mathrm{d}y\int_{\psi_1(y)}^{\psi_2(y)} f(x,y)\mathrm{d}x, \tag{8.2.2'}$$

这就是把二重积分化成先对 x 后对 y 的二次积分的公式.

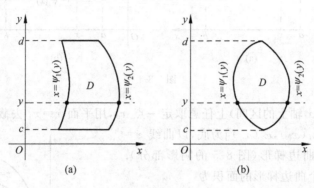

图　8-6

　　把一个二重积分化为二次积分,一般说来可以有先对 y 后对 x 或先对 x 后对 y 两种积分次序. 积分次序选择得是否恰当,对二重积分的计算往往有较大影响. 如何确定积分的次序呢? 如果从积分区域的特点来考虑,当积分区域为 X-型区域(如图 8-4 所示),即可用不等式 $\varphi_1(x)\leqslant y\leqslant\varphi_2(x)$, $a\leqslant x\leqslant b$ 表示时,一般可利用公式(8.2.1),先对 y 后对 x 积分;当积分区域为 Y-型区域(如图 8-6 所示),即可用不等式 $\psi_1(y)\leqslant x\leqslant\psi_2(y)$, $c\leqslant y\leqslant d$ 表示时,一般可利用公式(8.2.2),先对 x 后对 y 积分. 对于不符合上面两种类型的积分区域,可按照图 8-7 所表示的方法,将区域分成几部分,使每个部分区域是 X-型或 Y-型区域,在每一部分上分别利用公式(8.2.1)或公式(8.2.2)积分. 有时,将二重积分化成二次积分,积分次序的确定不仅要考虑到积分区域的特点,还需要注意到被积函数的特点.

　　例 1　将二重积分 $\iint\limits_{D} f(x,y)\mathrm{d}\sigma$ 化为二次积分(两种顺序),其中 D 是由 $y=x$, $y=0$, $x^2+y^2=1$ 围成的第一象限内的部分.

　　解　画出 D 的图形如图 8-8 所示.

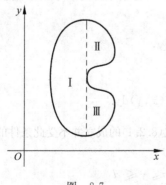

图 8-7

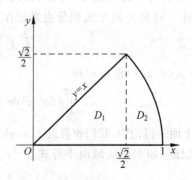

图 8-8

（1）先对 y 后对 x 积分.

将 D 分成 D_1,D_2 两部分. D_1 可表示为 $0 \leqslant y \leqslant x, 0 \leqslant x \leqslant \frac{\sqrt{2}}{2}$；$D_2$ 可表示为 $0 \leqslant y \leqslant \sqrt{1-x^2}, \frac{\sqrt{2}}{2} \leqslant x \leqslant 1$. 于是有

$$\iint_D f(x,y)\mathrm{d}\sigma = \iint_{D_1} f(x,y)\mathrm{d}\sigma + \iint_{D_2} f(x,y)\mathrm{d}\sigma$$
$$= \int_0^{\frac{\sqrt{2}}{2}} \mathrm{d}x \int_0^x f(x,y)\mathrm{d}y + \int_{\frac{\sqrt{2}}{2}}^1 \mathrm{d}x \int_0^{\sqrt{1-x^2}} f(x,y)\mathrm{d}y.$$

（2）先对 x 后对 y 积分.

D 可表示为 $y \leqslant x \leqslant \sqrt{1-y^2}, 0 \leqslant y \leqslant \frac{\sqrt{2}}{2}$，于是有

$$\iint_D f(x,y)\mathrm{d}\sigma = \int_0^{\frac{\sqrt{2}}{2}} \mathrm{d}y \int_y^{\sqrt{1-y^2}} f(x,y)\mathrm{d}x.$$

从此例可以看出，二重积分的计算需要注意积分顺序的选择.

例 2 计算 $\iint_D xy\mathrm{d}x\mathrm{d}y$，其中 D 是抛物线 $y^2=x$ 及直线 $y=x-2$ 所围成的区域.

解 画出 D 的图形（图 8-9）. 抛物线 $y^2=x$ 与直线 $y=x-2$ 的交点为 $A(1,-1),B(4,2)$. 若先对 x 后对 y 积分，此时积分区域 D 可由不等式 $y^2 \leqslant x \leqslant y+2, -1 \leqslant y \leqslant 2$ 表示. 于是有

$$\iint_D xy\mathrm{d}x\mathrm{d}y = \int_{-1}^2 \mathrm{d}y \int_{y^2}^{y+2} xy\mathrm{d}x = \int_{-1}^2 y\left[\frac{x^2}{2}\right]_{y^2}^{y+2}\mathrm{d}y = \frac{1}{2}\int_{-1}^2 [y(y+2)^2 - y^5]\mathrm{d}y$$
$$= \frac{1}{2}\left[\frac{y^4}{4} + \frac{4}{3}y^3 + 2y^2 - \frac{y^6}{6}\right]_{-1}^2 = 5\frac{5}{8}.$$

若先对 y 后对 x 积分，则需将 D 分成两部分（图 8-10），其中

$$D_1: -\sqrt{x} \leqslant y \leqslant \sqrt{x}, 0 \leqslant x \leqslant 1;$$
$$D_2: x-2 \leqslant y \leqslant \sqrt{x}, 1 \leqslant x \leqslant 4.$$

于是有

$$\iint_D xy\mathrm{d}x\mathrm{d}y = \iint_{D_1} xy\mathrm{d}x\mathrm{d}y + \iint_{D_2} xy\mathrm{d}x\mathrm{d}y = \int_0^1 \mathrm{d}x \int_{-\sqrt{x}}^{\sqrt{x}} xy\mathrm{d}y + \int_1^4 \mathrm{d}x \int_{x-2}^{\sqrt{x}} xy\mathrm{d}y.$$

（之后的计算省略）

可见，此题先积 y 后积 x 则计算量较大.

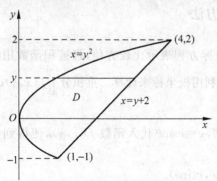

图 8-9

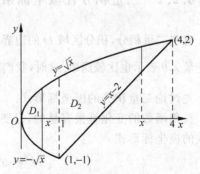

图 8-10

例 3　把二次积分 $\int_0^1 dx \int_0^x f(x,y)dy + \int_1^2 dx \int_0^{2-x} f(x,y)dy$ 化为先对 x 后对 y 的二次积分.

解　这类问题的解题思路是先依已知条件(积分限)画出积分区域,然后再变更积分顺序.

$D_1: 0 \leqslant y \leqslant x, 0 \leqslant x \leqslant 1$,它是由 $y=0, y=x, x=1$ 所围;

$D_2: 0 \leqslant y \leqslant 2-x, 1 \leqslant x \leqslant 2$,它是由 $y=0, x=2-x, x=1$ 所围.

D_1, D_2 的图形如图 8-11 所示. 由 D_1, D_2 合成的区域 D 可表示为

$$y \leqslant x \leqslant 2-y, \quad 0 \leqslant y \leqslant 1.$$

于是有

$$\int_0^1 dx \int_0^x f(x,y)dy + \int_1^2 dx \int_0^{2-x} f(x,y)dy = \iint\limits_D f(x,y)dxdy = \int_0^1 dy \int_y^{2-y} f(x,y)dx.$$

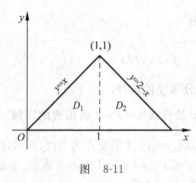

图　8-11

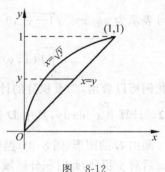

图　8-12

例 4　计算 $\iint\limits_D \dfrac{\sin y}{y} dxdy$,其中 D 是由 $y=x$ 和 $y^2=x$ 所围成的区域.

解　画出积分区域 D 如图 8-12 所示.

区域 D 可由不等式 $y^2 \leqslant x \leqslant y, 0 \leqslant y \leqslant 1$ 表示. 利用公式(8.2.2)将二重积分化为先对 x 后对 y 的二次积分:

$$\iint\limits_D \frac{\sin y}{y} dxdy = \int_0^1 dy \int_{y^2}^y \frac{\sin y}{y} dx = \int_0^1 \frac{\sin y}{y}[y - y^2]dy = \int_0^1 (\sin y - y\sin y)dy$$

$$= \Big[-\cos y - (-y\cos y + \sin y)\Big]_0^1 = -\sin 1 + 1.$$

如欲先对 y 后对 x 积分,由于 $\dfrac{\sin y}{y}$ 的原函数不能用初等函数表达,所以不能按此顺序积分.

8.2.2　二重积分在极坐标系中的计算方法

有些二重积分,积分区域 D 的边界曲线用极坐标方程表示比较方便,且被积函数用极坐标变量 r, θ 表示也比较简单. 这时,我们就可以考虑利用极坐标来计算二重积分 $\iint\limits_D f(x,y)d\sigma$.

先讨论二重积分的极坐标形式.

被积函数的变化是很容易的,只要将 $x=r\cos\theta, y=r\sin\theta$ 代入函数 $f(x,y)$,便得到被积函数的极坐标形式

$$f(x,y) = f(r\cos\theta, r\sin\theta).$$

另外,我们需要求出在极坐标系中的面积元素 $d\sigma$. 假定从极点出发穿过区域 D 内部的

射线与 D 的边界曲线相交不多于两点. 我们用以极点 O 为圆心的一族同心圆: $r=$ 常数; 以及从 O 点出发的一族射线: $\theta=$ 常数, 把 D 分成许多小区域. 除了包含边界点的一些小区域外, 其余的小区域都可近似地看作小矩形. 从这些小区域中抽取一个 $\Delta\sigma$ 进行分析 (图 8-13). 由于 $\Delta\sigma$ 很小, 可以近似地看作是以 $r\Delta\theta$ 和 Δr 为边长的矩形, 其面积近似为

$$\Delta\sigma \approx r\Delta\theta\Delta r.$$

这样, 我们就可得到极坐标系中的面积元素

$$d\sigma = rdrd\theta.$$

于是我们就有了直角坐标系下的二重积分转化为极坐标系下的二重积分的公式

$$\iint_D f(x,y)dxdy = \iint_D f(r\cos\theta, r\sin\theta)rdrd\theta. \tag{8.2.3}$$

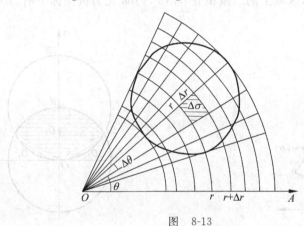

图 8-13

下面要解决极坐标系下二重积分的计算问题. 同直角坐标系下的二重积分的计算类似, 仍然是采用化为二次积分的方法.

当区域 D 夹在某两条射线 $\theta=\alpha, \theta=\beta$ 之间, 且极点在区域 D 之外时, 区域 D 可表示为 $r_1(\theta)\leqslant r\leqslant r_2(\theta), \alpha\leqslant\theta\leqslant\beta$ (见图 8-14). 此时有

$$\iint_D f(r\cos\theta, r\sin\theta)rdrd\theta = \int_\alpha^\beta d\theta\int_{r_1(\theta)}^{r_2(\theta)} f(r\cos\theta, r\sin\theta)rdr. \tag{8.2.4}$$

当极点在区域 D 的内部时, 如果边界曲线的方程是 $r=r(\theta)$, 则区域 D 可由不等式 $0\leqslant r\leqslant r(\theta), 0\leqslant\theta\leqslant 2\pi$ 表示 (图 8-15), 此时有

$$\iint_D f(r\cos\theta, r\sin\theta)rdrd\theta = \int_0^{2\pi} d\theta\int_0^{r(\theta)} f(r\cos\theta, r\sin\theta)rdr. \tag{8.2.5}$$

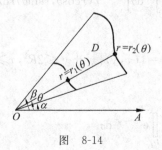

图 8-14

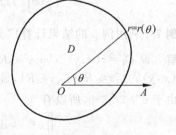

图 8-15

当区域 D 为一曲边扇形时,区域 D 可表示为 $0 \leqslant r \leqslant r(\theta)$, $\alpha \leqslant \theta \leqslant \beta$(图 8-16),此时有

$$\iint_D f(r\cos\theta, r\sin\theta) r dr d\theta = \int_\alpha^\beta d\theta \int_0^{r(\theta)} f(r\cos\theta, r\sin\theta) r dr. \tag{8.2.6}$$

例 5　计算 $\iint_D e^{-x^2-y^2} dx dy$, D 为圆域 $x^2+y^2 \leqslant a^2$.

解　在极坐标系中,积分区域 D 可表示为 $0 \leqslant r \leqslant a$, $0 \leqslant \theta \leqslant 2\pi$. 所以

$$\iint_D e^{-x^2-y^2} dx dy = \iint_D e^{-r^2} r dr d\theta = \int_0^{2\pi} d\theta \int_0^a e^{-r^2} r dr$$

$$= 2\pi \left[-\frac{1}{2} e^{-r^2} \right]_0^a = \pi(1 - e^{-a^2}).$$

例 6　将图 8-17 所示区域上的二重积分 $\iint_D f(x,y) d\sigma$ 化为极坐标下的二次积分.

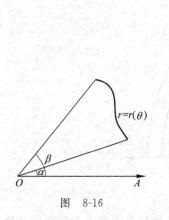

图 8-16

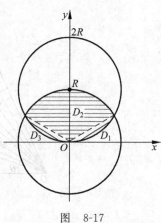

图 8-17

解　将区域 D 分成三个部分区域,三个区域在极坐标系下可分别表示为

$$D_1: 0 \leqslant r \leqslant 2R\sin\theta, 0 \leqslant \theta \leqslant \frac{\pi}{6};$$

$$D_2: 0 \leqslant r \leqslant R, \frac{\pi}{6} \leqslant \theta \leqslant \frac{5\pi}{6};$$

$$D_3: 0 \leqslant r \leqslant 2R\sin\theta, \frac{5\pi}{6} \leqslant \theta \leqslant \pi.$$

于是

$$\iint_D f(x,y) d\sigma = \int_0^{\frac{\pi}{6}} d\theta \int_0^{2R\sin\theta} f(r\cos\theta, r\sin\theta) r dr$$

$$+ \int_{\frac{\pi}{6}}^{\frac{5\pi}{6}} d\theta \int_0^R f(r\cos\theta, r\sin\theta) r dr + \int_{\frac{5\pi}{6}}^{\pi} d\theta \int_0^{2R\sin\theta} f(r\cos\theta, r\sin\theta) r dr.$$

例 7　利用例 5 的结果计算广义积分 $\int_0^{+\infty} e^{-x^2} dx$.

解　设 $D_1 = \{(x,y) | x^2+y^2 \leqslant R^2, x \geqslant 0, y \geqslant 0\}$, $D_2 = \{(x,y) | x^2+y^2 \leqslant 2R^2, x \geqslant 0, y \geqslant 0\}$, $S = \{(x,y) | 0 \leqslant x \leqslant R, 0 \leqslant y \leqslant R\}$, 显然 $D_1 \subset S \subset D_2$.

由于 $e^{-x^2-y^2} > 0$, 所以有

$$\iint_{D_1} e^{-x^2-y^2} d\sigma < \iint_S e^{-x^2-y^2} d\sigma < \iint_{D_2} e^{-x^2-y^2} d\sigma.$$

因为

$$\iint\limits_{S} e^{-x^2-y^2} d\sigma = \int_0^R e^{-x^2} dx \int_0^R e^{-y^2} dy = \left(\int_0^R e^{-x^2} dx\right)^2,$$

而利用例 5 的结果有

$$\iint\limits_{D_1} e^{-x^2-y^2} d\sigma = \frac{\pi}{4}(1 - e^{-R^2}),\quad \iint\limits_{D_2} e^{-x^2-y^2} d\sigma = \frac{\pi}{4}(1 - e^{-2R^2}),$$

于是上面的不等式可写成

$$\frac{\pi}{4}(1 - e^{-R^2}) < \left(\int_0^R e^{-x^2} dx\right)^2 < \frac{\pi}{4}(1 - e^{-2R^2}).$$

令 $R \to +\infty$,上式两端趋于同一极限 $\frac{\pi}{4}$,所以有

$$\int_0^{+\infty} e^{-x^2} dx = \frac{\sqrt{\pi}}{2}.$$

这一结果在概率论中有重要应用.

习题 8-2

1. 画出积分区域 D 的图形,并将二重积分化为二次积分,被积函数为 $f(x,y)$:

(1) D: $x+y \leqslant 1, x-y \leqslant 1, x \geqslant 0$;　　　　(2) D: $y \geqslant x^2, y \leqslant 4-x^2$;

(3) D: $x^2+y^2 \leqslant 1, x \geqslant y^2$;　　　　(4) D: $y \geqslant \frac{1}{x} > 0, y \leqslant x, x \leqslant 2$.

2. 画出积分区域 D 的图形,改变下列二次积分的积分次序:

(1) $\int_0^1 dy \int_0^y f(x,y) dx$;　　　　　　　(2) $\int_0^{\frac{1}{2}} dx \int_x^{1-x} f(x,y) dy$;

(3) $\int_1^e dx \int_0^{\ln x} f(x,y) dy$;　　　　　　(4) $\int_0^1 dx \int_{x^2}^x f(x,y) dy$;

(5) $\int_0^1 dy \int_0^{2y} f(x,y) dx + \int_1^3 dy \int_0^{3-y} f(x,y) dx$.

3. 计算下列二重积分:

(1) $\iint\limits_{D} x\sqrt{y} d\sigma$, D 由两条抛物线 $y=x^2, x=y^2$ 所围成;

(2) $\iint\limits_{D} xy^2 d\sigma$, D: $0 \leqslant x \leqslant \sqrt{4-y^2}$;

(3) $\iint\limits_{D} e^{x+y} d\sigma$, D 是由 $|x|+|y| \leqslant 1$ 所确定的区域;

(4) $\iint\limits_{D} \sqrt{x} d\sigma$, D: $x^2+y^2 \leqslant x$;

(5) $\iint\limits_{D} \cos(x+y) d\sigma$, D 是由 $x=0, y=x, y=\pi$ 所围成的三角形;

(6) $\iint\limits_{D} (x^2-y^2) d\sigma$, D: $0 \leqslant y \leqslant \sin x, 0 \leqslant x \leqslant \pi$.

4. 计算下面的积分:

(1) $\int_0^1 dx \int_x^1 e^{-y^2} dy$;　　　　　　　　(2) $\int_\pi^{2\pi} dy \int_{y-\pi}^\pi \frac{\sin x}{x} dx$.

5. 画出下列各题的积分区域 D,并把二重积分 $\iint\limits_{D} f(x,y)\,\mathrm{d}\sigma$ 化为极坐标系下的二次积分:

(1) D: $x^2 + y^2 \leqslant a^2 (a > 0)$;

(2) D: $x^2 + y^2 \leqslant 2x$;

(3) D: $a^2 \leqslant x^2 + y^2 \leqslant b^2 (0 < a < b)$;

(4) D: $(x-a)^2 + y^2 \leqslant a^2$, $x^2 + (y-a)^2 \leqslant a^2$ 的公共部分.

6. 把下列二次积分转化为极坐标形式下的二次积分:

(1) $\displaystyle\int_0^1 \mathrm{d}y \int_{\sqrt{1-y^2}}^{\sqrt{4-y^2}} f(x,y)\,\mathrm{d}x + \int_1^2 \mathrm{d}y \int_0^{\sqrt{4-y^2}} f(x,y)\,\mathrm{d}x$;

(2) $\displaystyle\int_0^2 \mathrm{d}x \int_x^{\sqrt{3}x} f(x,y)\,\mathrm{d}y$;

(3) $\displaystyle\int_0^{2R} \mathrm{d}y \int_0^{\sqrt{2Ry-y^2}} f(x,y)\,\mathrm{d}x$.

7. 利用极坐标计算下列二重积分:

(1) $\displaystyle\iint\limits_{D} \mathrm{e}^{x^2+y^2}\,\mathrm{d}\sigma, D$: $x^2 + y^2 \leqslant 4$;

(2) $\displaystyle\iint\limits_{D} \ln(1 + x^2 + y^2)\,\mathrm{d}\sigma, D$: $x^2 + y^2 \leqslant 1, x \geqslant 0, y \geqslant 0$;

(3) $\displaystyle\iint\limits_{D} \sin\sqrt{x^2+y^2}\,\mathrm{d}\sigma, D$: $\pi^2 \leqslant x^2 + y^2 \leqslant 4\pi^2$;

(4) $\displaystyle\iint\limits_{D} \arctan\frac{y}{x}\,\mathrm{d}\sigma, D$: $1 \leqslant x^2 + y^2 \leqslant 4, 0 \leqslant y \leqslant x$;

(5) $\displaystyle\iint\limits_{D} \frac{\ln(x^2 + y^2)}{x^2 + y^2}\,\mathrm{d}\sigma, D$: $1 \leqslant x^2 + y^2 \leqslant \mathrm{e}^2$;

(6) $\displaystyle\iint\limits_{D} (x^2 + y^2)\,\mathrm{d}\sigma, D$: $x^2 + y^2 \leqslant 4x, x^2 + y^2 \geqslant 2x$.

8. 计算下列极坐标系下的二重积分:

(1) $\displaystyle\iint\limits_{D} r\sin\theta\,\mathrm{d}r\mathrm{d}\theta, D$: $0 \leqslant r \leqslant a\sin\theta, 0 \leqslant \theta \leqslant \pi$;

(2) $\displaystyle\iint\limits_{D} r^2\sin\theta\,\mathrm{d}r\mathrm{d}\theta, D$ 是由心形线 $r = a(1+\cos\theta)$ 的上半部分及极轴所围成的闭区域.

9. 选择适当的坐标系计算下列积分:

(1) $\displaystyle\iint\limits_{D} \frac{x^2}{y^2}\,\mathrm{d}\sigma, D$ 是由 $x = 2, y = x, xy = 1$ 所围成;

(2) $\displaystyle\iint\limits_{D} (x^2 + y^2)\,\mathrm{d}\sigma, D$: $x + y \geqslant 0, x - y \leqslant 0, x^2 + y^2 \leqslant a^2$;

(3) $\displaystyle\iint\limits_{D} (x + y)\,\mathrm{d}\sigma, D$: $x^2 + y^2 \leqslant x + y$;

(4) $\displaystyle\iint\limits_{D} (x^2 + y^2 - xy)\,\mathrm{d}\sigma, D$ 是由 $y = x, y = x + a, y = a, y = 3a(a > 0)$ 所围成.

10. 利用二重积分计算下列曲线所围成的图形的面积:

(1) 心形线 $r = a(1+\cos\theta)(a > 0)$;

(2) 双纽线 $r^2 = 2a^2\cos2\theta(a > 0)$.

11. 证明 $\int_a^b dx \int_a^x f(y) dy = \int_a^b f(y)(b-y) dy$.

12. 设 $f(x)$ 在 $[a,b]$ 上连续,试考察积分 $\int_a^b dx \int_a^b [f(x) - f(y)]^2 dy$,从而证明不等式

$\left[\int_a^b f(x) dx\right]^2 \leqslant (b-a)\int_a^b f^2(x) dx$(此处等号仅当 $f(x)$ 在 $[a,b]$ 上为常数时才成立).

8.3 二重积分应用举例

在定积分的应用中,我们介绍过定积分的**元素法**,这种方法可以推广到二重积分的应用中.如果所求的量 Q 对于有界闭区域 D 具有可加性,并且在 D 上任取一直径很小的闭区域 $d\sigma$ 时,相应的部分量 ΔQ 可近似地表示为 $f(x,y)d\sigma$ 的形式,这里点 (x,y) 在小区域 $d\sigma$ 内,则将 $f(x,y)d\sigma$ 称为所求量 Q 的**元素**,记作 dQ,以它为被积分表达式在 D 上积分就得到所求量 Q,即

$$Q = \iint_D f(x,y) d\sigma.$$

例如用元素法求平面薄片的质量,方法是:在 D 上任取一直径很小的小区域 $d\sigma$,在 $d\sigma$ 上任取一点 (x,y),作乘积 $\rho(x,y)d\sigma$ 即得质量元素 $dm = \rho(x,y)d\sigma$,把它在 D 上积分即得薄片质量 m:

$$m = \iint_D \rho(x,y) d\sigma.$$

8.3.1 几何应用举例

1. 立体的体积

根据二重积分的几何意义.当 $f(x,y) \geqslant 0$ 时,二重积分 $\iint_D f(x,y) d\sigma$ 等于以 D 为底,曲面 $z = f(x,y)$ 为顶的曲顶柱体的体积,即

$$V = \iint_D f(x,y) d\sigma.$$

例1 求以平面 $z=0, y=0, 3x+y=6$ 及 $x+y+z=6$ 所围成的立体的体积.

解 立体如图 8-18 所示.立体的底是由 xOy 面上的直线 $y=0, 3x+y=6, x+y=6$ 所围成的区域 D,顶是平面 $z=6-x-y$,所以

$$V = \iint_D (6-x-y) d\sigma.$$

D 可表示为

$$D: \frac{1}{3}(6-y) \leqslant x \leqslant 6-y, \quad 0 \leqslant y \leqslant 6.$$

于是得

$$V = \int_0^6 dy \int_{\frac{1}{3}(6-y)}^{6-y} (6-x-y) dx$$

$$= \int_0^6 \left[(6-y)x - \frac{1}{2}x^2 \right]_{\frac{1}{3}(6-y)}^{6-y} dy$$

$$= \frac{2}{9} \int_0^6 (6-y)^2 dy = 16.$$

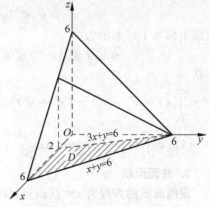

图 8-18

例 2 求球体 $x^2+y^2+z^2 \leqslant 4a^2$ 被圆柱面 $x^2+y^2=2ax(a>0)$ 所截得的(含于柱面内的部分)立体的体积.

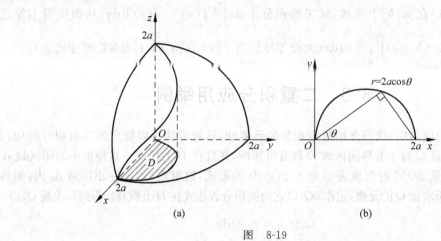

(a)   (b)

图 8-19

解 由所给立体的对称性,只要求出其在第一卦限部分的体积再 4 倍之即可(图 8-19).

$$V = 4 \iint\limits_{D} \sqrt{4a^2-x^2-y^2} \, d\sigma,$$

其中 D 可由 $0 \leqslant y \leqslant \sqrt{2ax-x^2}$,$0 \leqslant x \leqslant 2a$ 表示. 在极坐标系中,D 可表示为 $0 \leqslant r \leqslant 2a\cos\theta$,$0 \leqslant \theta \leqslant \dfrac{\pi}{2}$,于是

$$V = 4 \iint\limits_{D} \sqrt{4a^2-r^2} \, r \, dr \, d\theta = 4 \int_0^{\frac{\pi}{2}} d\theta \int_0^{2a\cos\theta} \sqrt{4a^2-r^2} \, r \, dr$$

$$= 4 \int_0^{\frac{\pi}{2}} -\frac{1}{3}(4a^2-r^2)^{\frac{3}{2}} \Bigg|_0^{2a\cos\theta} d\theta$$

$$= \frac{32}{3}a^3 \int_0^{\frac{\pi}{2}} (1-\sin^3\theta) \, d\theta = \frac{32}{3}a^3 \left(\frac{\pi}{2} - \frac{2}{3} \right).$$

例 3 求抛物面 $z=x^2+y^2$ 与 $z=2-x^2-y^2$ 所围立体的体积(图 8-20).

解 该立体在 xOy 平面的投影区域 D 是圆域

$$x^2+y^2 \leqslant 1,$$

在极坐标系下可表示为

$$0 \leqslant r \leqslant 1, \quad 0 \leqslant \theta \leqslant 2\pi.$$

于是

$$V = \iint\limits_{D} [(2-x^2-y^2)-(x^2+y^2)] \, d\sigma = \iint\limits_{D} 2(1-x^2-y^2) \, d\sigma$$

$$= 2 \int_0^{2\pi} d\theta \int_0^1 (1-r^2) r \, dr = 4\pi \left[\frac{r^2}{2} - \frac{r^4}{4} \right]_0^1 = \pi.$$

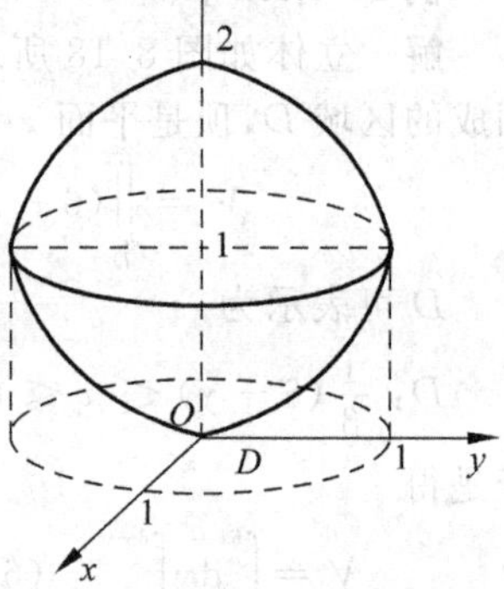

图 8-20

2. 曲面面积

设曲面 S 的方程为 $z=f(x,y)$,D 为曲面 S 在 xOy 平面上的投影区域(图 8-21(a)). 函数 $z=f(x,y)$ 在 D 上具有一阶连续偏导数 $f_x(x,y)$ 和 $f_y(x,y)$. 我们要计算曲面 S 的面积 A.

在 D 内任取一直径很小的区域 $d\sigma$(其面积也记为 $d\sigma$),在 $d\sigma$ 内任取一点 $P(x,y)$,曲面 S 上对应地有一点 $M(x,y,f(x,y))$,点 M 在 xOy 面上的投影点即为 P. 点 M 处 S 的切平面设为 T,以小闭区域 $d\sigma$ 的边界为准线作母线平等于 z 轴的柱面,这柱面在曲面 S 上截下一小块曲面 ΔA(面积也记为 ΔA),在切面 T 上截下一小块平面 dA(面积也记为 dA),ΔA 和 dA 在 xOy 平面上的投影区域均为 $d\sigma$,由于 $d\sigma$ 的直径很小,所以 $\Delta A \approx dA$. 下面讨论 dA 的表示方法.

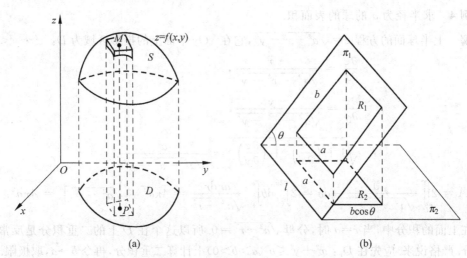

图 8-21

设平面 π_1 与 π_2 之间的夹角为 θ(取锐角),交线为 l,π_1 上有一矩形 R_1(其面积也记为 R_1),它的一边平行于 l,显然,R_1 在 π_2 上的投影 R_2 也是一个矩形. 设 R_1 的边长分别为 a,b,则 R_2 的边长分别为 a,$b\cos\theta$(图 8-21(b)),于是矩形 R_1 的面积与它的投影 R_2 的面积之间有关系式

$$R_2 = ab\cos\theta = R_1\cos\theta.$$

上述关系式对于 π_1 上的一般的有界闭区域也是成立的. 这是因为一般区域可分割成许多 R_1 那样的小矩形域(少数含边界点的不规则部分除外).

因为曲面 S 在点 M 处的向上的法向量可表示为

$$\boldsymbol{n} = (-f_x(x,y), -f_y(x,y), 1),$$

于是 $\boldsymbol{n}$ 与 z 轴正向夹角的余弦可表示为

$$\cos\gamma = \frac{1}{\sqrt{1+f_x^2+f_y^2}}.$$

法向量 $\boldsymbol{n}$ 与 z 轴正向的夹角,等于切平面与 xOy 平面的夹角. 这样,小平面块 dA 与它的投影 $d\sigma$ 的面积之间有关系式

$$d\sigma = dA \cdot \cos\gamma = \frac{dA}{\sqrt{1+f_x^2+f_y^2}},$$

即

$$dA = \sqrt{1+f_x^2+f_y^2}\,d\sigma.$$

这就是**曲面 S 的面积元素**. 将它在区域 D 上积分,即得曲面面积

$$A = \iint\limits_{D} \sqrt{1+f_x^2+f_y^2}\,d\sigma. \tag{8.3.1}$$

式(8.3.1)也可记为

$$A = \iint\limits_{D} \sqrt{1 + \left(\frac{\partial z}{\partial x}\right)^2 + \left(\frac{\partial z}{\partial y}\right)^2}\, \mathrm{d}x\mathrm{d}y. \tag{8.3.1'}$$

当曲面由方程 $x = g(y, z)$ 或 $y = h(z, x)$ 给出时,读者可仿上自己给出相应的曲面面积的计算公式.

例 4 求半径为 a 的球的表面积.

解 上半球面的方程 $z = \sqrt{a^2 - x^2 - y^2}$,它在 xOy 平面上的投影区域为 $D: x^2 + y^2 \leqslant a^2$.

$$\frac{\partial z}{\partial x} = \frac{-x}{\sqrt{a^2 - x^2 - y^2}},$$

$$\frac{\partial z}{\partial y} = \frac{-y}{\sqrt{a^2 - x^2 - y^2}},$$

$$\sqrt{1 + \left(\frac{\partial z}{\partial x}\right)^2 + \left(\frac{\partial z}{\partial y}\right)^2} = \frac{a}{\sqrt{a^2 - x^2 - y^2}}.$$

故 $\quad A = 2\iint\limits_{D} \frac{a}{\sqrt{a^2 - x^2 - y^2}}\mathrm{d}\sigma = 2\int_0^{2\pi}\mathrm{d}\theta\int_0^a \frac{ar\,\mathrm{d}r}{\sqrt{a^2 - r^2}} = 4\pi a\left[-\sqrt{a^2 - r^2}\right]_0^a = 4\pi a^2.$

在上面的积分中,当 $r = a$ 时,分母 $\sqrt{a^2 - r^2} = 0$. 所以这个在 D 上的二重积分是反常的二重积分. 严格说来. 应先在 $D_1: x^2 + y^2 \leqslant b^2 (a > b > 0)$ 上计算二重积分,再令 $b \to a$,取极限.

例 5 求两柱面 $x^2 + y^2 = a^2$,$x^2 + z^2 = a^2$ 所围立体的表面积.

解 利用对称性,我们先求出区域 D

$$0 \leqslant y \leqslant \sqrt{a^2 - x^2}, \quad 0 \leqslant x \leqslant a$$

上圆柱面 $z = \sqrt{a^2 - x^2}$ 相应部分的面积(图 8-22),然后再

16 倍之,即可得到所求的面积. 由 $z = \sqrt{a^2 - x^2}$ 得

$$z_x = \frac{-x}{\sqrt{a^2 - x^2}}, \quad z_y = 0,$$

故 $\quad \sqrt{1 + z_x^2 + z_y^2} = \frac{a}{\sqrt{a^2 - x^2}}.$

于是所求表面积为

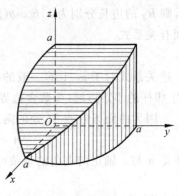

图 8-22

$$A = 16\iint\limits_{D} \frac{a}{\sqrt{a^2 - x^2}}\mathrm{d}x\mathrm{d}y = 16\int_0^a \mathrm{d}x\int_0^{\sqrt{a^2 - x^2}} \frac{a}{\sqrt{a^2 - x^2}}\mathrm{d}y$$

$$= 16\int_0^a \left[\frac{ay}{\sqrt{a^2 - x^2}}\right]_0^{\sqrt{a^2 - x^2}}\mathrm{d}x = 16\int_0^a a\,\mathrm{d}x = 16a^2.$$

8.3.2 物理应用举例

1. 平面薄片的质量

我们已经知道,面密度为 $\rho(x, y)$ 在 xOy 面上占有区域 D 的平面薄片的质量为

$$m = \iint\limits_{D}\rho(x, y)\mathrm{d}\sigma.$$

2. 平面薄片的质心

由力学知识,若质量为 m 的质点到 l 轴的距离为 r,则 $M_l = mr$ 叫做该质点对 l 轴的**静矩**.

设 xOy 平面上有 n 个质点,它们分别位于点 $(x_1, y_1), (x_2, y_2), \cdots, (x_n, y_n)$ 处,质量分别为 $m_1, m_2, \cdots, m_n$,则这 n 个质点构成的质点系的质心 $G(\bar{x}, \bar{y})$ 的坐标为

$$\bar{x} = \frac{M_y}{m} = \frac{\sum\limits_{i=1}^{n} m_i x_i}{\sum\limits_{i=1}^{n} m_i}, \quad \bar{y} = \frac{M_x}{m} = \frac{\sum\limits_{i=1}^{n} m_i y_i}{\sum\limits_{i=1}^{n} m_i},$$

其中 $m = \sum\limits_{i=1}^{n} m_i$ 是该质点系的总质量,$M_x = \sum\limits_{i=1}^{n} m_i y_i$ 及 $M_y = \sum\limits_{i=1}^{n} m_i x_i$ 分别是该质点系对 x 轴及 y 轴的静矩.

设有一平面薄片,占有 xOy 平面上的区域 D,在点 (x, y) 处的面密度为 $\rho(x, y)$. 假定 $\rho(x, y)$ 在 D 上连续,现在要找该薄片的质心 $G(\bar{x}, \bar{y})$.

如图 8-23 所示,在 D 内任取一直径很小的小区域 $d\sigma$(其面积也记为 $d\sigma$),在 $d\sigma$ 内任取一点 (x, y). 由于 $d\sigma$ 的直径很小且 $\rho(x, y)$ 在 D 上连续,所以薄片上相应于 $d\sigma$ 的部分的质量近似地等于 $\rho(x, y) d\sigma$,这部分质量也可近似地看作集中在点 (x, y) 上,于是可得到薄片对 x 轴和 y 轴的静矩 M_x, M_y 的元素 dM_x, dM_y:

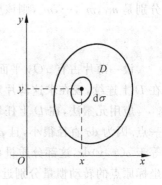

图 8-23

$$dM_x = y dm = y \rho(x, y) d\sigma,$$
$$dM_y = x dm = x \rho(x, y) d\sigma.$$

这样,我们就有

$$M_x = \iint\limits_{D} y \rho(x, y) d\sigma, \quad M_y = \iint\limits_{D} x \rho(x, y) d\sigma.$$

所以薄片质心坐标为

$$\bar{x} = \frac{M_y}{m} = \frac{\iint\limits_{D} x \rho(x, y) d\sigma}{\iint\limits_{D} \rho(x, y) d\sigma}, \quad \bar{y} = \frac{M_x}{m} = \frac{\iint\limits_{D} y \rho(x, y) d\sigma}{\iint\limits_{D} \rho(x, y) d\sigma}. \tag{8.3.2}$$

如薄片是均匀的,即面密度为常量,则有

$$\bar{x} = \frac{1}{\sigma} \iint\limits_{D} x d\sigma, \quad \bar{y} = \frac{1}{\sigma} \iint\limits_{D} y d\sigma, \tag{8.3.2'}$$

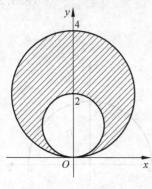

图 8-24

其中 $\sigma = \iint\limits_{D} d\sigma$ 是区域 D 的面积. 这时薄片质心完全由区域 D 的形状所决定,所以我们把均匀平面薄片的质心叫做这平面薄片的**形心**.

例6 求位于两圆 $r = 2\sin\theta$ 和 $r = 4\sin\theta$ 之间的均匀薄片的质心 $G(\bar{x}, \bar{y})$.

解 薄片所占区域 D 如图 8-24 所示. 因区域 D 对称于 y 轴,薄片又是均匀的,故质心 G 必在 y 轴上,即 $\bar{x} = 0$. 再由

公式(8.3.2′)

$$\bar{y} = \frac{1}{\sigma}\iint\limits_{D} y \, d\sigma$$

来计算即可. 区域 D 的面积为两圆面积之差 $\sigma = 4\pi - \pi = 3\pi$,而

$$\iint\limits_{D} y \, d\sigma = \iint\limits_{D} r^2 \sin\theta \, dr \, d\theta = \int_0^\pi \sin\theta \, d\theta \int_{2\sin\theta}^{4\sin\theta} r^2 \, dr$$

$$= \frac{56}{3}\int_0^\pi \sin^4\theta \, d\theta = \frac{56}{3} \times 2 \times \frac{3}{4} \times \frac{1}{2} \times \frac{\pi}{2} = 7\pi,$$

因此 $\bar{y} = \dfrac{7\pi}{3\pi} = \dfrac{7}{3}$,所求质心为 $G\left(0, \dfrac{7}{3}\right)$.

3. 平面薄片的转动惯量

由力学知识,若质量为 m 的质点到轴 l 的距离为 r,则 $I_l = mr^2$ 叫做该质点对于 l 轴的**转动惯量**. 设 xOy 平面上有 n 个质点,它们分别位于 $(x_1, y_1), (x_2, y_2), \cdots, (x_n, y_n)$ 处,质量分别是 $m_1, m_2, \cdots, m_n$,则该质心系对于 x 轴及对于 y 轴的转动惯量分别是

$$I_x = \sum_{i=1}^n m_i y_i^2, \quad I_y = \sum_{i=1}^n m_i x_i^2.$$

设一薄片占有 xOy 平面上的区域 D,在点 (x, y) 处的面密度为 $\rho(x, y)$,并假设 $\rho(x, y)$ 在 D 上连续,现在求这薄片对于 x 轴、y 轴及原点的转动惯量 I_x, I_y 和 I_O.

应用元素法,在 D 上任取一直径很小的小区域 $d\sigma$(其面积也记作 $d\sigma$),(x, y) 是 $d\sigma$ 上任一点. 因为 $d\sigma$ 直径很小,且 $\rho(x, y)$ 在 D 上连续,故相应于该小区域的部分薄片的质量近似等于 $\rho(x, y)d\sigma$,这部分质量可近似地看作集中在点 (x, y) 处. 于是小薄片对于 x 轴、y 轴和坐标原点的转动惯量分别近似为

$$dI_x = y^2 \, dm = y^2 \rho(x, y) \, d\sigma,$$
$$dI_y = x^2 \, dm = x^2 \rho(x, y) \, d\sigma,$$
$$dI_O = (x^2 + y^2) \, dm = (x^2 + y^2)\rho(x, y) \, d\sigma,$$

它们分别是薄片对于 x 轴、y 轴和原点 O 的**转动惯量元素**. 以这些元素为被积分表达式在区域 D 上积分,便得到所要求的转动惯量

$$\begin{cases} I_x = \iint\limits_{D} y^2 \rho(x, y) \, d\sigma, \\[2mm] I_y = \iint\limits_{D} x^2 \rho(x, y) \, d\sigma, \\[2mm] I_O = \iint\limits_{D} (x^2 + y^2)\rho(x, y) \, d\sigma. \end{cases} \qquad (8.3.3)$$

例 7 求半径为 a 的半圆形均匀薄片(面密度为常数 ρ)对于其直径边的转动惯量.

解 取坐标如图 8-25 所示,则薄片所占区域为

$$x^2 + y^2 \leqslant a^2, \quad y \geqslant 0.$$

所求转动惯量即为薄片对于 x 轴的转动惯量 I_x:

$$I_x = \iint\limits_{D} \rho y^2 \, d\sigma = \rho \iint\limits_{D} r^3 \sin^3\theta \, dr \, d\theta$$

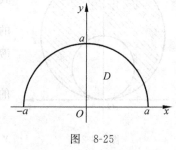

图 8-25

$$= \rho \int_0^\pi \sin^2\theta \, \mathrm{d}\theta \int_0^a r^3 \, \mathrm{d}r = \frac{1}{8}\rho\pi a^4 = \frac{1}{4}ma^2 ,$$

其中 $m = \frac{1}{2}\rho\pi a^2$ 为半圆形薄片的质量.

4. 平面薄片对质点的引力

设一平面薄片, 占有 xOy 平面上的区域 D, 在点 (x,y) 处的面密度为 $\rho(x,y)$, $\rho(x,y)$ 在 D 上连续. 现在要计算该薄片对位于 z 轴上点 $M(0,0,a)$ 处单位质量的质点的引力.

我们仍用元素法求引力 $\boldsymbol{F} = (F_x, F_y, F_z)$.

在 D 上任取一直径很小的区域 $\mathrm{d}\sigma$ (其面积也记为 $\mathrm{d}\sigma$), $P(x,y)$ 是 $\mathrm{d}\sigma$ 内任一点, 薄片中相应于 $\mathrm{d}\sigma$ 部分的质量近似地等于 $\rho(x,y)\mathrm{d}\sigma$, 这部分质量可近似地看作集中在点 $P(x,y)$ 处. 于是按两质点间的引力公式可得出薄片中相应于小区域 $\mathrm{d}\sigma$ 的部分对该质点引力, 其大小近似为 $|\mathrm{d}\boldsymbol{F}| = k\dfrac{\rho(x,y)\mathrm{d}\sigma}{r^2}$, 方向与向量 $\overrightarrow{M_0 P} = (x,y,-a)$ 相一致, 其中 $r = |\overrightarrow{M_0 P}| = \sqrt{x^2 + y^2 + a^2}$, k 为引力常数. 于是薄片对该质点的引力在三个坐标轴上的投影 F_x, F_y, F_z 的元素分别是:

$$\mathrm{d}F_x = |\mathrm{d}\boldsymbol{F}|\cos\alpha = |\mathrm{d}\boldsymbol{F}| \cdot \frac{x}{r} = k\frac{x\rho(x,y)\mathrm{d}\sigma}{r^3},$$

$$\mathrm{d}F_y = |\mathrm{d}\boldsymbol{F}|\cos\beta = |\mathrm{d}\boldsymbol{F}| \cdot \frac{y}{r} = k\frac{y\rho(x,y)\mathrm{d}\sigma}{r^3},$$

$$\mathrm{d}F_z = |\mathrm{d}\boldsymbol{F}|\cos\gamma = |\mathrm{d}\boldsymbol{F}| \cdot \frac{-a}{r} = k\frac{-a\rho(x,y)\mathrm{d}\sigma}{r^3}.$$

以这些元素为积分表达式在区域 D 上积分, 则得到

$$\begin{cases} F_x = k\displaystyle\iint_D \frac{x\rho(x,y)}{(x^2+y^2+a^2)^{\frac{3}{2}}}\mathrm{d}\sigma, \\[3mm] F_y = k\displaystyle\iint_D \frac{y\rho(x,y)}{(x^2+y^2+a^2)^{\frac{3}{2}}}\mathrm{d}\sigma, \\[3mm] F_z = -ka\displaystyle\iint_D \frac{\rho(x,y)}{(x^2+y^2+a^2)^{\frac{3}{2}}}\mathrm{d}\sigma. \end{cases} \tag{8.3.4}$$

例8 求面密度为常量, 半径为 R 的均质圆形薄片 $x^2+y^2 \leqslant R^2$, $z=0$ 对位于 z 轴上点 $z_0(0,0,a)$ $(a>0)$ 处单位质量的质点的引力.

解 由题意易知 $F_x = F_y = 0$.

$$F_z = -ka\rho\iint_D \frac{\mathrm{d}\sigma}{(x^2+y^2+a^2)^{\frac{3}{2}}} = -ka\rho\int_0^{2\pi}\mathrm{d}\theta\int_{R_0} \frac{r\mathrm{d}r}{(r^2+a^2)^{\frac{3}{2}}}$$

$$= -\pi ka\rho\int_{R_0}(r^2+a^2)^{-\frac{3}{2}}\mathrm{d}(r^2+a^2) = 2\pi ka\rho\left(\frac{1}{\sqrt{R^2+a^2}} - \frac{1}{a}\right).$$

故所求引力

$$\boldsymbol{F} = \left(0, 0, 2\pi ka\rho\left(\frac{1}{\sqrt{R^2+a^2}} - \frac{1}{a}\right)\right).$$

习题 8-3

1. 求平面 $\dfrac{x}{a}+\dfrac{y}{b}+\dfrac{z}{c}=1$ 被三坐标面割出部分的面积.

2. 求锥面 $z=\sqrt{x^2+y^2}$ 被柱面 $z^2=2x$ 所割下部分的曲面面积.

3. 求球面 $x^2+y^2+z^2=a^2$ 被平面 $z=\dfrac{a}{4}$, $z=\dfrac{a}{2}$ 所夹部分的曲面面积.

4. 求球面 $x^2+y^2+z^2=a^2$ 含在柱面 $x^2+y^2=ax$ 内部的那部分曲面面积.

5. 求由抛物面 $z=x^2+y^2$, 平面 $x+y=1$ 及坐标面所围立体的体积.

6. 求由 $y=0$, $y=\sqrt{3x}$, $z=0$, $z=\sqrt{4-x^2-y^2}$ 所围在第一卦限内的立体体积.

7. 求由 $y=0$, $y=x$, $x=1$ 所围三角形薄片的质量, 其面密度 $\rho(x,y)=x^2+y^2$.

8. 求由螺线 $r=2\theta\left(0\leqslant\theta\leqslant\dfrac{\pi}{2}\right)$ 与直线 $\theta=\dfrac{\pi}{2}$ 所围的平面薄片的质量, 面密度 $\rho(x,y)=x^2+y^2$.

9. 设平面薄片由抛物线 $y^2=x$ 及直线 $x=y$ 所围, 面密度为 $\rho(x,y)=xy^2$, 求此薄片的质心.

10. 求由下列曲线所围图形的形心:

(1) $y=3x-x^2$, $y=x$;   (2) $r=a(1+\cos\theta)$.

11. 在以 R 为半径的半圆形的直径上添加一个边长与直径等长的矩形, 使整个平面图形的形心落在圆心上, 求矩形另一边的长.

12. 求均匀薄片 $(\rho=1)$ D 的转动惯量:

(1) D: $0\leqslant x\leqslant a$, $0\leqslant y\leqslant b$, 求 I_x, I_y;

(2) D: $\dfrac{x^2}{a^2}+\dfrac{y^2}{b^2}\leqslant1$, 求 I_O, I_y;

(3) D: $y^2=\dfrac{9}{2}x$ 与 $x=2$ 所围, 求 I_x, I_y.

13. 求均匀圆环薄片 $R_1^2\leqslant x^2+y^2\leqslant R_2^2(0<R_1<R_2)$, $z=0$ 对于 z 轴的转动惯量.

14. 求面密度为常量 ρ 的匀质半圆环形薄片 $\sqrt{R_1^2-y^2}\leqslant x\leqslant\sqrt{R_2^2-y^2}(0<R_1<R_2)$, $z=0$ 对位于 z 轴上的点 $M(0,0,a)(a>0)$ 处单位质量的质点的引力 $\boldsymbol{F}$.

15. 有一圆环形带电薄片, 内半径为 a, 外半径为 b, 表面均匀带正电, 电荷密度为 ρ, 试求环心铅直上方 h 处的电场强度 $\boldsymbol{E}$ (即对位于该点处的单位正电荷的电场力).

8.4 三重积分的概念及计算方法

8.4.1 三重积分的概念

设有一立体占有空间区域 Ω, 在点 (x,y,z) 处的体密度为 $\rho(x,y,z)$, 且 $\rho(x,y,z)$ 在 Ω 上连续, 我们研究如何求这物体的质量 m.

把立体任意分成 n 小块, 即把空间区域 Ω 任意分成 n 个小区域 $\Delta V_i(i=1,2,3,\cdots,n)$, 这些小区域的体积也记作 ΔV_i. 设 (ξ_i,η_i,ζ_i) 是 ΔV_i 内的任一点, 只要各个小区域的直径 d_i 很小, 由于 $\rho(x,y,z)$ 在 Ω 上连续, 故 ΔV_i 部分的质量近似地等于 $\rho(\xi_i,\eta_i,\zeta_i)\Delta V_i$. 于是有

$$m \approx \sum_{i=1}^{n} \rho(\xi_i, \eta_i, \zeta_i) \Delta V_i.$$

记 $\lambda = \max\{d_1, d_2, \cdots, d_n\}$，则当 $\lambda \to 0$ 时，和式 $\sum_{i=1}^{n} \rho(\xi_i, \eta_i, \zeta_i) \Delta V_i$ 的极限值即为所求立体的质量：

$$m = \lim_{\lambda \to 0} \sum_{i=1}^{n} \rho(\xi_i, \eta_i, \zeta_i) \Delta V_i.$$

抛开上面问题的物理意义，我们可以得到三重积分的定义.

定义 设函数 $f(x, y, z)$ 在空间有界闭区域 Ω 上有界. 将 Ω 任意分成 n 个小闭区域 $\Delta V_i (i = 1, 2, \cdots, n)$，这些小区域的体积也记作 ΔV_i. 在每个小区域 ΔV_i 上任取一点 (ξ_i, η_i, ζ_i)，作乘积 $f(\xi_i, \eta_i, \zeta_i) \Delta V_i$，并作和式 $\sum_{i=1}^{n} f(\xi_i, \eta_i, \zeta_i) \Delta V_i$. 如果当各小区域的直径的最大值 $\lambda \to 0$ 时，和式的极限存在，则称此极限为函数 $f(x, y, z)$ 在区域 Ω 上的**三重积分**，记作 $\iiint\limits_{\Omega} f(x, y, z) \mathrm{d}V$，即

$$\iiint\limits_{\Omega} f(x, y, z) \mathrm{d}V = \lim_{\lambda \to 0} \sum_{i=1}^{n} f(\xi_i, \eta_i, \zeta_i) \Delta V_i, \tag{8.4.1}$$

其中 $f(x, y, z)$ 叫做**被积函数**，Ω 叫做**积分区域**，$\mathrm{d}V$ 叫做**体积元素**.

由三重积分的定义可知，空间立体的质量等于它的体密度 $\rho(x, y, z)$ 在物体所占空间区域 Ω 上的三重积分，即

$$m = \iiint\limits_{\Omega} \rho(x, y, z) \mathrm{d}V.$$

可以证明，当 $f(x, y, z)$ 在 Ω 上连续时，和式 $\sum_{i=1}^{n} f(\xi_i, \eta_i, \zeta_i) \Delta V_i$ 的极限存在，它与 Ω 的分法及点 (ξ_i, η_i, ζ_i) 的取法无关. 因此，在空间直角坐标系中，我们可以用平行于坐标平面的三组平面来分割区域 Ω，所得小区域除包含边界点的一些外，其他都是小长方体. 设小长方体 ΔV_i 边长为 $\Delta x_j, \Delta y_k, \Delta z_l$，则 $\Delta V_i = \Delta x_j \Delta y_k \Delta z_l$. 因此三重积分中的体积元素 $\mathrm{d}V$ 可以记为 $\mathrm{d}x\mathrm{d}y\mathrm{d}z$，从而三重积分可记作

$$\iiint\limits_{\Omega} f(x, y, z) \mathrm{d}x\mathrm{d}y\mathrm{d}z,$$

其中 $\mathrm{d}x\mathrm{d}y\mathrm{d}z$ 叫做**直角坐标系中的体积元素**.

三重积分具有和二重积分类似的性质，我们不再一一叙述.

8.4.2 在直角坐标系中计算三重积分

和二重积分的计算类似，三重积分也是通过化为**累次积分**进行计算的，下面介绍将三重积分 $\iiint\limits_{\Omega} f(x, y, z) \mathrm{d}x\mathrm{d}y\mathrm{d}z$ 化为**三次积分**的方法.

假设平行于 z 轴且穿过区域 Ω 内部的直线与 Ω 的边界曲面 S 相交不多于两点，把区域 Ω 投影到 xOy 面上得到平面区域 D_{xy}（图 8-26）. 投影柱面与曲面 S 的交线将 S 分成上下两部分，它们的方程分别为

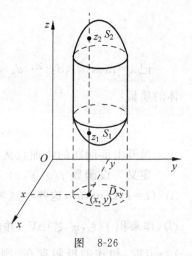

下部 $S_1: z = z_1(x, y)$,

上部 $S_2: z = z_2(x, y)$.

其中 $z_1(x, y)$ 和 $z_2(x, y)$ 都是 D_{xy} 上的连续函数,且 $z_1(x, y) \leqslant z_2(x, y)$. 过 D_{xy} 内任一点 (x, y) 作平行于 z 轴的直线,此直线由下至上通过曲面 S_1 穿入 Ω 内部,然后又通过曲面 S_2 穿出 Ω,穿入穿出点的竖坐标分别为 $z_1(x, y)$ 和 $z_2(x, y)$. 在区域 Ω 上,竖标 z 的变化范围是:

$$z_1(x, y) \leqslant z \leqslant z_2(x, y), \quad (x, y) \in D_{xy}.$$

所以,先将 x, y 暂看作常量,把 $f(x, y, z)$ 仅看成 z 的函数,在区间 $[z_1(x, y), z_2(x, y)]$ 上对 z 积分,其结果是 x, y 的函数,记作 $F(x, y)$,即

$$F(x, y) = \int_{z_1(x, y)}^{z_2(x, y)} f(x, y, z) \mathrm{d}z,$$

然后计算函数 $F(x, y)$ 在区域 D_{xy} 上的二重积分

$$\iint_{D_{xy}} F(x, y) \mathrm{d}x\mathrm{d}y = \iint_{D_{xy}} \left[\int_{z_1(x, y)}^{z_2(x, y)} f(x, y, z) \mathrm{d}z \right] \mathrm{d}x\mathrm{d}y,$$

图 8-26

就得到

$$\iiint_{\Omega} f(x, y, z) \mathrm{d}x\mathrm{d}y\mathrm{d}z = \iint_{D_{xy}} \left[\int_{z_1(x, y)}^{z_2(x, y)} f(x, y, z) \mathrm{d}z \right] \mathrm{d}x\mathrm{d}y.$$

再将 D_{xy} 上的二重积分 $\iint_{D_{xy}} F(x, y) \mathrm{d}x\mathrm{d}y$ 化为二次积分. 假如 D_{xy} 可用不等式

$$y_1(x) \leqslant y \leqslant y_2(x), \quad a \leqslant x \leqslant b$$

来表示,则有

$$\iiint_{\Omega} f(x, y, z) \mathrm{d}x\mathrm{d}y\mathrm{d}z = \int_a^b \mathrm{d}x \int_{y_1(x)}^{y_2(x)} \mathrm{d}y \int_{z_1(x, y)}^{z_2(x, y)} f(x, y, z) \mathrm{d}z. \tag{8.4.2}$$

式(8.4.2)把三重积分化成了先对 z,再对 y,最后对 x 的三次积分.

如果平行于 x 轴(或 y 轴)且穿过 Ω 内部的直线与 Ω 的边界曲面 S 的交点不多于两点,也可把区域 Ω 投影到 yOz 面上(或 zOx 面上),这样便可将三重积分化为先对 x(或先对 y)再对其余两变量的三次积分.

如果平行于坐标轴且穿过区域 Ω 内部的直线与 Ω 的边界曲面 S 的交点多于两个,则可仿照二重积分,将 Ω 分成若干部分区域,$f(x, y, z)$ 在 Ω 上的三重积分等于它在各部分区域上的三重积分之和.

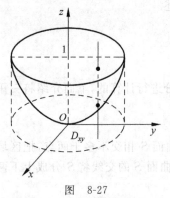

图 8-27

例1 将三重积分 $\iiint_{\Omega} f(x, y, z) \mathrm{d}x\mathrm{d}y\mathrm{d}z$ 化为三次积分,其中积分区域 Ω 是曲面 $z = x^2 + y^2$ 与平面 $z = 1$ 所围成.

解 积分区域 Ω 如图 8-27 所示. 区域 Ω 在 xOy 面上的投影区域 D_{xy} 为圆域 $x^2 + y^2 \leqslant 1$. 过 D_{xy} 内任一点 (x, y) 作平行于 z 轴的直线,该直线通过抛物面 $z = x^2 + y^2$ 穿入 Ω 内,然后通过平面 $z = 1$ 穿出 Ω,于是 z 的变化范围是

$$x^2 + y^2 \leqslant z \leqslant 1, \quad (x, y) \in D_{xy}.$$

由公式(8.4.2)得

$$\iiint\limits_{\Omega} f(x,y,z)\mathrm{d}x\mathrm{d}y\mathrm{d}z = \iint\limits_{D_{xy}}\left[\int_{x^2+y^2}^{1} f(x,y,z)\mathrm{d}z\right]\mathrm{d}x\mathrm{d}y.$$

由于 D_{xy} 可由不等式

$$-\sqrt{1-x^2} \leqslant y \leqslant \sqrt{1-x^2}, \quad -1 \leqslant x \leqslant 1$$

表示,故三重积分可化为三次积分:

$$\iiint\limits_{\Omega} f(x,y,z)\mathrm{d}x\mathrm{d}y\mathrm{d}z = \int_{-1}^{1}\mathrm{d}x\int_{-\sqrt{1-x^2}}^{\sqrt{1-x^2}}\mathrm{d}y\int_{x^2+y^2}^{1} f(x,y,z)\mathrm{d}z.$$

在这个例子中,我们选择的积分顺序是先对 z,再对 y,最后对 x 积分,也还可以选择其他积分顺序,读者不妨一试.

例 2 计算三重积分 $\iiint\limits_{\Omega} x\mathrm{d}x\mathrm{d}y\mathrm{d}z$,其中 Ω 为三个坐标面及平面 $x+2y+z=1$ 所围成的区域.

解 区域 Ω 如图 8-28 所示.区域 Ω 在 xOy 面上的投影区域为三角形 OAB,该区域可由不等式

$$0 \leqslant y \leqslant \frac{1}{2}(1-x), \quad 0 \leqslant x \leqslant 1$$

表示.

在 D_{xy} 内任取一点 (x,y),过此点作平行于 z 轴的直线,该直线通过平面 $z=0$ 穿入 Ω 内,然后通过平面 $z=1-x-2y$ 穿出 Ω 外,于是

$$\iiint\limits_{\Omega} x\mathrm{d}x\mathrm{d}y\mathrm{d}z = \iint\limits_{D_{xy}}\left[\int_{0}^{1-x-2y} x\mathrm{d}z\right]\mathrm{d}x\mathrm{d}y = \int_{0}^{1}\mathrm{d}x\int_{0}^{\frac{1}{2}(1-x)}\mathrm{d}y\int_{0}^{1-x-2y} x\mathrm{d}z$$

$$= \int_{0}^{1} x\mathrm{d}x\int_{0}^{\frac{1}{2}(1-x)} (1-x-2y)\mathrm{d}y = \frac{1}{4}\int_{0}^{1} (x-2x^2+x^3)\mathrm{d}x = \frac{1}{48}.$$

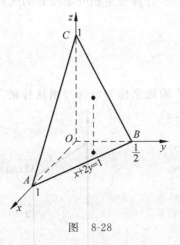

图 8-28

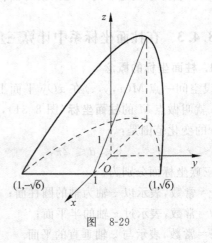

图 8-29

例 3 计算由柱面 $y^2=2x+4$ 和平面 $x+z=1, z=0$ 所围成立体的体积(图 8-29).

解 区域 Ω 的上边界曲面为平面 $z=1-x$,下边界曲面为平面 $z=0$,Ω 在 xOy 面上投影区域为直线 $x=1$ 与抛物线 $y^2=2x+4$ 所围成的区域 D_{xy},用不等式表示为

$$\frac{1}{2}(y^2-4) \leqslant x \leqslant 1,$$

$$-\sqrt{6} \leqslant y \leqslant \sqrt{6}.$$

所以

$$V = \iiint_\Omega \mathrm{d}x\mathrm{d}y\mathrm{d}z = \iint_{D_{xy}} \left[\int_0^{1-x} \mathrm{d}z \right] \mathrm{d}x\mathrm{d}y = \iint_{D_{xy}} (1-x)\mathrm{d}x\mathrm{d}y$$

$$= \int_{-\sqrt{6}}^{\sqrt{6}} \mathrm{d}y \int_{\frac{1}{2}(y^2-4)}^1 (1-x)\mathrm{d}x = \frac{24}{5}\sqrt{6}.$$

以上计算三重积分的方法叫做**投影法**或**先一后二法**. 有时, 我们计算三重积分也可以化为先计算一个二重积分, 再计算一个定积分, 这种方法叫做**截面法**或**先二后一法**.

设空间闭区域为

$$\Omega = \{(x,y,z) \mid (x,y) \in D_z, c < z < d\},$$

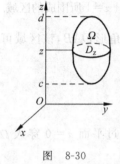

图 8-30

其中 D_z 是竖坐标为 z 的平面截闭区域 Ω 所得到的截面, 它是一个与 z 有关的平面闭区域(图 8-30), 则有

$$\iiint_\Omega f(x,y,z)\mathrm{d}V = \int_c^d \mathrm{d}z \iint_{D_z} f(x,y,z)\mathrm{d}x\mathrm{d}y. \qquad (8.4.3)$$

例 4 计算三重积分 $\iiint_\Omega z^2 \mathrm{d}x\mathrm{d}y\mathrm{d}z$, 其中 Ω 是由曲面 $z = x^2 + y^2$ 和平面 $z=4$ 所围成的空间闭区域.

解 Ω 可表示为 $x^2 + y^2 \leqslant z, 0 \leqslant z \leqslant 4$. 由公式(8.4.3)得

$$\iiint_\Omega z^2 \mathrm{d}x\mathrm{d}y\mathrm{d}z = \int_0^4 z^2 \mathrm{d}z \iint_{D_z} \mathrm{d}x\mathrm{d}y = \pi \int_0^4 z^3 \mathrm{d}z = 64\pi.$$

当截面区域 D_z 较简单, 且在 D_z 上的二重积分 $\iint_{D_z} f(x,y,z)\,\mathrm{d}x\mathrm{d}y$ 易于计算, 特别是当 $f(x,y,z)$ 实际上仅是 z 的一元函数时, 利用"先二后一法"计算三重积分是较好的选择.

8.4.3 在柱面坐标系中计算三重积分

1. 柱面坐标的概念

设空间一点 $M(x,y,z)$ 在 xOy 平面上的投影点 P 的极坐标为 (r,θ), 则这样的三个数 r, θ, z 就叫做点 M 的**柱面坐标**(图 8-31), 记作 $M(r,\theta,z)$.

r, θ, z 的变化范围是:

$$0 \leqslant r < +\infty, \quad 0 \leqslant \theta \leqslant 2\pi, \quad -\infty < z < +\infty.$$

三族坐标面分别为:

$r =$ 常数, 表示以 z 轴为轴的圆柱面;

$\theta =$ 常数, 表示过 z 轴的半平面;

$z =$ 常数, 表示与 z 轴垂直的平面.

显然, 点 M 的直角坐标与柱面坐标的关系为

$$\begin{cases} x = r\cos\theta, \\ y = r\sin\theta, \\ z = z. \end{cases} \qquad (8.4.4)$$

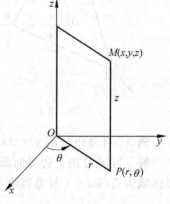

图 8-31

2. 利用柱面坐标计算三重积分

下面讨论如何用柱面坐标计算三重积分 $\iiint\limits_{\Omega} f(x,y,z)\mathrm{d}V$. 为此,我们用三族坐标面:

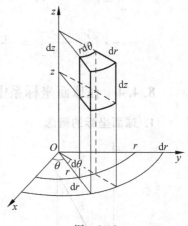

$r=$常数,$\theta=$常数,$z=$常数,把 Ω 分割成许多小的区域. 除了含 Ω 的边界点的一些不规则的小区域外,这种小区域都是柱体. 今考虑由 r,θ,z 分别取得小增量 $\mathrm{d}r,\mathrm{d}\theta,\mathrm{d}z$ 所成的小柱体的体积(图 8-32). 这小柱体的体积等于高乘以底面积. 这里高为 $\mathrm{d}z$,底面积近似为 $r\mathrm{d}r\mathrm{d}\theta$(极坐标系中的面积元素),于是有

$$\mathrm{d}V = r\mathrm{d}r\mathrm{d}\theta\mathrm{d}z,$$

这就是**柱面坐标系中的体积元素**. 再将 $x=r\cos\theta,y=r\sin\theta,z=z$ 代入被积函数 $f(x,y,z)$ 即得

$$\iiint\limits_{\Omega} f(x,y,z)\mathrm{d}V = \iiint\limits_{\Omega} F(r,\theta,z)r\mathrm{d}r\mathrm{d}\theta\mathrm{d}z, \qquad (8.4.5)$$

其中 $F(r,\theta,z)=f(r\cos\theta,r\sin\theta,z)$. 式(8.4.5)即为三重积分在柱面坐标系中的表达式.

图 8-32

柱面坐标系中三重积分的计算,同样是化为三次积分进行的,积分顺序通常是先 z,再 r,最后 θ. 积分限要依据 r,θ,z 在积分区域 Ω 中的变化范围来确定,下面通过具体例子加以说明.

例 5 利用柱面坐标计算三重积分 $\iiint\limits_{\Omega} z\mathrm{d}V$,其中 Ω 为半球体 $x^2+y^2+z^2\leqslant 1,z\geqslant 0$.

解 把区域 Ω 投影到 xOy 面上,得投影区域 D_{xy}: $x^2+y^2\leqslant 1$. 在 D_{xy} 内任取一点 (x,y),过该点作平行于 z 轴的直线,该直线由平面 $z=0$ 穿入 Ω,再经半球面 $z=\sqrt{1-x^2-y^2}$ 穿出 Ω,z 的变化范围是 $0\leqslant z\leqslant\sqrt{1-x^2-y^2}$. 积分区域 Ω 可用不等式组

$$0\leqslant z\leqslant\sqrt{1-r^2}, \quad 0\leqslant r\leqslant 1, \quad 0\leqslant\theta\leqslant 2\pi$$

表示,于是

$$\iiint\limits_{\Omega} z\mathrm{d}V = \int_0^{2\pi}\mathrm{d}\theta\int_0^1 r\mathrm{d}r\int_0^{\sqrt{1-r^2}} z\mathrm{d}z = 2\pi\int_0^1\frac{1}{2}r(1-r^2)\mathrm{d}r = \frac{\pi}{4}.$$

利用柱面坐标计算三重积分,也可看成先计算一次定积分,再利用极坐标计算一次二重积分. 例如在例 5 中,

$$\iiint\limits_{\Omega} z\mathrm{d}V = \iint\limits_{D_{xy}}\mathrm{d}\sigma\int_0^{\sqrt{1-x^2-y^2}} z\mathrm{d}z = \iint\limits_{D_{xy}}\frac{1}{2}(1-x^2-y^2)\mathrm{d}\sigma$$

$$= \iint\limits_{D_{xy}}\frac{1}{2}(1-r^2)r\mathrm{d}r\mathrm{d}\theta = \frac{1}{2}\int_0^{2\pi}\mathrm{d}\theta\int_0^1(r-r^3)\mathrm{d}r$$

$$= \frac{1}{2}\cdot 2\pi\left[\frac{r^2}{2}-\frac{r^4}{4}\right]_0^1 = \frac{\pi}{4}.$$

例 6 求体密度 $\rho(x,y,z)=\sqrt{x^2+y^2}$ 的立体的质量 m,立体由锥面 $z=2\sqrt{x^2+y^2}$ 与平面 $z=2$ 围成.

解 Ω 在 xOy 面上的投影区域为 $x^2+y^2\leqslant 1$. 过 D_{xy} 内任一点 (x,y) 作 z 轴的平行线,该直线由曲面 $z=2\sqrt{x^2+y^2}$ 穿入 Ω,并由平面 $z=2$ 穿出 Ω,故 z 变化范围是 $2\sqrt{x^2+y^2}\leqslant z\leqslant 2$. 于是

$$m = \iiint_{\Omega} \rho(x, y, z) \mathrm{d}V = \iiint_{\Omega} \sqrt{x^2 + y^2} \, \mathrm{d}V = \iint_{D_{xy}} \mathrm{d}\sigma \int_{2\sqrt{x^2+y^2}}^{2} \sqrt{x^2 + y^2} \, \mathrm{d}z$$

$$= \iint_{D_{xy}} 2\sqrt{x^2 + y^2} \,(1 - \sqrt{x^2 + y^2}) \mathrm{d}\sigma = \iint_{D_{xy}} 2r(1-r) r \mathrm{d}r \mathrm{d}\theta = 2 \int_0^{2\pi} \mathrm{d}\theta \int_0^1 (r^2 - r^3) \mathrm{d}r$$

$$= 4\pi \cdot \left[\frac{r^3}{3} - \frac{r^4}{4} \right]_0^1 = \frac{\pi}{3}.$$

8.4.4 在球面坐标系中计算三重积分

1. 球面坐标的概念

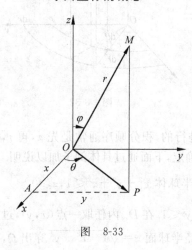

图 8-33

设 $M(x, y, z)$ 为空间中的一点,点 P 为 M 在 xOy 面上的投影. 若记 r 为原点 O 到 M 的距离,φ 为有向线段 $\overrightarrow{OM}$ 与 z 轴正向所夹的角,θ 为 x 轴正向到向量 $\overrightarrow{OP}$ 的转角(φ, θ 的方向如图 8-33 所示),这样的三个数 r, φ, θ 叫做点 M 的**球面坐标**,记作 $M(r, \varphi, \theta)$. 它们的变化范围为:

$$0 \leqslant r < +\infty, \quad 0 \leqslant \varphi \leqslant \pi, \quad 0 \leqslant \theta \leqslant 2\pi.$$

三组坐标面分别为:

$r =$ 常数,表示以原点为中心的球面;

$\varphi =$ 常数,表示以原点为顶点、z 轴为对称轴、半顶角为 φ 的圆锥面;

$\theta =$ 常数,表示过 z 轴的半平面.

再设点 P 在 x 轴上的投影为 A,则 $OA = x$,$AP = y$,$PM = z$. 又由于

$$OP = r\sin\varphi, \quad z = PM = r\cos\varphi,$$

因此,点 M 的直角坐标与球面坐标的关系为

$$\begin{cases} x = OP\cos\theta = r\sin\varphi\cos\theta, \\ y = OP\sin\theta = r\sin\varphi\sin\theta, \\ z = PM = r\cos\varphi. \end{cases} \tag{8.4.6}$$

2. 利用球面坐标计算三重积分

下面讨论如何把三重积分 $\iiint_{\Omega} f(x, y, z) \mathrm{d}V$ 中的变量从直角坐标改换为球面坐标. 为此,用三组坐标面:$r =$ 常数,$\varphi =$ 常数,$\theta =$ 常数把积分区域 Ω 分成许多小区域. 考虑由 r, φ, θ 各取得微小增量 $\mathrm{d}r, \mathrm{d}\varphi, \mathrm{d}\theta$ 所形成的六面体的体积. 可将此六面体近似地看作长方体,其棱长分别为 $r\mathrm{d}\varphi, r\sin\varphi\mathrm{d}\theta, \mathrm{d}r$(图 8-34). 于是得到

$$\mathrm{d}V = r^2 \sin\varphi \mathrm{d}r\mathrm{d}\varphi\mathrm{d}\theta, \tag{8.4.7}$$

这就是**球面坐标系中的体积元素**.

再利用式(8.4.6)代换被积函数 $f(x, y, z)$ 中的

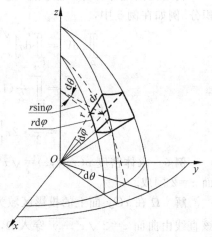

图 8-34

x, y, z, 得到

$$f(x, y, z) = f(r\sin\varphi\cos\theta, r\sin\varphi\sin\theta, r\cos\varphi).$$

于是

$$\iiint\limits_{\Omega} f(x, y, z)\mathrm{d}V = \iiint\limits_{\Omega} f(r\sin\varphi\cos\theta, r\sin\varphi\sin\theta, r\cos\varphi)r^2\sin\varphi\mathrm{d}r\mathrm{d}\varphi\mathrm{d}\theta. \qquad (8.4.8)$$

式(8.4.8)即为三重积分由直角坐标改换为球面坐标的公式.

要计算变换为球面坐标后的三重积分,同样要化为对 r, φ, θ 的三次积分,积分顺序通常是先 r,再 φ,最后 θ.下面通过例子来说明.

例 7 利用球面坐标计算 $\iiint\limits_{\Omega}(x^2 + y^2 + z^2)\mathrm{d}V$,其中 $\Omega: x^2 + y^2 + z^2 \leqslant a^2, z \geqslant 0$.

解 Ω 为上半球体,用不等式表示为

$$0 \leqslant r \leqslant a, \quad 0 \leqslant \varphi \leqslant \frac{\pi}{2}, \quad 0 \leqslant \theta \leqslant 2\pi.$$

于是

$$\iiint\limits_{\Omega}(x^2 + y^2 + z^2)\mathrm{d}V = \iiint\limits_{\Omega} r^2 \cdot r^2\sin\varphi\mathrm{d}r\mathrm{d}\varphi\mathrm{d}\theta = \int_0^{2\pi}\mathrm{d}\theta\int_0^{\frac{\pi}{2}}\sin\varphi\mathrm{d}\varphi\int_0^a r^4\mathrm{d}r = \frac{2}{5}\pi a^5.$$

关于空间物体的质心和转动惯量,我们可以仿照 8.3 节中解决平面薄片的质心和转动惯量的方法给出计算公式.

设物体占有空间区域 Ω,体密度为 $\rho(x, y, z)$,其质心 $G(\bar{x}, \bar{y}, \bar{z})$ 的坐标为

$$\bar{x} = \frac{M_{yz}}{m}, \quad \bar{y} = \frac{M_{zx}}{m}, \quad \bar{z} = \frac{M_{xy}}{m}, \qquad (8.4.9)$$

其中 $m = \iiint\limits_{\Omega}\rho(x, y, z)\mathrm{d}V$ 为物体的质量,

$$M_{yz} = \iiint\limits_{\Omega} x\rho(x, y, z)\mathrm{d}V, M_{zx} = \iiint\limits_{\Omega} y\rho(z, y, z)\mathrm{d}V, M_{xy} = \iiint\limits_{\Omega} z\rho(x, y, z)\mathrm{d}V$$

分别是物体对 yOz 面、zOy 面、xOy 面的**静矩**.

物体对 x 轴、y 轴、z 轴及原点 O 的转动惯量分别为

$$I_x = \iiint\limits_{\Omega}(y^2 + z^2)\rho(x, y, z)\mathrm{d}V, I_y = \iiint\limits_{\Omega}(z^2 + x^2)\rho(x, y, z)\mathrm{d}V,$$

$$I_z = \iiint\limits_{\Omega}(x^2 + y^2)\rho(x, y, z)\mathrm{d}V, I_O = \iiint\limits_{\Omega}(x^2 + y^2 + z^2)\rho(x, y, z)\mathrm{d}V. \qquad (8.4.10)$$

例 8 求均匀锥体 $\Omega: \sqrt{x^2 + y^2} \leqslant z \leqslant 1$ 的质心.

解 利用球面坐标计算,Ω 可表示为(图 8-35):

$$0 \leqslant r \leqslant \frac{1}{\cos\varphi}, \quad 0 \leqslant \varphi \leqslant \frac{\pi}{4}, \quad 0 \leqslant \theta \leqslant 2\pi.$$

由对称性及匀质性知 $\bar{x} = \bar{y} = 0$,

$$\bar{z} = \frac{1}{m}\iiint\limits_{\Omega} z\rho\mathrm{d}V = \frac{1}{V}\iiint\limits_{\Omega} z\mathrm{d}V.$$

$$\iiint\limits_{\Omega} z\mathrm{d}V = \iiint\limits_{\Omega} r\cos\varphi r^2\sin\varphi\mathrm{d}r\mathrm{d}\varphi\mathrm{d}\theta = \int_0^{2\pi}\mathrm{d}\theta\int_0^{\frac{\pi}{4}}\cos\varphi\sin\varphi\mathrm{d}\varphi\int_0^{\frac{1}{\cos\varphi}} r^3\mathrm{d}r$$

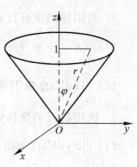

图 8-35

$$=2\pi\int_0^{\frac{\pi}{4}}\cos\varphi\sin\varphi\Big[\frac{1}{4}r^4\Big]_0^{\frac{1}{\cos\varphi}}\mathrm{d}\varphi=\frac{\pi}{2}\int_0^{\frac{\pi}{4}}\frac{\sin\varphi}{\cos^3\varphi}\mathrm{d}\varphi=\frac{\pi}{2}\Big[\frac{1}{2\cos^2\varphi}\Big]_0^{\frac{\pi}{4}}=\frac{\pi}{4}.$$

易知 $V=\dfrac{\pi}{3}$，故 $\bar{z}=\dfrac{3}{4}$，质心为 $G\Big[0,0,\dfrac{3}{4}\Big]$.

三重积分的计算选用什么样的坐标系，要从被积函数和积分区域两个方面综合考虑. 如果单从积分区域方面考虑，当区域的边界曲面是圆柱面、圆锥面或球面时，可试用柱面坐标；如边界曲面为球面和圆锥面时，可试用球面坐标，这样往往可简化计算.

习题 8-4

1. 化三重积分 $\iiint\limits_{\Omega}f(x,y,z)\,\mathrm{d}V$ 为三次积分，其中积分区域 Ω 由下列曲面围成：

(1) $z=\sqrt{x^2+y^2}$，$z=1$；　　　　　　(2) $z=x^2+2y^2$ 及 $z=2-x^2$；

(3) $z=x^2+y^2$，$y=x^2$，$z=0$ 及 $y=1$；　　(4) $z=\sqrt{x^2+y^2}$，$z=0$ 及 $x^2+y^2=2x$.

2. 利用直角坐标计算下列三重积分：

(1) $\iiint\limits_{\Omega}xy^2z^3\mathrm{d}x\mathrm{d}y\mathrm{d}z$，$\Omega$ 由 $y=0,y=x,z=0,z=1$ 及 $x=1$ 所围成；

(2) $\iiint\limits_{\Omega}xyz\mathrm{d}x\mathrm{d}z$，$\Omega$ 为单位球面及三个坐标面所围成的在第一卦限内的部分；

(3) $\iiint\limits_{\Omega}\dfrac{\mathrm{d}x\mathrm{d}y\mathrm{d}z}{(1+x+y+z)^3}$，$\Omega$ 由 $x=0,y=0,z=0$ 及 $x+y+z=1$ 所围成；

(4) $\iiint\limits_{\Omega}xz\mathrm{d}x\mathrm{d}y\mathrm{d}z$，$\Omega$ 由 $z=0,z=y,y=1$ 及 $y=x^2$ 所围成.

3. 利用柱面坐标计算下列三重积分：

(1) $\iiint\limits_{\Omega}z\mathrm{d}V$，$\Omega$ 由 $x^2+y^2+z^2=2$ 及 $z=\sqrt{x^2+y^2}$ 围成 $(z\geqslant0)$；

(2) $\iiint\limits_{\Omega}z\sqrt{x^2+y^2}\mathrm{d}V$，$\Omega$ 由 $x=\sqrt{2y-y^2}$ 及 $x=0,z=0,z=1$ 所围成；

(3) $\iiint\limits_{\Omega}(x^2+y^2)\mathrm{d}V$，$\Omega$ 由 $x^2+y^2=2z$ 及 $z=2$ 围成.

4. 利用球面坐标计算下列三重积分：

(1) $\iiint\limits_{\Omega}(x^2+y^2+z^2)\mathrm{d}V$，$\Omega$ 由不等式 $x^2+y^2+z^2\leqslant1$ 所确定；

(2) $\iiint\limits_{\Omega}z\mathrm{d}V$，$\Omega$ 由不等式 $x^2+y^2+(z-a)^2\leqslant a^2$ 及 $x^2+y^2\leqslant z^2$ 所确定.

5. 选用适当的坐标计算下列三重积分：

(1) $\iiint\limits_{\Omega}xy\mathrm{d}V$，$\Omega$ 为由 $x^2+y^2=1,z=0,z=1,x=0$ 及 $y=0$ 所围在第一卦限的部分；

(2) $\iiint\limits_{\Omega}(x^2+y^2+z^2)\mathrm{d}V$，$\Omega$ 由 $x^2+y^2+z^2=z$ 围成；

(3) $\iiint\limits_{\Omega}(x^2+y^2)\mathrm{d}V,\Omega$ 由 $4z^2=25(x^2+y^2)$ 及 $z=5$ 围成；

(4) $\iiint\limits_{\Omega}(x^2+y^2)\mathrm{d}V,\Omega$ 由 $z=\sqrt{A^2-x^2-y^2},z=\sqrt{a^2-x^2-y^2}$ 及 $z=0$ 所围成,其中 $A>a>0$；

(5) $\iiint\limits_{\Omega}\dfrac{z\ln(x^2+y^2+z^2+1)}{x^2+y^2+z^2+1}\mathrm{d}V,\Omega:x^2+y^2+z^2\leqslant 1$；

(6) $\iiint\limits_{\Omega}z^2\mathrm{d}V,\Omega$ 是球 $x^2+y^2+z^2\leqslant R^2$ 及 $x^2+y^2+z^2\leqslant 2Rz(R>0)$ 的公共部分.

6. 物体是球心在原点、半径为 R 的球体,体密度与点到球心的距离成正比,求物体质量.

7. 求匀质物体的质心,物体所占区域 Ω 分别由下列曲面围成：

(1) $z^2=x^2+y^2,z=1$；

(2) $z=x^2+y^2,x+y=a(a>0),x=0,y=0,z=0$.

8. 一均匀物体占有的区域 Ω 是由曲面 $z=x^2+y^2$ 及平面 $z=0$ 和 $|x|=a,|y|=a$ 所围成,体密度为 μ(常数).

(1) 求其质量；

(2) 求物体的质心；

(3) 求物体关于 z 轴的转动惯量.

本 章 小 结

一、本章内容纲要

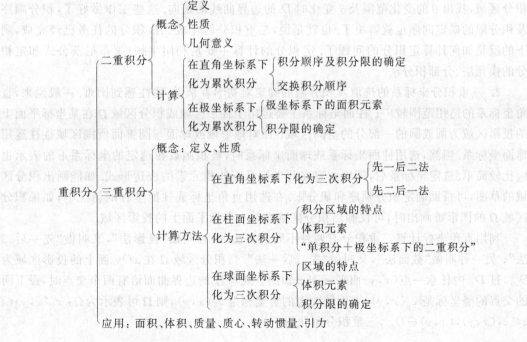

二、教学基本要求

1. 了解二重、三重积分的概念,知道重积分的性质.

2. 熟练掌握二重积分的计算方法,包括:选择坐标系,确定积分顺序和积分限、交换积分顺序,正确计算定积分.

3. 会在三种坐标系下计算三重积分.

4. 会利用重积分计算面积、体积、质量、质心、转动惯量引力等.

三、本章的重点和难点

本章的重点是二重积分的计算及应用;难点是三重积分的计算,主要是不知选择哪种坐标系及如何确定积分限.

四、部分重点、难点内容浅析

1. 二重积分的计算首先碰到的问题是坐标系的选取.直角坐标系的适用范围较广,而当积分区域是圆、圆环、圆扇形或区域边界由极坐标方程给出,且被积函数用极坐标表示也比较简单时,可考虑选用极坐标系. 在极坐标系下的积分顺序一般是先 r 后 θ. 在直角坐标系下的积分顺序的确定应结合被积函数与积分区域两者的特点加以考虑.对区域来说,主要是"少分块,易定限";对被积函数来讲,主要是原函数"积得出、易积出". 在直角坐标系下,利用奇偶函数在对称区域上的积分性质往往可以大大减少计算量.无论选用哪种坐标系,都应将积分区域 D 的图形画出,并用不等式组表示出来. 特别是在极坐标系中,更应仔细描绘积分区域,找出 θ 的变化范围及 θ 变化时 D 的边界曲线的走向.这些工作做好了,积分顺序及积分限的确定问题也就解决了.也就是说,二重积分转化成二次积分的任务已经完成,剩下的就是如何计算定积分的问题了.定积分的计算主要是利用牛顿-莱布尼茨公式和定积分的换元法、分部积分法.

2. 三重积分坐标系的选取及积分限的确定对初学者来说,往往感到困难. 一般说来,直角坐标系的适用范围较广;柱面坐标系主要运用于柱形区域或积分区域 Ω 在某坐标平面上的投影区域为圆或圆的一部分的空间区域;而对球形域或球面与圆锥面所围区域往往运用球面坐标系.当然,选用柱面坐标系或球面坐标系时,被积函数在选定的坐标系下的表示也应比较简单.选定坐标系后,还应注意在此坐标系下体积元素的表达形式.如能画出积分区域的草图,可帮助确定积分顺序和积分限. 在选用直角坐标或柱面坐标的情况下,如果积分区域 Ω 的图形难画出时,可仅画出积分区域在某一坐标平面上的投影区域.

利用直角坐标计算三重积分有两种不同的方法.一种叫做"投影法",又叫做"先一后二法";另一种叫做"截面法",又叫做"先二后一法".当积分区域 Ω 在 xOy 面上的投影区域为 D_{xy},过 D_{xy} 内任意一点 (x,y) 而平行于 z 轴的直线与 Ω 的边界曲面恰有两个交点时,设下面的交点的竖坐标是 $z_1(x,y)$,上面的交点的竖坐标是 $z_2(x,y)$,则 Ω 可表示为 $\Omega: z_1(x,y) \leqslant z \leqslant z_2(x,y)$,$(x,y) \in D_{xy}$,三重积分可化为

$$\iiint\limits_{\Omega} f(x,y,z)\mathrm{d}V = \iint\limits_{D_{xy}} \mathrm{d}x\mathrm{d}y \int_{z_1(x,y)}^{z_2(x,y)} f(x,y,z)\mathrm{d}z.$$

上式右端是先对 z 作定积分,再在 D_{xy} 上对 x、y 作二重积分,所以称为"先一后二法". 当积分区域 Ω 夹在平面 $z=c$ 和 $z=d(c<d)$ 之间时,竖坐标等于 $z(c<z<d)$ 的平面截 Ω 所得截面记为 D_z,此时 Ω 可表示为 $\Omega:(x,y)\in D_z, c\leqslant z\leqslant d$,三重积分可化为

$$\iiint\limits_{\Omega} f(x,y,z)\mathrm{d}V = \int_c^d \mathrm{d}z \iint\limits_{D_z} f(x,y,z)\mathrm{d}x\mathrm{d}y.$$

上式右端是先在 D_z 上对 x、y 作二重积分,再在 $[c,d]$ 上对 z 作定积分,所以称此方法为"先二后一法". 两种方法中前一种适应面较广,后一种方法当 D_z 较简单且在 D_z 上的二重积分 $\iint\limits_{D_z} f(x,y,z)\mathrm{d}x\mathrm{d}y$ 也易于计算时宜采用. 特别是当 $f(x,y,z)$ 仅是 z 的一元函数时,不妨将其记作 $f(z)$,而 D_z 的面积为 $A(z)$,则有

$$\iiint\limits_{\Omega} f(z)\mathrm{d}V = \int_c^d \mathrm{d}z \iint\limits_{D_z} f(z)\mathrm{d}x\mathrm{d}y = \int_c^d f(z)A(z)\mathrm{d}z.$$

柱面坐标系中计算三重积分,可看成先计算一次定积分,再利用极坐标计算二重积分. 这样做的好处是分散难点,避免差错. 这一方法示意如下:

$$\iiint\limits_{\Omega} f(x,y,z)\mathrm{d}V = \iint\limits_{D_{xy}} \mathrm{d}\sigma \int_{z_1(x,y)}^{z_2(x,y)} f(x,y,z)\mathrm{d}z$$

$$= \iint\limits_{D_{xy}} F(x,y)\mathrm{d}\sigma = \int_\alpha^\beta \mathrm{d}\theta \int_{r_1(\theta)}^{r_2(\theta)} F(r\cos\theta, r\sin\theta)r\mathrm{d}r,$$

其中

$$F(x,y) = \int_{z_1(x,y)}^{z_2(x,y)} f(x,y,z)\mathrm{d}z.$$

3. 重积分中对称性的应用

(1) 在二重积分中,若积分区域 D 关于 y 轴对称,则有

$$\iint\limits_D f(x,y)\mathrm{d}\sigma = \begin{cases} 0, & \text{当 } f(-x,y)=-f(x,y), \\ 2\iint\limits_{D_1} f(x,y)\mathrm{d}\sigma, & \text{当 } f(-x,y)=f(x,y), \end{cases}$$

其中 D_1 是 D 的右半区域.

若 D 关于 x 轴对称,有类似结果.

(2) 在三重积分中,若积分区域 Ω 关于 xOy 平面上下对称,则有

$$\iiint\limits_{\Omega} f(x,y,z)\mathrm{d}V = \begin{cases} 0, & \text{当 } f(x,y,-z)=-f(x,y,z), \\ 2\iiint\limits_{\Omega_1} f(x,y,z)\mathrm{d}V, & \text{当 } f(x,y,-z)=f(x,y,z), \end{cases}$$

其中 Ω_1 是 Ω 在 xOy 平面上方的部分区域.

当 Ω 关于平面 yOz 或平面 zOx 对称时,有类似结果.

4. 微元法是重积分应用的最基本的思想方法,对书中所列举的各种应用不必去死记公式,而应学会如何利用微元法去分析并解决相应的实际问题. 重点是体积、曲面面积、质心、引力.

复习题 8

1. 将二重积分 $\iint\limits_{D} f(x,y)\mathrm{d}\sigma$ 化为二次积分:

(1) D 由 $x=1,x=3,3x-2y+1=0$ 及 $3x-2y+4=0$ 所围成;

(2) D 由 $(x+1)^2+(y+1)^2=4$ 围成;

(3) D 是 $r^2\leqslant a^2\cos2\theta,r^2\leqslant a^2\sin2\theta$ 在第一象限内的公共部分;

(4) D 是 $a^2\leqslant x^2+y^2\leqslant A^2$ 和 $y\geqslant|x|$ 的公共部分.

2. 画出下列各平面区域的图形,并将二重积分 $\iint\limits_{D} f(x,y)\mathrm{d}\sigma$ 化成直角坐标下两种不同次序的累次积分:

(1) D:$x+y\leqslant1,x-y\leqslant1,x\geqslant0$;　　　　(2) D:$y\geqslant x,4x\geqslant y^2$;

(3) D 由 $y=\dfrac{1}{x},y=x$ 及 $x=2$ 所围成;　　(4) D:$x^2+y^2\geqslant1,x^2+y^2\leqslant2x,y\geqslant0$.

3. 改换下列二次积分的积分次序:

(1) $\displaystyle\int_{-1}^{1}\mathrm{d}y\int_{\sqrt{2+y^2}}^{\sqrt{4-y^2}}f(x,y)\mathrm{d}x$;

(2) $\displaystyle\int_{0}^{1}\mathrm{d}y\int_{1}^{-\sqrt{y}}f(x,y)\mathrm{d}x+\int_{0}^{1}\mathrm{d}y\int_{\sqrt{y}}^{1}f(x,y)\mathrm{d}x$;

(3) $\displaystyle\int_{-a}^{0}\mathrm{d}x\int_{-x}^{a}f(x,y)\mathrm{d}y+\int_{0}^{\sqrt{a}}\mathrm{d}x\int_{x^2}^{a}f(x,y)\mathrm{d}y$;

(4) $\displaystyle\int_{1}^{e}\mathrm{d}x\int_{0}^{\ln x}f(x,y)\mathrm{d}y$.

4. 计算下列二重积分:

(1) $\iint\limits_{D}\mathrm{e}^{x+y}\mathrm{d}\sigma,D$ 由 $y=0,y=\ln x$ 及 $x=2$ 围成;

(2) $\iint\limits_{D}\ln(x^2+y^2)\mathrm{d}\sigma,D$ 由 $1\leqslant x^2+y^2\leqslant4,x\geqslant0,y\geqslant0$ 确定;

(3) $\iint\limits_{D}\sqrt{16-x^2-y^2}\mathrm{d}\sigma$,其中 D:$2-\sqrt{4-x^2}\leqslant y\leqslant2+\sqrt{4-x^2},-2\leqslant x\leqslant2$;

(4) $\iint\limits_{D}y\cos x\mathrm{d}\sigma$,其中 D:$0\leqslant x\leqslant y^2,0\leqslant y\leqslant\sqrt{\dfrac{\pi}{2}}$;

(5) $\iint\limits_{D}|\cos(x+y)|\mathrm{d}x\mathrm{d}y$,其中 D:$0\leqslant x\leqslant\dfrac{\pi}{2},0\leqslant y\leqslant\dfrac{\pi}{2}$;

(6) $\iint\limits_{D}|y-x^2|\mathrm{d}x\mathrm{d}y$,其中 D:$0\leqslant x\leqslant1,0\leqslant y\leqslant1$.

5. 将三重积分 $\iiint\limits_{\Omega} f(x,y,z)\mathrm{d}V$ 化成三次积分:

(1) Ω 由 $z=\sqrt{x^2+y^2},z^2=2y$ 围成;

(2) Ω 由 $z = x^2 + y^2, 2x + 2y + z = 2$ 围成；

(3) Ω 由 $y = x^2 + z^2, y = 2 - x^2 - z^2$ 围成.

6. 计算下列三重积分：

(1) $\iiint\limits_{\Omega} y\cos(z + x)\mathrm{d}V, \Omega$ 由 $y = \sqrt{x}, y = 0, z = 0, x + z = \dfrac{\pi}{2}$ 围成；

(2) $\iiint\limits_{\Omega} \dfrac{\mathrm{d}V}{1 + x^2 + y^2}, \Omega$ 由 $z = \sqrt{x^2 + y^2}$ 及 $z = 1$ 围成；

(3) $\iiint\limits_{\Omega} z\sqrt{x^2 + y^2}\,\mathrm{d}V, \Omega$ 由 $y = \sqrt{2x - x^2}, z = 0, z = 1, y = 0$ 围成；

(4) $\iiint\limits_{\Omega} \dfrac{\mathrm{d}V}{x^2 + y^2 + z^2}, \Omega$ 由 $z = \sqrt{x^2 + y^2}, z = \sqrt{1 - x^2 - y^2}$ 围成；

(5) $\iiint\limits_{\Omega} 2z\mathrm{d}V, \Omega: x^2 + y^2 \leqslant 8, x^2 + 2y^2 \geqslant z^2 (z \geqslant 0)$；

(6) $\iiint\limits_{\Omega} \mathrm{e}^{\sqrt{x^2 + y^2 + z^2}}\mathrm{d}V, \Omega: x^2 + y^2 + z^2 \leqslant a^2$；

(7) $\iiint\limits_{\Omega} \left(\sqrt{x^2 + y^2 + z^2} + \dfrac{1}{x^2 + y^2 + z^2}\right)\mathrm{d}V, \Omega$ 由 $z^2 = x^2 + y^2, z^2 = 3(x^2 + y^2), z = 1$

围成；

(8) $\iiint\limits_{\Omega} z^2\mathrm{d}V, \Omega$ 为椭球 $\dfrac{x^2}{a^2} + \dfrac{y^2}{b^2} + \dfrac{z^2}{c^2} \leqslant 1$.

7. 求锥面 $z = \sqrt{x^2 + y^2}$ 被柱面 $x^2 + y^2 = 2x$ 割下部分的面积.

8. 求由 $x^2 + y^2 + z^2 = 2$ 与 $z^2 = 3(x^2 + y^2)$ 所围在锥面内部的立体体积.

9. 设 $f(t)$ 在 $[0, a]$ 上连续，求证 $\displaystyle\int_0^a \mathrm{d}x \int_0^x f(x)f(y)\mathrm{d}y = \dfrac{1}{2}\left[\int_0^a f(x)\mathrm{d}x\right]^2$.

10. 若 $f(x)$ 及 $g(x)$ 在 $[a, b]$ 上连续，证明：

$$\left[\int_a^b f(x)g(x)\mathrm{d}x\right]^2 \leqslant \int_a^b [f(x)]^2 \mathrm{d}x \int_a^b [g(x)]^2 \mathrm{d}x.$$

第 9 章

曲线积分与曲面积分

9.1 对弧长的曲线积分

9.1.1 对弧长曲线积分的概念与性质

设有一曲线形物件占有 xOy 平面上的一条曲线弧 L,它的两端点是 A, B. 在 L 上点 (x,y) 处物件的线密度为 $\rho(x,y)$,函数 $\rho(x,y)$ 在 L 上连续,求这线形物件的质量 m(图 9-1).

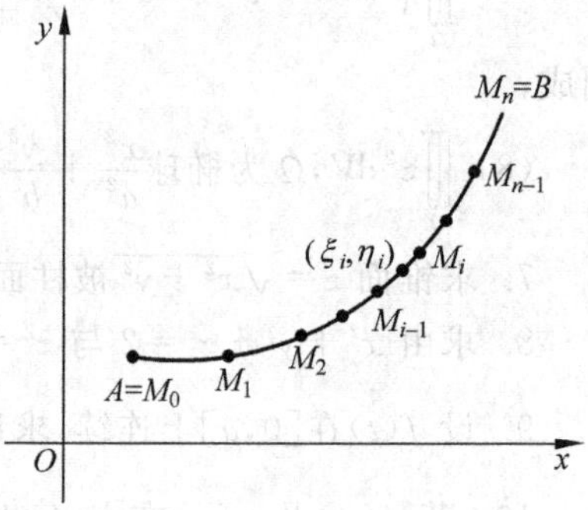

在 L 上依次取一组点 $A=M_0,M_1,M_2,\cdots,M_n=B$,将曲线 L 分成 n 个小弧段 $\overgroup{M_0M_1},\overgroup{M_1M_2},\cdots,\overgroup{M_{n-1}M_n}$,取第 i 个小弧段 $\overgroup{M_{i-1}M_i}$ 来进行分析. 由于线密度 $\rho(x,y)$ 在 L 上连续,只要这小弧段很短,就可以用这小弧段上的任一点 (ξ_i,η_i) 处的线密度代替其他点处的线密度,从而得到这一小段物件质量的近似值为

$$\Delta m_i \approx \rho(\xi_i,\eta_i)\Delta s_i,$$

其中 Δs_i 表示 $\overgroup{M_{i-1}M_i}$ 的长度. 于是整个曲线形物件的质量

$$m \approx \sum_{i=1}^{n}\rho(\xi_i,\eta_i)\Delta s_i.$$

记 $\lambda=\max\{\Delta s_1,\Delta s_2,\cdots,\Delta s_n\}$,则当 $\lambda\to 0$ 时,上式右端的极限值即为所求线形物件的质量

$$m = \lim_{\lambda\to 0}\sum_{i=1}^{n}\rho(\xi_i,\eta_i)\Delta s_i.$$

这种和式的极限在研究其他方面实际问题时也会遇到. 将问题一般化,我们引入下面的定义.

定义 设 L 为 xOy 平面内一条光滑曲线[①],函数 $f(x,y)$ 在 L 上有界. 依次用 L 上的点 $A=M_0,M_1,M_2,\cdots,M_n=B$ 把 L 分成 n 个小弧段,第 i 个弧段 $\overgroup{M_{i-1}M_i}$ 的长度记为 Δs_i,又

图 9-1

---

① 如果曲线上各点处都具有切线,且当切点连续移动时,切线也连续转动,则称此曲线是**光滑的**.

(ξ_i, η_i) 为在第 i 个小弧段上任意取定的一点,作乘积 $f(\xi_i, \eta_i)\Delta s_i$,并作和式 $\sum\limits_{i=1}^{n} f(\xi_i, \eta_i)\Delta s_i$.

记 $\lambda = \max(\Delta s_1, \Delta s_2, \cdots, \Delta s_n)$,如果当 $\lambda \to 0$ 时,这个和式的极限存在,则称此极限为函数 $f(x, y)$ 在曲线 L 上**对弧长的曲线积分**,记作 $\int_L f(x, y)\mathrm{d}s$,即

$$\int_L f(x, y)\mathrm{d}s = \lim_{\lambda \to 0} \sum_{i=1}^{n} f(\xi_i, \eta_i)\Delta s_i,$$

其中 $f(x, y)$ 叫做**被积函数**,L 叫做**积分曲线**,$\mathrm{d}s$ 叫做**弧长元素**.

可以证明,当 $f(x, y)$ 在光滑曲线 L 上连续时,对弧长的曲线积分 $\int_L f(x, y)\mathrm{d}s$ 是存在的. 以后不加特别申明,我们总假定 L 是光滑的或分段光滑的,$f(x, y)$ 在 L 上是连续的.对弧长的曲线积分又叫做**第一类曲线积分**.

上述定义可以推广到空间曲线 Γ 的情形:

$$\int_L f(x, y, z)\mathrm{d}s = \lim_{\lambda \to 0} \sum_{i=1}^{n} f(\xi_i, \eta_i, \zeta_i)\Delta s_i,$$

其中 Γ 是一条空间光滑曲线,$f(x, y, z)$ 在 Γ 上有界.

根据对弧长的曲线积分的定义,曲线形物件的质量等于密度函数 $\rho(x, y)$ 在 L 上对弧长的曲线积分,即

$$m = \int_L \rho(x, y)\mathrm{d}s.$$

由对弧长的曲线积分的定义可知,它具有如下性质.

性质 1 $\int_L [k_1 f(x, y) + k_2 g(x, y)]\mathrm{d}s = k_1 \int_L f(x, y)\mathrm{d}s + k_2 \int_L g(x, y)\mathrm{d}s$　(k_1, k_2 为常数).

性质 2 $\int_L f(x, y)\mathrm{d}s = \int_{L_1} f(x, y)\mathrm{d}s + \int_{L_2} f(x, y)\mathrm{d}s$　($L = L_1 + L_2$).

性质 3 $\int_{L(AB)} f(x, y)\mathrm{d}s = \int_{L(BA)} f(x, y)\mathrm{d}s.$

9.1.2　对弧长的曲线积分的计算法

设函数 $f(x, y)$ 在平面曲线弧 L 上连续,曲线 L 的参数方程为

$$x = x(t), \quad y = y(t) \quad (\alpha \leqslant t \leqslant \beta),$$

其中 $x(t), y(t)$ 在 $[\alpha, \beta]$ 上一阶导数连续,且 $[x'(t)]^2 + [y'(t)]^2 \neq 0$,则曲线积分 $\int_L f(x, y)\mathrm{d}s$ 存在,且有

$$\int_L f(x, y)\mathrm{d}s = \int_\alpha^\beta f[x(t), y(t)]\sqrt{[x'(t)]^2 + [y'(t)]^2}\,\mathrm{d}t \quad (\alpha < \beta). \qquad (9.1.1)$$

公式(9.1.1)是对弧长的曲线积分的计算公式(证明从略).公式(9.1.1)表示,计算对弧长的曲线积分时,只要把被积函数中的 x, y 用参数方程 $x = x(t), y = y(t)$ 代入,弧长元素 $\mathrm{d}s$ 用 $\sqrt{[x'(t)]^2 + [y'(t)]^2}\,\mathrm{d}t$ 代换,然后从 α 到 β(注意,这里一定要有 $\alpha < \beta$)作定积分就可以了.这一方法可概括为"一代二换三定限".

如果平面曲线 L 的方程为

$$y = y(x) \quad (a \leqslant x \leqslant b),$$

且 $y'(x)$ 在 $[a,b]$ 上连续，那么可将其看作特殊的参数方程：

$$x = x, \quad y = y(x) \quad (a \leqslant x \leqslant b).$$

由公式 (9.1.1) 可得

$$\int_L f(x,y)\,\mathrm{d}s = \int_a^b f[x,y(x)]\sqrt{1+[y'(x)]^2}\,\mathrm{d}x \quad (a < b). \tag{9.1.2}$$

类似地，如果曲线 L 的方程为

$$x = x(y) \quad (c \leqslant y \leqslant d),$$

且 $x'(y)$ 在 $[c,d]$ 上连续，则有

$$\int_L f(x,y)\,\mathrm{d}s = \int_c^d f[x(y),y]\sqrt{[x'(y)]^2+1}\,\mathrm{d}y \quad (c < d). \tag{9.1.3}$$

公式 (9.1.1) 可以推广到空间曲线的情形. 设 Γ 的参数方程为 $x = x(t), y = y(t), z = z(t)(\alpha \leqslant t \leqslant \beta)$，这时有

$$\int_\Gamma f(x,y,z)\,\mathrm{d}s = \int_\alpha^\beta f[x(t),y(t),z(t)]\sqrt{[x'(t)]^2+[y'(t)]^2+[z'(t)]^2}\,\mathrm{d}t \quad (a < \beta). \tag{9.1.4}$$

例 1 计算 $\displaystyle\int_L \sqrt{y}\,\mathrm{d}s$，其中 L 是抛物线 $y = x^2$ 上原点 O 与点 $A(1,1)$ 之间的一段弧.

解 L 的方程为 $y = x^2 (0 \leqslant x \leqslant 1)$，由公式 (9.1.2)，得

$$\int_L \sqrt{y}\,\mathrm{d}s = \int_0^1 \sqrt{x^2}\sqrt{1+(2x)^2}\,\mathrm{d}x$$

$$= \int_0^1 x\sqrt{1+4x^2}\,\mathrm{d}x = \int_0^1 \frac{1}{8}(1+4x^2)^{\frac{1}{2}}\,\mathrm{d}(1+4x^2)$$

$$= \left[\frac{1}{12}(1+4x^2)^{\frac{3}{2}}\right]_0^1 = \frac{1}{12}(5\sqrt{5}-1).$$

例 2 计算 $\displaystyle\oint_L \sqrt{x^2+y^2}\,\mathrm{d}s$，$L$ 为圆周 $x^2+y^2 = ax$.

解 圆周 L 的极坐标方程为 $r = a\cos\theta$，将 θ 看作参数，可得 L 的参数方程 (图 9-2)：

$$\begin{cases} x = r\cos\theta = a\cos^2\theta, \\ y = r\sin\theta = a\sin\theta\cos\theta, \end{cases} \quad -\frac{\pi}{2} \leqslant \theta \leqslant \frac{\pi}{2}.$$

$$\mathrm{d}s = \sqrt{[x'(\theta)]^2+[y'(\theta)]^2}\,\mathrm{d}\theta$$

$$= \sqrt{(-2a\cos\theta\sin\theta)^2+(a\cos^2\theta-a\sin^2\theta)^2}\,\mathrm{d}\theta$$

$$= a\,\mathrm{d}\theta.$$

所以

$$\oint_L \sqrt{x^2+y^2}\,\mathrm{d}s = \int_{-\frac{\pi}{2}}^{\frac{\pi}{2}} \sqrt{a^2\cos^2\theta} \cdot a\,\mathrm{d}\theta = \int_{-\frac{\pi}{2}}^{\frac{\pi}{2}} a^2\cos\theta\,\mathrm{d}\theta = 2a^2.$$

实际上，本题弧微分 $\mathrm{d}s$ 有更简便的求法，参数也有另外的选取方法，请读者自己结合图 9-2 思考.

例 3 计算曲线积分 $\displaystyle\int_\Gamma xyz\,\mathrm{d}s$，其中 Γ 为螺线 $x = a\cos t, y = a\sin t, z = kt(k > 0)$ 上相

应于 $0 \leqslant t \leqslant 2\pi$ 的一段(图 9-3).

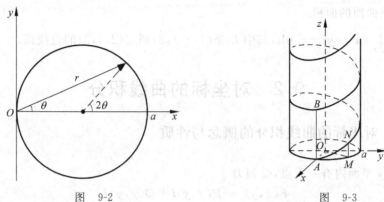

图 9-2　　　　　　　　　　　　图 9-3

解
$$\int_{\Gamma} xyz\,\mathrm{d}s = \int_0^{2\pi} a^2 kt\sin t\cos t \sqrt{(-a\sin t)^2 + (a\cos t)^2 + k^2}\,\mathrm{d}t$$
$$= \frac{1}{2}ka^2\sqrt{a^2+k^2}\int_0^{2\pi} t\sin 2t\,\mathrm{d}t$$
$$= \frac{1}{2}ka^2\sqrt{a^2+k^2}\left\{\left[-\frac{1}{2}t\cos 2t\right]_0^{2\pi} + \frac{1}{2}\int_0^{2\pi}\cos 2t\,\mathrm{d}t\right\}$$
$$= -\frac{1}{2}\pi ka^2\sqrt{a^2+k^2}.$$

习题 9-1

1. 设在 xOy 平面上有一条分布着质量的曲线 L,在点 (x,y) 处的线密度为 $\rho(x,y)$,用对弧长的曲线积分表达:

(1) 这曲线对 x 轴、对 y 轴、对原点 O 的转动惯量 I_x, I_y, I_O;

(2) 这曲线重心的坐标.

2. 计算下列对弧长的曲线积分:

(1) $\displaystyle\int_L (x+y)\,\mathrm{d}s$,其中 L 为连接点 $(1,0)$ 及点 $(0,1)$ 的直线段;

(2) $\displaystyle\oint_L x\,\mathrm{d}s$,其中 L 为由直线 $y=x$ 及曲线 $y=x^2$ 所围区域的整个边界;

(3) $\displaystyle\int_L (x^2+y^2)^n\,\mathrm{d}s$,其中 L 为圆周 $x^2+y^2=a^2$;

(4) $\displaystyle\int_L y^2\,\mathrm{d}s$,其中 L 为摆线 $x=a(t-\sin t), y=a(1-\cos t)$ 之一拱($0 \leqslant t \leqslant 2\pi$);

(5) $\displaystyle\int_L \mathrm{e}^{\sqrt{x^2+y^2}}\,\mathrm{d}s$,其中 L 为圆周 $x^2+y^2=a^2$,直线 $y=x$,x 轴所围在第一象限中的区域的整个边界;

(6) $\displaystyle\int_L \frac{z^2}{x^2+y^2}\,\mathrm{d}s$,其中 L 为螺线 $x=a\cos t, y=a\sin t, z=at(0 \leqslant t \leqslant 2\pi)$.

3. 求均匀心形线的质心,心形线方程为 $r=a(1-c\cos\theta)$.

4. 求均匀曲线 $x=\mathrm{e}^t\cos t, y=\mathrm{e}^t\sin t, z=\mathrm{e}^t(-\infty < t \leqslant 0)$ 的质心.

5. 抛物线 $y = x^2$ 上从 $O(0,0)$ 到 $A(1,1)$ 的一段弧线,绕 y 轴旋转一周得一曲面,利用线积分计算该曲面的面积.

6. 计算 $\int_L (x^2 + y^2 + z^2) \mathrm{d}s$,其中 L 是 $(1, -1, 2)$ 到点 $(2, 1, 3)$ 的直线段.

9.2 对坐标的曲线积分

9.2.1 对坐标的曲线积分的概念与性质

设在 xOy 平面内有一质点,受到力
$$\boldsymbol{F}(x, y) = P(x, y)\boldsymbol{i} + Q(x, y)\boldsymbol{j}$$
的作用,沿着光滑曲线 L 从点 A 移到点 B. 设函数 $P(x, y), Q(x, y)$ 在 L 上连续,求质点从 A 点沿曲线 L 移动到 B 点时,变力 $\boldsymbol{F}(x, y)$ 对质点所做的功 W(图 9-4).

我们知道,如果 $\boldsymbol{F}$ 是常力,质点做直线运动,且位移向量为 $\boldsymbol{l}$,则 $\boldsymbol{F}$ 所做的功为
$$W = \boldsymbol{F} \cdot \boldsymbol{l}.$$
现在 $\boldsymbol{F}(x, y)$ 是变力,且质点沿曲线 L 移动,所以不能用上面的公式求力 $\boldsymbol{F}(x, y)$ 所做的功.

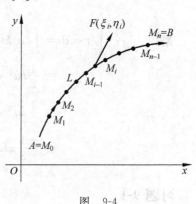

图 9-4

我们在曲线 L 上依次取一组点 $A = M_0, M_1, \cdots, M_{i-1}, M_i, \cdots, M_n = B$,将 L 分成 n 个小弧段,取其中一个有向小弧段 $\overparen{M_{i-1}M_i}$ 来分析. 由于 $\overparen{M_{i-1}M_i}$ 很短,可以用弦向量
$$\overrightarrow{M_{i-1}M_i} = (\Delta x_i)\boldsymbol{i} + (\Delta y_i)\boldsymbol{j}$$
来近似代替它,其中 $\Delta x_i = x_i - x_{i-1}, \Delta y_i = y_i - y_{i-1}$. 又由于 $P(x, y), Q(x, y)$ 在 L 上连续,故可以用 $\overparen{M_{i-1}M_i}$ 上任意取定的一点 (ξ_i, η_i) 处的力
$$\boldsymbol{F}(\xi_i, \eta_i) = P(\xi_i, \eta_i)\boldsymbol{i} + Q(\xi_i, \eta_i)\boldsymbol{j}$$
来近似代替这小弧段上各点处的力. 这样,变力 $\boldsymbol{F}(x, y)$ 对质点沿有向小弧段 $\overparen{M_{i-1}M_i}$ 做的功 ΔW_i,可近似地等于力 $\boldsymbol{F}(\xi_i, \eta_i)$ 沿 $\overrightarrow{M_{i-1}M_i}$ 所做的功,有
$$\Delta W_i \approx \boldsymbol{F}(\xi_i, \eta_i) \cdot \overrightarrow{M_{i-1}M_i},$$
即
$$\Delta W_i \approx P(\xi_i, \eta_i)\Delta x_i + Q(\xi_i, \eta_i)\Delta y_i.$$
于是
$$W \approx \sum_{i=1}^{n} \left[P(\xi_i, \eta_i)\Delta x_i + Q(\xi_i, \eta_i)\Delta y_i \right].$$

用 λ 表示 n 个小弧段长度的最大值,令 $\lambda \to 0$ 对上式取极限,所得极限值就是变力 $\boldsymbol{F}$ 对质点沿有向曲线弧 L 所做的功,即
$$W = \lim_{\lambda \to 0} \sum_{i=1}^{n} \left[P(\xi_i, \eta_i)\Delta x_i + Q(\xi_i, \eta_i)\Delta y_i \right].$$

这种形式的和式的极限在研究其他问题时也会遇到,仿此我们引进下面的定义.

定义 设 L 为 xOy 平面内从点 A 到 B 的一条有向光滑曲线弧,函数 $P(x, y), Q(x, y)$

在 L 上有界. 用 L 上的点 $A = M_0(x_0, y_0), M_1(x_1, y_1), \cdots, M_n(x_n, y_n) = B$ 将其分成 n 个有向小弧段 $\overset{\frown}{M_{i-1}M_i}(i = 1, 2, \cdots, n)$. 设 $\Delta x_i = x_i - x_{i-1}, \Delta y_i = y_i - y_{i-1}$, 点 (ξ_i, η_i) 为小弧段 $\overset{\frown}{M_{i-1}M_i}$ 上任意一点. 如果当各小弧段长度的最大值 $\lambda \to 0$ 时, $\sum\limits_{i=1}^{n} P(\xi_i, \eta_i) \Delta x_i$ 的极限存在, 则称此极限值为函数 $P(x, y)$ 在有向曲线弧 L 上**对坐标 x 的曲线积分**, 记作 $\int_L P(x, y) \mathrm{d}x$.

类似地, 如果 $\lim\limits_{\lambda \to 0} \sum\limits_{i=1}^{n} Q(\xi_i, \eta_i) \Delta y_i$ 存在, 则称此极限值为函数 $Q(x, y)$ 在有向曲线弧 L 上**对坐标 y 的曲线积分**, 记作 $\int_L Q(x, y) \mathrm{d}y$. 其中 L 叫做积分曲线, $P(x, y), Q(x, y)$ 叫做被积函数.

可以证明, 当 $P(x, y), Q(x, y)$ 在光滑有向曲线弧 L 上连续时, 对坐标的曲线积分 $\int_L P(x, y) \mathrm{d}x$、$\int_L Q(x, y) \mathrm{d}y$ 都存在. 以后如不加特别申明, 总假定 L 是光滑或逐段光滑的有向曲线, $P(x, y), Q(x, y)$ 在 L 上连续. 对坐标的曲线积分又叫做**第二类曲线积分**.

在应用上通常是上述两个积分结合在一起的形式

$$\int_L P(x, y) \mathrm{d}x + \int_L Q(x, y) \mathrm{d}y,$$

简记为

$$\int_L P(x, y) \mathrm{d}x + Q(x, y) \mathrm{d}y. \tag{9.2.1}$$

前面讲到的变力 $\boldsymbol{F}(x, y) = P(x, y)\boldsymbol{i} + Q(x, y)\boldsymbol{j}$ 沿有向曲线 L 所做的功 W 可表示为

$$W = \int_L P(x, y) \mathrm{d}x + Q(x, y) \mathrm{d}y.$$

当积分曲线是一条闭曲线时, 常把 $\int_L P(x, y) \mathrm{d}x + Q(x, y) \mathrm{d}y$ 记成 $\oint_L P(x, y) \mathrm{d}x + Q(x, y) \mathrm{d}y$, 这里 L 的方向必须预先给定, 一般取逆时针方向为正向.

对坐标的曲线积分的定义, 可以推广到空间有向光滑曲线 Γ 的情形.

由对坐标的曲线积分定义, 不难推出如下性质.

性质 1 $\int_L P\mathrm{d}x + Q\mathrm{d}y = \int_{L_1} P\mathrm{d}x + Q\mathrm{d}y + \int_{L_2} P\mathrm{d}x + Q\mathrm{d}y \quad (L = L_1 + L_2)$.

性质 2 $\int_L P\mathrm{d}x + Q\mathrm{d}y = -\int_{-L} P\mathrm{d}x + Q\mathrm{d}y$, 其中 $-L$(或记作 L^-)是 L 的反向曲线弧.

性质 2 说明, 对坐标的曲线积分, 一定要注意积分曲线的方向.

9.2.2 对坐标的曲线积分的计算法

设有向光滑曲线 L 由参数方程 $x = x(t), y = y(t)$ 给出, 起点 A 和终点 B 分别对应于参数 $t = \alpha$ 和 $t = \beta$(这里 α 不一定小于 β). 函数 $x(t), y(t)$ 在以 α, β 为端点的区间上具有一阶连续导数, 当参数 t 单调地由 α 变到 β 时, 点 $M(x(t), y(t))$ 从 A 点起描出有向曲线 L. 函数 $P(x, y), Q(x, y)$ 在 L 上连续, 则有

$$\int_L P\mathrm{d}x + Q\mathrm{d}y = \int_\alpha^\beta \{P[x(t), y(t)]x'(t) + Q[x(t), y(t)]y'(t)\} \mathrm{d}t. \tag{9.2.2}$$

证明从略.

公式(9.2.2)表明, 计算对坐标的曲线积分, 只要将积分式中的 $x, y, \mathrm{d}x, \mathrm{d}y$ 依次换为

$x(t),y(t),x'(t)\mathrm{d}t,y'(t)\mathrm{d}t$,然后从 α(起点 A 对应的参数值)到 β(终点 B 对应的参数值)作定积分就可以了(这里 α 不一定小于 β).这一方法可概括为"一代二定限".

如果有向曲线 L 由方程 $y=y(x)$ 给出,可将它看作参数方程的类殊情况,则有

$$\int_L P\mathrm{d}x+Q\mathrm{d}y=\int_a^b\{P[x,y(x)]+Q[x,y(x)]y'(x)\}\mathrm{d}x, \qquad (9.2.3)$$

这里下限 a 对应于 L 的起点,上限 b 对应于 L 的终点,a 不一定小于 b.

如果有向曲线 L 由方程 $x=x(y)$ 给出,则可将 y 视作参数,得到与式(9.2.3)类似的计算公式.

例 1   计算 $\int_L xy\mathrm{d}x$ 及 $\int_L xy\mathrm{d}y$,其中 L 为抛物线 $y^2=x$ 上从点 $A(1,-1)$ 到点 $B(1,1)$ 的一段有向弧(图 9-5).

解 L 由方程 $x=y^2$ 给出,将 y 看作参数,起点 A 对应于 $y=-1$,终点 B 对应于 $y=1$,化为对 y 的定积分可得

$$\int_L xy\mathrm{d}x=\int_{-1}^1 y^2\cdot y\cdot 2y\mathrm{d}y=\int_{-1}^1 2y^4\mathrm{d}y=\left[\frac{2}{5}y^5\right]_{-1}^1=\frac{4}{5},$$

$$\int_L xy\mathrm{d}y=\int_{-1}^1 y^2\cdot y\mathrm{d}y=\int_{-1}^1 y^3\mathrm{d}y=0.$$

如果化为对 x 的定积分,需将 L 分成两段 $L=\overset{\frown}{AO}+\overset{\frown}{OB}$,这样做计算量较大,读者不妨一试.

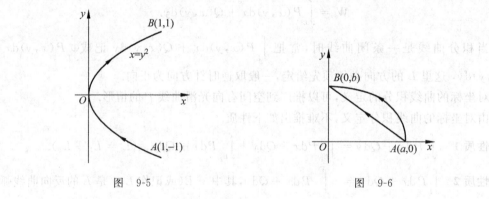

图 9-5   图 9-6

例 2   计算曲线积分 $\frac{1}{2}\int_L x\mathrm{d}y-y\mathrm{d}x$,其中 L 为(图 9-6):

(1) 以 a,b 为半轴的椭圆弧 $\overset{\frown}{AB}$;

(2) 有向线段 $\overrightarrow{AB}$.

解   (1) 椭圆的参数方程为

$$x=a\cos t, \quad y=b\sin t,$$

起点 $A(a,0)$ 对应于 $t=0$,终点 $B(0,b)$ 对应于 $t=\frac{\pi}{2}$.由公式(9.2.2)可得

$$\frac{1}{2}\int_L x\mathrm{d}y-y\mathrm{d}x=\frac{1}{2}\int_0^{\frac{\pi}{2}}\left[(a\cos t)(b\cos t)-(b\sin t)(-a\sin t)\right]\mathrm{d}t$$

$$=\frac{1}{2}ab\int_0^{\frac{\pi}{2}}\mathrm{d}t=\frac{1}{4}\pi ab.$$

(2) 有向线段 $\overrightarrow{AB}$ 的方程为 $y=-\dfrac{b}{a}x+b$，起点 A 对应于 $x=a$，终点 B 对应于 $x=0$，由公式(9.2.3)可得

$$\frac{1}{2}\int_L x\,\mathrm{d}y-y\,\mathrm{d}x=\frac{1}{2}\int_a^0\left[x\left(-\frac{b}{a}\right)-\left(-\frac{b}{a}x+b\right)\right]\mathrm{d}x$$

$$=\frac{1}{2}\int_a^0-b\,\mathrm{d}x=\frac{1}{2}ab.$$

例 3 计算曲线积分 $\displaystyle\int_L 2xy\,\mathrm{d}x+x^2\,\mathrm{d}y$，其中 L 为(图 9-7)：

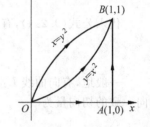

(1) 抛物线 $y=x^2$ 上从 $0(0,0)$ 到 $B(1,1)$ 的一段弧；

(2) 抛物线 $x=y^2$ 上从 $0(0,0)$ 到 $B(1,1)$ 的一段弧；

(3) 依次连接 $O(0,0),A(1,0),B(1,1)$ 的有向折线 OAB.

解 (1) 化为对 x 的定积分

$$\int_L 2xy\,\mathrm{d}x+x^2\,\mathrm{d}y=\int_0^1(2x\cdot x^2+x^2\cdot 2x)\,\mathrm{d}x=4\int_0^1 x^3\,\mathrm{d}x=1.$$

(2) 化为对 y 的定积分

$$\int_L 2xy\,\mathrm{d}x+x^2\,\mathrm{d}y=\int_0^1[2y^2\cdot y\cdot 2y+(y^2)^2]\,\mathrm{d}y=\int_0^1 5y^4\,\mathrm{d}y=1.$$

图 9-7

(3)

$$\int_L 2xy\,\mathrm{d}x+x^2\,\mathrm{d}y=\int_{\overline{OA}}2xy\,\mathrm{d}x+x^2\,\mathrm{d}y+\int_{\overline{AB}}2xy\,\mathrm{d}x+x^2\,\mathrm{d}y$$

$$=\int_0^1(2x\cdot 0+x^2\cdot 0)\,\mathrm{d}x+\int_0^1(2y\cdot 0+1)\,\mathrm{d}y$$

$$=\int_0^1\mathrm{d}y=1.$$

在例 2 中，曲线积分的值不仅与积分曲线的起点和终点有关，还与曲线本身有关，曲线不同时，积分值也不等. 而例 3 告诉我们，有些曲线积分，可能只与起点、终点有关，而与曲线的形状无关. 9.3 节，我们将专门研究这个问题.

例 4 计算 $\displaystyle\int_\Gamma x^3\,\mathrm{d}x+3y^2z\,\mathrm{d}y-xy^2\,\mathrm{d}z$，其中 Γ 是从点 $A(3,2,1)$ 到点 $O(0,0,0)$ 的直线段.

解 直线 AO 的方程为 $\dfrac{x}{3}=\dfrac{y}{2}=\dfrac{z}{1}$，化为参数方程：$x=3t,y=2t,z=t$，起点 A 对应于 $t=1$，终点 O 对应于 $t=0$. 于是

$$\int_\Gamma x^3\,\mathrm{d}x+3y^2z\,\mathrm{d}y-xy^2\,\mathrm{d}z=\int_1^0[(3t)^3\cdot 3+3(2t)^2\cdot t\cdot 2-3t(2t)^2]\,\mathrm{d}t$$

$$=93\int_1^0 t^3\,\mathrm{d}t=-\frac{93}{4}.$$

9.2.3 两类曲线积分之间的联系

设 L 为有向曲线弧，L 的参数方程是 $x=\varphi(t),y=\psi(t)$，它们具有连续导数且不同时为零. L 上点 $M(\varphi(t),\psi(t))$ 处的与 L 方向一致的切向量的方向余弦为 $\cos\alpha,\cos\beta$，则有公式

$$\int_L P\,\mathrm{d}x + Q\,\mathrm{d}y = \int_L (P\cos\alpha + Q\cos\beta)\,\mathrm{d}s. \qquad (9.2.4)$$

这一结论很自然地可推广到空间曲线的情况.

例 5 把对坐标的曲线积分 $\int_L P\,\mathrm{d}x + Q\,\mathrm{d}y$ 化为对弧长的曲线积分,其中 L 为沿抛物线 $y = x^2$ 从点 $(0,0)$ 到点 $(1,1)$ 的曲线弧.

解 取 x 为参数,L 的方向与 x 增加的方向相一致,故有向曲线 L 上点 (x,y) 处的切向量为

$$\boldsymbol{T} = (1, 2x), \quad \text{方向余弦 } \cos\alpha = \frac{1}{\sqrt{1+4x^2}}, \quad \cos\beta = \frac{2x}{\sqrt{1+4x^2}}.$$

代入公式 $(9.2.4)$,有

$$\int_L P\,\mathrm{d}x + Q\,\mathrm{d}y = \int_L \frac{P + 2xQ}{\sqrt{1+4x^2}}\,\mathrm{d}s.$$

一般地,有向曲线 $L: x = \varphi(t), y = \psi(t) (\alpha \leqslant t \leqslant \beta)$ 上点 $(x,y) = (\varphi(t), \psi(t))$ 处的与 L 方向一致的切向量为

$$\boldsymbol{T} = \pm(\varphi'(t), \quad \psi'(t)),$$

当 L 的方向与 t 增加的方向一致时取正号,相反时取负号.再把 $\boldsymbol{T}$ 单位化,就得到公式 $(9.2.4)$ 中的方向余弦 $\cos\alpha$,$\cos\beta$.空间有向曲线情况类似,不再细述.

习题 9-2

1. 计算下列对坐标的曲线积分:

(1) $\int_L (x^2 - y^2)\,\mathrm{d}x$,其中 L 是抛物线 $y = x^2$ 上从点 $0(0,0)$ 到点 $A(2,4)$ 的一段弧;

(2) $\oint_L y\,\mathrm{d}x$,其中 L 为直线 $x=0, y=0, x=2, y=4$ 构成的正向矩形闭路;

(3) $\oint_L (x^2 + y^2)\,\mathrm{d}y$,其中 L 为直线 $x=1, y=1, x=3, y=5$ 构成的正向矩形闭路;

(4) $\int_L y\,\mathrm{d}x + x\,\mathrm{d}y$,其中 L 为圆周 $x = R\cos t, y = R\sin t$ 由 $t=0$ 到 $t = \dfrac{\pi}{2}$ 的一段;

(5) $\oint_L \dfrac{(x+y)\,\mathrm{d}x - (x-y)\,\mathrm{d}y}{x^2 + y^2}$,其中 L 为方程由 $x^2 + y^2 = a^2$ 给出的正向圆周;

(6) $\int_\Gamma (y^2 - z^2)\,\mathrm{d}x + 2yz\,\mathrm{d}y - x^2\,\mathrm{d}z$,其中 Γ 为曲线 $x=t, y=t^2, z=t^3$ 上由 $t=0$ 到 $t=1$ 的一段弧;

(7) $\int_L (2a-y)\,\mathrm{d}x - (a-y)\,\mathrm{d}y$,$L$ 为摆线 $x = a(t - \sin t), y = a(1 - \cos t)$ 自原点起的第一拱;

(8) $\oint_L (x+y)\,\mathrm{d}x + (x-y)\,\mathrm{d}y$,$L$ 为依逆时针方向绕椭圆 $\dfrac{x^2}{a^2} + \dfrac{y^2}{b^2} = 1$ 一周的闭路.

2. 质量为 m 的质点在力 $F = -x^2\boldsymbol{j}$ 的作用下,沿抛物线 $y^2 = 1 - x$ 从点 $A(1,0)$ 移动到点 $B(0,1)$,求力 $\boldsymbol{F}$ 做的功.

3. 设 z 轴与重力的方向一致,求质量为 m 的质点从位置 (x_1, y_1, z_1) 沿某一光滑曲线移动到 (x_2, y_2, z_2) 时重力所做的功.

4. 计算 $\int_L x\,\mathrm{d}x + y\,\mathrm{d}y + (x+y-1)\,\mathrm{d}z$,$L$ 是从点 $A(1,1,1)$ 到 $B(2,3,4)$ 的直线段.

5. 计算 $\displaystyle\int_L \frac{\mathrm{d}x+\mathrm{d}y}{|x|+|y|}$,$L$ 为 $y=1-|x|$ 从 $A(1,0)$ 经 $B(0,1)$ 到 $C(-1,0)$ 的折线.

6. 把对坐标的曲线积分 $\displaystyle\int_L P(x,y)\mathrm{d}x+Q(x,y)\mathrm{d}y$ 化成对弧长的曲线积分,其中 L 是沿上半圆周 $x^2+y^2=2x$ 从点 $(0,0)$ 到点 $(1,1)$.

9.3 格林公式

9.3.1 格林公式

首先规定平面区域 D 的边界曲线 L 的正向:当一个人沿 L 的这个方向行走时,区域 D 总是在这个人的左侧,则这个方向为 L 的正向.

定理1 设 D 是以光滑或逐段光滑的曲线 L 为边界的平面闭区域,函数 $P(x,y)$ 及 $Q(x,y)$ 在 D 上具有一阶连续偏导数,则

$$\iint_D \left(\frac{\partial Q}{\partial x}-\frac{\partial P}{\partial y}\right)\mathrm{d}x\mathrm{d}y = \oint_L P\mathrm{d}x+Q\mathrm{d}y, \tag{9.3.1}$$

其中 L 为区域 D 的正向边界. 式 $(9.3.1)$ 叫做**格林公式**.

证明 证明分三步进行.

(1) 先假定平行于 y 轴且穿过区域 D 的内部的直线与 D 的边界恰有两个交点(这时称区域 D 为 X-型的单连通域[①]),并设 D 的上下边界是区间 $[a,b]$ 上的光滑曲线(图 9-8).

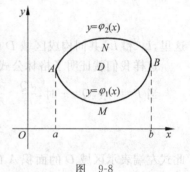

图 9-8

$$\iint_D \frac{\partial P}{\partial y}\mathrm{d}x\mathrm{d}y = \int_a^b \mathrm{d}x \int_{\varphi_1(x)}^{\varphi_2(x)} \frac{\partial P}{\partial y}\mathrm{d}y = \int_a^b \left[P(x,y)\right]_{\varphi_1(x)}^{\varphi_2(x)}\mathrm{d}x$$

$$= \int_a^b \{P[x,\varphi_2(x)]-P[x,\varphi_1(x)]\}\mathrm{d}x.$$

另一方面,

$$\oint_L P\mathrm{d}x = \int_{\overgroup{AMB}} P\mathrm{d}x + \int_{\overgroup{BNA}} P\mathrm{d}x = \int_a^b P[x,\varphi_1(x)]\mathrm{d}x + \int_b^a P[x,\varphi_2(x)]\mathrm{d}x$$

$$= \int_a^b \{P[x,\varphi_1(x)]-P[x,\varphi_2(x)]\}\mathrm{d}x.$$

于是有

$$-\iint_D \frac{\partial P}{\partial y}\mathrm{d}x\mathrm{d}y = \oint_L P\mathrm{d}x.$$

类似可证(此时要求 D 为 Y-型的单连通域)

$$\iint_D \frac{\partial Q}{\partial x}\mathrm{d}x\mathrm{d}y = \oint_L Q\mathrm{d}y.$$

于是得到格林公式(当 D 既是 X-型又是 Y-型区域时)

$$\iint_D \left(\frac{\partial Q}{\partial x}-\frac{\partial P}{\partial y}\right)\mathrm{d}x\mathrm{d}y = \oint_L P\mathrm{d}x+Q\mathrm{d}y.$$

(2) 如果平行于坐标轴且穿过单连通域 D 内部的直线与 D 的边界的交点多于两个,则可以引辅助线将 D 分成两个或两个以上部分区域,使得每个部分区域满足前面的条件. 例

---

① 平面区域 G 内的任何闭曲线所包围的点全属于 G,则称区域 G 为单连通域,否则称为多连通域.

如在图 9-9 中,用线段 MN 将 D 分成 D_1,D_2 两个部分区域,每个部分区域都满足在(1)中对区域 D 的条件,于是有

$$\iint\limits_{D_1}\left(\frac{\partial Q}{\partial x}-\frac{\partial P}{\partial y}\right)\mathrm{d}x\mathrm{d}y=\oint_{L_1}P\mathrm{d}x+Q\mathrm{d}y,$$

$$\iint\limits_{D_2}\left(\frac{\partial Q}{\partial x}-\frac{\partial P}{\partial y}\right)\mathrm{d}x\mathrm{d}y=\oint_{L_2}P\mathrm{d}x+Q\mathrm{d}y,$$

两式相加,并注意沿辅助线 $\overline{MN}$ 与 $\overline{NM}$ 的两线积分互相抵消,于是得格林公式

$$\iint\limits_{D}\left(\frac{\partial Q}{\partial x}-\frac{\partial P}{\partial y}\right)\mathrm{d}x\mathrm{d}y=\oint_{L}P\mathrm{d}x+Q\mathrm{d}y.$$

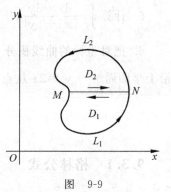

图 9-9

(3) 如果区域 D 是由两条不相交的闭曲线 L_1 和 L_2 所围成的多连通域(图 9-10),可作辅助线 MN,使曲线 $L'=\overline{MN}+L_2+\overline{NM}+L_1$ 构成正向回路.于是有格林公式

$$\iint\limits_{D}\left(\frac{\partial Q}{\partial x}-\frac{\partial P}{\partial y}\right)\mathrm{d}x\mathrm{d}y=\oint_{L'}P\mathrm{d}x+Q\mathrm{d}y$$

$$=\int_{\overline{MN}+\overline{NM}}P\mathrm{d}x+Q\mathrm{d}y+\int_{L_1+L_2}P\mathrm{d}x+Q\mathrm{d}y$$

$$=\int_{L_1+L_2}P\mathrm{d}x+Q\mathrm{d}y.$$

这里,L_1 和 L_2 共同构成区域 D 的正向边界,其方向如图 9-10 所示.

这样我们就证明了格林公式对一般的由分段光滑的曲线围成的闭区域都成立.

当 $P=-y$,$Q=x$ 时,$\dfrac{\partial Q}{\partial x}-\dfrac{\partial P}{\partial y}=2$,由格林公式有

$$2\iint\limits_{D}\mathrm{d}x\mathrm{d}y=\oint_{L}-y\mathrm{d}x+x\mathrm{d}y.$$

此式左端表示区域 D 的面积 A 的 2 倍,于是有

$$A=\frac{1}{2}\oint_{L}-y\mathrm{d}x+x\mathrm{d}y. \tag{9.3.2}$$

式(9.3.2)说明,区域 D 的面积可用一个简单的对坐标的线积分进行计算.这在求一些边界曲线由参数方程给出的区域的面积时往往是方便的.

例 1 计算 $\oint_{L}x^2y\mathrm{d}x+y^3\mathrm{d}y$,其中 L 是由 $y=x^2$ 及 $x=y$ 所围区域的正向边界曲线(图 9-11).

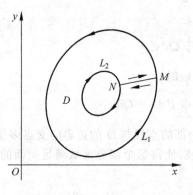

图 9-10

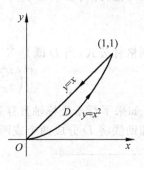

图 9-11

解 利用格林公式进行计算.

$$P = x^2 y, \quad Q = y^3,$$

$$\frac{\partial P}{\partial y} = x^2, \quad \frac{\partial P}{\partial x} = 0.$$

于是有

$$\oint_L x^2 y \,\mathrm{d}x + y^3 \,\mathrm{d}y = \iint_D -x^2 \,\mathrm{d}x\mathrm{d}y = \int_0^1 \mathrm{d}x \int_{x^2}^x -x^2 \,\mathrm{d}y$$

$$= \int_0^1 -x^2(x - x^2)\,\mathrm{d}x = -\frac{1}{20}.$$

例 2 求椭圆 $x = a\cos\theta, y = b\sin\theta$ 所围区域的面积.

解 $A = \dfrac{1}{2}\oint_L -y\,\mathrm{d}x + x\,\mathrm{d}y = \dfrac{1}{2}\int_0^{2\pi} [(-b\sin\theta)(-a\sin\theta) + b\cos\theta \cdot a\cos\theta]\mathrm{d}\theta$

$$= \frac{1}{2}ab\int_0^{2\pi} \mathrm{d}\theta = \pi ab.$$

例 3 计算曲线积分 $I = \displaystyle\int_L (\mathrm{e}^x\sin y - my)\mathrm{d}x + (\mathrm{e}^x\cos y - m)\mathrm{d}y$,其中 L 为由点 $(a,0)$ 到点 $(0,0)$ 的上半圆周 $x^2 + y^2 = ax$.

解 积分曲线如图 9-12 所示.

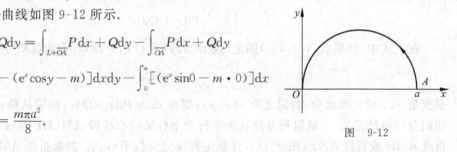

图 9-12

$I = \displaystyle\int_L P\mathrm{d}x + Q\mathrm{d}y = \int_{L+\overline{OA}} P\mathrm{d}x + Q\mathrm{d}y - \int_{\overline{OA}} P\mathrm{d}x + Q\mathrm{d}y$

$= \displaystyle\iint_D [\mathrm{e}^x\cos y - (\mathrm{e}^x\cos y - m)]\mathrm{d}x\mathrm{d}y - \int_0^a [(\mathrm{e}^x\sin 0 - m \cdot 0)]\mathrm{d}x$

$= m\displaystyle\iint_D \mathrm{d}x\mathrm{d}y = \frac{m\pi a^2}{8}.$

9.3.2 曲线积分与路径无关的条件

在许多物理问题中,常遇到场力做功与路径无关的情形(例如重力做功与路径无关),这个问题反映到数学上,就是曲线积分

$$\int_L \boldsymbol{F} \cdot \mathrm{d}\boldsymbol{l} = \int_L P\mathrm{d}x + Q\mathrm{d}y$$

(在平面曲线的情况)与路径无关的问题.

定理 2 设函数 $P(x,y), Q(x,y)$ 在单连通域 G 内具有一阶连续偏导数,则以下四个条件等价:

(1) 对 G 内的任何闭曲线 C,$\displaystyle\oint_C P\mathrm{d}x + Q\mathrm{d}y = 0$;

(2) 对 G 内任一曲线 L,积分 $\displaystyle\int_L P\mathrm{d}x + Q\mathrm{d}y$ 与路径无关,只与曲线的起点和终点有关;

(3) 在 G 内存在可微函数 $u(x,y)$,使得 $\mathrm{d}u = P\mathrm{d}x + Q\mathrm{d}y$;

(4) $\dfrac{\partial P}{\partial y} = \dfrac{\partial Q}{\partial x}$ 在 G 内处处成立.

证明此定理有多种思路,譬如可证明:$(1)\Rightarrow(2),(2)\Rightarrow(3),(3)\Rightarrow(4),(4)\Rightarrow(1)$ 成立.

除(2)⇒(3)的证明较难外,其他的都易证.这里只证(1)⇒(2),其余从略.

证明　下面证明当(1)成立时可推出(2)成立.

在 G 内任取两条连接两任意点 A 和 B 的分段光滑的曲线 $\overset{\frown}{AEB}$ 和 $\overset{\frown}{AFB}$,于是 $C=\overset{\frown}{AEB}+\overset{\frown}{BFA}$ 是 G 内一条分段光滑的闭曲线(图9-13).由(1)可得

$$\oint_C P\mathrm{d}x+Q\mathrm{d}x=\int_{\overset{\frown}{AEB}}P\mathrm{d}x+Q\mathrm{d}y+\int_{\overset{\frown}{BFA}}P\mathrm{d}x+Q\mathrm{d}y$$

$$=\int_{\overset{\frown}{AEB}}P\mathrm{d}x+Q\mathrm{d}y-\int_{\overset{\frown}{AFB}}P\mathrm{d}x+Q\mathrm{d}y$$

$$=0,$$

于是　　　　　　$$\int_{\overset{\frown}{AEB}}P\mathrm{d}x+Q\mathrm{d}y=\int_{\overset{\frown}{AFB}}P\mathrm{d}x+Q\mathrm{d}y,$$

即(2)成立.

根据这一定理.我们常用条件(4):在单连通域 G 内 $\dfrac{\partial P}{\partial y},\dfrac{\partial Q}{\partial x}$ 连续,且有 $\dfrac{\partial P}{\partial y}=\dfrac{\partial Q}{\partial x}$,来判断 G 内曲线积分与路径无关.当曲线积分与路径无关时,从 $A(x_0,y_0)$ 到 $B(x_1,y_1)$ 的曲线积分通常记为

$$\int_{(x_0,y_0)}^{(x_1,y_1)}P\mathrm{d}x+Q\mathrm{d}y.$$

在上式中,如果点 $A(x_0,y_0)$ 固定,点 $B(x,y)$ 为 G 内一动点,则曲线积分

$$\int_{(x_0,y_0)}^{(x,y)}P\mathrm{d}x+Q\mathrm{d}y$$

是变量 x,y 的二元函数,若记之为 $u(x,y)$,则在 $\mathrm{d}u=P\mathrm{d}x+Q\mathrm{d}y$(证明从略).因为此时曲线积分与路径无关,一般取积分路径为平行于坐标轴的直线段 AM,MB 或 AN,NB 组成的折线 AMB 或折线 ANB(图9-14),并假定折线完全位于 G 内.如取折线 AMB 时,则有

$$u(x,y)=\int_{x_0}^x P(x,y_0)\mathrm{d}x+\int_{y_0}^y Q(x,y)\mathrm{d}y;$$

如取折线 ANB 时,则有

$$u(x,y)=\int_{y_0}^y Q(x_0,y)\mathrm{d}y+\int_{x_0}^x P(x,y)\mathrm{d}x.$$

点 $A(x_0,y_0)$ 是在 G 内任意取定的一点,选取不同的点按上述方法求得的 $u(x,y)$ 至多相差一个常数.

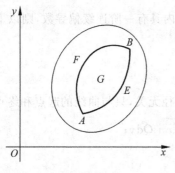

图 9-13

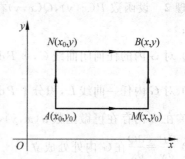

图 9-14

例 4 计算曲线积分 $\int_L (e^y + x)dx + (xe^y - 2y)dy$,其中以 L 为以 $O(0,0)$ 为起点、$B(1,2)$ 为终点且经过点 $C(0,1)$ 的一段圆弧.

解 积分曲线如图 9-15 所示.

$$P = e^y + x, \quad Q = xe^y - 2y,$$

$$\frac{\partial P}{\partial y} = \frac{\partial Q}{\partial x} = e^y,$$

此曲线积分与路径无关.为使计算简便,可如图 9-15 中所示,取折线 OAB 为积分路径. 在 OA 上,$y=0$,$dy=0$;在 AB 上,$x=1$,$dx=0$,于是

$$\int_L (e^y + x)dx + (xe^y - 2y)dy = \int_{\overline{OA}} (e^y + x)dx + \int_{\overline{AB}} (xe^y - 2y)dy$$

$$= \int_0^1 (1+x)dx + \int_0^2 (e^y - 2y)dy = e^2 - \frac{7}{2}.$$

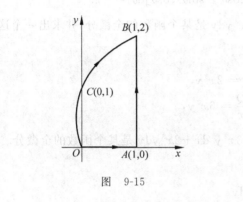

图 9-15

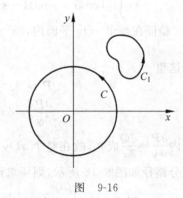

图 9-16

例 5 计算 $\oint_C \frac{xdy - ydx}{x^2 + y^2}$,其中:(1)$C$ 是以原点 O 为圆心的任何正向圆周;(2)C 为任何不含原点在内(原点也不在 C 上)的正向光滑闭曲线(图 9-16).

解 (1)

$$P = \frac{-y}{x^2 + y^2}, \quad Q = \frac{x}{x^2 + y^2},$$

$$\frac{\partial P}{\partial y} = \frac{y^2 - x^2}{(x^2 + y^2)^2}, \quad \frac{\partial Q}{\partial x} = \frac{y^2 - x^2}{(x^2 + y^2)^2},$$

所以全平面内除原点 $O(0,0)$ 外,都有 $\frac{\partial P}{\partial y} = \frac{\partial Q}{\partial x}$,但在任何以原点为中心的正向圆周上的曲线积分都不等于零,这可以通过直接计算得到.

设圆周 C 的参数方程为 $x = R\cos\theta$,$y = R\sin\theta (0 \leqslant \theta \leqslant 2\pi)$,则有

$$\oint \frac{-ydx + xdy}{x^2 + y^2} = \int_0^{2\pi} \frac{-R\sin\theta dR\cos\theta + R\cos\theta dR\sin\theta}{R^2} = \int_0^{2\pi} d\theta = 2\pi.$$

(2) 在任何不包含原点的闭曲线 C 上,这个曲线积分都等于零. 这是因为存在单连域 G 使得 C 在 G 内,且在 G 内处处有 $\frac{\partial P}{\partial y} = \frac{\partial Q}{\partial x}$ 成立.

从例 5 可知,在使用定理 2 时,一定不要忘记"G 是单连通域"这一条件.

在例 5 中,如果 C 是环绕原点的任一光滑的正向闭曲线,积分结果又会是什么呢? 请读者思考.

例 6 计算 $\int_L \dfrac{(x-y)\mathrm{d}x+(x+y)\mathrm{d}y}{x^2+y^2}$,其中 L 是抛物线 $y=2-x^2$ 上从点 $A(-\sqrt{2},0)$ 到点 $B(\sqrt{2},0)$ 的有向弧段.

解 $\dfrac{\partial P}{\partial y}=\dfrac{-x^2+y^2-2xy}{(x^2+y^2)^2}=\dfrac{\partial Q}{\partial x}(x^2+y^2\neq 0$ 时).

去掉原点及 y 轴负半轴的平面是一单连通域,在此单连通域内处处有 $\dfrac{\partial P}{\partial y}=\dfrac{\partial Q}{\partial x}$ 成立. 由定理 2,在 L 上的积分,等于从点 A 经上半圆周 $y=\sqrt{4-x^2}$ 到 B 点的有向曲线 C 上的积分(见图 9-17).

于是原积分 $=\dfrac{1}{4}\int_C (x-y)\mathrm{d}x+(x+y)\mathrm{d}y$

$\qquad\qquad=\displaystyle\int_\pi^0 [(\cos\theta-\sin\theta)(-\sin\theta)+(\cos\theta+\sin\theta)\cos\theta]\mathrm{d}\theta=-\pi.$

例 7 验证在整个 xOy 平面内,$3x^2 y^2 \mathrm{d}x+2x^3 y\mathrm{d}y$ 是某个函数的全微分,并求出一个这样的函数.

解 这里

$$P=3x^2 y^2,\qquad Q=2x^3 y,$$
$$\frac{\partial P}{\partial y}=6x^2 y,\qquad \frac{\partial Q}{\partial x}=6x^2 y,$$

在全平面内 $\dfrac{\partial P}{\partial y}=\dfrac{\partial Q}{\partial x}$ 成立,故在整个 xOy 平面内,$3x^2 y^2 \mathrm{d}x+2x^3 y\mathrm{d}y$ 是某个函数的全微分.

取积分路径如图 9-18 所示,则所求函数为

$$u(x,y)=\int_{(0,0)}^{(x,y)} 3x^2 y^2 \mathrm{d}x+2x^3 y\mathrm{d}y$$
$$=\int_{\overline{OM}} 3x^2 y^2 \mathrm{d}x+2x^3 y\mathrm{d}y+\int_{\overline{MB}} 3x^2 y^2 \mathrm{d}x+2x^2 y\mathrm{d}y$$
$$=0+\int_0^y 2x^3 y\mathrm{d}y=x^3 y^2.$$

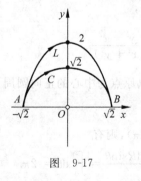

图 9-17

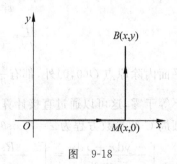

图 9-18

习题 9-3

1. 利用格林公式计算下列积分:

(1) $\oint_L xy^2 \mathrm{d}y-x^2 y\mathrm{d}x$,其中 L 为圆周 $x^2+y^2=a^2$ 的正向;

(2) $\oint_L (x+y)\mathrm{d}x-(x-y)\mathrm{d}y$，其中 L 为椭圆 $\dfrac{x^2}{a^2}+\dfrac{y^2}{b^2}=1$ 的正向；

(3) $\oint_L (2x-y+4)\mathrm{d}x+(3x+5y-6)\mathrm{d}y$，其中 L 为以 $(0,0),(3,0)$ 和 $(3,2)$ 为顶点的三角形边界的正向；

(4) $\oint_L \mathrm{e}^x(1-\cos y)\mathrm{d}x-\mathrm{e}^x(y-\sin y)\mathrm{d}y$，其中 L 为区域 $D:0\leqslant x\leqslant \pi;\ 0\leqslant y\leqslant \sin x$ 的正向边界.

2. 验证下列曲线积分在整个 xOy 面内与路径无关，并计算积分值：

(1) $\displaystyle\int_{(0,0)}^{(4,0)} (1+x\mathrm{e}^{2y})\mathrm{d}x+(x^2\mathrm{e}^{2y}-y^2)\mathrm{d}y$；

(2) $\displaystyle\int_{(1,-1)}^{(1,1)} (x-y)(\mathrm{d}x-\mathrm{d}y)$；

(3) $\displaystyle\int_{(-2,-1)}^{(3,0)} (x^4+4xy^3)\mathrm{d}x+(6x^2y^2-5y^4)\mathrm{d}y$；

(4) $\displaystyle\int_{(0,0)}^{(\pi,2)} (2xy+3x\sin x)\mathrm{d}x+(x^2+y\mathrm{e}^y)\mathrm{d}y$.

3. 计算星形线 $x=a\cos^3 t,y=a\sin^3 t(0\leqslant t\leqslant 2\pi)$ 所围成的面积.

4. 验证沿任意分段光滑的闭曲线的积分 $\oint_L \varphi(x)\mathrm{d}x+\psi(y)\mathrm{d}y=0$，其中 $\varphi(x),\psi(y)$ 为连续函数.

5. 计算 $\displaystyle\int_L (x^2y+3x\mathrm{e}^x)\mathrm{d}x+\left(\dfrac{1}{3}x^3-y\sin y\right)\mathrm{d}y$，其中 L 是摆线 $x=t-\sin t,y=1-\cos t$ 从点 $(0,0)$ 到点 $(\pi,2)$ 的一段弧.

6. 验证下列各式在整个 xOy 面内是某一函数 $u(x,y)$ 的全微分，并求出这个函数：

(1) $(x+2y)\mathrm{d}x+(2x+y)\mathrm{d}y$；

(2) $4\sin x\sin 3y\cos x\mathrm{d}x-3\cos 3y\cos 2x\mathrm{d}y$.

7. 设有一变力 $\boldsymbol{F}=(x^2+y^2)\boldsymbol{i}+(2xy-8)\boldsymbol{j}$ 确定的力场，证明质点在此场内移动时，场力做的功与路径无关.

8. 计算 $\displaystyle\int_L (\mathrm{e}^x\sin y-ay)\mathrm{d}x+(\mathrm{e}^x\cos y-bx)\mathrm{d}y$，其中 L 是过 $A(a,0),M\left(\dfrac{a+b}{2},\dfrac{a-b}{2}\right)$，$B(b,0)$ 三点的圆弧，A 为起点，B 为终点，$a>b>0$.

9. 选取 n，使 $\dfrac{(x-y)\mathrm{d}x+(x+y)\mathrm{d}y}{(x^2+y^2)^n}$ 为某函数 $u(x,y)$ 的全微分，并求 $u(x,y)$.

10. 计算 $\oint_L \dfrac{x\mathrm{d}y-y\mathrm{d}x}{x^2+y^2}$，其中 L 为椭圆 $\dfrac{x^2}{a^2}+\dfrac{y^2}{b^2}=1$，取逆时针方向.

9.4　曲面积分

9.4.1　对面积的曲面积分

1. 对面积的曲面积分的概念

设有一曲面形物件，它在空间中所占的位置为一曲面 Σ[①]，曲面上任一点 (x,y,z) 处的

---

① 本节所论曲面都是光滑且有界的. 所谓**光滑曲面**，是指曲面上各点都有切平面，且当点在曲面上连续移动时，切平面连续转动.

面密度为 $\rho(x,y,z)$，该函数在 Σ 上连续，要求这曲面形物件的质量 m（图 9-19）.

我们采用与 9.1 节中求曲线形物件质量相类似的方法来解决这个问题. 将 Σ 任意分成 n 个小曲面块 ΔS_i（$i=1$，$2,\cdots,n$），其面积也记作 ΔS_i. 在 ΔS_i 上任意取一点 (ξ_i,η_i,ζ_i)，当小曲面块的直径（小曲面上任意两点间的距离的最大值）比较小时，这小曲面块的质量近似地等于 $\rho(\xi_i,\eta_i,\zeta_i)\Delta S_i$，和式 $\sum\limits_{i=1}^{n}\rho(\xi_i,\eta_i,\zeta_i)\Delta S_i$ 也就是曲面形物件质量的近似值. 用 λ 表示这 n 个小曲面块的直径的最大值，当 $\lambda\to 0$ 时，上面和式的极限值就是物件的质量 m，即

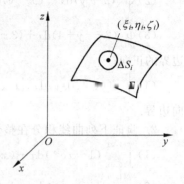

图 9-19

$$m=\lim_{\lambda\to 0}\sum_{i=1}^{n}\rho(\xi_i,\eta_i,\zeta_i)\Delta S_i.$$

抽去上面问题的物理意义，将问题一般化就可得到如下的定义.

定义 1 设 $f(x,y,z)$ 在光滑曲面 Σ 上有界，将 Σ 任意分成 n 个小曲面块 ΔS_i（$i=1$，$2,\cdots,n$），ΔS_i 也表示第 i 个小曲面块的面积，λ 表示这 n 个小曲面块的直径的最大值，在 ΔS_i 上任意取一点 (ξ_i,η_i,ζ_i)，如果极限

$$\lim_{\lambda\to 0}\sum_{i=1}^{n}f(\xi_i,\eta_i,\zeta_i)\Delta S_i$$

存在，则称此极限值为函数 $f(x,y,z)$ 在曲面 Σ 上**对面积的曲面积分**，记作 $\iint\limits_{\Sigma}f(x,y,z)\mathrm{d}S$，即

$$\iint\limits_{\Sigma}f(x,y,z)\mathrm{d}S=\lim_{\lambda\to 0}\sum_{i=1}^{n}f(\xi_i,\eta_i,\zeta_i)\Delta S_i,$$

其中 $f(x,y,z)$ 叫做**被积函数**，Σ 叫做**积分曲面**，$\mathrm{d}S$ 叫做**曲面面积元素**.

可以证明，当函数 $f(x,y,z)$ 在光滑（或逐片光滑）曲面 Σ 上连续时，对面积的曲面积分 $\iint\limits_{\Sigma}f(x,y,z)\mathrm{d}S$ 一定存在. 今后如不作特别申明总是假定 $f(x,y,z)$ 在 Σ 上连续. 对面积的曲面积分也叫做**第一类曲面积分**.

依据上面的定义，曲面物件的质量 m 等于其面密度函数 $\rho(x,y,z)$ 在曲面 Σ 上对面积的曲面积分，即

$$m=\iint\limits_{\Sigma}\rho(x,y,z)\mathrm{d}S.$$

完全类似地，曲面形物件的质心坐标、转动惯量也可以用这类曲面积分表示出来，读者不妨自己试着写出相应的公式.

对面积的曲面积分的性质与对弧长的曲面积分的性质相仿，这里不再一一叙述.

2. 对面积的曲面积分的计算方法

设曲面 Σ 的方程为 $z=z(x,y)$，它在 xOy 面上的投影区域为 D_{xy}，$\dfrac{\partial z}{\partial x}$，$\dfrac{\partial z}{\partial y}$ 在 D_{xy} 上连续，函数 $f(x,y,z)$ 在 Σ 上连续，则有

$$\iint\limits_{\Sigma}f(x,y,z)\mathrm{d}S=\iint\limits_{D_{xy}}f[x,y,z(x,y)]\sqrt{1+\left(\frac{\partial z}{\partial x}\right)^2+\left(\frac{\partial z}{\partial y}\right)^2}\,\mathrm{d}x\mathrm{d}y. \qquad (9.4.1)$$

这就是把对面积的曲面积分转化为二重积分的计算公式（证明从略）. 这一方法可概括为"一

代二换三投影".

如果曲面 Σ 的方程由 $x=x(y,z)$ 或 $y=y(z,x)$ 给出,类似地可以把曲面积分化为 yOz 平面或 zOx 平面上的二重积分来计算:

$$\iint\limits_{\Sigma}f(x,y,z)\mathrm{d}S=\iint\limits_{D_{yz}}f[x(y,z),y,z]\sqrt{1+x_y^2+x_z^2}\,\mathrm{d}y\mathrm{d}z,\tag{9.4.2}$$

或

$$\iint\limits_{\Sigma}f(x,y,z)\mathrm{d}S=\iint\limits_{D_{zx}}f[x,y(z,x),z]\sqrt{1+y_x^2+y_z^2}\,\mathrm{d}z\mathrm{d}x,\tag{9.4.3}$$

其中 D_{yz},D_{zx} 分别是曲面 Σ 在 yOz 平面和 zOx 平面上的投影区域.

对于封闭曲面 Σ,曲面积分常记为

$$\oiint\limits_{\Sigma}f(x,y,z)\mathrm{d}S.$$

例 1　计算 $\oiint\limits_{\Sigma}xyz\mathrm{d}S$,其中 Σ 为由 $x=0,y=0,z=0$ 及 $x+y+z=1$ 所围四面体的表面(图 9-20).

解　四面体的边界曲面在平面 $x=0,y=0,z=0$ 及 $x+y+z=1$ 上的部分依次记为 Σ_1, $\Sigma_2,\Sigma_3,\Sigma_4$. 由于在 $\Sigma_1,\Sigma_2,\Sigma_3$ 上,被积函数 $f(x,y,z)=xyz=0$,所以

$$\oiint\limits_{\Sigma}xyz\mathrm{d}S=\oiint\limits_{\Sigma_4}xyz\mathrm{d}S.$$

在 Σ_4 上 $z=1-x-y$,故 $\mathrm{d}S=\sqrt{1+(-1)^2+(-1)^2}\,\mathrm{d}x\mathrm{d}y=\sqrt{3}\,\mathrm{d}x\mathrm{d}y$. 投影区域 D_{xy} 可表示为 $0\leqslant y\leqslant1-x,0\leqslant x\leqslant1$. 于是

$$\oiint\limits_{\Sigma}xyz\mathrm{d}S=\iint\limits_{D_{xy}}xy(1-x-y)\sqrt{3}\,\mathrm{d}x\mathrm{d}y=\sqrt{3}\int_0^1\mathrm{d}x\int_0^{1-x}xy(1-x-y)\mathrm{d}y$$

$$=\sqrt{3}\int_0^1x\left[(1-x)\frac{y^2}{2}-\frac{y^3}{3}\right]_0^{1-x}\mathrm{d}x=\sqrt{3}\int_0^1x\cdot\frac{(1-x)^3}{6}\mathrm{d}x=\frac{\sqrt{3}}{120}.$$

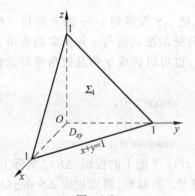

图　9-20

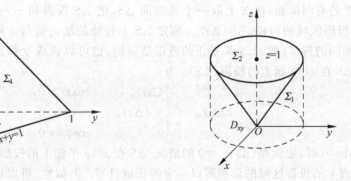

图　9-21

例 2　计算 $\oiint\limits_{\Sigma}(x^2+y^2)\mathrm{d}S$,其中 Σ 为锥体 $\sqrt{x^2+y^2}\leqslant z\leqslant1$ 的边界曲面(图 9-21).

解　边界曲面在锥面 $z=\sqrt{x^2+y^2}$ 上的部分记为 Σ_1,在平面 $z=1$ 上的部分记为 Σ_2,即 $\Sigma=\Sigma_1+\Sigma_2$. Σ_1,Σ_2 在 xOy 平面上的投影区域均为 $D_{xy}:x^2+y^2\leqslant1$.

Σ_1 的方程为 $z=\sqrt{x^2+y^2}$, $z_x=\dfrac{x}{\sqrt{x^2+y^2}}$, $z_y=\dfrac{y}{\sqrt{x^2+y^2}}$, 面积元素 $dS=\sqrt{1+z_x^2+z_y^2}\,dx\,dy=$ $\sqrt{2}\,dx\,dy$. Σ_2 的方程为 $z=1$, $dS=dx\,dy$. 所以

$$\oiint_{\Sigma}(x^2+y^2)dS=\iint_{\Sigma_1}(x^2+y^2)dS+\iint_{\Sigma_2}(x^2+y^2)dS$$

$$=\iint_{D_{xy}}(x^2+y^2)\sqrt{2}\,dx\,dy+\iint_{D_{xy}}(x^2+y^2)dx\,dy$$

$$=(\sqrt{2}+1)\iint_{D_{xy}}(x^2+y^2)dx\,dy=(\sqrt{2}+1)\int_0^{2\pi}d\theta\int_0^1 r^3\,dr=\frac{\sqrt{2}+1}{2}\pi.$$

9.4.2 对坐标的曲面积分

1. 对坐标的曲面积分的概念及性质

首先要了解有向曲面及其在坐标平面上的投影的概念. 为便于叙述,在本节中,坐标轴的方向作如下约定: x 轴正向向前,y 轴正向向右,z 轴正向向上.

我们所常见的曲面都是双侧的. 例如由方程 $z=z(x,y)$ 表示的曲面有上侧与下侧之分;方程 $y=y(z,x)$ 表示的曲面有左侧与右侧之分;方程 $x=x(y,z)$ 表示的曲面有前侧与后侧之分;对于封闭曲面一般有内侧与外侧之分.

在讨论对坐标的曲面积分时,需要指定曲面的一侧为正侧,这可以通过曲面上法线向量的指向来规定**曲面的正侧**. 例如,对于曲面 $z=z(x,y)$,如果取它的法线向量 $\boldsymbol{n}$ 的指向朝上(与 z 轴正向的夹角为锐角),就认为取定曲面的上侧为正侧,而下侧为负侧;如果 $\boldsymbol{n}$ 的指向朝下(与 z 轴的正向成钝角),就认为取定曲面的下侧为正侧. 又如对于封闭曲面,如果取它的法向量的指向朝外,就认为取定曲面的外侧为正侧,内侧为负侧;如果取它的法向量指向朝内,就认为取定曲面的内侧为正侧,外侧为负侧. 这样选定了法向量指向亦即选定了正侧、负侧的曲面,就叫做**有向曲面**.

设 Σ 是有向曲面,在 Σ 上取一小块曲面 ΔS,把 ΔS 投影到 xOy 面上得到一小投影区域,这小投影区域的面积记为 $(\Delta\sigma)_{xy}$. 假定 ΔS 上各处的法向量与 z 轴正向的夹角 γ 的余弦 $\cos\gamma$ 有相同的符号(即 $\cos\gamma$ 都是正的或都是负的,也可以说成 γ 都是锐角或都是钝角),我们规定 ΔS 在 xOy 面上的**投影** $(\Delta S)_{xy}$ 为

$$(\Delta S)_{xy}=\begin{cases}(\Delta\sigma)_{xy}, & \cos\gamma>0, \\ -(\Delta\sigma)_{xy}, & \cos\gamma<0, \\ 0, & \cos\gamma\equiv 0,\end{cases} \tag{9.4.4}$$

其中 $\cos\gamma\equiv 0$ 时,也就是 $(\Delta\sigma)_{xy}=0$ 的情况. ΔS 在 xOy 平面上的投影 $(\Delta S)_{xy}$ 实际上就是 ΔS 在 xOy 面上的投影区域的面积附以一定的正负符号. 类似地,可以规定 ΔS 在 yOz 面上的投影 $(\Delta S)_{yz}$ 及在 zOx 面上的投影 $(\Delta S)_{zx}$.

下面从计算流量问题引入对坐标的曲面积分的概念.

设稳定流动(各点处流速与时间 t 无关)的不可压缩流体(密度为常数,为方便起见,不妨设密度为1)的速度场为

$$\boldsymbol{v}(x,y,z)=P(x,y,z)\boldsymbol{i}+Q(x,y,z)\boldsymbol{j}+R(x,y,z)\boldsymbol{k},$$

Σ 为速度场中的有向光滑曲面,函数 $P(x,y,z)$,$Q(x,y,z)$,$R(x,y,z)$ 都是 Σ 上的连续函

数,求单位时间内流过有向曲面 Σ 指定侧流体的质量即流量 Φ.

　　将曲面分成 n 小块 $\Delta S_i(i=1,2,\cdots,n)$,$\Delta S_i$ 同时也表示这小块曲面的面积. 当 ΔS_i 直径很小时,可以近似地看作一小块平面,并可取 ΔS_i 上任一点 $M_i(\xi_i,\eta_i,\zeta_i)$ 处的流速

$$\boldsymbol{v}_i = P(\xi_i,\eta_i,\zeta_i)\boldsymbol{i} + Q(\xi_i,\eta_i,\zeta_i)\boldsymbol{j} + R(\xi_i,\eta_i,\zeta_i)\boldsymbol{k}$$

代替 ΔS_i 上其他各点处的流速,以曲面在该点处的单位法向量

$$\boldsymbol{n}_i = \cos\alpha_i\boldsymbol{i} + \cos\beta_i\boldsymbol{j} + \cos\gamma_i\boldsymbol{k}$$

代替 ΔS_i 上其他各点处的单位法向量. 单位时间内通过 ΔS_i 流向曲面指定侧面的流量 $\Delta\Phi_i$ 近似于形成一个以 ΔS_i 为底、以 $|\boldsymbol{v}_i|$ 为斜高的斜柱体 (图 9-22).设 $\boldsymbol{n}_i$ 与 $\boldsymbol{v}_i$ 的夹角为 θ_i,则有

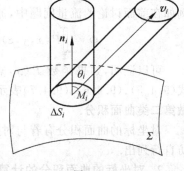

$$\Delta\Phi_i \approx \Delta S_i |\boldsymbol{v}_i| \cos\theta_i = (\boldsymbol{v}_i \cdot \boldsymbol{n}_i)\Delta S_i.$$

于是

$$\begin{aligned}
\Phi &\approx \sum_{i=1}^{n}(\boldsymbol{v}_i \cdot \boldsymbol{n}_i)\Delta S_i \\
&= \sum_{i=1}^{n}[P(\xi_i,\eta_i,\zeta_i)\cos\alpha_i + Q(\xi_i,\eta_i,\zeta_i)\cos\beta_i \\
&\quad + R(\xi_i,\eta_i,\zeta_i)\cos\gamma_i]\Delta S_i.
\end{aligned}$$

而

图　9-22

$$\cos\alpha_i \Delta S_i \approx (\Delta S_i)_{yz}, \quad \cos\beta_i \Delta S_i \approx (\Delta S_i)_{zx}, \quad \cos\gamma_i \Delta S_i \approx (\Delta S_i)_{xy},$$

所以

$$\Phi \approx \sum_{i=1}^{n}[P(\xi_i,\eta_i,\zeta_i)(\Delta S_i)_{yz} + Q(\xi_i,\eta_i,\zeta_i)(\Delta S_i)_{zx} + R(\xi_i,\eta_i,\zeta_i)(\Delta S_i)_{xy}].$$

令 $\lambda\to 0$(λ 为各小曲面块直径的最大值),对上式右端取极限,则得到流量 Φ 的精确值

$$\Phi = \lim_{\lambda\to 0}\sum_{i=1}^{n}[P(\xi_i,\eta_i,\zeta_i)(\Delta S_i)_{yz} + Q(\xi_i,\eta_i,\zeta_i)(\Delta S_i)_{zx} + R(\xi_i,\eta_i,\zeta_i)(\Delta S_i)_{xy}].$$

　　抽去上面问题的物理意义,就得到对坐标的曲面积分的定义.

　　定义 2　设 Σ 为光滑的有向曲面,函数 $R(x,y,z)$ 在 Σ 上有界. 将 Σ 任意分成 n 个小曲面块 $\Delta S_i(i=1,2,\cdots,n)$,$\Delta S_i$ 也表示第 i 块小曲面的面积,λ 表示这 n 个小曲面块直径的最大值,$(\Delta S_i)_{xy}$ 表示 ΔS_i 在 xOy 面上的投影. 在 ΔS_i 上任意取一点 $M_i(\xi_i,\eta_i,\zeta_i)$,如果极限

$$\lim_{\lambda\to 0}\sum_{i=1}^{n}R(\xi_i,\eta_i,\zeta_i)(\Delta S_i)_{xy}$$

存在,则称此极限为函数 $R(x,y,z)$ 在有向曲面 Σ 上**对坐标 x,y 的曲面积分**,记为 $\iint\limits_{\Sigma}R(x,y,z)\mathrm{d}x\mathrm{d}y$,即

$$\iint\limits_{\Sigma}R(x,y,z)\mathrm{d}x\mathrm{d}y = \lim_{\lambda\to 0}\sum_{i=1}^{n}R(\xi_i,\eta_i,\zeta_i)(\Delta S_i)_{xy}, \tag{9.4.5}$$

其中 $R(x,y,z)$ 叫做被积函数,Σ 叫做积分曲面.

　　类似地,可以定义函数 $P(x,y,z)$ 在有向曲面 Σ 上**对坐标 y,z 的曲面积分**及函数 $Q(x,y,z)$ 在有向曲面 Σ 上**对坐标 z,x 的曲面积分**,即

$$\iint\limits_{\Sigma}P(x,y,z)\mathrm{d}y\mathrm{d}z = \lim_{\lambda\to 0}\sum_{i=1}^{n}P(\xi_i,\eta_i,\zeta_i)(\Delta S_i)_{yz}, \tag{9.4.6}$$

$$\iint_{\Sigma} Q(x,y,z)\mathrm{d}z\mathrm{d}x = \lim_{\lambda \to 0} \sum_{i=1}^{n} Q(\xi_i,\eta_i,\zeta_i)(\Delta S_i)_{zx}. \tag{9.4.7}$$

在应用上出现较多的是它们组合起来的形式

$$\iint_{\Sigma} P(x,y,z)\mathrm{d}y\mathrm{d}z + \iint_{\Sigma} Q(x,y,z)\mathrm{d}z\mathrm{d}x + \iint_{\Sigma} R(x,y,z)\mathrm{d}x\mathrm{d}y, \tag{9.4.8}$$

简记为

$$\iint_{\Sigma} P(x,y,z)\mathrm{d}y\mathrm{d}z + Q(x,y,z)\mathrm{d}z\mathrm{d}x + R(x,y,z)\mathrm{d}x\mathrm{d}y. \tag{9.4.8'}$$

例如在前面讨论的流量问题中,流量 Φ 可表示为

$$\Phi = \iint_{\Sigma} P(x,y,z)\mathrm{d}y\mathrm{d}z + Q(x,y,z)\mathrm{d}z\mathrm{d}x + R(x,y,z)\mathrm{d}x\mathrm{d}y.$$

可以证明,如果函数 $P(x,y,z)$,$Q(x,y,z)$ 和 $R(x,y,z)$ 在有向曲面 Σ 上连续,则式(9.4.5)、(9.4.6)、(9.4.7)表示的对坐标的曲面积分都必定存在.对坐标的曲面积分又叫做**第二类曲面积分**.

对坐标的曲面积分有着与对坐标的曲线积分相类似的性质,这里不再一一叙述,读者不妨自行列出.

2. 对坐标的曲面积分的计算方法

设有向曲面 Σ 的方程为 $z = z(x,y)$,函数 $R(x,y,z)$ 在 Σ 上连续,Σ 在 xOy 面上的投影区域是 D_{xy},$\dfrac{\partial z}{\partial x}$,$\dfrac{\partial z}{\partial y}$ 在 D_{xy} 上连续,则

$$\iint_{\Sigma} R(x,y,z)\mathrm{d}x\mathrm{d}y = \pm \iint_{D_{xy}} R[x,y,z(x,y)]\mathrm{d}x\mathrm{d}y, \tag{9.4.9}$$

其中右端正负号的取法是:如果有向曲面的正侧取上侧时则取正号,取下侧时则取负号.或者说成是:当式(9.4.9)左端曲面积分是取在 Σ 的上侧时取正号,曲面积分取在 Σ 的下侧时取负号.

证明从略.

式(9.4.9)说明,计算曲面积分 $\iint_{\Sigma} R(x,y,z)\mathrm{d}x\mathrm{d}y$ 时,只要将被积函数 $R(x,y,z)$ 中的 z 用 $z(x,y)$ 代入,然后在 Σ 的投影区域 D_{xy} 上计算二重积分,再取适当的符号就可以了.这一方法可概括为"一代二投影三定向".

类似地,设 Σ 由 $x = x(y,z)$ 给出,$P(x,y,z)$ 在 Σ 上连续,Σ 在 yOz 面上的投影区域为 D_{yz},$\dfrac{\partial x}{\partial y}$,$\dfrac{\partial x}{\partial z}$ 在 D_{yz} 上连续,则

$$\iint_{\Sigma} P(x,y,z)\mathrm{d}y\mathrm{d}z = \pm \iint_{D_{yz}} P[x(y,z),y,z]\mathrm{d}y\mathrm{d}z, \tag{9.4.10}$$

其中右端正负号的取法是:当积分取为 Σ 的前侧时取正号,取在后侧时取负号.

设 Σ 由 $y = y(z,x)$ 给出,$Q(x,y,z)$ 在 Σ 上连续,Σ 在 zOx 面上的投影区域为 D_{zx},$\dfrac{\partial y}{\partial z}$,$\dfrac{\partial y}{\partial x}$ 在 D_{zx} 上连续,则

$$\iint_{\Sigma} Q(x,y,z)\mathrm{d}z\mathrm{d}x = \pm \iint_{D_{zx}} Q[x,y(z,x),z]\mathrm{d}z\mathrm{d}x, \tag{9.4.11}$$

其中右端正负号的取法是：积分取在 Σ 的右侧时取正号，取在左侧时取负号.

在利用公式（9.4.9）～公式（9.4.11）时，一定要掌握右侧正负号的选取方法.

例 3　计算曲面积分 $\iint\limits_{\Sigma} xyz\,\mathrm{d}x\mathrm{d}y$，其中 Σ 是球面 $x^2+y^2+z^2=1$ 外侧在 $x\geqslant0,y\geqslant0$ 的部分.

解　把 Σ 分成 Σ_1,Σ_2 两部分，Σ_1 的方程是 $z_1=\sqrt{1-x^2-y^2}$，Σ_2 的方程为 $z_2=-\sqrt{1-x^2-y^2}$，在 xOy 平面上的投影区域 D_{xy} 为：$x^2+y^2\leqslant1,x\geqslant0,y\geqslant0$（图 9-23）. Σ_1 的正侧取上侧，Σ_2 的正侧取下侧，于是

$$\iint\limits_{\Sigma} xyz\,\mathrm{d}x\mathrm{d}y=\iint\limits_{\Sigma_1} xyz\,\mathrm{d}x\mathrm{d}y+\iint\limits_{\Sigma_2} xyz\,\mathrm{d}x\mathrm{d}y$$

$$=\iint\limits_{D_{xy}} xy\,\sqrt{1-x^2-y^2}\,\mathrm{d}x\mathrm{d}y-\iint\limits_{D_{xy}} xy(-\sqrt{1-x^2-y^2})\,\mathrm{d}x\mathrm{d}y$$

$$=2\iint\limits_{D_{xy}} xy\,\sqrt{1-x^2-y^2}\,\mathrm{d}x\mathrm{d}y=2\iint\limits_{D_{xy}} r^2\sin\theta\cos\theta\,\sqrt{1-r^2}\,r\mathrm{d}r\mathrm{d}\theta$$

$$=\int_0^{\frac{\pi}{2}}\sin2\theta\mathrm{d}\theta\int_0^1 r^3\,\sqrt{1-r^2}\,\mathrm{d}r=\frac{2}{15}.$$

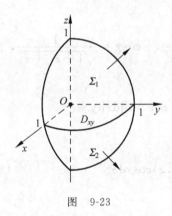

图　9-23

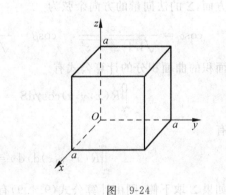

图　9-24

例 4　计算曲面积分 $\oiint\limits_{\Sigma}(x^3-yz)\mathrm{d}y\mathrm{d}z-2x^2y\mathrm{d}z\mathrm{d}x+z\mathrm{d}x\mathrm{d}y$，其中 Σ 是三个坐标面与平面 $x=a,y=a,z=a(a>0)$ 围成的正方体表面的外侧（图 9-24）.

解　把 Σ 分成六部分：

Σ_1：$x=0$ 上的部分，取后侧；Σ_2：$x=a$ 上的部分，取前侧；

Σ_3：$y=0$ 上的部分，取左侧；Σ_4：$y=a$ 上的部分，取右侧；

Σ_5：$z=0$ 上的部分，取下侧；Σ_6：$z=a$ 上的部分，取上侧.

除 Σ_1,Σ_2 外，其余四片在 yOz 面上的投影面积均为零，因此

$$\oiint\limits_{\Sigma}(x^3-yz)\mathrm{d}y\mathrm{d}z=\iint\limits_{\Sigma_1}(x^3-yz)\mathrm{d}y\mathrm{d}z+\iint\limits_{\Sigma_2}(x^3-yz)\mathrm{d}y\mathrm{d}z$$

$$=-\iint\limits_{D_{yz}}(0-yz)\mathrm{d}y\mathrm{d}z+\iint\limits_{D_{yz}}(a^3-yz)\mathrm{d}y\mathrm{d}z=\iint\limits_{D_{yz}}a^3\mathrm{d}y\mathrm{d}z=a^5.$$

类似地可以算出

$$\oiint\limits_{\Sigma} -2x^2y\mathrm{d}z\mathrm{d}x = \iint\limits_{\Sigma_3} -2x^2y\mathrm{d}z\mathrm{d}x + \iint\limits_{\Sigma_4} -2x^2y\mathrm{d}z\mathrm{d}x = 0 + \iint\limits_{D_{zx}} -2ax^2\mathrm{d}z\mathrm{d}x$$

$$=-2a\int_0^a\mathrm{d}z\int_0^a x^2\mathrm{d}x = -\frac{2}{3}a^5.$$

$$\oiint\limits_{\Sigma} z\mathrm{d}x\mathrm{d}y = \iint\limits_{\Sigma_5} z\mathrm{d}x\mathrm{d}y + \iint\limits_{\Sigma_6} z\mathrm{d}x\mathrm{d}y = 0 + \iint\limits_{D_{xy}} a\mathrm{d}x\mathrm{d}y = a^3.$$

所以

$$\oiint\limits_{\Sigma} (x^3-yz)\mathrm{d}y\mathrm{d}z -2x^2y\mathrm{d}z\mathrm{d}x + z\mathrm{d}x\mathrm{d}y = \frac{1}{3}a^5 + a^3.$$

9.4.3　两类曲面积分之间的联系

设有向曲面 Σ 由方程 $z=z(x,y)$ 给出, Σ 在 xOy 面上的投影区域为 D_{xy}, 函数 $z=z(x,y)$ 在 D_{xy} 上具有一阶连续偏导数, $R(x,y,z)$ 在 Σ 上连续. 如果 Σ 取上侧, 则由计算公式(9.4.9)有

$$\iint\limits_{\Sigma} R(x,y,z)\mathrm{d}x\mathrm{d}y = \iint\limits_{D_{xy}} R[x,y,z(x,y)]\mathrm{d}x\mathrm{d}y.$$

另一方面, Σ 的法向量的方向余弦为

$$\cos\alpha = \frac{-z_x}{\sqrt{1+z_x^2+z_y^2}}, \quad \cos\beta = \frac{-z_y}{\sqrt{1+z_x^2+z_y^2}}, \quad \cos\gamma = \frac{1}{\sqrt{1+z_x^2+z_y^2}},$$

由对面积的曲面积分的计算公式有

$$\iint\limits_{\Sigma} R(x,y,z)\cos\gamma\mathrm{d}S = \iint\limits_{D_{xy}} R[x,y,z(x,y)]\mathrm{d}x\mathrm{d}y.$$

于是有

$$\iint\limits_{\Sigma} R(x,y,z)\mathrm{d}x\mathrm{d}y = \iint\limits_{\Sigma} R(x,y,z)\cos\gamma\mathrm{d}S. \tag{9.4.12}$$

如果 Σ 取下侧, 则由计算公式(9.4.9)有

$$\iint\limits_{\Sigma} R(x,y,z)\mathrm{d}x\mathrm{d}y = -\iint\limits_{D_{xy}} R[x,y,z(x,y)]\mathrm{d}x\mathrm{d}y.$$

但此时 $\cos\gamma = \dfrac{-1}{\sqrt{1+z_x^2+z_y^2}}$, 所以式(9.4.12)仍成立.

类似地可以推出

$$\iint\limits_{\Sigma} P(x,y,z)\mathrm{d}y\mathrm{d}z = \iint\limits_{\Sigma} P(x,y,z)\cos\alpha\mathrm{d}S, \tag{9.4.13}$$

$$\iint\limits_{\Sigma} Q(x,y,z)\mathrm{d}z\mathrm{d}x = \iint\limits_{\Sigma} Q(x,y,z)\cos\beta\mathrm{d}S. \tag{9.4.14}$$

合并式(9.4.12)~式(9.4.14), 得到两类曲面积分之间的如下联系:

$$\iint\limits_{\Sigma} P\mathrm{d}y\mathrm{d}z + Q\mathrm{d}z\mathrm{d}x + R\mathrm{d}x\mathrm{d}y = \iint\limits_{\Sigma}(P\cos\alpha + Q\cos\beta + R\cos\gamma)\mathrm{d}S = \iint\limits_{\Sigma}\boldsymbol{A}\cdot\boldsymbol{n}\mathrm{d}S,$$

$$\tag{9.4.15}$$

其中 $A=(P,Q,R)$，$n=(\cos\alpha,\cos\beta,\cos\gamma)$ 为有向曲面 Σ 在点 (x,y,z) 处的单位法向量.

例 5 计算曲面积分 $I=\iint\limits_{\Sigma}(z^2+x)\mathrm{d}y\mathrm{d}z+\sqrt{z}\,\mathrm{d}x\mathrm{d}y$，其中 Σ 为抛物面 $z=\dfrac{1}{2}(x^2+y^2)$ 在平面 $z=0$ 与 $z=2$ 之间的部分，取下侧.

解 利用两类曲面积分间的联系计算此对坐标的曲面积分.

Σ 在 xOy 面上的投影区域为 $D_{xy}:x^2+y^2\leqslant 4$. Σ 上点 (x,y,z) 处向下的法向量为 $(x,y,-1)$，$\cos\alpha=\dfrac{x}{\sqrt{1+x^2+y^2}}$，$\cos\gamma\dfrac{-1}{\sqrt{1+x^2+y^2}}$，$\mathrm{d}S=\sqrt{1+x^2+y^2}\,\mathrm{d}x\mathrm{d}y$. 于是就有

$$I=\iint\limits_{\Sigma}\left[(z^2+x)\cos\alpha+\sqrt{z}\cos\gamma\right]\mathrm{d}S$$

$$=\iint\limits_{D_{xy}}\left[\left(\left(\frac{1}{2}(x^2+y^2)\right)^2+x\right)x-\sqrt{\frac{1}{2}(x^2+y^2)}\right]\mathrm{d}x\mathrm{d}y$$

$$=\iint\limits_{D_{xy}}\left(x^2-\frac{1}{\sqrt{2}}\cdot\sqrt{x^2+y^2}\right)\mathrm{d}x\mathrm{d}y$$

$$=\int_0^{2\pi}\mathrm{d}\theta\int_0^2\left(r^2\cos^2\theta-\frac{\sqrt{2}}{2}r\right)r\mathrm{d}r=\left(4-\frac{8}{3}\sqrt{2}\right)\pi.$$

9.4.4 高斯公式

格林公式给出了平面区域 D 上的二重积分与沿该区域边界 L 的曲线积分之间的关系，下面的高斯公式将给出空间区域 Ω 上的三重积分与该区域边界曲面上的曲面积分之间的关系.

定理（高斯公式） 设空间有界闭区域 Ω 是由光滑或分片光滑的曲面 Σ 所围成，函数 $P(x,y,z),Q(x,y,z),R(x,y,z)$ 在 Ω 上具有一阶连续偏导数，则有

$$\oiint\limits_{\Sigma}P\mathrm{d}y\mathrm{d}z+Q\mathrm{d}z\mathrm{d}x+R\mathrm{d}x\mathrm{d}y=\iiint\limits_{\Omega}\left(\frac{\partial P}{\partial x}+\frac{\partial Q}{\partial y}+\frac{\partial R}{\partial z}\right)\mathrm{d}V, \qquad (9.4.16)$$

其中曲面积分是取在闭曲面 Σ 的外侧.

证明 设 Ω 是母线平行于 z 轴的柱体，它在 xOy 平面上的投影区域为 D_{xy}. 它的边界曲面由三部分组成，其中顶部曲面 Σ_2 的方程为 $z=z_2(x,y)$，取上侧；底部曲面 Σ_1 的方程为 $z=z_1(x,y)$，取下侧；侧面 Σ_3 为母线平行于 z 轴的柱面，取外侧，它在 xOy 面上的投影为零.

$$\iiint\limits_{\Omega}\frac{\partial R}{\partial z}\mathrm{d}V=\iint\limits_{D_{xy}}\mathrm{d}x\mathrm{d}y\int_{z_1(x,y)}^{z_2(x,y)}\frac{\partial R}{\partial z}\mathrm{d}z$$

$$=\iint\limits_{D_{xy}}\{R[x,y,z_2(x,y)]-R[x,y,z_1(x,y)]\}\mathrm{d}x\mathrm{d}y.$$

而

$$\iint\limits_{\Sigma_1}R(x,y,z)\mathrm{d}x\mathrm{d}y=-\iint\limits_{D_{xy}}R[x,y,z_1(x,y)]\mathrm{d}x\mathrm{d}y,$$

$$\iint\limits_{\Sigma_2}R(x,y,z)\mathrm{d}x\mathrm{d}y=\iint\limits_{D_{xy}}R[x,y,z_2(x,y)]\mathrm{d}x\mathrm{d}y,$$

$$\iint\limits_{\Sigma_3}R(x,y,z)\mathrm{d}x\mathrm{d}y=0,$$

所以 $$\oiint_{\Sigma} R(x,y,z)\mathrm{d}x\mathrm{d}y = \iint_{D_{xy}} \{R[x,y,z_2(x,y)] - R[x,y,z_1(x,y)]\}\mathrm{d}x\mathrm{d}y.$$

于是有 $$\iiint_{\Omega} \frac{\partial R}{\partial z}\mathrm{d}V = \oiint_{\Sigma} R(x,y,z)\mathrm{d}x\mathrm{d}y.$$

类似的方法可证明

$$\iiint_{\Omega} \frac{\partial P}{\partial x}\mathrm{d}V = \oiint_{\Sigma} P(x,y,z)\mathrm{d}y\mathrm{d}z;$$

$$\iiint_{\Omega} \frac{\partial Q}{\partial y}\mathrm{d}V = \oiint_{\Sigma} Q(x,y,z)\mathrm{d}z\mathrm{d}x.$$

以上三式相加即有高斯公式.

上述证明中,我们对区域 Ω 作了这样的限制,即穿过 Ω 内部且平行于坐标轴的直线与 Ω 的边界曲面 Σ 的交点恰好有两个点. 如果 Ω 不满足这样的条件,我们可以通过对 Ω 进行分割的方式处理,依然可以证明公式(9.4.16)成立. 这与证明格林公式时的思路是相同的.

利用高斯公式,往往可简化一些在闭曲面上对坐标的曲面积分的计算. 如前面的例4,由高斯公式,有

$$\oiint_{\Sigma} (x^3 - yz)\mathrm{d}y\mathrm{d}z - 2x^2 y\mathrm{d}z\mathrm{d}x + z\mathrm{d}x\mathrm{d}y = \iiint_{\Omega} (3x^2 - 2x^2 + 1)\mathrm{d}V$$

$$= \int_0^a (x^2 + 1)\mathrm{d}x \int_0^a \mathrm{d}y \int_0^a \mathrm{d}z = \frac{a^5}{3} + a^3.$$

这比直接计算曲面积分简单多了.

例6 计算曲面积分 $\iint_{\Sigma} x^2\mathrm{d}y\mathrm{d}z + y^2\mathrm{d}z\mathrm{d}x + z^2\mathrm{d}x\mathrm{d}y$,$\Sigma$ 的正向取在锥面 $z = \sqrt{x^2 + y^2}$ $(0 \leqslant z \leqslant h)$ 的外侧.

解 作辅助面 $z = h$,它与锥面 $z = \sqrt{x^2 + y^2}$ 围成了一个锥体 Ω(图 9-25),Ω 的边界曲面由锥面 $z = \sqrt{x^2 + y^2}$ $(0 \leqslant z \leqslant h)$ 及锥体底面 $z = h(x^2 + y^2 \leqslant h^2)$ 组成. 这里 $P = x^2, Q = y^2, R = z^2$,则

$$\frac{\partial P}{\partial x} + \frac{\partial Q}{\partial y} + \frac{\partial R}{\partial z} = 2(x + y + z).$$

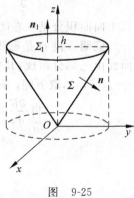

图 9-25

由高斯公式得

$$\oiint_{\Sigma + \Sigma_1} x^2 y\mathrm{d}y\mathrm{d}z + y^2\mathrm{d}z\mathrm{d}x + z^2\mathrm{d}x\mathrm{d}y = 2\iiint_{\Omega} (x + y + z)\mathrm{d}V = 2\iiint_{\Omega} z\mathrm{d}V$$

$$= 2\int_0^{2\pi}\mathrm{d}\theta \int_0^h r\mathrm{d}r \int_r^h z\mathrm{d}z = \frac{\pi}{2}h^4.$$

而 $$\iint_{\Sigma_1} x^2\mathrm{d}y\mathrm{d}z + y^2\mathrm{d}z\mathrm{d}x + z^2\mathrm{d}x\mathrm{d}y = \iint_{\Sigma_1} z^2\mathrm{d}x\mathrm{d}y = \iint_{D_{xy}} h^2\mathrm{d}x\mathrm{d}y = \pi h^4,$$

于是 $$\iint_{\Sigma} x^2\mathrm{d}y\mathrm{d}z + y^2\mathrm{d}z\mathrm{d}x + z^2\mathrm{d}x\mathrm{d}y = -\frac{\pi}{2}h^4.$$

习题 9-4

1. 计算下列对面积的曲面积分：

(1) $\iint\limits_{\Sigma} (x+y+z)\mathrm{d}S$，其中 Σ 为半球面 $z=\sqrt{a^2-x^2-y^2}$；

(2) $\iint\limits_{\Sigma} \left(2x+\dfrac{4}{3}y+z\right)\mathrm{d}S$，其中 Σ 为平面 $\dfrac{x}{2}+\dfrac{y}{3}+\dfrac{z}{4}=1$ 在第一卦限的部分；

(3) $\oiint\limits_{\Sigma} (x^2+y^2)\mathrm{d}S$，$\Sigma$ 为锥面 $z=\sqrt{x^2+y^2}$ 及平面 $z=1$ 围成的立体的整个边界曲面；

(4) $\iint\limits_{\Sigma} \dfrac{\mathrm{d}S}{x^2+y^2+z^2}$，其中 Σ 是介于平面 $z=0$ 及 $z=H(H>0)$ 之间的圆柱面 $x^2+y^2=R^2$.

2. 求球面 $x^2+y^2+z^2=R^2$ 被柱面 $x^2+y^2=a^2(0<a<R)$ 所割下的那部分面积.

3. 如果球面上每一点的面密度等于该点到球的某一直径距离的平方，求球面的质量.

4. 求均匀半球面 $z=\sqrt{R^2-x^2-y^2}$ 的质心.

5. 分别计算(1) $\oiint\limits_{\Sigma} z\mathrm{d}x\mathrm{d}y$；(2) $\oiint\limits_{\Sigma} x^2\mathrm{d}y\mathrm{d}z$；(3) $\oiint\limits_{\Sigma} y^4\mathrm{d}z\mathrm{d}x$. 其中 Σ 为球面 $x^2+y^2+z^2=1$ 的外侧.

6. 计算下列对坐标的曲面积分：

(1) $\oiint\limits_{\Sigma} x^2y^2z\mathrm{d}x\mathrm{d}y$，其中 Σ 为球面 $x^2+y^2+z^2=R^2$ 下半部分的外侧；

(2) $\oiint\limits_{\Sigma} x\mathrm{d}y\mathrm{d}z+y\mathrm{d}z\mathrm{d}x+z\mathrm{d}x\mathrm{d}y$，其中 Σ 为三个坐标面及平面 $x=1,y=1,z=1$ 所围成的正方体表面的外侧；

(3) $\oiint\limits_{\Sigma} xz\mathrm{d}x\mathrm{d}y+xy\mathrm{d}y\mathrm{d}z+yz\mathrm{d}z\mathrm{d}x$，其中 Σ 为平面 $x+y+z=1$ 及三坐标面所围立体的表面的外侧；

(4) $\oiint\limits_{\Sigma} z\mathrm{d}x\mathrm{d}y+x\mathrm{d}y\mathrm{d}z+y\mathrm{d}z\mathrm{d}x$，其中 Σ 为柱面 $x^2+y^2=1$ 被平面 $z=0$ 及 $z=3$ 所截下的有限部分的外侧.

7. 求流体以速度 $\boldsymbol{v}=xy\boldsymbol{i}+yz\boldsymbol{j}+zx\boldsymbol{k}$ 穿过球面 $x^2+y^2+z^2=1$ 在第一卦限部分的外侧的流量(利用两类曲面积分之间的联系式(9.4.15)计算).

8. 利用高斯公式计算下列对坐标的曲面积分：

(1) $\oiint\limits_{\Sigma} 2x\mathrm{d}y\mathrm{d}z+3y\mathrm{d}z\mathrm{d}x+4z\mathrm{d}x\mathrm{d}y$，$\Sigma$ 为上半球面 $z=\sqrt{R^2-x^2-y^2}$ 及平面 $z=0$ 所围立体的边界曲面的外侧；

(2) $\oiint\limits_{\Sigma} x^2\mathrm{d}y\mathrm{d}z+y^2\mathrm{d}z\mathrm{d}x+z^2\mathrm{d}x\mathrm{d}y$，$\Sigma$ 为三坐标平面及 $x=a,y=a,z=a$ 所围正方体的表面外侧；

(3) $\oiint\limits_{\Sigma} x^3\mathrm{d}y\mathrm{d}z+y^3\mathrm{d}z\mathrm{d}x+z\mathrm{d}x\mathrm{d}y$，$\Sigma$ 为圆柱面 $x^2+y^2=1$ 及平面 $z=0,z=2$ 所围成的

立体表面外侧；

(4) $\oiint\limits_{\Sigma} x^3\mathrm{d}y\mathrm{d}z+y^3\mathrm{d}z\mathrm{d}x+z^3\mathrm{d}x\mathrm{d}y$，$\Sigma$ 为球面 $x^2+y^2+z^2=a^2$ 的内侧.

9. 求向量 $\boldsymbol{A}=yz\boldsymbol{i}+xz\boldsymbol{j}+xy\boldsymbol{k}$ 的流量：(1)穿过圆柱体 $x^2+y^2\leqslant a^2$，$0\leqslant z\leqslant h$ 的侧面的外侧；(2)穿过上圆柱体整个表面的外侧.

10. 计算曲面积分 $\iint\limits_{\Sigma}(2x+z)\mathrm{d}y\mathrm{d}z+z\mathrm{d}x\mathrm{d}y$，其中 Σ 为有向曲面 $z=x^2+y^2(0\leqslant z\leqslant 1)$，取上侧.

本 章 小 结

一、本章内容纲要

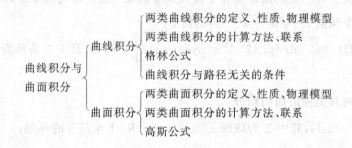

二、教学基本要求

1. 理解两类曲线积分的概念，知道它们的性质，掌握它们的计算方法.

2. 掌握格林公式，会运用曲线积分与路径无关的条件.

3. 了解两类曲面积分的概念、性质，会计算两类曲面积分，会利用高斯公式计算对坐标的曲面积分.

4. 会利用元素法的思想及曲线、曲面积分的概念建立某些物理量的积分表达式(功,流量等).

三、本章的重点、难点

本章的重点是会计算各类曲线积分和曲面积分，会应用格林公式和高斯公式.

本章的难点是对坐标的曲面积分的计算.

四、部分重点、难点内容浅折

1. 对弧长的曲线积分的计算方法可概括为"一代、二换、三定限"."一代"——将被积函数中的 x,y 用曲线的参数方程代入；"二换"——把弧长元素 $\mathrm{d}s$ 换成相应的形式；"三定限"——积分限为积分曲线的端点所对应的参数取值,积分上限一定要大于下限. 弧长元素 $\mathrm{d}s$ 依曲线 L 由不同的方程给出而有不同的形式:

若 L: $y=y(x)$,则 $\mathrm{d}s=\sqrt{1+(y'_x)^2}\,\mathrm{d}x$;

若 L: $x=x(y)$,则 $\mathrm{d}s=\sqrt{1+(x'_y)^2}\,\mathrm{d}y$;

若 L: $x=x(t)$,$y=y(t)$,则 $\mathrm{d}s=\sqrt{(x'_t)^2+(y'_t)^2}\,\mathrm{d}t$;

若 L: $r=r(\theta)$,则 $\mathrm{d}s=\sqrt{r^2+(r')^2}\,\mathrm{d}\theta$;

若 Γ: $x=\varphi(t)$,$y=\psi(t)$,$z=w(t)$,则 $\mathrm{d}s=\sqrt{[\varphi'(t)]^2+[\psi'(t)]^2+[\omega'(t)]^2}\,\mathrm{d}t$.

2. 对坐标的曲线积分的计算也是要化为对参数的定积分:

$$\int P\mathrm{d}x+Q\mathrm{d}y=\int_\alpha^\beta\{P[x(t),y(t)]x'(t)+Q[x(t),y(t)]y'(t)\}\mathrm{d}t.$$

所不同的是,积分下限 α 对应于积分曲线的起点,上限 β 对应于终点,不一定有 $\alpha<\beta$ 的关系. 这种方法可概括为"一代、二定限".

3. 格林公式给出了平面上的曲线积分与二重积分的关系,在理论上可用于确定曲线积分与路径无关的条件,在应用上往往可简化某些积分计算,使用时应注意定理的条件.

格林公式几种最常见的应用是:

(1) 如果 $\dfrac{\partial P}{\partial y}$,$\dfrac{\partial Q}{\partial x}$ 在单连通域 G 内连续,L 是 G 内一光滑的正向简单闭曲线,则沿 L 的曲线积分可转化为 L 所围区域 D 上的二重积分:

$$\oint_L P\mathrm{d}x+Q\mathrm{d}y=\iint_D\left(\frac{\partial Q}{\partial x}-\frac{\partial P}{\partial y}\right)\mathrm{d}x\mathrm{d}y. \tag{1}$$

公式(1)有时还可倒过来用,即把一个二重积分转化为积分区域的边界曲线上的线积分进行计算或理论分析. 如果 L 不是闭曲线,而把曲线积分 $\displaystyle\int_L P\mathrm{d}x+Q\mathrm{d}y$ 直接化为定积分计算又很繁难,这时往往添加一条辅助有向曲线 L',使 $L+L'$ 构成 G 内的正向闭曲线,从而利用公式(1),有

$$\int_L P\mathrm{d}x+Q\mathrm{d}y=\oint_{L+L'}-\int_{L'}=\iint_D\left(\frac{\partial Q}{\partial x}-\frac{\partial P}{\partial y}\right)\mathrm{d}\sigma-\int_{L'}P\mathrm{d}x+Q\mathrm{d}y.$$

当然,这时在 L' 上的曲线积分和 D 上的二重积分应易于计算. 如 $L+L'$ 构成反向闭路,也可仿上法处理.

(2) 如果 $\dfrac{\partial P}{\partial y}$,$\dfrac{\partial Q}{\partial x}$ 在单连通域 G 内连续,且有 $\dfrac{\partial Q}{\partial x}=\dfrac{\partial P}{\partial y}$ 成立,则在 G 内的曲线积分与路径无关,仅与曲线的起点与终点有关,这时常记作

$$\int_L P\mathrm{d}x+Q\mathrm{d}y=\int_{(x_0,y_0)}^{(x_1,y_1)}P\mathrm{d}x+Q\mathrm{d}y, \tag{2}$$

其中 $A(x_0,y_0)$,$B(x_1,y_1)$ 分别是有向曲线 L 的起点和终点. 这时积分路径通常选用平行于坐标轴的折线段,在转化为定积分时为避免差错应画出选定的折线,以帮助确定被积函数及积分限. 如果 $B(x,y)$ 是 G 内的一个动点,则积分

$$\int_{(x_0,y_0)}^{(x,y)}P\mathrm{d}x+Q\mathrm{d}y \tag{3}$$

表示一个二元函数 $u(x,y)$,且有 $\mathrm{d}u=P\mathrm{d}x+Q\mathrm{d}y$. 对 G 内的任何光滑闭曲线,有

$$\oint_L P\,\mathrm{d}x + Q\,\mathrm{d}y = 0.$$

（3）如果除点 $M_0(x_0,y_0)$ 外，$\dfrac{\partial P}{\partial y}$，$\dfrac{\partial Q}{\partial x}$ 连续，且有 $\dfrac{\partial P}{\partial y}=\dfrac{\partial Q}{\partial x}$，$L$ 是不过 M_0 点的正向简单闭曲线，则

① $\oint_L P\,\mathrm{d}x + Q\,\mathrm{d}y = 0$，当 L 不包围点 M_0 时；

② $\oint_L P\,\mathrm{d}x + Q\,\mathrm{d}y = \oint_C P\,\mathrm{d}x + Q\,\mathrm{d}y$，当 L 包围 M_0 点时，其中 C 是以 M_0 为中心的任一正向圆周或正向椭圆等使积分 $\oint_C P\,\mathrm{d}x + Q\,\mathrm{d}y$ 易于计算的正向简单闭曲线.

4. 对面积的曲面积分是化为二重积分进行计算的，其中 $\mathrm{d}S$ 是曲面面积元素，不同的曲面方程，$\mathrm{d}S$ 的表示方式有所不同，Σ 的投影区域也不同，可列表 9-1.

表　9-1

曲面方程	面积元素 $\mathrm{d}S$	投影区域	化成的二重积分形式
$z = z(x,y)$	$\sqrt{1+z_x^2+z_y^2}\,\mathrm{d}x\mathrm{d}y$	D_{xy}	$\displaystyle\iint_{D_{xy}} f[x,y,z(x,y)]\sqrt{1+z_x^2+z_y^2}\,\mathrm{d}x\mathrm{d}y$
$x = x(y,z)$	$\sqrt{1+x_y^2+x_z^2}\,\mathrm{d}y\mathrm{d}z$	D_{yz}	$\displaystyle\iint_{D_{yz}} f[x(y,z),y,z]\sqrt{1+x_y^2+x_z^2}\,\mathrm{d}y\mathrm{d}z$
$y = y(z,x)$	$\sqrt{1+y_z^2+y_x^2}\,\mathrm{d}z\mathrm{d}x$	D_{zx}	$\displaystyle\iint_{D_{zx}} f[x,y(z,x),z]\sqrt{1+y_z^2+y_x^2}\,\mathrm{d}z\mathrm{d}x$

对面积的曲面积分的计算方法可概括为"一代（把被积函数中的某一变量用相应的曲面方程代替），二换（将曲面面积元素 $\mathrm{d}S$ 换成上表中的相应的形式），三投影（搞清曲面在对应的坐标平面上的投影区域），曲积化为重积算（曲面积分转化为二重积分计算）".

5. 对坐标的曲面积分有三组，以 $\displaystyle\iint_\Sigma R(x,y,z)\mathrm{d}x\mathrm{d}y$ 为例：若 Σ 的方程为 $z=z(x,y)$，则

$$\iint_\Sigma R(x,y,z)\mathrm{d}x\mathrm{d}y = \pm \iint_{D_{xy}} R[x,y,z(x,y)]\mathrm{d}x\mathrm{d}y.$$

其方法可概括为"一代（用 $z(x,y)$ 代替被积函数中的 z），二投影（找出 Σ 在 xOy 坐标平面上的投影区域），三定向（依 Σ 的方向确定正负号的选取）". 利用将对坐标的曲面积分化为二重积分的直接方法进行计算一般是既繁（往往需要计算多个二重积分）且难（曲面分块、函数代入、曲面投影、定向诸多步骤，容易出错），而利用高斯公式往往可简化对坐标的曲面积分的计算.

利用高斯公式计算曲面积分时，要注意公式成立的条件. 如果 Σ 本身不封闭，而添加一块有向曲面 Σ_1 之后，使得 $\Sigma+\Sigma_1$ 恰为封闭的正向取外侧的有向曲面，这时有

$$\iint_\Sigma P\mathrm{d}y\mathrm{d}z + Q\mathrm{d}z\mathrm{d}x + R\mathrm{d}x\mathrm{d}y = \oiint_{\Sigma+\Sigma_1} - \iint_{\Sigma_1} = \iiint_\Omega \left(\frac{\partial P}{\partial x}+\frac{\partial Q}{\partial y}+\frac{\partial R}{\partial z}\right)\mathrm{d}V$$
$$- \iint_{\Sigma_1} P\mathrm{d}y\mathrm{d}z + Q\mathrm{d}z\mathrm{d}x + R\mathrm{d}x\mathrm{d}y. \tag{4}$$

这里当然要求上式右端的三重积分和曲面积分较容易计算.

计算对坐标的曲面积分还有一种方法，叫做**"投影转换法"**（此法是两类曲面积分之间的

联系的应用,这里仅给出计算公式而不加论证),这种方法的好处是将对坐标的三组曲面积分化为往一个坐标面上投影的二重积分,从而大大减小计算量.

如果 Σ 由方程 $z=z(x,y)$ 给出,则

$$\iint_{\Sigma}P\mathrm{d}y\mathrm{d}z+Q\mathrm{d}z\mathrm{d}x+R\mathrm{d}x\mathrm{d}y=\pm\iint_{D_{xy}}(P,Q,R)\cdot(-z_x,-z_y,1)\mathrm{d}x\mathrm{d}y$$

$$=\pm\iint_{D_{xy}}\{-z_xP[x,y,z(x,y)]$$

$$-z_yQ[x,y,z(x,y)]+R[x,y,z(x,y)]\}\mathrm{d}x\mathrm{d}y, \quad (5)$$

其中 D_{xy} 是 Σ 在 xOy 平面上的投影区域,当 Σ 的上侧为正向时取正号,当 Σ 的下侧为正向时取负号.

当 Σ 由方程 $x=x(y,z)$ 或 $y=y(z,x)$ 给出时,相应地有计算公式

$$\iint_{\Sigma}P\mathrm{d}y\mathrm{d}z+Q\mathrm{d}z\mathrm{d}x+R\mathrm{d}x\mathrm{d}y=\pm\iint_{D_{yz}}(P,Q,R)\cdot(1,-x_y,-x_z)\mathrm{d}y\mathrm{d}z$$

$$=\pm\iint_{D_{yz}}\{P[x(y,z),y,z]$$

$$-x_yQ[x(y,z),y,z]-x_zR[x(y,z),y,z]\}\mathrm{d}y\mathrm{d}z, \quad (6)$$

$$\iint_{\Sigma}P\mathrm{d}y\mathrm{d}z+Q\mathrm{d}z\mathrm{d}x+R\mathrm{d}x\mathrm{d}y=\pm\iint_{D_{zx}}(P\cdot Q\cdot R)\cdot(-y_x,1,-y_z)\mathrm{d}z\mathrm{d}x$$

$$=\pm\iint_{D_{zx}}\{-y_xP[x,y(z,x),z]$$

$$+Q[x,y(z,x),z]-y_zR[x,y(z,x),z]\}\mathrm{d}z\mathrm{d}x, \quad (7)$$

正负号的选取方法与式(5)的说明类似,在式(6)中是"前正后负",在式(7)中是"右正左负".

复 习 题 9

1. 计算下列对弧长的曲线积分:

(1) $\int_L y^2\mathrm{d}s$,其中 L 为摆线 $x=a(t-\sin t),y=a(1-\cos t)(0\leqslant t\leqslant 2\pi)$ 的一拱;

(2) $\int_L xy\mathrm{d}s$,其中 L 为正方形 $|x|+|y|=1$ 的边界;

(3) $\int_\Gamma x^2\mathrm{d}s$,其中 Γ 为 $x^2+y^2+z^2=a^2$ 与 $x+y+z=0$ 的交线;

(4) $\int_\Gamma(x^2+y^2+z^2)\mathrm{d}s$,其中 Γ 为螺线 $x=a\cos t,y=a\sin t,z=bt(0\leqslant t\leqslant 2\pi)$;

(5) $\int_L(x^{4/3}+y^{4/3})\mathrm{d}s$,$L$ 为内摆线 $x=a\cos^3 t,y=a\sin^3 t(0\leqslant t\leqslant 2\pi)$;

(6) $\int_L|y|\mathrm{d}s$,L 为双纽线 $(x^2+y^2)^2=a^2(x^2-y^2)$.

2. 求均匀心形线 $r=a(1-\cos\theta)$ 的形心.

3. 求均匀摆线 $x=a(t-\sin t),y=a(1-\cos t)(0\leqslant t\leqslant\pi)$ 的质心.

4．计算下列对坐标的曲线积分：

（1）$\int_L y^2 \mathrm{d}x + x^2 \mathrm{d}y$，$L$ 是上半椭圆 $x = a\cos\theta, y = b\sin\theta$，取顺时针方向；

（2）$\int_L xy\mathrm{d}x + (y-x)\mathrm{d}y$，$L$ 是曲线 $y = x^3$ 上从 $(0,0)$ 到 $(1,1)$ 的一段有向弧；

（3）$\int_L x\mathrm{d}x - y\mathrm{d}x$，$L$ 为直线 $y=0, x=1, y=2x$ 构成的正向三角形回路；

（4）$\int_L y^2 \mathrm{d}x - x^2 \mathrm{d}y$，$L$ 是中心在 $(1,1)$ 半径为 1 的正向圆周；

（5）$\oint_\Gamma xyz\mathrm{d}z$，$\Gamma$ 是圆周 $x = \cos t, y = \dfrac{\sin t}{\sqrt{2}}, z = \dfrac{\sin t}{\sqrt{2}}$ $(0 \leqslant t \leqslant 2\pi)$，取 t 增加的方向；

（6）$\int_\Gamma (y-z)\mathrm{d}x + (z-x)\mathrm{d}y + (x-y)\mathrm{d}z$，其中 Γ 是椭圆 $x^2 + y^2 = a^2, \dfrac{x}{a} + \dfrac{z}{h} = 1(a > 0, h > 0)$，且从 x 轴的正向看去，此椭圆是取逆时针方向绕行的.

5．利用格林公式计算下列曲线积分：

（1）$\oint_L (x^2 y - 2y)\mathrm{d}x + \left(\dfrac{x^3}{3} - x\right)\mathrm{d}y$，$L$ 为直线 $x=1, y=x, y=2x$ 所围三角形的正向边界；

（2）$\oint_L \dfrac{x\mathrm{d}x + y\mathrm{d}y}{x^2 + y^2}$，其中 L 为某一不包围原点的正向光滑闭曲线（原点也不在 L 上）.

6．利用格林公式计算 $\iint_D \mathrm{e}^{-y^2} \mathrm{d}x\mathrm{d}y$，其中 D 是以 $0(0,0), A(1,1), B(0,1)$ 为顶点的三角形.

7．利用曲线积分与路径无关的条件计算 $\int_L (1 + x\mathrm{e}^{2y})\mathrm{d}x + (x^2 \mathrm{e}^{2y} - y)\mathrm{d}y$，其中 L 是 $(x-2)^2 + y^2 = 4$ 的上半圆周，取逆时针方向.

8．在椭圆 $x = a\cos t, y = b\sin t$ 上每一点都有力 $\boldsymbol{F}$，其大小等于从点 M 到原点的距离，方向朝着原点.

（1）计算质点沿椭圆在第一象限的弧从 $(a,0)$ 到 $(0,b)$ 时力 $\boldsymbol{F}$ 做的功；

（2）求质点沿椭圆逆时针绕行一周时，力 $\boldsymbol{F}$ 所做的功.

9．设在半平面 $x > 0$ 内有力 $\boldsymbol{F} = -\dfrac{k}{r^3}(x\boldsymbol{i} + y\boldsymbol{j})$ 构成力场，其中 $r = \sqrt{x^2 + y^2}$，k 为非零常数，证明在此力场中场力做的功与路径无关，只与起止点有关.

10．已知曲线积分 $\oint_L \dfrac{x\mathrm{d}y - y\mathrm{d}x}{\varphi(x) + y^2} \equiv A$（常数），其中 $\varphi(x)$ 具有连续导函数且 $\varphi(1) = 1$，L 是绕原点一周的任意正向闭曲线，试求 $\varphi(x)$ 及常数 A.

11．计算下列对面积的曲面积分：

（1）$\oiint_\Sigma \dfrac{\mathrm{d}S}{(1 + x + y)^2}$，其中 Σ 为平面 $x + y + z = 1$ 及三个坐标平面所围成的四面体的表面；

（2）$\iint_\Sigma (xy + yz + zx)\mathrm{d}S$，其中 Σ 为锥面 $z = \sqrt{x^2 + y^2}$ 被柱面 $x^2 + y^2 = 2ax$ 所截得的部分.

12．计算下列对坐标的曲面积分：

（1）$\oiint_\Sigma \dfrac{\mathrm{e}^z}{\sqrt{x^2 + y^2}} \mathrm{d}x\mathrm{d}y$，其中 Σ 为锥面 $z = \sqrt{x^2 + y^2}$ 及平面 $z=1, z=2$ 所围立体表面的

外侧；

(2) $\oiint\limits_{\Sigma} yz\,\mathrm{d}x\mathrm{d}y+zx\,\mathrm{d}y\mathrm{d}z+xy\,\mathrm{d}z\mathrm{d}x$，其中 Σ 是圆柱面 $x^2+y^2=R^2$ 和三坐标平面及平面 $z=h(h>0)$ 所围的在第一卦限中的一块立体的表面外侧．

13. 计算 $\oiint\limits_{\Sigma} x^3\,\mathrm{d}y\mathrm{d}z+\left[\dfrac{1}{z}f\left(\dfrac{y}{z}\right)+y^3\right]\mathrm{d}z\mathrm{d}x+\left[\dfrac{1}{y}f\left(\dfrac{y}{z}\right)+z^3\right]\mathrm{d}x\mathrm{d}y$，其中 $f(u)$ 具有连续导数，Σ 为由曲面 $x^2+y^2+z^2=1$，$x^2+y^2+z^2=4$ 与 $x=\sqrt{z^2+y^2}$ 所围立体表面的外侧．

14. 求密度为 ρ_0 的均匀半球壳 $z=\sqrt{a^2-x^2-y^2}$ 对于 z 轴的转动惯量．

15. 设 Σ 是包含原点在内的任一光滑闭曲面，取外侧，求曲面积分
$$I=\oiint\limits_{\Sigma} \frac{x\,\mathrm{d}y\mathrm{d}z+y\,\mathrm{d}z\mathrm{d}x+z\,\mathrm{d}x\mathrm{d}y}{(2x^2+2y^2+z^2)^{\frac{3}{2}}}.$$

16. 试求密度均匀($\rho=1$)半径为 R 的球壳对离球心距离为 $a(a>R)$ 的单位质量的质点的引力．

第 **10** 章

级　数

无穷级数是高等数学的重要组成部分,它是数学研究中用来表示函数、进行近似计算和理论分析的重要工具,在物理、力学、工程技术中都有广泛的应用.

本章将介绍无穷级数的一些基本概念,数项级数的审敛法,幂级数,以及如何将函数展开成幂级数与傅里叶级数.

10.1　数　项　级　数

10.1.1　无穷级数的敛散性

设给定一个数列

$$u_1,u_2,u_3,\cdots,u_n,\cdots,$$

则表达式

$$u_1+u_2+u_3+\cdots+u_n+\cdots$$

称为(常数项)**无穷级数**,简称(常数项)**级数**,记为 $\sum\limits_{n=1}^{\infty}u_n$,即

$$\sum_{n=1}^{\infty}u_n = u_1+u_2+u_3+\cdots+u_n+\cdots, \tag{10.1.1}$$

其中第 n 项 u_n 称为级数的**一般项**或**通项**.

级数(10.1.1)出现了无限项相加的问题. 无限多项如何相加? 这种加法是否具有“和数”? 如果有“和数”,它的确切含义又是什么? 下面就研究这些问题.

我们作式(10.1.1)的前 n 项的和

$$S_n = u_1+u_2+u_3+\cdots+u_n,$$

S_n 称为级数(10.1.1)的**部分和**. 当 n 依次取 $1,2,3,\cdots$ 时,它们就构成了一个新的数列:

$$S_1 = u_1,$$
$$S_2 = u_1+u_2,$$
$$S_3 = u_1+u_2+u_3,$$
$$\vdots$$
$$S_n = u_1+u_2+\cdots+u_n,$$
$$\vdots$$

数列 $\{S_n\}$ 称为级数(10.1.1)的**部分和数列**. 部分和数列 $\{S_n\}$ 可能存在极限,也可能不存在

极限,我们就在下述意义下定义无穷级数是否具有"和数".

定义 如果级数(10.1.1)的部分和数列$\{S_n\}$有极限S,即

$$\lim_{n\to\infty}S_n = S,$$

则称级数(10.1.1)是**收敛的**,称S为级数(10.1.1)的**和**,并记为

$$\sum_{n=1}^{\infty}u_n = u_1 + u_2 + \cdots + u_n + \cdots = S.$$

如果部分和数列$\{S_n\}$没有极限,则称级数(10.1.1)**发散**.

当级数收敛时,可取其前n项的部分和S_n作为级数和S的近似值,它们的差值$S-S_n$称为级数的**余项**,记为r_n,即

$$r_n = S - S_n = u_{n+1} + u_{n+2} + \cdots.$$

此时,如用S_n作为和S的近似值,其绝对误差就是$|r_n|$.

例1 问级数$1-1+1-1+\cdots+(-1)^{n-1}+\cdots$是否收敛?

解 作级数的部分和

$$S_n = 1 - 1 + 1 - 1 + \cdots + (-1)^{n-1}$$

$$= \begin{cases} 1, & \text{当 } n \text{ 是奇数时,} \\ 0, & \text{当 } n \text{ 是偶数时.} \end{cases}$$

由于$\lim_{n\to\infty}S_n$不存在,所以级数发散.

例2 判别无穷级数

$$\frac{1}{1\cdot 2} + \frac{1}{2\cdot 3} + \cdots + \frac{1}{n(n+1)} + \cdots$$

的敛散性.

解 由于一般项可写为

$$u_n = \frac{1}{n(n+1)} = \frac{1}{n} - \frac{1}{n+1},$$

因此

$$S_n = \frac{1}{1\cdot 2} + \frac{1}{2\cdot 3} + \cdots + \frac{1}{n(n+1)}$$

$$= \left(1 - \frac{1}{2}\right) + \left(\frac{1}{2} - \frac{1}{3}\right) + \cdots + \left(\frac{1}{n} - \frac{1}{n+1}\right)$$

$$= 1 - \frac{1}{n+1},$$

从而

$$\lim_{n\to\infty}S_n = \lim_{n\to\infty}\left(1 - \frac{1}{n+1}\right) = 1,$$

所以该级数收敛,它的和是1.

例3 研究几何级数(又称**等比级数**)

$$\sum_{n=0}^{\infty}aq^n = a + aq + aq^2 + \cdots + aq^n + \cdots$$

的收敛性,其中$a\neq 0$,q是级数是**公比**.

解 若$q\neq 1$时,则部分和为

$$S_n = a + aq + aq^2 + \cdots + aq^{n-1} = \frac{a(1-q^n)}{1-q}.$$

（1）当 $|q|<1$ 时，

$$\lim_{n\to\infty}S_n = \lim_{n\to\infty}\frac{a(1-q^n)}{1-q} = \frac{a}{1-q},$$

所以，几何级数收敛，且其和为 $\frac{a}{1-q}$.

（2）当 $|q|>1$ 时，由于 $\lim_{n\to\infty}q^n = \infty$，所以 $\lim_{n\to\infty}S_n = \infty$，级数发散.

（3）当 $q=1$ 时，由于 $S_n = na$，$\lim_{n\to\infty}S_n = \infty$，故级数发散.

（4）当 $q=-1$ 时，由于

$$S_n = \begin{cases} 0, & \text{若 } n \text{ 是偶数}, \\ a, & \text{若 } n \text{ 是奇数}, \end{cases}$$

S_n 的极限不存在，因此级数发散.

综合以上讨论可知：当 $|q|<1$ 时，几何级数收敛，且其和为 $\frac{a}{1-q}$；当 $|q|\geqslant 1$ 时，几何级数发散.

10.1.2　无穷级数的性质

无穷级数有如下基本性质：

性质1　若级数 $\sum_{n=1}^{\infty}u_n$ 收敛，k 是常数，则级数 $\sum_{n=1}^{\infty}ku_n$ 也收敛，且

$$\sum_{n=1}^{\infty}ku_n = k\sum_{n=1}^{\infty}u_n.$$

推论　若级数 $\sum_{n=1}^{\infty}u_n$ 发散且常数 $k\neq 0$，则级数 $\sum_{n=1}^{\infty}ku_n$ 也发散.

性质1及其推论告诉我们，级数 $\sum_{n=1}^{\infty}u_n$ 与 $\sum_{n=1}^{\infty}ku_n(k\neq 0)$ 具有相同的敛散性.

性质2　若两个级数 $\sum_{n=1}^{\infty}u_n$、$\sum_{n=1}^{\infty}v_n$ 都收敛，则级数 $\sum_{n=1}^{\infty}(u_n\pm v_n)$ 也收敛，且

$$\sum_{n=1}^{\infty}(u_n\pm v_n) = \sum_{n=1}^{\infty}u_n \pm \sum_{n=1}^{\infty}v_n.$$

推论　如果 $\sum_{n=1}^{\infty}u_n$ 和 $\sum_{n=1}^{\infty}v_n$ 中一个收敛，另一个发散，则 $\sum_{n=1}^{\infty}(u_n\pm v_n)$ 发散.

性质3　在级数前面去掉或添加有限项，不会改变该级数的敛散性.

但是，当级数收敛时，一般讲，级数的和是可能改变的.

性质4　收敛级数加括号后所成的级数仍收敛于原来的和.

证明　设收敛级数 $\sum_{n=1}^{\infty}a_n$ 加括号后为 $(a_1+\cdots+a_{k_1})+(a_{k_1+1}+\cdots+a_{k_2})+\cdots+(a_{k_{i-1}+1}+\cdots+a_{k_i})+\cdots$，记 $b_i = a_{k_{i-1}+1}+\cdots+a_{k_i}$，则所得到的级数可记为 $\sum_{i=1}^{n}b_i$. 新级数 $\sum_{i=1}^{n}b_i$ 的部分和数列是原级数 $\sum_{n=1}^{\infty}a_n$ 的部分和数列的一个子列，而收敛数列的子列与原数列有相同的极限，性质4得证.

推论 如果加括号后所成的级数发散,则原来级数也发散.

注意,收敛级数可以任意加括号,但收敛级数不能任意去括号.例如,级数

$$(1-1)+(1-1)+(1-1)+\cdots$$

收敛于零,但去掉括号后的级数

$$1-1+1-1+\cdots$$

却是发散的.

上述诸性质可以根据级数收敛、发散的定义以及极限运算法则证明,读者可自证.

10.1.3 级数收敛的必要条件

定理(级数收敛的必要条件) 若级数 $\sum\limits_{n=1}^{\infty} u_n$ 收敛,则

$$\lim_{n\to\infty} u_n = 0.$$

证 设 $\sum\limits_{n=1}^{\infty} u_n = S$,因为 $u_n = S_n - S_{n-1}$,所以

$$\lim_{n\to\infty} u_n = \lim(S_n - S_{n-1}) = \lim S_n - \lim S_{n-1} = S - S = 0.$$

由此定理可知,如果发现级数的一般项不趋于零,则可判断级数是发散的.例如,级数 $\sum\limits_{n=1}^{\infty} \dfrac{n-1}{n}$,由于 $\lim\limits_{n\to\infty} \dfrac{n-1}{n} = 1$,故级数是发散的.

应该注意,级数的一般项趋于零仅是级数收敛的必要条件,而不是充分条件,即当 $\lim\limits_{n\to\infty} u_n = 0$ 时,级数 $\sum\limits_{n=1}^{\infty} u_n$ 也可能发散.

例如,**调和级数**

$$\sum_{n=1}^{\infty} \frac{1}{n} = 1 + \frac{1}{2} + \frac{1}{3} + \cdots + \frac{1}{n} + \cdots$$

是发散的.

我们利用定积分的几何意义来说明这个问题.

作级数的部分和

$$S_n = 1 + \frac{1}{2} + \frac{1}{3} + \cdots + \frac{1}{n},$$

如图 10-1,台阶形的面积为

$$1 \times 1 + \frac{1}{2} \times 1 + \frac{1}{3} \times 1 + \cdots + \frac{1}{n} \times 1 = S_n.$$

显然,台阶形面积大于曲线 $y = \dfrac{1}{x}$ 下面从 $x = 1$ 到 $x = n+1$ 之间的曲边梯形面积.

$$\int_1^{n+1} \frac{1}{x}\mathrm{d}x = \big[\ln x\big]_1^{n+1} = \ln(n+1),$$

即 $S_n > \ln(n+1)$.

当 $n \to \infty$ 时,$\lim\limits_{n\to\infty}\ln(n+1) = +\infty$,所以 $\lim\limits_{n\to\infty} S_n$ 不存在,调和级数是发散的.

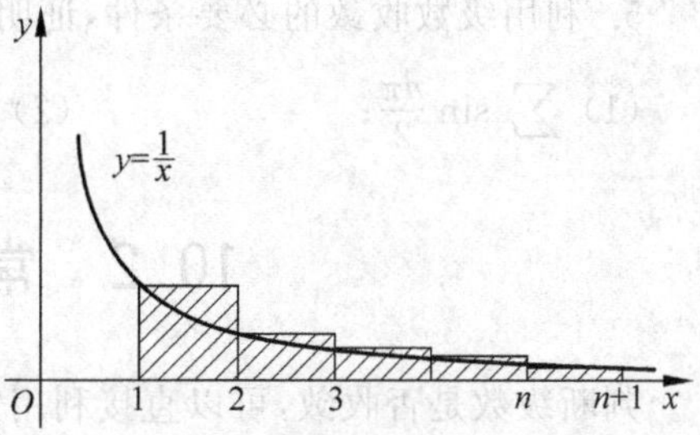

图 10-1

习题 10-1

1. 写出下列级数的一般项：

(1) $\dfrac{1}{2}+\dfrac{2}{5}+\dfrac{3}{10}+\dfrac{4}{17}+\cdots$；

(2) $\dfrac{1}{2\ln2}+\dfrac{1}{3\ln3}+\dfrac{1}{4\ln4}+\cdots$；

(3) $\dfrac{a^2}{3}-\dfrac{a^3}{5}+\dfrac{a^4}{7}-\dfrac{a^5}{9}+\cdots$；

(4) $\dfrac{\sqrt{x}}{2}+\dfrac{x}{2\times4}+\dfrac{x\sqrt{x}}{2\times4\times6}+\dfrac{x^2}{2\times4\times6\times8}+\cdots$.

2. 根据级数收敛与发散的定义，判别下列级数的敛散性：

(1) $\displaystyle\sum_{n=1}^{\infty}(\sqrt{n-1}-\sqrt{n})$；

(2) $\displaystyle\sum_{n=1}^{\infty}(\sqrt[2n+1]{a}-\sqrt[2n-1]{a})$，其中 $a>0$；

(3) $\displaystyle\sum_{n=2}^{\infty}[\ln\ln(n+1)-\ln\ln n]$；

(4) $\displaystyle\sum_{n=1}^{\infty}\dfrac{1}{(2n-1)(2n+1)}$.

3. 判别下列级数的敛散性：

(1) $\displaystyle\sum_{n=1}^{\infty}(\sqrt{n+2}-2\sqrt{n+1}+\sqrt{n})$；

(2) $\dfrac{1}{1\times2\times3}+\dfrac{1}{2\times3\times4}+\dfrac{1}{3\times4\times5}+\cdots$；

(3) $\dfrac{1}{11}+\dfrac{2}{12}+\dfrac{3}{13}+\cdots$；

(4) $\dfrac{3}{2}+\dfrac{3^2}{2^2}+\dfrac{3^3}{2^3}+\cdots$；

(5) $\dfrac{\ln2}{2}+\dfrac{\ln^2 2}{2^2}+\dfrac{\ln^3 2}{2^3}+\cdots$；

(6) $-\dfrac{8}{9}+\dfrac{8^2}{9^2}-\dfrac{8^3}{9^3}+\cdots$；

(7) $\dfrac{1}{3}+\dfrac{1}{\sqrt{3}}+\dfrac{1}{\sqrt[3]{3}}+\dfrac{1}{\sqrt[4]{3}}+\cdots$；

(8) $\left(\dfrac{1}{6}+\dfrac{8}{9}\right)+\left(\dfrac{1}{6^2}+\dfrac{8^2}{9^2}\right)+\left(\dfrac{1}{6^3}+\dfrac{8^3}{9^3}\right)+\cdots$；

(9) $1!+2!+3!+4!+\cdots$；

(10) $\dfrac{1}{2}+\dfrac{1}{10}+\dfrac{1}{4}+\dfrac{1}{20}+\cdots+\dfrac{1}{2^n}+\dfrac{1}{10\cdot n}+\cdots$.

4. 判断下列命题是否成立，如成立，请说明理由；如不成立，请举出反例：

(1) 若 $\lim\limits_{n\to\infty}|u_n|\to0$，则 $\displaystyle\sum_{n=1}^{\infty}u_n$ 收敛；

(2) 若 $\displaystyle\sum_{n=1}^{\infty}(u_n+v_n)$ 收敛，则 $\displaystyle\sum_{n=1}^{\infty}u_n$、$\displaystyle\sum_{n=1}^{\infty}v_n$ 都收敛；

(3) 若 $\displaystyle\sum_{n=1}^{\infty}u_n$ 收敛，$\displaystyle\sum_{n=1}^{\infty}v_n$ 发散，则 $\displaystyle\sum_{n=1}^{\infty}(u_n\pm v_n)$ 一定发散；

(4) 一级数加括号后发散，则原级数也发散；

(5) 若 $\displaystyle\sum_{n=1}^{\infty}u_n$ 发散，则 $\lim\limits_{n\to\infty}u_n\neq0$；

(6) 若 $\displaystyle\sum_{n=1}^{\infty}u_n$ 发散，则 $\lim\limits_{n\to\infty}S_n=\infty$.

5. 利用级数收敛的必要条件，证明下列级数发散：

(1) $\displaystyle\sum_{n=1}^{\infty}\sin\dfrac{n\pi}{2}$；

(2) $\displaystyle\sum_{n=1}^{\infty}\left(\dfrac{2n-1}{2n+1}\right)^n$.

10.2 常数项级数审敛法

　　判断级数是否收敛，可以直接利用定义. 但是，求级数的部分和数列的极限通常并不是一件容易的事，因此需要建立较为方便的级数审敛法.

10.2.1 正项级数的审敛法

1. 基本定理

在一般的常数项级数中,若每一项都是非负的,则称此级数为**正项级数**,这种级数特别重要,今后将看到许多级数的收敛性问题可归结为正项级数的收敛性问题.

设级数

$$u_1 + u_2 + \cdots + u_n + \cdots \tag{10.2.1}$$

是一个正项级数(即 $u_n \geqslant 0$),它的部分和为 S_n,显然,数列 $\{S_n\}$ 是一个单调增加数列,即

$$S_1 \leqslant S_2 \leqslant S_3 \leqslant \cdots \leqslant S_n \leqslant \cdots. \tag{10.2.2}$$

对部分和数列 $\{S_n\}$ 来说,它又有两种可能情况:

(1) $\lim\limits_{n\to\infty} S_n = +\infty$,此时级数(10.2.1)发散;

(2) $\{S_n\}$ 有界,根据单调有界数列必有极限的准则,$\lim\limits_{n\to\infty} S_n$ 存在,此时级数(10.2.1)收敛.

由此得到关于正项级数(10.2.1)的一个重要结论:

基本定理 正项级数(10.2.1)收敛的充要条件是它的部分和数列 $\{S_n\}$ 有界.

由这个基本定理,可得下述两个常用的审敛法.

2. 比较审敛法

定理1(比较审敛法) 设有两个正项级数 $\sum\limits_{n=1}^{\infty} u_n$ 和 $\sum\limits_{n=1}^{\infty} v_n$,且有

$$u_n \leqslant v_n, \quad n = 1, 2, \cdots.$$

(1) 如果 $\sum\limits_{n=1}^{\infty} v_n$ 收敛,则 $\sum\limits_{n=1}^{\infty} u_n$ 收敛;

(2) 如果 $\sum\limits_{n=1}^{\infty} u_n$ 发散,则 $\sum\limits_{n=1}^{\infty} v_n$ 发散.

证 (1) 设 $\sum\limits_{n=1}^{\infty} v_n$ 收敛,记其和为 σ,由于 $u_n \leqslant v_n$,所以

$$S_n = u_1 + u_2 + \cdots + u_n \leqslant v_1 + v_2 + \cdots + v_n \leqslant \sigma,$$

即 $\{S_n\}$ 有界,由基本定理知 $\sum\limits_{n=1}^{\infty} u_n$ 也收敛.

(2) 用反证法(请读者自证).

在应用中更为方便的是比较审敛法的极限形式,它可表达为如下定理.

定理1′(比较审敛法的极限形式) 设 $\sum\limits_{n=1}^{\infty} u_n$ 与 $\sum\limits_{n=1}^{\infty} v_n$ 是两个正项级数,如果

$$\lim_{n\to\infty} \frac{u_n}{v_n} = l \quad (0 < l < +\infty),$$

则级数 $\sum\limits_{n=1}^{\infty} u_n$ 和 $\sum\limits_{n=1}^{\infty} v_n$ 同时收敛或同时发散.

证明 由极限定义可知,对 $\varepsilon = \dfrac{l}{2}$,存在自然数 N,当 $n > N$ 时,有不等式

$$\left|\frac{u_n}{v_n}-l\right|<\frac{l}{2}$$

成立,于是有

$$\frac{l}{2}<\frac{u_n}{v_n}<\frac{3l}{2},$$

即

$$\frac{l}{2}v_n<u_n<\frac{3l}{2}v_n.$$

再根据本节定理 1 及无穷级数的性质 1、性质 3 即可得所要证的结论.

不难知道,当 $\lim\limits_{n\to\infty}\dfrac{u_n}{v_n}=0$ 时,如 $\sum\limits_{n=1}^{\infty}v_n$ 收敛,则 $\sum\limits_{n=1}^{\infty}u_n$ 必然收敛;当 $\lim\limits_{n\to\infty}\dfrac{u_n}{v_n}=\infty$ 时,如 $\sum\limits_{n=1}^{\infty}v_n$ 发散,则 $\sum\limits_{n=1}^{\infty}u_n$ 必然发散.

例 1　判定级数 $\sum\limits_{n=1}^{\infty}\dfrac{1}{\sqrt{4n^2-3}}$ 的敛散性.

解　由于 $\dfrac{1}{\sqrt{4n^2-3}}>\dfrac{1}{2n}(n=1,2,\cdots)$,又已知调和级数 $\sum\limits_{n=1}^{\infty}\dfrac{1}{n}$ 发散,由比较审敛法知原级数发散.

本例也可用比较审敛法的极限形式进行判别. 由于

$$\lim_{n\to\infty}\frac{\dfrac{1}{\sqrt{4n^2-3}}}{\dfrac{1}{n}}=\frac{1}{2},$$

故原级数与调和级数有相同的敛散性,而 $\sum\limits_{n=1}^{\infty}\dfrac{1}{n}$ 发散,所以原级数发散.

例 2　讨论 p-级数

$$1+\frac{1}{2^p}+\frac{1}{3^p}+\cdots+\frac{1}{n^p}+\cdots$$

的敛散性,其中常数 $p>0$.

解　(1) 当 $0<p\leqslant1$ 时,由于 $\dfrac{1}{n^p}\geqslant\dfrac{1}{n}$,且调和级数是发散的,根据比较判别法,故此时 p-级数是发散的.

(2) 当 $p>1$ 时,从图 10-2 看出,台阶形的面积小于同底的曲边梯形的面积,所以,由定积分的几何意义可得

$$S_n=1+\frac{1}{2^p}+\frac{1}{3^p}+\cdots+\frac{1}{n^p}$$

$$<1+\int_1^n\frac{1}{x^p}\mathrm{d}x=1+\frac{1}{1-p}\left[x^{1-p}\right]_1^n$$

$$=1+\frac{1}{p-1}\left(1-\frac{1}{n^{p-1}}\right)<1+\frac{1}{p-1},$$

图 10-2

这说明部分和数列是有上界的. 于是,由基本定理可知此时 p-级数是收敛的.

综合上述结果,我们得到: p-级数当 $p\leqslant1$ 时发散,当 $p>1$ 时收敛.

p-级数的敛散性在讨论许多级数的敛散性时要用到,用比较审敛法判断一个正项级数的敛散性时,常常是拿一个 p-级数或一个等比级数与之进行比较.

例3 判别级数 $\sum\limits_{n=1}^{\infty} \sin\dfrac{1}{n}$, $\sum\limits_{n=1}^{\infty} \sin\dfrac{\pi}{n^2+1}$ 和 $\sum\limits_{n=1}^{\infty} \left(\dfrac{1}{n}-\sin\dfrac{1}{n}\right)$ 的敛散性.

解 因为

$$\lim_{n\to\infty} \frac{\sin\dfrac{1}{n}}{\dfrac{1}{n}} = 1, \quad \lim_{n\to\infty} \frac{\sin\dfrac{\pi}{n^2+1}}{\dfrac{1}{n^2}} = \pi,$$

由比较审敛法的极限形式知级数 $\sum\limits_{n=1}^{\infty} \sin\dfrac{1}{n}$ 发散,而 $\sum\limits_{n=1}^{\infty} \sin\dfrac{\pi}{n^2+1}$ 收敛.

因为 $\lim\limits_{n\to\infty} \dfrac{\dfrac{1}{n}-\sin\dfrac{1}{n}}{\dfrac{1}{n^3}} = \lim\limits_{x\to 0^+} \dfrac{x-\sin x}{x^3} = \lim\limits_{x\to 0^+} \dfrac{1-\cos x}{3x^2} = \lim\limits_{x\to 0} \dfrac{\sin x}{6x} = \dfrac{1}{6}$,且级数 $\sum\limits_{n=1}^{\infty} \dfrac{1}{n^3}$ 收敛,

所以级数 $\sum\limits_{n=1}^{\infty} \left(\dfrac{1}{n}-\sin\dfrac{1}{n}\right)$ 收敛.

3. 比值审敛法(达朗贝尔判别法)

将所给的正项级数与等比级数进行比较,我们就能得到在实用上很方便的比值审敛法.

定理2(比值审敛法)　设有正项级数 $\sum\limits_{n=1}^{\infty} u_n$,如果有

$$\lim_{n\to\infty} \frac{u_{n+1}}{u_n} = \rho,$$

则:(1) 当 $\rho<1$ 时,级数收敛;

(2) 当 $\rho>1\left(\text{或} \lim\limits_{n\to\infty} \dfrac{u_{n+1}}{u_n}=\infty\right)$ 时,级数发散;

(3) 当 $\rho=1$ 时,级数可能收敛也可能发散.

证明　(1) 当 $\rho<1$ 时,取一个适当小的正数 ε,使得 $\rho+\varepsilon=\gamma<1$,根据极限定义,存在自然数 N,使得当 $n\geqslant N$ 时,有不等式

$$\frac{u_{n+1}}{u_n} < \rho+\varepsilon = \gamma.$$

因此

$$u_{N+1} < \gamma u_N;$$
$$u_{N+2} < \gamma u_{N+1} < \gamma^2 u_N;$$
$$u_{N+3} < \gamma u_{N+2} < \gamma^2 u_{N+1} < \gamma^3 u_N;$$
$$\vdots$$

这样,级数

$$u_{N+1} + u_{N+2} + u_{N+3} + \cdots \tag{10.2.3}$$

的各项就小于收敛的等比级数(公比 $\gamma<1$)

$$\gamma u_N + \gamma^2 u_N + \gamma^3 u_N + \cdots \tag{10.2.4}$$

的对应项,所以,级数(10.2.3)也收敛.而原级数只比级数(10.2.3)多了前 N 项,因此,根据级数性质3,原级数也收敛.

(2) 当 $\rho>1$ 时,取一个适当小的正数 ε,使得 $\rho-\varepsilon>1$,根据极限定义,存在自然数 N,使

得当 $n \geqslant N$ 时,有不等式

$$\frac{u_{n+1}}{u_n} > \rho - \varepsilon > 1,$$

于是

$$u_{n+1} > u_n,$$

所以,当 $n \geqslant N$ 时,级数的一般项是逐渐增大的,从而 $\lim\limits_{n \to \infty} u_n \neq 0$. 根据级数收敛的必要条件可知原级数是发散的.

（3）当 $\rho = 1$ 时,不能判别级数的敛散性. 例如 p-级数,不论 p 为何值都有

$$\lim_{n \to \infty} \frac{u_{n+1}}{u_n} = \lim_{n \to \infty} \frac{\dfrac{1}{(n+1)^p}}{\dfrac{1}{n^p}} = 1,$$

但我们知道,当 $p \leqslant 1$ 时级数发散,当 $p > 1$ 时级数收敛,因此,当 $\rho = 1$ 时,比值审敛法失效.

例 4　判别下列正项级数的敛散性:

（1）$\sum\limits_{n=1}^{\infty} \dfrac{n^2}{2^n}$;　　　（2）$\sum\limits_{n=1}^{\infty} \dfrac{n^n}{n!}$;　　　（3）$\sum\limits_{n=1}^{\infty} \dfrac{1}{(2n-1)2n}$;　　　（4）$\sum\limits_{n=1}^{\infty} 2^n \sin \dfrac{\pi}{5^n}$.

解　（1）因为

$$\lim_{n \to \infty} \frac{u_{n+1}}{u_n} = \lim_{n \to \infty} \frac{(n+1)^2}{2^{n+1}} \cdot \frac{2^n}{n^2} = \lim_{n \to \infty} \frac{1}{2}\left(1 + \frac{1}{n}\right)^2 = \frac{1}{2} < 1,$$

根据比值审敛法,可知所给级数是收敛的.

（2）因为

$$\lim_{n \to \infty} \frac{u_{n+1}}{u_n} = \lim_{n \to \infty} \frac{(n+1)^{n+1}}{(n+1)!} \cdot \frac{n!}{n^n} = \lim_{n \to \infty} \left(1 + \frac{1}{n}\right)^n = \mathrm{e} > 1,$$

根据比值审敛法,所给级数发散.

（3）因为

$$\lim_{n \to \infty} \frac{u_{n+1}}{u_n} = \lim_{n \to \infty} \frac{1}{(2n+1)2(n+1)} \cdot \frac{(2n-1)2n}{1} = 1,$$

此时 $\rho = 1$,比值审敛法失效,必须用其他方法来判别该级数的敛散性.

由于

$$\lim_{n \to \infty} \frac{\dfrac{1}{(2n-1)2n}}{\dfrac{1}{n^2}} = \frac{1}{4},$$

而级数 $\sum\limits_{n=1}^{\infty} \dfrac{1}{n^2}$ 是收敛的,根据比较审敛法的极限形式,可知所给级数是收敛的.

（4）因为 $\lim\limits_{n \to \infty} \dfrac{u_{n+1}}{u_n} = \lim\limits_{n \to \infty} \dfrac{2^{n+1} \sin \dfrac{\pi}{5^{n+1}}}{2^n \sin \dfrac{\pi}{5^n}} = \lim\limits_{n \to \infty} \dfrac{2 \cdot \dfrac{\pi}{5^{n+1}}}{\dfrac{\pi}{5^n}} = \dfrac{2}{5}$,所以级数 $\sum\limits_{n=1}^{\infty} 2^n \sin \dfrac{\pi}{5^n}$ 收敛.

例 5　判定级数

$$\sum_{n=1}^{\infty} \frac{1}{1 + a^n} \quad (a > 0)$$

的敛散性.

解 (1) 当 $a>1$ 时,因为

$$\lim_{n\to\infty}\frac{\dfrac{1}{1+a^n}}{\dfrac{1}{a^n}}=1,$$

而等比级数 $\sum\limits_{n=1}^{\infty}\left(\dfrac{1}{a}\right)^n$ 收敛,依本节定理 $1'$,所给级数收敛.

(2) 当 $a=1$ 时,因为一般项有

$$\lim_{n\to\infty}\frac{1}{1+a^n}=\frac{1}{2}\neq 0,$$

由级数收敛的必要条件知,此时所给级数发散.

(3) 当 $0<a<1$ 时,因为一般项有

$$\lim_{n\to\infty}\frac{1}{1+a^n}=1\neq 0,$$

由级数收敛的必要条件知,此时所给级数发散.

4. 根值审敛法(柯西判别法)

定理 3(根值审敛法) 设有正项级数 $\sum\limits_{n=1}^{\infty}u_n$,如果有

$$\lim_{n\to\infty}\sqrt[n]{u_n}=\rho,$$

则当 $\rho<1$ 时级数收敛,$\rho>1$(或 $\lim\limits_{n\to\infty}\sqrt[n]{u_n}=\infty$)时级数发散,当 $\rho=1$ 时级数可能收敛,也可能发散.

定理 3 的证明与定理 2 相仿,这里从略.

例 6 判定级数 $\sum\limits_{n=1}^{\infty}\dfrac{2+(-1)^n}{2^n}$ 及 $\sum\limits_{n=1}^{\infty}n^{\alpha}x^n$($\alpha$ 是任一实数,x 是非负实数)的敛散性.

解 因为 $\lim\limits_{n\to\infty}\sqrt[n]{u_n}=\lim\limits_{n\to\infty}\sqrt[n]{\dfrac{2+(-1)^n}{2^n}}=\dfrac{1}{2}\lim\limits_{n\to\infty}\sqrt[n]{2+(-1)^n}$,

$$=\frac{1}{2}\lim_{n\to\infty}e^{\frac{1}{n}\ln[2+(-1)^n]}=\frac{1}{2}\cdot e^0=\frac{1}{2},$$

所以由定理 3 知级数 $\sum\limits_{n=1}^{\infty}\dfrac{2+(-1)^n}{2^n}$ 收敛.

因为 $\lim\limits_{n\to\infty}\sqrt[n]{u_n}=\lim\limits_{n\to\infty}x\sqrt[n]{n^{\alpha}}=x\lim\limits_{n\to\infty}e^{\frac{\alpha\ln n}{n}}=x\cdot e^0=x$,所以当 $0\leqslant x<1$ 时,该级数收敛,当 $x>1$ 时,该级数发散.当 $x=1$ 时,根值法失效,但此时级数为 $\sum\limits_{n=1}^{\infty}n^{\alpha}=\sum\limits_{n=1}^{\infty}\dfrac{1}{n^{-\alpha}}$,由 p-级数的知识易知,当 $-\alpha>1$ 即 $\alpha<-1$ 时级数收敛,而当 $\alpha\geqslant-1$ 时,该级数发散.

一般说来,判定正项级数敛散性的步骤如下:

(1) 判断是否 $\lim\limits_{n\to\infty}u_n=0$,若 $u_n\nrightarrow0$,则级数发散;若 $u_n\to0$,则转到(2).

(2) 利用比值审敛法或根值审敛法,若 $\lim\limits_{n\to\infty}\dfrac{u_{n+1}}{u_n}=\rho\neq1$,或 $\lim\limits_{n\to\infty}\sqrt[n]{u_n}=\rho\neq1$,则级数的敛散性可知;若 $\lim\limits_{n\to\infty}\dfrac{u_{n+1}}{u_n}=1$,或 $\lim\limits_{n\to\infty}\sqrt[n]{u_n}=1$,则转到(3).

（3）使用比较审敛法（包括比较法的极限形式）或从敛散性的定义出发加以判断（即直接判断 $\{S_n\}$ 是否收敛）.

10.2.2　交错级数的审敛法

所谓**交错级数**是这样的级数，它的各项是正负交错的，一般表示为

$$u_1 - u_2 + u_3 - \cdots + (-1)^{n-1} u_n + \cdots \tag{10.2.5}$$

或

$$-u_1 + u_2 - u_3 + \cdots + (-1)^n u_n + \cdots,$$

其中 $u_1, u_2, u_3, \cdots, u_n, \cdots$ 都是正数. 交错级数有下面的审敛法.

定理 4（莱布尼茨判别法）　若交错级数 $\displaystyle\sum_{n=1}^{\infty} (-1)^{n-1} u_n$ 满足条件：

（1）$u_n \geqslant u_{n+1}$（$n = 1, 2, 3, \cdots$），

（2）$\displaystyle\lim_{n \to \infty} u_n = 0$，

则此交错级数收敛，且其和 $S \leqslant u_1$，其余项 r_n 的绝对值 $|r_n| < u_{n+1}$.

证　先证前 $2n$ 项的和 S_{2n} 的极限存在，为此我们观察 S_{2n} 的两种形式：

$$S_{2n} = (u_1 - u_2) + (u_3 - u_4) + \cdots + (u_{2n-1} - u_{2n}), \tag{10.2.6}$$

及

$$S_{2n} = u_1 - (u_2 - u_3) - (u_4 - u_5) - \cdots - (u_{2n-2} - u_{2n-1}) - u_{2n}, \tag{10.2.7}$$

由式（10.2.6）可见 S_{2n} 随 n 增大而增大，由式（10.2.7）可见 $S_{2n} < u_1$. 于是，根据单调有界数列必有极限的准则，当 n 无限增大时，S_{2n} 趋于一个极限 S，且 S 不大于 u_1，即

$$\lim_{n \to \infty} S_{2n} = S \leqslant u_1.$$

现再证前 $2n+1$ 项的和 S_{2n+1} 的极限也存在. 事实上

$$S_{2n+1} = S_{2n} + u_{2n+1},$$

由条件（2）知 $\displaystyle\lim_{n \to \infty} u_{2n+1} = 0$，于是

$$\lim_{n \to \infty} S_{2n+1} = \lim_{n \to \infty} (S_{2n} + u_{2n+1}) = S.$$

由于级数的前偶数项的和与前奇数项的和都趋于同一极限 S，故 $S_n \to S$（$n \to \infty$）. 所以，该交错级数收敛于 S，且 $S \leqslant u_1$.

最后，不难看出余项 r_n 可写成

$$r_n = \pm (u_{n+1} - u_{n+2} + \cdots),$$

其绝对值

$$|r_n| = u_{n+1} - u_{n+2} + \cdots.$$

上式右端也是一交错级数，它也满足定理的两个条件，由以上的讨论结果知

$$|r_n| \leqslant u_{n+1}.$$

例 7　证明交错级数

$$1 - \frac{1}{2} + \frac{1}{3} - \frac{1}{4} + \cdots + (-1)^{n-1} \frac{1}{n} + \cdots$$

是收敛的.

证　因为该级数满足条件

（1）$u_n = \dfrac{1}{n} > \dfrac{1}{n+1} = u_{n+1}$（$n = 1, 2, \cdots$），

(2) $\lim\limits_{n\to\infty}u_n=\lim\limits_{n\to\infty}\dfrac{1}{n}=0$,

所以它是收敛的,且其和 $S<1$. 如果取前 n 项的和

$$S_n = 1 - \frac{1}{2} + \frac{1}{3} - \cdots + (-1)^{n-1}\frac{1}{n}$$

作为 S 的近似值,所产生的误差

$$|r_n| \leqslant \frac{1}{n+1}.$$

例 8 研究交错级数

$$\sum_{n=1}^{\infty}(-1)^{n-1}\frac{1}{n^\alpha}$$

的敛散性.

解 (1) 当 $\alpha<0$ 时,$\dfrac{1}{n^\alpha}>1(n>1)$,由级数收敛的必要条件,知级数必发散;

(2) 当 $\alpha=0$ 时,原级数变为 $\sum\limits_{n=1}^{\infty}(-1)^{n-1}$,该级数是发散的;

(3) 当 $\alpha>0$ 时,由于级数满足

$$u_n = \frac{1}{n^\alpha} > \frac{1}{(n+1)^\alpha} = u_{n+1}, \quad n=1,2,3,\cdots,$$

及

$$\lim_{n\to\infty}u_n = \lim_{n\to\infty}\frac{1}{n^\alpha} = 0,$$

根据莱布尼茨判别法,此时级数收敛.

需要注意的是,莱布尼茨判别法中的第一个条件 $u_n \geqslant u_{n+1}$ 不是必要条件,不能说不满足该判别法的两个条件的交错级数就一定发散,例如,交错级数 $\sum\limits_{n=2}^{\infty}\dfrac{(-1)^n}{n+(-1)^{n+1}}$ 并不满足 $u_n > u_{n+1}(n=1,2,\cdots)$,但该级数收敛.

10.2.3 绝对收敛与条件收敛

设有级数

$$\sum_{n=1}^{\infty}u_n = u_1 + u_2 + \cdots + u_n + \cdots, \tag{10.2.8}$$

其中 $u_n(n=1,2,\cdots)$ 为任意实数,这样的级数称为**任意项级数**. 为了判定任意项级数的收敛性,通常先考察其各项的绝对值所组成的正项级数

$$\sum_{n=1}^{\infty}|u_n| = |u_1| + |u_2| + \cdots + |u_n| + \cdots. \tag{10.2.9}$$

定义 如果任意项级数 $\sum\limits_{n=1}^{\infty}u_n$ 的每项取绝对值而得的级数 $\sum\limits_{n=1}^{\infty}|u_n|$ 收敛,则称原级数 $\sum\limits_{n=1}^{\infty}u_n$ 为**绝对收敛级数**.

定理 5 如果级数 $\sum\limits_{n=1}^{\infty}|u_n|$ 收敛,则级数 $\sum\limits_{n=1}^{\infty}u_n$ 也收敛.

证　考察级数 $\sum\limits_{n=1}^{\infty} v_n$，其中 $v_n = \dfrac{1}{2}(u_n + |u_n|)$.

易知 $v_n \geqslant 0$ 且 $v_n \leqslant |u_n|$，由本节定理 1 知正项级数 $\sum\limits_{n=1}^{\infty} v_n$ 收敛. 另一方面，$u_n = 2v_n - |u_n|$，由 10.1.2 节无穷级数的性质 1、性质 2 知，$\sum\limits_{n=1}^{\infty} u_n$ 收敛.

定理 5 告诉我们，绝对收敛的级数必定是收敛的，它给出了任意项级数的一个判敛法.

例 9　研究 $\sum\limits_{n=1}^{\infty} (-1)^{n-1} \dfrac{1}{n^2}$ 的敛散性.

解　由于

$$\sum_{n=1}^{\infty} \left| (-1)^{n-1} \frac{1}{n^2} \right| = \sum_{n=1}^{\infty} \frac{1}{n^2} \quad (p = 2 > 1)$$

是收敛的，所以级数 $\sum\limits_{n=1}^{\infty} (-1)^{n-1} \dfrac{1}{n^2}$ 是绝对收敛的.

例 10　证明 $\sum\limits_{n=1}^{\infty} \dfrac{\sin n\alpha}{n^4}$ 绝对收敛，其中 α 是常数.

证明　因为

$$\left| \frac{\sin n\alpha}{n^4} \right| \leqslant \frac{1}{n^4},$$

而级数 $\sum\limits_{n=1}^{\infty} \dfrac{1}{n^4}$ 是收敛的，由比较审敛法可知，$\sum\limits_{n=1}^{\infty} \left| \dfrac{\sin n\alpha}{n^4} \right|$ 也是收敛的，所以原级数是绝对收敛的.

需要注意的是，本定理的逆命题不成立，即虽然每个绝对收敛级数都是收敛的，但并不是每个收敛级数都是绝对收敛的. 例如级数

$$1 - \frac{1}{2} + \frac{1}{3} - \cdots + (-1)^{n-1} \frac{1}{n} + \cdots$$

是收敛的，但是由它的各项取绝对值所得的级数

$$1 + \frac{1}{2} + \frac{1}{3} + \cdots + \frac{1}{n} + \cdots$$

却是发散的.

如果级数 $\sum\limits_{n=1}^{\infty} u_n$ 收敛，而级数 $\sum\limits_{n=1}^{\infty} |u_n|$ 发散，则称级数 $\sum\limits_{n=1}^{\infty} u_n$ **条件收敛**，上面所说的 $\sum\limits_{n=1}^{\infty} (-1)^{n-1} \dfrac{1}{n}$ 就是条件收敛级数.

例 11　判定下列级数的敛散性，如果收敛，指出是绝对收敛还是条件收敛？

(1) $\dfrac{1}{2} - \dfrac{8}{4} + \dfrac{27}{8} - \dfrac{64}{16} + \cdots + (-1)^{n-1} \dfrac{n^3}{2^n} + \cdots$；

(2) $1 - \dfrac{1}{\sqrt{2}} + \dfrac{1}{\sqrt{3}} - \cdots + (-1)^{n-1} \dfrac{1}{\sqrt{n}} + \cdots$；

(3) $\dfrac{2}{1} - \dfrac{3}{2} + \dfrac{4}{3} - \cdots + (-1)^{n-1} \dfrac{n+1}{n} + \cdots$；

(4) $1 - \dfrac{1}{2^a} + \dfrac{1}{3^a} - \cdots + (-1)^{n-1} \dfrac{1}{n^a} + \cdots$.

解 (1) 因为

$$\lim_{n \to \infty} \left| \frac{u_{n+1}}{u_n} \right| = \lim_{n \to \infty} \frac{(n+1)^3}{2^{n+1}} \cdot \frac{2^n}{n^3} = \lim_{n \to \infty} \frac{1}{2} \frac{(n+1)^3}{n^3} = \frac{1}{2} < 1,$$

所以,级数 $\displaystyle\sum_{n=1}^{\infty} (-1)^{n-1} \frac{n^3}{2^n}$ 绝对收敛.

(2) 因为

$$\sum_{n=1}^{\infty} |u_n| = \sum_{n=1}^{\infty} \frac{1}{\sqrt{n}},$$

为 $p = \dfrac{1}{2}$ 的 p-级数,所以,绝对值级数发散.但所给级数是交错级数,因满足

$$\frac{1}{\sqrt{n}} > \frac{1}{\sqrt{n+1}} \quad (n = 1, 2, \cdots),$$

及

$$\lim_{n \to \infty} \frac{1}{\sqrt{n}} = 0$$

两个条件,由莱布尼茨判别法,所给级数收敛.综合起来,故原级数是条件收敛的.

(3) 因为一般项有

$$\lim_{n \to \infty} |u_n| = \lim_{n \to \infty} \frac{n+1}{n} = 1 \neq 0,$$

由级数收敛的必要条件,所给级数是发散的.

(4) 级数 $\displaystyle\sum_{n=1}^{\infty} (-1)^{n-1} \frac{1}{n^a}$ 就是本节的例 8 所讨论过的交错级数,那里已知,当 $a \leqslant 0$ 时级数发散,当 $a > 0$ 时级数收敛,现判断它何时条件收敛,何时绝对收敛.

因为它的绝对值级数 $\displaystyle\sum_{n=1}^{\infty} |u_n| = \sum_{n=1}^{\infty} \frac{1}{n^a}$,这是 p-级数,我们已知它当 $a > 1$ 时收敛,$a \leqslant 1$ 时发散,将以上结果归结为表 10-1.

表 10-1

级 数	$a \leqslant 0$	$0 < a \leqslant 1$	$a > 1$
$\displaystyle\sum_{n=1}^{\infty} (-1)^{n-1} \frac{1}{n^a}$	发散	收敛	收敛
$\displaystyle\sum_{n=1}^{\infty} \left| (-1)^{n-1} \frac{1}{n^a} \right|$	发散	发散	收敛
$\displaystyle\sum_{n=1}^{\infty} (-1)^{n-1} \frac{1}{n^a}$	发散	条件收敛	绝对收敛

讨论任意项级数 $\displaystyle\sum_{n=1}^{\infty} u_n$ 的敛散性,通常首先要看它是否满足级数收敛的必要条件 $\lim\limits_{n \to \infty} u_n = 0$. 如满足,则可考察级数 $\displaystyle\sum_{n=1}^{\infty} |u_n|$,利用正项级数的审敛法,判定它是否收敛:如收敛,则 $\displaystyle\sum_{n=1}^{\infty} u_n$ 绝对收敛,从而知级数本身也收敛;如果 $\displaystyle\sum_{n=1}^{\infty} |u_n|$ 发散,则再讨论级数 $\displaystyle\sum_{n=1}^{\infty} u_n$

本身是否收敛.特别地,对于交错级数可考虑用莱布尼茨判别法判定其敛散性.当我们用比值法或根值法判断 $\sum_{n=1}^{\infty}|u_n|$ 发散时,由 $\rho>1$ 可知 $\lim_{n\to\infty}u_n\neq 0$,故 $\sum_{n=1}^{\infty}u_n$ 必定发散,而不可能是条件收敛.

习题 10-2

1. 用比较审敛法或其极限形式判别下列级数的敛散性:

(1) $1+\dfrac{1}{3}+\dfrac{1}{5}+\cdots+\dfrac{1}{2n-1}+\cdots$;

(2) $\dfrac{1}{1+1^2}+\dfrac{2}{1+2^2}+\dfrac{3}{1+3^2}+\cdots+\dfrac{n}{1+n^2}+\cdots$;

(3) $\dfrac{1}{2\cdot5}+\dfrac{1}{3\cdot6}+\cdots+\dfrac{1}{(n+1)(n+4)}+\cdots$;

(4) $\sin\dfrac{\pi}{2}+\sin\dfrac{\pi}{2^2}+\cdots+\sin\dfrac{\pi}{2^n}+\cdots$;

(5) $\displaystyle\sum_{n=1}^{\infty}\dfrac{\sqrt{n}}{\sqrt{n^4+1}}$;

(6) $\displaystyle\sum_{n=2}^{\infty}\dfrac{1}{\ln n}$;

(7) $\displaystyle\sum_{n=2}^{\infty}\tan\dfrac{\pi}{2^n}$;

(8) $\displaystyle\sum_{n=1}^{\infty}\dfrac{2+(-1)^n}{2^n}$.

2. 用比值审敛法或根值审敛法判别下列级数的敛散性:

(1) $\dfrac{3}{1\cdot2}+\dfrac{3^2}{2\cdot2^2}+\dfrac{3^3}{3\cdot2^3}+\cdots$;

(2) $\dfrac{1}{10}+\dfrac{2!}{10^2}+\dfrac{3!}{10^3}+\cdots$;

(3) $\displaystyle\sum_{n=1}^{\infty}\dfrac{2^n\cdot n!}{n^n}$;

(4) $\displaystyle\sum_{n=1}^{\infty}\dfrac{3^n\cdot n^2}{n!}$;

(5) $\displaystyle\sum_{n=1}^{\infty}n\left(\dfrac{3}{4}\right)^n$;

(6) $\displaystyle\sum_{n=1}^{\infty}\dfrac{1}{(\sqrt{3}-1)^n n^2}$;

(7) $\displaystyle\sum_{n=1}^{\infty}\left(\dfrac{n}{2n-1}\right)^{2n}$;

(8) $\displaystyle\sum_{n=1}^{\infty}\dfrac{1}{[\ln(n+1)]^n}$.

3. 判别下列级数是否收敛? 如果收敛,它是绝对收敛,还是条件收敛?

(1) $1-\dfrac{1}{\sqrt[3]{2}}+\dfrac{1}{\sqrt[3]{3}}-\dfrac{1}{\sqrt[3]{4}}+\cdots+\dfrac{(-1)^{n-1}}{3\sqrt{n}}+\cdots$;

(2) $\displaystyle\sum_{n=1}^{\infty}(-1)^{n-1}\dfrac{n}{3^{n-1}}$;

(3) $\dfrac{1}{\ln2}-\dfrac{1}{\ln3}+\dfrac{1}{\ln4}-\cdots+\dfrac{(-1)^N}{\ln n}+\cdots$;

(4) $\dfrac{1}{\sqrt{2}-1}-\dfrac{1}{\sqrt{2}+1}+\dfrac{1}{\sqrt{3}-1}-\dfrac{1}{\sqrt{3}+1}+\cdots$;

(5) $\displaystyle\sum_{n=2}^{\infty}\dfrac{(-1)^n}{\pi^n}\sin\dfrac{\pi}{n}$;

(6) $\displaystyle\sum_{n=2}^{\infty}(-1)^{n-1}\dfrac{2n+1}{20n(n+1)}$.

4. 判断下列命题是否正确:

(1) 两正项级数,有 $u_n<v_n(n=1,2,\cdots)$ 成立,若 $\displaystyle\sum_{n=1}^{\infty}v_n$ 发散,则 $\displaystyle\sum_{n=1}^{\infty}u_n$ 也发散;

(2) 若交错级数 $\displaystyle\sum_{n=1}^{\infty}(-1)^{n+1}u_n$ 收敛,则 $u_n\geq u_{n+1}(n=1,2,\cdots)$;

(3) 若 $u_n<v_n(n=1,2,\cdots)$, $\displaystyle\sum_{n=1}^{\infty}u_n$ 收敛,则 $\displaystyle\sum_{n=1}^{\infty}v_n$ 收敛;

(4) 若 $\displaystyle\sum_{n=1}^{\infty}a_n^2$ 及 $\displaystyle\sum_{n=1}^{\infty}b_n^2$ 收敛,则 $\displaystyle\sum_{n=1}^{\infty}a_nb_n$ 绝对收敛;

(5) 若 $|u_n| \geqslant |u_{n+1}| (n = 1, 2, \cdots), \lim\limits_{n \to \infty} u_n = 0$，则 $\sum\limits_{n=1}^{\infty} u_n$ 收敛；

(6) 若 $\sum\limits_{n=1}^{\infty} u_n$ 收敛，则 $\sum\limits_{n=1}^{\infty} u_n^2$ 也收敛.

10.3 幂 级 数

10.3.1 幂级数的概念

形如

$$\sum_{n=0}^{\infty} a_n x^n = a_0 + a_1 x + a_2 x^2 + \cdots + a_n x^n + \cdots \tag{10.3.1}$$

的级数称为 x 的**幂级数**，其中 $a_0, a_1, \cdots, a_n, \cdots$ 是常数，称为**幂级数的系数**. 例如

$$1 + x + x^2 + \cdots + x^n + \cdots,$$
$$1 + x + \frac{1}{2!} x^2 + \cdots + \frac{1}{n!} x^n + \cdots,$$
$$1 + x + 2^2 x^2 + \cdots + n^2 x^n + \cdots$$

都是幂级数.

幂级数更一般的形式是

$$\sum_{n=0}^{\infty} a_n (x - x_0)^n = a_0 + a_1 (x - x_0) + a_2 (x - x_0)^2 + \cdots + a_n (x - x_0)^n + \cdots.$$
$$\tag{10.3.2}$$

只要作变换 $x - x_0 = t$，则幂级数 (10.3.2) 就化为式 (10.3.1) 的形式，所以我们只讨论形式 (10.3.1) 的幂级数，而不影响一般性.

对于每一个实数 x_0，幂级数 (10.3.1) 成为一个数项级数

$$\sum_{n=0}^{\infty} a_n x_0^n = a_0 + a_1 x_0 + \cdots + a_n x_0^n + \cdots, \tag{10.3.3}$$

这个级数可能收敛也可能发散. 如果级数 (10.3.3) 收敛，则称 x_0 为幂级数 (10.3.1) 的**收敛点**，所有收敛点的全体称为幂级数 (10.3.1) 的**收敛域**；如果级数 (10.3.3) 发散，则称 x_0 为幂级数 (10.3.1) 的**发散点**，所有发散点的全体称为幂级数 (10.3.1) 的**发散域**.

对应于幂级数 (10.3.1) 的收敛域内的任意一个点 x，幂级数成为一个收敛的常数项级数，因而它有一确定的和 S. 这样，在收敛域上，幂级数 (10.3.1) 的和是 x 的函数 $S(x)$，通常称 $S(x)$ 为幂级数 (10.3.1) 的**和函数**. 和函数的定义域就是幂级数的收敛域，并记为

$$S(x) = \sum_{n=0}^{\infty} a_n x^n = a_0 + a_1 x + \cdots + a_n x^n + \cdots.$$

与数项级数类似，我们把幂级数 (10.3.1) 的**前 n 项部分和**记为 $S_n(x)$，则在收敛域中有

$$\lim_{n \to \infty} S_n(x) = S(x).$$

同样地，称 $r_n(x) = S(x) - S_n(x)$ 为幂级数 (10.3.1) 的**余项**. 余项只有在收敛域上才有意义，且在收敛域上有

$$\lim_{n \to \infty} r_n(x) = 0.$$

10.3.2　幂级数的收敛性

下面我们来研究幂级数的收敛问题,即 x 取数轴上哪些点时幂级数收敛,取哪些点时幂级数发散? 显然,任意一个幂级数在 $x=0$ 处总是收敛的. 除此之外,它还有哪些收敛点? 下述定理给出了幂级数的收敛域的特性.

定理 1(阿贝尔定理)　对于级数(10.3.1)有:

(1) 如果当 $x=x_0\neq0$ 时,级数(10.3.1)收敛,则对于满足不等式 $|x|<|x_0|$ 的一切 x,幂级数(10.3.1)绝对收敛;

(2) 如果当 $x=x_0\neq0$ 时,级数(10.3.1)发散,则对于满足不等式 $|x|>|x_0|$ 的一切 x,幂级数(10.3.1)发散.

证明　先设 x_0 是幂级数(10.3.1)的收敛点,即级数

$$a_0 + a_1 x_0 + a_2 x_0^2 + \cdots + a_n x_0^n + \cdots$$

收敛. 依级数收敛的必要条件知 $\lim\limits_{n\to\infty} a_n x_0^n = 0$.

收敛数列必然有界,故存在常数 $M>0$,使得

$$|a_n x_0^n| \leqslant M \quad (n = 0,1,2,\cdots).$$

这样级数(10.3.1)的一般项的绝对值

$$|a_n x^n| = \left| a_n x_0^n \cdot \frac{x^n}{x_0^n} \right| = |a_n x_0^n| \cdot \left| \frac{x}{x_0} \right|^n \leqslant M \left| \frac{x}{x_0} \right|^n.$$

当 $|x|<|x_0|$ 时,等比级数 $\sum\limits_{n=0}^{\infty} M \left| \dfrac{x}{x_0} \right|^n$ 收敛$\left(\text{公比} \left| \dfrac{x}{x_0} \right| < 1\right)$,所以级数 $\sum\limits_{n=0}^{\infty} |a_n x^n|$ 收敛,也就是级数 $\sum\limits_{n=0}^{\infty} a_n x^n$ 绝对收敛.

定理的第二部分用反证法证明. 设幂级数(10.3.1)当 $x=x_0$ 时发散,而又有一点 x_1 适合 $|x_1|>|x_0|$ 且使幂级数(10.3.1)收敛,则依本定理已证明过的第一部分,当 $x=x_0$ 时幂级数(10.3.1)绝对收敛. 这与假设矛盾,于是定理得证.

定理 1 表明,如果幂级数(10.3.1)在 $x=x_0$ 处收敛,则对开区间 $(-|x_0|, |x_0|)$ 内的任何 x,幂级数(10.3.1)都绝对收敛;如果幂级数(10.3.1)在 $x=x_0$ 处发散,则对闭区间 $[-|x_0|, |x_0|]$ 外的任何 x,幂级数(10.3.1)都发散.

由定理 1 可得如下推论.

推论　如果幂级数(10.3.1)不仅仅是在 $x=0$ 一点收敛,但也不是在整个数轴上都收敛,则必存在一个完全确定的正数 R,它具有如下性质:

当 $|x|<R$ 时,幂级数(10.3.1)绝对收敛;

当 $|x|>R$ 时,幂级数(10.3.1)发散;

当 $x=R$ 与 $x=-R$ 时,幂级数(10.3.1)可能收敛也可能发散(见图 10-3).

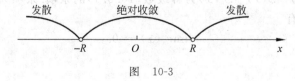

图　10-3

正数 R 通常叫做幂级数(10.3.1)的 **收敛半径**, 开区间 $(-R,R)$ 叫做幂级数(10.3.1)的 **收敛区间**. 依据在 $x=\pm R$ 处幂级数的敛散性的讨论, 就可确定幂级数的收敛域可能是 $(-R,R)$, $[-R,R)$, $(-R,R]$ 或 $[-R,R]$ 这四个区间之一.

如果幂级数只在 $x=0$ 处收敛, 则规定其收敛半径为 $R=0$; 如果幂级数在整个数轴上都收敛, 则规定其收敛半径为 $R=+\infty$, 这时收敛区间为 $(-\infty,+\infty)$. 这样, 幂级数总是存在收敛半径的.

下面的定理给出幂级数收敛半径的一种求法.

定理 2 设在幂级数 $\sum\limits_{n=0}^{\infty} a_n x^n$ 中, $\lim\limits_{n\to\infty}\left|\dfrac{a_{n+1}}{a_n}\right|=\rho$, 那么

(1) 当 $\rho\neq 0$ 时, 有 $R=\dfrac{1}{\rho}$;

(2) 当 $\rho=0$ 时, 有 $R=+\infty$;

(3) 当 $\rho=+\infty$ 时, 有 $R=0$.

证 考察幂级数(10.3.1)的各项取绝对值所成的级数 $\sum\limits_{n=0}^{\infty}|a_n x^n|$, 则有

$$\lim_{n\to\infty}\left|\frac{a_{n+1}x^{n+1}}{a_n x^n}\right|=\lim_{n\to\infty}\left|\frac{a_{n+1}}{a_n}\right||x|=\rho|x|.$$

(1) 如果 $\rho\neq 0$, 当 $\rho|x|<1$, 即 $|x|<\dfrac{1}{\rho}$ 时, 级数 $\sum\limits_{n=0}^{\infty}|a_n x^n|$ 收敛, 从而幂级数(10.3.1)绝对收敛; 当 $\rho|x|>1$, 即 $|x|>\dfrac{1}{\rho}$ 时, 级数 $\sum\limits_{n=0}^{\infty}|a_n x^n|$ 发散, 并且从某一个 n 开始有

$$|a_{n+1}x^{n+1}|>|a_n x^n|,$$

在此, 一般项 $|a_n x^n|$ 不能趋于零, 所以 $a_n x^n$ 也不能趋于零, 从而幂级数(10.3.1)发散. 可见, 这时收敛半径 $R=\dfrac{1}{\rho}$.

(2) 如果 $\rho=0$, 则不论 x 取什么值, 都有 $\rho|x|=0<1$, 级数总是收敛的, 因此 $R=+\infty$.

(3) 如果 $\rho=+\infty$, 则在任一点 $x\neq 0$ 处都有

$$\rho|x|=+\infty>1,$$

所以, 幂级数(10.3.1)总是发散的, 只有当 $x=0$ 时, 幂级数(10.3.1)才收敛, 因此 $R=0$.

例 1 求幂级数

$$x-\frac{x^2}{2}+\frac{x^3}{3}-\cdots+(-1)^{n-1}\frac{x^n}{n}+\cdots$$

的收敛半径与收敛域.

解 由于

$$\rho=\lim_{n\to\infty}\left|\frac{a_{n+1}}{a_n}\right|=\lim_{n\to\infty}\frac{n}{n+1}=1,$$

所以 $R=1$.

对于端点 $x=1$, 级数成为交错级数

$$1-\frac{1}{2}+\frac{1}{3}-\cdots+(-1)^{n-1}\frac{1}{n}+\cdots,$$

它是收敛的;

对于端点 $x=-1$,级数成为

$$-1-\frac{1}{2}-\frac{1}{3}-\cdots-\frac{1}{n}-\cdots,$$

它是发散的.因此,该幂级数的收敛域为 $(-1,1]$.

例 2 求幂级数 $1+x+\frac{1}{2!}x^2+\cdots+\frac{1}{n!}x^n+\cdots$ 的收敛区间.

解 因为

$$\rho=\lim_{n\to\infty}\left|\frac{a_{n+1}}{a_n}\right|=\lim_{n\to\infty}\frac{1}{(n+1)!}\cdot\frac{n!}{1}=\lim_{n\to\infty}\frac{1}{n+1}=0,$$

所以 $R=+\infty$,从而收敛区间为 $(-\infty,+\infty)$.

例 3 求幂级数 $\displaystyle\sum_{n=1}^{\infty}\frac{(x-1)^n}{n\cdot 2^n}$ 的收敛域.

解 令 $t=x-1$,则原级数变为 $\displaystyle\sum_{n=1}^{\infty}\frac{1}{n\cdot 2^n}t^n$. 因为

$$\rho=\lim_{n\to\infty}\left|\frac{a_{n+1}}{a_n}\right|=\lim_{n\to\infty}\frac{1}{(n+1)2^{n+1}}\cdot\frac{n\cdot 2^n}{1}$$

$$=\lim_{n\to\infty}\frac{n}{(n+1)\cdot 2}=\frac{1}{2},$$

所以,$R=2$.

当 $t=2$ 时,级数成为 $\displaystyle\sum_{n=1}^{\infty}\frac{1}{n}$,该级数发散;当 $t=-2$ 时,级数成为 $\displaystyle\sum_{n=1}^{\infty}(-1)^n\frac{1}{n}$,该级数收敛.因此,关于 t 的幂级数收敛域为 $-2\leqslant t<2$. 以 $t=x-1$ 代回,得原级数的收敛域为

$$-2\leqslant x-1<2,$$

即

$$-1\leqslant x<3.$$

例 4 求幂级数 $\displaystyle\sum_{n=0}^{\infty}\frac{(2n)!}{(n!)^2}x^{2n}$(规定 $0!=1$)的收敛区间.

解法一 此级数缺少奇次幂的项,故不能直接应用定理 2,我们直接用比值审敛法来求收敛区间.

$$\lim_{n\to\infty}\left|\frac{u_{n+1}(x)}{u_n(x)}\right|=\lim_{n\to\infty}\left|\frac{[2(n+1)]!}{[(n+1)!]^2}x^{2(n+1)}\cdot\frac{(n!)^2}{[2n]!x^{2n}}\right|$$

$$=\lim_{n\to\infty}\frac{(2n+2)(2n+1)}{(n+1)^2}|x^2|=4|x|^2.$$

故当 $4|x|^2<1$,即 $|x|<\frac{1}{2}$ 时,级数收敛;当 $4|x|^2>1$,即 $|x|>\frac{1}{2}$ 时,级数发散.所以,级数的收敛半径为 $R=\frac{1}{2}$,收敛区间为 $\left(-\frac{1}{2},\frac{1}{2}\right)$.

至于在 $x=\frac{1}{2}$、$x=-\frac{1}{2}$ 时,级数是否收敛,用我们前面介绍的审敛法难以判定,需要更精细的审敛法,这里不再介绍了.

解法二 令 $x^2=t$,原级数变为 $\displaystyle\sum_{n=0}^{\infty}\frac{2(n)!}{(n!)^2}t^n$,此时可用定理 2,因为

$$\rho=\lim_{n\to\infty}\left|\frac{a_{n+1}}{a_n}\right|=\lim_{n\to\infty}\frac{[2(n+1)]!}{[(n+1)!]^2}\cdot\frac{(n!)^2}{(2n)!}=4,$$

故 t 的幂级数的收敛半径为 $R = \frac{1}{4}$. 以 $x^2 = t$ 代回,因此原级数的收敛区间为 $\left(-\frac{1}{2}, \frac{1}{2}\right)$.

10.3.3 幂级数的运算

1. 幂级数的代数运算

设有两幂级数

$$a_0 + a_1 x + a_2 x^2 + \cdots + a_n x^n + \cdots, \tag{10.3.4}$$

$$b_0 + b_1 x + b_2 x^2 + \cdots + b_n x^n + \cdots, \tag{10.3.5}$$

其收敛半径分别为 R_1 和 $R_2 (R_1, R_2 > 0)$,记 $R = \min(R_1, R_2)$,则这两个幂级数在区间 $(-R, R)$ 内有如下运算:

(1) 加减法

$$\sum_{n=0}^{\infty} a_n x^n \pm \sum_{n=0}^{\infty} b_n x^n = \sum_{n=0}^{\infty} (a_n \pm b_n) x^n. \tag{10.3.6}$$

(2) 乘法

$$\left(\sum_{n=0}^{\infty} a_n x^n\right) \cdot \left(\sum_{n=0}^{\infty} b_n x^n\right) = \sum_{n=0}^{\infty} (a_0 b_n + a_1 b_{n-1} + \cdots + a_n b_0) x^n. \tag{10.3.7}$$

除法运算较复杂,就不介绍了.

2. 幂级数的分析运算

设幂级数 $\sum_{n=0}^{\infty} a_n x^n$ 在收敛区间内的和函数为 $S(x)$,则在收敛区间 $(-R, R)$ 内有如下性质:

(1) 幂级数的和函数 $S(x)$ 是连续函数;

(2) 幂级数的和函数 $S(x)$ 是可导的,且

$$S'(x) = \left(\sum_{n=0}^{\infty} a_n x^n\right)' = \sum_{n=0}^{\infty} (a_n x^n)' = \sum_{n=1}^{\infty} n a_n x^{n-1}, \tag{10.3.8}$$

即幂级数可逐项求导,求导后所得的幂级数的收敛半径与原级数相同;

(3) 幂级数的和函数 $S(x)$ 是可积的,且

$$\int_0^x S(x) \mathrm{d}x = \int_0^x \left(\sum_{n=0}^{\infty} a_n x^n\right) \mathrm{d}x = \sum_{n=0}^{\infty} \int_0^x a_n x^n \mathrm{d}x = \sum_{n=0}^{\infty} \frac{a_n}{n+1} x^{n+1}, \tag{10.3.9}$$

即幂级数可逐项积分,积分后所得的幂级数的收敛半径与原级数相同. 应该注意,上面等式两端所作的都是下限为 0 上限为 x 的变上限积分,x 是收敛区间内的一个动点.

反复多次应用性质 2 可知幂级数的和函数在收敛区间 $(-R, R)$ 内具有任意阶导数.

例 5 已知

$$1 + x + x^2 + \cdots + x^n + \cdots = \frac{1}{1-x} \quad (-1 < x < 1).$$

对上面级数逐项求导得

$$1 + 2x + 3x^2 + \cdots + n x^{n-1} + \cdots = \frac{1}{(1-x)^2} \quad (-1 < x < 1),$$

逐项积分得

$$x + \frac{1}{2} x^2 + \cdots + \frac{1}{n+1} x^{n+1} + \cdots = -\ln(1-x) \quad (-1 \leqslant x < 1).$$

借助于幂级数的上述性质和某些已知级数的和函数,可以求出另外一些幂级数的和函数.

例 6 求级数 $\sum_{n=0}^{\infty} \frac{1}{2n+1} x^{2n+1}$ 的收敛区间及和函数,并求 $\sum_{n=0}^{\infty} \frac{1}{2n+1} \left(\frac{1}{2}\right)^{2n+1}$ 的值.

解 由于幂级数只含 x 的奇次幂,故直接用比值法求收敛半径.

$$\lim \left| \frac{x^{2n+3}}{2n+3} \cdot \frac{2n+1}{x^{2n+1}} \right| = |x|^2,$$

当 $|x|^2 < 1$ 即 $|x| < 1$ 时级数收敛,故收敛区间为 $(-1,1)$. 令

$$S(x) = \sum_{n=0}^{\infty} \frac{1}{2n+1} x^{2n+1} \quad (-1 < x < 1),$$

对上面的级数逐项求导得

$$S'(x) = \sum_{n=0}^{\infty} x^{2n} = \frac{1}{1-x^2} \quad (-1 < x < 1).$$

对上式两端从 0 到 x 进行积分,得

$$S(x) - S(0) = \int_0^x \frac{1}{1-x^2} \mathrm{d}x = \frac{1}{2} \ln \frac{1+x}{1-x}.$$

由于 $S(0) = 0$,所以

$$S(x) = \frac{1}{2} \ln \frac{1+x}{1-x} \quad (-1 < x < 1).$$

由于 $x = \frac{1}{2} \in (-1,1)$,代入原级数有

$$\sum_{n=0}^{\infty} \frac{1}{2n+1} \left(\frac{1}{2}\right)^{2n+1} = S\left(\frac{1}{2}\right) = \frac{1}{2} \ln \frac{1+\frac{1}{2}}{1-\frac{1}{2}} = \frac{1}{2} \ln 3.$$

习题 10-3

1. 求下列幂级数的收敛半径:

(1) $\sum_{n=1}^{\infty} n4^{n+1} x^n$;

(2) $\sum_{n=1}^{\infty} \frac{2n-1}{2^n} x^{2n-2}$;

(3) $\sum_{n=0}^{\infty} \frac{(-1)^n}{(n+k)!} \left(\frac{x}{2}\right)^{2n+k}$;

(4) $\sum_{n=1}^{\infty} \frac{3^n + (-2)^n}{n} x^n$.

2. 求下列幂级数的收敛域:

(1) $x + 2x^2 + 3x^3 + \cdots$;

(2) $1 - x + \frac{x^2}{2^2} - \frac{x^3}{3^2} + \cdots$;

(3) $\frac{x}{2} + \frac{x^2}{2 \cdot 4} + \frac{x^3}{2 \cdot 4 \cdot 6} + \cdots$;

(4) $\frac{x}{1 \cdot 3} + \frac{x^2}{2 \cdot 3^2} + \frac{x^3}{3 \cdot 3^3} + \cdots$;

(5) $\sum_{n=1}^{\infty} \frac{(x-5)^n}{\sqrt{n}}$;

(6) $\sum_{n=1}^{\infty} \frac{(x-3)^{2n}}{n^2+1}$.

3. 求下列各幂级数的收敛区间及和函数:

(1) $\sum_{n=1}^{\infty} \frac{x^{4n+1}}{4n+1}$;

(2) $\sum_{n=1}^{\infty} \frac{n(n+1)}{2} x^{n-1}$;

(3) $\sum_{n=1}^{\infty} \dfrac{2n-1}{2^n} x^{2n-2}$; (4) $\sum_{n=1}^{\infty} n(n+1)x^n$.

4. 试证若幂级数 $\sum_{n=1}^{\infty} a_n (x-2)^n$ 在 $x=-1$ 处收敛,则该级数在 $x=4$ 处绝对收敛.

5. 判断下列命题是否正确:

(1) 幂级数 $\sum_{n=0}^{\infty} a_n (x-x_0)^n$ 与幂级数 $\sum_{n=0}^{\infty} a_n x^n$ 的收敛半径相等;

(2) 幂级数 $\sum_{n=0}^{\infty} a_n (x-x_0)^n$ 与 $\sum_{n=0}^{\infty} a_n x^{2n}$ 的收敛半径相等;

(3) 若幂级数 $\sum_{n=0}^{\infty} a_n (x-3)^n$ 在 $x=1$ 处收敛,则该级数的收敛半径 $R \geqslant 2$;

(4) 若幂级数 $\sum_{n=0}^{\infty} a_n (x-3)^n$ 在 $x=1$ 处发散,则该级数的收敛半径 $R < 2$;

(5) 若幂级数 $\sum_{n=1}^{\infty} a_n x^n$ 的收敛半径为 R ,则幂级数 $\sum_{n=1}^{\infty} \dfrac{a_n}{n+1} x^{n+1}$ 的收敛半径为 R ;

(6) 若幂级数 $\sum_{n=0}^{\infty} a_n (x+1)^n$ 在 $x=3$ 处收敛,则幂级数 $\sum_{n=0}^{\infty} a_n (x+1)^{2n}$,在 $x=-3$ 处绝对收敛.

10.4 函数展开成泰勒级数

10.3 节讨论了幂级数的收敛区间及其和函数的问题.在许多实际应用中,我们还会遇到相反的问题:给定函数 $f(x)$,能否找到一个幂级数,它在某区间内收敛,且其和函数恰好就是给定的函数.如果能找到这样的幂级数,则说**函数 $f(x)$ 在该区间内能展开成幂级数**,而该幂级数则称为**函数 $f(x)$ 的幂级数展开式**.

10.4.1 泰勒级数

在 3.5 节中,我们已看到,若函数 $f(x)$ 在点 x_0 的某一邻域内具有直到 $n+1$ 阶的导数,则在该领域内有 $f(x)$ 的 n 阶泰勒公式

$$f(x) = f(x_0) + f'(x_0)(x-x_0) + \frac{f''(x_0)}{2!}(x-x_0)^2 + \cdots$$

$$+ \frac{f^n(x_0)}{n!}(x-x_0)^n + R_n(x) \tag{10.4.1}$$

成立,其中

$$R_n(x) = \frac{f^{(n+1)}(\xi)}{(n+1)!}(x-x_0)^{n+1} \tag{10.4.2}$$

称为**拉格朗日型余项**, ξ 是 x 与 x_0 之间的某个值.

若令

$$p_n(x) = f(x_0) + f'(x_0)(x-x_0) + \cdots + \frac{f^{(n)}(x_0)}{n!}(x-x_0)^n, \tag{10.4.3}$$

则式(10.4.1)可记为

$$f(x) = p_n(x) + R_n(x). \tag{10.4.4}$$

我们知道,若以多项式(10.4.3)近似表达函数 $f(x)$ 时, $|R_n(x)|$ 就是误差. 显然,如果 $|R_n(x)|$ 随着 n 的增大而减小时,那么我们就可用增加多项式(10.4.3)的项数来提高精确度. 很自然,如果 $f(x)$ 在 x_0 的某领域内具有任意阶导数 $f'(x), f''(x), \cdots, f^{(n)}(x), \cdots$,这时式(10.4.3)的项数可趋丁无穷而成为幂级数

$$f(x_0) + f'(x_0)(x-x_0) + \frac{f''(x_0)}{2!}(x-x_0)^2 + \cdots + \frac{f^{(n)}(x_0)}{n!}(x-x_0)^n + \cdots, \tag{10.4.5}$$

幂级数(10.4.5)称为**函数 $f(x)$ 在点 x_0 处生成的泰勒级数**. 幂级数(10.4.5)是否收敛? 如果收敛,是否收敛于 $f(x)$? 关于这些问题有下面定理.

定理 设函数 $f(x)$ 在 x_0 的某一邻域内具有任意阶导数,则 $f(x)$ 在该邻域内能展开成泰勒级数的充分必要条件是 $f(x)$ 的泰勒公式(10.4.1)中的余项 $R_n(x)$ 当 $n\to\infty$ 时的极限为零,即

$$\lim_{n\to\infty}R_n(x) = 0.$$

证明 先证必要性.

设 $f(x)$ 在 x_0 某一邻域中能展开泰勒级数(10.4.5)

$$f(x) = \sum_{n=0}^{\infty}\frac{f^{(n)}(x_0)}{n!}(x-x_0)^n,$$

即

$$\lim_{n\to\infty}p_n(x) = f(x),$$

由式(10.4.4)知

$$R_n(x) = f(x) - p_n(x),$$

故

$$\lim_{n\to\infty}R_n(x) = \lim_{n\to\infty}[f(x) - p_n(x)]$$
$$= f(x) - \lim_{n\to\infty}p_n(x) = f(x) - f(x) = 0.$$

再证充分性.

若在 x_0 的某一邻域中,有

$$\lim_{n\to\infty}R_n(x) = 0,$$

由式(10.4.4), $p_n(x) = f(x) - R_n(x)$,故

$$\lim_{n\to\infty}p_n(x) = \lim_{n\to\infty}[f(x) - R_n(x)] = f(x) - \lim_{n\to\infty}R_n(x) = f(x).$$

这说明 $f(x)$ 的泰勒级数在该邻域中收敛,且收敛到 $f(x)$.

归结起来,函数 $f(x)$ 在 x_0 的某邻域中能展成泰勒级数的充要条件是: $f(x)$ 有任意阶导数;且有 $\lim_{n\to\infty}R_n(x)=0$. 这时我们称 $f(x)$ **在点 x_0 处可展开成泰勒级数**

$$f(x) = f(x_0) + f'(x_0)(x-x_0) + \frac{f''(x_0)}{2!}(x-x_0)^2 + \cdots$$
$$+ \frac{f^{(n)}(x_0)}{n!}(x-x_0)^n + \cdots, \tag{10.4.6}$$

式(10.4.6)右端就是**函数 $f(x)$ 在 x_0 处的泰勒级数**.

当 $x_0 = 0$ 时,式(10.4.6)成为

$$f(x) = f(0) + f'(0)x + \frac{f''(0)}{2!}x^2 + \cdots + \frac{f^{(n)}(0)}{n!}x^n + \cdots, \tag{10.4.7}$$

式(10.4.7)右端称为函数 $f(x)$ 的**麦克劳林级数**.

通常说将函数 $f(x)$ 展成 x 的幂级数都是指的麦克劳林级数. 我们还可证明, 这种展开式的形式是唯一的, 即如果 $f(x)$ 能展成 x 的幂级数, 它一定是 $f(x)$ 的麦克劳林级数. 即若 $f(x)$ 可展成收敛半径大于零的幂级数 $\sum\limits_{n=0}^{\infty} a_n x^n$, 则必定有 $a_n = \dfrac{f^{(n)}(0)}{n!}$ $(n=0,1,2,\cdots)$.

10.4.2 把函数展成幂级数

1. 直接展开法

根据以上讨论, 要把函数 $f(x)$ 展开成 x 的幂级数, 可按下列步骤进行:

第一步 求出 $f(x)$ 在 $x=0$ 点的函数值及各阶导数 $f(0), f'(0), f''(0), \cdots, f^{(n)}(0), \cdots$. 如果发现某阶导数不存在, 就停止进行, 该函数不能展开成 x 的幂级数.

第二步 写出幂级数

$$f(0) + f'(0)x + \frac{f''(0)}{2!}x^2 + \cdots + \frac{f^{(n)}(0)}{n!}x^n + \cdots,$$

并求出收敛半径 R.

第三步 在收敛区间 $(-R, R)$ 内, 证明 $R_n(x)$ 当 $n \to \infty$ 时趋于零.

只有在证明了 $\lim\limits_{n \to \infty} R_n(x) = 0$ 后, 第二步所写出的级数才是函数 $f(x)$ 的幂级数展开式.

例1 将函数 $f(x) = e^x$ 展开成 x 的幂级数.

解 因为 $f^{(n)}(x) = e^x (n=1,2,\cdots)$, 所以, $f(0)=1, f^{(n)}(0)=1$ $(n=1,2,\cdots)$, 于是得幂级数

$$1 + x + \frac{1}{2!}x^2 + \cdots + \frac{1}{n!}x^n + \cdots.$$

因 $\lim\limits_{n \to \infty} \left| \dfrac{1}{(n+1)!} \cdot n! \right| = 0$, 故收敛半径 $R = +\infty$.

考察余项的绝对值

$$|R_n(x)| = \left| \frac{e^{\xi}}{(n+1)!}x^{n+1} \right| < e^{|x|} \frac{|x|^{n+1}}{(n+1)!}.$$

因为 ξ 在 0 与 x 之间, $|\xi| < |x|$, $e^{|x|}$ 是有限值, 而 $\dfrac{|x|^{n+1}}{(n+1)!}$ 是收敛级数 $\sum\limits_{n=0}^{\infty} \dfrac{|x|^{n+1}}{(n+1)!}$ 的一般项, 故 $\lim\limits_{n \to \infty} \dfrac{|x|^{n+1}}{(n+1)!} = 0$, 所以当 $n \to \infty$ 时, $R_n(x) \to 0$. 于是得展开式

$$e^x = 1 + x + \frac{x^2}{2!} + \cdots + \frac{x^n}{n!} + \cdots \quad (-\infty < x < +\infty). \tag{10.4.8}$$

例2 将函数 $f(x) = \sin x$ 展开成 x 的幂级数.

解 因为 $f^{(n)}(x) = \sin\left(x + n \cdot \dfrac{\pi}{2}\right)$, 所以, $f^{(n)}(0) = \sin\left(n \cdot \dfrac{\pi}{2}\right)$, 当 $n = 0,1,2,\cdots$ 时顺序循环地取值 $0,1,0,-1$. 于是得到幂级数

$$x - \frac{x^3}{3!} + \frac{x^5}{5!} - \cdots + (-1)^{n-1} \frac{x^{2n-1}}{(2n-1)!} + \cdots,$$

容易求得它的收敛半径为 $R = +\infty$.

与例1相似, 可以证

$$|R_n(x)| = \left| \frac{\sin\left(\xi + \frac{n+1}{2}\pi\right)}{(n+1)!} x^{n+1} \right| \leqslant \frac{|x|^{n+1}}{(n+1)!} \to 0 \quad (n \to \infty).$$

故得展开式

$$\sin x = x - \frac{x^3}{3!} + \frac{x^5}{5!} - \cdots + (-1)^n \frac{x^{2n+1}}{(2n+1)!} + \cdots \quad (-\infty < x < +\infty).$$

(10.4.9)

用直接展开法我们还可得到二项式函数 $f(x) = (1+x)^m$ 的幂级数展开式

$$(1+x)^m = 1 + mx + \frac{m(m-1)}{2!}x^2 + \cdots$$
$$+ \frac{m(m-1)\cdots(m-n+1)}{n!}x^n + \cdots \quad (-1 < x < 1), \quad (10.4.10)$$

其中 m 为任一实数.

公式(10.4.10)称为**二项展开式**.特别地,当 m 为正整数时,式(10.4.10)的右端是 x 的 m 次多项式,它就是代数学中的二项式定理.

当 $m = -1, m = \frac{1}{2}, m = -\frac{1}{2}$ 时分别有

$$\frac{1}{1+x} = (1+x)^{-1} = 1 - x + x^2 - x^3 + \cdots \quad (-1 < x < 1), \quad (10.4.11)$$

$$\sqrt{1+x} = (1+x)^{\frac{1}{2}} = 1 + \frac{1}{2}x - \frac{1}{2\times4}x^2 + \frac{1\times3}{2\times4\times6}x^3 - \cdots \quad (-1 < x < 1),$$

(10.4.12)

$$\frac{1}{\sqrt{1+x}} = (1+x)^{-\frac{1}{2}} = 1 - \frac{1}{2}x + \frac{1\times3}{2\times4}x^2 - \frac{1\times3\times5}{2\times4\times6}x^3 + \cdots \quad (-1 < x < 1).$$

(10.4.13)

2. 间接展开法

由于函数的幂级数展开式是唯一的,且这个幂级数一定是函数 $f(x)$ 的泰勒级数,因此,将一个函数在一点 x_0 处展开为幂级数,则不管使用什么方法所得到的幂级数展开式都是一样的.上面我们已经看到直接展开法虽可直接得到展开式,但其计算量较大,且余项的研究并不容易,因而在许多场合我们常利用一些已知函数的幂级数展开式、幂级数的运算性质和变量代换等,将所给函数展开为幂级数,这种方法称为**间接展开法**.这种方法不但计算简单,而且可以避免研究余项,与直接展开法所得结果一致.为简单计,展开式在收敛区间端点处的敛散性,如题目未作明确要求,则可不加讨论.

例3 将函数 $f(x) = \cos x$ 展开成 x 的幂级数.

解 利用 $\sin x$ 展开式(10.4.9),逐项求导得

$$\cos x = 1 - \frac{x^2}{2!} + \frac{x^4}{4!} - \cdots + (-1)^n \frac{x^{2n}}{(2n)!} + \cdots \quad (-\infty < x < +\infty). \quad (10.4.14)$$

例4 将函数 $f(x) = \ln(1+x)$ 展开成 x 的幂级数.

解 因为 $f'(x) = \frac{1}{1+x}$,而

$$\frac{1}{1+x} = 1 - x + x^2 - \cdots + (-1)^n x^n + \cdots \quad (-1 < x < 1).$$

将上式两端由 0 到 x 逐项积分,得

$$\int_0^x \frac{1}{1+x}\mathrm{d}x = \int_0^x (1-x+x^2-x^3+\cdots)\mathrm{d}x$$

$$= x - \frac{x^2}{2} + \frac{x^3}{3} - \cdots + \frac{(-1)^n}{n+1}x^{n+1} + \cdots \quad (-1 < x < 1),$$

即

$$\ln(1+x) = x - \frac{x^2}{2} + \frac{x^3}{3} - \cdots + \frac{(-1)^n}{n+1}x^{n+1} + \cdots \quad (-1 < x < 1). \tag{10.4.15}$$

式(10.4.15)右端的级数当 $x=1$ 时收敛,$x=-1$ 时发散,故收敛域为 $(-1,1]$.由此还可得

$$\ln 2 = 1 - \frac{1}{2} + \frac{1}{3} - \frac{1}{4} + \cdots.$$

例5 将函数 $f(x) = \dfrac{1}{a-x}(a\neq 0)$ 按指定形式展开成幂级数.

(1) 按 x 的乘幂展开;

(2) 按 $x-b$ 的乘幂展开,这时 $b\neq a$.

解 (1) 因为

$$\frac{1}{1-x} = 1 + x + x^2 + \cdots \quad (|x| < 1),$$

利用上式,则得

$$\frac{1}{a-x} = \frac{1}{a} \cdot \frac{1}{1-\frac{x}{a}} = \frac{1}{a}\left[1 + \left(\frac{x}{a}\right) + \left(\frac{x}{a}\right)^2 + \cdots\right] \quad \left(\left|\frac{x}{a}\right| < 1\right).$$

所以有

$$\frac{1}{a-x} = \sum_{n=0}^{\infty} \frac{x^n}{a^{n+1}} \quad (|x| < |a|).$$

(2) 若按 $x-b(b\neq a)$ 的乘幂展开,则有

$$\frac{1}{a-x} = \frac{1}{(a-b)-(x-b)} = \frac{1}{a-b} \cdot \frac{1}{1-\frac{x-b}{a-b}}$$

$$= \frac{1}{a-b}\left[1 + \left(\frac{x-b}{a-b}\right) + \left(\frac{x-b}{a-b}\right)^2 + \cdots\right]$$

$$= \sum_{n=0}^{\infty} \frac{1}{(a-b)^{n+1}}(x-b)^n \quad (|x-b| < |a-b|).$$

例6 求函数 $\dfrac{1}{2x^2+x-1}$ 的麦克劳林展开式.

解 $\dfrac{1}{2x^2+x-1} = \dfrac{1}{(x+1)(2x-1)} = -\dfrac{1}{3}\left[\dfrac{1}{1+x} + \dfrac{2}{1-2x}\right]$,

而

$$\frac{1}{1+x} = 1 - x + x^2 - \cdots \quad (-1 < x < 1),$$

$$\frac{1}{1-2x} = 1 + 2x + (2x)^2 + (2x)^3 + \cdots \quad \left(-\frac{1}{2} < x < \frac{1}{2}\right).$$

由幂级数的加法运算,有

$$\frac{1}{2x^2+x-1} = -\frac{1}{3}\left[\frac{1}{1+x} + \frac{2}{1-2x}\right]$$

$$= -\frac{1}{3}\{[1 - x + x^2 - x^3 + \cdots + (-1)^n x^n + \cdots]$$

$$+ 2[1 + 2x + (2x)^2 + (2x)^3 + \cdots + (2x)^n + \cdots]\}$$

$$= -\frac{1}{3}\sum_{n=0}^{\infty}\left[(-1)^n + 2^{n+1}\right]x^n \quad \left(-\frac{1}{2} < x < \frac{1}{2}\right).$$

最后，我们把几个常用的初等函数的幂级数展开式汇集如下：

(1) $e^x = \sum_{n=0}^{\infty}\dfrac{x^n}{n!}\ (-\infty < x < +\infty)$；

(2) $\sin x = \sum_{n=0}^{\infty}(-1)^n\dfrac{x^{2n+1}}{(2n+1)!}\ (-\infty < x < +\infty)$；

(3) $\cos x = \sum_{n=0}^{\infty}(-1)^n\dfrac{x^{2n}}{(2n)!}\ (-\infty < x < +\infty)$；

(4) $\dfrac{1}{1-x} = \sum_{n=0}^{\infty}x^n\,(-1 < x < 1)$；

(5) $(1+x)^m = 1 + \sum_{n=1}^{\infty}\dfrac{m(m-1)\cdots(m-n+1)}{n!}x^n\,(-1 < x < 1)$；

(6) $\ln(1+x) = \sum_{n=0}^{\infty}(-1)^n\dfrac{x^{n+1}}{n+1}\ (-1 < x \leqslant 1)$；

(7) $\arctan x = \sum_{n=0}^{\infty}(-1)^n\dfrac{x^{2n+1}}{2n+1}\ (-1 \leqslant x \leqslant 1)$.

*10.4.3　函数的幂级数展开式的应用举例

幂级数的应用十分广泛，例如，对函数值作近似计算，对定积分作近似计算，以及利用幂级数求解微分方程等．下面举几个利用函数的幂级数展开式进行近似计算的例子．

例7　计算 e 的近似值（精确到四位小数）．

解　在 e^x 的展开式中令 $x = 1$，得

$$e = 1 + 1 + \frac{1}{2!} + \frac{1}{3!} + \cdots + \frac{1}{n!} + \cdots.$$

取前 $n+1$ 项的和作为 e 的近似值

$$e \approx 1 + 1 + \frac{1}{2!} + \frac{1}{3!} + \cdots + \frac{1}{n!},$$

根据本节中例 1 知

$$R_n < \frac{e}{(n+1)!} < \frac{3}{(n+1)!}.$$

取 $n = 7$ 并取五位小数计算，得

$$R_7 < \frac{3}{8!} = \frac{3}{40320} < 10^{-4},$$

$$e \approx 1 + 1 + \frac{1}{2!} + \cdots + \frac{1}{7!}$$

$$\approx 2 + 0.5 + 0.16667 + 0.04167 + 0.00833 + 0.00139 + 0.00020,$$

即得 $e \approx 2.7182$.

若精确度要求更高，可多取一些项进行计算．

例 8 计算 $\sqrt[5]{240}$ 的近似值(精确到四位小数).

解 因为

$$\sqrt[5]{240} = \sqrt[5]{243-3} = \sqrt[5]{3^5-3} = 3\left(1-\frac{1}{3^4}\right)^{\frac{1}{5}},$$

所以在二项展开式中取 $m=\frac{1}{5}$, $x=-\frac{1}{3^4}$, 即得

$$\sqrt[5]{240} = 3\left(1-\frac{1}{5}\times\frac{1}{3^4}-\frac{1\times4}{5^2\times2!}\cdot\frac{1}{3^8}-\frac{1\times4\times9}{5^3\times3!}\times\frac{1}{3^{12}}-\cdots\right).$$

由于这个级数收敛很快,且第三项为

$$\frac{1\times4}{5^2\times2!}\times\frac{1}{3^8} \approx 1.219\times10^{-5},$$

故取前两项计算得

$$\sqrt[5]{240} \approx 3\left(1-\frac{1}{5}\times\frac{1}{3^4}\right) \approx 2.9926.$$

例 9 求 $\sin10°$ 的近似值.

解 因为

$$\sin x = x - \frac{1}{3!}x^3 + \frac{1}{5!}x^5 - \cdots \quad (-\infty < x < +\infty),$$

而

$$10° = 10\times\frac{\pi}{180}弧度 = \frac{\pi}{18}弧度,$$

于是

$$\sin10° = \sin\frac{\pi}{18} = \frac{\pi}{18} - \frac{1}{3!}\left(\frac{\pi}{18}\right)^3 + \frac{1}{5!}\left(\frac{\pi}{18}\right)^5 - \cdots.$$

由于上式右端是满足莱布尼茨条件的交错级数,故

$$|R_2| \leqslant \frac{1}{5!}\left(\frac{\pi}{18}\right)^5 < \frac{1}{120}\times(0.2)^5 < \frac{1}{300000},$$

故取前两项之和作为 $\sin10°$ 的近似值:

$$\sin10° \approx \frac{\pi}{18} - \frac{1}{3!}\left(\frac{\pi}{18}\right)^3 \approx 0.17365,$$

这时误差不超过 10^{-5}.

10.4.4 欧拉公式

当 x 是实数时,我们已经得到

$$e^x = 1 + x + \frac{1}{2!}x^2 + \cdots + \frac{1}{n!}x^n + \cdots \quad (-\infty < x < +\infty). \tag{10.4.16}$$

当 z 是复数时,即 $z=x+iy(x,y$ 为实数)时,考察复数项级数

$$1 + z + \frac{1}{2!}z^2 + \cdots + \frac{1}{n!}z^n + \cdots. \tag{10.4.17}$$

将来可以证明复级数(10.4.17)在整个复平面上是绝对收敛的,并用它来定义**复变量指数函数**,记为

$$e^z = 1 + z + \frac{1}{2!}z^2 + \cdots + \frac{1}{n!}z^n + \cdots \quad (|z| < \infty). \tag{10.4.18}$$

在 x 轴上($z=x$)它就是实指数函数 e^x,即式(10.4.16);当 $x=0$ 时,z 为纯虚数 $iy(y\neq0)$,

式(10.4.18)成为

$$e^{iy} = 1 + iy + \frac{1}{2!}(iy)^2 + \cdots + \frac{1}{n!}(iy)^n + \cdots.$$

注意到 $i^2 = -1, i^3 = -i, i^4 = 1, \cdots$, 于是有

$$e^{iy} = \left(1 - \frac{1}{2!}y^2 + \frac{1}{4!}y^4 - \cdots\right) + i\left(y - \frac{1}{3!}y^3 + \frac{1}{5!}y^5 - \cdots\right)$$
$$= \cos y + i\sin y.$$

因 y 是实数, 换成习惯用符号 x, 上式变为

$$e^{ix} = \cos x + i\sin x, \tag{10.4.19}$$

这就是**欧拉公式**.

在式(10.4.19)中把 x 换为 $-x$, 又有

$$e^{-ix} = \cos x - i\sin x, \tag{10.4.20}$$

式(10.4.19)与式(10.4.20)相加、相减, 可得

$$\begin{cases} \cos x = \dfrac{e^{ix} + e^{-ix}}{2}, \\ \sin x = \dfrac{e^{ix} - e^{-ix}}{2i}. \end{cases} \tag{10.4.21}$$

这两个式子也叫做欧拉公式. 欧拉公式揭示了三角函数与复变量指数函数之间的内在联系.

习题 10-4

1. 将下列函数展开成 x 的幂级数, 并求其收敛区间:

(1) $\sinh x = \dfrac{e^x - e^{-x}}{2}$;　　　　(2) $a^x (a > 0)$;　　　　(3) $\sin\dfrac{x}{2}$;

(4) $\sin^2 x$;　　　　(5) $\ln\dfrac{1+x}{1-x}$;　　　　(6) $(1+x)\ln(1+x)$;

(7) $\dfrac{x}{\sqrt{1+x^2}}$;　　　　(8) $\dfrac{x}{2x^2 + 3x - 2}$.

2. 将函数 $f(x) = \lg x$ 在 $x_0 = 1$ 处展开为泰勒级数.

3. 将函数 $f(x) = \dfrac{1}{x^2 + 3x + 2}$ 展开成 $x + 4$ 的幂级数.

4. 将函数 $f(x) = \cos x$ 展开成 $x + \dfrac{\pi}{3}$ 的幂级数.

*5. 利用函数的幂级数展开式求下列各数的近似值(精确到 10^{-4}):

(1) $\sqrt{e}$;　　　　(2) $\cos 2°$.

10.5　傅里叶级数

除了上面所讨论的幂级数外, 还有一类很重要的级数, 就是**三角级数**, 它的一般形式是

$$\frac{a_0}{2} + \sum_{n=1}^{\infty}(a_n\cos nx + b_n\sin nx), \tag{10.5.1}$$

其中 $a_0, a_n, b_n (n = 1, 2, \cdots)$ 都是常数. 本节将如同讨论幂级数时一样, 着重讨论三角级

数(10.5.1)的收敛问题,以及如何把给定周期为 2π 的周期函数展开成三角级数等问题.

10.5.1 以 2π 为周期的函数的傅里叶级数

1. 三角函数系的正交性

函数系

$$1,\cos x,\sin x,\cos 2x,\sin 2x,\cdots,\cos nx,\sin nx,\cdots \tag{10.5.2}$$

称为**三角函数系**.所谓**三角函数系的正交性**是指在三角函数系(10.5.2)中任意两个不同函数的乘积在 $[-\pi,\pi]$ 上的积分等于零;而每个函数自身的平方在 $[-\pi,\pi]$ 上的积分不等于零,即

$$\begin{cases} \int_{-\pi}^{\pi} 1 \cdot \cos nx \, \mathrm{d}x = 0, & n = 1,2,\cdots, \\ \int_{-\pi}^{\pi} 1 \cdot \sin nx \, \mathrm{d}x = 0, & n = 1,2,\cdots, \\ \int_{-\pi}^{\pi} \sin mx \cos nx \, \mathrm{d}x = 0, & m,n = 1,2,\cdots, \\ \int_{-\pi}^{\pi} \cos mx \cos nx \, \mathrm{d}x = 0, & m,n = 1,2,\cdots, m \neq n, \\ \int_{-\pi}^{\pi} \sin mx \sin nx \, \mathrm{d}x = 0, & m,n = 1,2,\cdots, m \neq n. \end{cases} \tag{10.5.3}$$

$$\begin{cases} \int_{-\pi}^{\pi} 1^2 \, \mathrm{d}x = 2\pi, \\ \int_{-\pi}^{\pi} \cos^2 nx \, \mathrm{d}x = \pi, & n = 1,2,\cdots, \\ \int_{-\pi}^{\pi} \sin^2 nx \, \mathrm{d}x = \pi, & n = 1,2,\cdots. \end{cases} \tag{10.5.4}$$

以上等式,都可以通过计算定积分直接验证.例如,式(10.5.3)中的第四式,利用积化和差公式

$$\cos mx \cos nx = \frac{1}{2}[\cos(m+n)x + \cos(m-n)x],$$

当 $m \neq n$ 时,有

$$\begin{aligned} \int_{-\pi}^{\pi} \cos mx \cos nx \, \mathrm{d}x &= \frac{1}{2} \int_{-\pi}^{\pi} [\cos(m+n)x + \cos(m-n)x] \mathrm{d}x \\ &= \frac{1}{2} \left[\frac{\sin(m+n)x}{m+n} + \frac{\sin(m-n)x}{m-n} \right]_{-\pi}^{\pi} \\ &= 0, \quad m,n = 1,2,\cdots; m \neq n. \end{aligned}$$

其余等式请读者自行验证.

2. 以 2π 为周期的函数的傅里叶级数

有了三角函数系的正交性这一特性,很容易把周期是 2π 的函数展成三角级数(10.5.1).

假定 $f(x)$ 是周期为 2π 的周期函数,且能展开成三角级数

$$f(x) = \frac{a_0}{2} + \sum_{k=1}^{\infty} (a_k \cos kx + b_k \sin kx). \tag{10.5.5}$$

为了求出系数 $a_0,a_1,b_1,a_2,b_2,\cdots$,我们进一步假设级数(10.5.5)可以逐项积分.

先求 a_0. 对式(10.5.5)两端在$[-\pi,\pi]$上逐项积分,得

$$\int_{-\pi}^{\pi} f(x)\mathrm{d}x = \frac{a_0}{2}\int_{-\pi}^{\pi}\mathrm{d}x + \sum_{k=1}^{\infty}\left[a_k\int_{-\pi}^{\pi}\cos kx\,\mathrm{d}x + b_k\int_{-\pi}^{\pi}\sin kx\,\mathrm{d}x\right].$$

由三角函数系的正交性,上式右端除第一项外,其余各项均为零,所以

$$\int_{-\pi}^{\pi} f(x)\mathrm{d}x = \frac{a_0}{2}\cdot 2\pi = a_0\pi,$$

于是得

$$a_0 = \frac{1}{\pi}\int_{-\pi}^{\pi} f(x)\mathrm{d}x.$$

其次求 a_n. 在式(10.5.5)的两端乘以 $\cos nx$ 后再在$[-\pi,\pi]$上逐项积分,得

$$\int_{-\pi}^{\pi} f(x)\cos nx\,\mathrm{d}x = \frac{a_0}{2}\int_{-\pi}^{\pi}\cos nx\,\mathrm{d}x$$
$$+ \sum_{k=1}^{\infty}\left[a_k\int_{-\pi}^{\pi}\cos kx\cos nx\,\mathrm{d}x + b_k\int_{-\pi}^{\pi}\sin kx\cos nx\,\mathrm{d}x\right].$$

由三角函数系的正交性,等式右端只有含 $\cos^2 nx$ 的一项的积分不为零,其余各项均为零,所以

$$\int_{-\pi}^{\pi} f(x)\cos nx\,\mathrm{d}x = a_n\int_{-\pi}^{\pi}\cos^2 nx\,\mathrm{d}x = a_n\pi,$$

于是得

$$a_n = \frac{1}{\pi}\int_{-\pi}^{\pi} f(x)\cos nx\,\mathrm{d}x, \quad n=1,2,\cdots.$$

类似地,在式(10.5.5)的两端乘以 $\sin nx$ 后,再在$[-\pi,\pi]$上积分,可得

$$b_n = \frac{1}{\pi}\int_{-\pi}^{\pi} f(x)\sin nx\,\mathrm{d}x, \quad n=1,2,\cdots.$$

所得系数 a_0, a_n, b_n 的计算公式可以合并成公式

$$\begin{cases} a_n = \dfrac{1}{\pi}\displaystyle\int_{-\pi}^{\pi} f(x)\cos nx\,\mathrm{d}x, & n=0,1,2,\cdots, \\[2mm] b_n = \dfrac{1}{\pi}\displaystyle\int_{-\pi}^{\pi} f(x)\sin nx\,\mathrm{d}x, & n=1,2,\cdots. \end{cases} \tag{10.5.6}$$

由此可见,如果以 2π 为周期的函数 $f(x)$ 能展开成三角级数(10.5.5),其系数 a_0, a_n, b_n ($n=1,2,\cdots$)由式(10.5.6)来确定.式(10.5.6)所确定的系数叫做函数 $f(x)$ 的**傅里叶系数**,将这些系数代入式(10.5.5)右端所得的三角级数叫做函数 $f(x)$ 的**傅里叶级数**,一般记为

$$f(x) \sim \frac{a_0}{2} + \sum_{n=1}^{\infty}(a_n\cos nx + b_n\sin nx). \tag{10.5.7}$$

3. 收敛定理

10.4.4 节告诉我们,以 2π 为周期的函数 $f(x)$ 只要式(10.5.6)积分存在,则可以写出 $f(x)$ 的傅里叶级数(10.5.7).现在的问题是这个级数是否一定收敛?如果收敛,和函数是否就是 $f(x)$? 下面的收敛定理就回答了这个问题.

收敛定理(狄利克雷充分条件)　设 $f(x)$ 是周期为 2π 的周期函数,如果它满足条件:在一个周期内连续或只有有限个第一类间断点,并且至多只有有限个极值点,则 $f(x)$ 的傅

里叶级数收敛,并且

(1) 当 x 是 $f(x)$ 的连续点时,级数收敛于 $f(x)$;

(2) 当 x 是 $f(x)$ 的间断点时,级数收敛于

$$\frac{f(x-0)+f(x+0)}{2}.$$

在定理中所提出的条件,通常称为**狄利克雷条件**,简称为**狄氏条件**,它比函数展开幂级数的条件低得多,在实际问题中所遇到的周期函数,一般都能满足. 根据这一收敛定理,我们可以把以 2π 为周期的函数 $f(x)$ 展开成它的傅里叶级数.

例 1 设矩形波 $u(t)$ 的周期为 2π,它在 $[-\pi,\pi)$ 上的表达式为

$$u(t) = \begin{cases} -1, & -\pi \leqslant t < 0, \\ 1, & 0 \leqslant t < \pi. \end{cases}$$

试将 $u(t)$ 展开为傅里叶级数.

解 矩形波 $u(t)$ 的图形如图 10-4 所示,它满足收敛定理的条件,由公式(10.5.6)计算 $u(t)$ 的傅里叶系数如下:

$$a_0 = \frac{1}{\pi}\int_{-\pi}^{\pi} u(t)\mathrm{d}t = \frac{1}{\pi}\int_{-\pi}^{0}(-1)\mathrm{d}t + \frac{1}{\pi}\int_{0}^{\pi}1\mathrm{d}t = -1+1 = 0;$$

$$a_n = \frac{1}{\pi}\int_{-\pi}^{\pi} u(t)\cos nt\,\mathrm{d}t = \frac{1}{\pi}\int_{-\pi}^{0}(-1)\cos nt\,\mathrm{d}t + \frac{1}{\pi}\int_{0}^{\pi}1\cdot\cos nt\,\mathrm{d}t$$

$$= -\frac{1}{\pi}\left[\frac{\sin nt}{n}\right]_{-\pi}^{0} + \frac{1}{\pi}\left[\frac{\sin nt}{n}\right]_{0}^{\pi} = 0, \quad n = 1,2,\cdots;$$

$$b_n = \frac{1}{\pi}\int_{-\pi}^{\pi} u(t)\sin nt\,\mathrm{d}t = \frac{1}{\pi}\int_{-\pi}^{0}(-1)\sin nt\,\mathrm{d}t + \frac{1}{\pi}\int_{0}^{\pi}1\cdot\sin nt\,\mathrm{d}t$$

$$= \frac{1}{\pi}\left[\frac{\cos nt}{n}\right]_{-\pi}^{0} + \frac{1}{\pi}\left[-\frac{\cos nt}{n}\right]_{0}^{\pi}$$

$$= \frac{1}{\pi}\left(\frac{1}{n} - \frac{\cos n\pi}{n}\right) + \frac{1}{\pi}\left(\frac{-\cos n\pi}{n} + \frac{1}{n}\right)$$

$$= \frac{2}{n\pi}[1-(-1)^n] = \begin{cases} \dfrac{4}{n\pi}, & n = 1,3,5,\cdots, \\ 0, & n = 2,4,6,\cdots. \end{cases}$$

于是 $u(t)$ 的傅里叶级数为

$$u(t) \sim \frac{4}{\pi}\left[\sin t + \frac{1}{3}\sin 3t + \cdots + \frac{1}{2k-1}\sin(2k-1)t + \cdots\right].$$

根据收敛定理,由于 $u(t)$ 在 $t=k\pi(k=0,\pm 1,\pm 2,\cdots)$ 处不连续,其他点处均连续,故当 $t\neq k\pi$ 时,傅里叶级数收敛于 $u(t)$,当 $t=k\pi$ 时,傅里叶级数收敛于

$$\frac{u(k\pi+0)+u(k\pi-0)}{2} = 0.$$

而 $u(t)$ 的展开式为

$$u(t) = \frac{4}{\pi}\left[\sin t + \frac{1}{3}\sin 3t + \cdots + \frac{1}{2k-1}\sin(2k-1)t + \cdots\right],$$

$$(-\infty < t < +\infty; \ t \neq k\pi, k = 0,\pm 1,\pm 2,\cdots),$$

以 $S(t)$ 表示 $u(t)$ 的傅里叶级数的和函数,它的图形如图 10-5 所示(注意与图 10-4 的差别).

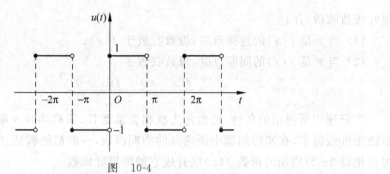

图　10-4

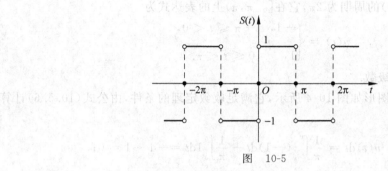

图　10-5

例 2　设 $f(x)$ 是周期为 2π 的函数,它在 $[-\pi,\pi)$ 上的表达式为

$$f(x) = \begin{cases} -\pi, & -\pi \leqslant x < 0; \\ x, & 0 \leqslant x < \pi. \end{cases}$$

试将 $f(x)$ 展开为傅里叶级数(见图 10-6).

解　函数 $f(x)$ 在 $[-\pi,\pi)$ 上满足狄氏条件,$f(x)$ 的傅里叶系数为

$$a_0 = \frac{1}{\pi} \int_{-\pi}^{\pi} f(x)\mathrm{d}x = \frac{1}{\pi} \int_{-\pi}^{0} (-\pi)\mathrm{d}x + \frac{1}{\pi} \int_{0}^{\pi} x\mathrm{d}x = -\frac{\pi}{2};$$

$$a_n = \frac{1}{\pi} \int_{-\pi}^{\pi} f(x)\cos nx\,\mathrm{d}x = \frac{1}{\pi} \int_{-\pi}^{0} (-\pi)\cos nx\,\mathrm{d}x + \frac{1}{\pi} \int_{0}^{\pi} x\cos nx\,\mathrm{d}x$$

$$= \frac{1}{\pi} \left[\frac{-\pi\sin nx}{n} \right]_{-\pi}^{0} + \frac{1}{\pi} \left[\frac{x\sin nx}{n} + \frac{\cos nx}{n^2} \right]_{0}^{\pi}$$

$$= \frac{1}{n^2\pi} [\cos n\pi - 1] = \frac{1}{n^2\pi} [(-1)^n - 1] = \begin{cases} \dfrac{-2}{n^2\pi}, & n = 1,3,5,\cdots, \\ 0, & n = 2,4,6,\cdots. \end{cases}$$

$$b_n = \frac{1}{\pi} \int_{-\pi}^{\pi} f(x)\sin nx\,\mathrm{d}x = \frac{1}{\pi} \int_{-\pi}^{0} (-\pi)\sin nx\,\mathrm{d}x + \frac{1}{\pi} \int_{0}^{\pi} x\sin nx\,\mathrm{d}x$$

$$= \frac{1}{\pi} \left[\frac{\pi\cos nx}{n} \right]_{-\pi}^{0} + \frac{1}{\pi} \left[-\frac{x\cos nx}{n} + \frac{\sin nx}{n^2} \right]_{0}^{\pi}$$

$$= \frac{1}{n} [1 - (-1)^n] + \left[-\frac{(-1)^n}{n} \right]$$

$$= \frac{1}{n} [1 - 2(-1)^n] = \begin{cases} \dfrac{3}{n}, & n = 1,3,5,\cdots, \\ -\dfrac{1}{n}, & n = 2,4,6,\cdots. \end{cases}$$

根据收敛定理,在间断点 $x=2k\pi$ 处,级数收敛于 $\dfrac{-\pi+0}{2}=-\dfrac{\pi}{2}$; 在间断点 $x=(2k+1)$ π 处,级数收敛于 $\dfrac{\pi+(-\pi)}{2}=0$; 其余点均收敛于 $f(x)$.

于是 $f(x)$ 的傅里叶级数为

$$f(x) = -\frac{\pi}{4} - \frac{2}{\pi}\cos x + 3\sin x - \frac{1}{2}\sin 2x - \frac{2}{3^2\pi}\cos 3x$$

$$+ \sin 3x - \frac{1}{4}\sin 4x - \cdots \quad (-\infty < x < +\infty, x \neq 0, \pm\pi, \pm 2\pi, \cdots).$$

以 $S(x)$ 表示傅里叶级数的和函数,则

$$S(x) = \begin{cases} f(x), & x \neq k\pi; \ k = 0, \pm 1, \cdots, \\ -\dfrac{\pi}{2}, & x = 2k\pi; \ k = 0, \pm 1, \cdots, \\ 0, & x = (2k+1)\pi; \ k = 0, \pm 1, \cdots. \end{cases}$$

和函数 $S(x)$ 的图形如图 10-7 所示.

注意图 10-7 与图 10-6 的差别.

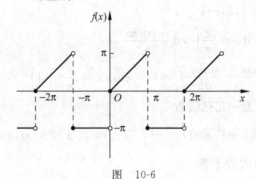

图 10-6

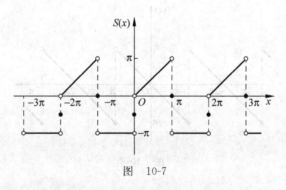

图 10-7

4. 奇函数和偶函数的傅里叶级数

如果所给的函数以 2π 为周期,同时它又是奇函数或偶函数(一个周期内可允许个别点不符合奇偶函数的定义),此时,我们可以利用奇、偶函数在对称区间上积分的性质简化傅里叶系数的计算.

当 $f(x)$ 是周期为 2π 的奇函数时,它的傅里叶系数为

$$\begin{cases} a_n = 0, & n = 0, 1, 2, \cdots, \\ b_n = \dfrac{2}{\pi}\displaystyle\int_0^\pi f(x)\sin nx \, \mathrm{d}x, & n = 1, 2, 3, \cdots. \end{cases} \tag{10.5.8}$$

由此可见,奇函数 $f(x)$ 的傅里叶级数是只含正弦项的**正弦级数**,即

$$f(x) \sim \sum_{n=1}^{\infty} b_n \sin nx.$$

当 $f(x)$ 是周期为 2π 的偶函数时,则它的傅里叶系数为

$$\begin{cases} a_n = \dfrac{2}{\pi} \int_0^\pi f(x)\cos nx\, dx, & n=0,1,2,\cdots, \\ b_n = 0, & n=1,2,3,\cdots. \end{cases} \quad (10.5.9)$$

于是偶函数 $f(x)$ 的傅里叶级数是只含常数项及余弦项的**余弦级数**,即

$$f(x) \sim \frac{a_0}{2} + \sum_{n=1}^{\infty} a_n \cos nx.$$

例 3 设 $f(x)$ 是周期为 2π 的周期函数,它在 $[-\pi,\pi]$ 上的表达式为 $f(x)=x$,将 $f(x)$ 展开成傅里叶级数(图 10-8).

解 所给 $f(x)$ 满足狄氏条件,又因为 $f(x)$ 是奇函数(一个周期内的个别点可不计),由式(10.5.8)有

$$a_n = 0, \quad n=0,1,2,\cdots,$$

$$b_n = \frac{2}{\pi} \int_0^\pi x\sin nx\, dx = \frac{2}{\pi} \int_0^\pi x\, d\frac{-\cos nx}{n}$$

$$= \frac{2}{\pi} \left[-\frac{x\cos nx}{n} + \frac{\sin nx}{n^2} \right]_0^\pi = -\frac{2}{n}\cos n\pi = \frac{2}{n}(-1)^{n+1}, \quad n=1,2,\cdots.$$

于是 $f(x)$ 的傅里叶级数为一正弦级数

$$f(x) = 2\left(\sin x - \frac{1}{2}\sin 2x + \frac{1}{3}\sin 3x - \cdots \right) \quad (-\infty < x < +\infty, x \neq (2k+1)\pi, k \in \mathbb{Z}),$$

当 $x=(2k+1)\pi$ 时,级数收敛于零.

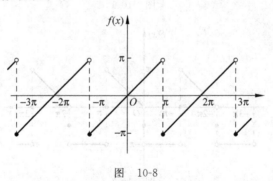

图 10-8

例 4 将周期函数 $u(t)=|E\sin t|$ 展开成傅里叶级数,其中 E 是正的常数(图 10-9).

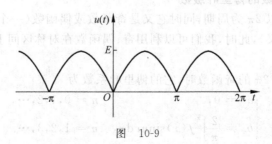

图 10-9

解　所给 $u(t)$ 可以看作周期为 2π 的偶函数(实际上,它的最小正周期为 π),它在 $(-\infty,+\infty)$ 内连续且满足狄氏条件.由式(10.5.9),

$$b_n = 0, \quad n = 1,2,\cdots;$$

$$a_0 = \frac{2}{\pi}\int_0^\pi u(t)\mathrm{d}t = \frac{2}{\pi}\int_0^\pi E\sin t\,\mathrm{d}t = \frac{2E}{\pi}\big[-\cos t\big]_0^\pi = \frac{4E}{\pi};$$

$$a_n = \frac{2}{\pi}\int_0^\pi u(t)\cos nt\,\mathrm{d}t = \frac{2}{\pi}\int_0^\pi E\sin t\cos nt\,\mathrm{d}t$$

$$= \frac{E}{\pi}\int_0^\pi [\sin(n+1)t - \sin(n-1)t]\mathrm{d}t$$

$$= \frac{E}{\pi}\left[-\frac{\cos(n+1)t}{n+1} + \frac{\cos(n-1)t}{n-1}\right]_0^\pi$$

$$= \frac{E}{\pi}\left[\frac{1-\cos(n+1)\pi}{n+1} + \frac{\cos(n-1)\pi - 1}{n-1}\right]$$

$$= \begin{cases} \dfrac{-4E}{(n^2-1)\pi}, & n = 2,4,\cdots, \\[2mm] 0, & n = 3,5,7,\cdots. \end{cases}$$

当 $n=1$ 时,上述计算方法不适用,所以 a_1 另行计算如下:

$$a_1 = \frac{2}{\pi}\int_0^\pi E\sin t\cos t\,\mathrm{d}t = \frac{2E}{\pi}\left[\frac{\sin^2 t}{2}\right]_0^\pi = 0.$$

因为 $u(t)$ 在整个数轴上连续,所以它的傅里叶级数处处收敛于 $u(t)$,即

$$u(t) = \frac{4E}{\pi}\left[\frac{1}{2} - \frac{1}{3}\cos 2t - \frac{1}{15}\cos 4t - \frac{1}{35}\cos 6t - \cdots\right] \quad (-\infty < t < +\infty).$$

10.5.2　定义在 $[-\pi,\pi]$ 或 $[0,\pi]$ 上的函数的傅里叶级数

1. 定义在 $[-\pi,\pi]$ 上的函数

如果函数 $f(x)$ 只在区间 $[-\pi,\pi]$ 上有定义,并且满足收敛定理的条件,这类函数也可以展开为傅里叶级数.方法是:在 $[-\pi,\pi)$ 或 $(-\pi,\pi]$ 外补充函数 $f(x)$ 的定义,使它拓广成以 2π 为周期的函数 $F(x)$(见图 10-10),按这种方式拓广函数的定义域的过程称为**周期延拓**.对 $F(x)$ 就可用前面的方法将它展成傅里叶级数,最后把 x 限制在 $(-\pi,\pi)$ 内,此时 $F(x) \equiv f(x)$,这样便得到 $(-\pi,\pi)$ 内 $f(x)$ 的傅里叶级数展开式.根据收敛定理,该级数在区间端点 $x=\pm\pi$ 处收敛于 $\frac{1}{2}[f(\pi-0) + f(-\pi+0)]$.

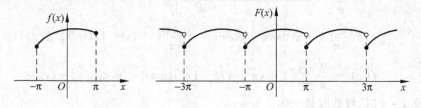

图　10-10

例 5 将函数

$$f(x) = \begin{cases} -x, & -\pi \leqslant x < 0, \\ x, & 0 \leqslant x \leqslant \pi \end{cases}$$

展开成傅里叶级数.

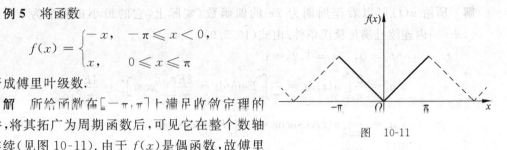

图 10-11

解 所给函数在 $[-\pi, \pi]$ 上满足收敛定理的条件,将其拓广为周期函数后,可见它在整个数轴上连续(见图 10-11). 由于 $f(x)$ 是偶函数,故傅里叶系数为

$$b_n = 0, \quad n = 1, 2, \cdots;$$

$$a_0 = \frac{2}{\pi} \int_0^\pi x \, dx = \frac{1}{\pi} \left[x^2 \right] \Big|_0^\pi = \pi,$$

$$a_n = \frac{2}{\pi} \int_0^\pi x \cos nx \, dx = \frac{2}{\pi} \left[\frac{x \sin nx}{n} + \frac{\cos nx}{n^2} \right]_0^\pi$$

$$= \frac{2}{n^2 \pi} [\cos n\pi - 1] = \begin{cases} -\dfrac{4}{n^2 \pi}, & n = 1, 3, 5, \cdots, \\ 0, & n = 2, 4, 6, \cdots. \end{cases}$$

由于延拓后的 $F(x)$ 是连续的,于是得

$$f(x) = \frac{\pi}{2} - \frac{4}{\pi} \left(\cos x + \frac{1}{3^2} \cos 3x + \frac{1}{5^2} \cos 5x + \cdots \right) \quad (-\pi \leqslant x \leqslant \pi).$$

2. 定义在 $[0, \pi]$ 上的函数

如果函数 $f(x)$ 只在 $[0, \pi]$ 上有定义,且满足收敛定理条件,我们也采用延拓方法将它展开成傅里叶级数. 首先在 $(-\pi, 0)$ 内补充函数 $f(x)$ 的定义,得到定义在 $(-\pi, \pi]$ 上的函数 $F(x)$,这里经常使用的方法是补充定义使 $F(x)$ 在 $(-\pi, \pi)$ 内成为奇函数[①]或偶函数,这种方法称为奇延拓或偶延拓;然后将延拓后的函数 $F(x)$ 展开成傅里叶级数,这个级数一定是正弦级数或余弦级数;最后再把 x 限制在 $(0, \pi)$ 内,此时,$F(x) \equiv f(x)$,我们便得到了 $f(x)$ 在 $(0, \pi)$ 内的傅里叶级数展开式. 对于区间端点 $x = 0$ 及 $x = \pi$ 处可根据收敛定理判定其收敛情况.

例 6 将函数 $f(x) = x + 1 (0 \leqslant x \leqslant \pi)$ 分别展开成正弦级数和余弦级数.

解 先求正弦级数. 为此,对函数 $f(x)$ 进行奇延拓(图 10-12(b)). 因为 $f(0) = 1 \neq 0$,故规定 $F(0) = 0$,由公式(10.5.8),有

$$a_n = 0, \quad n = 0, 1, 2, \cdots;$$

$$b_n = \frac{2}{\pi} \int_0^\pi f(x) \sin nx \, dx = \frac{2}{\pi} \int_0^\pi (x + 1) \sin nx \, dx$$

$$= \frac{2}{\pi} \left[-\frac{(x + 1) \cos nx}{n} + \frac{\sin nx}{n^2} \right]_0^\pi$$

$$= \frac{2}{n\pi} [1 - \pi \cos n\pi - \cos n\pi] = \frac{2}{n\pi} [1 - (\pi + 1)(-1)^n],$$

于是得 $$f(x) = \frac{2}{\pi} \sum_{n=1}^\infty [1 - (\pi + 1)(-1)^n] \sin nx \quad (0 < x < \pi),$$

当 $x = 0$ 及 $x = \pi$ 时,级数收敛于零.

---

① 当 $f(0) \neq 0$ 时,可规定 $F(0) = 0$.

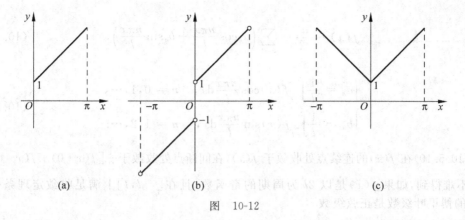

图 10-12

再求余弦级数. 为此, 对函数 $f(x)$ 进行偶延拓(图 10-12(c)). 由公式(10.5.9), 有

$$b_n = 0, \quad n = 1, 2, \cdots;$$

$$a_0 = \frac{2}{\pi} \int_0^\pi (x+1) \mathrm{d}x = \frac{2}{\pi} \left[\frac{x^2}{2} + x \right]_0^\pi = \pi + 2;$$

$$a_n = \frac{2}{\pi} \int_0^\pi (x+1) \cos nx \, \mathrm{d}x = \frac{2}{\pi} \left[\frac{(x+1) \sin nx}{n} + \frac{\cos nx}{n^2} \right]_0^\pi$$

$$= \frac{2}{n^2 \pi} (\cos n\pi - 1) = \frac{2}{n^2 \pi} [(-1)^n - 1].$$

于是得

$$f(x) = \frac{\pi}{2} + 1 + \frac{2}{\pi} \sum_{n=1}^\infty \frac{(-1)^n - 1}{n^2} \cos nx \quad (0 \leqslant x \leqslant \pi).$$

由本例可以看出, 在 $[0, \pi]$ 上定义的函数 $f(x)$ 可以用不同的延拓方法得到不同的傅里叶级数展开式, 因此它的展开式不是唯一的.

10.5.3 以 $2l$ 为周期的函数的傅里叶级数

在实际问题中遇到的周期函数, 它的周期不一定是 2π, 我们可以通过自变量的变量代换, 将它转化为以 2π 为周期的函数, 再利用前面讨论的结果而得到其傅里叶级数.

设 $f(x)$ 是以 $2l$ 为周期的函数, 且在 $[-l, l]$ 上满足收敛定理条件, 作变量代换

$$t = \frac{\pi x}{l} \quad \text{或} \quad x = \frac{lt}{\pi},$$

记 $f(x) = f\left(\dfrac{lt}{\pi}\right) = F(t)$, 则 $F(t)$ 就是 2π 为周期的周期函数, 且在 $[-\pi, \pi]$ 上满足收敛定理的条件. 将 $F(t)$ 展开为傅里叶级数

$$F(t) \sim \frac{a_0}{2} + \sum_{n=1}^\infty (a_n \cos nt + b_n \sin nt),$$

其中

$$\begin{cases} a_n = \dfrac{1}{\pi} \displaystyle\int_{-\pi}^\pi F(t) \cos nt \, \mathrm{d}t, & n = 0, 1, 2, \cdots, \\ b_n = \dfrac{1}{\pi} \displaystyle\int_{-\pi}^\pi F(t) \sin nt \, \mathrm{d}t, & n = 1, 2, \cdots. \end{cases}$$

再将 $t = \dfrac{\pi x}{l}$ 代入以上各式, 于是得到

$$f(x) \sim \frac{a_0}{2} + \sum_{n=1}^{\infty} \left(a_n \cos \frac{n\pi x}{l} + b_n \sin \frac{n\pi x}{l} \right), \tag{10.5.10}$$

其中

$$\begin{cases} a_n = \frac{1}{l} \int_{-l}^{l} f(x) \cos \frac{n\pi x}{l} \mathrm{d}x, & n = 0, 1, \cdots, \\ b_n = \frac{1}{l} \int_{-l}^{l} f(x) \sin \frac{n\pi x}{l} \mathrm{d}x, & n = 1, 2, \cdots. \end{cases} \tag{10.5.11}$$

级数(10.5.10)在 $f(x)$ 的连续点处收敛于 $f(x)$，在间断点处收敛于 $\frac{1}{2}[f(x+0)+f(x-0)]$.

不难得到，如果 $f(x)$ 是以 $2l$ 为周期的奇函数，且在 $[-l, l]$ 上满足收敛定理条件，则 $f(x)$ 的傅里叶级数是正弦级数

$$f(x) \sim \sum_{n=1}^{\infty} b_n \sin \frac{n\pi x}{l}, \tag{10.5.12}$$

其中

$$b_n = \frac{2}{l} \int_0^l f(x) \sin \frac{n\pi x}{l} \mathrm{d}x, \quad n = 1, 2, \cdots; \tag{10.5.13}$$

如果 $f(x)$ 是以 $2l$ 为周期的偶函数，且在 $[-l, l]$ 上满足收敛定理条件，则 $f(x)$ 的傅里叶级数是余弦级数

$$f(x) \sim \frac{a_0}{2} + \sum_{n=1}^{\infty} a_n \cos \frac{n\pi x}{l}, \tag{10.5.14}$$

其中

$$a_n = \frac{2}{l} \int_0^l f(x) \cos \frac{n\pi x}{l} \mathrm{d}x, \quad n = 0, 1, 2, \cdots. \tag{10.5.15}$$

类似地，对于只定义在区间 $[-l, l]$ 上的函数，可以用周期延拓的方法，将它展开成傅里叶级数；对于只定义在 $[0, l]$ 上的函数，可以用奇延拓或偶延拓的方法把它展开成正弦级数或余弦级数，这里不一一赘述.

例7 设 $f(x)$ 是周期为 4 的周期函数，它在 $[-2, 2]$ 上的表达式为

$$f(x) = \begin{cases} 0, & -2 \leqslant x < 0, \\ 1, & 0 \leqslant x < 2. \end{cases}$$

试将 $f(x)$ 展开成傅里叶级数.

解 由于 $f(x)$ 的周期为 4，故 $l=2$，在 $[-2, 2]$ 内满足收敛定理条件，由公式(10.5.11)有

$$a_0 = \frac{1}{l} \int_{-l}^{l} f(x) \mathrm{d}x = \frac{1}{2} \int_{-2}^{2} f(x) \mathrm{d}x = \frac{1}{2} \int_{-2}^{0} 0 \mathrm{d}x + \frac{1}{2} \int_0^2 1 \mathrm{d}x = 1;$$

$$a_n = \frac{1}{l} \int_{-l}^{l} f(x) \cos \frac{n\pi x}{l} \mathrm{d}x = \frac{1}{2} \int_0^2 1 \cdot \cos \frac{n\pi x}{2} \mathrm{d}x$$

$$= \frac{1}{2} \left[\frac{2}{n\pi} \sin \frac{n\pi x}{2} \right]_0^2 = 0, \quad n = 1, 2, \cdots;$$

$$b_n = \frac{1}{l} \int_{-l}^{l} f(x) \sin \frac{n\pi x}{l} \mathrm{d}x = \frac{1}{2} \int_0^2 1 \cdot \sin \frac{n\pi x}{2} \mathrm{d}x$$

$$= \frac{1}{2} \left[-\frac{2}{n\pi} \cos \frac{n\pi x}{2} \right]_0^2 = \frac{1}{n\pi} [1 - (-1)^n]$$

$$= \begin{cases} \frac{2}{n\pi}, & n = 1, 3, 5, \cdots, \\ 0, & n = 2, 4, 6, \cdots. \end{cases}$$

于是有

$$f(x) = \frac{1}{2} + \frac{2}{\pi} \left(\sin \frac{\pi x}{2} + \frac{1}{3} \sin \frac{3\pi x}{2} + \frac{1}{5} \sin \frac{5\pi x}{2} + \cdots \right) \quad (x \neq 2k; k = 0, \pm 1, \pm 2, \cdots),$$

当 $x=2k$；$k=0,\pm1,\pm2,\cdots$ 时,级数收敛于 $\dfrac{1}{2}$(见图 10-13).

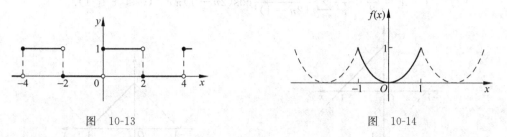

图 10-13　　　　　　　　　　　　　图 10-14

例 8　将函数 $f(x)=x^2(-1\leqslant x\leqslant1)$ 展开为傅里叶级数.

解　所给函数 $f(x)$ 只在 $[-1,1]$ 上有定义,作周期延拓(见图 10-14).由于 $f(x)$ 是偶函数,$l=1$,由公式(10.5.11)有

$$b_n=0,\quad n=1,2,\cdots;$$

$$a_0=\frac{2}{l}\int_0^l f(x)\mathrm{d}x=2\int_0^1 x^2\mathrm{d}x=\frac{2}{3};$$

$$a_n=\frac{2}{l}\int_0^l f(x)\cos\frac{n\pi x}{l}\mathrm{d}x=2\int_0^1 x^2\cos n\pi x\,\mathrm{d}x$$

$$=\frac{2}{n\pi}\Big[x^2\sin n\pi x\Big]_0^1-\frac{4}{n\pi}\int_0^l x\sin n\pi x\,\mathrm{d}x$$

$$=\frac{4}{n^2\pi^2}\Big[x\cos n\pi x\Big]_0^1-\frac{4}{n^2\pi^2}\Big[\frac{1}{n\pi}\sin n\pi x\Big]_0^1$$

$$=(-1)^n\frac{4}{n^2\pi^2},\quad n=1,2,\cdots.$$

由于延拓后的函数是连续的,所以有

$$f(x)=\frac{1}{3}+\frac{4}{\pi^2}\sum_{n=1}^{\infty}\frac{(-1)^n}{n^2}\cos n\pi x\quad(-1\leqslant x\leqslant1).$$

例 9　设 $f(x)=1-x(0\leqslant x\leqslant1)$,试将 $f(x)$ 分别展开成正弦级数与余弦级数.

解　$f(x)$ 在 $[0,1]$ 上有定义,且满足收敛定理条件,先对 $f(x)$ 进行奇延拓(图 10-15).由公式(10.5.13),

$$b_n=\frac{2}{1}\int_0^1(1-x)\sin n\pi x\,\mathrm{d}x=2\Big[-\frac{1}{n\pi}\cos n\pi x-\frac{1}{n^2\pi^2}\sin n\pi x+\frac{x}{n\pi}\cos n\pi x\Big]_0^1$$

$$=\frac{2}{n\pi},\quad n=1,2,\cdots.$$

代入式(10.5.12),得

$$1-x=\frac{2}{\pi}\sum_{n=1}^{\infty}\frac{1}{n}\sin n\pi x\quad(0<x\leqslant1),$$

当 $x=0$ 时,级数收敛于 0.

对于 $f(x)$ 进行偶延拓(图 10-16).由公式(10.5.15),有

$$a_0=2\int_0^1(1-x)\mathrm{d}x=1;$$

$$a_n=2\int_0^1(1-x)\cos n\pi x\,\mathrm{d}x=2\Big[\frac{1}{n\pi}\sin\pi x-\frac{1}{n^2\pi^2}\cos\pi x-\frac{x}{n\pi}\sin\pi x\Big]_0^1$$

$$=\frac{2}{n^2\pi^2}[1-\cos n\pi]=\frac{2}{n^2\pi^2}[1-(-1)^n]=\begin{cases}\dfrac{4}{n^2\pi^2},&n=1,3,5,\cdots,\\[2mm]0,&n=2,4,6,\cdots.\end{cases}$$

代入式(10.5.14)得

$$1 - x = \frac{1}{2} + \frac{4}{\pi^2} \sum_{n=1}^{\infty} \frac{1}{(2n-1)^2} \cos(2n-1)\pi x \quad (0 \leqslant x \leqslant 1).$$

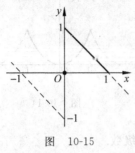

图 10-15

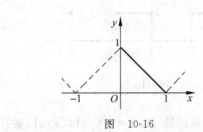

图 10-16

函数展开为傅里叶级数,主要是熟记傅里叶系数公式并准确计算系数.在计算傅里叶系数时,常常用到定积分的分部积分法,利用奇偶函数在对称区间上的定积分的性质往往可简化计算过程.至于函数 $f(x)$ 的傅里叶级数的收敛情况,依据收敛定理不难判断,对不太复杂的函数,也可借助图形帮助分析.

习题 10-5

1. 下列函数 $f(x)$ 的周期为 2π,在 $[-\pi,\pi)$ 上的表达式如下,试把各函数展开成傅里叶级数:

(1) $f(x) = 3x^2 + 1(-\pi \leqslant x < \pi)$;

(2) $f(x) = e^{2x}(-\pi \leqslant x < \pi)$;

(3) $f(x) = \sin^2 x(-\pi < x < \pi)$;

(4) $f(x) = \begin{cases} 0, & -\pi \leqslant x < 0, \\ 1, & 0 \leqslant x < \pi; \end{cases}$

(5) $f(x) = \begin{cases} 0, & -\pi \leqslant x < 0, \\ x, & 0 \leqslant x < \pi; \end{cases}$

(6) $f(x) = \begin{cases} -1, & -\pi \leqslant x < 0, \\ 0, & x = 0, \\ 1 + x, & 0 < x < \pi. \end{cases}$

2. 把下列函数开成傅里叶级数:

(1) $f(x) = 2\sin\frac{x}{3}(-\pi \leqslant x < \pi)$;

(2) $f(x) = \begin{cases} e^x, & -\pi \leqslant x < 0, \\ 1, & 0 \leqslant x < \pi. \end{cases}$

3. 将函数 $f(x) = \frac{\pi - x}{2}$ $(0 \leqslant x \leqslant \pi)$ 分别展开成正弦级数和余弦级数.

4. 把函数

$$f(x) = \begin{cases} x, & 0 \leqslant x \leqslant \frac{\pi}{2}, \\ \pi - x, & \frac{\pi}{2} < x \leqslant \pi \end{cases}$$

展开成余弦级数.

5. 设周期函数 $f(x)$ 在一个周期内的表达式如下,试把 $f(x)$ 展成傅里叶级数:

(1) $f(x) = \begin{cases} x, & -1 \leqslant x < 0, \\ 1, & 0 \leqslant x < \frac{1}{2}, \\ -1, & \frac{1}{2} \leqslant x < 1; \end{cases}$

(2) $f(x) = \begin{cases} 2x + 1, & -3 \leqslant x < 0, \\ 1, & 0 \leqslant x < 3. \end{cases}$

6. 将 $f(x) = \begin{cases} x, & -1 \leqslant x < 0, \\ x+1, & 0 \leqslant x \leqslant 1 \end{cases}$ 展开成傅里叶级数.

7. 把下列每个函数分别展开成正弦级数和余弦级数:

(1) $f(x) = \begin{cases} x, & 0 \leqslant x < \dfrac{l}{2}, \\ l-x, & \dfrac{l}{2} \leqslant x < l; \end{cases}$ (2) $f(x) = x^2 (0 \leqslant x \leqslant 2)$.

8. 将函数 $f(x) = \dfrac{\pi}{4} (0 \leqslant x \leqslant \pi)$ 展成正弦级数,并利用展开式求下列级数之和:

(1) $1 - \dfrac{1}{3} + \dfrac{1}{5} - \dfrac{1}{7} + \cdots$; (2) $1 - \dfrac{1}{5} + \dfrac{1}{7} - \dfrac{1}{11} + \dfrac{1}{13} - \cdots$.

9. 将 $f(x) = 1 + x (0 \leqslant x \leqslant 1)$ 展成周期为 2 的正弦级数,其和函数记为 $S(x)$,求 $S(2000), S(2007), S(2009.5)$ 的值.

本 章 小 结

一、本章内容纲要

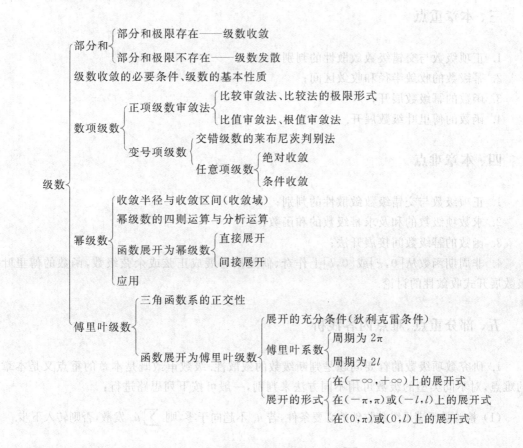

二、教学基本要求

1. 理解无穷级数收敛、发散及级数和的概念，了解级数收敛的必要条件，知道无穷级数的基本性质.

2. 熟悉几何级数、p-级数的敛散性.

3. 掌握正项级数的比值审敛法和根值审敛法，会运用正项级数的比较审敛法及其极限形式，掌握交错级数的莱布尼茨判别法.

4. 了解任意项级数绝对收敛与条件收敛的概念.

5. 会求幂级数的收敛区间（端点可不讨论），知道幂级数在其收敛区间内的一些基本性质.

6. 知道函数展成泰勒级数的充要条件. 了解 e^x,$\sin x$,$\cos x$,$\dfrac{1}{1-x}$,$\dfrac{1}{1+x}$,$\ln(1+x)$,$(1+x)^m$ 的麦克劳林展开式，并会利用它们将一些简单函数展成幂级数.

7. 知道函数展成傅里叶级数的充分条件，会将周期为 2π 或周期为 $2l$ 的周期函数及定义在 $[-\pi,\pi]$ 和 $[-l,l]$ 上的函数展成傅里叶级数，会将定义在 $[0,\pi]$ 和 $[0,l]$ 上的函数展成正弦级数或余弦级数.

三、本章重点

1. 正项级数与交错级数敛散性的判别；
2. 幂级数的收敛半径和收敛区间；
3. 函数的幂级数展开；
4. 函数的傅里叶级数展开.

四、本章难点

1. 正项级数与交错级数敛散性的判别；
2. 求数项级数的和及求幂级数的和函数；
3. 函数的幂级数间接展开法；
4. 非周期函数从 $[0,\pi]$ 或 $[0,l]$ 上作奇、偶延拓后展成正弦或余弦级数，函数的傅里叶级数展开式收敛性的讨论.

五、部分重点、难点内容浅析

1. 研究数项级数的首要问题是判断级数的敛散性.级数审敛既是本章的重点又是本章的难点，对不同类型的级数可用不同方法来判别，一般可按下列思路进行：

(1) 检验是否满足级数收敛的必要条件，若 u_n 不趋向于零，则 $\sum\limits_{n=1}^{\infty} u_n$ 发散，否则转入下步.

(2) 当 $u_n\to 0$ 时，先区别 $\sum\limits_{n=1}^{\infty} u_n$ 是否是一同号级数，若是，转入下步；否则转入第(4)步.

（3）对同号级数，可以采用正项级数的各种审敛法，其中比值和根值法最简便，适用范围也广，当它失效时可考虑用比较审敛法，而比较审敛法的极限形式，使用起来比较方便.

（4）对变号级数，先考察它是否为交错级数. 若是，采用莱布尼茨判别法；若不是，用绝对收敛审敛法或用收敛定义来判别.

此外，还有一些其他判别法，有兴趣的读者可以在其他相关的教科书上查到.

2. 幂级数是函数项级数的特殊情形，收敛域的问题在研究任何类型的函数项级数时都是基本问题. 幂级数 $\sum\limits_{n=1}^{\infty} a_n x^n$ 的收敛域是以原点为中心的区间，因此求幂级数的收敛半径和收敛区间就是一重要问题. 对于收敛区间的端点的敛散性讨论，实际上是数项级数的判敛问题，由于时间所限我们不可能讲解更多的判别法，所以在区间端点，当用我们的知识不能判断时，求出收敛的开区间即可.

3. 由于幂级数的应用是很广泛的，它不但可用来作近似计算，求定积分，还可以用来解微分方程和研究函数的性质，所以，幂级数的展开是一重要问题.

函数的幂级数展开式反映了函数在某一点附近的性质，要求函数在该点的某邻域内具有任意阶导数，而且余项 $R_n(x)=f(x)-S_n(x)$ 必须是趋向于 $0(n \to \infty)$，这是函数在该点能否展开为幂级数的充要条件. 幂级数的直接展开法，就是以此充要条件为基础的. 由于直接展开法需要验证 $R_n(x) \to 0$，这往往不是一件容易的事，所以一般来说，除在不得已情况下使用直接展开法外，一般是采用间接方法来展开. 但这就要求我们必须熟记几个基本初等函数的展开式，并借助于幂级数的代数性质、分析性质及变量代换来实现.

4. 将函数展开成幂级数时，必须要明确函数是在哪一点展开，即分清是展成 x 的幂级数（即麦克劳林级数）还是展开 $x-x_0$ 的幂级数. 同一函数在不同点的展开式是不同的.

例如，$f(x)=\dfrac{1}{3-x}$ 在 $x_0=0$ 的展开式为

$$f(x)=\frac{1}{3-x}=\frac{1}{3\left(1-\dfrac{x}{3}\right)}$$

$$=\frac{1}{3}\left[1+\left(\frac{x}{3}\right)+\left(\frac{x}{3}\right)^2+\cdots+\left(\frac{x}{3}\right)^3+\cdots\right] \quad (-3<x<3).$$

$f(x)=\dfrac{1}{3-x}$ 在 $x_0=1$ 的展开式为

$$f(x)=\frac{1}{3-x}=\frac{1}{2-(x-1)}=\frac{1}{2\left(1-\dfrac{x-1}{2}\right)}$$

$$=\frac{1}{2}\left[1+\frac{x-1}{2}+\left(\frac{x-1}{2}\right)^2+\cdots+\left(\frac{x-1}{2}\right)^n+\cdots\right] \quad (-1<x<3).$$

5. 在工程技术问题中经常遇到许多周期现象，而傅里叶级数是研究周期性变化的物理现象的有力工具. 由于函数展开成傅里叶级数的条件远比展开成幂级数的条件低得多，它甚至不要求 $f(x)$ 可导，这是它的优越之处，所以应用相当广泛. 把一个周期为 2π 的函数展成傅里叶级数的关键是正确计算傅里叶系数 a_n 和 b_n，求这两组系数的公式必须牢记. 对定义在 $[-\pi,\pi]$ 上的非周期函数可作周期延拓；至于对定义在 $[0,\pi]$ 上的函数作奇延拓或偶延拓可根据实际需要选用.

6. 对于以 $2l$ 为周期的函数 $f(x)$,可作变换 $x = \dfrac{lt}{\pi}$,或直接使用公式

$$\begin{cases} a_n = \dfrac{1}{l} \displaystyle\int_{-l}^{l} f(x) \cos \dfrac{n\pi x}{l} \mathrm{d}x, & n = 0, 1, 2, \cdots, \\[4mm] b_n = \dfrac{1}{l} \displaystyle\int_{-l}^{l} f(x) \sin \dfrac{n\pi x}{l} \mathrm{d}x, & n = 1, 2, 3, \cdots, \end{cases}$$

求出 a_n, b_n,代入

$$f(x) \sim \frac{a_0}{2} + \sum_{n=1}^{\infty} \left(a_n \cos \frac{n\pi x}{l} + b_n \sin \frac{n\pi x}{l} \right)$$

即可.

7. 函数展成的傅里叶级数能不能收敛于原来的函数也是应该注意的.

(1) 在函数的连续区间内,展成的傅里叶级数一定收敛于原来的函数;

(2) 在函数的第一类间断点处,展成的傅里叶级数收敛于函数在该点的左右极限的平均值.

根据函数 $f(x)$ 的图形(或对 $f(x)$ 作周期延拓后的函数的图形)容易作出其傅里叶级数的和函数的图形,从而判断级数是否收敛于 $f(x)$.

复习题 10

1. 下述结论是否正确? 若不正确,请举出反例:

(1) 若级数 $\displaystyle\sum_{n=1}^{\infty} u_n$ 收敛,则 $\displaystyle\lim_{n\to\infty} u_n = 0$,且部分和 S_n, S_{2n}, S_{2n-1} 有同一极限;

(2) 若级数 $\displaystyle\sum_{n=1}^{\infty} u_n$ 发散,则 $\displaystyle\lim_{n\to\infty} u_n \neq 0$,且 $S_n \to \infty (n \to \infty)$;

(3) 若当 n 足够大时有 $|u_{n+1}| > |u_n|$,则 $\displaystyle\sum_{n=1}^{\infty} u_n$ 发散;

(4) $\displaystyle\lim_{n\to\infty} |u_n| = 0$,则 $\displaystyle\sum_{n=1}^{\infty} u_n$ 收敛.

2. 设 $\displaystyle\sum_{n=1}^{\infty} u_n$ 收敛,讨论下列级数的敛散性:

(1) $\displaystyle\sum_{n=1}^{\infty} (u_n + 0.0001)$;　　(2) $\displaystyle\sum_{n=1}^{\infty} u_{n+1000}$;　　(3) $\displaystyle\sum_{n=1}^{\infty} \frac{1}{u_n}$;　　(4) $\displaystyle\sum_{n=1}^{\infty} u_n^2$.

3. 判断下述正项级数的敛散性:

(1) $\dfrac{1}{\sqrt{3}} + \dfrac{5}{\sqrt{2 \times 3^2}} + \dfrac{9}{\sqrt{3 \times 3^2}} + \dfrac{13}{\sqrt{4 \times 3^4}} + \cdots + \dfrac{4n-3}{\sqrt{n3^n}} + \cdots$;

(2) $0.001 + \sqrt{0.001} + \sqrt[3]{0.001} + \cdots + \sqrt[n]{0.001} + \cdots$;

(3) $\dfrac{2}{1} + \dfrac{2 \times 5}{1 \times 5} + \dfrac{2 \times 5 \times 8}{1 \times 5 \times 9} + \cdots + \dfrac{2 \times 5 \times 8 \times \cdots \times (3n-1)}{1 \times 5 \times 9 \times \cdots \times (4n-3)} + \cdots$;

(4) $\dfrac{1}{2} + \dfrac{1}{10} + \dfrac{1}{4} + \dfrac{1}{20} + \cdots + \dfrac{1}{2^n} + \dfrac{1}{10 \cdot n} + \cdots$;

(5) $\displaystyle\sum_{n=1}^{\infty} \left(a^{\frac{1}{n}} - 1 \right) (a > 1)$;

(6) $\sum_{n=1}^{\infty}\left(1-\cos\dfrac{\pi}{n}\right)$.

4. 判别下列级数是否收敛？若收敛,是绝对收敛还是条件收敛？

(1) $\dfrac{\ln 2}{2}-\dfrac{\ln^2 2}{2^2}+\dfrac{\ln^3 2}{2^3}-\cdots+\dfrac{(-1)^{n-1}\ln^n 2}{2^n}+\cdots$;　　(2) $\dfrac{1}{2}-\dfrac{8}{4}+\dfrac{27}{8}-\cdots+(-1)^{n-1}\dfrac{n^3}{2^n}+\cdots$;

(3) $\sin\dfrac{\pi}{6}+\sin\dfrac{2\pi}{6}+\cdots+\sin\dfrac{n\pi}{6}+\cdots$;　　(4) $\sum_{n=1}^{\infty}(-1)^{n+1}\dfrac{\left(\dfrac{\pi}{2}\right)^{2n-2}}{(2n+2)!}$;

(5) $\sum_{n=1}^{\infty}(-1)^{n+1}\dfrac{n!}{100^n}$;　　(6) $\sum_{n=1}^{\infty}(-1)^{n+1}\dfrac{1}{3n+4}$.

5. 证明 $\lim\limits_{n\to\infty}\dfrac{n^n}{(n!)^2}=0$.

6. 求下列幂级数的收敛域:

(1) $\sum_{n=1}^{\infty}\dfrac{x^n}{n(n+1)}$;　　(2) $1-x+\dfrac{x^2}{2^2}-\dfrac{x^3}{3^2}+\cdots$;

(3) $\sum_{n=1}^{\infty}\dfrac{(2x+1)^n}{n}$;　　(4) $\sum_{n=1}^{\infty}\dfrac{2n-1}{2^n}\cdot x^{2n-2}$.

7. 求幂级数 $\sum_{n=2}^{\infty}(n^2-n)x^n$ 的和函数,并求 $\sum_{n=2}^{\infty}\dfrac{(-1)^n(n^2-n)}{2^n}$ 之和.

8. 把下列函数展开为泰勒级数:

(1) $f(x)=\dfrac{x}{2x-1}$, $x_0=-1$;　　(2) $f(x)=2^x$, $x_0=0$;

(3) $f(x)=\dfrac{x-1}{x+1}$, $x_0=1$;　　(4) $f(x)=\ln(2x+4)$, $x_0=0$.

9. 利用函数 $\dfrac{1}{1-x}$ 的麦克劳林展开式逐项求导来求 $\sum_{n=1}^{\infty}\dfrac{n}{2^{n-1}}$ 的和.

10. 把函数 $f(x)=2x^2$ $(-\pi\leqslant x\leqslant\pi)$ 展开为傅里叶级数,并分别画出 $f(x)$ 及级数的和函数的图形.

11. 将函数 $f(x)=\begin{cases}ax, & -\pi\leqslant x<0, \\ bx, & 0\leqslant x<\pi\end{cases}$ 展开成傅里叶级数,其中 $a\neq b$ 为常数.

12. 将函数 $f(x)=\begin{cases}C_1, & -\pi\leqslant x<0, \\ \dfrac{C_1+C_2}{2}, & x=0, \\ C_2, & 0<x<\pi\end{cases}$ 展开成傅里叶级数,其中 $C_1\neq C_2$ 为常数.

13. 一个周期为 $2l$ 的锯齿波,在一个周期内的表达式是

$$f(x)=\dfrac{x}{l}\quad(-l\leqslant x<l),$$

画出它的波形,并求出它的傅里叶级数.

14. 将函数 $f(x)=x$ 在区间 $[0,\pi]$ 上展开成余弦级数,并由此求 $\sum_{n=1}^{\infty}\dfrac{1}{(2n-1)^2}$ 的和.

第 11 章

微 分 方 程

在研究自然现象和工程技术问题时，寻找变量之间的函数关系是数学中又一个重要课题.在许多实际问题中，往往不能直接找出所需要的函数关系，但比较容易找出含有待求函数的导数或微分的关系式，这样的关系式就是微分方程.通过求解微分方程，可以得到所要找的函数.本章主要介绍微分方程的一些基本概念和几种常见的微分方程的解法.

11.1 微分方程的基本概念

11.1.1 微分方程

包含未知函数的导数或微分的方程称为**微分方程**.

例如

$$\frac{dy}{dx} + \frac{x}{y} = 0,$$

$$y'' + y' - 4y = 2e^{2x},$$

$$(x+y)dx + (x-y)dy = 0$$

都是微分方程.这里未知函数是 y，它所依赖的自变量是 x，这种未知函数只依赖于一个自变量的微分方程，称为**常微分方程**.上列三式都是常微分方程，本课程只讨论常微分方程.

例 1 一条曲线通过点 $(1,0)$，且该曲线上任一点 $M(x,y)$ 处的切线斜率为 $3x^2$，求此曲线的方程.

解 设所求曲线为 $y=y(x)$，$M(x,y)$ 为曲线上任意一点，由题意知 $y=y(x)$ 应满足关系式

$$\frac{dy}{dx} = 3x^2. \tag{11.1.1}$$

此外，还应满足条件

$$y(1) = 0. \tag{11.1.2}$$

对方程式(11.1.1)两端积分，得

$$y = \int 3x^2 dx = x^3 + C, \tag{11.1.3}$$

其中 C 为任意常数.把条件式(11.1.2)代入式(11.1.3)，得

$$0 = 1^3 + C,$$

即 $C=-1$.把 $C=-1$ 代入式(11.1.3)，即得所求的曲线方程为

$$y = x^3 - 1. \tag{11.1.4}$$

例 2 把质量为 m 的物体从地面上以初速度 v_0 垂直上抛,设此物体只受重力作用,试求物体的运动方程.

解 如图 11-1 选取坐标系,在 t 时刻物体与地面的距离为 s,变量 s 与 t 之间的函数关系 $s = s(t)$ 就是我们要找的运动方程.

根据牛顿第二定律,有

$$F = m\frac{\mathrm{d}^2 s}{\mathrm{d}t^2}.$$

由于物体只受重力作用,所以 $F = -mg$,其中负号是因为重力的方向与所选取的 s 轴的正方向相反,因此

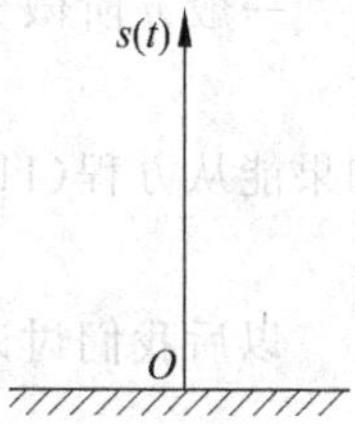

$$m\frac{\mathrm{d}^2 s}{\mathrm{d}t^2} = -mg,$$

即

$$\frac{\mathrm{d}^2 s}{\mathrm{d}t^2} = -g. \tag{11.1.5}$$

图 11-1

此外,根据题意,$s = s(t)$ 还应满足两个条件:

$$\frac{\mathrm{d}s}{\mathrm{d}t}\bigg|_{t=0} = v_0 \quad (\text{初始速度}), \tag{11.1.6}$$

$$s\big|_{t=0} = 0 \quad (\text{初始位移}), \tag{11.1.7}$$

式(11.1.6)、式(11.1.7)合称为**初始条件**.

对式(11.1.5)两端积分一次,得

$$\frac{\mathrm{d}s}{\mathrm{d}t} = -gt + C_1, \tag{11.1.8}$$

再积分一次,得

$$s(t) = -\frac{1}{2}gt^2 + C_1 t + C_2, \tag{11.1.9}$$

其中,C_1, C_2 都是任意常数.

将条件式(11.1.6)代入式(11.1.8),得 $C_1 = v_0$.将条件式(11.1.7)代入式(11.1.9),得 $C_2 = 0$.于是所求运动方程为

$$s(t) = -\frac{1}{2}gt^2 + v_0 t. \tag{11.1.10}$$

11.1.2 微分方程的阶

在微分方程中出现的未知函数的导数(或微分)的最高阶数,称为该**微分方程的阶**.例如

$$y'^2 + y = \sin x, \tag{11.1.11}$$

$$\tan x \cdot \frac{\mathrm{d}y}{\mathrm{d}x} - 2y = x, \tag{11.1.12}$$

$$y'' + \mathrm{e}^x y' + \tan x \cdot y + x^2 = 0, \tag{11.1.13}$$

$$\frac{\mathrm{d}^2 y}{\mathrm{d}x^2} = \frac{1}{\cos^2 x}, \tag{11.1.14}$$

$$y^{(4)} + xy = 0, \tag{11.1.15}$$

$$y^{(n)} + a_1 y^{(n-1)} + \cdots + a_n y = f(x), \tag{11.1.16}$$

其中方程(11.1.11)、(11.1.12)是一阶微分方程；方程(11.1.13)、(11.1.14)是二阶微分方程；方程(11.1.15)是四阶微分方程；方程(11.1.16)是 n 阶微分方程.

一般 n 阶微分方程可以表示为

$$F(x, y, y', \cdots, y^{(n)}) = 0. \tag{11.1.17}$$

如果能从方程(11.1.17)中解出最高阶导数，则得微分方程

$$y^{(n)} = f(x, y, y', \cdots, y^{(n-1)}). \tag{11.1.18}$$

以后我们讨论的微分方程都是已解出最高阶导数的方程或能解出最高阶导数的方程.

11.1.3　微分方程的解

凡满足微分方程的任一函数都叫**微分方程的解**. 也就是说，把这一函数代入微分方程后能使该微分方程成为恒等式.

可以验证：

函数 $y = \sin x$ 是方程 $y'' + \sin x = 0$ 的一个解；

函数 $y = e^{2x}$ 是方程 $y'' + y' - 4y = 2e^{2x}$ 的一个解.

微分方程的解有两种不同的形式：一种是解中含有任意常数，且相互独立的任意常数的个数正好与方程的阶数相同，这种解称为**微分方程的通解**. 如式(11.1.3)是方程(11.1.1)的通解；式(11.1.9)是方程(11.1.5)的通解. 另一种是解中不包含任意常数，称为微分方程的**特解**. 我们感兴趣的是微分方程的这样一类特解，它通常可按照问题所给的特定条件，从通解中确定出任意常数的值而得到，用来确定任意常数的特定条件称为**初始条件**. 式(11.1.4)是方程(11.1.1)的特解，其初始条件就是式(11.1.2)；式(11.1.10)就是方程(11.1.5)的特解，其初始条件就是式(11.1.6)与式(11.1.7).

求微分方程 $y' = f(x, y)$ 满足 $y\big|_{x=x_0} = y_0$ 的特解这样一个问题，叫做一阶微分方程的**初值问题**，记作

$$\begin{cases} y' = f(x, y), \\ y\big|_{x=x_0} = y_0. \end{cases} \tag{11.1.19}$$

二阶微分方程 $y'' = f(x, y, y')$ 的初值问题为

$$\begin{cases} y'' = f(x, y, y'), \\ y\big|_{x=x_0} = y_0, y'\big|_{x=x_0} = y_1. \end{cases} \tag{11.1.20}$$

微分方程的特解的图形是一条曲线，叫做**微分方程的积分曲线**；通解表示一族曲线，叫做**积分曲线族**(图 11-2). 初值问题(11.1.19)的几何意义，就是求微分方程的通过点 (x_0, y_0) 的积分曲线；初值问题(11.1.20)的几何意义，就是求微分方程通过点 (x_0, y_0) 且该点处的切线斜率为 y_1 的积分曲线.

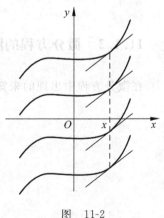

图　11-2

习题 11-1

1. 指出下列各微分方程的阶数：

(1) $\left(\dfrac{\mathrm{d}y}{\mathrm{d}x}\right)^2 + x\dfrac{\mathrm{d}y}{\mathrm{d}x} - y = 0$；

(2) $xy''' + 2y'' + x^2 y = 0$；

(3) $\mathrm{d}y + y\tan x\mathrm{d}x = 0$；

(4) $y^{(4)} = 4y$；

(5) $y(y')^2 = 1$；

(6) $L\dfrac{\mathrm{d}^2 Q}{\mathrm{d}t^2} + R\dfrac{\mathrm{d}Q}{\mathrm{d}t} + MQ = 0$.

2. 检验下列各函数是否满足对应的微分方程：

(1) $y = \mathrm{e}^{-3x} + \dfrac{1}{3}, y' + 3y = 1$；

(2) $y = C_1\cos\omega x + C_2\sin\omega x, y'' + \omega^2 y = 0$；

(3) $y = x\mathrm{e}^{Cx}, xy' = y\left(1 + \ln\dfrac{y}{x}\right)$；

(4) $y = -\dfrac{1}{4}x^2, (y')^2 + xy' - y = 0$；

(5) $x^2\sin y + y^2 = 1, 2x\sin y\mathrm{d}x + (x^2\cos y + 2y)\mathrm{d}y = 0$；

(6) $y = x + \displaystyle\int_0^x \mathrm{e}^{-t^2}\mathrm{d}t, y'' + 2xy' = x$；

(7) $y = \dfrac{1}{x}, \dfrac{\mathrm{d}y}{\mathrm{d}x} + \dfrac{x}{y} = 0$.

3. 从下列各曲线族里，找出满足所给初始条件的曲线：

(1) $x^2 - y^2 = C, y\big|_{x=0} = 5$；

(2) $y = (C_1 + C_2 x)\mathrm{e}^{2x}, y(0) = 1, y'(0) = 0$.

4. 验证 $y = C\sin x$ 是方程 $y' = y\cot x$ 的通解，并求这微分方程满足初始条件 $y\big|_{x=\frac{\pi}{4}} = 1$ 的特解.

5. 验证 $y = Cx^3$ 是微分方程 $3y - xy' = 0$ 的通解，并作此微分方程通过下列各点的积分曲线：

(1) $\left(1, \dfrac{1}{3}\right)$；　　　(2) $(1,1)$；　　　(3) $\left(1, -\dfrac{1}{3}\right)$.

11.2　可分离变量的微分方程

在一阶微分方程

$$y' = f(x, y) \tag{11.2.1}$$

中，如果右端函数可以化成一个仅含 x 的函数与一个仅含 y 的函数的乘积，即

$$\dfrac{\mathrm{d}y}{\mathrm{d}x} = \varphi(x)\psi(y), \tag{11.2.2}$$

这类方程称为**可分离变量的一阶微分方程**.它可以直接通过积分求得通解，其解法步骤如下：

（1）分离变量

将微分方程(11.2.2)化成一端只含 y 的函数和 $\mathrm{d}y$，另一端只含 x 的函数和 $\mathrm{d}x$，也就是把两个不同的变量分离在方程的两边，即

$$\dfrac{\mathrm{d}y}{\psi(y)} = \varphi(x)\mathrm{d}x. \tag{11.2.3}$$

（2）两端积分

对式(11.2.3)两端积分,得

$$\int \frac{\mathrm{d}y}{\psi(y)} = \int \varphi(x)\mathrm{d}x. \tag{11.2.4}$$

若 $\Phi(x)$ 与 $\Psi(y)$ 分别是 $\varphi(x)$ 与 $\frac{1}{\psi(y)}$ 的原函数,于是有

$$\Psi(y) = \Phi(x) + C. \tag{11.2.5}$$

式(11.2.5)称为微分方程(11.2.2)的**隐式解**.又因式(11.2.5)中含有一个任意常数,所以式(11.2.5)是微分方程(11.2.2)的**隐式通解**,简称为通解.

（3）如需求特解,再将初始条件

$$y\big|_{x=x_0} = y_0$$

代入式(11.2.5),定出任意常数 C,即可得到所求的特解.

例1　求微分方程

$$\frac{\mathrm{d}y}{\mathrm{d}x} = 2xy^2 \tag{11.2.6}$$

的通解.

解　方程(11.2.6)是可分离变量的,分离变量后得

$$\frac{\mathrm{d}y}{y^2} = 2x\mathrm{d}x.$$

两端积分

$$\int \frac{\mathrm{d}y}{y^2} = \int 2x\mathrm{d}x,$$

得

$$-\frac{1}{y} = x^2 + C,$$

即

$$y = -\frac{1}{x^2 + C}.$$

例2　求微分方程

$$y'x = \frac{y}{\ln y} \tag{11.2.7}$$

的满足初始条件 $y\big|_{x=e}=1$ 的特解.

解　方程(11.2.7)是可分离变量的.分离变量

$$\frac{\ln y}{y}\mathrm{d}y = \frac{1}{x}\mathrm{d}x,$$

两端积分

$$\int \frac{\ln y}{y}\mathrm{d}y = \int \frac{1}{x}\mathrm{d}x,$$

得

$$\frac{1}{2}\ln^2 y = \ln x + C.$$

把初始条件 $y\big|_{x=e}=1$ 代入上式

$$\frac{1}{2}\ln^2 1 = \ln e + C,$$

求得

$$C = -1.$$

于是得到满足初始条件的特解

$$\frac{1}{2}\ln^2 y = \ln x - 1.$$

例 3 求微分方程

$$\sin x \sin y \mathrm{d}x - \cos x \cos y \mathrm{d}y = 0 \qquad (11.2.8)$$

的通解.

解 方程(11.2.8)是可分离变量的. 分离变量

$$\frac{\cos y}{\sin y}\mathrm{d}y = \frac{\sin x}{\cos x}\mathrm{d}x,$$

两端积分

$$\int \frac{\cos y}{\sin y}\mathrm{d}y = \int \frac{\sin x}{\cos x}\mathrm{d}x,$$

得

$$\ln|\sin y| = -\ln|\cos x| + C_1,$$

即

$$\ln|\sin y \cos x| = C_1,$$

$$\sin y \cos x = \pm e^{C_1}.$$

令 $\pm e^{C_1} = C$, 则有

$$\sin y \cos x = C.$$

由此例可以看出可分离变量方程也可以表示为

$$M_1(x)M_2(y)\mathrm{d}x + N_1(x)N_2(y)\mathrm{d}y = 0. \qquad (11.2.9)$$

例 4 求解微分方程

$$(x + xy^2)\mathrm{d}x + (y - x^2 y)\mathrm{d}y = 0.$$

解 原方程可写为

$$x(1 + y^2)\mathrm{d}x + y(1 - x^2)\mathrm{d}y = 0.$$

分离变量

$$\frac{x}{1 - x^2}\mathrm{d}x + \frac{y}{1 + y^2}\mathrm{d}y = 0,$$

两端积分

$$\int \frac{x}{1 - x^2}\mathrm{d}x + \int \frac{y}{1 + y^2}\mathrm{d}y = C_1,$$

得

$$-\frac{1}{2}\ln|1 - x^2| + \frac{1}{2}\ln(1 + y^2) = C_1.$$

于是有

$$\frac{1 + y^2}{1 - x^2} = \pm e^{2C_1}.$$

记 $\pm e^{2C_1} = C$, 则 $\dfrac{1 + y^2}{1 - x^2} = C$ 或 $1 + y^2 = C(1 - x^2)$ 为所求的通解.

从例 3 和例 4 求方程通解的过程及最终结果可以看到, 积分结果中出现的对数函数中对真数部分所加的绝对值符号在最终结果中并没有发挥作用. 此前对真数不加绝对值, 也可得到相同的结果. 所以为使问题简化, 我们约定, 在求微分方程通解的中间过程中, 可不对真数部分加绝对值, 只要方程通解的最终结果中不出现对数函数就可以了. 如果求方程的特解, 则依据所给的初始条件或问题的实际意义容易判断其数部分应如何进行符号处理, 也不必用加绝对值的方法.

例 5 *RC* 电路充电与放电问题. 设 *RC* 电路如图 11-3 所示, *K* 是开关, 先将开关拨至 I 处, 使电容器充电至电压 *E*, 然后将开关拨至 II 处, 电容器通过电阻 *R* 放电. 试求:

(1) 如合闸 I 时(即 $t = 0$), 电容器上电压为 $u_C = 0$, 求合闸 I 后电压 u_C 的变化规律;

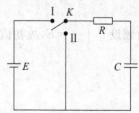

图 11-3

(2) 如合闸Ⅱ时,电容器上电压为 E,求合闸Ⅱ后电压 u_C 的变化规律.

解 (1) 设电阻上的电压 u_R,根据回路电压定律

$$u_R + u_C = E,$$

因为

$$u_R = Ri = R\frac{dQ}{dt} = RC\frac{du_C}{dt},$$

于是得微分方程

$$RC\frac{du_C}{dt} + u_C = E.$$

由题设 $u_C\big|_{t=0} = 0$. 故初值问题为

$$\begin{cases} RC\dfrac{du_C}{dt} + u_C = E, & (11.2.10) \\[2mm] u_C\big|_{t=0} = 0. & (11.2.11) \end{cases}$$

解方程(11.2.10),分离变量

$$\frac{du_C}{E - u_C} = \frac{dt}{RC},$$

两端积分

$$\int \frac{du_C}{E - u_C} = \int \frac{dt}{RC},$$

$$-\ln(E - u_C) = \frac{1}{RC}t + A \quad (A \text{ 为任意常数}),$$

于是有

$$u_C = E - e^{-(\frac{1}{RC}t + A)}.$$

把初始条件(11.2.11)代入,得

$$0 = E - e^{-A}, \quad \text{即 } e^{-A} = E,$$

所以

$$u_C = E(1 - e^{-\frac{t}{RC}}). \qquad (11.2.12)$$

这就是 RC 电路充电过程 u_C 的变化规律,从 u_C 的图形(图 11-4)可以看到,充电时 u_C 从零逐渐增大而且越来越接近 E,当 $t = 3RC$ 时,$u_C = E(1 - e^{-3}) \approx 0.95E$,即经过时间 $t = 3RC$ 后,电容上的电压已达到电源电压的 95%,一般认为这时充电过程已结束. 此外,还可看到,充电的快慢也决定于 RC 的值的大小.

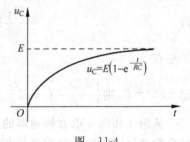

图 11-4

(2) 根据回路电压定律

$$u_R + u_C = 0,$$

同前,得微分方程

$$RC\frac{du_C}{dt} + u_C = 0.$$

由题设 $u_C\big|_{t=0} = E$,故初值问题为

$$\begin{cases} RC\dfrac{du_C}{dt} + u_C = 0, & (11.2.13) \\[2mm] u_C\big|_{t=0} = E. & (11.2.14) \end{cases}$$

解方程(11.2.13),分离变量

$$\frac{\mathrm{d}u_C}{u_C} = -\frac{1}{RC}\mathrm{d}t,$$

两端积分

$$\int \frac{\mathrm{d}u_C}{u_C} = -\int \frac{1}{RC}\mathrm{d}t,$$

得

$$\ln u_C = -\frac{t}{RC} + A \quad (A \text{ 为任意常数}),$$

于是

$$u_C = \mathrm{e}^{-\frac{t}{RC}+A}.$$

将初始条件(11.2.14)代入,得 $E = \mathrm{e}^{A}$,所以

$$u_C = E\mathrm{e}^{-\frac{t}{RC}}. \tag{11.2.15}$$

这就是 RC 电路放电过程 u_C 的变化规律. 从 u_C 的图形(图 11-5)可以看到,放电时,随时间 t 趋于无穷,u_C 趋于零. 在理论上,电容放电是一个无休止的过程,但实际上通常认为 $u_C = 0.05E$ 时放电过程已经结束. 由

$$E\mathrm{e}^{-\frac{1}{RC}t} = 0.05E,$$

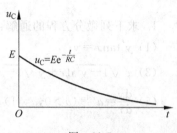

图 11-5

可算出 $t \approx 3RC$,由此可见,放电时间也决定于 RC,所以在无线电技术中将 RC 称为**时间常数**.

有的方程本身不能分离变量,例如方程 $\dfrac{\mathrm{d}y}{\mathrm{d}x} = \dfrac{x-y}{x+y}$,但若将方程稍加变化,方程右端可以

表示为 $\dfrac{y}{x}$ 的函数,即

$$\frac{\mathrm{d}y}{\mathrm{d}x} = \frac{x-y}{x+y} = \frac{1-\dfrac{y}{x}}{1+\dfrac{y}{x}}.$$

若作变换 $u = \dfrac{y}{x}$,即 $y = ux$,于是

$$\frac{\mathrm{d}y}{\mathrm{d}x} = u + x\frac{\mathrm{d}u}{\mathrm{d}x},$$

代入原方程,则得

$$u + x\frac{\mathrm{d}u}{\mathrm{d}x} = \frac{1-u}{1+u},$$

即

$$x\frac{\mathrm{d}u}{\mathrm{d}x} = \frac{1-2u-u^2}{1+u}.$$

分离变量,得

$$\frac{(1+u)}{1-2u-u^2}\mathrm{d}u = \frac{1}{x}\mathrm{d}x,$$

两端积分,得

$$\int \frac{(1+u)}{1-2u-u^2}\mathrm{d}u = \int \frac{1}{x}\mathrm{d}x,$$

$$-\frac{1}{2}\ln(1-2u-u^2) = \ln x + C_1,$$

化简得

$$x^2(1-2u-u^2) = C \quad (C = \mathrm{e}^{-2C_1}).$$

将 $u = \dfrac{y}{x}$ 代入上式,化简得

$$x^2 - 2xy - y^2 = C,$$

即为原方程的通解.

一般地,形如 $\dfrac{dy}{dx} = f\left(\dfrac{y}{x}\right)$ 的方程称为**齐次方程**,齐次方程都可以利用变换 $u = \dfrac{y}{x}$ 化为可分离变量的一阶微分方程,进而求得方程的解.

习题 11-2

1. 求下列微分方程的通解:

(1) $y'\tan x = y$;

(2) $xy' - y\ln y = 0$;

(3) $x\sqrt{1-y^2}\,dx + y\sqrt{1-x^2}\,dy = 0$;

(4) $\tan x\sin^2 y\,dx + \cos^2 x\cot y\,dy = 0$;

(5) $\dfrac{dy}{dx} = a^{x+y}\,(a>0, a\neq 1)$;

(6) $y - xy' = a(1 + x^2 y')$;

(7) $(e^{x+y} - e^x)dx + (e^{x+y} + e^y)dy = 0$;

(8) $e^{-s}\left(1 + \dfrac{ds}{dt}\right) = 1$;

(9) $y' + \sin\dfrac{x+y}{2} = \sin\dfrac{x-y}{2}$;

(10) $\cos x\sin y\,dx + \sin x\cos y\,dy = 0$;

(11) $(1+y)dx - (1-x)dy = 0$;

(12) $\dfrac{dy}{dx} + ye^{2x} = 0$;

(13) $y\dfrac{dy}{dx} - \sin 4x = 0$;

(14) $(x^2 - yx^2)y' + y^2 + xy^2 = 0$.

2. 求下列微分方程满足所给初始条件的特解:

(1) $y' = e^{2x-y}$, $y\big|_{x=0} = 0$;

(2) $y'\sin x = y\ln y$, $y\big|_{x=\frac{\pi}{2}} = e$;

(3) $(1+e^x)yy' = e^x$, $y(1) = 1$;

(4) $\dfrac{x}{1+y}dx - \dfrac{y}{1+x}dy = 0$, $y\big|_{x=0} = 1$.

3. 求解下列微分方程:

(1) $\dfrac{dy}{dx} = \dfrac{y}{x} + \dfrac{x}{y}$, $y\big|_{x=1} = 2$;

(2) $xy' - y = x\tan\dfrac{y}{x}$;

(3) $x\dfrac{dy}{dx} + y = 2\sqrt{xy}\,(x>0)$;

(4) $(xy' - y)\arctan\dfrac{y}{x} = x$.

4. 一曲线通过点 $(2,3)$,它在两坐标轴间的任意切线段均被切点所平分,求这曲线.

5. 求一曲线,使坐标原点到任一切线的距离等于切点的横坐标.

11.3　一阶线性微分方程

在一阶微分方程,有一类常见的微分方程形如

$$\frac{dy}{dx} + P(x)y = Q(x), \tag{11.3.1}$$

叫做**一阶线性微分方程**,它的特点是未知函数及其导数都是一次的,其中 $P(x)$,$Q(x)$ 是 x

的已知函数. 当 $Q(x) \equiv 0$ 时,称方程(11.3.1)是**齐次的**;当 $Q(x) \not\equiv 0$ 时,称方程(11.3.1)是**非齐次的**.

将式(11.3.1)中的 $Q(x)$ 换成零则得

$$\frac{\mathrm{d}y}{\mathrm{d}x} + P(x)y = 0, \tag{11.3.2}$$

方程(11.3.2)称为对应于方程(11.3.1)的**齐次线性方程**. 方程(11.3.1)与方程(11.3.2)有着密切的联系,为了求方程(11.3.1)的解,还得先求对应的齐次线性方程(11.3.2)的解.

11.3.1 一阶齐次线性方程通解的求法

方程

$$\frac{\mathrm{d}y}{\mathrm{d}x} + P(x)y = 0$$

实际是可分离变量方程,分离变量后得

$$\frac{\mathrm{d}y}{y} = -P(x)\mathrm{d}x,$$

两端积分,得

$$\ln y = -\int P(x)\mathrm{d}x + \ln C,$$

即

$$y = C\mathrm{e}^{-\int P(x)\mathrm{d}x},$$

这就是齐次线性方程(11.3.2)的通解.

11.3.2 一阶非齐次线性方程通解的求法

对于一阶非齐次线性方程的求解,常借助于它所对应的齐次线性方程的通解,应用所谓的**常数变易法**来求出非齐次线性方程的通解. 常数变易法的解题步骤如下:

(1) 首先求出对应的齐次线性方程的通解.

设方程为

$$\frac{\mathrm{d}y}{\mathrm{d}x} + P(x)y = Q(x), \tag{11.3.3}$$

写出对应的齐次线性方程为

$$\frac{\mathrm{d}y}{\mathrm{d}x} + P(x)y = 0, \tag{11.3.4}$$

由 11.3.1 节知方程(11.3.4)的通解为

$$y = C\mathrm{e}^{-\int P(x)\mathrm{d}x}. \tag{11.3.5}$$

(2) 将方程(11.3.4)的通解中的任意常数 C 换成 x 的未知函数 $u(x)$,设

$$y = u(x)\mathrm{e}^{-\int P(x)\mathrm{d}x} \tag{11.3.6}$$

是非齐次线性方程(11.3.3)的通解,于是有

$$\frac{\mathrm{d}y}{\mathrm{d}x} = u'(x)\mathrm{e}^{-\int P(x)\mathrm{d}x} - u(x)P(x)\mathrm{e}^{-\int P(x)\mathrm{d}x}.$$

代入式(11.3.3),得

$$u'(x)\mathrm{e}^{-\int P(x)\mathrm{d}x} - u(x)P(x)\mathrm{e}^{-\int P(x)\mathrm{d}x} + P(x)u(x)\mathrm{e}^{-\int P(x)\mathrm{d}x} = Q(x),$$

即

$$u'(x)\mathrm{e}^{-\int P(x)\,\mathrm{d}x} = Q(x),$$

$$u'(x) = Q(x)\mathrm{e}^{\int P(x)\,\mathrm{d}x}.$$

积分得

$$u(x) = \int Q(x)\mathrm{e}^{\int P(x)\,\mathrm{d}x}\mathrm{d}x + C.$$

将上式代回式(11.3.6),即得非齐次线性方程的通解为

$$y = \mathrm{e}^{-\int P(x)\,\mathrm{d}x}\left[\int Q(x)\mathrm{e}^{\int P(x)\,\mathrm{d}x}\mathrm{d}x + C\right]. \tag{11.3.7}$$

式(11.3.7)可写成

$$y = C\mathrm{e}^{-\int P(x)\,\mathrm{d}x} + \mathrm{e}^{-\int P(x)\,\mathrm{d}x}\int Q(x)\mathrm{e}^{\int P(x)\,\mathrm{d}x}\mathrm{d}x. \tag{11.3.8}$$

由式(11.3.8)可以看出,通解中的第一项是对应齐次线性方程(11.3.4)的通解式(11.3.5),第二项是原方程(11.3.3)的一个特解. 由此可知,**一阶非齐次线性方程的通解等于对应齐次线性方程的通解与非齐次线性方程的一个特解之和.**

例1 求方程 $\dfrac{\mathrm{d}y}{\mathrm{d}x} - \dfrac{y}{x} = -x^2$ 的通解.

解 先求对应的齐次线性方程的通解. 对应的齐次线性方程为

$$\frac{\mathrm{d}y}{\mathrm{d}x} - \frac{y}{x} = 0,$$

分离变量

$$\frac{\mathrm{d}y}{y} = \frac{\mathrm{d}x}{x},$$

两端积分

$$\int \frac{\mathrm{d}y}{y} = \int \frac{\mathrm{d}x}{x},$$

得

$$\ln y = \ln x + \ln C,$$

化简后,得

$$y = Cx.$$

再用常数变易法. 设 $y = u(x)x$ 为原方程的解,则

$$y' = u'(x)x + u(x),$$

将 y' 及 y 代入原方程,得

$$u'(x)x + u(x) - u(x) = -x^2,$$

即

$$u'(x)x = -x^2, u'(x) = -x,$$

积分得

$$u(x) = -\frac{1}{2}x^2 + C.$$

则原方程的通解为

$$y = x\left(-\frac{1}{2}x^2 + C\right) = -\frac{1}{2}x^3 + Cx.$$

也可直接利用通解公式(11.3.7)求解.

因为 $P(x) = -\dfrac{1}{x}, Q(x) = -x^2$,所以

$$y = \mathrm{e}^{-\int (-\frac{1}{x})\,\mathrm{d}x}\left[\int (-x^2)\mathrm{e}^{\int (-\frac{1}{x})\,\mathrm{d}x}\mathrm{d}x + C\right]$$

$$= \mathrm{e}^{\ln x}\left[\int (-x^2)\mathrm{e}^{-\ln x}\mathrm{d}x + C\right] = x\left[\int (-x^2)\cdot \frac{1}{x}\mathrm{d}x + C\right]$$

$$= x\left[-\frac{1}{2}x^2 + C\right] = -\frac{1}{2}x^3 + Cx.$$

例 2 解微分方程

$$\frac{\mathrm{d}y}{\mathrm{d}x}\cos x + y\sin x = 1. \tag{11.3.9}$$

解 将原方程改写成

$$\frac{\mathrm{d}y}{\mathrm{d}x} + y\tan x = \sec x, \tag{11.3.10}$$

此方程为非齐次线性方程.对应的齐次线性方程为

$$\frac{\mathrm{d}y}{\mathrm{d}x} + y\tan x = 0,$$

分离变量

$$\frac{\mathrm{d}y}{y} = -\tan x\,\mathrm{d}x,$$

两端积分

$$\int\frac{\mathrm{d}y}{y} = -\int\tan x\,\mathrm{d}x,$$

得

$$\ln y = \ln\cos x + \ln C,$$

故对应的齐次线性方程的通解为

$$y = C\cos x.$$

再用常数变易法求原方程的通解.

设 $y = u(x)\cos x$ 为原方程的解,则

$$y' = u'(x)\cos x - u(x)\sin x, \tag{11.3.11}$$

代入原方程(11.3.10),得

$$u'(x)\cos x - u(x)\sin x + u(x)\cos x\frac{\sin x}{\cos x} = \sec x,$$

即

$$u'(x) = \sec^2 x,$$

于是

$$u(x) = \tan x + C.$$

故原方程的通解为

$$y = \cos x[\tan x + C] = \sin x + C\cos x.$$

例 3 求解 $y^2\,\mathrm{d}x + (xy-1)\,\mathrm{d}y = 0$.

解 如果将 y 看作 x 的函数,即 $y = y(x)$,方程可写为

$$\frac{\mathrm{d}y}{\mathrm{d}x} = -\frac{y^2}{xy-1}, \tag{11.3.12}$$

式(11.3.12)不是一阶线性方程,故不能采用以上方法.此时不妨试试将 x 看作 y 的函数,即 $x = x(y)$,则方程可写成

$$y^2\frac{\mathrm{d}x}{\mathrm{d}y} + yx = 1,$$

即

$$\frac{\mathrm{d}x}{\mathrm{d}y} + \frac{1}{y}x = \frac{1}{y^2},$$

这就成为未知函数 x 的一阶线性方程,其通解为

$$x = \frac{1}{y}(\ln y + C).$$

例 4 图 11-6 是由电阻 R、电感 L 和电源电动势 $E = E_m\sin\omega t$ 组成的闭合电路,其中 R,L,E_m,ω 都是常数,当时间 $t = 0$ 时接通电路,其时电流 $i = 0$,求电流 $i(t)$.

解 设时刻 t 的回路电流为 $i = i(t)$,由电学知道,电阻 R 上

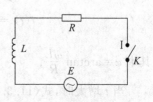

图 11-6

的电压降为 Ri,电感 L 上的电压降为 $L\dfrac{\mathrm{d}i}{\mathrm{d}t}$. 由克希霍夫定律知,回路上电压降的总和等于外加电动势,于是有

$$L\frac{\mathrm{d}i}{\mathrm{d}t}+Ri=E_m\sin\omega t,\tag{11.3.13}$$

初始条件是 $i\big|_{t=0}=0$.

方程(11.3.13)就是一非齐次线性方程,用常数变易法求解. 先解对应的齐次线性方程

$$L\frac{\mathrm{d}i}{\mathrm{d}t}+Ri=0.$$

分离变量,得

$$\frac{\mathrm{d}i}{i}=-\frac{R}{L}\mathrm{d}t,$$

两端积分

$$\int\frac{\mathrm{d}i}{i}=-\int\frac{R}{L}\mathrm{d}t,$$

得

$$i=Ce^{-\frac{R}{L}t}.$$

令 $i=u(t)e^{-\frac{R}{L}t}$ 为原方程的解,代入方程(11.3.13),有

$$Lu'(t)e^{-\frac{R}{L}t}-Ru(t)e^{-\frac{R}{L}t}+Ru(t)e^{-\frac{R}{L}t}=E_m\sin\omega t,$$

即

$$u'(t)=\frac{E_m}{L}e^{\frac{R}{L}t}\sin\omega t,$$

积分得

$$u(t)=\frac{E_m}{L}\cdot\frac{L}{R^2+\omega^2L^2}e^{\frac{R}{L}t}(R\sin\omega t-\omega L\cos\omega t)+C.$$

从而得原方程(11.3.13)的通解为

$$i(t)=\frac{E_m}{R^2+\omega^2L^2}(R\sin\omega t-\omega L\cos\omega t)+Ce^{-\frac{R}{L}t}.$$

将初始条件 $i\big|_{t=0}=0$ 代入,于是得特解

$$i(t)=\frac{\omega LE_m}{R^2+\omega^2L^2}e^{-\frac{R}{L}t}+\frac{E_m}{R^2+\omega^2L^2}(R\sin\omega t-\omega L\cos\omega t).\tag{11.3.14}$$

为了便于说明式(11.3.14)所反映的物理现象,下面把式(11.3.14)右端中第二项的形式稍加改变. 令

$$\cos\varphi=\frac{R}{\sqrt{R^2+\omega^2L^2}},\quad\sin\varphi=\frac{\omega L}{\sqrt{R^2+\omega^2L^2}},$$

则式(11.3.14)可写成

$$i(t)=\frac{\omega LE_m}{R^2+\omega^2L^2}e^{-\frac{R}{L}t}+\frac{E_m}{\sqrt{R^2+\omega^2L^2}}\sin(\omega t-\varphi),\tag{11.3.15}$$

其中 $\varphi=\arctan\dfrac{\omega L}{R}$.

当 t 增大时,式(11.3.15)右端第一项(称为**暂态电流**)逐渐衰减而趋于零. 第二项(称为**稳态电流**)是正弦函数,它的周期和电动势的周期相同,而相角滞后 φ.

习题 11-3

1. 判断下列微分方程是否是线性方程？ 如果是线性方程,是齐次的还是非齐次的?

(1) $3y'+2y=x^2$;

(2) $yy'+y=x$;

(3) $u'+3u=1+e^{-2t}$;

(4) $y'+xy^2=0$;

(5) $y'+2y+x-1=0$;

(6) $y'+\sin y=x^2$.

2. 求下列微分方程的通解:

(1) $\dfrac{dy}{dx}+y=e^{-x}$;

(2) $y'+y\cos x=e^{-\sin x}$;

(3) $(x^2+1)y'+2xy=4x^2$;

(4) $y'+2xy=xe^{-x^2}$;

(5) $xy'=x\sin x-y$;

(6) $(x+a)y'-3y=(x+a)^5$;

(7) $(x+1)y'-ny=e^x(x+1)^{n+1}$;

(8) $\dfrac{dx}{dt}-2tx=e^{t^2}\cos t$;

(9) $y\ln y\,dx+(x-\ln y)dy=0$;

(10) $(x-2xy-y^2)y'+y^2=0$;

(11) $\dfrac{dy}{dx}=\dfrac{1}{x\cos y+\sin 2y}$;

(12) $y'+ay=e^{mx}$, a,m 为常数(提示: 分别讨论 $a+m$ 等于零和不等于零的情形).

3. 求下列微分方程满足初始条件的特解:

(1) $\dfrac{dy}{dx}-y\tan x=\sec x$, $y(0)=0$;

(2) $y'+\dfrac{1}{x}y=\dfrac{\sin x}{x}$, $y\big|_{x=\pi}=1$;

(3) $\dfrac{dy}{dx}+\dfrac{2-3x^2}{x^3}y=1$, $y(1)=0$;

(4) $(1-x^2)y'+xy=1$, $y(0)=1$;

(5) $\dfrac{di}{dt}+\dfrac{R}{L}i=\dfrac{E_0}{L}$, $i\big|_{t=0}=0$, R,L,E_0 为常数;

(6) $x\dfrac{dy}{dx}+y-e^x=0$, $y\big|_{x=a}=b$.

4. 证明:

(1) 若 $y=y_1(x)$ 是一阶非齐次线性方程 $\dfrac{dy}{dx}+P(x)y=Q(x)$ 的解, 而 $y=y_0(x)\not\equiv0$ 是对应的齐次线性方程 $\dfrac{dy}{dx}+P(x)y=0$ 的解, 则 $y=y_1(x)+Cy_0(x)$ 必为非齐次线性方程的通解, 其中 C 为任意常数;

(2) 若 $y=y_1(x)$ 及 $y=y_2(x)$ 是一阶非齐次线性方程的两个不同的解, 则 $y=y_1(x)-y_2(x)$ 必为对应的齐次线性方程的解.

5. 求一条曲线的方程, 这曲线通过原点并且它在点 (x,y) 处的切线的斜率等于 $2x+y$.

6. 一质量为 m 的质点沿直线运动, 运动时质点所受的力 $F=a-bv$(其中 a,b 为正的常数, v 为质点运动的速度), 设质点由静止出发, 求这一质点的速度与时间的关系.

7. 一质量为 m 的质点自由下落, 初速度为 0, 设质点在下落过程中受到的空气阻力 f 与速度 v 成正比, 求质点下落的速度 v 的变化规律.

11.4 可降阶的二阶微分方程

本节讨论几种特殊形式的二阶微分方程, 可以通过变量代换将它们化成一阶微分方程, 从而有可能应用前面几节中所讲的方法来求出它的解, 这类方程就称为**可降阶的二阶微分方程**.

11.4.1　$y'' = f(x)$ 型的微分方程

微分方程

$$y'' = f(x) \tag{11.4.1}$$

的特点是方程的右端是仅含有自变量 x 的函数. 容易看出, 只要把 y' 作为新的未知函数, 式(11.4.1)可写为

$$(y')' = f(x), \tag{11.4.2}$$

式(11.4.2)就是新未知函数 y' 的一阶微分方程. 两边积分, 得

$$y' = \int f(x)\,\mathrm{d}x + C_1, \tag{11.4.3}$$

再积分一次, 得

$$y = \int \left\{ \int f(x)\,\mathrm{d}x + C_1 \right\} \mathrm{d}x + C_2. \tag{11.4.4}$$

所以这类方程依次进行二次积分, 便可得到它的含有两个独立的任意常数的通解.

例1　求方程 $y'' = \mathrm{e}^{2x} - \cos x$ 的通解.

解　积分一次得

$$y' = \frac{1}{2}\mathrm{e}^{2x} - \sin x + C_1,$$

再积分一次得

$$y = \frac{1}{4}\mathrm{e}^{2x} + \cos x + C_1 x + C_2,$$

其中, C_1, C_2 为任意常数.

这种方法, 对于高阶方程 $y^{(n)} = f(x)$ 也是适用的, 只要连续积分 n 次就可以求出通解.

11.4.2　$y'' = f(x, y')$ 型的微分方程

微分方程

$$y'' = f(x, y') \tag{11.4.5}$$

的特点是方程的右端不显含未知函数 y. 对于这类方程, 可设 $y' = p(x)$, 则

$$y'' = (y')' = p',$$

代入方程(11.4.5), 就得

$$\frac{\mathrm{d}p}{\mathrm{d}x} = f(x, p), \tag{11.4.6}$$

这是一个关于变量 x, p 的一阶微分方程. 如果其通解为

$$p = \varphi(x, C_1), \tag{11.4.7}$$

由于 $p = \dfrac{\mathrm{d}y}{\mathrm{d}x}$, 因此, 又得到一个一阶微分方程

$$\frac{\mathrm{d}y}{\mathrm{d}x} = \varphi(x, C_1). \tag{11.4.8}$$

再积分, 就可得到原方程(11.4.5)的通解

$$y = \int \varphi(x, C_1) \mathrm{d}x + C_2. \tag{11.4.9}$$

例 2 求解微分方程

$$y'' - y' = \mathrm{e}^x.$$

解 显见,方程中不显含 y. 设 $y' = p$,则 $y'' = p'$,代入方程得

$$p' - p = \mathrm{e}^x.$$

这是一线性微分方程,利用 11.4.1 节一阶非齐次线性方程的通解公式(11.4.5)得

$$p = \mathrm{e}^{\int \mathrm{d}x} \left(\int \mathrm{e}^x \cdot \mathrm{e}^{-\int \mathrm{d}x} \mathrm{d}x + C_1 \right) = \mathrm{e}^x (x + C_1),$$

即

$$\frac{\mathrm{d}y}{\mathrm{d}x} = \mathrm{e}^x (x + C_1).$$

于是,积分得原方程的通解为

$$y = \int \mathrm{e}^x (x + C_1) \mathrm{d}x + C_2 = (x - 1 + C_1) \mathrm{e}^x + C_2.$$

例 3 解微分方程 $xy'' = y' \ln y'$.

解 方程中不显含 y. 设 $y' = p$,则原方程化为

$$xp' = p \ln p.$$

可见,这是一个关于 x, p 的可分离变量的方程. 分离变量,得

$$\frac{\mathrm{d}p}{p \ln p} = \frac{\mathrm{d}x}{x},$$

两端积分,得

$$\ln(\ln p) = \ln x + \ln C_1,$$

即

$$\ln p = C_1 x,$$

所以

$$p = \mathrm{e}^{C_1 x},$$

代回原未知函数

$$\frac{\mathrm{d}y}{\mathrm{d}x} = \mathrm{e}^{C_1 x},$$

于是,原方程的通解为

$$y = \frac{1}{C_1} \mathrm{e}^{C_1 x} + C_2.$$

11.4.3 $y'' = f(y, y')$ 型的微分方程

微分方程

$$y'' = f(y, y') \tag{11.4.10}$$

的特点是方程的右端不显含自变量 x. 对于这类方程,可作变换 $y' = p(y)$. 根据复合函数的求导法则,有

$$y'' = \frac{\mathrm{d}p}{\mathrm{d}x} = \frac{\mathrm{d}p}{\mathrm{d}y} \cdot \frac{\mathrm{d}y}{\mathrm{d}x} = p \frac{\mathrm{d}p}{\mathrm{d}y},$$

代入原方程(11.4.10),得

$$p \frac{\mathrm{d}p}{\mathrm{d}y} = f(y, p).$$

这是一个关于 y, p 的一阶微分方程,如果其通解为

$$p = \varphi(y, C_1), \tag{11.4.11}$$

即

$$\frac{\mathrm{d}y}{\mathrm{d}x} = \varphi(y, C_1), \tag{11.4.12}$$

分离变量并积分,就可得到原方程的通解

$$\int \frac{\mathrm{d}y}{\varphi(y,C_1)} = x + C_2. \tag{11.4.13}$$

例 4　求微分方程 $yy'' - (y')^2 = 0$ 的通解.

解　方程中不显含 x,故设 $y' = p(y)$,则 $y'' = p\dfrac{\mathrm{d}p}{\mathrm{d}y}$,代入原方程,得

$$yp \frac{\mathrm{d}p}{\mathrm{d}y} - p^2 = 0,$$

即

$$p\left(y \frac{\mathrm{d}p}{\mathrm{d}y} - p\right) = 0.$$

于是有

$$p = 0 \quad \text{或} \quad y \frac{\mathrm{d}p}{\mathrm{d}y} - p = 0.$$

对于方程 $y\dfrac{\mathrm{d}p}{\mathrm{d}y} - p = 0$,分离变量,得

$$\frac{\mathrm{d}p}{p} = \frac{\mathrm{d}y}{y},$$

两边积分,得

$$\ln p = \ln y + \ln C_1,$$

即

$$p = C_1 y.$$

代回原未知函数,有

$$\frac{\mathrm{d}y}{\mathrm{d}x} = C_1 y,$$

再分离变量并积分得通解

$$y = C_2 \mathrm{e}^{C_1 x}, \tag{11.4.14}$$

由 $p = 0$ 即 $\dfrac{\mathrm{d}y}{\mathrm{d}x} = 0$ 得

$$y = \text{常数}. \tag{11.4.15}$$

若在通解式(11.4.14)中令 $C_1 = 0$,便得 $y = $ 常数,所以解式(11.4.15)已包含在通解式(11.4.14)中,不必另行写出了.

例 5　求微分方程 $y'' = \dfrac{1+y'^2}{2y}$ 的通解.

解　方程中不显含 x,故设 $y' = p(y)$,则 $y'' = p\dfrac{\mathrm{d}p}{\mathrm{d}y}$,代入原方程,得

$$p \frac{\mathrm{d}p}{\mathrm{d}y} = \frac{1+p^2}{2y}.$$

分离变量,得

$$\frac{2p}{1+p^2}\mathrm{d}p = \frac{1}{y}\mathrm{d}y,$$

两端积分,得

$$\ln(1+p^2) = \ln y + \ln C_1,$$

即

$$1 + p^2 = C_1 y.$$

所以

$$p = \pm\sqrt{C_1 y - 1},$$

即

$$\frac{\mathrm{d}y}{\mathrm{d}x} = \pm\sqrt{C_1 y - 1}.$$

再分离变量,得

$$\frac{\mathrm{d}y}{\pm\sqrt{C_1 y - 1}} = \mathrm{d}x,$$

两端积分,得

$$\pm\frac{2}{C_1}\sqrt{C_1 y - 1} = x + C_2.$$

化简，最后得原方程的通解为

$$\frac{4}{C_1^2}(C_1 y - 1) = (x + C_2)^2,$$

或

$$y = \frac{C_1}{4}(x + C_2)^2 + \frac{1}{C_1}.$$

习题 11-4

1. 求下列微分方程的通解：

(1) $y'' = \dfrac{1}{1 + x^2}$；

(2) $y'' = y' + x$；

(3) $y'' = 1 + y'^2$；

(4) $y'' = \dfrac{y'}{x} + x$；

(5) $2(y')^2 + y y'' = 0$；

(6) $y'' = 2(y' - 1)\cot x$；

(7) $xy'' = y'(\ln y' - \ln x)$；

(8) $y''' = y''$.

2. 求下列微分方程满足初始条件的特解：

(1) $y'' - \dfrac{1}{x}y' = x e^x, y\big|_{x=1} = 1, y'\big|_{x=1} = e$；   *(2) $y^3 y'' + 1 = 0, y\big|_{x=1} = 1, y'\big|_{x=1} = 0$；

(3) $y''(x^2 + 1) = 2xy', y\big|_{x=0} = 1, y'\big|_{x=0} = 3$；   (4) $2y'' = 3y', y\big|_{x=2} = 1 + e^3, y'\big|_{x=2} = \dfrac{3}{2}e^3$；

*(5) $y''(y - 1) = 2y'^2, y\big|_{x=1} = 2, y'\big|_{x=1} = -1$；   (6) $y'' + y'^2 = 1, y\big|_{x=0} = 0, y'\big|_{x=0} = 1$.

3. 试求 $y'' = x$ 的过点 $M(0,1)$ 且在此点与直线 $y = \dfrac{x}{2} + 1$ 相切的积分曲线.

4. 某曲线的曲率恒为 1，如该曲线通过点 $(1,0)$；且当 $x = 0$ 时有水平切线，求该曲线的方程. $\left(\text{曲率计算公式：} K = \dfrac{|y''|}{(1 + y'^2)^{3/2}}\right)$

11.5 二阶常系数齐次线性微分方程

在二阶微分方程中，经常遇到形如

$$y'' + P(x)y' + Q(x)y = f(x) \tag{11.5.1}$$

的方程. 这类方程的特点是关于未知函数 y 及其一阶导数 y'、二阶导数 y'' 都是一次的，其中 $P(x), Q(x)$ 及 $f(x)$ 都是已知的关于 x 的连续函数，方程 (11.5.1) 称为**二阶线性微分方程**. 当方程的右端 $f(x) \equiv 0$ 时，方程成为

$$y'' + P(x)y' + Q(x)y = 0, \tag{11.5.2}$$

方程 (11.5.2) 就称为**二阶齐次线性微分方程**. 当 $f(x) \not\equiv 0$ 时，方程 (11.5.1) 就称为**二阶非齐次线性微分方程**.

在二阶线性微分方程中，经常遇到的是形如

$$y'' + py' + qy = f(x) \tag{11.5.3}$$

的方程，其中 p, q 是常数，这类方程称为**二阶常系数线性微分方程**. 当然，随着 $f(x)$ 为零与否

又有齐次和非齐次之分. 本节和 11.6 节我们研究的就是这类常系数的线性微分方程的解法.

11.5.1　二阶常系数齐次线性微分方程解的性质

在讨论二阶常系数齐次线性微分方程的解法之前,我们先来研究一下这类方程解的性质.

定理 1　若 y_1 与 y_2 都是二阶常系数齐次线性方程

$$y'' + py' + qy = 0 \tag{11.5.4}$$

的解,则 $y = C_1 y_1 + C_2 y_2$ 也是方程(11.5.4)的解,其中 C_1, C_2 是任意常数.

证　因为 y_1 与 y_2 都是方程(11.5.4)的解,故有

$$y_1'' + py_1' + qy_1 = 0,$$
$$y_2'' + py_2' + qy_2 = 0.$$

将 $y = C_1 y_1 + C_2 y_2$ 代入方程(11.5.4)的左端,得

$$[C_1 y_1 + C_2 y_2]'' + p[C_1 y_1 + C_2 y_2]' + q[C_1 y_1 + C_2 y_2]$$
$$= C_1 [y_1'' + py_1' + qy_1] + C_2 [y_2'' + py_2' + qy_2] = 0,$$

所以,$y = C_1 y_1 + C_2 y_2$ 是方程(11.5.4)的解.

定理 1 表明二阶常系数齐次线性方程的解具有**叠加性**.

从形式上看,$y = C_1 y_1 + C_2 y_2$ 中含有两个任意常数,是否可以认为它就是方程(11.5.4)的通解呢? 不一定,因为,如果 $\dfrac{y_2}{y_1} = K$(K 为某常数),则 $y = C_1 y_1 + C_2 y_2 = (C_1 + KC_2) y_1 = Cy_1$,实质上它只含有一个任意常数,因此它不是通解. 当 $\dfrac{y_2}{y_1}$ 不为常数时,解 $y = C_1 y_1 + C_2 y_2$ 中确实含有两个相互独立的任意常数,此时它才是方程(11.5.4)的通解.

如果 $y_1(x)$ 与 $y_2(x)$ 的比值 $\dfrac{y_2(x)}{y_1(x)} \equiv K$($K$ 为常数),则称 $y_1(x)$ 与 $y_2(x)$ 是**线性相关的**,否则,就是**线性无关的**. 例如 x 与 e^x 是线性无关的;e^{2x} 与 $3e^{2x}$ 是线性相关的;$\sin x$ 与 $\cos x$ 是线性无关的. 综上所述,可得如下定理.

定理 2　如果 y_1 与 y_2 是方程(11.5.4)的两个线性无关的特解,则

$$y = C_1 y_1 + C_2 y_2 \quad (C_1, C_2 \text{ 是任意常数})$$

就是方程(11.5.4)的通解.

定理 2 表明了二阶常系数齐次线性微分方程通解的结构,也就是说,只要找到它的两个线性无关的特解,就能得到它的通解.

以上两定理对非常系数的齐次线性微分方程(11.5.2)亦成立,并且可以推广到高阶齐次线性微分方程.

11.5.2　二阶常系数齐次线性微分方程的解法

由定理 2 可知,欲求齐次线性微分方程(11.5.4)

$$y'' + py' + qy = 0$$

的通解,只要先找到方程(11.5.4)的两个线性无关的特解,就能求出它的通解.

从方程(11.5.4)可以看到,它应使 y'',py',qy 三项加起来等于零,因此,y'',y',y 三者应是同一类函数.很容易想到指数函数 $y=\mathrm{e}^{rx}$(r 为常数)与它的各阶导数仍是指数函数,且相差只是一个常数因子,联系到方程(11.5.4)的系数也是常数的特点,可以猜想 $y=\mathrm{e}^{rx}$ 可能是它的特解,看能否选取适当的常数 r,使 $y=\mathrm{e}^{rx}$ 成为方程(11.5.4)的解.

令 $y=\mathrm{e}^{rx}$,则 $y'=r\mathrm{e}^{rx}$,$y''=r^2\mathrm{e}^{rx}$. 代入方程(11.5.4),得

$$r^2\mathrm{e}^{rx}+pr\mathrm{e}^{rx}+q\mathrm{e}^{rx}=0,$$

或

$$(r^2+pr+q)\mathrm{e}^{rx}=0.$$

因为 $\mathrm{e}^{rx}\neq0$,所以有

$$r^2+pr+q=0. \tag{11.5.5}$$

这就是说,只要 r 满足式(11.5.5),所得的函数 $y=\mathrm{e}^{rx}$ 就是微分方程(11.5.4)的解.这样一来,方程(11.5.4)的求解问题就转化为求代数方程(11.5.5)的根的问题.我们称代数方程(11.5.5)为微分方程(11.5.4)的**特征方程**,而特征方程(11.5.5)的根就称为微分方程(11.5.4)的**特征根**.

下面我们根据特征方程(11.5.5)的根的三种可能情况分别进行讨论.

1. 两不等的实特征根:$r_1\neq r_2$.

此时,$y_1=\mathrm{e}^{r_1 x}$,$y_2=\mathrm{e}^{r_2 x}$ 是方程(11.5.4)的两个特解,又因为 $\dfrac{y_2}{y_1}=\dfrac{\mathrm{e}^{r_2 x}}{\mathrm{e}^{r_1 x}}=\mathrm{e}^{(r_2-r_1)x}\not\equiv$常数,所以 y_1 与 y_2 是线性无关的,故方程(11.5.4)的通解为

$$y=C_1\mathrm{e}^{r_1 x}+C_2\mathrm{e}^{r_2 x}. \tag{11.5.6}$$

2. 两相等的实特征根:$r_1=r_2$.

此时,因为 $r_1=r_2$,只得到方程(11.5.4)的一个特解 $y_1=\mathrm{e}^{r_1 x}$,为了求出方程(11.5.4)的通解,我们还需要求出另一个特解 y_2,且满足 $\dfrac{y_2}{y_1}\not\equiv$常数.因此,$\dfrac{y_2}{y_1}$ 应是 x 的某一函数,不妨令 $\dfrac{y_2}{y_1}=u(x)$,$u(x)$ 就是一待定函数.

设 $y_2=u(x)\mathrm{e}^{r_1 x}$ 是方程(11.5.4)的解,则

$$y_2'=u'\mathrm{e}^{r_1 x}+ur_1\mathrm{e}^{r_1 x},$$
$$y_2''=u''\mathrm{e}^{r_1 x}+2r_1 u'\mathrm{e}^{r_1 x}+r_1^2 u\mathrm{e}^{r_1 x},$$

代入方程(11.5.4),得

$$\mathrm{e}^{r_1 x}[(u''+2r_1 u'+r_1^2 u)+p(u'+r_1 u)+qu]=0,$$

即

$$\mathrm{e}^{r_1 x}[u''+(2r_1+p)u'+(r_1^2+pr_1+q)u]=0.$$

因为 $\mathrm{e}^{r_1 x}\neq0$,所以,约去 $\mathrm{e}^{r_1 x}$,得

$$u''+(2r_1+p)u'+(r_1^2+pr_1+q)u=0. \tag{11.5.7}$$

由于 r_1 是特征方程的二重根,故有

$$r_1^2+pr_1+q=0 \quad 及 \quad 2r_1+p=0,$$

于是由式(11.5.7)得到

$$u''=0,$$

积分得

$$u=A_1 x+A_2 \quad (A_1,A_2\ 为任意常数).$$

因为我们只要得到一个不为常数的 u 就可解决问题,故不妨选最简单的 $u=x$(相当于 $A_1=1$,
$A_2=0$),所以方程(11.5.4)的另一解选取为

$$y_2 = xe^{r_1x}, \tag{11.5.8}$$

且它满足 $\dfrac{y_2}{y_1} = \dfrac{xe^{r_1x}}{e^{r_1x}} = x \neq$ 常数. 于是微分方程(11.5.4)的通解为

$$y = C_1e^{r_1x} + C_2xe^{r_1x},$$

即

$$y = (C_1 + C_2x)e^{r_1x}. \tag{11.5.9}$$

3. 一对共轭复数特征根: $r_1 = \alpha + i\beta, r_2 = \alpha - i\beta (\beta \neq 0)$.

此时,方程(11.5.4)有两个解

$$y_1^* = e^{(\alpha+i\beta)x}, \quad y_2^* = e^{(\alpha-i\beta)x}.$$

这种复数形式的解,在实用上不方便. 利用欧拉公式

$$e^{ix} = \cos x + i\sin x,$$

将 y_1^*,y_2^* 改写为

$$y_1^* = e^{\alpha x}(\cos\beta x + i\sin\beta x),$$
$$y_2^* = e^{\alpha x}(\cos\beta x - i\sin\beta x).$$

由定理 1 可知

$$y_1 = \frac{1}{2}y_1^* + \frac{1}{2}y_2^* = e^{\alpha x}\cos\beta x, \tag{11.5.10}$$

$$y_2 = \frac{1}{2i}y_1^* - \frac{1}{2i}y_2^* = e^{\alpha x}\sin\beta x, \tag{11.5.11}$$

都是方程(11.5.4)的解,且

$$\frac{y_2}{y_1} = \frac{e^{\alpha x}\sin\beta x}{e^{\alpha x}\cos\beta x} = \tan\beta x \neq 常数.$$

于是

$$y = C_1e^{\alpha x}\cos\beta x + C_2e^{\alpha x}\sin\beta x,$$

即

$$y = e^{\alpha x}[C_1\cos\beta x + C_2\sin\beta x] \tag{11.5.12}$$

就是方程(11.5.4)的通解.

综上所述,求二阶常系数齐次线性方程通解的步骤可归纳如下:

第一步 写出方程(11.5.4)的特征方程

$$r^2 + pr + q = 0;$$

第二步 求出特征方程(11.5.5)的两个特征根 r_1, r_2;

第三步 根据两个特征根 r_1, r_2 的不同情况可得方程(11.5.4)的通解,如表 11-1 所列.

表 11-1

特征方程 $x^2 + pr + q = 0$ 的两个根 r_1, r_2	微分方程 $y'' + py' + qy = 0$ 的通解
不相等的实根 $r_1 \neq r_2$	$y = C_1e^{r_1x} + C_2e^{r_2x}$
相等的实根 $r_1 = r_2$	$y = (C_1 + C_2x)e^{r_1x}$
共轭复根 $r_1 = \alpha + i\beta, r_2 = \alpha - i\beta$	$y = e^{\alpha x}[C_1\cos\beta x + C_2\sin\beta x]$

例 1 求方程 $y'' + 3y' + 2y = 0$ 的通解.

解 它的特征方程为 $r^2 + 3r + 2 = 0,$

特征根为 $$r_1 = -2, r_2 = -1,$$
故通解为 $$y = C_1 \mathrm{e}^{-2x} + C_2 \mathrm{e}^{-x}.$$

例2 求方程 $\dfrac{\mathrm{d}^2 s}{\mathrm{d}t^2} + 4\dfrac{\mathrm{d}s}{\mathrm{d}t} + 4s = 0$ 满足初始条件 $s\big|_{t=0} = 4, \dfrac{\mathrm{d}s}{\mathrm{d}t}\big|_{t=0} = -2$ 的特解.

解 它的特征方程为 $$r^2 + 4r + 4 = 0,$$
特征根为 $$r_1 = r_2 = -2,$$
故通解为 $$s = (C_1 + C_2 t)\mathrm{e}^{-2t}.$$
由初始条件,有 $$s\big|_{t=0} = C_1 = 4,$$
而 $$\frac{\mathrm{d}s}{\mathrm{d}t} = C_2 \mathrm{e}^{-2t} - 2(C_1 + C_2 t)\mathrm{e}^{-2t},$$
故 $$\frac{\mathrm{d}s}{\mathrm{d}t}\Big|_{t=0} = C_2 - 2C_1 = -2,$$
将 $C_1 = 4$ 代入,得 $C_2 = 6$. 于是,所求的特解为
$$s = (4 + 6t)\mathrm{e}^{-2t}.$$

例3 求方程 $y'' + 2y' + 3y = 0$ 的通解.

解 它的特征方程为 $$r^2 + 2r + 3 = 0,$$
特征根为 $$r_1 = -1 + \sqrt{2}\,\mathrm{i}, \quad r_2 = -1 - \sqrt{2}\,\mathrm{i},$$
故方程的通解为
$$y = \mathrm{e}^{-x}[C_1 \cos\sqrt{2}\,x + C_2 \sin\sqrt{2}\,x].$$

二阶常系数齐次线性方程求解的方法,可类似地推广到 n 阶 $(n > 2)$ 常系数齐次线性微分方程.

n 阶常系数齐次线性微分方程的一般形式为
$$y^{(n)} + p_1 y^{(n-1)} + p_2 y^{(n-2)} + \cdots + p_{n-1} y' + p_n y = 0, \tag{11.5.13}$$
对应的特征方程为
$$r^n + p_1 r^{n-1} + p_2 r^{n-2} + \cdots + p_{n-1} r + p_n = 0. \tag{11.5.14}$$
根据特征方程根的不同情况,可以写出微分方程(11.5.13)的解如表 11-2.

表 11-2

特征方程的根	微分方程通解中的对应项
单实根 r	给出一项 $C\mathrm{e}^{rx}$
k 重实根 r	给出 k 项 $\mathrm{e}^{rx}(C_1 + C_2 x + \cdots + C_k x^{k-1})$
一对单复根 $\alpha \pm \beta\mathrm{i}$	给出两项 $\mathrm{e}^{\alpha x}(C_1 \cos\beta x + C_2 \sin\beta x)$
一对 k 重复根 $\alpha \pm \beta\mathrm{i}$	给出 $2k$ 项 $\mathrm{e}^{\alpha x}[(C_1 + C_2 x + \cdots + C_k x^{k-1})\cos\beta x + (D_1 + D_2 x + \cdots + D_k x^{k-1})\sin\beta x]$

例4 求方程 $y^{(4)} - 4y''' + 10y'' - 12y' + 5y = 0$ 的通解.

解 它的特征方程为 $r^4 - 4r^3 + 10r^2 - 12r + 5 = 0,$
即 $$(r-1)^2[(r-1)^2 + 2^2] = 0,$$
特征根为 $$r_{1,2} = 1, \quad r_{3,4} = 1 \pm 2\mathrm{i},$$
故通解为 $$y = (C_1 + C_2 x)\mathrm{e}^x + \mathrm{e}^x[C_3 \cos 2x + C_4 \sin 2x].$$

习题 11-5

1. 求下列微分方程的通解：

(1) $y'' - 3y' - 4y = 0$；

(2) $y'' + 5y' = 0$；

(3) $y'' + y = 0$；

(4) $y'' + 10y' + 25y = 0$；

(5) $4\dfrac{d^2 x}{dt^2} - 8\dfrac{dx}{dt} + 5x = 0$；

(6) $y'' + 4y' + 13y = 0$；

(7) $y^{(4)} - y = 0$；

(8) $y''' - 3y'' + 3y' - y = 0$.

2. 求下列微分方程满足所给初始条件的特解：

(1) $y'' - 4y' + 3y = 0, y\big|_{x=0} = 6, y'\big|_{x=0} = 24$；

(2) $4y'' + 4y' + y = 0, y\big|_{x=0} = 2, y'\big|_{x=0} = 0$；

(3) $y'' + 25y = 0, y\big|_{x=0} = 2, y'\big|_{x=0} = 5$；

(4) $\dfrac{d^2 x}{dt^2} - \dfrac{dx}{dt} + x = 0, x\big|_{t=0} = 0, \dfrac{dx}{dt}\big|_{t=0} = \dfrac{1}{2}$.

3. 方程 $y'' + 9y = 0$ 的一条积分曲线通过点 $(\pi, -1)$，且在该点和直线 $y + 1 = x - \pi$ 相切，求此曲线.

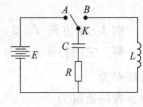

4. 求解微分方程

$$\frac{d^2 x}{dt^2} + 2n\frac{dx}{dt} + k^2 x = 0 \quad (n > 0).$$

图　11-7

5. 在图 11-7 所示的电路中是将开关 K 拨向 A，达到稳定状态后再将开关 K 拨向 B，求电压 $u_C(t)$ 及电流 $i(t)$，已知 $E = 20\text{V}, C = 0.5 \times 10^{-6}\text{F}, L = 0.1\text{H}, R = 2000\Omega$.

11.6　二阶常系数非齐次线性微分方程

本节讨论二阶常系数非齐次线性微分方程

$$y'' + py' + qy = f(x), \tag{11.6.1}$$

其中 p, q 为常数. 11.5 节已讨论了当 $f(x) \equiv 0$ 时，它对应的齐次线性方程

$$y'' + py' + qy = 0 \tag{11.6.2}$$

的通解的求法，现讨论当 $f(x) \not\equiv 0$ 时，方程(11.6.1)的解法.

11.6.1　二阶常系数非齐次线性微分方程解的性质

定理 1　若函数 y^* 是方程(11.6.1)

$$y'' + py' + qy = f(x)$$

的一个特解，Y 是对应的齐次线性方程

$$y'' + py' + qy = 0$$

的通解，则

$$y = Y + y^* \tag{11.6.3}$$

是非齐次方程(11.6.1)的通解.

证 把式(11.6.3)代入方程(11.6.1)得

$$[Y''+(y^*)'']+P[Y'+(y^*)']+q[Y+y^*]$$
$$=[Y''+pY'+qY]+[(y^*)''+p(y^*)'+qy^*]$$
$$=0+f(x)=f(x).$$

所以，$y=Y+y^*$ 是方程(11.6.1)的解. 又因为 Y 是方程(11.6.2)的通解，它含有两个任意常数，因而 $y=Y+y^*$ 中也含有两个任意常数，所以式(11.6.3)是方程(11.6.1)的通解.

定理2 设 y_1^* 与 y_2^* 分别为方程

$$y''+py'+qy=f_1(x), \tag{11.6.4}$$
$$y''+py'+qy=f_2(x) \tag{11.6.5}$$

的特解，则

$$y^*=y_1^*+y_2^* \tag{11.6.6}$$

便是方程

$$y''+py'+qy=f_1(x)+f_2(x) \tag{11.6.7}$$

的特解.

读者自证.

定理2告诉我们，若方程(11.6.1)中的 $f(x)$ 可以拆成两个函数之和(如方程(11.6.7))，则它的特解可由方程(11.6.7)拆成的方程(11.6.4)和(11.6.5)的两个特解相加而得到. 这一定理通常称为非齐次线性微分方程解的**叠加原理**.

以上两定理可推广到高阶非齐次线性微分方程.

11.6.2 二阶常系数非齐次线性微分方程的解法

由定理1知，二阶常系数非齐次线性微分方程

$$y''+py'+qy=f(x)$$

的通解为

$$y=Y+y^*,$$

其中 Y 为对应的齐次线性方程(11.6.2)的通解，y^* 为非齐次线性微分方程(11.6.1)的一个特解. Y 的求法已在11.5节中得到，故剩下的只需要求得非齐次线性方程的一个特解 y^*. 当 $f(x)$ 具有下列几种特定形式时，我们可以不用积分的方法就能得到特解 y^*，这种方法叫做**待定系数法**.

1. $f(x)=P_m(x)e^{\lambda x}$ 型

设方程的形式为

$$y''+py'+qy=P_m(x)e^{\lambda x}, \tag{11.6.8}$$

其中 $P_m(x)$ 是 x 的 m 次多项式，λ 是实常数. 当 $f(x)$ 中的 $P_m(x)$ 是 x 的零次多项式时，$f(x)=Ke^{\lambda x}$ 是指数函数型；当 $f(x)$ 中的 $\lambda=0$ 时，$f(x)=P_m(x)$ 是多项式型.

设 $P_m(x)=a_0x^m+a_1x^{m-1}+\cdots+a_{m-1}x+a_m$，

则 $f(x)=(a_0x^m+a_1x^{m-1}+\cdots+a_{m-1}x+a_m)e^{\lambda x}$.

由于多项式与指数函数的乘积的一阶、二阶导数也是多项式与指数函数的乘积，因此，我们可以推测方程(11.6.8)的特解 y^* 也应是多项式与指数函数的乘积，故令特解为

$$y^* = Q(x)\mathrm{e}^{\lambda x}, \tag{11.6.9}$$

其中 $Q(x)$ 是 x 的多项式.

将

$$y^* = Q(x)\mathrm{e}^{\lambda x},$$
$$y^{*\prime} = \mathrm{e}^{\lambda x}[\lambda Q(x) + Q'(x)],$$
$$y^{*\prime\prime} = \mathrm{e}^{\lambda x}[\lambda^2 Q(x) + 2\lambda Q'(x) + Q''(x)]$$

代入方程(11.6.8),并约去因了 $\mathrm{e}^{\lambda x}$,得恒等式

$$Q''(x) + (2\lambda + p)Q'(x) + (\lambda^2 + p\lambda + q)Q(x) \equiv P_m(x). \tag{11.6.10}$$

(1) 如果 λ 不是对应齐次方程的特征方程的根,则

$$\lambda^2 + p\lambda + q \neq 0,$$

由于式(11.6.10)右端是一个 m 次多项式,因此式(11.6.10)中左端的 $Q(x)$ 也必须是一个 m 次多项式,才能使式(11.6.12)两端恒等,故令 $Q(x) = Q_m(x)$,即

$$y^* = Q_m(x)\mathrm{e}^{\lambda x}, \tag{11.6.11}$$

其中

$$Q_m(x) = b_0 x^m + b_1 x^{m-1} + \cdots + b_{m-1} x + b_m.$$

将式(11.6.11)代入方程式(11.6.8),并通过比较等式两端 x 的同次幂的系数,就得到含有 $b_0, b_1, \cdots, b_{m-1}, b_m$ 的 $m+1$ 个方程的联立方程组,在解出这些系数后,便得到所求特解.

(2) 如果 λ 是特征方程的单根,则

$$\lambda^2 + p\lambda + q = 0, \quad \text{而} \quad 2\lambda + p \neq 0,$$

式(11.6.10)就变成

$$Q''(x) + (2\lambda + p)Q'(x) \equiv P_m(x). \tag{11.6.12}$$

要使式(11.6.12)两端恒等,那么 $Q'(x)$ 必须是 m 次多项式,$Q(x)$ 必须是 $m+1$ 次多项式,此时可令 $Q(x) = xQ_m(x)$,即

$$y^* = xQ_m(x)\mathrm{e}^{\lambda x}, \tag{11.6.13}$$

同样用前法得到 $Q_m(x)$ 中的系数 $b_i(i = 0, 1, \cdots, m)$,就可得到特解 y^*.

(3) 如果 λ 是特征方程的重根,则

$$\lambda^2 + p\lambda + q = 0, \quad 2\lambda + p = 0,$$

于是式(11.6.10)就变成

$$Q''(x) = P_m(x). \tag{11.6.14}$$

要使式(11.6.14)两端恒等,那么 $Q''(x)$ 必须是 m 次多项式,$Q(x)$ 必是 $m+2$ 次多项式,此时可令 $Q(x) = x^2 Q_m(x)$,即

$$y^* = x^2 Q_m(x)\mathrm{e}^{\lambda x}, \tag{11.6.15}$$

用同样的方法得到 $Q_m(x)$ 中的系数 $b_i(i = 0, 1, \cdots, m)$,就可得到特解 y^*.

综上所述,我们有如下结论:

当 $f(x) = P_m(x)\mathrm{e}^{\lambda x}$ 时,方程(11.6.1)的特解形式为

$$y^* = x^k Q_m(x)\mathrm{e}^{\lambda x}, \tag{11.6.16}$$

其中 $Q_m(x)$ 是待定的 m 次多项式,而 k 按 λ 不是特征根,是特征单根或是特征重根依次取 $0, 1$ 或 2.

例 1 求方程 $y'' + y' - 2y = x^2 + 1$ 的一个特解.

解 $P_m(x)$ 是二次多项式,$\lambda = 0$,而特征方程 $r^2 + r - 2 = 0$ 的特征根为

$$r_1 = -2, \quad r_2 = 1.$$

$\lambda=0$ 不是特征根,故令特解为

$$y^* = b_0 x^2 + b_1 x + b_2.$$

将它代入所给方程[①],得

$$2b_0 + (2b_0 x + b_1) - 2(b_0 x^2 + b_1 x + b_2) = x^2 + 1,$$

即

$$-2b_0 x^2 + (2b_0 - 2b_1)x + (2b_0 + b_1 - 2b_2) = x^2 + 1.$$

比较系数,得

$$\begin{cases} -2b_0 = 1, \\ 2b_0 - 2b_1 = 0, \\ 2b_0 + b_1 - 2b_2 = 1. \end{cases}$$

由此解得 $b_0 = -\dfrac{1}{2}, b_1 = -\dfrac{1}{2}, b_2 = -\dfrac{5}{4}$,于是求得特解为

$$y^* = -\frac{1}{2}x^2 - \frac{1}{2}x - \frac{5}{4}.$$

例 2 求微分方程

$$y'' - 5y' + 6y = xe^{2x}$$

的通解.

解 先求对应的齐次线性微分方程 $y'' - 5y' + 6y = 0$ 的通解. 由特征方程 $r^2 - 5r + 6 = 0$,得特征根 $r_1 = 2, r_2 = 3$,故得对应的齐次线性微分方程的通解为 $Y = C_1 e^{2x} + C_2 e^{3x}$.

再求原方程的一个特解. 因为 $f(x) = xe^{2x}$,$P_m(x)$ 为一次多项式,$\lambda = 2$ 是一特征单根,故

令

$$y^* = x(b_0 x + b_1)e^{2x}.$$

把它代入所给方程,得

$$2b_0 - (2b_0 x + b_1) = x,$$

比较系数,得

$$\begin{cases} -2b_0 = 1, \\ 2b_0 - b_1 = 0. \end{cases}$$

由此解得 $b_0 = -\dfrac{1}{2}, b_1 = -1$. 于是所求的特解为

$$y^* = x\left(-\frac{1}{2}x - 1\right)e^{2x}.$$

从而所给方程的通解为

$$y = C_1 e^{2x} + C_2 e^{3x} + x\left(-\frac{1}{2}x - 1\right)e^{2x}.$$

例 3 求微分方程 $y'' - 2y' + y = 4xe^x$ 的通解.

解 先求对应的齐次线性微分方程 $y'' - 2y' + y = 0$ 的通解. 由特征方程 $r^2 - 2r + 1 = 0$,得特征根为重根 $r_{1,2} = 1$,故对应的齐次线性微分方程的通解为

$$Y = (C_1 + C_2 x)e^x.$$

再求原方程的一个特解. 因为 $f(x) = 4xe^x$,$P_m(x)$ 为一次多项式,$\lambda = 1$ 是特征方程的重

---

① 事实上,代入式(11.6.10)会更简捷,计算量要小得多,特别当 λ 是特征根时.

根,故令

$$y^* = x^2(b_0 x + b_1)e^x.$$

把它代入所给方程,得

$$6b_0 x + 2b_1 = 4x,$$

比较系数,得

$$\begin{cases} 6b_0 = 4, \\ 2b_1 = 0, \end{cases}$$

由此得 $b_0 = \dfrac{2}{3}, b_1 = 0$. 于是所求特解为

$$y^* = \frac{2}{3}x^3 e^x.$$

从而得所给方程的通解为

$$y = (C_1 + C_2 x)e^x + \frac{2}{3}x^3 e^x.$$

2. $f(x) = e^{\lambda x}[P_l(x)\cos\omega x + P_n(x)\sin\omega x]$型

设方程的形式为

$$y'' + py' + qy = e^{\lambda x}[P_l(x)\cos\omega x + P_n(x)\sin\omega x],$$

其中 $P_l(x), P_n(x)$ 分别是 x 的 l 次与 n 次多项式, λ, ω 为实常数.

根据对应齐次方程的特征方程的特征根的情况,选取特解 y^* 的方法如下(证明从略):

(1) 如果 $\lambda + i\omega$(或 $\lambda - i\omega$)不是特征方程 $r^2 + pr + q = 0$ 的根时,令

$$y^* = e^{\lambda x}[Q_m(x)\cos\omega x + R_m(x)\sin\omega x]; \tag{11.6.17}$$

(2) 如果 $\lambda + i\omega$(或 $\lambda - i\omega$)是特征方程 $r^2 + pr + q = 0$ 的根时,令

$$y^* = xe^{\lambda x}[Q_m(x)\cos\omega x + R_m(x)\sin\omega x], \tag{11.6.18}$$

其中

$$Q_m(x) = a_0 x^m + a_1 x^{m-1} + \cdots + a_{m-1}x + a_m,$$
$$R_m(x) = b_0 x^m + b_1 x^{m-1} + \cdots + b_{m-1}x + b_m,$$

$a_0, a_1, \cdots, a_m$ 及 $b_0, b_1, \cdots, b_m$ 为待定常数, $m = \max\{l, n\}$.

例 4 求微分方程 $y'' - 2y' + 2y = 5x\sin x$ 的通解.

解 先求对应的齐次线性微分方程的通解.

因特征方程为 $r^2 - 2r + 2 = 0$,特征根为 $r_{1,2} = 1 \pm i$,故对应的齐次线性微分方程的通解为

$$Y = e^x[C_1\cos x + C_2\sin x].$$

再求原方程的一个特解.

因为 $f(x) = 5x\sin x, P_n(x) = 5x, \lambda = 0, \omega = 1, \lambda + i\omega = i$ 不是特征方程的根,故令

$$y^* = (ax + b)\cos x + (cx + d)\sin x.$$

把它代入所给方程,得

$$(-ax - b + 2c)\cos x + (-cx - 2a - d)\sin x - 2(cx + a + d)\cos x$$
$$- (-ax - b + c)\sin x + 2(ax + b)\cos x + 2(cx + d)\sin x$$
$$= 5x\sin x,$$

化简,得

$$[(a-2c)x+(-2a+b+2c-2d)]\cos x$$
$$+[(2a+c)x+(-2a+2b-2c+d)]\sin x = 5x\sin x.$$

比较系数,得

$$\begin{cases} a-2c=0, \\ -2a+b+2c-2d=0, \\ 2a+c=5, \\ -2a+2b-2c+d=0. \end{cases}$$

解得 $a=2, b=\dfrac{14}{5}, c=1, d=\dfrac{2}{5}$,于是得所给方程的特解为

$$y^* = \left(2x+\frac{14}{5}\right)\cos x + \left(x+\frac{2}{5}\right)\sin x.$$

故原方程的通解为

$$y = e^x(C_1\cos x + C_2\sin x) + \left(2x+\frac{14}{5}\right)\cos x + \left(x+\frac{2}{5}\right)\sin x.$$

例 5　求微分方程 $y''+4y=\cos 2x$ 的通解.

解　先求对应的齐次线性微分方程的通解.由特征方程 $r^2+4=0$,得特征根 $r_{1,2}=\pm 2i$,于是对应的齐次线性微分方程的通解为

$$Y = C_1\cos 2x + C_2\sin 2x.$$

再求原方程的特解.由于 $f(x)=\cos 2x, P_l(x)=1, P_n(x)=0, \lambda=0, \omega=2$,现在 $\lambda+i\omega=2i$ 是特征方程的根,故令

$$y^* = x(a\cos 2x + b\sin 2x).$$

代入原方程,得

$$(-4ax+4b)\cos 2x + (-4bx-4a)\sin 2x + 4x(a\cos 2x + b\sin 2x) = \cos 2x,$$

化简,得

$$4b\cos 2x - 4a\sin 2x = \cos 2x,$$

比较系数,得

$$4b=1, -4a=0, \quad \text{即 } a=0, b=\frac{1}{4}.$$

于是,所给方程的一个特解为

$$y^* = \frac{1}{4}x\sin 2x.$$

故原方程的通解为

$$y = C_1\cos 2x + C_2\sin 2x + \frac{1}{4}x\sin 2x.$$

例 6　解微分方程

$$y'' - 2y' + 2y = 5x\sin x + x^2 + 1.$$

解　先求出对应的齐次线性微分方程的通解 Y.再分别求

$$y'' - 2y' + 2y = 5x\sin x$$

与

$$y'' - 2y' + 2y = x^2 + 1$$

的特解 y_1^*, y_2^*.由定理 4 即可得原方程的通解

$$y = Y + y_1^* + y_2^*.$$

由读者自行完成.

习题 11-6

1. 求下列各微分方程的通解：

(1) $2y'' + y' - y = 4e^x$；

(2) $y'' + K^2 y = e^{ax}$（K, a 为非零常数）；

(3) $2y'' + 5y' = 5x^2 - 2x - 1$；

(4) $y'' + 3y' + 2y = 3xe^{-x}$；

(5) $y'' - 6y' + 9y = (x+1)e^{2x}$；

(6) $y'' + 4y = x\cos x$；

(7) $y'' - 2y' + 5y = e^x \sin 2x$；

(8) $y'' + y = e^x + \cos x$；

(9) $y'' + 3y' - 4y = e^{-4x} + xe^{-x}$；

(10) $y'' - y = \sin^2 x$.

2. 求下列各微分方程满足给定的初始条件的特解：

(1) $y'' + y + \sin 2x = 0, y(\pi) = 1, y'(\pi) = 1$；

(2) $y'' - 3y' + 2y = 5, y|_{x=0} = 1, y'|_{x=0} = 2$；

(3) $y'' - y = 4xe^x, y|_{x=0} = 0, y'|_{x=0} = 1$；

(4) $y'' + 2y' + y = e^x + e^{-x}, y|_{x=0} = 0, y'|_{x=0} = 0$.

3. 一质量为 m 的潜水艇从水面由静止状态开始下降，所受阻力与下降速度成正比（比例系数为 K），求潜水艇下降深度 x 与时间 t 的函数关系.

4. 一匀质链条挂在一个无摩擦的钉上，假定运动起初时，链条一边垂下 8m，另一边垂下 10m，试问整个链条滑过钉子需多少时间？（提示：先求运动规律，再求出时间.）

本 章 小 结

一、本章内容纲要

微分方程 {
微分方程的概念

一阶微分方程的解法 {可分离变量的方程；齐次方程；一阶齐次线性微分方程；一阶非齐次线性微分方程}

可降阶的二阶微分方程的解法 {$y'' = f(x)$型；$y'' = f(x, y')$型；$y'' = f(y, y')$型}

二阶常系数齐次线性微分方程的解法

二阶常系数非齐次线性微分方程的解法
}

二、教学基本要求

1. 理解微分方程、方程的阶、解、通解、初始条件、特解等概念.

2. 熟练掌握可分离变量的微分方程及一阶线性微分方程的解法.

3. 掌握三种特殊的二阶微分方程求解的降阶法.

4. 知道二阶线性微分方程解的结构.

5. 熟练掌握二阶常系数齐次线性微分方程的解法.

6. 掌握自由项为 $P(x)$, $e^{\lambda x}P(x)$, $e^{\lambda x}(A\cos\omega x + B\sin\omega x)$ 的二阶常系数非齐次线性微分方程的解法.

7. 会利用微分方程知识解决一些简单的几何、物理方面的实际问题.

三、本章重点

1. 可分离变量的一阶微分方程及一阶线性微分方程的解法.

2. 二阶常系数线性微分方程的解法.

四、本章难点

1. 微分方程类型的判别.

2. 二阶常系数非齐次线性微分方程的求解,特别是特解 y^* 的形式.

3. 用微分方程解应用题.

五、部分重点、难点内容浅析

1. 微分方程求解的特点是,各种类型的微分方程都有自己的特定的解法.因此,能否正确判断方程的类型成了关键,这也正是解微分方程的难点所在.解题的步骤是:①分析方程的特点;②判别方程类型;③找出相应的特定求解方法.有的一阶微分方程,可属于多种类型的方程,也就有多种不同的解法.也有些方程从表面上看并不是我们讲过的类型,但通过变形,或变量代换,或把 y 看作自变量等方法,可化为我们所熟悉的类型.

2. 求解非线性的二阶微分方程的基本思想是降阶.对于我们所讲的三种类型的方程,采用作变换的方法,可以降为一阶微分方程,再解一阶方程.这种用变换降阶的思想对高于二阶的某些方程也适用.但要注意区别对于方程 $y'' = f(x, y')$ 和 $y'' = f(y, y')$ 所作变换的差异.

3. 对于二阶常系数非齐次线性微分方程,关键是会求特解 y^*.而要用待定系数法求 y^* 的关键是会依自由项的特点及其与特征根的关系正确设定特解形式.当自由项 $f(x) = e^{\lambda x}P_m(x)$ 时,$y^* = x^k Q_m(x)e^{\lambda x}$,当 λ 不是特征根、是特征单根、特征二重根时,k 分别取 0、1 或 2.

4. 应注意区别非齐次线性方程的特解 y^* 与非齐次线性方程满足初始条件的特解的不同之处和不同求法,请看下例.

例 用待定系数法求方程 $y'' + 4y = \sin x$ 的满足 $y\big|_{x=0} = 1$, $y'\big|_{x=0} = 1$ 的特解.

解 特征方程为
$$r^2 + 4 = 0,$$
特征根为
$$r_{1,2} = \pm 2i,$$
所以对应的齐次方程的通解为
$$Y = C_1\cos 2x + C_2\sin 2x.$$
由于非齐次项 $f(x) = \sin x$ 属于 $e^{\lambda x}(A\cos\omega x + B\sin\omega x)$ 型,$\lambda = 0$,$\omega = 1$,$\lambda \pm \omega i$ 不是特征根,故特解的形式为
$$y^* = A\cos x + B\sin x.$$

求导得
$$(y^*)' = -A\sin x + B\cos x,$$
$$(y^*)'' = -A\cos x - B\sin x.$$

代入方程得
$$-A\cos x - B\sin x + 4A\cos x + 4B\sin x = \sin x,$$

即
$$(4A - A)\cos x + (4B - B)\sin x = \sin x.$$

比较对应系数得
$$3A = 0, \quad 3B = 1,$$

故特解为
$$y^* = \frac{1}{3}\sin x,$$

原方程的通解为
$$y = C_1\cos 2x + C_2\sin 2x + \frac{1}{3}\sin x.$$

再求满足初始条件的特解：
$$y' = -2C_1\sin 2x + 2C_2\cos 2x + \frac{1}{3}\cos x.$$

把 $y\big|_{x=0} = 1$ 代入 y 中，得 $C_1 = 1$；把 $y'\big|_{x=0} = 1$ 代入 y' 中，得 $1 = 2C_2 + \frac{1}{3}$，即 $C_2 = \frac{1}{3}$.

故所求的满足初始条件的特解为
$$y = \cos 2x + \frac{1}{3}\sin 2x + \frac{1}{3}\sin x.$$

5. 用微分方程解应用题对初学者是比较困难的. 读者要仔细阅读并品味教材中的例题,并完成配置的少量习题,使自己受到初步训练.

复习题 11

1. 求下列微分方程的通解：

(1) $xy' - y = y^3$；

(2) $\dfrac{\mathrm{d}y}{\mathrm{d}x} = -\dfrac{x+y}{x}$；

(3) $xy' - y = \dfrac{x}{\ln x}$；

(4) $e^{x+y} \cdot y' = 2x$；

(5) $y^2\mathrm{d}x - (2xy + 3)\mathrm{d}y = 0$；

(6) $y\mathrm{d}x + (y^3 - x)\mathrm{d}y = 0$；

(7) $3e^x\tan y\mathrm{d}x + (2 - e^x)\sec^2 y\mathrm{d}y = 0$；

(8) $y' = ax + by + c\,(a, b, c\ 是常数)$.

2. 求下列微分方程的满足给定初始条件的特解：

(1) $y' = e^{2x-y}, y\big|_{x=1} = 0$；

(2) $(1 + e^x)yy' = e^x, y\big|_{x=1} = 1$；

(3) $\dfrac{x}{1+y}\mathrm{d}x - \dfrac{y}{1+x}\mathrm{d}y = 0, y\big|_{x=0} = 1$；

(4) $\dfrac{\mathrm{d}x}{\mathrm{d}y} + x\cot y = 5e^{\cos y}, y\big|_{x=1} = \dfrac{\pi}{2}$.

3. 求下列微分方程的通解：

(1) $y'' = y' + x$；

(2) $yy'' + (y')^2 = 0$；

(3) $xy'' = y' + (y')^3$；

(4) $y'' + \dfrac{2}{1-y}y'^2 = 0$.

4. 求下列微分方程的特解：

(1) $xy'' + y' + x = 0, y(0) = 0, y'(0) = 0$；

(2) $y'' - e^{2y} = 0, y(0) = 0, y'(0) = 1$；

(3) $y'' - a(y')^2 = 0, y(0) = 0, y'(0) = -1$；

(4) $y''' = e^{ax}, y(1) = y'(1) = y''(1) = 0$.

5. 解下列微分方程：

(1) $y''+6y'+9y=0$；

(2) $y''-6y'+11y=0$；

(3) $y''+5y'+4y=3-2x$；

(4) $y''-2y'-3y=6e^{2x}$；

(5) $y''+25y=3\cos5x$；

(6) $x''+x=\sin2t+\cos t$；

(7) $y''-3y'+2y=5,y(0)=0,y'(0)=2$；

(8) $y''-y=4xe^x,y(0)=0,y'(0)=1$.

6. 长为 9m 的链条自桌面上水平无摩擦地向下滑动，若运动起始时链条自桌上垂下部分已有 2m，求链条的运动规律（设链条的质量线密度为 ρ）.

7. 设函数 $f(x)$ 连续，且满足等式

$$f(x) = e^x + \int_0^x tf(t)\,dt - x\int_0^x f(t)\,dt,$$

求 $f(x)$.

几种常用平面曲线及其方程

1. 伯努利双纽线

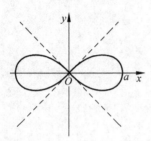

$(x^2+y^2)^2=a^2(x^2-y^2)$

或 $r^2=a^2\cos2\varphi$

2. 伯努利双纽线

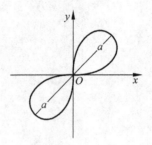

$(x^2+y^2)^2=2a^2xy$

或 $r^2=a^2\sin2\varphi$

3. 摆线

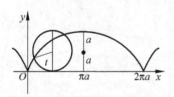

$$\begin{cases} x=a(t-\sin t) \\ y=a(1-\cos t) \end{cases}$$

4. 内摆线

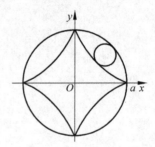

$$\begin{cases} x=a\cos^3 t \\ y=a\sin^3 t \end{cases}$$

或 $x^{2/3}+y^{2/3}=a^{2/3}$

5. 心脏形线

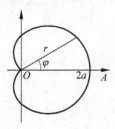

$r=a(1+\cos\varphi)$

或 $x^2+y^2-ax=a\sqrt{x^2+y^2}$

6. 心脏形线

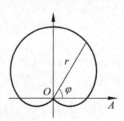

$r=a(1+\sin\varphi)$

或 $x^2+y^2-ay=a\sqrt{x^2+y^2}$

7. 圆的渐伸线

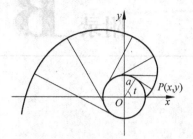

$$\begin{cases} x = a(\cos t + t\sin t) \\ y = a(\sin t - t\cos t) \end{cases}$$

8. 阿基米德螺线

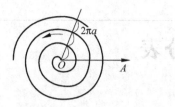

$$r = a\varphi(r \geqslant 0)$$

9. 双曲螺线

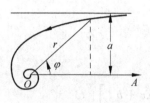

$$r = \frac{a}{\varphi} \quad (r > 0)$$

10. 对数螺线

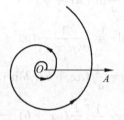

$$r = e^{a\varphi}$$

11. 三叶玫瑰线

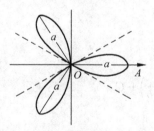

$$r = a\cos 3\varphi$$

12. 三叶玫瑰线

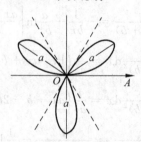

$$r = a\sin 3\varphi$$

13. 四叶玫瑰线

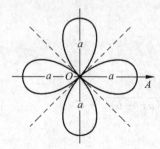

$$r = a\cos 2\varphi$$

14. 四叶玫瑰线

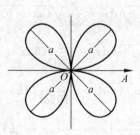

$$r = a\sin 2\varphi$$

附录 **B**

积分表

（一）含有 $ax+b$ 的积分

1. $\displaystyle\int \frac{\mathrm{d}x}{ax+b} = \frac{1}{a}\ln|ax+b|+C$

2. $\displaystyle\int (ax+b)^{\mu}\mathrm{d}x = \frac{1}{a(\mu+1)}(ax+b)^{\mu+1}+C \ (\mu\neq-1)$

3. $\displaystyle\int \frac{x}{ax+b}\mathrm{d}x = \frac{1}{a^2}(ax+b-b\ln|ax+b|)+C$

4. $\displaystyle\int \frac{x^2}{ax+b}\mathrm{d}x = \frac{1}{a^3}\left[\frac{1}{2}(ax+b)^2-2b(ax+b)+b^2\ln|ax+b|\right]+C$

5. $\displaystyle\int \frac{\mathrm{d}x}{x(ax+b)} = -\frac{1}{b}\ln\left|\frac{ax+b}{x}\right|+C$

6. $\displaystyle\int \frac{\mathrm{d}x}{x^2(ax+b)} = -\frac{1}{bx}+\frac{a}{b^2}\ln\left|\frac{ax+b}{x}\right|+C$

7. $\displaystyle\int \frac{x}{(ax+b)^2}\mathrm{d}x = \frac{1}{a^2}\left(\ln|ax+b|+\frac{b}{ax+b}\right)+C$

8. $\displaystyle\int \frac{x^2}{(ax+b)^2}\mathrm{d}x = \frac{1}{a^3}\left(ax+b-2b\ln|ax+b|-\frac{b^2}{ax+b}\right)+C$

9. $\displaystyle\int \frac{\mathrm{d}x}{x(ax+b)^2} = \frac{1}{b(ax+b)}-\frac{1}{b^2}\ln\left|\frac{ax+b}{x}\right|+C$

（二）含有 $\sqrt{ax+b}$ 的积分

10. $\displaystyle\int \sqrt{ax+b}\,\mathrm{d}x = \frac{2}{3a}\sqrt{(ax+b)^3}+C$

11. $\displaystyle\int x\sqrt{ax+b}\,\mathrm{d}x = \frac{2}{15a^2}(3ax-2b)\sqrt{(ax+b)^3}+C$

12. $\displaystyle\int x^2\sqrt{ax+b}\,\mathrm{d}x = \frac{2}{105a^3}(15a^2x^2-12abx+8b^2)\sqrt{(ax+b)^3}+C$

13. $\displaystyle\int \frac{x}{\sqrt{ax+b}}\mathrm{d}x = \frac{2}{3a^2}(ax-2b)\sqrt{ax+b}+C$

14. $\displaystyle\int \frac{x^2}{\sqrt{ax+b}}\mathrm{d}x = \frac{2}{15a^3}(3a^2x^2-4abx+8b^2)\sqrt{ax+b}+C$

15. $\displaystyle\int \frac{\mathrm{d}x}{x\ \sqrt{ax+b}} = \begin{cases} \dfrac{1}{\sqrt{b}}\ln\left|\dfrac{\sqrt{ax+b}-\sqrt{b}}{\sqrt{ax+b}+\sqrt{b}}\right|+C\ (b>0) \\[4mm] \dfrac{2}{\sqrt{-b}}\arctan\sqrt{\dfrac{ax+b}{-b}}+C\ (b<0) \end{cases}$

16. $\displaystyle\int \frac{\mathrm{d}x}{x^2\ \sqrt{ax+b}} = -\frac{\sqrt{ax+b}}{bx} - \frac{a}{2b}\int \frac{\mathrm{d}x}{x\ \sqrt{ax+b}}$

17. $\displaystyle\int \frac{\sqrt{ax+b}}{x}\mathrm{d}x = 2\ \sqrt{ax+b} + b\int \frac{\mathrm{d}x}{x\ \sqrt{ax+b}}$

18. $\displaystyle\int \frac{\sqrt{ax+b}}{x^2}\mathrm{d}x = -\frac{\sqrt{ax+b}}{x} + \frac{a}{2}\int \frac{\mathrm{d}x}{x\ \sqrt{ax+b}}$

（三）含有 $x^2 \pm a^2$ 的积分

19. $\displaystyle\int \frac{\mathrm{d}x}{x^2+a^2} = \frac{1}{a}\arctan\frac{x}{a} + C$

20. $\displaystyle\int \frac{\mathrm{d}x}{(x^2+a^2)^n} = \frac{x}{2(n-1)a^2(x^2+a^2)^{n-1}} + \frac{2n-3}{2(n-1)a^2}\int \frac{\mathrm{d}x}{(x^2+a^2)^{n-1}}$

21. $\displaystyle\int \frac{\mathrm{d}x}{x^2-a^2} = \frac{1}{2a}\ln\left|\frac{x-a}{x+a}\right| + C$

（四）含有 $ax^2+b(a>0)$ 的积分

22. $\displaystyle\int \frac{\mathrm{d}x}{ax^2+b} = \begin{cases} \dfrac{1}{\sqrt{ab}}\arctan\sqrt{\dfrac{a}{b}}x + C & (b>0) \\[4mm] \dfrac{1}{2\ \sqrt{-ab}}\ln\left|\dfrac{\sqrt{a}x-\sqrt{-b}}{\sqrt{a}x+\sqrt{-b}}\right| + C & (b<0) \end{cases}$

23. $\displaystyle\int \frac{x}{ax^2+b}\mathrm{d}x = \frac{1}{2a}\ln|ax^2+b| + C$

24. $\displaystyle\int \frac{x^2}{ax^2+b}\mathrm{d}x = \frac{x}{a} - \frac{b}{a}\int \frac{\mathrm{d}x}{ax^2+b}$

25. $\displaystyle\int \frac{\mathrm{d}x}{x(ax^2+b)} = \frac{1}{2b}\ln\frac{x^2}{|ax^2+b|} + C$

26. $\displaystyle\int \frac{\mathrm{d}x}{x^2(ax^2+b)} = -\frac{1}{bx} - \frac{a}{b}\int \frac{\mathrm{d}x}{ax^2+b}$

27. $\displaystyle\int \frac{\mathrm{d}x}{x^3(ax^2+b)} = \frac{a}{2b^2}\ln\frac{|ax^2+b|}{x^2} - \frac{1}{2bx^2} + C$

28. $\displaystyle\int \frac{\mathrm{d}x}{(ax^2+b)^2} = \frac{x}{2b(ax^2+b)} + \frac{1}{2b}\int \frac{\mathrm{d}x}{ax^2+b}$

（五）含有 $ax^2+bx+c(a>0)$ 的积分

29. $\displaystyle\int \frac{\mathrm{d}x}{ax^2+bx+c} = \begin{cases} \dfrac{2}{\sqrt{4ac-b^2}}\arctan\dfrac{2ax+b}{\sqrt{4ac-b^2}} + C & (b^2<4ac) \\[4mm] \dfrac{1}{\sqrt{b^2-4ac}}\ln\left|\dfrac{2ax+b-\sqrt{b^2-4ac}}{2ax+b+\sqrt{b^2-4ac}}\right| + C & (b^2>4ac) \end{cases}$

30. $\int \dfrac{x}{ax^2+bx+c}dx = \dfrac{1}{2a}\ln|ax^2+bx+c| - \dfrac{b}{2a}\int \dfrac{dx}{ax^2+bx+c}$

（六）含有 $\sqrt{x^2+a^2}\,(a>0)$ 的积分

31. $\int \dfrac{dx}{\sqrt{x^2+a^2}} = \text{arsinh}\,\dfrac{x}{a} + C_1 = \ln(x+\sqrt{x^2+a^2}) + C$

32. $\int \dfrac{dx}{\sqrt{(x^2+a^2)^3}} = \dfrac{x}{a^2\sqrt{x^2+a^2}} + C$

33. $\int \dfrac{x}{\sqrt{x^2+a^2}} = \sqrt{x^2+a^2} + C$

34. $\int \dfrac{x}{\sqrt{(x^2+a^2)^3}}dx = -\dfrac{1}{\sqrt{x^2+a^2}} + C$

35. $\int \dfrac{x^2}{\sqrt{x^2+a^2}}dx = \dfrac{x}{2}\sqrt{x^2+a^2} - \dfrac{a^2}{2}\ln(x+\sqrt{x^2+a^2}) + C$

36. $\int \dfrac{x^2}{\sqrt{(x^2+a^2)^3}}dx = -\dfrac{x}{\sqrt{x^2+a^2}} + \ln(x+\sqrt{x^2+a^2}) + C$

37. $\int \dfrac{dx}{x\sqrt{(x^2+a^2)}} = \dfrac{1}{a}\ln\dfrac{\sqrt{x^2+a^2}-a}{|x|} + C$

38. $\int \dfrac{dx}{x^2\sqrt{x^2+a^2}} = -\dfrac{\sqrt{x^2+a^2}}{a^2 x} + C$

39. $\int \sqrt{x^2+a^2} = \dfrac{x}{2}\sqrt{x^2+a^2} + \dfrac{a^2}{2}\ln(x+\sqrt{x^2+a^2}) + C$

40. $\int \sqrt{(x^2+a^2)^3}\,dx = \dfrac{x}{8}(2x^2+5a^2)\sqrt{x^2+a^2} + \dfrac{3}{8}a^4\ln(x+\sqrt{x^2+a^2}) + C$

41. $\int x\sqrt{x^2+a^2}\,dx = \dfrac{1}{3}\sqrt{(x^2+a^2)^3} + C$

42. $\int x^2\sqrt{x^2+a^2}\,dx = \dfrac{x}{8}(2x^2+a^2)\sqrt{x^2+a^2} - \dfrac{a^4}{8}\ln(x+\sqrt{x^2+a^2}) + C$

43. $\int \dfrac{\sqrt{x^2+a^2}}{x}dx = \sqrt{x^2+a^2} + a\ln\dfrac{\sqrt{x^2+a^2}-a}{|x|} + C$

44. $\int \dfrac{\sqrt{x^2+a^2}}{x^2}dx = -\dfrac{\sqrt{x^2+a^2}}{x} + \ln(x+\sqrt{x^2+a^2}) + C$

（七）含有 $\sqrt{x^2-a^2}\,(a>0)$ 的积分

45. $\int \dfrac{dx}{\sqrt{x^2-a^2}} = \dfrac{x}{|x|}\text{arcosh}\,\dfrac{|x|}{a} + C_1 = \ln|x+\sqrt{x^2-a^2}| + C$

46. $\int \dfrac{dx}{\sqrt{(x^2-a^2)^3}} = -\dfrac{x}{a^2\sqrt{x^2-a^2}} + C$

47. $\int \dfrac{x}{\sqrt{x^2-a^2}}dx = \sqrt{x^2-a^2} + C$

48. $\int \dfrac{x}{\sqrt{(x^2-a^2)^3}}dx = -\dfrac{1}{\sqrt{x^2-a^2}} + C$

49. $\int \dfrac{x^2}{\sqrt{x^2-a^2}}\mathrm{d}x = \dfrac{x}{2}\sqrt{x^2-a^2} + \dfrac{a^2}{2}\ln|x+\sqrt{x^2-a^2}|+C$

50. $\int \dfrac{x^2}{\sqrt{(x^2-a^2)^3}}\mathrm{d}x = -\dfrac{x}{\sqrt{x^2-a^2}} + \ln|x+\sqrt{x^2-a^2}|+C$

51. $\int \dfrac{\mathrm{d}x}{x\sqrt{x^2-a^2}} = \dfrac{1}{a}\arccos\dfrac{a}{|x|}+C$

52. $\int \dfrac{\mathrm{d}x}{x^2\sqrt{x^2-a^2}} = \dfrac{\sqrt{x^2-a^2}}{a^2 x}+C$

53. $\int \sqrt{x^2-a^2}\,\mathrm{d}x = \dfrac{x}{2}\sqrt{x^2-a^2} - \dfrac{a^2}{2}\ln|x+\sqrt{x^2-a^2}|+C$

54. $\int \sqrt{(x^2-a^2)^3}\,\mathrm{d}x = \dfrac{x}{8}(2x^2-5a^2)\sqrt{x^2-a^2} + \dfrac{3}{8}a^4\ln|x+\sqrt{x^2-a^2}|+C$

55. $\int x\sqrt{x^2-a^2}\,\mathrm{d}x = \dfrac{1}{3}\sqrt{(x^2-a^2)}+C$

56. $\int x^2\sqrt{x^2-a^2}\,\mathrm{d}x = \dfrac{x}{8}(2x^2-a^2)\sqrt{x^2-a^2} - \dfrac{a^4}{8}\ln|x+\sqrt{x^2-a^2}|+C$

57. $\int \dfrac{\sqrt{x^2-a^2}}{x}\mathrm{d}x = \sqrt{x^2-a^2} - \arccos\dfrac{a}{|x|}+C$

58. $\int \dfrac{\sqrt{x^2-a^2}}{x^2}\mathrm{d}x = -\dfrac{\sqrt{x^2-a^2}}{x} + \ln|x+\sqrt{x^2-a^2}|+C$

（八）含有 $\sqrt{a^2-x^2}\,(a>0)$ 的积分

59. $\int \dfrac{\mathrm{d}x}{\sqrt{a^2-x^2}} = \arcsin\dfrac{x}{a}+C$

60. $\int \dfrac{\mathrm{d}x}{\sqrt{(a^2-x^2)^3}} = \dfrac{x}{a^2\sqrt{a^2-x^2}}+C$

61. $\int \dfrac{x}{\sqrt{a^2-x^2}}\mathrm{d}x = -\sqrt{a^2-x^2}+C$

62. $\int \dfrac{x}{\sqrt{(a^2-x^2)^3}}\mathrm{d}x = \dfrac{1}{\sqrt{a^2-x^2}}+C$

63. $\int \dfrac{x^2}{\sqrt{a^2-x^2}}\mathrm{d}x = -\dfrac{x}{2}\sqrt{a^2-x^2} + \dfrac{a^2}{2}\arcsin\dfrac{x}{a}+C$

64. $\int \dfrac{x^2}{\sqrt{(a^2-x^2)^3}}\mathrm{d}x = \dfrac{x}{\sqrt{a^2-x^2}} - \arcsin\dfrac{x}{a}+C$

65. $\int \dfrac{\mathrm{d}x}{x\sqrt{a^2-x^2}} = \dfrac{1}{a}\ln\dfrac{a-\sqrt{a^2-x^2}}{|x|}+C$

66. $\int \dfrac{\mathrm{d}x}{x^2\sqrt{a^2-x^2}} = -\dfrac{\sqrt{a^2-x^2}}{a^2 x}+C$

67. $\int \sqrt{a^2-x^2}\,\mathrm{d}x = \dfrac{x}{2}\sqrt{a^2-x^2} + \dfrac{a^2}{2}\arcsin\dfrac{x}{a}+C$

68. $\int \sqrt{(a^2 - x^2)^3} \, dx = \frac{x}{8}(5a^2 - 2x^2) \sqrt{a^2 - x^2} + \frac{3}{8}a^4 \arcsin \frac{x}{a} + C$

69. $\int x \sqrt{a^2 - x^2} \, dx = -\frac{1}{3} \sqrt{(a^2 - x^2)^3} + C$

70. $\int x^2 \sqrt{a^2 - x^2} \, dx = \frac{x}{8}(2x^2 - a^2) \sqrt{a^2 - x^2} + \frac{a^4}{8} \arcsin \frac{x}{a} + C$

71. $\int \frac{\sqrt{a^2 - x^2}}{x} \, dx = \sqrt{a^2 - x^2} + a \ln \frac{a - \sqrt{a^2 - x^2}}{|x|} + C$

72. $\int \frac{\sqrt{a^2 - x^2}}{x^2} \, dx = -\frac{\sqrt{a^2 - x^2}}{x} - \arcsin \frac{x}{a} + C$

（九）含有 $\sqrt{\pm ax^2 + bx + c}$ $(a > 0)$ 的积分

73. $\int \frac{dx}{\sqrt{ax^2 + bx + c}} = \frac{1}{\sqrt{a}} \ln |\, 2ax + b + 2\sqrt{a} \sqrt{ax^2 + bx + c}\,| + C$

74. $\int \sqrt{ax^2 + bx + c} \, dx = \frac{2ax + b}{4a} \sqrt{ax^2 + bx + c} + \frac{4ac - b^2}{8\sqrt{a^3}} \ln |\, 2ax + b$
$$+ 2\sqrt{a} \sqrt{ax^2 + bx + c}\,| + C$$

75. $\int \frac{x}{\sqrt{ax^2 + bx + c}} \, dx = \frac{1}{a} \sqrt{ax^2 + bx + c} - \frac{b}{2\sqrt{a^3}} \ln |\, 2ax + b$
$$+ 2\sqrt{a} \sqrt{ax^2 + bx + c}\,| + C$$

76. $\int \frac{dx}{\sqrt{c + bx - ax^2}} = \frac{1}{\sqrt{a}} \arcsin \frac{2ax^2 - b}{\sqrt{b^2 + 4ac}} + C$

77. $\int \sqrt{c + bx - ax^2} \, dx = \frac{2ax - b}{4a} \sqrt{c + bx - ax^2} + \frac{b^2 + 4ac}{8\sqrt{a^3}} \arcsin \frac{2ax - b}{\sqrt{b^2 + 4ac}} + C$

78. $\int \frac{x}{\sqrt{c + bx - ax^2}} \, dx = -\frac{1}{a} \sqrt{c + bx - ax^2} + \frac{b}{2\sqrt{a^3}} \arcsin \frac{2ax - b}{\sqrt{b^2 + 4ac}} + C$

（十）含有 $\sqrt{\pm \dfrac{x-a}{x-b}}$ 或 $\sqrt{(x-a)(b-x)}$ 的积分

79. $\int \sqrt{\frac{x-a}{x-b}} \, dx = (x-b) \sqrt{\frac{x-a}{x-b}} + (b-a) \ln(\sqrt{|\,x-a\,|} + \sqrt{|\,x-b\,|}) + C$

80. $\int \sqrt{\frac{x-a}{b-x}} \, dx = (x-b) \sqrt{\frac{x-a}{b-x}} + (b-a) \arcsin \sqrt{\frac{x-a}{b-a}} + C$

81. $\int \frac{dx}{\sqrt{(x-a)(b-x)}} = 2\arcsin \sqrt{\frac{x-a}{b-a}} + C \, (a < b)$

82. $\int \sqrt{(x-a)(b-x)} \, dx = \frac{2x - a - b}{4} \sqrt{(x-a)(b-x)}$
$$+ \frac{(b-a)^2}{4} \arcsin \sqrt{\frac{x-a}{b-a}} + C \, (a < b)$$

（十一）含有三角函数的积分

83. $\int \sin x \, dx = -\cos x + C$

84. $\displaystyle\int \cos x \mathrm{d}x = \sin x + C$

85. $\displaystyle\int \tan x \mathrm{d}x = -\ln |\cos x| + C$

86. $\displaystyle\int \cot x \mathrm{d}x = \ln |\sin x| + C$

87. $\displaystyle\int \sec x \mathrm{d}x = \ln \left| \tan\left(\frac{\pi}{4} + \frac{x}{2}\right) \right| + C = \ln |\sec x + \tan x| + C$

88. $\displaystyle\int \csc x \mathrm{d}x = \ln \left| \tan \frac{\pi}{2} \right| + C = \ln |\csc x - \cot x| + C$

89. $\displaystyle\int \sec^2 x \mathrm{d}x = \tan x + C$

90. $\displaystyle\int \csc^2 x \mathrm{d}x = -\cot x + C$

91. $\displaystyle\int \sec x \tan x \mathrm{d}x = \sec x + C$

92. $\displaystyle\int \csc x \cot x \mathrm{d}x = -\csc x + C$

93. $\displaystyle\int \sin^2 x \mathrm{d}x = \frac{x}{2} - \frac{1}{4}\sin 2x + C$

94. $\displaystyle\int \cos^2 x \mathrm{d}x = \frac{x}{2} + \frac{1}{4}\sin 2x + C$

95. $\displaystyle\int \sin^n x \mathrm{d}x = -\frac{1}{n}\sin^{n-1} x \cos x + \frac{n-1}{n}\int \sin^{n-2} x \mathrm{d}x$

96. $\displaystyle\int \cos^n x \mathrm{d}x = \frac{1}{n}\cos^{n-1} x \sin x + \frac{n-1}{n}\int \cos^{n-2} x \mathrm{d}x$

97. $\displaystyle\int \frac{\mathrm{d}x}{\sin^n x} = -\frac{1}{n-1} \cdot \frac{\cos x}{\sin^{n-1} x} + \frac{n-2}{n-1}\int \frac{\mathrm{d}x}{\sin^{n-2} x}$

98. $\displaystyle\int \frac{\mathrm{d}x}{\cos^n x} = \frac{1}{n-1} \cdot \frac{\sin x}{\cos^{n-1} x} + \frac{n-2}{n-1}\int \frac{\mathrm{d}x}{\cos^{n-2} x}$

99. $\displaystyle\int \cos^m x \sin^n x \mathrm{d}x = \frac{1}{m+n}\cos^{m-1} x \sin^{n+1} x + \frac{m-1}{m+n}\int \cos^{m-2} x \sin^n x \mathrm{d}x$

$\displaystyle\qquad = -\frac{1}{m+n}\cos^{m+1} x \sin^{n-1} x + \frac{n-1}{m+n}\int \cos^m x \sin^{n-2} x \mathrm{d}x$

100. $\displaystyle\int \sin ax \cos bx \mathrm{d}x = -\frac{1}{2(a+b)}\cos(a+b)x - \frac{1}{2(a-b)}\cos(a-b)x + C$

101. $\displaystyle\int \sin ax \sin bx \mathrm{d}x = -\frac{1}{2(a+b)}\sin(a+b)x + \frac{1}{2(a-b)}\sin(a-b)x + C$

102. $\displaystyle\int \cos ax \cos bx \mathrm{d}x = \frac{1}{2(a+b)}\sin(a+b)x + \frac{1}{2(a-b)}\sin(a-b)x + C$

103. $\displaystyle\int \frac{\mathrm{d}x}{a+b\sin x} = \frac{2}{\sqrt{a^2-b^2}}\arctan \frac{a\tan \frac{x}{2} + b}{\sqrt{a^2-b^2}} + C \ (a^2 > b^2)$

104. $\displaystyle\int \frac{\mathrm{d}x}{a+b\sin x} = \frac{1}{\sqrt{b^2-a^2}}\ln \left| \frac{a\tan \frac{x}{2} + b - \sqrt{b^2-a^2}}{a\tan \frac{x}{2} + b + \sqrt{b^2-a^2}} \right| + C \ (a^2 < b^2)$

105. $\int \dfrac{\mathrm{d}x}{a+b\cos x} = \dfrac{2}{a+b}\sqrt{\dfrac{a+b}{a-b}}\arctan\left(\sqrt{\dfrac{a-b}{a+b}}\tan\dfrac{x}{2}\right)+C \; (a^2 > b^2)$

106. $\int \dfrac{\mathrm{d}x}{a+b\cos x} = \dfrac{1}{a+b}\sqrt{\dfrac{a+b}{b-a}}\ln\left|\dfrac{\tan\dfrac{x}{2}+\sqrt{\dfrac{a+b}{b-a}}}{\tan\dfrac{x}{2}-\sqrt{\dfrac{a+b}{b-a}}}\right|+C \; (a^2 < b^2)$

107. $\int \dfrac{\mathrm{d}x}{a^2\cos^2 x + b^2\sin^2 x} = \dfrac{1}{ab}\arctan\left(\dfrac{b}{a}\tan x\right)+C$

108. $\int \dfrac{\mathrm{d}x}{a^2\cos^2 x - b^2\sin^2 x} = \dfrac{1}{2ab}\ln\left|\dfrac{b\tan x + a}{b\tan x - a}\right|+C$

109. $\int x\sin ax\,\mathrm{d}x = \dfrac{1}{a^2}\sin ax - \dfrac{1}{a}x\cos ax + C$

110. $\int x^2\sin ax\,\mathrm{d}x = -\dfrac{1}{a}x^2\cos ax + \dfrac{2}{a^2}x\sin ax + \dfrac{2}{a^3}\cos ax + C$

111. $\int x\cos ax\,\mathrm{d}x = \dfrac{1}{a^2}\cos ax + \dfrac{1}{a}x\sin ax + C$

112. $\int x^2\cos ax\,\mathrm{d}x = \dfrac{1}{a}x^2\sin ax + \dfrac{2}{a^2}x\cos ax - \dfrac{2}{a^3}\sin ax + C$

（十二）含有反三角函数的积分（其中 $a > 0$）

113. $\int \arcsin\dfrac{x}{a}\,\mathrm{d}x = x\arcsin\dfrac{x}{a} + \sqrt{a^2 - x^2} + C$

114. $\int x\arcsin\dfrac{x}{a}\,\mathrm{d}x = \left(\dfrac{x^2}{2} - \dfrac{a^2}{4}\right)\arcsin\dfrac{x}{a} + \dfrac{x}{4}\sqrt{a^2 - x^2} + C$

115. $\int x^2\arcsin\dfrac{x}{a}\,\mathrm{d}x = \dfrac{x^3}{3}\arcsin\dfrac{x}{a} + \dfrac{1}{9}(x^2 + 2a^2)\sqrt{a^2 - x^2} + C$

116. $\int \arccos\dfrac{x}{a}\,\mathrm{d}x = x\arccos\dfrac{x}{a} - \sqrt{a^2 - x^2} + C$

117. $\int x\arccos\dfrac{x}{a}\,\mathrm{d}x = \left(\dfrac{x^2}{2} - \dfrac{a^2}{4}\right)\arccos\dfrac{x}{a} - \dfrac{x}{4}\sqrt{a^2 - x^2} + C$

118. $\int x^2\arccos\dfrac{x}{a}\,\mathrm{d}x = \dfrac{x^3}{3}\arccos\dfrac{x}{a} - \dfrac{1}{9}(x^2 + 2a^2)\sqrt{a^2 - x^2} + C$

119. $\int \arctan\dfrac{x}{a}\,\mathrm{d}x = x\arctan\dfrac{x}{a} - \dfrac{a}{2}\ln(a^2 + x^2) + C$

120. $\int x\arctan\dfrac{x}{a}\,\mathrm{d}x = \dfrac{1}{2}(a^2 + x^2)\arctan\dfrac{x}{a} - \dfrac{a}{2}x + C$

121. $\int x^2\arctan\dfrac{x}{a}\,\mathrm{d}x = \dfrac{x^3}{3}\arctan\dfrac{x}{a} - \dfrac{a}{6}x^2 + \dfrac{a^3}{6}\ln(a^2 + x^2) + C$

（十三）含有指数函数的积分

122. $\int a^x\,\mathrm{d}x = \dfrac{1}{\ln a}a^x + C$

123. $\int e^{ax}\,\mathrm{d}x = \dfrac{1}{a}e^{ax} + C$

124. $\int x e^{ax} dx = \dfrac{1}{a^2}(ax - 1)e^{ax} + C$

125. $\int x^n e^{ax} dx = \dfrac{1}{a}x^n e^{ax} - \dfrac{n}{a}\int x^{n-1}e^{ax}dx$

126. $\int xa^x dx = \dfrac{x}{\ln a}a^x - \dfrac{1}{(\ln a)^2}a^x + C$

127. $\int x^n a^x dx = \dfrac{1}{\ln a}x^n a^x - \dfrac{n}{\ln a}\int x^{n-1}a^x dx$

128. $\int e^{ax}\sin bx\, dx = \dfrac{1}{a^2 + b^2}e^{ax}(a\sin bx - b\cos bx) + C$

129. $\int e^{ax}\cos bx\, dx = \dfrac{1}{a^2 + b^2}e^{ax}(b\sin bx + a\cos bx) + C$

130. $\int e^{ax}\sin^n bx\, dx = \dfrac{1}{a^2 + b^2 n^2}e^{ax}\sin^{n-1}bx(a\sin bx - nb\cos bx)$
$\qquad\qquad\qquad + \dfrac{n(n-1)b^2}{a^2 + b^2 n^2}\int e^{ax}\sin^{n-1}bx\, dx$

131. $\int e^{ax}\cos^n bx\, dx = \dfrac{1}{a^2 + b^2 n^2}e^{ax}\cos^{n-1}bx(a\cos bx + nb\sin bx)$
$\qquad\qquad\qquad + \dfrac{n(n-1)b^2}{a^2 + b^2 n^2}\int e^{ax}\cos^{n-2}bx\, dx$

（十四）含有对数函数的积分

132. $\int \ln x\, dx = x\ln x - x + C$

133. $\int \dfrac{dx}{x\ln x} = \ln|\ln x| + C$

134. $\int x^n \ln x\, dx = \dfrac{1}{n+1}x^{n+1}\left(\ln x - \dfrac{1}{n+1}\right) + C$

135. $\int (\ln x)^n dx = x(\ln x)^n - n\int (\ln x)^{n-1}dx$

136. $\int x^m(\ln x)^n dx = \dfrac{1}{m+1}x^{m+1}(\ln x)^n - \dfrac{n}{m+1}\int x^m(\ln x)^{n-1}dx$

（十五）含有双曲函数的积分

137. $\int \sinh x\, dx = \cosh x + C$

138. $\int \cosh x\, dx = \sinh x + C$

139. $\int \tanh x\, dx = \ln\cosh x + C$

140. $\int \sinh^2 x\, dx = -\dfrac{x}{2} + \dfrac{1}{4}\sinh 2x + C$

141. $\int \cosh^2 x\, dx = \dfrac{x}{2} + \dfrac{1}{4}\sinh 2x + C$

（十六）定　积　分

142. $\int_{-\pi}^{\pi} \cos nx\, dx = \int_{-\pi}^{\pi} \sin nx\, dx = 0$

143. $\int_{-\pi}^{\pi} \cos mx \sin nx\, dx = 0$

144. $\int_{-\pi}^{\pi} \cos mx \cos nx\, dx = \begin{cases} 0, & m \neq n \\ \pi, & m = n \end{cases}$

145. $\int_{-\pi}^{\pi} \sin mx \sin nx\, dx = \begin{cases} 0, & m \neq n \\ \pi, & m = n \end{cases}$

146. $\int_{0}^{\pi} \sin mx \sin nx\, dx = \int_{0}^{\pi} \cos mx \cos nx\, dx = \begin{cases} 0, & m \neq n \\ \pi/2, & m = n \end{cases}$

147. $I_n = \int_{0}^{\frac{\pi}{2}} \sin^n x\, dx = \int_{0}^{\frac{\pi}{2}} \cos^n x\, dx$

$I_n = \dfrac{n-1}{n} I_{n-2} = \begin{cases} \dfrac{n-1}{n} \cdot \dfrac{n-3}{n-2} \cdot \cdots \cdot \dfrac{4}{5} \cdot \dfrac{2}{3}\ (n\ \text{为大于 1 的正奇数})，I_1 = 1 \\ \dfrac{n-1}{n} \cdot \dfrac{n-3}{n-2} \cdot \cdots \cdot \dfrac{3}{4} \cdot \dfrac{1}{2} \cdot \dfrac{\pi}{2}\ (n\ \text{为正偶数})，I_0 = \dfrac{\pi}{2} \end{cases}$

场论初步

本附录所讨论的是数量场的梯度、向量场的散度和旋度，以及一些与之相关的问题，这些内容在学习电学及其他一些专业课程时是不可缺少的数学基础.

C1 数量场和向量场

1. 场的概念

在许多科学技术问题中，常常要考察某些物理量(如温度、密度、电位、力、速度等)在空间的分布和变化规律，为了探索、揭示这些规律，数学上就引入了场的概念.

设有一个区域(平面区域或空间区域、有界区域或无界区域)，对于这个区域内的每一点都对应着某个物理量的一个确定的值，就说这区域里确定了这个物理量的一个**场**. 如果这个物理量是数量，就称这个场是**数量场**；如果这个物理量是向量，就称这个场是**向量场**. 例如温度场、电位场都是数量场，而力场和速度场都是向量场.

此外，如果场中物理量在各点的对应值不随时间而变化，则称该场为**稳定场**，否则称为**不稳定场**. 这里我们只讨论稳定场，当然所得结果对于不稳定场每一瞬间的情形也是适用的.

2. 数量场的等值面

由数量场的定义知，分布在数量场中各点处的数量 u 是场中各点处的单值函数 $u = u(M)$，当取定了空间直角坐标系后，它就成为点 M 的坐标(x,y,z)的函数，即

$$u = u(M) = u(x,y,z). \tag{C1.1}$$

这就是说，一个数量场可用一个单值数量函数来表示. 为讨论方便，我们假定这个函数具有一阶连续偏导数.

设 M_0 是所论区域中的一点，则方程

$$u(x,y,z) = u(M_0) = u_0 \tag{C1.2}$$

从物理意义上表示数量场中该物理量取得相同数值 u_0 的所有的点，在几何意义上它通常表示一曲面，这曲面称作这数量场的一个**等值面**. 例如温度场中的等值面就是由温度相同的点组成的**等温面**，电位场中的等值面就是由电位相同的点组成的**等位面**. 全体等值面将所论区域填满，并且这些曲面彼此都不相交，否则函数 $u(x,y,z)$ 就不是单值的了.

对于由函数 $v = v(x,y)$ 所表示的平面数量场，具有相同数值 $v_0 = v(x_0,y_0)$ 的所有的点组成此数量场的**等值线**

$$v(x,y) = v_0. \tag{C1.3}$$

例如地形图上的**等高线**，地面气象图上的**等温线**、**等压线**都是平面数量场中等值线的例子.

3. 向量场、数量场的梯度场

向量场中分布在各点处的向量 $\boldsymbol{A}$ 是场中各点 M 处的向量函数 $\boldsymbol{A} = \boldsymbol{A}(M)$，引入直角坐标系后它就成了 M 点的坐标 (x, y, z) 的向量函数

$$\boldsymbol{A} = \boldsymbol{A}(M) = \boldsymbol{A}(x, y, z),$$

其坐标形式记为

$$\boldsymbol{A} = A_x(x, y, z)\boldsymbol{i} + A_y(x, y, z)\boldsymbol{j} + A_z(x, y, z)\boldsymbol{k}, \tag{C1.4}$$

其中 A_x, A_y, A_z 为 $\boldsymbol{A}$ 的三个坐标，它们都是数量函数，以后也都假定它们都具有一阶连续偏导数.

本书 7.6 节讲了多元函数的方向导数与梯度. 利用场的概念，我们可以说向量函数

$$\operatorname{grad} u = \frac{\partial u}{\partial x}\boldsymbol{i} + \frac{\partial u}{\partial y}\boldsymbol{j} + \frac{\partial u}{\partial z}\boldsymbol{k} \tag{C1.5}$$

确定了一个向量场——**梯度场**，它是由数量场 $u = u(x, y, z)$ 产生的. 通常称函数 $u(x, y, z)$ 为这个向量场的**势**，而这个向量场又叫做**势场**. 应该指出：并非任意一个向量场都是势场，因为它不一定是某个数量函数的梯度场.

设数量函数 $u(x, y, z)$ 具有一阶连续偏导数，则其在点 $M(x, y, z)$ 处沿 l 方向的方向导数为

$$\frac{\partial u}{\partial l} = \frac{\partial u}{\partial x}\cos\alpha + \frac{\partial u}{\partial y}\cos\beta + \frac{\partial u}{\partial z}\cos\gamma. \tag{C1.6}$$

用 $\boldsymbol{l}^\circ$ 表示 l 方向的单位向量，则

$$\frac{\partial u}{\partial l} = \left(\frac{\partial u}{\partial x}, \frac{\partial u}{\partial y}, \frac{\partial u}{\partial z}\right) \cdot (\cos\alpha, \cos\beta, \cos\gamma)$$

$$= \operatorname{grad} u \cdot \boldsymbol{l}^\circ = |\operatorname{grad} u| \cos(\widehat{\operatorname{grad} u, \boldsymbol{l}^\circ}). \tag{C1.7}$$

由式 (C1.7) 易知，当且仅当 l 的方向与梯度 $\operatorname{grad} u$ 的方向一致时，方向导数 $\dfrac{\partial u}{\partial l}$ 取得最大值. 也就是说，在每一点 M 处，梯度方向就是给定的数量场在该点变化最快的方向，这个最大的变化速度为

$$|\operatorname{grad} u| = \sqrt{\left(\frac{\partial u}{\partial x}\right)^2 + \left(\frac{\partial u}{\partial y}\right)^2 + \left(\frac{\partial u}{\partial z}\right)^2}. \tag{C1.8}$$

另外，我们还要指出，因为曲面 $u(x, y, z) = C$ 在点 $M(x, y, z)$ 的一个法向量可表示为

$$\boldsymbol{n} = \left(\frac{\partial u}{\partial x}, \frac{\partial u}{\partial y}, \frac{\partial u}{\partial z}\right),$$

所以梯度方向与数量场 $u(x, y, z)$ 过该点的等位面在该点的法线方向相合.

例 1 求数量场 $u = \dfrac{km}{r}$ 所产生的梯度场，其中 $r = \sqrt{x^2 + y^2 + z^2}$，$k, m$ 为正常数.

解

$$\frac{\partial u}{\partial x} = -\frac{km}{r^2} \cdot \frac{\partial r}{\partial x} = -\frac{kmx}{r^3},$$

同理

$$\frac{\partial u}{\partial y} = -\frac{kmy}{r^3}, \quad \frac{\partial u}{\partial z} = -\frac{kmz}{r^3},$$

从而

$$\operatorname{grad} u = -\frac{km}{r^2}\left(\frac{x}{r}\boldsymbol{i} + \frac{y}{r}\boldsymbol{j} + \frac{z}{r}\boldsymbol{k}\right).$$

对于任何异于原点的点 $M(x, y, z)$，$|\overrightarrow{OM}| = r$，$r^\circ = \dfrac{1}{|\overrightarrow{OM}|}\overrightarrow{OM} = \dfrac{x}{r}\boldsymbol{i} + \dfrac{y}{r}\boldsymbol{j} + \dfrac{z}{r}\boldsymbol{k}$，于是

$$\operatorname{grad} u = -\frac{km}{r^2} \boldsymbol{r}^{\circ}.$$

如果 k 为引力常数,则上式右端可解释为位于原点的质量为 m 的质点对位于 $M(x,y,z)$ 处的质量为 1 的质点的引力. 这引力的大小与两质点质量的乘积成正比,而与它们的距离的平方成反比,引力的方向由点 M 指向原点. 因此,数量场 $u = \dfrac{km}{r} = \dfrac{km}{\sqrt{x^2+y^2+z^2}}$ 的梯度场 $\operatorname{grad} \dfrac{km}{r}$ 称为**引力场**,而函数 $\dfrac{km}{r}$ 称为**引力势**.

C2　向量场的通量与散度

1. 向量场的通量

本书 9.4.2 节中介绍了对坐标的曲面积分的概念及计算方法. 对坐标的曲面积分的概念是从讨论稳定流动的不可压缩流体(假定密度为 1)在单位时间内流过有向曲面 Σ 的指定侧的流体质量(即流量)问题而引入的.

设速度场由

$$\boldsymbol{v} = P(x,y,z)\boldsymbol{i} + Q(x,y,z)\boldsymbol{j} + R(x,y,z)\boldsymbol{k}$$

给出,Σ 是速度场中一片有向曲面(总假定 Σ 是光滑的或分片光滑的),而

$$\boldsymbol{n}^{\circ} = \cos\alpha\boldsymbol{i} + \cos\beta\boldsymbol{j} + \cos\gamma\boldsymbol{k}$$

是有向曲面 Σ 在点 $M(x,y,z)$ 处的单位法向量,则单位时间内经过 Σ 而流向其指定侧的流体质量 Φ 可用曲面积分表示成

$$\varphi = \iint_{\Sigma} P\,\mathrm{d}y\mathrm{d}z + Q\,\mathrm{d}z\mathrm{d}x + R\,\mathrm{d}x\mathrm{d}y. \tag{C2.1}$$

由 9.4.3 节两类曲面面积的联系的推导过程及 9.4.2 节有向曲面在坐标面上的投影的概念可知,在式(C2.1)中有

$$\mathrm{d}y\mathrm{d}z = \cos\alpha\mathrm{d}S, \quad \mathrm{d}z\mathrm{d}x = \cos\beta\mathrm{d}S, \quad \mathrm{d}x\mathrm{d}y = \cos\gamma\mathrm{d}S,$$

其中 $\mathrm{d}S$ 是 Σ 上的面积元素,所以式(C2.1)又可表示为

$$\Phi = \iint_{\Sigma} (P\cos\alpha + Q\cos\beta + R\cos\gamma)\,\mathrm{d}S = \iint_{\sigma} \boldsymbol{v} \cdot \boldsymbol{n}^{\circ}\mathrm{d}S = \iint_{\Sigma} v_n\mathrm{d}S, \tag{C2.2}$$

其中 $v_n = \boldsymbol{v} \cdot \boldsymbol{n}^{\circ} = P\cos\alpha + Q\cos\beta + R\cos\gamma$ 表示流体的速度向量 $\boldsymbol{v}$ 在有向曲面 Σ 的法向量上的投影. 式(C2.2)也给出了两类曲面积分之间的联系.

一般地,设某向量场由

$$\boldsymbol{A} = A_x(x,y,z)\boldsymbol{i} + A_y(x,y,z)\boldsymbol{j} + A_z(x,y,z)\boldsymbol{k}$$

给出,Σ 是场内一片有向曲面,$\boldsymbol{n}^{\circ}$ 是 Σ 上点 M 处的单位法向量,则曲面积分

$$\iint_{\Sigma} \boldsymbol{A} \cdot \boldsymbol{n}^{\circ}\mathrm{d}S = \iint_{\Sigma} A_x\mathrm{d}y\mathrm{d}z + A_y\mathrm{d}z\mathrm{d}x + A_z\mathrm{d}x\mathrm{d}y$$

叫做向量场 $\boldsymbol{A}$ 通过有向曲面 Σ 向着指定侧的**通量**(或**流量**).

2. 向量场的散度

本书 9.4 节介绍过高斯公式,那时主要把它作为计算对坐标的曲面积分的一种简便方法加以应用,现在我们来分析一下高斯公式的物理意义.

当 Σ 是正向取外侧的闭曲面时,高斯公式

$$\oiint_{\Sigma} P\,\mathrm{d}y\mathrm{d}z + Q\,\mathrm{d}z\mathrm{d}x + R\,\mathrm{d}x\mathrm{d}y = \iiint_{\Omega} \left(\frac{\partial P}{\partial x} + \frac{\partial Q}{\partial y} + \frac{\partial R}{\partial z} \right) \mathrm{d}V \tag{C2.3}$$

的左端可解释为单位时间内离开区域 Ω 的流体的总质量. 由于我们假定流体是不可压缩的,速度场是稳定的,因此在一定量的流体离开区域 Ω 的同时,Ω 内部必须有产生流体的源头产生出同样多的流体进行补充. 所以高斯公式右端即解释为分布在 Ω 内的源头在单位时间内产生的流体的总质量.

结合式(C2.2)将式(C2.3)改写成

$$\iiint_{\Omega} \left(\frac{\partial P}{\partial x} + \frac{\partial Q}{\partial y} + \frac{\partial R}{\partial z} \right) \mathrm{d}V = \oiint_{\Sigma} v_n \,\mathrm{d}S,$$

以有界闭区域 Ω 的体积 V 除以上式两端,得

$$\frac{1}{V}\iiint_{\Omega} \left(\frac{\partial P}{\partial x} + \frac{\partial Q}{\partial y} + \frac{\partial R}{\partial z} \right) \mathrm{d}V = \frac{1}{V}\oiint_{\Sigma} v_n \,\mathrm{d}S, \tag{C2.4}$$

上式左端表示 Ω 内的源头在单位时间、单位体积内产生的流体量的平均值. 应用积分中值定理可得

$$\left(\frac{\partial P}{\partial x} + \frac{\partial Q}{\partial y} + \frac{\partial R}{\partial z} \right)_{(\xi,\eta,\zeta)} = \frac{1}{V}\oiint_{\Sigma} v_n \,\mathrm{d}S,$$

其中 (ξ,η,ζ) 是 Ω 内的某一点. 令 Ω 缩向 Ω 内的一点 $M(x,y,z)$,对上式取极限,有

$$\frac{\partial P}{\partial x} + \frac{\partial Q}{\partial y} + \frac{\partial R}{\partial z} = \lim_{\Omega \to M} \frac{1}{V}\oiint_{\Sigma} v_n \,\mathrm{d}S. \tag{C2.5}$$

上式左端称为速度场 v 在点 M 的**散度**,记作 $\mathrm{div}\,v$,即

$$\mathrm{div}\,v = \frac{\partial P}{\partial x} + \frac{\partial Q}{\partial y} + \frac{\partial R}{\partial z}. \tag{C2.6}$$

这里,$\mathrm{div}\,v$ 可看作稳定流动的不可压缩流体在点 M 的**源头强度**(在单位时间、单位体积内产生的流体质量),如果 $\mathrm{div}\,v$ 为负,则表示在该点处流体在消失. 当 $\mathrm{div}\,v \equiv 0$ 时,则称速度场 v 为**无源场**.

一般地,设有向量场 $A = A_x \boldsymbol{i} + A_y \boldsymbol{j} + A_z \boldsymbol{k}$,其中 A_x, A_y, A_z 具有一阶连续偏导数,则称 $\dfrac{\partial A_x}{\partial x} + \dfrac{\partial A_y}{\partial y} + \dfrac{\partial A_z}{\partial z}$ 为向量场 A 的**散度**,记作 $\mathrm{div}\,A$,即

$$\mathrm{div}\,A = \frac{\partial A_x}{\partial x} + \frac{\partial A_y}{\partial y} + \frac{\partial A_z}{\partial z}. \tag{C2.7}$$

显然,一向量场的散度是一数量函数. 有了散度的概念,则高斯公式可写成

$$\oiint_{\Sigma} A_n \,\mathrm{d}S = \iiint_{\Omega} \mathrm{div}\,A \,\mathrm{d}V, \tag{C2.8}$$

其中 Σ 是 Ω 是正向取外侧的边界曲面,$A_n = A \cdot n^\circ = A_x\cos\alpha + A_y\cos\beta + A_z\cos\beta$ 是向量 A 在 Σ 的外法向量上的投影.

散度运算有如下几个基本公式:

(1) $\mathrm{div}(CA) = C\mathrm{div}A$ (C 为常数);

(2) $\mathrm{div}(A \pm B) = \mathrm{div}A \pm \mathrm{div}B$;

(3) $\mathrm{div}(uA) = u\mathrm{div}A + A \cdot \mathrm{grad}u$($u$ 为数量函数).

例 2 求向量 $A=(2x+3z)i-(xz+y)j+(y^2+2z)k$ 穿过曲面 Σ 而流向指定侧的通量,其中 Σ 是以点 $(3,-1,2)$ 为球心、半径为 3 的球面,流向外侧.

解
$$\Phi=\oiint_{\Sigma}A\cdot n^{\circ}\mathrm{d}S=\iiint_{\Omega}\mathrm{div}A\mathrm{d}V=\iiint_{\Omega}(2-1+2)\mathrm{d}V=3\iiint_{\Omega}\mathrm{d}V=108\pi.$$

例 3 已知 $A=\dfrac{1}{r^3}r$,其中 $r=xi+yj+zk$,$r=|r|=\sqrt{x^2+y^2+z^2}$,Σ_1 是包含原点在内的一光滑闭曲面,求 A 穿过 Σ_1 而流向 Σ_1 外侧的通量.

解 作一个以 O 为中心、半径 R 充分小的球面 Σ_2,使 Σ_2 被 Σ_1 所包围,Σ_1、Σ_2 无公共点.Σ_1 的正向取外侧,Σ_2 的正向取内侧,其单位法向量分别记为 n_1°,n_2°,所围区域记为 Ω(图 C1).

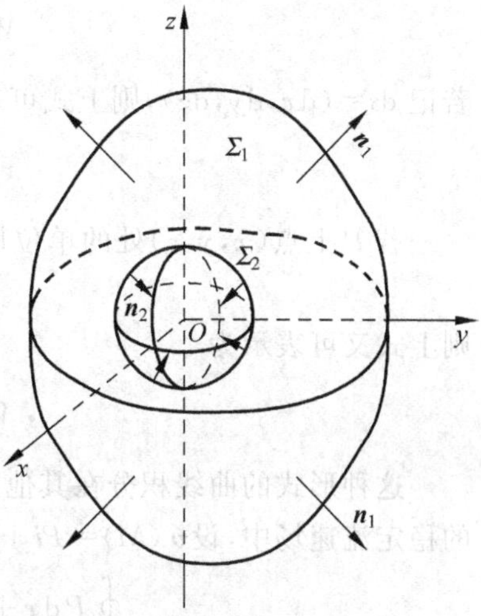

$$\frac{\partial A_x}{\partial x}=\frac{\partial}{\partial x}\left(\frac{x}{r^3}\right)=\frac{r^3-x\cdot 3r^2\cdot\frac{\partial r}{\partial x}}{r^6}=\frac{y^2+z^2-2x^2}{r^5},$$

同理有
$$\frac{\partial A_y}{\partial y}=\frac{z^2+x^2-2y^2}{r^5},$$

$$\frac{\partial A_z}{\partial z}=\frac{x^2+y^2-2z^2}{r^5}.$$

所以除原点外,处处有 $\mathrm{div}A=0$.

由高斯公式
$$\oiint_{\Sigma_1+\Sigma_2}A\cdot n^{\circ}\mathrm{d}S=\iiint_{\Omega}\mathrm{div}A\mathrm{d}V=0,$$

而
$$\oiint_{\Sigma_1+\Sigma_2}A\cdot n^{\circ}\mathrm{d}S=\oiint_{\Sigma_1}A\cdot n_1^{\circ}\mathrm{d}S+\oiint_{\Sigma_2}A\cdot n_2^{\circ}\mathrm{d}S,$$

所以
$$\oiint_{\Sigma_1}A\cdot n_1^{\circ}\mathrm{d}S=-\oiint_{\Sigma_2}A\cdot n_2^{\circ}\mathrm{d}S.$$

而 n_2° 是 Σ_2 上向内的单位法向量,
$$n_2^{\circ}=-\left(\frac{x}{\sqrt{x^2+y^2+z^2}},\frac{y}{\sqrt{x^2+y^2+z^2}},\frac{z}{\sqrt{x^2+y^2+z^2}}\right),$$

所以
$$-\oiint_{\Sigma_2}A\cdot n_2^{\circ}\mathrm{d}S=\oiint_{\Sigma_2}\frac{x^2+y^2+z^2}{(x^2+y^2+z^2)^2}\mathrm{d}S=\oiint_{\Sigma_2}\frac{\mathrm{d}S}{x^2+y^2+z^2}=\frac{1}{R^2}\oiint_{\Sigma_2}\mathrm{d}S$$

$$=\frac{1}{R^2}\cdot 4\pi R^2=4\pi,$$

即有
$$\Phi=\oiint_{\Sigma_1}A_n\mathrm{d}S=4\pi.$$

例 3 说明,如果除某一点或某一有界区域外处处有 $\mathrm{div}A=0$,则穿出包围这点或这区域的任一闭曲面的通量都相等.

图 C1

C3　环流量、斯托克斯公式、旋度

1. 环流量

设有力场 $F(M)=Pi+Qj+Rk$，Γ 是场中一条光滑有向闭曲线，一质点在场力 F 的作用下沿 Γ 的正向运行一周，则场力对质点做的功为

$$W=\oint_{\Gamma}P\mathrm{d}x+Q\mathrm{d}y+R\mathrm{d}z.$$

若记 $\mathrm{d}s=(\mathrm{d}x,\mathrm{d}y,\mathrm{d}z)$，则上式可表示为

$$W=\oint_{\Gamma}F\cdot\mathrm{d}s.$$

若 Γ 上点 (x,y,z) 处的单位切向量为

$$t^{\circ}=(\cos\lambda,\cos\mu,\cos\nu),$$

则上式又可表示为

$$W=\oint_{\Gamma}F\cdot t^{\circ}\mathrm{d}s=\oint_{\Gamma}F_{t}\mathrm{d}s.$$

这种形式的曲线积分在其他向量场中也常常有确定的物理意义，例如在不可压缩流体的稳定流速场中，设 $v(M)=Pi+Qj+Rk$，Γ 是场内一光滑有向闭曲线，则曲线积分

$$\oint_{\Gamma}P\mathrm{d}x+Q\mathrm{d}y+R\mathrm{d}z=\oint_{\Gamma}v\cdot\mathrm{d}s=\oint_{\Gamma}v_{t}\mathrm{d}s$$

表示在单位时间内沿闭曲线 Γ 的正向流动的环流量.

一般地，设有向量场 $A(M)=A_{x}i+A_{y}j+A_{z}k$，$\Gamma$ 是场内一条光滑的有向闭曲线，则曲线积分

$$\oint_{\Gamma}A_{x}\mathrm{d}x+A_{y}\mathrm{d}y+A_{z}\mathrm{d}z \tag{C3.1}$$

叫做向量场 A 沿有向闭曲线 Γ 的**环流量**.

2. 斯托克斯公式

格林公式表达了平面有界闭区域 D 上的二重积分与其边界曲线上的曲线积分之间的关系，斯托克斯公式则把曲面 Σ 上的曲面积分与沿 Σ 的边界曲线 Γ 上的曲线积分联系起来. 这种联系由下面的定理给出. 由于定理的证明较复杂，这里不加论证.

定理　设函数 $P(x,y,z),Q(x,y,z),R(x,y,z)$ 在包含曲面 Σ 在内的某空间区域内具有一阶连续偏导数，曲面 Σ 是以光滑（或分段光滑）的曲线 Γ 为边界的光滑（或分片光滑）的有向曲面，Γ 的正向与 Σ 的正侧符合右手规则[①]，则有

$$\oint_{\Gamma}P\mathrm{d}x+Q\mathrm{d}y+R\mathrm{d}z=\iint_{\Sigma}\left(\frac{\partial R}{\partial y}-\frac{\partial Q}{\partial z}\right)\mathrm{d}y\mathrm{d}z$$
$$+\left(\frac{\partial P}{\partial z}-\frac{\partial R}{\partial x}\right)\mathrm{d}z\mathrm{d}x+\left(\frac{\partial Q}{\partial x}-\frac{\partial P}{\partial y}\right)\mathrm{d}x\mathrm{d}y. \tag{C3.2}$$

公式(C3.2)叫做**斯托克斯公式**.

---

①　当右手除拇指外的四指依 Γ 的绕行方向时，拇指所指的方向与 Σ 上法向量的指向相同.

为便于记忆,我们利用行列式记号将斯托克斯公式(C3.2)改写为

$$\oint_\Gamma P\mathrm{d}x + Q\mathrm{d}y + R\mathrm{d}z = \iint_\Sigma \begin{vmatrix} \mathrm{d}y\mathrm{d}z & \mathrm{d}z\mathrm{d}x & \mathrm{d}x\mathrm{d}y \\ \dfrac{\partial}{\partial x} & \dfrac{\partial}{\partial y} & \dfrac{\partial}{\partial z} \\ P & Q & R \end{vmatrix},\qquad (C3.3)$$

上式中的行列式按第一行展开,并把 $\dfrac{\partial}{\partial y}$ 与 R 的"积"理解为 $\dfrac{\partial R}{\partial y}$,$\dfrac{\partial}{\partial x}$ 与 Q 的"积"理解为 $\dfrac{\partial Q}{\partial x}$,等等.

利用两类曲面积分之间的联系,斯托克斯公式又可表示为

$$\oint_\Gamma P\mathrm{d}x + Q\mathrm{d}y + R\mathrm{d}z = \iint_\Sigma \begin{vmatrix} \cos\alpha & \cos\beta & \cos\gamma \\ \dfrac{\partial}{\partial x} & \dfrac{\partial}{\partial y} & \dfrac{\partial}{\partial z} \\ P & Q & R \end{vmatrix}\mathrm{d}S,\qquad (C3.4)$$

其中 $\boldsymbol{n}^\circ = (\cos\alpha, \cos\beta, \cos\gamma)$ 表示有向曲面 Σ 上的单位法向量.

如果 Σ 是 xOy 平面上的区域,则斯托克斯公式就变成了格林公式.因此,斯托克斯公式和格林公式之间是一般与特殊的关系.

例 4 利用斯托克斯公式计算曲线积分 $\oint_\Gamma z\mathrm{d}x + x\mathrm{d}y + y\mathrm{d}z$,其中 Γ 是平面 $x+y+z=1$ 被三个坐标面所截成的三角形的整个边界,其方向与三角形上侧的法向量之间符合右手规则(图 C2).

解 依斯托克斯公式有

$$\oint_\Gamma z\mathrm{d}x + x\mathrm{d}y + y\mathrm{d}z = \iint_\Sigma \begin{vmatrix} \mathrm{d}y\mathrm{d}z & \mathrm{d}z\mathrm{d}x & \mathrm{d}x\mathrm{d}y \\ \dfrac{\partial}{\partial x} & \dfrac{\partial}{\partial y} & \dfrac{\partial}{\partial z} \\ z & x & y \end{vmatrix}$$

$$= \iint_\Sigma \mathrm{d}y\mathrm{d}z + \mathrm{d}z\mathrm{d}y + \mathrm{d}x\mathrm{d}y$$

$$= \iint_{D_{yz}} \mathrm{d}y\mathrm{d}z + \iint_{D_{zx}} \mathrm{d}z\mathrm{d}x + \iint_{D_{xy}} \mathrm{d}x\mathrm{d}y$$

$$= \frac{1}{2} + \frac{1}{2} + \frac{1}{2} = \frac{3}{2}.$$

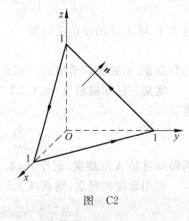

图 C2

读者可采用直接将曲线积分化为定积分的方法计算上例,将其结果对照验证.

3. 向量场的旋度

上面我们曾将向量场 $\boldsymbol{A}(M)$ 沿闭曲面 Σ 的曲面积分(通量)与 Σ 所包围的体积 V 的比的极限定义为向量场的散度:

$$\mathrm{div}\boldsymbol{A} = \lim_{\Omega\to M} \frac{1}{V}\oiint_\Sigma A_n \mathrm{d}S.$$

在直角坐标系中,有

$$\mathrm{div}\boldsymbol{A} = \frac{\partial A_x}{\partial x} + \frac{\partial A_y}{\partial y} + \frac{\partial A_z}{\partial z}.$$

现在我们类似地讨论将向量场 $\boldsymbol{A}(M)$ 沿着闭曲线 Γ 的曲线积分(环流量)与 Γ 所张的曲

面 Σ 的面积 S 之比,当 $S \rightarrow 0$ 即 Σ 无限收缩于曲面上一点 M 时的极限问题:

$$\lim_{\Sigma \rightarrow M} \frac{1}{S} \oint_{\Gamma} A_x \mathrm{d}x + A_y \mathrm{d}y + A_z \mathrm{d}z,$$

这里假定 Γ, Σ 都在向量函数 $A(M)$ 的定义区域内, Γ 的正向与 Σ 的侧之间符合右手规则.

由斯托克斯公式,有

$$\oint_{\Gamma} A_x \mathrm{d}x + A_y \mathrm{d}y + A_z \mathrm{d}z = \iint_{\Sigma} \begin{vmatrix} \cos\alpha & \cos\beta & \cos\gamma \\ \dfrac{\partial}{\partial x} & \dfrac{\partial}{\partial y} & \dfrac{\partial}{\partial z} \\ A_x & A_y & A_z \end{vmatrix} \mathrm{d}S,$$

两端同除以 S,再在右端利用积分中值定理:

$$\frac{1}{S} \oint_{\Gamma} A_x \mathrm{d}x + A_y \mathrm{d}y + A_z \mathrm{d}z$$

$$= \left[\left(\frac{\partial A_z}{\partial y} - \frac{\partial A_y}{\partial z} \right) \cos\alpha + \left(\frac{\partial A_x}{\partial z} - \frac{\partial A_z}{\partial x} \right) \cos\beta + \left(\frac{\partial A_y}{\partial x} - \frac{\partial A_x}{\partial y} \right) \cos\gamma \right]_P,$$

其中 P 是 Σ 上的某一点,显然,当 Σ 无限收缩于点 M 时, P 点亦趋于 M 点. 于是有

$$\lim_{\Sigma \rightarrow M} \frac{1}{S} \oint_{\Gamma} A_x \mathrm{d}x + A_y \mathrm{d}y + A_z \mathrm{d}z$$

$$= \left[\left(\frac{\partial A_z}{\partial y} - \frac{\partial A_y}{\partial z} \right) \cos\alpha + \left(\frac{\partial A_x}{\partial z} - \frac{\partial A_z}{\partial x} \right) \cos\beta + \left(\frac{\partial A_y}{\partial x} - \frac{\partial A_x}{\partial y} \right) \cos\gamma \right]_M. \quad (\text{C}3.5)$$

上式右端可看作向量

$$\left(\frac{\partial A_z}{\partial y} - \frac{\partial A_y}{\partial z}, \frac{\partial A_x}{\partial z} - \frac{\partial A_z}{\partial x}, \frac{\partial A_y}{\partial x} - \frac{\partial A_x}{\partial y} \right)$$

与 Σ 上 M 点处的单位法向量

$$n^{\circ} = (\cos\alpha, \cos\beta, \cos\gamma)$$

的数量积. 由此我们给出如下定义.

定义　已知向量 $A = (A_x, A_y, A_z)$ 的各分量具有一阶连续偏导数,由此向量产生出的新向量

$$\left(\frac{\partial A_z}{\partial y} - \frac{\partial A_y}{\partial z}, \frac{\partial A_x}{\partial z} - \frac{\partial A_z}{\partial x}, \frac{\partial A_y}{\partial x} - \frac{\partial A_x}{\partial y} \right) \quad (\text{C}3.6)$$

叫做向量场 A 的**旋度**,记作 $\mathrm{rot}A$.

利用旋度的概念,则式(C3.5)可表示为

$$\lim_{\Sigma \rightarrow M} \frac{1}{S} \oint_{\Gamma} A_x \mathrm{d}x + A_y \mathrm{d}y + A_z \mathrm{d}z = \mathrm{rot}A \cdot n^{\circ} = \mathrm{rot}_n A \quad (\text{C}3.7)$$

斯托克斯公式也可写成

$$\oint_{\Gamma} A_x \mathrm{d}x + A_y \mathrm{d}y + A_z \mathrm{d}z = \iint_{\Sigma} \mathrm{rot}A \cdot n^{\circ} \mathrm{d}S = \iint_{\Sigma} \mathrm{rot}_n A \mathrm{d}S. \quad (\text{C}3.8)$$

式(C3.8)可叙述为:向量场 A 沿有向闭曲线 Γ 的环流量等于向量场 A 的旋度场穿过 Γ 所张曲面 Σ 的通量(这里 Γ 的正向与 Σ 的侧应符合右手规则).

为了便于记忆, $\mathrm{rot}A$ 可利用行列式记号形式地表示为

$$\mathrm{rot}A = \begin{vmatrix} i & j & k \\ \dfrac{\partial}{\partial x} & \dfrac{\partial}{\partial y} & \dfrac{\partial}{\partial z} \\ A_x & A_y & A_z \end{vmatrix}. \quad (\text{C}3.9)$$

下面我们再从力学的角度对旋度概念作些解释.

设有刚体绕定轴 l 旋转,角速度为 $\boldsymbol{\omega}$,M 为刚体内任意一点,在轴 l 上任意取定一点为原点建立空间直角坐标系,使 z 轴与 l 重合,则 $\boldsymbol{\omega} = \omega \boldsymbol{k}$,而点 M 可用向量 $\boldsymbol{r} = \overrightarrow{OM} = (x, y, z)$ 来确定.用力学知识,点 M 的线速度 $\boldsymbol{v}$ 可表示为

$$\boldsymbol{v} = \boldsymbol{\omega} \times \boldsymbol{r},$$

由此有

$$\boldsymbol{v} = \begin{vmatrix} \boldsymbol{i} & \boldsymbol{j} & \boldsymbol{k} \\ 0 & 0 & \omega \\ x & y & z \end{vmatrix} = -\omega y \boldsymbol{i} + \omega x \boldsymbol{j}.$$

而

$$\mathrm{rot}\,\boldsymbol{v} = \begin{vmatrix} \boldsymbol{i} & \boldsymbol{j} & \boldsymbol{k} \\ \dfrac{\partial}{\partial x} & \dfrac{\partial}{\partial y} & \dfrac{\partial}{\partial z} \\ -\omega y & \omega x & 0 \end{vmatrix} = 2\omega \boldsymbol{i} = 2\boldsymbol{\omega}. \tag{C3.10}$$

从速度场 $\boldsymbol{v}$ 的旋度与旋转角速度 $\boldsymbol{\omega}$ 的关系可见"旋度"这一名词的由来.

对于向量场 $\boldsymbol{A}(M)$,如果 $\mathrm{rot}\boldsymbol{A} \equiv 0$,则称向量场 $\boldsymbol{A}$ 为**无旋场**,否则称为**有旋场**.

关于旋度运算有下面的基本公式:

(1) $\mathrm{rot}(k_1\boldsymbol{A}_1 \pm k_2\boldsymbol{A}_2) = k_1\mathrm{rot}\boldsymbol{A}_1 + k_2\mathrm{rot}\boldsymbol{A}_2$($k_1, k_2$ 为常数);

(2) $\mathrm{rot}(u\boldsymbol{A}) = u\mathrm{rot}\boldsymbol{A} + (\mathrm{grad}u) \times \boldsymbol{A}$($u$ 是数量函数).

例 5 求 $f(r)\boldsymbol{r}$ 的旋度,其中 $\boldsymbol{r} = x\boldsymbol{i} + y\boldsymbol{j} + z\boldsymbol{k}$,$r = |\boldsymbol{r}|$,$f$ 为可导函数.

解

$$\mathrm{rot}\boldsymbol{r} = \begin{vmatrix} \boldsymbol{i} & \boldsymbol{j} & \boldsymbol{k} \\ \dfrac{\partial}{\partial x} & \dfrac{\partial}{\partial y} & \dfrac{\partial}{\partial z} \\ x & y & z \end{vmatrix} = \boldsymbol{0},$$

$$\mathrm{grad}f(r) = f'(r)\left(\frac{x\boldsymbol{i}}{r} + \frac{y\boldsymbol{j}}{r} + \frac{z\boldsymbol{k}}{r}\right) = f'(r)\frac{\boldsymbol{r}}{r},$$

所以

$$\mathrm{rot}[f(r)\boldsymbol{r}] = f(r)\mathrm{rot}\boldsymbol{r} + [\mathrm{grad}f(r)] \times \boldsymbol{r} = \boldsymbol{0} + \left[f'(r)\frac{\boldsymbol{r}}{r}\right] \times \boldsymbol{r}$$

$$= \frac{1}{r}f'(r)(\boldsymbol{r} \times \boldsymbol{r}) = \boldsymbol{0}.$$

可见,形如 $f(r)\boldsymbol{r}$ 的向量场都是无旋场.例如引力场 $\boldsymbol{F}$ 和电场强度向量场 $\boldsymbol{E}$ 都是无旋场.

C4 向量微分算子

向量微分算子 ∇ 定义为

$$\nabla = \frac{\partial}{\partial x}\boldsymbol{i} + \frac{\partial}{\partial y}\boldsymbol{j} + \frac{\partial}{\partial z}\boldsymbol{k} = \left(\frac{\partial}{\partial x}, \frac{\partial}{\partial y}, \frac{\partial}{\partial z}\right), \tag{C4.1}$$

又叫做 ∇(Nabla)算子或哈密顿(Hamilton)算子.其运算规律如下:

(1) 设 $u = u(x, y, z)$,则有

$$\nabla u = \left(\frac{\partial}{\partial x}, \frac{\partial}{\partial y}, \frac{\partial}{\partial z}\right)u = \left(\frac{\partial u}{\partial x}, \frac{\partial u}{\partial y}, \frac{\partial u}{\partial z}\right) = \mathrm{grad}u. \tag{C4.2}$$

（2）设 $\boldsymbol{A}=A_x\boldsymbol{i}+A_y\boldsymbol{j}+A_z\boldsymbol{k}$，则

$$\nabla\cdot\boldsymbol{A}=\left(\frac{\partial}{\partial x},\frac{\partial}{\partial y},\frac{\partial}{\partial z}\right)\cdot(A_x,A_y,A_z)=\frac{\partial A_x}{\partial x}+\frac{\partial A_y}{\partial y}+\frac{\partial A_z}{\partial z}=\mathrm{div}\boldsymbol{A}.\qquad(C4.3)$$

若 $u=u(x,y,z)$ 具有二阶连续偏导数，记 $\nabla\cdot\nabla u=\nabla^2 u$，则有

$$\nabla^2 u=\nabla\cdot\nabla u=\nabla\cdot\mathrm{grad}u=\left(\frac{\partial}{\partial x},\frac{\partial}{\partial y},\frac{\partial}{\partial z}\right)\cdot\left(\frac{\partial u}{\partial x},\frac{\partial u}{\partial y},\frac{\partial u}{\partial z}\right)$$

$$=\frac{\partial^2 u}{\partial x^2}+\frac{\partial^2 u}{\partial y^2}+\frac{\partial^2 u}{\partial z^2}=\nabla u,\qquad(C4.4)$$

其中 $\Delta=\frac{\partial^2}{\partial x^2}+\frac{\partial^2}{\partial y^2}+\frac{\partial^2}{\partial z^2}$ 称为拉普拉斯（Laplace）算子.

（3）$\qquad\nabla\times\boldsymbol{A}=\left(\frac{\partial}{\partial x},\frac{\partial}{\partial y},\frac{\partial}{\partial z}\right)\times(A_x,A_y,A_z)=\begin{vmatrix}\boldsymbol{i}&\boldsymbol{j}&\boldsymbol{k}\\\dfrac{\partial}{\partial x}&\dfrac{\partial}{\partial y}&\dfrac{\partial}{\partial z}\\A_x&A_y&A_z\end{vmatrix}=\mathrm{rot}\boldsymbol{A}.\qquad(C4.5)$

这样，场论中的梯度、散度、旋度可分别用向量微分算子表示为

$$\mathrm{grad}u=\nabla u,\quad\mathrm{div}\boldsymbol{A}=\nabla\cdot\boldsymbol{A},\quad\mathrm{rot}\boldsymbol{A}=\nabla\times\boldsymbol{A}.$$

应当注意，哈密顿算子∇是一向量微分算子，它在计算中具有向量性和微分双重性质.∇在作用于一个数量函数或一个向量函数时仅有如下三种形式：

$$\nabla u,\quad\nabla\cdot\boldsymbol{A},\quad\nabla\times\boldsymbol{A}.$$

利用算子∇，高斯公式和斯托克斯公式可分别写成

$$\oiint_{\Sigma}A_n\mathrm{d}S=\iiint_{\Omega}\nabla\cdot\boldsymbol{A}\mathrm{d}V,$$

$$\oint_{\Gamma}A_t\mathrm{d}s=\iint_{\Sigma}(\nabla\times\boldsymbol{A})_n\mathrm{d}S,$$

其中 A_n 表示 $\boldsymbol{A}$ 在 Σ 的法向量 $\boldsymbol{n}$ 上的投影，A_t 表示 $\boldsymbol{A}$ 在 Γ 的切向量 $\boldsymbol{t}$ 上的投影.

练习题

1. 设有位于坐标原点的点电荷 q，由电学知识知道，在其周围空间的任一点 $M(x,y,z)$ 处产生的电位为

$$v=\frac{q}{4\pi\varepsilon r},$$

其中 ε 为介电系数，$r=x\boldsymbol{i}+y\boldsymbol{k}+z\boldsymbol{j}$，$r=|\boldsymbol{r}|$. 试求电位 v 的梯度场.

2. 求数量场 $u=x^2+2y^2+3z^2+xy+3x-2y-6z$ 在点 $O(0,0,0)$ 与点 $A(1,1,1)$ 处的梯度的大小及方向余弦，又问在哪些点上梯度为 $\boldsymbol{0}$？

3. 设 Σ 为上半球面 $x^2+y^2+z^2=a^2(z\geqslant0)$，其法向量 $\boldsymbol{n}$ 与 z 轴正向成锐角，求向量 $r=x\boldsymbol{i}+y\boldsymbol{j}+z\boldsymbol{k}$ 穿过 Σ 流向 $\boldsymbol{n}$ 所指的一侧的通量.

4. 求下列向量场 $\boldsymbol{A}$ 在指定点的散度：

（1）$\boldsymbol{A}=x^3\boldsymbol{i}+y^3\boldsymbol{j}+z^3\boldsymbol{k}$ 在 $M(1,0,-1)$ 处；

（2）$\boldsymbol{A}=xyz\boldsymbol{r}(\boldsymbol{r}=x\boldsymbol{i}+y\boldsymbol{j}+z\boldsymbol{k})$ 在点 $M(1,3,2)$ 处.

5. 求向量场 $\boldsymbol{A}=(x-y+z)\boldsymbol{i}+(y-z+x)\boldsymbol{j}+(z-x+y)\boldsymbol{k}$ 从内穿出椭球面 $\dfrac{x^2}{a^2}+\dfrac{y^2}{b^2}+\dfrac{z^2}{c^2}=1$ 的通量.

6. 已知点电荷 q_1,q_2 分别位于 A_1,A_2 两点,求从闭曲面 Σ 内穿出的电通量 Φ.

(1) Σ 为不包含 A_1,A_2 两点中的任一点的闭曲面;

(2) Σ 为仅包含 A_1 点的闭曲面;

(3) Σ 为同时包含 A_1,A_2 两点的闭曲面.

7. 已知 $\boldsymbol{F}=(axz+x^2,by+xy^2,z-z^2+cxz-2xyz)$,试确定 a,b,c,使 $\boldsymbol{F}$ 为一无源场.

8. 求下列向量场 $\boldsymbol{A}$ 沿闭曲线 Γ 的环流量:

(1) $\boldsymbol{A}=x\boldsymbol{i}+y\boldsymbol{j}+z\boldsymbol{k}$,$\Gamma$ 为圆周 $x^2+y^2+z^2=a^2$,$x+y+z=0$,若从 x 轴正向看去,这圆周是取逆时针方向;

(2) $\boldsymbol{A}=(y-z,z-x,x-y)$,$\Gamma$ 为椭圆 $x^2+y^2=a^2$,$\dfrac{x}{a}+\dfrac{z}{b}=1(a>0,b>0)$,若从 x 轴正向看去,这椭圆取逆时针方向.

9. 利用斯托克斯公式计算曲线积分:$\oint_{\Gamma} x^2yz\,\mathrm{d}x+(x^2+y^2)\,\mathrm{d}y+(x+y+1)\,\mathrm{d}z$,$\Gamma$ 是曲面 $x^2+y^2+z^2=5$ 与 $z=x^2+y^2+1$ 的交线,若从 z 轴正向看去 Γ 取顺时针方向.

10. 求下列向量场的旋度:

(1) $\boldsymbol{A}=(ay-bz,cz-ax,bx-cy)$,$a,b,c$ 为常数;

(2) $\boldsymbol{A}=(x^2\sin y,y^2\sin(xz),xy\sin(\cos z))$.

11. 设 $u=u(x,y,z)$ 具有二阶连续偏导数,求 $\mathrm{rot}(\mathrm{grad}u)$.

12. 证明 $\mathrm{rot}(u\boldsymbol{A})=u\mathrm{rot}\boldsymbol{A}+(\mathrm{grad}u)\times\boldsymbol{A}$($u$ 是可微数量函数).

习题参考答案

习题 1-1

1. (1) 不同； (2) 不同； (3) 相同； (4) 不同.

2. (1) $[0,+\infty)$； (2) $x\neq n\pi+\dfrac{\pi}{2}-1(n=0,\pm1,\pm2,\cdots)$； (3) $(0,1]$； (4) $x\neq0$.

3. $\dfrac{3+2x^2}{1+x^2}$.

4. $\dfrac{x-1}{x}, x\neq0,1$.

5. (1) $y=u^3, u=\sin v, v=5x$；   (2) $y=\arctan u, u=\cos v, v=e^w, w=-x^{-2}$；

   (3) $y=u^2, u=\ln v, v=\ln w, w=x^2$；   (4) $y=\ln u, u=\sin v, v=e^w, w=x+1$.

7. $\dfrac{x}{x+1}$, $\dfrac{x^2+1}{x^2}$, $\dfrac{1+x}{2+x}$, $1+\dfrac{1}{(1+x)^2}$, $\dfrac{1}{6}$, $\dfrac{5}{4}$.

8. $\text{arsinh}x=\ln(x+\sqrt{x^2+1})$.

9. $v=\dfrac{1}{3}\pi h(4-h^2)\ (0<h<2)$.

10. $s=5k\left(\pi r^2+\dfrac{4}{r}\right), k$ 为铁价.

习题 1-2

1. (1) 0； (2) 10； (3) 0； (4) 发散； (5) 发散； (6) 0.

习题 1-3

5. $\lim\limits_{x\to1}f(x)=2$.

6. $f(0-0)=-1, f(0+0)=1, \lim\limits_{x\to0}f(x)$ 不存在.

7. E,   0.

习题 1-4

1. (1) $x\to1$ 时为无穷小量，$x\to0$ 时为无穷大量；

   (2) $x\to-1$ 及 $x\to\infty$ 时为无穷小量，$x\to-2$ 及 $x\to+2$ 时为无穷大量；

   (3) $x\to0$ 时为无穷小量，$x\to+\infty$ 时为无穷大量；

   (4) $x\to n\pi$ 时为无穷小量，$x\to n\pi+\dfrac{\pi}{2}$ 时为无穷大量；

   (5) $x\to1$ 时为无穷小量，$x\to0^+$ 及 $x\to+\infty$ 时为无穷大量；

   (6) $x\to0^-$ 时为无穷小量，$x\to0^+$ 时为无穷大量.

3. 0.

4. 无界，但不是无穷大量.

5. 不一定.

习题 1-5

2. (1) -5;   (2) 0;   (3) $\sqrt{2}-1$;   (4) -2;   (5) $\dfrac{3}{2}$;   (6) $\dfrac{m}{n}$;   (7) 2;   (8) ∞;   (9) $\dfrac{1}{3}$;

(10) 2;   (11) 1;   (12) 3.

3. (1) $3x^2$;   (2) ∞;   (3) 0;   (4) 0.

习题 1-6

1. (1) k;   (2) ω;   (3) $\dfrac{1}{3}$;   (4) 2;   (5) $-\dfrac{1}{2}$;   (6) $-\dfrac{3}{2}$ (7) $\cos a$;   (8) x;   (9) 1;

(10) 1.

2. (1) e^{-2};   (2) e^{-k};   (3) e^{-1};   (4) e^{2}.

习题 1-7

1. (1) $x \to 0$ 时, $2x-x^2$ 是较 x^2-x^3 低阶的无穷小量;

(2) $x \to 1$ 时, $\dfrac{1-x}{1+x}$ 是较 $(1-x)^2$ 低阶的无穷小量;

(3) 同阶;

(4) $x \to 0$ 时, x^2 是较 $\sqrt{1+x}-\sqrt{1-x}$ 高阶的无穷小量.

3. (1) $\dfrac{3}{5}$;   (2) $m>n$ 时为零, $m=n$ 时为 1, $m<n$ 时为 ∞;   (3) $-\dfrac{1}{4}$;   (4) 1.

习题 1-8

1. $x=1$ 是跳跃间断点, 其余点皆连续.

2. $b=2$.

3. (1) $x=0$ 是可去间断点;   (2) $x=1$ 是可去间断点, $x=2$ 是无穷间断点;   (3) $x=1$ 是振荡间断点;

(4) $x=a$ 是跳跃间断点;   (5) $x=0$ 是可去间断点, $x=n\pi+\dfrac{\pi}{2}$ 是无穷间断点;

(6) $x=0$ 是可去间断点.

4. 在 $(-\infty,1]$ 和 $(2,+\infty]$ 上连续.

5. (1) 1;   (2) 0;   (3) e^{-6};   (4) $e^{-\frac{1}{2}}$;   (5) $\dfrac{1}{2}$;   (6) 2;   (7) -1;   (8) $\dfrac{3}{2}$;   (9) 1;

(10) 0;   (11) -1;   (12) $e^{\cot a}$.

6. 提示: (2) 令 $\sqrt[n]{1+x}=u$, 而 $(u-1)(u^{n-1}+u^{n-2}+\cdots+u+1)=u^n-1$;

(3) 令 $e^x-1=t$, 则 $x=\ln(1+t)$.

习题 1-9

4. 提示: 令 $f(x)=x-a\sin x-b$, 则 $f(0)f(a+b)\leqslant 0$, 且当 $x>a+b$ 时 $f(x)>0$.

5. 提示: $f(x)$ 在 $(-\infty,+\infty)$ 上连续, 且 $\lim\limits_{x \to -\infty}f(x)=-\infty$, $\lim\limits_{x \to +\infty}f(x)=+\infty$.

复 习 题 1

1. (1) 充分;   (2) 充分必要;   (3) 1;   (4) 2.

3. $a=1, b=-1$.

4. (1) $\dfrac{3}{2}$;   (2) -3;   (3) $\sin 1$;   (4) 0;   (5) 0;   (6) e^2;   (7) 2;   (8) $\dfrac{1}{2}$;   (9) 10;

(10) $\dfrac{2}{3}$;   (11) 1;   (12) $-\dfrac{1}{4}$;   (13) 1;   (14) 1.

提示：(7) $(e^{\sin x}-1)\sim\sin x(x\to0)$；　(9) $\sqrt[n]{10^n}<\sqrt[n]{1^n+2^n+\cdots+10^n}<\sqrt[n]{10\times10^n}$；

(11) $e^{\sin x}-e^x=e^x(e^{\sin x-x}-1)$，再结合(7)的提示.

5. $x=0,1$ 为可去间断点，$x=-1$ 为无穷间断点.

6. $a=-\pi,b=0$.

8. $x=n\pi(n=0,\pm1,\pm2,\cdots)$ 是间断点，且都是无穷间断点.

9. $A=e$，提示：由 $\lim_{x\to1}(1-A)=0$ 是 $x=1$ 为 $f(x)$ 的可去间断点的必要条件，求得 A 后要验证

10. 提示：$m\leqslant\dfrac{sf(c)+tf(d)}{s+t}\leqslant M$，当等号成立时，可取 $\xi=c$ 或 d.

11. $x=\pm1$，跳跃间断点.

12. $a=4,b=-12$.

习题 2-1

1. 4.

2. (1) $25,20.5,20.005$；　(2) 20.

3. (1) $f'(x_0)$；　(2) $-f'(x_0)$；　(3) $2f'(x_0)$；　(4) $f'(0)$.

4. (1) e^x 在 $x=0$ 处的导数；　(2) $\ln x$ 在 $x=1$ 处的导数，或 $\ln(1+x)$ 在 $x=0$ 处的导数；

(3) $(1+x)^m$ 在 $x=0$ 处的导数或 x^m 在 $x=1$ 处的导数；　(4) $\arctan x$ 在 $x=\dfrac{\pi}{4}$ 处的导数.

5. (1) $2\cos2x$；　(2) $-\sin x$；　(3) $3,3$；　(4) e^x,e,e^5.

6. (1) $5x^4$；　(2) $\dfrac{2}{5}x^{-\frac{3}{5}}$；　(3) $-\dfrac{1}{2}x^{-\frac{3}{2}}$；　(4) $\dfrac{7}{3}x^{\frac{4}{3}}$；　(5) $-2x^{-3}$；　(6) $\dfrac{5}{6}x^{-\frac{1}{6}}$.

7. (1) 12m/s；　(2) $-\dfrac{1}{2},-1$；　(3) $x-ey=0$；　(4) $(2,4)$.

8. 提示：利用定义求 $f'_+(0)$ 和 $f'_-(0)$.

9. 提示：利用导数定义求 $f'(-x)$.

10. (1) 连续，不可导；　(2) 连续，不可导；　(3) 连续，可导且导数值为零；　(4) 连续，不可导.

11. $a=2,b=-1$.

12. $f'(x)=\begin{cases}\cos x,x>0,\\1,\quad x\leqslant0.\end{cases}$

14. (1) 4；　(2) 40；　(3) 0；　(4) $4l$.

习题 2-2

2. (1) $6x+\dfrac{4}{x^3}$；　(2) $4x+\dfrac{5}{2}x\sqrt{x}$；　(3) $2x\log_a x+\dfrac{x}{\ln a}$；　(4) $e^x(x\sin x+x\cos x+\cos x)$；

(5) $2\sec^2 x+\tan x\sec x$；　(6) $\cos2x$；　(7) $\dfrac{-2x-1}{(x^2+x+1)^2}$；　(8) $\dfrac{2}{(x+1)^2}$；　(9) $\dfrac{2e^x}{(e^x+1)^2}$；

(10) $\dfrac{2(\sin t-t\cos t)}{(t+\sin t)^2}$.

3. (1) $9(3x+4)^2$；　(2) $2\cos(2x-5)$；　(3) $-6xe^{-3x^2}$；　(4) $\dfrac{2x}{x^2+1}$；　(5) $\dfrac{2x}{1+x^4}$；

(6) $\dfrac{2x+1}{(x^2+x+1)\ln a}$；　(7) $\dfrac{2\sqrt{x}+1}{4\sqrt{x^2+x\sqrt{x}}}$；　(8) $\dfrac{|x|}{x^2\sqrt{x^2-1}}$；　(9) $x(a^2-x^2)^{-\frac{3}{2}}$；

(10) $-\dfrac{1}{(1+x)\sqrt{1-x^2}}e^{\sqrt{\frac{1-x}{1+x}}}$；　(11) $\dfrac{1}{x\ln x\ln(\ln x)}$；　(12) $\cos[\sin(\sin x)]\cos(\sin x)\cos x$；

(13) $n\sin^{n-1}x\sin(n+1)x$；　(14) $-\dfrac{1}{(1+x)\sqrt{2x(1-x)}}$；　(15) $\dfrac{1}{\sqrt{a^2+x^2}}$；　(16) $\sec x$；

(17) $\csc x$;　　(18) $-3\sin 3x-3\cos^2 x\sin x-3x^2\sin x^3$;　　(19) $\sqrt{a^2-x^2}$;　　(20) $\dfrac{x|x|-a^2}{|x|\sqrt{x^2-a^2}}$.

5. (1) $-\dfrac{1}{18}$;　　(2) 0;　　(3) $-\ln a$;　　(4) $\dfrac{\sqrt{2}}{2}e^{-1}$.

6. $(1,e^{-1})$,　　$y=e^{-1}$.

7. $\dfrac{3}{4}$.

习题 2-3

1. (1) $2(x^2-1)(28x^4-17x^2+1)$;　　(2) $6+\dfrac{1}{x^2}$;　　(3) $-2\sin x-x\cos x$;　　(4) $-\dfrac{a^2}{(a^2-x^2)^{\frac{3}{2}}}$;

　　(5) $\dfrac{e^x(x^2-2x+2)}{x^3}$;　　(6) $2xe^{x^2}(2x^2+3)$.

2. $y'(1)=1$,　$y''(1)=8$,　$y'''(1)=36$,　$y^{(4)}(1)=96$,　$y^{(5)}(1)=120$,　$y^{(6)}(1)=y^{(7)}(1)=\cdots=0$.

3. (1) $y''=2f'(x^2)+4x^2f''(x^2)$;　　(2) $y''=f''(x)\cos[f(x)]-[f'(x)]^2\sin[f(x)]$.

5. (1) $y^{(n)}=\alpha(\alpha-1)\cdots(\alpha-n+1)(1+x)^{\alpha-n}$（$\alpha$ 不是正整数），当 $\alpha=m$（m 为正整数）时，$y^{(n)}=m(m-1)\cdots$

　　$(m-n+1)x^{m-n}(n\leqslant m)$,$y^{(n)}=0(n>m)$;　　(2) $y^{(n)}=e^x(n+x)$;　　(3) $y^{(n)}=k^ne^{kx}$;

　　(4) $y^n=2^{n/2}e^x\sin\left(x+\dfrac{n\pi}{4}\right)$;　　(5) $y^{(n)}=\dfrac{(-1)^n(n-2)!}{x^{n-1}}(n\geqslant 2)$;

　　(6) $y^n=\dfrac{(-1)^nn!}{3}\left[\dfrac{1}{(x-2)^{n+1}}-\dfrac{1}{(x+1)^{n+1}}\right]$.

6. $2^{50}\left(-x^2\sin 2x+50x\cos 2x+\dfrac{1225}{2}\sin 2x\right)$.

习题 2-4

1. (1) $\dfrac{y-x^2}{y^2-x}$;　　(2) $-\dfrac{1}{x\sin(xy)}-\dfrac{y}{x}$;　　(3) $\dfrac{e^{x+y}-y}{x-e^{x+y}}$;　　(4) $\dfrac{\cos(x+y)}{e^y-\cos(x+y)}$;　　(5) $\dfrac{x+y}{x-y}$;

　　(6) $\dfrac{-yx^{y-1}}{x^y\ln x+5^y\ln 5}$.

2. 切线方程为 $x+y-\dfrac{\sqrt{2}}{2}a=0$,法线方程为 $x-y=0$.

3. (1) $\dfrac{-4\sin y}{(2-\cos y)^3}$;　　(2) $-\dfrac{1}{y^3}$;　　(3) $\dfrac{\sin(x+y)}{[\cos(x+y)-1]^3}$;　　(4) $\dfrac{-2\cos^3(x+y)}{\sin^5(x+y)}$.

4. (1) $(\ln x)^x\left(\dfrac{1}{\ln x}+\ln\ln x\right)$;　　(2) $\left(\dfrac{x}{1+x}\right)^x\left(\ln\dfrac{x}{1+x}+\dfrac{1}{1+x}\right)$;　　(3) $\dfrac{1-x-x^2}{(1-x)^2}\cdot\sqrt{\dfrac{1-x}{1+x}}$;

　　(4) $\dfrac{\ln y-\dfrac{y}{x}}{\ln x-\dfrac{x}{y}}$;　　(5) $\dfrac{1}{2}\sqrt{x\sin x\sqrt{1-e^x}}\left[\dfrac{1}{x}+\cot x-\dfrac{e^x}{2(1-e^x)}\right]$.

5. (1) $\dfrac{3}{2}t$;　　(2) $-\dfrac{b}{a}$;　　(3) $\dfrac{\cos\theta-\theta\sin\theta}{1-\sin\theta-\theta\cos\theta}$;　　(4) $\dfrac{\cos t-\sin t}{\cos t+\sin t}$.

6. 切线方程为 $4x+3y-12a=0$,法线方程为 $3x-4y+6a=0$.

7. (1) $-\dfrac{b}{a^2\sin^3 t}$;　　(2) $\dfrac{1+t^2}{4t}$.

8. 0.14rad/min.

9. 40m/min.

10. 0.64cm/min.

习题 2-5

1. 当 $\Delta x = 1$ 时, $\Delta y = 18$, $dy = 11$;

  当 $\Delta x = 0.1$ 时, $\Delta y = 1.161$, $dy = 1.1$;

  当 $\Delta x = 0.01$ 时, $\Delta y = 0.110601$, $dy = 0.11$.

2. $f'(x_0) = -0.2$.

3. (a) $\Delta y > 0$, $dy > 0$, $\Delta y - dy > 0$; (b) $\Delta y > 0$, $dy > 0$, $\Delta y - dy < 0$;

  (c) $\Delta y < 0$, $dy < 0$, $\Delta y - dy < 0$; (d) $\Delta y < 0$, $dy < 0$, $\Delta y - dy > 0$.

4. (1) $\left(-\dfrac{1}{x^2} + \dfrac{1}{2\sqrt{x}}\right)dx$; (2) $(2x\sin x + x^2\cos x)dx$; (3) $e^x(\cos x - \sin x)dx$; (4) $\dfrac{\sqrt{1-x^2} + x\arcsin x}{\sqrt{(1-x^2)^3}}dx$;

  (5) $\dfrac{dx}{x\ln x\ln\ln x}$; (6) $2x\cos x^2 e^{\sin x^2}dx$; (7) $A\omega\cos(\omega t + \varphi)dt$; (8) $\dfrac{2}{2-\cos y}dx$.

5. (1) $2x - \cos x$; (2) $2\sin x$; (3) $\dfrac{-x}{\sqrt{1-x^2}}$; (4) $\dfrac{1}{1+x^4}$; (5) $\dfrac{1}{3}x^3 + C$; (6) $x - \cos x + C$;

  (7) $\ln(2x+1) + C$; (8) $e^{2x} + C$; (9) $\dfrac{1}{3}e^{x^3} + C$; (10) $\arctan x + C$.

7. (1) 0.99; (2) 2.7455; (3) 9.99; (4) 2.0052; (5) 0.9302; (6) $60°2'$; (7) 1.0434;

  (8) $45°34'23''$.

8. $\Delta V = 3.003001\text{m}^3$, $dV = 3\text{m}^3$.

9. 约增长 2.23cm.

10. 5.76m^2, 0.024m^2, 0.42%.

11. 0.33%.

12. 3%.

复习题 2

1. (1) $-\dfrac{1}{2}$; (2) $f(0) = 0$, $f'(0) = -1$; (3) 充分但非必要, 充分必要; (4) $a = -1$, $b = -2$.

2. (1) (D); (2) (C); (3) (C); (4) (D).

3. (1) $y' = \begin{cases} 2x, & x > 0, \\ 0, & x = 0, \\ -2x, & x < 0; \end{cases}$ (2) $f'(x) = \begin{cases} \dfrac{1}{x-1}, & x < 0, \\ \text{不可导}, & x = 0, \\ \cos x, & x > 0. \end{cases}$

4. $\left(\dfrac{1}{a} + \dfrac{1}{b}\right)f'(t)$.

5. $f'(0) = 100!$. 提示: 利用导数定义计算.

6. (1) $-\dfrac{\ln a}{x(\ln x)^2}$; (2) $\dfrac{7}{8}x^{-\frac{1}{8}}$; (3) -1; (4) $(\tan x)^{\sin x}[\cos x\ln\tan x + \sec x]$;

  (5) $f'(\sin^2 x)\sin 2x + 2xf'(x^2)\cos f(x^2)$; (6) $(x-1)\sqrt[3]{(3x+1)^2(2-x)}\left[\dfrac{1}{x-1} + \dfrac{2}{3x+1} + \dfrac{1}{3(x-2)}\right]$.

7. $(-1)^{n-1}(n-1)!\left[\dfrac{1}{(x+1)^n} + \dfrac{1}{(x-1)^n}\right]$.

8. (1) $n \geqslant 1$ 时; (2) $n \geqslant 2$ 时.

10. (1) $\dfrac{\cos x\ln y - \dfrac{y}{x}}{\ln x - \dfrac{\sin x}{y}}$; (2) $\dfrac{(2+2x-y)e^x + \ln(x-y) + 1}{1 + \ln(x-y) + e^x}$; (3) $\dfrac{x-y}{x(1+\ln x)}$; (4) $\dfrac{\dfrac{1}{x+1} - y\cos(xy)}{\dfrac{1}{y} + x\cos(xy)}$.

11. $(\pm 2, 0)$, $(0, \pm 2)$.

12. 切线方程 $7x-10y+6=0$;　　法线方程 $10x+7y-34=0$.

14. $a=\dfrac{1}{2e}$.

15. $y''(0)=\dfrac{1}{e^2}$.

16. $a=\dfrac{1}{2}f''(0)$,　　$b=f'(0)$,　　$c=f(0)$.

17. 当且仅当 $\varphi(a)=0$ 时可导,且 $f'(a)=0$.

18. 4 阶, $f^{(4)}(0)=0$.

习题 3-1

2. 100 个,分别在区间 $(0,1),(1,2),\cdots,(99,100)$ 内.

6. 点 $(e-1,\ln(e-1))$ 处.

习题 3-2

1. (1) $\dfrac{m}{n}$;　　(2) 1;　　(3) e^a;　　(4) 1;　　(5) $\cos a$;　　(6) -2;　　(7) 2;　　(8) $-\dfrac{1}{8}$.

2. (1) 1;　　(2) 1;　　(3) 3;　　(4) $\dfrac{1}{3}$;　　(5) $+\infty$;　　(6) 1.

5. (1) $+\infty$;　　(2) 1;　　(3) $\dfrac{2}{\pi}$;　　(4) $\dfrac{1}{2}$;　　(5) $-\dfrac{1}{2}$;　　(6) $-\dfrac{3}{2}$;　　(7) 1;　　(8) 1;　　(9) $\dfrac{1}{\sqrt[6]{e}}$;　　(10) 1.

习题 3-3

1. 在 $(-\infty,+\infty)$ 上单调减少.

2. (1) 在 $(-\infty,-1)$ 和 $(3,+\infty)$ 上单调增加,在 $(-1,3)$ 上单调减少;

(2) 在 $\left(-\infty,-\dfrac{1}{2}\right)$ 和 $\left(\dfrac{11}{18},+\infty\right)$ 内单调增加,在 $\left(-\dfrac{1}{2},\dfrac{11}{18}\right)$ 内单调减少;

(3) 在 $[0,1]$ 上单调增加,在 $[1,2]$ 上单调减少;

(4) 在 $(-\infty,+\infty)$ 上单调增加;

(5) 在 $\left(0,\dfrac{\pi}{6}\right)$、$\left(\dfrac{\pi}{2},\dfrac{5\pi}{6}\right)$ 及 $\left(\dfrac{3\pi}{2},2\pi\right)$ 内单调增加,在 $\left(\dfrac{\pi}{6},\dfrac{\pi}{2}\right)$ 和 $\left(\dfrac{5\pi}{6},\dfrac{3\pi}{2}\right)$ 内单调减少;

(6) 在 $\left(0,\dfrac{1}{2}\right)$ 内单调减少,在 $\left(\dfrac{1}{2},+\infty\right)$ 单调增加.

4. $a>\dfrac{1}{e}$ 时没有实根,$a=\dfrac{1}{e}$ 时有一个实根,$0<a<\dfrac{1}{e}$ 时有两个实根.

6. (1) 极大值 $y(\pm1)=1$,极小值 $y(0)=0$;

(2) 当 $x=\dfrac{3}{4}\pi+2n\pi$ 时,极大值为 $\dfrac{\sqrt{2}}{2}e^{2n\pi+\frac{3\pi}{4}}$;

当 $x=-\dfrac{\pi}{4}+2n\pi$ 时,极小值为 $-\dfrac{\sqrt{2}}{2}e^{2n\pi-\frac{\pi}{4}}$,这里 n 为整数;

(3) 极大值 $y(-a)=-2a$,极小值 $y(a)=2a$;

(4) 极大值 $y(1)=\dfrac{\pi}{4}-\dfrac{1}{2}\ln2$;

(5) 极大值 $y(1)=2$;

(6) 极小值 $y\left(-\dfrac{\ln2}{2}\right)=2\sqrt{2}$.

7. $a=2$ 时,极大值 $f\left(\dfrac{\pi}{3}\right)=\sqrt{2}$.

8. (1) 最大值 $y=2$,最小值 $y=-10$;　(2) 最大值 $y=10$,最小值 $y=6$;

(3) 最大值 $y=1$,没有最小值;　(4) 无最大值,最小值 $y=3+2\sqrt{2}$.

9. (1) 最大值 $y=\dfrac{1}{\mathrm{e}}$,无最小值;　(2) 最大值 $y=\dfrac{1}{\mathrm{e}}$,无最小值.

10. $h=\dfrac{2\sqrt{3}}{3}R,r=\dfrac{\sqrt{6}}{3}R$.

11. $\alpha=\dfrac{2\sqrt{6}}{3}\pi$ 弧度.

12. 长 $\dfrac{96}{\pi+4}$ cm 的一段做成正方形,剩下的一段长 $\dfrac{24\pi}{\pi+4}$ cm 做成圆,可使面积和最小.

13. 当 $r=\dfrac{2\sqrt{2}}{3}R,h=\dfrac{4}{3}R$ 时,$V_{最大}=\dfrac{32}{81}\pi R^3$.

14. $\left(\dfrac{1}{\sqrt{2}},\sqrt{2}\right),\left(\dfrac{1}{\sqrt{2}},-\sqrt{2}\right),\left(-\dfrac{1}{\sqrt{2}},\sqrt{2}\right),\left(-\dfrac{1}{\sqrt{2}},-\sqrt{2}\right)$.

习题 3-4

1. (1) 在 $(-\infty,0)$ 内凹,在 $(0,+\infty)$ 内凸,拐点 $(0,0)$;

(2) 在 $(-1,+\infty)$ 内凹,在 $(-\infty,-1)$ 内凸;

(3) 在 $(-\infty,2)$ 内凸,在 $(2,+\infty)$ 内凹,拐点 $(2,2\mathrm{e}^{-2})$;

(4) 在 $(-\infty,-1)$ 及 $(1,+\infty)$ 内凸,在 $(-1,1)$ 内凹,拐点为 $(-1,\ln2)$ 和 $(1,\ln2)$;

(5) 拐点为 $(k\pi,0)$,在 $\left(k\pi-\dfrac{\pi}{2},k\pi\right)$ 内凸,在 $\left(k\pi,k\pi+\dfrac{\pi}{2}\right)$ 内凹$(k=0,\pm1,\pm2,\cdots)$;

(6) 拐点为 $\left(\dfrac{1}{2},\mathrm{e}^{\arctan\frac{1}{2}}\right)$,在 $\left(-\infty,\dfrac{1}{2}\right)$ 内凹,在 $\left(\dfrac{1}{2},+\infty\right)$ 内凸.

2. $a=-\dfrac{3}{2},b=\dfrac{9}{2}$.

4. $a=1,b=-3,c=-24,d=16$.

5. (1) $(1,4),(1,-4)$;　(2) $\left(\mathrm{e}^{\frac{\pi}{4}},\dfrac{\sqrt{2}}{2}\mathrm{e}^{\frac{\pi}{4}}\right)$.

习题 3-5

1. $-7(x-2)-(x-2)^2+3(x-2)^3+(x-2)^4$.

2. $(x+1)^2+2(x+1)^3-3(x+1)^4+(x+1)^5$.

3. (1) $\cos x=\dfrac{\sqrt{2}}{2}\left[1-\left(x-\dfrac{\pi}{4}\right)-\dfrac{1}{2!}\left(x-\dfrac{\pi}{4}\right)^2+\dfrac{1}{3!}\left(x-\dfrac{\pi}{4}\right)^3+\dfrac{1}{4!}\left(x-\dfrac{\pi}{4}\right)^4\right]-\dfrac{1}{5!}\sin\xi\left(x-\dfrac{\pi}{4}\right)^5$

$\left(\xi\ \text{在}\ x\ \text{与}\ \dfrac{\pi}{4}\ \text{之间}\right)$;

(2) $\dfrac{1}{x}=-[1+(x+1)+(x+1)^2+\cdots+(x+1)^n]+R_n(x)$,

其中 $R_n(x)=(-1)^{n+1}\cdot\dfrac{(x+1)^{n+1}}{\xi^{n+2}}$　$(\xi\ \text{在}\ x\ \text{与}\ -1\ \text{之间})$.

4. (1) $x\mathrm{e}^{-x}=x-x^2+\dfrac{1}{2!}x^3-\cdots+(-1)^{n-1}\dfrac{1}{(n-1)!}x^n+\dfrac{(-1)^n}{(n+1)!}[(n+1)\mathrm{e}^{-\xi}-\xi\mathrm{e}^{-\xi}]x^{n+1}(\xi\ \text{在}\ x\ \text{与}\ 0\ \text{之间})$;

(2) $\ln\cos x=-\dfrac{x^2}{2}-\dfrac{x^4}{12}+o(x^4)$.

6. $|R_3|<0.000082$.

7. (1) $-\dfrac{1}{6}$; (2) -6.

习题 3-6

1. (1) $\dfrac{\sqrt{2}}{4}$;　(2) $\dfrac{\sqrt{2}}{2}$;　(3) $\dfrac{1}{4}$;　(4) 1;　(5) $\dfrac{1}{2a}$;　(6) $\dfrac{1}{9}$.

2. $\left(\dfrac{\sqrt{2}}{2}, -\dfrac{1}{2}\ln 2\right), \dfrac{3\sqrt{3}}{2}$.

3. $\left(\dfrac{a}{4}, \dfrac{a}{4}\right)$.

4. $K = |\cos x_0|, \rho = |\sec x_0|$.

5. $\rho = \dfrac{3a}{2}|\sin 2\theta_0|$.

6. $\left(x - \dfrac{\pi-10}{4}\right)^4 + \left(y - \dfrac{9}{4}\right)^2 = \dfrac{125}{16}$.

7. $(x-3)^2 + (y-2)^2 = 8$.

习题 3-7

1. $0.18 < x_0 < 0.19$.

2. $0.32 < x_0 < 0.33$.

3. 1.0742.

4. 0.95.

复习题 3

1. (1) (A)；　(2) (B).

2. $f'(a) > f(b) - f(a) > f'(b)$.

10. $a = -\dfrac{2}{3}, b = -\dfrac{1}{6}, x_1 = 1$ 是极小值点, $x_2 = 2$ 是极大值点.

11. 提示：在 $[0,1]$ 上考察函数 $f(x) = \dfrac{a_0}{n+1}x^{n+1} + \dfrac{a_1}{n}x^n + \cdots + a_n x$.

12. 提示：考察函数 $f(x) = ax^4 + bx^3 + cx^2 - (a+b+c)x$.

13. $x = 0$ 为驻点，当 $n = 2k$ 时，不是极值点；当 $n = 2k-1$ 时，为极大值点.

16. (1) $x_{14} = \dfrac{14^{10}}{2^{14}}$;　(2) $x_3 = \sqrt[3]{3}$.

19. (1) 1;　(2) $(a^a b^b)^{\frac{1}{a+b}}$,　(3) $\dfrac{1}{6}$;　(4) 1;　(5) $\sqrt[n]{a_1 a_2 \cdots a_n}$;　(6) $-\dfrac{e}{2}$.

　　提示：(2)、(5) 都是 1^∞ 型未定式，先利用 $\lim u^v = e^{\lim(u-1)v}$，再用洛必达法则.

习题 4-1

1. (1) 错；　(2) 错；　(3) 对；　(4) 错；　(5) 错；　(6) 错.

3. 不能.

4. $y = \sin x + 1$.

5. (1) $4t^3 + 3\cos t + 2$;　(2) $t^4 + 3\sin t + 2t + 3$.

6. (1) $-\dfrac{1}{x} + C$;　(2) $\dfrac{2}{5}x^{\frac{5}{2}} + C$;　(3) $t + \dfrac{2}{3}t^{\frac{3}{2}} + C$;　(4) $\sqrt{\dfrac{2h}{g}} + C$;　(5) $\dfrac{2}{3}x^{\frac{3}{2}} - \dfrac{2}{5}x^{\frac{5}{2}} + C$;

　　(6) $\dfrac{a^2}{3}x^3 + abx^2 + b^2 x + C$;　(7) $\dfrac{6}{11}x^{\frac{11}{6}} - \dfrac{2}{3}x^{\frac{3}{2}} + \dfrac{3}{4}x^{\frac{4}{3}} - x + C$; ;　(8) $\dfrac{x^3}{3} + \dfrac{3}{2}x^2 + 9x + C$;

　　(9) $\dfrac{x^3}{3} - x + \arctan x + C$;　(10) $3x - 4\arctan x + C$;　(11) $\dfrac{3^x}{\ln 3} - \arcsin x + C$;　(12) $e^x - \ln|x| + C$;

(13) $\frac{3^x e^{2x}}{2+\ln 3}+C$;　(14) $x-\cos x+C$;　(15) $\frac{1}{2}(\sin x+x)+C$;　(16) $\frac{1}{2}(x-\sin x)+C$;

(17) $\frac{1}{2}\tan x+C$;　(18) $\sin x-\cos x+C$;　(19) $\tan x-\sec x+C$;　(20) $-\cot x-\tan x+C$;

(21) $-\cot x-x+C$;　(22) $\frac{4}{7}x^{\frac{7}{4}}-\frac{4}{15}x^{\frac{15}{4}}+C$;　(23) $e^{x-2}+C$;　(24) $a\cosh x-b\sinh x+C$.

习题 4-2

2. (1) $\frac{1}{3}e^{3t}+C$;　(2) $-\frac{1}{8}(5-2x)^4+C$;　(3) $\frac{1}{3}\ln|3x-1|+C$;　(4) $-\sqrt{1-2x}+C$;

(5) $\frac{1}{2}\sin(2x-1)+C$;　(6) $\frac{x}{2}-\frac{\sin 6x}{12}+C$;　(7) $-2\cos\sqrt{t}+C$;　(8) $\frac{2}{9}(x^3+1)^{\frac{3}{2}}+C$;

(9) $\arcsin(x-1)+C$;　(10) $a\arcsin\frac{x}{a}-\sqrt{a^2-x^2}+C$;　(11) $\frac{1}{2}\arctan x^2+C$;　(12) $-\frac{1}{x+3}+C$;

(13) $-\frac{1}{4(1+x^4)}+C$;　(14) $\frac{4^{x+1}}{\ln 2}+C$;　(15) $\frac{1}{2}\ln(1+e^{2x})+C$;　(16) $\ln|1-e^{-x}|+C$;

(17) $-\frac{1}{\ln x}+C$;　(18) $\ln|\ln(\ln x)|+C$;　(19) $-e^{-\sin x}+C$;　(20) $\frac{1}{2}[\ln(\ln x)]^2+C$;

(21) $\frac{1}{2}\sin x^2+C$;　(22) $\frac{1}{2}\ln|\sin(2x-3)|+C$;　(23) $\sin x-\frac{2}{3}\sin^3 x+\frac{1}{5}\sin^5 x+C$;

(24) $\frac{1}{2}\arctan(\sin^2 x)+C$;　(25) $\ln(\sin^2 x+3)+C$;　(26) $\ln|\sin x-\cos x|+C$;

(27) $-\frac{1}{3\omega}\cos^3(\omega t+\varphi)+C$;　(28) $\frac{1}{8}x-\frac{1}{32}\sin 4x+C$;　(29) $-\frac{1}{16}\cos 8x-\frac{1}{4}\cos 2x+C$;

(30) $\frac{1}{2}\sin x+\frac{1}{20}\sin 5x+\frac{1}{28}\sin 7x+C$;　(31) $\frac{5}{2}x-4\sin x+\frac{3}{4}\sin 2x+\frac{1}{3}\sin^3 x+C$;　(32) $\ln|\tan x|+C$;

(33) $\frac{1}{3}\sec^3 x-\sec x+C$;　(34) $\frac{1}{2}\sec^2 x+\ln|\cos x|+C$;　(35) $\ln\left|\cos\frac{1}{x}\right|+C$;

(36) $2\sqrt{\tan x-1}+C$;　(37) $(\arctan\sqrt{x})^2+C$;　(38) $-\frac{1}{1+\tan x}+C$;　(39) $\ln\cosh x+C$;

(40) $\frac{1}{2}\sinh(x^2+1)+C$.

3. (1) $\frac{1}{4}[f(x)]^4+C$;　(2) $\arctan f(x)+C$;　(3) $\ln|f(x)|+C$;　(4) $e^{f(x)}+C$.

4. (1) $\ln|\csc x-\cot x|+C$;　(2) $\ln x+\ln|\ln x|+C$;　(3) $-\frac{1}{24}\ln\left(1+\frac{4}{x^6}\right)+C$;　(4) $\frac{1}{2}(\ln\tan x)^2+C$;

(5) $e^{e^x}+C$;　(6) $\arcsin x+\sqrt{1-x^2}+C$.

5. $-\arcsin\frac{1}{x}+C$　或　$\arctan\sqrt{x^2-1}+C$.

6. (1) $\sqrt{2x}-\ln(1+\sqrt{2}x)+C$;

(2) $x+\frac{6}{5}x^{5/6}+\frac{3}{2}x^{2/3}+2x^{\frac{1}{2}}+3x^{\frac{1}{3}}+6x^{\frac{1}{6}}+6\ln|\sqrt[6]{x}-1|+C$;

(3) $-\sqrt{x(1-x)}-\arcsin\sqrt{1-x}+C$;　(4) $\frac{1}{3}\sqrt{1+x^2}(x^2-2)+C$;

(5) $\frac{a^2}{2}\arcsin\frac{x}{a}-\frac{x}{2}\sqrt{a^2-x^2}+C$;　(6) $-\frac{\sqrt{x^2+a^2}}{x}+\ln(x+\sqrt{x^2+a^2})+C$;

(7) $-\frac{\sqrt{1-x^2}}{x}+C$;　(8) $\ln\left|\frac{1-\sqrt{1-x^2}}{x}\right|+C$;　(9) $\frac{1}{4}\ln(x^4+\sqrt{x^8-4})+C$;

(10) $-\frac{1}{97(x-1)^{97}}-\frac{2}{98(x-1)^{98}}-\frac{1}{99(x-1)^{99}}+C$;　(11) $-\frac{\sqrt{1+x^2}}{x}+C$;　(12) $\frac{\sqrt{x^2-9}}{9x}+C$;

(13) $\ln(x-1+\sqrt{x^2-2x+2})+C$;　　(14) $\ln|x-2+\sqrt{x^2-4x+3}|+C$.

习题 4-3

1. (1) $\dfrac{1}{m}x\sin mx+\dfrac{1}{m^2}\cos mx+C$;　　(2) $x\tan x+\ln|\cos x|+C$;　　(3) $-\dfrac{x^2}{2}+x\tan x+\ln|\cos x|+C$;

(4) $\dfrac{1-2x^2}{4}\cos 2x+\dfrac{x}{2}\sin 2x+C$;　　(5) $-2x\mathrm{e}^{-x/2}-4\mathrm{e}^{-x/2}+C$;　　(6) $\left(\dfrac{1}{3}x^2-\dfrac{2}{9}x+\dfrac{2}{27}\right)\mathrm{e}^{3x}+C$;

(7) $x\ln(1+x^2)-2x+2\arctan x+C$;　　(8) $x\ln x-x+C$;　　(9) $x(\ln x)^2-2x\ln x+2x+C$;

(10) $x\ln(x+\sqrt{x^2+1})-\sqrt{1+x^2}+C$;　　(11) $x\arcsin x+\sqrt{1-x^2}+C$;

(12) $\dfrac{1}{2}x^2\arcsin x+\dfrac{x}{4}\sqrt{1-x^2}-\dfrac{1}{4}\arcsin x+C$;　　(13) $\dfrac{1}{2}(x^2+1)\arctan x-\dfrac{1}{2}x+C$;

(14) $\dfrac{x^3}{3}\arctan x-\dfrac{x^2}{6}+\dfrac{1}{6}\ln(1+x^2)+C$;　　(15) $\dfrac{1}{4}x^2+\dfrac{x}{4}\sin 2x+\dfrac{1}{8}\cos 2x+C$;

(16) $2\sqrt{x+1}\ln(x+1)-4\sqrt{x+1}+C$;　　(17) $-\dfrac{1}{x}\ln x-\dfrac{1}{x}+C$;　　(18) $\tan x\ln\cos x+\tan x-x+C$;

(19) $\dfrac{x}{2}(\sin(\ln x)-\cos(\ln x))+C$;　　(20) $x\ln(\ln x)+C$;　　(21) $\dfrac{1}{5}\mathrm{e}^{-x}(-\sin 2x-2\cos 2x)+C$;

(22) $\dfrac{1}{a^2+b^2}\mathrm{e}^{ax}(b\sin bx+a\cos bx)+C$;　　(23) $2\mathrm{e}^{\sqrt{x}}(\sqrt{x}-1)+C$;　　(24) $2\sqrt{x}\arcsin\sqrt{x}+2(1-x)^{\frac{1}{2}}+C$.

2. (1) $-2\sqrt{1-x}\arcsin\sqrt{x}+2\sqrt{x}+C$;

(2) $x\arctan x-\dfrac{1}{2}\ln(1+x^2)-\dfrac{1}{2}(\arctan x)^2+C$;

(3) $\sqrt{1+x^2}\arctan x-\ln(x+\sqrt{1+x^2})+C$;

(4) $\ln x(\ln(\ln x)-1)+C$;

(5) $\dfrac{x(2x^2+a^2)}{8}\sqrt{x^2+a^2}-\dfrac{a^4}{8}\ln(x+\sqrt{x^2+a^2})+C$;

(6) $2x\sqrt{\mathrm{e}^x-1}-4(\sqrt{\mathrm{e}^x-1}-\arctan\sqrt{\mathrm{e}^x-1})+C$.

习题 4-4

1. (1) $3\ln|x-2|-2\ln|x-1|+C$;

(2) $\dfrac{1}{3}x^3+\dfrac{1}{2}x^2+x+8\ln|x|-4\ln|x+1|-3\ln|x-1|+C$;

(3) $\dfrac{1}{2}\ln|2x+1|+2\ln|x-1|+\dfrac{3}{x-1}+C$;

(4) $\dfrac{1}{3}\ln|x+1|-\dfrac{1}{6}\ln(x^2-x+1)+\dfrac{1}{\sqrt{3}}\arctan\dfrac{2x-1}{\sqrt{3}}+C$;

(5) $\dfrac{1}{4}\ln\left|\dfrac{x-1}{x+1}\right|-\dfrac{1}{2}\arctan x+C$;

(6) $\dfrac{1}{3}\arctan x-\dfrac{1}{6}\arctan\dfrac{x}{2}+C$.

2. (1) $-\dfrac{1}{6(6+x^2)}+\dfrac{2}{6(6+x^2)^2}+C$;　　(2) $\dfrac{1}{12}\ln\left|\dfrac{x^6-1}{x^6+1}\right|+C$;　　(3) $\ln|x|-\dfrac{1}{2}\ln(1+x^2)+C$;

(4) $\dfrac{1}{20}\ln|x^{10}-2|-\dfrac{1}{2}\ln|x|+C$;　　(5) $\dfrac{1}{2}\arctan x^2+\dfrac{1}{4}\ln(1+x^4)+C$;

(6) $x-8\ln|x+1|-\dfrac{24}{x+1}+\dfrac{16}{(x+1)^2}-\dfrac{16}{3(x+1)^3}+C$.

3. (1) $\dfrac{2}{\sqrt{3}}\arctan\dfrac{2\tan\frac{x}{2}+1}{\sqrt{3}}+C$;　　(2) $x+\dfrac{2}{1+\tan\frac{x}{2}}+C$;　　(3) $\sqrt{2}\ln\left|\dfrac{\tan\frac{x}{2}+\sqrt{2}-1}{\tan\frac{x}{2}-\sqrt{2}-1}\right|+C$;

(4) $\dfrac{1}{2}\ln\left|\tan\dfrac{x}{2}\right|-\dfrac{1}{4}\tan^2\dfrac{x}{2}+C$;　(5) $\ln\left|\dfrac{\tan\dfrac{x}{2}+1}{\tan\dfrac{x}{2}-1}\right|-\tan\dfrac{x}{2}+C$;

(6) $\dfrac{2}{3}\arctan\left(\dfrac{1}{2}\tan x\right)-\dfrac{1}{3}x+C$;　(7) $\ln|\sin x+\cos x|+C$;　(8) $-\cot x+\ln\tan x+C$.

习题 4-5

(1) $\dfrac{x}{3}-\dfrac{2}{3\sqrt{6}}\arctan\sqrt{\dfrac{3}{2}}\,x+C$.

(2) $\dfrac{x}{a^2\sqrt{x^2+a^2}}+C$.

(3) $\dfrac{1}{2}\ln|2x+\sqrt{4x^2-9}\,|+C$.

(4) $\ln[(x-2)+\sqrt{(x-2)^2+1}\,]+C$.

(5) $-\dfrac{e^{-2x}}{13}(2\sin 3x+3\cos 3x)+C$.

(6) $\dfrac{e^{2x}}{5}(\sin x+2\cos x)+C$.

(7) $\ln|2x+3+2\sqrt{x^2+3x-4}\,|+C$.

(8) $-\dfrac{1}{4}\ln\left|\dfrac{5+3\sin x+4\cos x}{3+5\sin x}\right|+C$.

(9) $-\dfrac{1}{6}\sin^5\cos x-\dfrac{5}{24}\sin^3 x\cos x-\dfrac{5}{16}\sin x\cos x+\dfrac{5}{16}x+C$.

(10) $\left(\dfrac{x^2}{2}-\dfrac{1}{16}\right)\arcsin 2x+\dfrac{x}{4}\sqrt{\dfrac{1}{4}-x^2}+C$.

(11) $\dfrac{\sqrt{2x-1}}{x}+2\arctan\sqrt{2x-1}+C$.

(12) $x\ln^3 x-3x\ln^2 x+6x\ln x-6x+C$.

(13) $-\dfrac{\sin 8x}{16}+\dfrac{\sin 2x}{4}+C$.

(14) $-\dfrac{\cos x}{2\sin^2 x}+\dfrac{1}{2}\ln\left|\tan\dfrac{x}{2}\right|+C$.

(15) $\dfrac{x(x^2-1)\sqrt{x^2-2}}{4}-\dfrac{1}{2}\ln|x+\sqrt{x^2-2}\,|+C$.

(16) $\dfrac{1}{2(2-3x)}-\dfrac{1}{4}\ln\left|\dfrac{2-3x}{x}\right|+C$.

复 习 题 4

3. $-\dfrac{\sqrt{x^2+a^2}}{a^2 x}+C$.

4. $\dfrac{1}{2}\left[\ln(1+x^2)+\dfrac{1}{1+x^2}\right]+C$.

5. (1) $\dfrac{1}{2}\ln|\sin(2x-1)|+C$;　(2) $\dfrac{3}{a}\sqrt[3]{ax+b}+C$;　(3) $-\dfrac{1}{6}(x+1)^{-6}+\dfrac{2}{7}(x-1)^{-7}+C$;

(4) $-\dfrac{4}{11}(2-x)^{11}+\dfrac{1}{3}(2-x)^{12}-\dfrac{1}{13}(2-x)^{13}+C$;　(5) $-\dfrac{2}{\ln 3}\left(\dfrac{1}{3}\right)^x+\dfrac{1}{3\ln 2}\left(\dfrac{1}{2}\right)^x+C$;

(6) $\dfrac{(2e^2)^x}{2+\ln 2}+C$;　(7) $\arcsin e^x-\sqrt{1-e^{2x}}+C$;　(8) $\dfrac{2}{\sqrt{7}}\arctan\dfrac{2e^x+3}{\sqrt{7}}+C$;

(9) $\dfrac{1}{2}\arctan x^2-\dfrac{1}{4}\ln(1+x^4)+C$;　(10) $-\dfrac{1}{3}\sqrt{1-x^2}(2+x^2)+C$;

(11) $2\sqrt{1+x}-3\sqrt[3]{1+x}+6\sqrt[6]{1+x}-6\ln(1+\sqrt[6]{1+x})+C$;

(12) $\dfrac{1}{2}x^2+\dfrac{x}{2}\sqrt{x^2-1}-\dfrac{1}{2}\ln|x+\sqrt{x^2-1}|+C$;

(13) $-\dfrac{1}{96}(x-1)^{-96}-\dfrac{3}{97}(x-1)^{-97}-\dfrac{3}{98}(x-1)^{-98}-\dfrac{1}{99}(x-1)^{-99}+C$;

(14) $\dfrac{1}{x}-\dfrac{1}{2}\ln\left|\dfrac{1+x}{1-x}\right|+C$;　(15) $\dfrac{1}{2}\ln(2x+1+\sqrt{4x^2+4x+5})+C$;

(16) $-\sqrt{2+4x-x^2}+2\arcsin\dfrac{x-2}{\sqrt{6}}+C$;　(17) $\mathrm{e}^{\sin^2 x}+C$;　(18) $-x\cot\dfrac{x}{2}+2\ln\left|\sin\dfrac{x}{2}\right|+C$;

(19) $\dfrac{\mathrm{e}^x}{1+x}+C$;　(20) $x\cot x+\ln|\cos x|+C$;　(21) $\ln\left|\dfrac{\mathrm{e}^x-1}{\mathrm{e}^x+1}\right|+C$;　(22) $-\dfrac{\ln(x+1)}{1+x}-\dfrac{1}{1+x}+C$;

(23) $\dfrac{x}{\ln x}+C$;　(24) $\dfrac{1}{\sqrt{5}}\arctan\dfrac{3\tan\dfrac{x}{2}+1}{\sqrt{5}}+C$;　(25) $\dfrac{1}{2}(\ln\arcsin x)^2+C$;

(26) $-3\sqrt[3]{x^2}\cos\sqrt[3]{x}+6\sqrt[3]{x}\sin\sqrt[3]{x}+6\cos\sqrt[3]{x}+C$;　(27) $\dfrac{1}{2}x^2\mathrm{e}^{x^2}+C$;　(28) $(\arcsin\sqrt{x})^2+C$.

6. $x-\dfrac{x^2}{2}+C$.

7. $\dfrac{x}{\sqrt{1+x^2}}-\ln(x+\sqrt{1+x^2})+C$.

8. $f(x)=x^3-3x+2$.

9. $\displaystyle\int\sin|x|\,\mathrm{d}x=F(x)+C,F(x)=\begin{cases}-\cos x,&x\geqslant0,\\\cos x-2,&x<0.\end{cases}$

10. $F(x)=\begin{cases}\dfrac{x^2}{2}-\dfrac{1}{2},&x<1,\\\dfrac{2}{\pi}\sin\dfrac{\pi}{2}(x-1),&x\geqslant1.\end{cases}$　$\displaystyle\int f(x)\,\mathrm{d}x=F(x)+C$. 提示：要使 $F(x)$ 在分段点 $x=1$ 处连续.

习题 5-1

1. $\displaystyle\lim_{\lambda\to0}\sum_{i=1}^n\sin\xi_i\cdot\Delta x_i$.

2. $\displaystyle\int_0^1\dfrac{1}{1+x^2}\,\mathrm{d}x$.

3. (1) $\dfrac{1}{3}$;　(2) $\dfrac{3}{2}$.

4. (1) $\displaystyle\int_0^1\dfrac{\mathrm{d}x}{1+x}$　或　$\displaystyle\int_1^2\dfrac{\mathrm{d}x}{x}$;　(2) $\displaystyle\int_0^1\dfrac{\mathrm{d}x}{\sqrt{4-x^2}}$.

5. (1) 1;　(2) $\dfrac{\pi}{4}a^2$;　(3) 0;　(4) $b-a$.

习题 5-2

2. (1) $\displaystyle\int_0^1 x^2\,\mathrm{d}x<\int_0^1 x\,\mathrm{d}x<\int_0^1\sqrt{x}\,\mathrm{d}x$;　(2) $\displaystyle\int_1^2\ln x\,\mathrm{d}x>\int_1^2(\ln x)^2\,\mathrm{d}x$;

(3) $\displaystyle\int_e^{e^2}\ln x\,\mathrm{d}x<\int_e^{e^2}(\ln x)^2\,\mathrm{d}x$;　(4) $\displaystyle\int_0^1\mathrm{e}^x\,\mathrm{d}x>\int_0^1(1+x)\,\mathrm{d}x$.

3. 提示：用反证法. 设 $f(x_0)=A>0$，则存在 $\delta>0$，使当 $x\in(x_0-\delta,x_0+\delta)$ 时，有 $f(x)>\dfrac{A}{2}$. 从而

$$\int_{x_0-\delta}^{x_0+\delta} f(x)\mathrm{d}x > A\delta.$$

4. (1) $1 < \int_1^2 x^{\frac{4}{3}}\mathrm{d}x > 2\sqrt[3]{2}$；　(2) $-2\mathrm{e}^{-1} < \int_{-2}^0 x\mathrm{e}^x\mathrm{d}x < 0$；　(3) $\pi < \int_{\frac{\pi}{4}}^{\frac{5\pi}{4}}(1+\sin^2 x)\mathrm{d}x < 2\pi$；

(4) $\dfrac{\pi}{9} < \int_{\frac{1}{\sqrt{3}}}^{\sqrt{3}} x\arctan x\,\mathrm{d}x < \dfrac{2\pi}{3}$.

习题 5-3

2. (1) $x^2\mathrm{e}^{-x}$；　(2) $-\mathrm{e}^{-x^2}$；　(3) $\dfrac{2\sin t^2}{t} - \dfrac{\sin t}{t}$；　(4) $-\dfrac{\sin x \cdot \mathrm{e}^{\cos x}}{\sqrt{1+\cos^2 x}} - \dfrac{\cos x \cdot \mathrm{e}^{\sin x}}{\sqrt{1+\sin x}}$.

3. $\dfrac{\mathrm{d}y}{\mathrm{d}x} = \dfrac{2t\cos t^2}{\sin t}$.

4. $\dfrac{\mathrm{d}y}{\mathrm{d}x} = \mathrm{e}^{-y}\cos x = \dfrac{\cos x}{\sin x - 1}$.

5. 当 $x=0$ 时有极小值.

6. (1) $45\dfrac{1}{6}$；　(2) $\dfrac{\pi}{3a}$；　(3) -1；　(4) $1-\dfrac{\pi}{4}$；　(5) 4；　(6) $\dfrac{3}{2}$；　(7) $\dfrac{\sqrt{3}}{2}$；　(8) 1；

(9) 0；　(10) $2(1-\cos 1)$.

7. $\dfrac{1}{2}$.

8. (1) 1；　(2) $\dfrac{\pi^2}{4}$.

9. $\Phi(x) = \begin{cases} \dfrac{1}{3}x^3, & 0\leqslant x\leqslant 1, \\ \dfrac{x^2}{2} - \dfrac{1}{6}, & 1 < x\leqslant 2, \end{cases}$　$\Phi(x)$ 在 $[0,2]$ 上连续.

10. $\Phi\left(-\dfrac{1}{3}\right) = \dfrac{3}{2}\ln\dfrac{10}{9} - \arctan\dfrac{1}{3}$ 为最小值，　$\Phi(1) = \dfrac{3}{2}\ln 2 + \dfrac{\pi}{4}$ 为最大值.

习题 5-4

1. (1) 0；　(2) $\dfrac{5\pi}{16}$；　(3) $\dfrac{\pi^3}{324}$；　(4) 0.

2. (1) 0；　(2) $\dfrac{51}{512}$；　(3) $\dfrac{1}{4}$；　(4) $\dfrac{4}{3}-\pi$；　(5) $\dfrac{3}{2}$；　(6) $2\left(1+\ln\dfrac{2}{3}\right)$；　(7) π；　(8) $\dfrac{3}{16}\pi$；

(9) $\dfrac{\pi}{3}$；　(10) $\dfrac{\pi}{12}$；　(11) $1-\dfrac{\pi}{4}$；　(12) $2(\sqrt{3}-1)$；　(13) $\sqrt{2}-\dfrac{2\sqrt{3}}{3}$；　(14) $\dfrac{2}{3}$；　(15) $2\sqrt{2}$；

(16) $\ln\dfrac{2\mathrm{e}}{1+\mathrm{e}}$.

3. (3) 2.

7. $\dfrac{1}{2}\mathrm{e}^4 + \dfrac{5}{6}$.

8. (1) $1-\dfrac{2}{\mathrm{e}}$；　(2) $2\ln(2+\sqrt{5})-\sqrt{5}+1$；　(3) $\pi-2$；　(4) $\dfrac{1}{9}(1+2\mathrm{e}^3)$；　(5) $\dfrac{\pi}{4}-\dfrac{1}{2}$；

(6) $\left(\dfrac{1}{4}-\dfrac{\sqrt{3}}{9}\right)\pi + \dfrac{1}{2}\ln\dfrac{3}{2}$；　(7) $8\ln 2-4$；　(8) $2\left(1-\dfrac{1}{\mathrm{e}}\right)$；　(9) $\dfrac{1}{5}(\mathrm{e}^\pi-2)$；　(10) $\dfrac{8}{15}$；

(11) $\dfrac{5\pi}{32}$；　(12) $\dfrac{\pi^3}{6}-\dfrac{\pi}{4}$；　(13) 0；　(14) $\dfrac{1}{90}$.

习题 5-5

1. 3.143.

2. (1) 0.7188; (2) 0.6938; (3) 0.6931.

3. 115.3

习题 5-6

1. (1) 1; (2) $\dfrac{1}{3}$; (3) 发散; (4) ln2; (5) $1-\dfrac{\pi}{4}$; (6) $\dfrac{1}{2}$; (7) 2; (8) π; (9) 1;

(10) 发散; (11) -1; (12) $\dfrac{\pi}{2}$; (13) 发散; (14) 发散.

2. (1) 当 $k>1$ 时收敛于 $\dfrac{1}{(k-1)(\ln 2)^{k-1}}$; (2) 当 $k\leqslant 1$ 时发散.

习题 5-7

1. (1) $10\dfrac{2}{3}$; (2) 1; (3) $1+\dfrac{9}{8}\pi^2$; (4) $\dfrac{3a^2}{4}\left(\dfrac{5\pi}{6}-\sqrt{3}\right)$; (5) $2\dfrac{1}{2}$; (6) $b-a$.

2. $\dfrac{16}{3}p^2$.

3. $\dfrac{8}{3}a^2$.

4. (1) $\dfrac{3}{8}\pi a^2$; (2) $3\pi a^2$.

5. (1) $\dfrac{1}{2}\pi a^2$; (2) $\dfrac{1}{4}\pi a^2$; (3) $\dfrac{a^2}{4}(e^{2\pi}-e^{-2\pi})$.

6. (1) $2-\sqrt{3}+\dfrac{\pi}{3}$; (2) $\dfrac{\pi}{6}+\dfrac{1-\sqrt{3}}{2}$; (3) $\dfrac{\pi}{6}$.

7. $\dfrac{1000\sqrt{3}}{3}$.

8. (1) $\dfrac{128}{7}\pi,\dfrac{64}{5}\pi$; (2) $\dfrac{3\pi}{10}$; (3) $\dfrac{\pi^2}{2},2\pi^2$; (4) $160\pi^2$; (5) $2\pi^2 a^2 b$; (6) $5\pi^2 a^3$.

10. (1) $2\sqrt{3}-\dfrac{4}{3}$; (2) $\dfrac{e^2+1}{4}$; (3) $6a$; (4) $\dfrac{a\sqrt{1+\lambda^2}}{\lambda}(e^{a\pi}-1)$.

12. $x=a\left(\dfrac{2\pi}{3}-\dfrac{\sqrt{3}}{2}\right),y=\dfrac{3a}{2}$.

13. $2.94\times10^4\pi$J.

14. 2.6×10^7J.

15. 4.9J.

16. $\dfrac{539\pi}{60}$kJ.

17. (1) $\dfrac{1}{6}ah^2$; (2) $\dfrac{1}{3}ah^2$,增加一倍; (3) $\dfrac{5}{12}ah^2$.

18. $\dfrac{1078}{45}$kN.

19. $\dfrac{98}{15}a^2 bk$N.

20. $\dfrac{2km\mu}{R}$,方向从圆心指向圆弧的中点.

复习题 5

4. (1) $\dfrac{1}{10}$; (2) 0.

5. $A=8,B=3$.

7. $x=0$ 时取得极大值，$x=\pm1$ 时取得极小值.

8. (1) $\dfrac{3}{2}$； (2) $\dfrac{1}{4}\ln3$； (3) $\dfrac{\pi}{12}$； (4) $-\dfrac{\pi}{3}$； (5) $\dfrac{\sqrt{3}}{9}\pi$； (6) $\dfrac{2}{7}$； (7) $\dfrac{3\pi}{16}$； (8) $\dfrac{\pi}{4}$； (9) 1；

(10) $\dfrac{1}{2}$； (11) $\dfrac{\sqrt{3}}{2}-\ln(2+\sqrt{3})$； (12) $\dfrac{\pi}{12}$； (13) $\ln2-2+\dfrac{\pi}{2}$； (14) 0；

(15) $\dfrac{e}{2}(\sin1-\cos1)+\dfrac{1}{2}$； (16) 0.

9. $\displaystyle\int_0^x f(t)\mathrm{d}t=\begin{cases}0, & x\leqslant0,\\ \dfrac{1}{4}x^2, & 0<x\leqslant2,\\ x-1, & x>2.\end{cases}$

10. (1) $\dfrac{2}{3}\pi$； (2) 0； (3) $2\sqrt{2}$； (4) 0. 提示：令 $x=\dfrac{\pi}{2}+t$.

11. (1) $\dfrac{\pi}{2}$； (2) $1-\ln2$； (3) $\dfrac{\pi}{4}$； (4) 1； (5) $\dfrac{1}{2}$； (6) 发散； (7) $\dfrac{\pi}{3}$； (8) 2.

12. (1) $2\pi-\dfrac{4}{3}$； (2) $2(1-e^{-1})$； (3) $\dfrac{16}{3}\sqrt{3}$； (4) $\dfrac{\pi}{6}$.

13. $t=\dfrac{1}{4}$.

14. $\pi\left(4\ln2-\dfrac{3}{2}\right)$.

15. $\ln(1+\sqrt{2})$.

16. 4.

17. 542.87J.

18. 6941.7kN.

习题 6-1

2. $A:\mathrm{IV}$，$B:\mathrm{V}$，$C:\mathrm{VIII}$，$D:\mathrm{III}$.

3. (1) 5； (2) $\sqrt{45}$.

4. $5\sqrt{2}$，$\sqrt{34}$，$\sqrt{41}$，5.

5. $(1,5,0)$.

8. $(3,\pm4,12)$.

习题 6-2

1. (1) $\boldsymbol{a}\perp\boldsymbol{b}$； (2) $\boldsymbol{a}$ 与 $\boldsymbol{b}$ 同向； (3) $\boldsymbol{a}$ 与 $\boldsymbol{b}$ 反向； (4) $\boldsymbol{a}$ 与 $\boldsymbol{b}$ 同向.

2. $\overrightarrow{MA}=-\dfrac{1}{2}(\boldsymbol{a}+\boldsymbol{b})$， $\overrightarrow{MB}=\dfrac{1}{2}(\boldsymbol{a}-\boldsymbol{b})$. $\overrightarrow{MC}=\dfrac{1}{2}(\boldsymbol{a}+\boldsymbol{b})$， $\overrightarrow{MD}=-\dfrac{1}{2}(\boldsymbol{a}-\boldsymbol{b})$.

3. $\overrightarrow{AN}=\boldsymbol{a}+\dfrac{1}{2}\boldsymbol{b}$， $\overrightarrow{BP}=\boldsymbol{b}+\dfrac{1}{2}\boldsymbol{c}$， $\overrightarrow{CM}=\boldsymbol{c}+\dfrac{1}{2}\boldsymbol{a}$.

习题 6-3

1. (1) $(16,0,-20)$； (2) $(3m+2n,5m+2n,-m+2n)$.

2. $\left(-2,-\dfrac{11}{2},\dfrac{7}{2}\right)$.

3. $|\boldsymbol{a}|=3$； $\dfrac{1}{3}$，$\dfrac{2}{3}$，$\dfrac{-2}{3}$.

4. $\overrightarrow{M_1M_2}=(-2,2,-2)$,　$|\overrightarrow{M_1M_2}|=\sqrt{12}$, $\cos\alpha=-\dfrac{1}{\sqrt{3}}$, $\cos\beta=\dfrac{1}{\sqrt{3}}$, $\cos\gamma=-\dfrac{1}{\sqrt{3}}$,

　　$\overrightarrow{M_1M_2^\circ}=\left(-\dfrac{1}{\sqrt{3}},\dfrac{1}{\sqrt{3}},-\dfrac{1}{\sqrt{3}}\right)$.

5. $\dfrac{3}{2}i+\dfrac{3}{2}j\pm\dfrac{3}{\sqrt{2}}k$, $\left(\dfrac{7}{2},\dfrac{3}{2},-1\pm\dfrac{3}{\sqrt{2}}\right)$.

习题 6-4

1. (1) -1;　(2) 15.

2. (1) -6;　(2) 9;　(3) 13;　(4) 37.

3. $\dfrac{\pi}{4}$.

4. $2x+2y+3z-7=0$.

5. $|\boldsymbol{a}|=\sqrt{m^2+9+(n-1)^2}$,　$|\boldsymbol{b}|=\sqrt{18^2+l^2}$.

　　$\boldsymbol{a}$ 的方向余弦为 $\dfrac{m}{|\boldsymbol{a}|},\dfrac{3}{|\boldsymbol{a}|},\dfrac{n-1}{|\boldsymbol{a}|}$; $\boldsymbol{b}$ 的方向余弦为 $\dfrac{3}{|\boldsymbol{b}|},\dfrac{l}{|\boldsymbol{b}|},\dfrac{3}{|\boldsymbol{b}|}$.

　　$m=3,n=4,l=3$ 时, $\boldsymbol{a}=\boldsymbol{b}$.

6. (1) $\gamma=\dfrac{\pi}{4}$ 或 $\dfrac{3\pi}{4}$;　(2) $\gamma=\dfrac{\pi}{3}$ 或 $\dfrac{2\pi}{3}$.

7. (1) $-i+3j+5k$;　(2) $2i-6j-10k$.

8. $\boldsymbol{a}=\pm(6i-2j+2\sqrt{15}k)$.

9. $\pm\dfrac{1}{\sqrt{17}}(3i-2j-2k)$.

10. $\dfrac{1}{2}\sqrt{2}$.

11. (1) 非;　(2) 非;　(3) 是;　(4) 是.

习题 6-5

1. (1) 椭圆柱面;　(2) 圆柱面;　(3) 两个相互平行的平面;　(4) 双曲柱面;　(5) 两相交平面;
　　(6) 原点.

2. (1) $\left(-2,1,-\dfrac{1}{2}\right)$,　$R=2$;　(2) $\left(\dfrac{1}{4},0,0\right)$,　$R=\dfrac{1}{4}$.

3. $x^2+(y+2)^2+z^2=20$.

4. $4x+4y+10z-63=0$.

5. $y^2+z^2-4y=0$.

6. $y^2+z^2=2x$.

7. $9x^2-4(y^2+z^2)=36$,　$9(x^2+z^2)-4y^2=36$.

8. (1) 直线;　(2) 抛物线.

9. (1) $\begin{cases}y^2+4z^2=16,\\x=0;\end{cases}$ $\begin{cases}x^2+16z^2=64,\\y=0;\end{cases}$ $\begin{cases}x^2+4y^2=64,\\z=0.\end{cases}$

　　(2) $\begin{cases}y^2-4z^2=16,\\x=0;\end{cases}$ $\begin{cases}x^2-16z^2=64,\\y=0;\end{cases}$ $\begin{cases}x^2+4y^2=64,\\z=0.\end{cases}$

　　(3) $\begin{cases}9y^2=10z,\\x=0;\end{cases}$ $\begin{cases}x^2=10z,\\y=0;\end{cases}$ $z=0$ 面上,原点$(0,0,0)$.

(4) $\begin{cases} y\pm2z=0, \\ x=0; \end{cases}$ $\begin{cases} x\pm4z=0, \\ y=0; \end{cases}$ $z=0$ 面上,原点 $(0,0,0)$.

10. $\begin{cases} \dfrac{(x-1)^2}{4}+\dfrac{(y+1)^2}{1}=1, \\ z=0. \end{cases}$

11. $\begin{cases} \left(x-\dfrac{1}{2}\right)^2+y^2=\dfrac{5}{4}, \\ z=0. \end{cases}$

12. $\begin{cases} 2x^2+4\left(y-\dfrac{1}{2}\right)^2=1, \\ z=0. \end{cases}$

习题 6-6

1. $2x-2y+z-35=0$.

2. (1) 平面垂直于 x 轴; (2) 平面平行于 y 轴;
   (3) 平面过 z 轴; (4) 平面与三坐标轴的截距分别为 $1,2,3$.

3. (1) $x+3y=0$; (2) $x-y-4=0$.

4. $x+2y+2z-2=0$.

5. $\dfrac{x}{2}+\dfrac{y}{6}+\dfrac{z}{-3}=1$,截距分别为 $2,6,-3$.

6. $y-z+1=0$.

7. $x-y+2z+2=0$.

8. $x-y=0$.

9. $x+z-1=0$.

10. $2x+3y+z-6=0$.

习题 6-7

1. (1) $\dfrac{x-1}{2}=y+2=\dfrac{z-3}{5}$; (2) $x-3=\dfrac{y-4}{\sqrt{2}}=\dfrac{z+4}{-1}$;
   (3) $x-3=\dfrac{y+2}{3}=\dfrac{z+1}{3}$; (4) $\dfrac{x}{-1}=\dfrac{y+3}{3}=\dfrac{z-2}{1}$.

2. (1) $\dfrac{x}{4}=\dfrac{y-4}{1}=\dfrac{z+1}{-3}$; (2) $\dfrac{x+5}{2}=\dfrac{y-7}{6}=z$.

3. $\dfrac{x-2}{3}=\dfrac{y+3}{-1}=\dfrac{z-4}{2}$.

4. $\dfrac{x}{-2}=\dfrac{y-2}{3}=\dfrac{z-4}{1}$.

5. $\dfrac{x-3}{1}=\dfrac{y+3}{1}=\dfrac{z-5}{-3}$.

6. $x-2=y-2=\dfrac{z+1}{-2}$.

习题 6-8

1. (1) 椭球面; (2) 单叶双曲面; (3) 椭圆抛物面; (4) 旋转抛物面; (5) 双叶双曲面;
   (6) 双叶旋转双曲面; (7) 双叶旋转双曲面; (8) 单叶双曲面.

2. (1) 双曲面 $\begin{cases} \dfrac{z^2}{4}-\dfrac{y^2}{25}=\dfrac{5}{9}, \\ x=2; \end{cases}$ (2) 椭圆 $\begin{cases} \dfrac{x^2}{9}+\dfrac{z^2}{4}=1, \\ y=0; \end{cases}$ (3) 椭圆 $\begin{cases} \dfrac{x^2}{9}+\dfrac{z^2}{4}=2, \\ y=5; \end{cases}$

(4) 两条直线 $\begin{cases} \dfrac{x}{3} \pm \dfrac{y}{5} = 0, \\ z = 2; \end{cases}$ (5) 双曲线 $\begin{cases} \dfrac{x^2}{9} - \dfrac{y^2}{25} = \dfrac{3}{4}, \\ z = 1. \end{cases}$

3. 交线：$\begin{cases} \dfrac{x^2}{16} + \dfrac{y^2}{4} - \dfrac{z^2}{5} = 1, \\ x - 2z + 3 = 0. \end{cases}$

投影柱面：$x^2 + 20y^2 - 24x - 116 = 0$.

复 习 题 6

3. (1) $-\boldsymbol{j} - \boldsymbol{k}$； (2) 2.

4. $B(18, 17, -17)$.

5. $m = 15, n = \dfrac{1}{-5}$.

6. $\cos(\widehat{\boldsymbol{P}, \boldsymbol{Q}}) = \dfrac{2(lu|\boldsymbol{a}|^2 + mv|\boldsymbol{b}|^2) + (mu + lv)|\boldsymbol{a}||\boldsymbol{b}|}{2\sqrt{(l^2|\boldsymbol{a}|^2 + m^2|\boldsymbol{b}|^2 + lm|\boldsymbol{a}||\boldsymbol{b}|)(u^2|\boldsymbol{a}|^2 + v^2|\boldsymbol{b}|^2 + uv|\boldsymbol{a}||\boldsymbol{b}|)}}$.

7. $y + 2z = 0$.

8. $z = 1, y = 1, x = 1, x + y + z - 1 = 0$.

9. $-\dfrac{2\sqrt{2}}{27}$.

11. $d = \sqrt{10}$. 提示：$\overrightarrow{OM_0} = (2, -3, 1), \boldsymbol{s} = (1, 2, -2), d = \dfrac{1}{|\overrightarrow{OM_0}|}|\overrightarrow{OM_0} \times \boldsymbol{s}|$.

12. 椭圆 $\begin{cases} \dfrac{\left(x - \dfrac{1}{2}\right)^2}{\dfrac{17}{4}} + \dfrac{y^2}{\dfrac{17}{2}} = 1, \\ z = 0. \end{cases}$

13. 直线 $\begin{cases} y - z = -2, \\ x = 0. \end{cases}$

15. $x^2 + y^2 = \dfrac{1}{3}$.

16. $x^2 + y^2 = x$.

习题 7-1

1. (1) 无界开区域； (2) 有界闭区域； (3) 无界闭区域； (4) 有界开区域.

2. $\dfrac{y^2 - x^2}{2xy}$； $\dfrac{x^2 - y^2}{2xy}$； $\dfrac{x^2 - y^2}{2xy}$； $\dfrac{-2xy}{x^2 - y^2}$； $\dfrac{x^2 + y^2 + hx}{2xy(x + h)}$.

3. (1) $x + y > 0$； (2) $x \geqslant 0$ 且 $x^2 + y^2 \neq 0$； (3) $x > 0$ 且 $y > 0$； (4) $-1 \leqslant x - y \leqslant 1$； (5) $0 \leqslant x < y^2$；

(6) $\begin{cases} x \geqslant 0, \\ 2n\pi \leqslant y \leqslant (2n+1)\pi, \end{cases}$ 或 $\begin{cases} x \leqslant 0, \\ (2n-1)\pi \leqslant y \leqslant 2n\pi; \end{cases}$ (7) $x^2 + y^2 + z^2 \leqslant R^2$； (8) $x^2 + y^2 - z^2 \leqslant 0$, 且 $z \neq 0$.

4. (1) 1； (2) $-\dfrac{1}{4}$； (3) a； (4) 1.

5. (1) 在抛物线 $y^2 = x$ 上间断； (2) 在点 $(0, 0)$ 处间断； (3) 无间断点； (4) 在坐标轴上间断.

6. 连续；反之不一定.

习题 7-2

1. $-1, 0$.

2. 1.

3. (1) $-\dfrac{2x\sin x^2}{y}$，　$-\dfrac{\cos x^2}{y^2}$；　　(2) $\dfrac{1}{2x\sqrt{\ln(xy)}}$，　$\dfrac{1}{2y\sqrt{\ln(xy)}}$；

　(3) $\dfrac{y(R^2-2x^2-y^2)}{\sqrt{R^2-x^2-y^2}}$，　$\dfrac{x(R^2-x^2-2y^2)}{\sqrt{R^2-x^2-y^2}}$；

　(4) $(1+xy)^{x+y}\left[\ln(1+xy)+\dfrac{y(x+y)}{1+xy}\right]$，

　　$(1+xy)^{x+y}\left[\ln(1+xy)+\dfrac{x(x+y)}{1+xy}\right]$；

　(5) $\dfrac{|y|}{x^2+y^2}$，　$-\dfrac{x|y|}{y(x^2+y^2)}$；　　(6) $\dfrac{2}{y\sin\frac{2x}{y}}$，　$-\dfrac{2x}{y^2\sin\frac{2x}{y}}$．

6. $\dfrac{\pi}{6}$．

7. $\dfrac{\pi}{4}$．

9. (1) $r_{xx}=\dfrac{y^2+z^2}{(x^2+y^2+z^2)^{3/2}}$，　$r_{yy}=\dfrac{z^2+x^2}{r^3}$，　$r_{zz}=\dfrac{x^2+y^2}{r^3}$，　$r_{xy}=\dfrac{-xy}{r^3}$，　$r_{yz}=\dfrac{-yz}{r^3}$，　$r_{zx}=\dfrac{-xz}{r^3}$；

　(2) $r_{xx}=\dfrac{-2x^2-2xy+y^2}{(x^2+xy+y^2)^2}$，　$z_{xy}=\dfrac{-(x^2+4xy+y^2)}{(x^2+xy+y^2)^2}$，　$z_{yy}=\dfrac{x^2-2xy-2y^2}{(x^2+xy+y^2)^2}$；

　(3) $z_{xx}=\dfrac{\ln y}{x^2}(\ln y-1)y^{\ln x}$，　$z_{xy}=\dfrac{1+\ln x\ln y}{xy}y^{\ln x}$；　$z_{yy}=\dfrac{\ln x}{y^2}(\ln x-1)y^{\ln x}$；

　(4) $z_{xx}=\mathrm{e}^{xe^y+2y}$，　$z_{xy}=\mathrm{e}^{xe^y+y}(xe^y+1)$，　$z_{yy}=xe^{xe^y+y}(1+xe^y)$．

习题 7-3

2. (1) $\mathrm{d}z=\left(y-\dfrac{y}{x^2}\right)\mathrm{d}x+\left(x+\dfrac{1}{x}\right)\mathrm{d}y$；　(2) $\mathrm{d}z=\dfrac{1}{y}\mathrm{e}^{\frac{x}{y}}\mathrm{d}x-\dfrac{x}{y^2}\mathrm{e}^{\frac{x}{y}}\mathrm{d}y$；　(3) $\mathrm{d}z=\dfrac{2(x\mathrm{d}x+y\mathrm{d}y+z\mathrm{d}z)}{1+x^2+y^2+z^2}$；

　(4) $\mathrm{d}z=\dfrac{x\mathrm{d}x+y\mathrm{d}y}{\sqrt{x^2+y^2}}$．

3. 0.25e．

4. $\dfrac{1}{6}\mathrm{d}x+\dfrac{1}{3}\mathrm{d}y$．

5. (1) 2.95；　(2) 0.005．

6. $-0.2\mathrm{m}^2$，$-5\mathrm{cm}$．

7. 55.3cm^3．

习题 7-4

1. (1) $\dfrac{\partial z}{\partial x}=3x^2\sin y\cos y(\cos y-\sin y)$，　$\dfrac{\partial z}{\partial y}=-2x^3\sin y\cos y(\sin y+\cos y)$；

　(2) $\dfrac{\partial z}{\partial x}=\dfrac{1}{x^2+y^2}\mathrm{e}^{uv}(vx-uy)=\dfrac{1}{x^2+y^2}\mathrm{e}^{\ln\sqrt{x^2+y^2}\arctan\frac{y}{x}}\left(x\arctan\dfrac{y}{x}-y\ln\sqrt{x^2+y^2}\right)$；

　　$\dfrac{\partial z}{\partial y}=\dfrac{1}{x^2+y^2}\mathrm{e}^{uv}(vy+ux)=\dfrac{1}{x^2+y^2}\mathrm{e}^{\ln\sqrt{x^2+y^2}\arctan\frac{y}{x}}\left(y\arctan\dfrac{y}{x}+x\ln\sqrt{x^2+y^2}\right)$；

　(3) $z_x=-12x+5y$，　$z_y=5x-2y$；

　(4) $z_x=\dfrac{(x^2-y^2)y\sin\frac{y}{x}-2x^3\cos\frac{y}{x}}{x^2(x^2-y^2)^2}$，　$z_y=\dfrac{(y^2-x^2)\sin\frac{y}{x}+2xy\cos\frac{y}{x}}{x(x^2-y^2)^2}$．

2. $\dfrac{3(1-4t^2)}{\sqrt{1-(3-4t^3)^2}}$．

3. $2e^t\sin t$.

4. (1) $z_x=af_1'(ax,by)$，　$z_y=bf_2'(ax,by)$；

(2) $\dfrac{\partial z}{\partial x}=2xf'(x^2-y^2)$，　$\dfrac{\partial z}{\partial y}=-2yf'(x^2-y^2)$；

(3) $\dfrac{\partial u}{\partial x}=2xf_1'+ye^{xy}f_2'$，　$\dfrac{\partial u}{\partial y}=-2yf_1'+xe^{xy}f_2'$；

(4) $\dfrac{\partial u}{\partial x}=\dfrac{1}{y}f_1'$，　$\dfrac{\partial u}{\partial y}=-\dfrac{x}{y^2}f_1'+\dfrac{1}{z}f_2'$，　$\dfrac{\partial u}{\partial z}=-\dfrac{y}{z^2}f_2'$；

(5) $\dfrac{\partial u}{\partial x}=f_1'+\dfrac{1}{y}f_2'$，　$\dfrac{\partial u}{\partial y}=-\dfrac{x}{y^2}f_2'$；

(6) $\dfrac{\partial u}{\partial x}f_1'\cos x+yf_2'$，　$\dfrac{\partial u}{\partial y}=xf_2'$.

8. $\dfrac{\mathrm{d}y}{\mathrm{d}x}=0$.

9. (1) $\dfrac{\partial z}{\partial x}=\dfrac{yz-\sqrt{xyz}}{\sqrt{xyz}-xy}$，　$\dfrac{\partial z}{\partial y}=\dfrac{xz-2\sqrt{xyz}}{\sqrt{xyz}-xy}$；

(2) $\dfrac{\partial z}{\partial x}=\dfrac{z}{x+z}$，　$\dfrac{\partial z}{\partial y}=\dfrac{z^2}{y(x+z)}$；

(3) $\dfrac{\partial z}{\partial x}=\dfrac{\partial z}{\partial y}=-1$；

(4) $\dfrac{\partial z}{\partial x}=\dfrac{z}{x(z-1)}$，　$\dfrac{\partial z}{\partial y}=\dfrac{z}{y(z-1)}$.

12. $\dfrac{\partial u}{\partial x}=-\dfrac{xu+yv}{x^2+y^2}$，　$\dfrac{\partial v}{\partial x}=\dfrac{yu-xv}{x^2+y^2}$，　$\dfrac{\partial u}{\partial y}=\dfrac{xv-yu}{x^2+y^2}$，　$\dfrac{\partial v}{\partial y}=-\dfrac{xu+yv}{x^2+y^2}$.

13. $\dfrac{\mathrm{d}x}{\mathrm{d}z}=\dfrac{y-z}{x-y}$，　$\dfrac{\mathrm{d}y}{\mathrm{d}z}=\dfrac{z-x}{x-y}$.

习题 7-5

1. 切线方程：$\dfrac{x-\left(\dfrac{\pi}{2}-1\right)}{1}=\dfrac{y-1}{1}=\dfrac{z-2\sqrt{2}}{\sqrt{2}}$，

法平面方程：$x+y+\sqrt{2}z=\dfrac{\pi}{2}+4$.

2. 切线方程：$\dfrac{x-x_0}{1}=\dfrac{y-y_0}{\dfrac{m}{y_0}}=\dfrac{z-z_0}{-\dfrac{1}{2z_0}}$，

法平面方程：$(x-x_0)+\dfrac{m}{y_0}(y-y_0)-\dfrac{1}{2z_0}(z-z_0)=0$.

3. $P_1(-1,1,-1)$，　$P_2\left(-\dfrac{1}{3},\dfrac{1}{9},-\dfrac{1}{27}\right)$.

4. 切平面方程：$\sqrt{2}\left(x-\dfrac{\pi}{4}\right)+\sqrt{6}\left(y-\dfrac{2\pi}{3}\right)+4\left(z+\dfrac{\sqrt{2}}{4}\right)=0$，

法线方程：$\dfrac{x-\dfrac{\pi}{4}}{\sqrt{2}}=\dfrac{y-\dfrac{2\pi}{3}}{\sqrt{6}}=\dfrac{z+\dfrac{\sqrt{2}}{4}}{4}$.

5. $M_1(1,1,1)$，$M_2(-1,-1,-1)$.

π_1：$(x-1)+(y-1)+4(z-1)=0$，

π_2：$(x+1)+(y+1)+4(z+1)=0$.

6. 切平面方程：$4(x-1)+0(y-0)-(z-2)=0$，

$$n=(4,0,-1), \quad \cos\gamma=\pm\frac{1}{\sqrt{17}}.$$

习题 7-6

1. (1) $\alpha=\frac{\pi}{4},\beta=\frac{\pi}{4}$ 时有最大值 $\sqrt{2}$；　(2) $\alpha=\frac{5\pi}{4},\beta=\frac{5\pi}{4}$ 时有最小值 $-\sqrt{2}$；

　(3) $\alpha=\frac{3\pi}{4},\beta=\frac{\pi}{4}$ 或 $\alpha=\frac{7\pi}{4},\beta=\frac{3\pi}{4}$ 时等于 0.

2. 0.

3. $8e^2\boldsymbol{i}+4e^2\boldsymbol{j},4\sqrt{5}\,e^2$.

5. $\frac{1}{ab}\sqrt{2(a^2+b^2)}$.

6. $\frac{2}{\sqrt{21}}$.

习题 7-7

2. 极大值：$f(2,-2)=8$.

3. 极小值：$f\left(\frac{1}{2},-1\right)=-\frac{e}{2}$.

4. 最大值：$z\left(\frac{\sqrt{2}}{2},\frac{\sqrt{2}}{2}\right)=z\left(-\frac{\sqrt{2}}{2},-\frac{\sqrt{2}}{2}\right)=\frac{1}{2}$,

　最小值：$z\left(-\frac{\sqrt{2}}{2},\frac{\sqrt{2}}{2}\right)=z\left(\frac{\sqrt{2}}{2},-\frac{\sqrt{2}}{2}\right)=-\frac{1}{2}$.

5. 等腰直角三角形，直角边长为 $\frac{\sqrt{2}}{2}l$.

6. 长＝宽＝$\sqrt[3]{2k}$，高＝$\frac{1}{2}\sqrt[3]{2k}$ 时表面积最小.

7. $\alpha=60°,x=8\text{cm}$ 时，截面积最大.

8. $x=200,y=2$ 时，电流最大.

9. $d=\sqrt{3}$.

10. $\frac{8}{9}\sqrt{3}abc$.

11. $\sqrt{6}+1,\sqrt{6}-1$.

复 习 题 7

1. $f(x)=x^2+x,z=(x+y)^2+2x$.

2. $f(t)=t^2+2t,z=x-1+\sqrt{y}$.

3. $f(x,y)=\frac{x^2(1-y)}{1+y}$.

4. $2y<x<2y+2,0<y<2$.

5. (1) $|y|\leqslant|x|$ 且 $x\neq0$；

　(2) $\left(x-\frac{1}{2}\right)^2+y^2\geqslant\frac{1}{4}$ 且 $(x-1)^2+y^2<1$；

　(3) $2k\pi\leqslant x^2+y^2\leqslant(2k+1)\pi(k=0,1,2,\cdots)$；

　(4) $x>0,y>0$.

6. 提示：在等式 $f(tx_0,ty_0)=t^k f(x_0,y_0)$ 两端对 t 求导，再令 $t=1$ 即可.

7. (1) $\dfrac{\partial z}{\partial x}=\dfrac{1}{1+x^2}$,　$\dfrac{\partial z}{\partial y}=\dfrac{1}{1+y^2}$;

　　(2) $\dfrac{\partial z}{\partial x}=\dfrac{2}{y}\csc\dfrac{2x}{y}$,　$\dfrac{\partial z}{\partial y}=-\dfrac{2x}{y^2}\csc\dfrac{2x}{y}$;

　　(3) $\dfrac{\partial u}{\partial x}=yz(xy)^{z-1}$,　$\dfrac{\partial u}{\partial y}=xz(xy)^{z-1}$,　$\dfrac{\partial u}{\partial z}=(xy)^z\ln(xy)$;

　　(4) $\dfrac{\partial u}{\partial x}=yz^{xy}\ln z$,　$\dfrac{\partial u}{\partial y}=xz^{xy}\ln z$,　$\dfrac{\partial u}{\partial z}=xyz^{xy-1}$.

8. $\dfrac{\partial z}{\partial x}=\dfrac{2x}{y^2}\ln(3x-2y)+\dfrac{3x^2}{(3x-2y)y^2}$,　$\dfrac{\partial z}{\partial y}=-\dfrac{2x^2}{y^3}\ln(3x-2y)-\dfrac{2x^2}{(3x-2y)y^2}$.

9. $\dfrac{\partial w}{\partial r}=\dfrac{\partial w}{\partial s}=\dfrac{2}{r+s}$.

10. $z_x=\dfrac{2x-z}{x}$, $z_y=\dfrac{x^2-xz-\cos y}{xy}$.

11. $\dfrac{\mathrm{d}u}{\mathrm{d}t}=f_x'+\dfrac{1}{t}f_y'+\sec^2 t\,f_z'$.

12. $\mathrm{d}z=\dfrac{1}{y}\cos\dfrac{x}{y}\left(\mathrm{d}x-\dfrac{x}{y}\mathrm{d}y\right)$;　$\dfrac{\mathrm{d}z}{\mathrm{d}t}=\dfrac{1-\ln t}{2t^2}\cos\dfrac{\ln t}{2t}$.

14. $\dfrac{\partial z}{\partial x}=\dfrac{z\ln z}{x(\ln z-1)}$, $\dfrac{\partial z}{\partial y}=\dfrac{-z^2}{xy(\ln z-1)}$.

15. 切平面方程：$z-2\arctan\dfrac{b}{a}=\dfrac{-2b}{a^2+b^2}(x-a)+\dfrac{2a}{a^2+b^2}(y-b)$;

　　法线方程：$\dfrac{x-a}{2b}=\dfrac{y-b}{-2a}=\dfrac{z-2\arctan\dfrac{b}{a}}{a^2+b^2}$.

16. $z=2$.

17. $2x+2y+z-6=0$.

18. $\dfrac{x-1}{1}=\dfrac{y-1}{-1}=\dfrac{z-2}{0}$.

20. 最低点 $(1,1,-5)$.

21. $x=\dfrac{1}{3}(x_1+x_2+x_3)$, $y=\dfrac{1}{3}(y_1+y_2+y_3)$.

22. 长为 $\dfrac{2}{3}p$，宽为 $\dfrac{1}{3}p$，以宽边为轴旋转.

23. $P\left(\dfrac{a}{\sqrt{3}},\dfrac{b}{\sqrt{3}},\dfrac{c}{\sqrt{3}}\right)$.

24. $d_{\max}=\sqrt{9+5\sqrt{3}}$,　$d_{\min}=\sqrt{9-5\sqrt{3}}$.

习题 8-1

1. $Q=\displaystyle\iint\limits_{D}\mu(x,y)\mathrm{d}\sigma$.

2. (1) 0;　(2) $\dfrac{1}{3}$.

3. (1) $\displaystyle\iint\limits_{D}(x+y)^2\mathrm{d}\sigma>\iint\limits_{D}(x+y)^3\mathrm{d}\sigma$;　(2) $\displaystyle\iint\limits_{D}(x+y)^2\mathrm{d}\sigma<\iint\limits_{D}(x+y)^3\mathrm{d}\sigma$.

5. (1) 0;　(2) 0;　(3) 0;　(4) 0.

习题 8-2

1. (1) $\displaystyle\int_0^1\mathrm{d}x\int_{x-1}^{1-x}f(x,y)\mathrm{d}y$;　(2) $\displaystyle\int_{-\sqrt{2}}^{\sqrt{2}}\mathrm{d}x\int_{x^2}^{4-x^2}f(x,y)\mathrm{d}y$;

(3) $\int_0^{\frac{\sqrt{5}-1}{2}}dx\int_{-\sqrt{x}}^{\sqrt{x}}f(x,y)dy+\int_{\frac{\sqrt{5}-1}{2}}^1dx\int_{-\sqrt{1-x^2}}^{\sqrt{1-x^2}}f(x,y)dy$;　(4) $\int_1^2dx\int_{\frac{1}{x}}^xf(x,y)dy$.

2. (1) $\int_0^1dx\int_x^1f(x,y)dy$;　(2) $\int_0^{\frac{1}{2}}dy\int_0^yf(x,y)dx+\int_{\frac{1}{2}}^1dy\int_0^{1-y}f(x,y)dx$;

(3) $\int_0^1dy\int_{e^y}^ef(x,y)dx$;　(4) $\int_0^1dy\int_y^{\sqrt{y}}f(x,y)dx$;　(5) $\int_0^2dx\int_{\frac{x}{2}}^{3-x}f(x,y)dy$.

3. (1) $\dfrac{6}{55}$;　(2) $\dfrac{64}{15}$;　(3) $e-e^{-1}$;　(4) $\dfrac{8}{15}$;　(5) -2;　(6) $\pi^2-\dfrac{40}{9}$.

4. (1) $\dfrac{1}{2}\left(1-\dfrac{1}{e}\right)$;　(2) 2.

5. (1) $\int_0^{2\pi}d\theta\int_0^af(r\cos\theta,r\sin\theta)rdr$;　(2) $\int_{-\frac{\pi}{2}}^{\frac{\pi}{2}}d\theta\int_0^{2\cos\theta}f(r\cos\theta,r\sin\theta)rdr$;　(3) $\int_0^{2\pi}d\theta\int_a^bf(r\cos\theta,r\sin\theta)rdr$;

(4) $\int_0^{\frac{\pi}{4}}d\theta\int_0^{2a\sin\theta}f(r\cos\theta,r\sin\theta)rdr+\int_{\frac{\pi}{4}}^{\frac{\pi}{2}}d\theta\int_0^{2a\cos\theta}f(r\cos\theta,r\sin\theta)rdr$.

6. (1) $\int_0^{\frac{\pi}{2}}d\theta\int_1^2f(r\cos\theta,r\sin\theta)rdr$;　(2) $\int_{\frac{\pi}{4}}^{\frac{\pi}{3}}d\theta\int_0^{2\sec\theta}f(r\cos\theta,r\sin\theta)rdr$;　(3) $\int_0^{\frac{\pi}{2}}d\theta\int_0^{2R\sin\theta}f(r\cos\theta,r\sin\theta)rdr$.

7. (1) $(e^4-1)\pi$;　(2) $\dfrac{\pi}{4}(2\ln2-1)$;　(3) $-6\pi^2$;　(4) $\dfrac{3}{64}\pi^2$;　(5) 2π;　(6) $\dfrac{45}{2}\pi$.

8. (1) $\dfrac{2}{3}a^2$;　(2) $\dfrac{4}{3}a^3$.

9. (1) $\dfrac{9}{4}$;　(2) $\dfrac{1}{8}\pi a^4$;　(3) $\dfrac{\pi}{2}$;　(4) $\dfrac{22}{3}a^4$.

10. (1) $\dfrac{3}{2}\pi a^2$;　(2) $2a^2$.

习题 8-3

1. $\dfrac{1}{2}\sqrt{a^2b^2+b^2c^2+c^2a^2}$.

2. $\sqrt{2}\pi$.

3. $\dfrac{1}{2}\pi a^2$.

4. $2a^2(\pi-2)$.

5. $\dfrac{1}{6}$.

6. $\dfrac{8}{9}\pi$.

7. $\dfrac{1}{3}$.

8. $\dfrac{\pi^5}{40}$.

9. $\left(\dfrac{35}{54},\dfrac{35}{48}\right)$.

10. (1) $\left(1,\dfrac{7}{5}\right)$;　(2) $\left(\dfrac{5}{6}a,0\right)$.

11. $\dfrac{\sqrt{6}}{3}R$.

12. (1) $I_x=\dfrac{1}{3}ab^3$,　$I_y=\dfrac{1}{3}a^3b$;

(2) $I_O=\dfrac{1}{4}\pi ab(a^2+b^2)$,　$I_y=\dfrac{1}{4}\pi a^3b$;

(3) $I_x = \dfrac{72}{5}$, $I_y = \dfrac{96}{7}$.

13. $\dfrac{\pi}{2} \rho_0 (R_2^4 - R_1^4)$.

14. $\boldsymbol{F} = \left(2f\rho \left(\ln \dfrac{R_2 + \sqrt{R_2^2 + a^2}}{R_1 + \sqrt{R_1^2 + a^2}} - \dfrac{R_2}{\sqrt{R_2^2 + a^2}} + \dfrac{R_1}{\sqrt{R_1^2 + a^2}} \right), 0, \pi fa\rho \left(\dfrac{1}{\sqrt{R_2^2 + a^2}} - \dfrac{1}{\sqrt{R_1^2 + a^2}} \right) \right)$.

15. $\boldsymbol{E} = \left(0, 0, \dfrac{\rho h}{2\varepsilon_0} \left(\dfrac{1}{\sqrt{h^2 + a^2}} - \dfrac{1}{\sqrt{h^2 + b^2}} \right) \right)$.

习题 8-4

1. (1) $\displaystyle\int_{-1}^{1} dx \int_{-\sqrt{1-x^2}}^{\sqrt{1-x^2}} dy \int_{\sqrt{x^2+y^2}}^{1} f(x,y,z) dz$; (2) $\displaystyle\int_{-1}^{1} dx \int_{-\sqrt{1-x^2}}^{\sqrt{1-x^2}} dy \int_{x^2+y^2}^{2-x^2} f(x,y,z) dz$;

 (3) $\displaystyle\int_{-1}^{1} dx \int_{x^2}^{1} dy \int_{0}^{x^2+y^2} f(x,y,z) dz$; (4) $\displaystyle\int_{0}^{2} dx \int_{-\sqrt{2x-x^2}}^{\sqrt{2x-x^2}} dy \int_{0}^{\sqrt{x^2+y^2}} f(x,y,z) dz$.

2. (1) $\dfrac{1}{60}$; (2) $\dfrac{1}{48}$; (3) $\dfrac{1}{2}\left(\ln 2 - \dfrac{5}{8} \right)$; (4) 0.

3. (1) $\dfrac{\pi}{2}$; (2) $\dfrac{8}{9}$; (3) $\dfrac{16\pi}{3}$.

4. (1) $\dfrac{4\pi}{5}$; (2) $\dfrac{7}{6}\pi a^4$.

5. (1) $\dfrac{1}{8}$; (2) $\dfrac{\pi}{15}$; (3) 8π; (4) $\dfrac{4\pi}{15}(A^5 - a^5)$; (5) 0; (6) $\dfrac{59}{480}\pi R^5$.

6. $K\pi R^4$.

7. (1) $\left(0, 0, \dfrac{3}{4} \right)$; (2) $\left(\dfrac{2a}{5}, \dfrac{2a}{5}, \dfrac{7}{30}a^2 \right)$.

8. (1) $\dfrac{8}{3}\mu a^4$; (2) $\left(0, 0, \dfrac{7}{15}a^2 \right)$; (3) $\dfrac{112}{45}\mu a^6$.

复习题 8

1. (1) $\displaystyle\int_{1}^{3} dx \int_{\frac{1}{2}(3x+1)}^{\frac{1}{2}(3x+4)} f(x,y) dy$; (2) $\displaystyle\int_{-3}^{1} dx \int_{-1-\sqrt{4-(x+1)^2}}^{-1+\sqrt{4-(x+1)^2}} f(x,y) dy$;

 (3) $\displaystyle\int_{0}^{\frac{\pi}{8}} d\theta \int_{0}^{a\sqrt{\sin 2\theta}} f(r\cos\theta, r\sin\theta) r dr + \int_{\frac{\pi}{8}}^{\frac{\pi}{4}} d\theta \int_{0}^{a\sqrt{\cos 2\theta}} f(r\cos\theta, r\sin\theta) r dr$;

 (4) $\displaystyle\int_{\frac{\pi}{4}}^{\frac{3}{4}\pi} d\theta \int_{a}^{A} f(r\cos\theta, r\sin\theta) r dr$.

2. (1) $\displaystyle\int_{0}^{1} dx \int_{x-1}^{1-x} f(x,y) dy$ 或 $\displaystyle\int_{-1}^{0} dy \int_{0}^{1+y} f(x,y) dx + \int_{0}^{1} dy \int_{0}^{1-y} f(x,y) dx$;

 (2) $\displaystyle\int_{0}^{4} dx \int_{x}^{2\sqrt{x}} f(x,y) dy$ 或 $\displaystyle\int_{0}^{4} dy \int_{\frac{y^2}{4}}^{y} f(x,y) dx$;

 (3) $\displaystyle\int_{1}^{2} dx \int_{\frac{1}{x}}^{x} f(x,y) dy$ 或 $\displaystyle\int_{\frac{1}{2}}^{1} dy \int_{\frac{1}{y}}^{2} f(x,y) dx + \int_{1}^{2} dy \int_{y}^{2} f(x,y) dx$;

 (4) $\displaystyle\int_{\frac{1}{2}}^{1} dx \int_{\sqrt{1-x^2}}^{\sqrt{2x-x^2}} f(x,y) dy + \int_{1}^{2} dx \int_{0}^{\sqrt{2x-x^2}} f(x,y) dy$ 或 $\displaystyle\int_{0}^{\frac{\sqrt{3}}{2}} dy \int_{\sqrt{1-y^2}}^{1+\sqrt{1-y^2}} f(x,y) dx + \int_{\frac{\sqrt{3}}{2}}^{1} dy \int_{1-\sqrt{1-y^2}}^{1+\sqrt{1-y^2}} f(x,y) dx$;

3. (1) $\displaystyle\int_{\sqrt{2}}^{\sqrt{3}} dx \int_{-\sqrt{x^2-2}}^{\sqrt{x^2-2}} f(x,y) dy + \int_{\sqrt{3}}^{2} dx \int_{-\sqrt{4-x^2}}^{\sqrt{4-x^2}} f(x,y) dy$; (2) $\displaystyle\int_{-1}^{1} dx \int_{0}^{x^2} f(x,y) dy$;

 (3) $\displaystyle\int_{0}^{a} dy \int_{-y}^{\sqrt{y}} f(x,y) dx$; (4) $\displaystyle\int_{0}^{1} dy \int_{e^y}^{e} f(x,y) dx$.

4. (1) e; (2) $\dfrac{\pi}{4}(8\ln 2 - 3)$; (3) $\dfrac{64}{9}(3\pi - 4)$; (4) $\dfrac{1}{2}$; (5) $\pi - 2$; (6) $\dfrac{11}{30}$.

5. (1) $\displaystyle\int_{-1}^{1}dx\int_{1-\sqrt{1-x^2}}^{1+\sqrt{1-x^2}}dy\int_{\sqrt{x^2+y^2}}^{\sqrt{2y}}f(x,y,z)dz$;

    (2) $\displaystyle\int_{-3}^{1}dx\int_{-1-\sqrt{4-(x+1)^2}}^{-1+\sqrt{4-(x+1)^2}}dy\int_{x^2+y^2}^{2(1-x-y)}f(x,y,z)dz$;

    (3) $\displaystyle\int_{-1}^{1}dx\int_{-\sqrt{1-x^2}}^{\sqrt{1-x^2}}dz\int_{x^2+z^2}^{2-x^2-z^2}f(x,y,z)dy$.

6. (1) $\dfrac{1}{16}(\pi^2 - 8)$; (2) $\dfrac{\pi}{2}(2\ln 2 - 4 + \pi)$; (3) $\dfrac{8}{9}$; (4) $(2-\sqrt{2})\pi$; (5) 48π;

    (6) $4e^{a}\pi(a^2 - 2a + 2) - 8\pi$; (7) $\pi\left(\dfrac{\sqrt{2}}{3} - \dfrac{4\sqrt{3}}{27} + \ln\dfrac{3}{2}\right)$;

    (8) $\dfrac{4}{15}\pi abc^3$. 提示：先对 x,y 作二重积分,再对 z 作定积分.

7. $\sqrt{2}\pi$.

8. $\dfrac{4\sqrt{2}}{3}(2-\sqrt{3})\pi$.

9. 提示：变量 x,y 对换. 或利用牛顿-莱布尼茨公式,设 $\displaystyle\int_{0}^{x}f(t)dt = F(x)$.

10. 提示：$[f(x)g(y) - f(y)g(x)]^2 \geqslant 0$,在正方形区域 $a \leqslant y \leqslant b, a \leqslant x \leqslant b$ 上作二重积分.

习题 9-1

1. (1) $\displaystyle\int_{L}y^2\rho(x,y)ds$, $\displaystyle\int_{L}x^2\rho(x,y)ds$, $\displaystyle\int_{L}(x^2+y^2)\rho(x,y)ds$;

    (2) $\bar{x} = \dfrac{\displaystyle\int_{L}x\rho(x,y)ds}{\displaystyle\int_{L}\rho(x,y)ds}$, $\bar{y} = \dfrac{\displaystyle\int_{L}y\rho(x,y)ds}{\displaystyle\int_{L}\rho(x,y)ds}$.

2. (1) $\sqrt{2}$; (2) $\dfrac{1}{12}(5\sqrt{5} + 6\sqrt{2} - 1)$; (3) $2\pi a^{2n+1}$; (4) $\dfrac{256}{15}a^3$;

    (5) $\dfrac{\pi a}{4}e^{a} + 2(e^{a} - 1)$; (6) $\dfrac{8\sqrt{2}}{3}\pi^3 a$.

3. $\left(-\dfrac{4}{5}a, 0\right)$.

4. $\left(\dfrac{2}{5}, -\dfrac{1}{5}, \dfrac{1}{2}\right)$.

5. $\dfrac{\pi}{6}(5\sqrt{5} - 1)$. 提示：利用元素法.

6. $9\sqrt{6}$.

习题 9-2

1. (1) $-\dfrac{56}{15}$; (2) -8; (3) 32; (4) 0; (5) -2π; (6) $\dfrac{1}{35}$; (7) πa^2; (8) 0.

2. $-\dfrac{8}{15}$.

3. $mg(z_2 - z_1)$.

4. 13.

5. -2.

6. $\displaystyle\int_{L}\left[\sqrt{2x-x^2}\,P(x,y)+(1-x)Q(x,y)\right]\mathrm{d}s.$

习题 9-3

1. (1) $\dfrac{1}{2}\pi a^4$；   (2) $-2\pi ab$；   (3) 12；   (4) $-\dfrac{1}{5}(\mathrm{e}^{\pi}-1)$.

2. (1) 12；   (2) -2；   (3) 62；   (4) $2\pi^2+3\pi+\mathrm{e}^2+1$.

3. $\dfrac{3}{8}\pi a^2$.

5. $3\mathrm{e}^{\pi}(\pi-1)+3+\dfrac{2}{3}\pi^3+2\cos2-\sin2$.

6. (1) $\dfrac{x^2}{2}+2xy+\dfrac{y^2}{2}+C$；   (2) $-\cos2x\sin3y+C$.

8. $\dfrac{\pi}{8}(a-b)^3$.

9. $n=1$， $u(x,y)=\arctan\dfrac{y}{x}+\dfrac{1}{2}\ln(x^2+y^2)+C$.

习题 9-4

1. (1) πa^3；   (2) $4\sqrt{61}$；   (3) $\dfrac{\pi}{2}(1+\sqrt{2})$；   (4) $2\pi\arctan\dfrac{H}{R}$.

2. $4\pi R(R-\sqrt{R^2-a^2})$.

3. $\dfrac{8}{3}\pi a^4$.

4. $\left(0,0,\dfrac{a}{2}\right)$.

5. (1) $\dfrac{4\pi}{3}$；   (2) 0；   (3) 0.

6. (1) $\dfrac{2\pi}{105}R^7$；   (2) 3；   (3) $\dfrac{1}{8}$；   (4) 6π.

7. $\dfrac{3}{16}\pi$.

8. (1) $6\pi R^3$；   (2) $3a^4$；   (3) 5π；   (4) $-\dfrac{12}{5}\pi a^5$.

9. (1) 0；   (2) 0.

10. $-\dfrac{1}{2}\pi$.

复习题 9

1. (1) $\dfrac{256}{15}a^3$；   (2) 0；   (3) $\dfrac{2}{3}\pi a^3$；   (4) $\sqrt{a^2+b^2}\left(2a^2\pi+\dfrac{8}{3}b^2\pi^3\right)$；   (5) $4a^{7/3}$；   (6) $2a^2(2-\sqrt{2})$.

2. $\left(-\dfrac{4}{5}a,0\right)$.

3. $\left(\dfrac{4a}{3},\dfrac{4a}{3}\right)$.

4. (1) $\dfrac{4}{3}ab^2$；   (2) $-\dfrac{1}{20}$；   (3) 2；   (4) -4π；   (5) $\dfrac{\sqrt{2}}{16}\pi$；

(6) $-2\pi a(a+h)$. 提示：Γ 的参数方程为 $x=a\cos t,y=a\sin t,z=h(1-\cos t),0\leqslant t\leqslant2\pi$.

5. (1) $\dfrac{1}{2}$；   (2) 0.

6. $\dfrac{1}{2}-\dfrac{1}{2e}$.

7. -12.

8. (1) $\dfrac{1}{2}(a^2-b^2)$；   (2) 0.

10. $\varphi(x)=x^2$，$A=2\pi$. 提示：由题设有 $\dfrac{\partial P}{\partial y}=\dfrac{\partial Q}{\partial x}$，从而推出 $\varphi(x)=x^2$.

11. (1) $\dfrac{3-\sqrt{3}}{2}+(\sqrt{3}-1)\ln 2$；   (2) $\dfrac{64}{15}\sqrt{2}\,a^4$.

12. (1) $2\pi e^2$；   (2) $hR^2\left(\dfrac{2}{3}R+\dfrac{\pi h}{8}\right)$.

13. $\dfrac{93}{5}\pi(2-\sqrt{2})$.

14. $\dfrac{4}{3}\rho_0\pi a^4$.

15. 2π.

16. $|F|=\dfrac{4k\pi R^2}{a^2}$，方向指向球心.

习题 10-1

1. (1) $u_n=\dfrac{n}{n^2+1}$；   (2) $u_n=\dfrac{1}{(n+1)\ln(n+1)}$；   (3) $u_n=(-1)^{n+1}\dfrac{a^{n+1}}{2n+1}$；

   (4) $u_n=\dfrac{x^{n/2}}{2\times4\times6\times\cdots\times(2n)}$.

2. (1) 发散；   (2) 收敛；   (3) 发散；   (4) 收敛.

3. (1) 收敛；   (2) 收敛；   (3) 发散；   (4) 发散；   (5) 收敛；   (6) 收敛；   (7) 发散；   (8) 收敛；
   (9) 发散；   (10) 发散.

4. (1) 不成立；   (2) 不成立；   (3) 成立；   (4) 成立；   (5) 不成立；   (6) 不成立.

习题 10-2

1. (1) 发散；   (2) 发散；   (3) 收敛；   (4) 收敛；   (5) 收敛；   (6) 发散；   (7) 收敛；   (8) 收敛.

2. (1) 发散；   (2) 发散；   (3) 收敛；   (4) 收敛；   (5) 收敛；   (6) 发散；   (7) 收敛；   (8) 收敛.

3. (1) 条件收敛；   (2) 绝对收敛；   (3) 条件收敛；   (4) 发散；   (5) 绝对收敛；   (6) 条件收敛.

4. (1) 错；   (2) 错；   (3) 错；   (4) 对；   (5) 错；   (6) 错.

习题 10-3

1. (1) $R=\dfrac{1}{4}$；   (2) $R=\sqrt{2}$；   (3) $R=+\infty$；   (4) $R=\dfrac{1}{3}$.

2. (1) $(-1,1)$；   (2) $[-1,1]$；   (3) $(-\infty,+\infty)$；   (4) $[-3,3)$；   (5) $[4,6)$；   (6) $[2,4]$.

3. (1) $(-1,1)$，$\dfrac{1}{4}\ln\dfrac{1+x}{1-x}+\dfrac{1}{2}\arctan x-x$；   (2) $(-1,1)$，$\dfrac{1}{(1-x)^3}$；   (3) $(-\sqrt{2},\sqrt{2})$，$\dfrac{2+x^2}{(2-x^2)^2}$；

   (4) $(-1,1)$，$\dfrac{2x}{(1-x)^3}$.

5. (1) 对；   (2) 错；   (3) 对；   (4) 错；   (5) 对；   (6) 错.

习题 10-4

1. (1) $\sinh x=\displaystyle\sum_{n=0}^{\infty}\dfrac{1}{(2n+1)!}x^{2n+1}\ (-\infty<x<+\infty)$；

(2) $a^x = \sum_{n=0}^{\infty} \frac{1}{n!} (x\ln a)^n \ (-\infty < x < +\infty)$;

(3) $\sin\frac{x}{2} = \sum_{n=1}^{\infty} \frac{(-1)^{n-1}}{(2n-1)!} \left(\frac{x}{2}\right)^{2n-1} \ (-\infty < x < +\infty)$;

(4) $\sin^2 x = \sum_{n=1}^{\infty} (-1)^{n-1} \frac{1}{2(2n)!} (2x)^{2n} \ (-\infty < x < +\infty)$;

(5) $\ln\frac{1+x}{1-x} = 2\sum_{n=1}^{\infty} \frac{1}{2n-1} x^{2n-1} \ (-1 < x < 1)$;

(6) $(1+x)\ln(1+x) = x + \sum_{n=2}^{\infty} \frac{(-1)^n x^n}{n(n-1)} \ (-1 < x \leqslant 1)$;

(7) $\frac{x}{\sqrt{1+x^2}} = \sum_{n=0}^{\infty} (-1)^n \frac{2 \cdot (2n)!}{(n!)^2} \left(\frac{x}{2}\right)^{2n+1} \ (-1 < x < 1)$;

(8) $\frac{x}{2x^2+3x-2} = \sum_{n=0}^{\infty} \frac{1}{5}\left[(-1)^n \frac{1}{2^n} - 2^n\right] x^n \ \left(-\frac{1}{2} < x < \frac{1}{2}\right)$.

2. $\lg x = \frac{1}{\ln 10} \sum_{n=1}^{\infty} (-1)^{n-1} \frac{(x-1)^n}{n} \ (0 < x \leqslant 2)$.

3. $\frac{1}{x^2+3x+2} = \sum_{n=0}^{\infty} \left(\frac{1}{2^{n+1}} - \frac{1}{3^{n+1}}\right)(x+4)^n \ (-6 < x < -2)$.

4. $\cos x = \frac{1}{2}\sum_{n=0}^{\infty} (-1)^n \left[\frac{\left(x+\frac{\pi}{3}\right)^{2n}}{(2n)!} + \sqrt{3}\frac{\left(x+\frac{\pi}{3}\right)^{2n+1}}{(2n+1)!}\right] \ (-\infty < x < +\infty)$.

5. (1) 1.648;　(2) 0.9994.

习题 10-5

1. (1) $f(x) = \pi^2 + 1 + 12\sum_{n=1}^{\infty} \frac{(-1)^n}{n^2}\cos nx \ (-\infty < x < +\infty)$;

(2) $f(x) = \frac{e^{2\pi} - e^{-2\pi}}{\pi}\left[\frac{1}{4} + \sum_{n=1}^{\infty} \frac{(-1)^n}{4+n^2}(2\cos nx - n\sin nx)\right] \ (x \neq (2k+1)\pi, k = 0, \pm 1, \pm 2, \cdots)$;

(3) $f(x) = \frac{1}{2} - \frac{1}{2}\cos 2x \ (-\infty < x < +\infty)$;

(4) $f(x) = \frac{1}{2} + \frac{2}{\pi}\sum_{n=1}^{\infty} \frac{\sin(2n-1)x}{2n-1} \ (x \neq k\pi, k = 0, \pm 1, \pm 2, \cdots)$;

(5) $f(x) = \frac{\pi}{4} + \sum_{n=1}^{\infty} \left\{\frac{1}{n^2\pi}[(-1)^n - 1]\cos nx + \frac{1}{n}(-1)^{n+1}\sin nx\right\} \ (x \neq (2k+1)\pi, k = 0, \pm 1, \pm 2, \cdots)$;

(6) $f(x) = \frac{\pi}{4} + \frac{1}{\pi}\sum_{n=1}^{\infty} \left\{\frac{(-1)^n - 1}{n^2}\cos nx + \frac{1}{n}[2 + 2(-1)^{n+1} + (-1)^{n+1}\pi]\sin nx\right\}$
$(x \neq (2k+1)\pi, k = 0, \pm 1, \pm 2, \cdots)$.

2. (1) $2\sin\frac{x}{3} = \frac{18\sqrt{3}}{\pi}\sum_{n=1}^{\infty} (-1)^{n+1} \frac{n}{9n^2-1}\sin nx \ (-\pi < x < \pi)$;

(2) $f(x) = \frac{1+\pi-e^{-\pi}}{2\pi} + \frac{1}{\pi}\sum_{n=1}^{\infty} \left\{\frac{1-(-1)^n e^{-\pi}}{1+n^2}\cos nx + \left[\frac{-n+(-1)^n n e^{-\pi}}{1+n^2} + \frac{1-(-1)^n}{n}\right]\sin nx\right\}$
$(-\pi < x < \pi)$.

3. $\frac{\pi-x}{2} = \sum_{n=1}^{\infty} \frac{1}{n}\sin nx \ (0 < x \leqslant \pi)$;

$\frac{\pi-x}{2} = \frac{\pi}{4} + \sum_{n=1}^{\infty} \frac{1}{n^2\pi}[1-(-1)^n]\cos nx \ (0 \leqslant x \leqslant \pi)$.

4. $f(x) = \dfrac{\pi}{4} - \dfrac{2}{\pi} \sum\limits_{n=1}^{\infty} \dfrac{\cos(4n-2)x}{(2n-1)^n}$ $(0 \leqslant x \leqslant \pi)$.

5. (1) $f(x) = -\dfrac{1}{4} + \sum\limits_{n=1}^{\infty} \left\{ \left[\dfrac{1-(-1)^n}{n^2\pi^2} + \dfrac{2}{n\pi}\sin\dfrac{n\pi}{2} \right]\cos n\pi x + \dfrac{1}{n\pi}\left(1 - 2\cos\dfrac{n\pi}{2}\right)\sin n\pi x \right\}$

$\left(x \neq 2k, x \neq 2k + \dfrac{1}{2}, k \in \mathbb{Z} \right)$;

(2) $f(x) = -\dfrac{1}{2} + \sum\limits_{n=1}^{\infty} \left\{ \dfrac{6}{n^2\pi^2}[1-(-1)^n]\cos\dfrac{n\pi x}{3} + \dfrac{6}{n\pi}(-1)^{n+1}\sin\dfrac{n\pi x}{3} \right\}$

$(x \neq 3(2k+1), k = 0, \pm 1, \pm 2, \cdots)$.

6. $f(x) = \dfrac{1}{2} + \sum\limits_{n=1}^{\infty} \left[\dfrac{1}{n\pi} - \dfrac{3(-1)^n}{n\pi} \right]\sin n\pi x$, $x \in (-1,0) \bigcup (0,1)$.

7. (1) $f(x) = \dfrac{4l}{\pi^2} \sum\limits_{n=1}^{\infty} \dfrac{1}{n^2}\sin\dfrac{n\pi}{2}\sin\dfrac{n\pi x}{l}$ $(0 \leqslant x \leqslant l)$;

$f(x) = \dfrac{l}{4} + \dfrac{2l}{\pi^2} \sum\limits_{n=1}^{\infty} \dfrac{1}{n^2}\left[2\cos\dfrac{n\pi}{2} - 1 - (-1)^n \right]\cos\dfrac{n\pi x}{l}$ $(0 \leqslant x \leqslant l)$;

(2) $x^2 = \dfrac{8}{\pi} \sum\limits_{n=1}^{\infty} \left\{ \dfrac{(-1)^{n+1}}{n} + \dfrac{2[(-1)^n - 1]}{n^3\pi^2} \right\}\sin\dfrac{n\pi x}{2}$ $(0 \leqslant x < 2)$;

$x^2 = \dfrac{4}{3} + \dfrac{16}{\pi^2} \sum\limits_{n=1}^{\infty} \dfrac{(-1)^n}{n^2}\cos\dfrac{n\pi x}{2}$ $(0 \leqslant x \leqslant 2)$.

8. $f(x) = \sum\limits_{n=1}^{\infty} \dfrac{\sin(2n-1)x}{2n-1}$ $(0 < x < \pi)$;　(1) $\dfrac{\pi}{4}$;　(2) $\dfrac{\pi}{2\sqrt{3}}$.

复 习 题 10

1. (1) 正确;　(2) 错误;　(3) 正确;　(4) 错误.

2. (1) 发散;　(2) 收敛;　(3) 发散;　(4) 不一定.

3. (1) 收敛;　(2) 发散;　(3) 收敛;　(4) 发散;　(5) 发散;　(6) 收敛.

4. (1) 绝对收敛;　(2) 绝对收敛;　(3) 发散;　(4) 绝对收敛;　(5) 发散;　(6) 条件收敛.

5. 提示: 利用级数收敛的必要条件.

6. (1) $[-1,1]$;　(2) $[-1,1]$;　(3) $[-1,0)$;　(4) $(-\sqrt{2},\sqrt{2})$.

7. $S(x) = \dfrac{2x^2}{(1-x)^3}$,　$x \in (-1,1)$;　$S = \dfrac{4}{27}$.

8. (1) $\dfrac{x}{2x-1} = \dfrac{1}{2} - \dfrac{1}{6} \sum\limits_{n=0}^{\infty} \left[\dfrac{2(x+1)}{3} \right]^n$, $\left(-\dfrac{5}{2}, \dfrac{1}{2} \right)$;

(2) $2^x = \sum\limits_{n=0}^{\infty} \dfrac{(\ln 2)^n}{n!}x^n$, $(-\infty, +\infty)$;

(3) $\dfrac{x-1}{x+1} = \sum\limits_{n=0}^{\infty} \dfrac{(-1)^n}{2^{n+1}}(x-1)^{n+1}$, $(-1,3)$;

(4) $\ln(2x+4) = \ln 4 + \sum\limits_{n=1}^{\infty} (-1)^n \dfrac{x^n}{2^n \cdot n}$, $(-2,2]$.

9. $\sum\limits_{n=1}^{\infty} \dfrac{n}{2^{n-1}} = 4$.

10. $f(x) = \dfrac{2}{3}\pi^2 + 8 \sum\limits_{n=1}^{\infty} \dfrac{(-1)^n}{n^2}\cos nx$, $[-\pi,\pi]$.

11. $f(x) = \dfrac{b-a}{4}\pi + \sum\limits_{n=1}^{\infty} \left\{ \dfrac{a-b}{n^2\pi}[1-(-1)^n]\cos nx + \dfrac{a+b}{n}(-1)^{n+1}\sin nx \right\}$, $(-\pi,\pi)$.

12. $f(x) = \dfrac{c_1+c_2}{2} + \dfrac{c_1-c_2}{\pi} \sum\limits_{n=1}^{\infty} \dfrac{(-1)^n-1}{n}\sin nx$, $(-\pi,0) \bigcup (0,\pi)$.

13. $f(x) = \dfrac{2}{\pi} \sum\limits_{n=1}^{\infty} \dfrac{(-1)^{n-1}}{n} \sin\dfrac{n\pi x}{l} (x \neq (2k+1)l, k = 0, \pm 1, \cdots)$.

14. $f(x) = \dfrac{\pi}{2} - \dfrac{4}{\pi} \sum\limits_{k=1}^{\infty} \dfrac{\cos(2k-1)x}{(2k-1)^2}, x \in [0, \pi]$.

$\sum\limits_{n=1}^{\infty} \dfrac{1}{(2n-1)^2} = \dfrac{\pi^2}{8}$.

15. $1, 0, -\dfrac{3}{2}$.

习题 11-1

3. (1) $y^2 - x^2 = 25$；　(2) $y = (1-2x)e^{2x}$.

4. $y = \sqrt{2}\sin x$.

5. (1) $y = \dfrac{1}{3}x^3$；　(2) $y = x^3$；　(3) $y = -\dfrac{1}{3}x^3$.

习题 11-2

1. (1) $y = C\sin x$；　(2) $y = e^{Cx}$；　(3) $\sqrt{1-x^2} + \sqrt{1-y^2} = C$；　(4) $\tan^2 x - \cot^2 y = C$；

(5) $a^x + a^{-y} + C = 0$；　(6) $y = \dfrac{Cx}{ax+1} + a$；　(7) $(e^x + 1)(e^y - 1) = C$；　(8) $e^{-s} + e^{t+C} = 1$；

(9) $\tan\dfrac{y}{4} = Ce^{-2\sin\frac{x}{2}}$；　(10) $\sin x \sin y = C$；　(11) $(1-x)(1+y) = C$；　(12) $e^{2x} + 2\ln y = C$；

(13) $2y^2 + \cos 4x = C$；　(14) $\dfrac{x+y}{xy} + \ln\dfrac{y}{x} = C$.

2. (1) $y = \ln\left[\dfrac{1}{2}(1 + e^{2x})\right]$；　(2) $y = e^{\tan\frac{x}{2}}$；　(3) $y = \sqrt{\ln\left[e\left(\dfrac{1+e^x}{1+e}\right)^2\right]}$；

(4) $2(x^3 - y^3) + 3(x^2 - y^2) + 5 = 0$.

3. (1) $y = x\sqrt{4 + \ln x^2}$；　(2) $y = x\arcsin(Cx)$；　(3) $x - \sqrt{xy} = C$；　(4) $C\sqrt{x^2 + y^2} = e^{\frac{y}{x}\arctan\frac{y}{x}}$.

4. $xy = 6$.

5. $x^2 + y^2 = Cx$.

习题 11-3

2. (1) $y = (x+C)e^{-x}$；　(2) $y = e^{-\sin x}(x+C)$；　(3) $y = \dfrac{1}{x^2+1}\left(\dfrac{4}{3}x^3 + C\right)$；　(4) $y = \left(\dfrac{1}{2}x^2 + C\right)e^{-x^2}$；

(5) $y = \dfrac{1}{x}\sin x - \cos x + \dfrac{C}{x}$；　(6) $y = \dfrac{1}{2}(x+a)^5 + C(x+a)^3$；　(7) $y = (x+1)^n(e^x + C)$；

(8) $x = e^{t^2}(\sin t + C)$；　(9) $2x\ln y = \ln^2 y + C$；　(10) $x = y^2 + Cy^2 e^{1/y}$；　(11) $x = Ce^{\sin y} - 2\sin y - 2$；

(12) 当 $m + a \neq 0$ 时，$y = Ce^{-ax} + \dfrac{e^{mx}}{m+a}$；当 $m + a = 0$ 时，$y = (C+x)e^{-ax}$.

3. (1) $y = x\sec x$；　(2) $y = \dfrac{\pi - 1 - \cos x}{x}$；　(3) $y = \dfrac{1}{2}x^3(1 - e^{\frac{1-x^2}{x^2}})$；　(4) $y = x + \sqrt{1-x^2}$；

(5) $i = \dfrac{E_0}{R}(1 - e^{-\frac{R}{L}t})$；　(6) $y = \dfrac{e^x + ab - e^a}{x}$.

5. $y = 2(e^x - x - 1)$.

6. $v = \dfrac{a}{b}(1 - e^{-\frac{b}{m}t})$.

7. $v = \dfrac{mg}{k}(1 - e^{-\frac{k}{m}t})$.

习题 11-4

1. (1) $y = x\arctan x - \ln\sqrt{1+x^2} + C_1 x + C_2$；　(2) $y = -\dfrac{1}{2}(x+1)^2 + C_1 e^x + C_2$；

(3) $y = -\ln|\cos(x+C_1)| + C_2$；　(4) $y = \dfrac{x^3}{3} + C_1 x^2 + C_2$；

(5) $y^3 = C_1 x + C_2$；　(6) $y = (2C_1 + 1)x - C_1\sin 2x + C_2$；

(7) $y = \dfrac{1}{C_1} e^{C_1 x+1}\left(x - \dfrac{1}{C_1}\right) + C_2\,(C_1 \neq 0)$，或 $y = \dfrac{e}{2}x^2 + C^2\,(C_1 = 0)$；

(8) $y = C_1 e^x + C_2 x + C_3$.

2. (1) $y = e^x(x-1) + 1$；　*(2) $y = \sqrt{2x - x^2}$；　(3) $y = x^3 + 3x + 1$；　(4) $y = 1 + e^{\frac{3x}{2}}$；

(5) $y = 1 + \dfrac{1}{x}$；　(6) $y = x$.

3. $y = \dfrac{x^3}{6} + \dfrac{x}{2} + 1$.

4. $x^2 + y^2 = 1$.

习题 11-5

1. (1) $y = C_1 e^{-x} + C_2 e^{4x}$；　(2) $y = C_1 + C_2 e^{-5x}$；　(3) $y = C_1\cos x + C_2\sin x$；　(4) $y = (C_1 + C_2 x)e^{-5x}$；

(5) $x = e^t\left[C_1\cos\dfrac{t}{2} + C_2\sin\dfrac{t}{2}\right]$；　(6) $y = e^{-2x}[C_1\cos 3x + C_2\sin 3x]$；

(7) $y = C_1 e^x + C_2 e^{-x} + C_2\cos x + C_4\sin x$；　(8) $y = (C_1 + C_2 x + C_3 x^2)e^x$.

2. (1) $y = -3e^x + 9e^{3x}$；　(2) $y = (2+x)e^{-x/2}$；　(3) $y = 2\cos 5x + \sin 5x$；　(4) $x = \dfrac{\sqrt{3}}{3} e^{\frac{t}{2}}\sin\dfrac{\sqrt{3}t}{2}$.

3. $y = \cos 3x - \dfrac{1}{3}\sin 3x$.

4. $n^2 > k^2$，$x = C_1 e^{-(n-\sqrt{n^2-k^2})t} + C_2 e^{-(n+\sqrt{n^2-k^2})t}$；

$n^2 = k^2$，$x = e^{-nt}(C_1 + C_2 t)$；

$n^2 < k^2$，$x = e^{-nt}(C_1\cos\sqrt{k^2-n^2}\,t + C_2\sin\sqrt{k^2-n^2}\,t)$.

5. $u_c(t) = \dfrac{10}{9}(19 e^{-10^3 t} - e^{-1.9\times 10^4 t})$，　$i(t) = \dfrac{19}{18}\times 10^{-2}(-e^{-10^3 t} + e^{-1.9\times 10^4 t})$.

习题 11-6

1. (1) $y = C_1 e^{-x} + C_2 e^{\frac{x}{2}} + 2e^x$；　(2) $y = C_1\cos kx + C_2\sin kx + \dfrac{1}{a^2 + k^2}e^{ax}$；

(3) $y = C_1 + C_2 e^{\frac{-5x}{2}} + \dfrac{1}{3}x^3 - \dfrac{3}{5}x^2 + \dfrac{7}{25}x$；　(4) $y = C_1 e^x + C_2 e^{-2x} + \left(\dfrac{3}{2}x^2 - 3x\right)e^{-x}$；

(5) $y = (C_1 + C_2 x)e^{3x} + (x+3)e^{2x}$；　(6) $y = C_1\cos 2x + C_2\sin 2x + \dfrac{x}{3}\cos x + \dfrac{2}{9}\sin x$；

(7) $y = e^x(C_1\cos 2x + C_2\sin 2x) - \dfrac{1}{4}x e^x\cos 2x$；　(8) $y = C_1\cos x + C_2\sin x + \dfrac{1}{2}x\sin x + \dfrac{1}{2}e^x$；

(9) $y = C_1 e^{-4x} + C_2 e^x - \dfrac{x}{5}e^{-4x} - \left(\dfrac{x}{6} + \dfrac{1}{36}\right)e^{-x}$；　(10) $y = C_1 e^x + C_2 e^{-x} - \dfrac{1}{2} + \dfrac{1}{10}\cos 2x$.

2. (1) $y = -\cos x - \dfrac{1}{3}\sin x + \dfrac{1}{3}\sin 2x$；　(2) $y = -5e^x + \dfrac{7}{2}e^{2x} + \dfrac{5}{2}$；　(3) $y = (x^2 - x + 1)e^x - e^{-x}$；

(4) $y = \dfrac{1}{4}e^x - \dfrac{1}{4}(1 + 2x - 2x^2)e^{-x}$.

3. $x = \dfrac{mg}{k}t - \dfrac{m^2 g}{k^2}(1 - \mathrm{e}^{-\frac{k}{m}t})$.

4. $x = \dfrac{1}{2}\mathrm{e}^{-\sqrt{\frac{g}{3}}t} + \dfrac{1}{2}\mathrm{e}^{\sqrt{\frac{g}{3}}t} + 9$;　　$t = \dfrac{3}{\sqrt{g}}\ln(9 + \sqrt{80})$.

复 习 题 11

1. (1) $\dfrac{y}{\sqrt{1+y^2}} = Cx$;　　(2) $y = \dfrac{C - x^2}{2x}$;　　(3) $y = Cx + x\ln(\ln x)$;　　(4) $\mathrm{e}^y + 2x\mathrm{e}^{-x} + 2\mathrm{e}^{-x} = C$;

   (5) $x = Cy^2 - y^{-1}$;　　(6) $x = Cy - \dfrac{1}{2}y^3$;　　(7) $\tan y = C(2 - \mathrm{e}^x)^3$;　　(8) $ax + by + C = C\mathrm{e}^{bx} - \dfrac{a}{b}$.

2. (1) $\mathrm{e}^y = \dfrac{1}{2}\mathrm{e}^{2x} + 1 - \dfrac{1}{2}\mathrm{e}^2$;　　(2) $\dfrac{1}{2}y^2 = \ln(1 + \mathrm{e}^x) + \dfrac{1}{2} - \ln(1 + \mathrm{e})$;

   (3) $3y^2 + 2y^3 = 3x^2 + 2x^3 + 5$;　　(4) $x\sin y + 5\mathrm{e}^{\cos y} = 6$.

3. (1) $y = C_1\mathrm{e}^x - \dfrac{1}{2}x^2 - x + C_2$;　　(2) $y^2 = C_1 x + C_2$;　　(3) $x^2 + (y - C_2)^2 = C_1^2$;

   (4) $y = 1 - \dfrac{1}{C_1 x + C_2}$.

4. (1) $y = -\dfrac{x^2}{4}$;　　(2) $1 - \mathrm{e}^{-y} = \pm x$;　　(3) $y = -\dfrac{1}{a}\ln(ax + 1)$;

   (4) $y = \dfrac{\mathrm{e}^{ax}}{a^3} - \dfrac{\mathrm{e}^a}{2a}x^2 + \dfrac{1}{a^2}(a - 1)\mathrm{e}^a x + \dfrac{\mathrm{e}^a}{2a^3}(2a - a^2 - 2)$.

5. (1) $y = \mathrm{e}^{-3x}(C_1 + C_2 x)$;　　(2) $y = \mathrm{e}^{3x}(C_1\cos\sqrt{2}\,x + C_2\sin\sqrt{2}\,x)$;　　(3) $y = C_1\mathrm{e}^{-x} + C_2\mathrm{e}^{-4x} + \dfrac{11}{8} - \dfrac{1}{2}x$;

   (4) $y = C_1\mathrm{e}^{3x} + C_2\mathrm{e}^{-x} - 2\mathrm{e}^{2x}$;　　(5) $y = C_1\cos 5x + C_2\sin 5x + \dfrac{3}{10}x\sin 5x$;

   (6) $x = C_1\cos t + C_2\sin t - \dfrac{1}{3}\sin 2t + \dfrac{t}{2}\sin t$;　　(7) $y = -7\mathrm{e}^x + \dfrac{9}{2}\mathrm{e}^{2x} + \dfrac{5}{2}$;　　(8) $y = (x^2 - x + 1)\mathrm{e}^x - \mathrm{e}^{-x}$.

6. $x(t) = \mathrm{e}^{\sqrt{\frac{g}{3}}t} + \mathrm{e}^{-\sqrt{\frac{g}{3}}t} - 2$.

7. $f(x) = \dfrac{1}{2}(\cos x + \sin x + \mathrm{e}^x)$.

附录 C 练习题

1. $\mathrm{grad}\,v = -\dfrac{1}{4\pi\varepsilon r^3}\boldsymbol{r}$.

2. 模分别为 7 和 $3\sqrt{5}$；方向余弦分别为 $\dfrac{3}{7}, \dfrac{-2}{7}, \dfrac{-6}{7}$ 和 $\dfrac{2}{\sqrt{5}}, \dfrac{1}{\sqrt{5}}, 0$；点 $(-2, 1, 1)$.

3. $2\pi a^3$.

4. (1) 6;　　(2) 36.

5. $4\pi abc$.

6. (1) 0;　　(2) q_1;　　(3) $q_1 + q_2$.

7. $a = 2, b = -1, c = -2$.

8. (1) $-\sqrt{3}\pi a^2$;　　(2) $-2\pi a(a + b)$.

9. $\dfrac{\pi}{2}$.

10. (1) $-2(c, b, a)$;　　(2) $(x\sin(\cos z) - xy^2\cos(xz), y\sin(\cos z), y^2 z\cos(xz) - x^2\cos y)$.

11. 0.